KB133897

과학자 아리스토텔레스의 생물학 여행

라군

과학자 아리스토텔레스의
생물학 여행 라군

1판 1쇄 발행 2022년 2월 25일

글쓴이 아르망 마리 르로이
옮긴이 양병찬

편집 이억주
펴낸이 이경민
펴낸곳 ㈜동아엠앤비
출판등록 2014년 3월 28일(제25100-2014-000025호)
주소 (03737) 서울특별시 서대문구 충정로 35-17 인촌빌딩 1층
홈페이지 www.dongamnb.com
전화 (편집) 02-392-6901 (마케팅) 02-392-6900
팩스 02-392-6902
전자우편 damnb0401@naver.com
SNS

ISBN 979-11-6363-551-2 (03470)

※ 책 가격은 뒤표지에 있습니다.
※ 잘못된 책은 구입한 곳에서 바꿔 드립니다.

THE LAGOON

과학자 아리스토텔레스의 생물학 여행 라군

과학은 그리스 작은 섬 레스보스의 라군에서 시작되었다

아르망 마리 르로이 지음 | 양병찬 옮김

동아엠앤비

레스보스Lesbos (미틸레네Mytilene)

그리스의 섬들 중에는 아리스토텔레스가 잘 알았던 '고결하고 아름다운 섬 *insula nobilis et amoena*', 레스보스Lesbos가 있다. 이 섬은 소아시아의 트로아드Troad와 미시아 해안Mysian coast 사이에 위치하며, 섬 속 깊숙이 자리잡은 피라Pyrrha라는 작은 마을 옆에는 넓고 아늑한 라군lagoon(석호)이 있다.

다시 웬트워스 톰프슨,

『생물학자로서의 아리스토텔레스에 관하여ON Aristotle as a biologist』(1913)

『라군The Lagoon』에 대한 찬사

"인생 중반기의 몇 년 동안, 아리스토텔레스는 레스보스Lesbos 섬에 살았고, 콜포스 칼로니Kolpos Kalloni라고 알려진 내해(內海)에서 생명체를 연구했다. 르로이Leroi는 이 생생한 여행기와 과학사에서, 철학자가 과학을 발명함으로써 한 자연 세계에 대한 사고방식을 개척했다고 주장한다. 아리스토텔레스는 전임 자연주의자들의 추측에 근거한 이론을 깨고, 관찰에서 시작된 생명체의 목적과 원인에 대한 근거 있는 주장을 고집했다. 그의 저술에서 비롯된 방대한 목록들은 엉성하고 완전히 이해하기 어려운 자료이지만, 생물학자인 르로이가 증명하듯이, 기본적인 방법론은 시대를 통해 여과되었다.

– 『더 뉴요커 *The New Yorker*』

"아리스토텔레스에 대한 재평가서인 아르망 마리 르로이Armand Marie Leroi의 『라군』은 내가 읽은 책 중에서 가장 영감을 불러일으키는 책 중 하나이다. 르로이의 야심찬 목표는 아리스토텔레스를 위대한 생물학자들의 신전에 보내어 찰스 다윈과 카를 폰 린네 옆에 나란히 서게 하는 것이다. 그는 그것에 성공했다."
–『네이처*Nature*』

"『라군』은 아리스토텔레스가 살아 있는 것에 대해 생각하는 것을 다시 한 번 재구성한 것으로, 생명체에 대해 아리스토텔레스의 영전에 바치는 지적 경의, 즉 감탄, 깊은 연구 그리고 존경할 만한 재현이다." 생물학자에게는 유익함을, 일반 독자에게는 즐거움을 줄 뿐만 아니라 과학사가와 과학철학자에게도 중요한 저작이다. 스티븐 제이 굴드Stephen Jay Gould의 저서만큼이나 이 책은 이 시대에 쓰여진 가장 훌륭한 자연서로서 오래 지속될 것이다.
–『뉴사이언티스트*New Scientist*』

"매혹적인 신간이다. 르로이는 아리스토텔레스가 과학 탐구를 정의하는 경험적이고 분석적인 방법을 많이 개발했다고 주장한다. 르로이는 과학사에 대한 훌륭한 안내자이다. 그는 능력과 관심으로 생각의 역사를 추적하고, 많은 동시대 과학 작가들의 자만에 찬 확신을 막아 준다."
–『더 데일리 비스트 *The Daily Beast*』

"그리스를 흠모하는 르로이는 그 지역의 상세한 지식을 이용하여 훌륭한 결과를 만들었으며, 소요학파의 경험을 회상적으로 재창조하고 있다. 르로이는 우리가 더 이상 정확하다고 믿지 않는 아리스토텔레스의 업적조차도 오늘날 우리가 가지고 있는 지식에 영향을 미쳤다고 말하는 것이 절대적으로 맞다고 한다."
–『리터러리 리뷰*Literary Review*』(런던)

“이 멋지고, 서사적이며 아주 즐거운 책에서 생물학자 아르망 마리 르로이는 어깨를 나란히 하고 있는 고대 그리스의 또 다른 거인의 사상을 탐험한다. 르로이는 훌륭한 작가인데, 그의 마지막 뛰어난 책이 나온 이후 너무나 긴 10년이나 지났다.”

– 『옵저버 *The Observer*』(런던)

“훌륭하다. 단지 카리스마가 넘치는 책이 아니라 아리스토텔레스를 생생한 에게해의 문맥 속으로 들어가게 하는 책이다. 무엇보다도 르로이는 정확하게 아리스토텔레스만의 방식으로 많은 자료들을 통해 오늘날 과학의 패턴과 설명을 샅샅이 보여 준다.”

– 『선데이 타임즈 *The Sunday Times*』(런던)

“르로이는 아리스토텔레스를 통해 어디에서든 현대적 사고의 단서를 찾아낼 수 있도록 해 준다. 『라군』은 그 주제에 대한 열정으로 가득 차 있고, 가능성이 없어 보이는 자료를 완벽하게 읽을 수 있도록 해 준다.”

– 『타임즈 *The Times*』(런던)

“강렬하고, 때로는 논쟁적이고, 항상 생각만 해도 자극이 된다. 그것은 아리스토텔레스주의적 전통에서 가장 존경할 만한 것에 대한 축하이고, 실제로 거기에 존재하는 것에 대한 감사이다.”

– 『파이낸셜 타임즈 *Financial Times*』

“아리스토텔레스가 다윈을 거의 이길 뻔했던 것이 진화론이었다. 훌륭하다.”

– 『선데이 타임즈 *Sunday Times*』, 필독서

"아리스토텔레스가 탐구하던 것이 존재의 의미였든, 인간의 마음의 구조였든, 또는 갑오징어의 영혼이었든 간에, 르로이는 '첫 번째 과학자'로 안내하는 매력적이고도 불손한 가이드이다."
- 『인디펜던트 *The Independent*』(런던)

"고대 그리스에서 가장 위대하고 놀랍지만 종종 간과되는 아이디어들 중 몇 가지를 살펴본다."

- 『옵저버 *The Observer*』(런던)

"엄청나다. 이 책은 강력하고, 우아하고, 매력적이다. 르로이의 글은 하얀 벽에 반사된 에게해의 하늘처럼 청백색으로 빛난다. 아름답게 디자인되어 있고 능숙하게 묘사되어 있다."

- 『가디언 *The Guardian*』(런던)

"르로이는 아리스토텔레스의 글을 '자연주의자의 기쁨'이라고 말하는데, 르로이의 글도 마찬가지라고 말할 수 있다. 나는 재미있고, 통찰력 있고, 그리고 진지하게 써진 이 책을 존경한다." - 『인터내셔널 뉴욕 타임즈 *International New York Times*』

"재기 넘치는 주장이다."

- 제임스 매코나치 *James McConnachie*,
『스펙테이터 *The Spectator*』(런던), 올해의 책

"르로이는 2300년 전 레스보스 칼로니의 라군(석호)에서 아리스토텔레스의 야생 동물 연구를 재구성하고 있다. 그는 위대

한 고대 그리스의 철학자가 세계 최초의 체계적인 생물학자였다는 논지를 재미있게 완성한다."

-『파이낸셜 타임즈*Financial Times*』, 올해의 책

"『동물 탐구Ⅱ』에서 아리스토텔레스는 이(머릿니)의 번식, 왜가리의 짝짓기 습관, 억제하기 힘든 소녀의 성욕, 달팽이의 위장, 불가사리의 감각, 청각 장애인의 침묵, 코끼리의 불룩한 배, 인간의 마음의 구조에 대해 말한다. 이 책에는 13만 단어와 9,000개의 경험적 주장이 들어 있다. 르로이의 완고한 조사는 우리에게 그의 주제에 대한 헤아릴 수 없는 탐구의 맛을 보여 준다. 비록 르로이의 흥미로운 논의는 자연에 대한 아리스토텔레스의 사고를 편집하고 해석하는 데 바친 많은 학자들의 성과에 의지하지만, 아리스토텔레스의 설명을 현대 해부학적 도해로 가려지게 하지 않는다. 르로이의 학문은 흠잡을 데 없고 일관되게 관대하다. 광범위한 문화적 동조와 역사에 대한 깊은 느낌을 지닌 전문 생물학자만이 과학의 역사에서 아리스토텔레스의 업적을 정확하게 재평가할 수 있었다. 실제로 그런 사람이 있을까? 아리스토텔레스의 과학적 자격을 기술하는 데 사실과 사고를 정리하는 과정에서 르로이는 최고라고 평가되어야 한다."

-『타임즈 리터리 서플리먼트*The Times Literary Supplement*』(런던)

"아르망 마리 르로이는 과학 자체의 기원을 발견하는 아리스토텔레스의 고전적 호기심의 캐비닛을 연다. 우아하고, 세련되고, 가끔씩 재치 넘치는 산문에서 그는 고대 그리스의『동

물 탐구』에 영감을 불어넣고 자신의 예리한 관찰로 그것에 새롭게 생기를 불어넣는 거의 전설적이고도 거의 원시적인 라군을 탐색한다. 돌고래의 코골이에서 신성한 꿀벌에 이르기까지 르로이는 아리스토텔레스가 린네보다 약 2500년 전에 어떻게 분류학을 발견했는지 보여 준다. 사실, 시와 형이상학의 밖에 있고 신화에 일상적인 이야기를 섞은 아리스토텔레스는 정의와 서술에 관한 동시대적인 딜레마를 예견했다. 『라군』은 그 자체만으로도 영웅적이고 아름다운 작품이며, 알려지지 않은 자연과, 그 때문에 과학이 만들어 낸 알려진 세계에 대한 호기심 가득한 탐구 여정이다.

– 필립 호어*Philip Hoare*(『리바이어던 혹은 고래』의 저자)

"고대 사상가의 대담할 정도로 참신하고 독창적인 기획과 사고방식의 놀라운 재발견."

– 『북리스트*Booklist*』(우수 리뷰 도서)

"르로이는 BBC 과학 프로그램 진행자로서 과학에 관한 아리스토텔레스의 저술이 왜 오늘날에도 여전히 의미가 있는지 설명하기 위해 자신의 전문 지식과 경험을 불러온다. 폭넓고 통쾌한 역작이다.

– 『커커스 리뷰*Kirkus Reviews*』(우수 리뷰 도서)

"르로이는 과학 혁명 당시 조롱받아 방치되어 폐허가 된 동물 행동에 관해 꼼꼼하기도 하고 기이하기도 한 아리스토텔레스의 명성을 아름답게 되살린다. 르로이는 현대적 감성을 불러일으키지만, 그의 훌륭한 묘사와 함께하는 시간은 시대를 초월하는 느낌을 소환한다."

-『퍼블리셔스 위클리 *Publishers Weekly*』(우수 리뷰 도서)

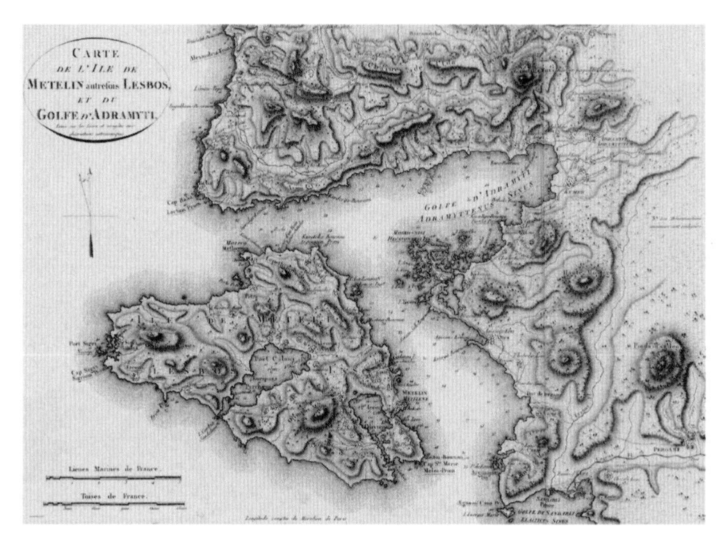

레스보스(Lesbos) [미틸레네(Mytilene)]

차례

에라토에서

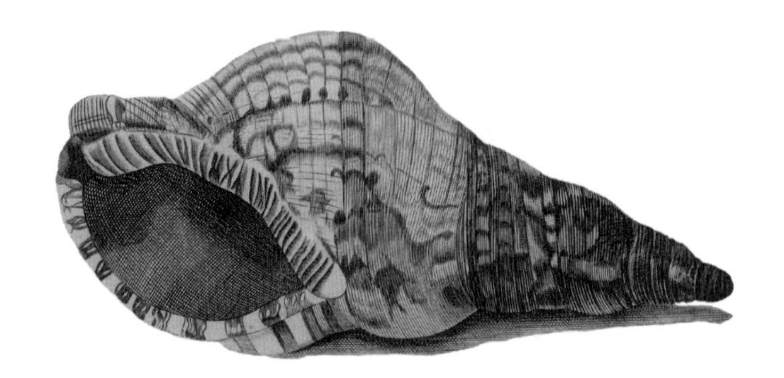

나팔고둥(*Charonia variegata*)

연체동물문 복족강 흡강목 수염고둥과에 속하는 동물. 바다달팽이, 대서양 트리톤, 트럼펫 트리톤이라고도 한다. 이름이 나팔고둥인 이유는 최대로 성장했을 때의 크기가 30㎝나 되기 때문이다. 어느 정도만 성장해도 성인 남성의 손보다 훨씬 크다. 육식성이며 주식은 불가사리이다.

1

아테네 구시가지에 있는 서점은 내가 정말 좋아하는 곳이다. 이 서점은 아고라 근처의 골목에 자리잡고 있는데, 옆 가게에서는 출입구 앞에 걸어 둔 새장 속의 카나리아와 메추라기를 팔고 있다. 넓은 창으로 들어온 햇빛이 이젤 위에 올려놓은 일본의 목판화에 쏟아진다. 그 너머 안쪽 어두컴컴한 곳에는 석판화 상자와 지형도 더미가 쌓여 있다. 책들이 쓰러지지 않도록, 테라코타 타일과 고대 철학자와 극작가의 석고 흉상이 떠받치고 있다. 포근한 온기, 오래된 종이, 터키담배의 냄새가 짙게 배어 있다. 옆 가게에서 들려오는 새들의 나직한 지저귐만이 정적을 깨뜨린다.

나는 조지 파파다토스George Papadatos가 운영하는 이 서점을 자주 드나들지만, 풍경이 늘 그대로여서 처음 와본 것이 정확히 언제인지 기억할 수 없을 정도다. 아무튼 드라크마drachma[1]가 마지막으로 사용된 봄인 것은 확실하다. 당시 그리스는 여전히 가난하고 물가가 쌌는데, 아테네 엘리니콘 공항에 내려 전광판을 보면 이스탄불, 다마스쿠스, 베이루트, 베오그라드 같은 도시들이 죽 나열되어 있어 왠지 동쪽으로 더 여행을 해야 할 것 같은 느낌이 들었다. 머리가 희끗희끗하고 똥배가 나온 조지는 책상에 앉아 오래된 프랑스 정치 문헌을 읽고 있었다. 그의 말에 따르면, 수

1 그리스의 화폐. 2002년부터 유로화로 바뀜. - 역주

년 전까지 캐나다 토론토에서 학생들을 가르쳤다고 한다. '하지만 그리스에는 여전히 시인들이 있었죠.' 그는 그리스로 돌아와 시의 뮤즈인 에라토Erato를 서점 이름으로 썼다.

선반을 죽 훑어 보니 앤드류 랭의 『오디세이』와 벤저민 조엣의 세 권짜리 『플라톤』이 눈에 띄었다. 은퇴한 뒤 아테네로 와서 연금으로 살다가 죽을 때까지 칼리마코스[2]의 경구를 읊었던 (아마도 교사 출신인 듯한) 영국인이 소유했던 책이었다. J. S. 스미스와 W. D. 로스가 편집해 1910년부터 1952년까지 출판한 파란색 표지의 『아리스토텔레스 영역본 전집』도 누군가가 이곳에 남겼다. 과학자인 내가 고대 철학자에게 큰 흥미를 느낀 적은 없다. 하지만 난 한가했고, 조용한 서점을 서둘러 나올 하등의 이유가 없었다. 그러던 차에 아리스토텔레스 전집의 네 번째 책 제목이 내 시선을 사로잡았다. 『동물 탐구*Historia animalium*』[3]. 난 단숨에 책을 펼쳐 조개에 대한 부분을 읽어 봤다.

> 다시 말하지만, 조개껍데기들만 비교해 보면 생김새가 제각각이다. 맛조개sollen, 홍합, 몇몇 대합류처럼 매끄러운 종류도 있는 반면, 굴, 키조개pinna, 몇몇 새조개cockle류, 소라고둥trumpet shell같이 울퉁불퉁한 종류도 있다. 한편 가리비scallop, 대합, 새조개의 어떤 종種은 껍데기에 골이 져 있다. 반면 키조개와 다른 종류의 대합에는 골이 없다.

---

2 칼리마코스(Callimachus, 기원전 310년경~240년경). 그리스의 시인. - 역주

3 라틴어 제목이다. 그리스어로는 『*Historiai peri ton zoon*』이며, 영어로는 『동물 탐구 Enquiries into Animals』로 번역된다.

나에게 조개껍데기는, 욕실 창턱에 놓인 아버지의 애프터셰이브 탤크shaving talc 속에 늘 파묻혀 있던 물건을 뜻한다. 부모님은 내게, 이탈리아 바닷가에서 주운 것이 분명하지만 베네치아인지 나폴리인지 소렌토인지 카프리인지는 기억이 안 난다고 했다. 두 분이 젊은 시절 결혼한 지 얼마 안 돼 여름휴가를 보낼 때의 일이었다는데, 어디서 온 것이든 난 조개껍데기 자체가 탐날 뿐이었다. 나선 부분은 적갈색, 입구는 짙은 오렌지색, 손이 안 닿는 내부는 우윳빛이었다.

비록 오래된 일이지만 난 정확히 묘사할 수 있다. 이것은 라마르크가 명명한 나팔고둥(*Charonia variegata*)의 완벽한 표본으로, 미노스(크레타) 문명권의 프레스코(벽화)와 산드로 보티첼리의 〈비너스와 마르스Venus and Mars〉에 나오는 바로 그 조개껍데기다. 지금도 아테네 모나스티라키 광장 좌판에서 에게해 어부들이 나팔로 썼던, 끝에 구멍이 뚫린 풍화된 나팔고둥 껍데기를 볼 수 있다. 아리스토텔레스는 이것을 케릭스kēryx라고 썼는데, 원래 뜻은 '알리다'이다.

나의 조개껍데기 수집은 이렇게 시작되었다. 조개는 외견상 끝없이 다양하지만 모양 · 색깔 · 질감에서 심오한 형식적 질서formal order를 보이는데, 이 오묘함에 빠진 내가 신발상자들을 모조리 채우자, 나의 멈출 줄 모르는 열정에 감탄한 아버지가 결국 전용 보관장을 만들어 주셨다. 한 서랍 안에는 번쩍번쩍하는 개오지cowry가, 다른 서랍에는 끔찍하게도 독 있는 소라가 들어 있었다. 금세공을 한 뿔고둥murex이 들어 있는 서랍, 괭이고둥olive, 마지넬라marginella(바닷고둥류), 쇠고둥whelk, 수정고둥conch, 위고둥tun, 경단고둥littorine, 갈고둥nerite, 바다방석고둥turban, 삿갓조개limpet가 들어 있는 서랍도 있었다. 쌍각류bivalve 조개도 여러 개의 서랍을 차지했고 두 개의 서랍에는 내 자랑거리인 아프리카달팽이가 들어 있었다. 아프리카달팽이는 워낙 커서, 보통 달팽이와 비교하면 코끼리와 토끼의 차이 이상이다. 얼마나 순수한 기쁨인가! 어머니의 기여도 대단했는데, 목록을 손수 작성했기 때문에 나에게는 연체동물 분류학의 라틴어 전문가인 아로낙스Aronnax[4]였다. 하지만 어머니의 지식은 이론뿐이어서, 실제 조개를 보고 어떤 종인지 구분하지는 못했다.

열여덟 살에, 나는 내가 아프리카의 숲에 서식하는 왕달팽이과Achatinidae나 어쩌면 북태평양의 물레고둥과Buccinidae에 대해서 (적어도 수백 년 동안 추가할 단어가 없을 정도로) 방대한 연체동물 모노그래프monograph[5]를 완성해 과학에 기여할 것이라고 확신했다. 나는 해양생물학을 배우러 캐나다의 작은 만에 있는 한 연구소에 갔다. 이곳에서 검은수염Blackbeard[6]처럼 생긴 인내심이 없지만 친절한 해양생태학자가 복족류gastropod의 얇은 종이보다도 연약한 조직의 표피층을 포셉forcep으로 벗겨, 그 안에서 일어나는 세밀한 기능들이 어떻게 작동하는지 보여줬다. 다른 과학자는 진화에 대해 어떻게 생각해야 하는지 가르쳐 주었는데, 거의 만물박사였다. 노자老子처럼 빰이 움푹 들어간 또 다른 과학자는 믿기 어려운 이야기를 들려주었는데, 어린 시절부터 앞을 못 보는 바람에 촉각만으로 껍데기의 형태를 분간하게 되었다는

4 쥘 베른이 1869년 발표한 소설『해저 2만리』에 등장하는 박물학자. - 역주

5 단일 주제에 관해, 보통 단행본 형태로 쓴 논문. - 역주

6 1700년대 초 대서양을 휩쓴 영국의 해적 에드워드 티치Edward Teach의 별명. - 역주

내용이었다. 거기에는 여학생도 한 명 있었다. 까만 머리에 빨간 볼을 가진 그녀는 모터가 둘 달린 고무보트를 몰 수 있었는데, 2m 높이의 파도가 밀려와도 눈 하나 깜짝하지 않았다.

모두 다 아주 오래 전 얘기다. 난 분류학 모노그래프를 쓰지 않았다. 과학은 항상 우리를 전혀 예측하지 못한 길로 이끈다. 내가 조지 파파다토스의 서점에 들렀을 무렵에는 조개나 달팽이는 잊은 지 오래였다. 그런데 아리스토텔레스가 쓴 조개에 대한 글을 읽자 모든 것이 되살아났고, 좀 더 읽다 보니 조개의 해부학적 구조를 기술한 부분이 나왔다.

> 입 가까이에 위胃가 있는데, 달팽이의 이 기관은 새의 모이주머니를 닮았다. 이 아래에 두 개의 흰 구조물이 있는데, 젖꼭지처럼 생겼다. 갑오징어에도 비슷한 구조가 있다. 다만 갑오징어의 것보다 달팽이의 것이 더 두드러진다. 위 뒤에 있는 식도는 단순하고 길쭉한 구조로, 껍데기 가장 안쪽에 있는 간肝까지 이어진다. 이 모든 내용은 뿔고둥과 나팔고둥의 껍데기 내부를 관찰하면 확인할 수 있다. 다음으로 …

이런 직설적인 단어들이 아름다움을 전달할 수 있을지 의아하게 여기는 독자들도 있겠지만, 나에게는 그랬다. 확실히 향수를 불러일으키기는 했지만, 향수가 전부는 아니었다. 난 아리스토텔레스가 무엇을 말하려고 했는지 이해했다. 아리스토텔레스는 몸소 바닷가로 걸어가서 달팽이를 집어 들고, '속이 어떻게 되어 있을까?'라고 궁금해 했을 것이다. 그리고 관찰했고, 내가 23세기 후에 발견한 것을 그도 발견했을 것이다. 우리와 같은 과학자들은 형이상학적 고찰만큼이나 역사의 곁가지를 파헤치는 데 관심이 없다. 우리는 선천적으로 앞만 보고 달린다. 하지만 아리스토텔레스의 글은 너무 경이로워 차마 지나칠 수가 없었다.

2

리케이온Lyceum으로 알려진 구역은 아테네의 석벽 바로 뒤쪽에 있다. 이곳은 아폴로 리케이오스Apollo Lykeios—늑대의 아폴로[7]—에게 바쳐진 성스러운 땅으로 군사훈련장, 경주로, 성지와 공원 등으로 구성되어 있었다. 하지만 지형은 불확실하다. 스트라보[8]가 남긴 기록은 모호하고 파우사니아스[9]는 더욱 모호하다. 게다가 스트라보는 로마 장군 술라Sulla가 이 지역을 초토화한 지 20년 뒤에 썼고, 파우사니아스는 두 세기가 지난 뒤에 썼다. 술라는 심지어 가로수로 심은 플라타너스를 마구 베어 성을 공격하는 장비를 만들었다. 기원전 97년 이곳을 찾은 키케로의 눈에는 쓰레기 더미만 보였다. 키케로의 방문은 아리스토텔레스에 대한 경의의 표시였다. 아리스토텔레스는 이곳에서 건물 몇 채를 빌려 학당을 열었고, 리케이온의 그늘진 복도를 걸으며 강의를 했다고 한다.

아리스토텔레스는 도시의 적절한 헌법에 대해 이야기했고,

---

7 아폴로는 늑대로부터 사람들을 지켜준다고 해서 늑대의 신Lykeios으로도 불린다. - 역주

8 스트라보(Strabo, 기원전 63년?~기원후 21년?). 그리스의 지리학자. - 역주

9 파우사니아스(Pausanias). 2세기 후반에 활약한 그리스의 여행가. - 역주

독재의 위험성과 함께 민주주의의 위험성도 논했다. 그리고 비극이 연민과 공포를 거쳐 인간의 감정을 정화(카타르시스)하는 과정에 대해서도 논했다. 아리스토텔레스는 선善의 의미를 분석했고, 인간이 어떻게 삶을 영위해야 하는지를 이야기했다. 아리스토텔레스는 학생들에게 논리적 수수께끼를 낸 다음, 근본적인 실체의 본질을 다시 생각하도록 요구했다. 아리스토텔레스는 간결한 삼단논법으로 말했고, 끝없는 사물의 목록을 동원하여 의미를 설명했다. 아리스토텔레스는 매우 추상적인 원리로 강의를 시작했고, 세계의 또 다른 부분이 드러나고 설명될 때까지 수 시간에 걸쳐 결론을 도출했다. 아리스토텔레스는 전임자들의 생각을 검토했는데, 그의 입가에는 엠페도클레스, 데모크리토스, 소크라테스, 플라톤이란 이름이 늘 맴돌았다. 때로는 이들이 그렇게 대단한 평가를 받을 정도는 아니라고 인식했고 종종 경멸하기도 했다. 아리스토텔레스는 세상의 혼돈을 질서로 환원시켰다. 한마디로 아리스토텔레스는 체계의 인간systems man이었다.

제자들은 아리스토텔레스에게서 경외감을 느꼈고 아마도 약간은 두려워했던 것 같다. 아리스토텔레스의 몇 가지 멘트는 그가 독설가였음을 짐작하게 한다. '교육의 뿌리는 쓰지만 그 열매는 달다.' '산 자가 죽은 자보다 낫듯이 배운 자가 못 배운 자보다 우월하다.' 아리스토텔레스는 경쟁 철학자에 대해 이렇게 말했다. '만일 제노크라테스Xenocrates가 여전히 떠들고 있다면 내가 침묵한다는 것은 부끄러운 일일 것이다.' 다른 얘기도 있지만 귀가 솔깃할 만한 것은 없다. 아리스토텔레스는 반지를 여러 개 끼고 옷을 쫙 빼 입고 머리를 요란하게 매만진 멋쟁이였다고 한다. '사람들은 왜 다른 사람들에서 미美를 구할까요?'라는 질문에 아리스토텔레스는 이렇게 대답했다고 한다. '이것은 눈 먼 사람들이나 할 질문이다.' 아리스토텔레스는 다리가 가늘고 눈이 작았다는 설도 있다.

방금 소개한 것은 그저 소문일 것이다. 아테네의 학교들은 늘 반목했고 전기작가들은 못 믿을 사람들이니 말이다. 하지만 우리는 아리스토텔레스가 무슨 말을 했는지 알 수 있다. 그가 남긴 강의록이 있기 때문이다. 거기에 포함된 대표적인 저작들—『범주론』, 『분석론 전서』와 『분석론 후서』, 『변증론』, 『소피스트적 반박』, 『명제론』, 『형이상학』, 『에우데모스 윤리학』, 『니코마코스 윤리학』, 『시학』, 『정치학』—은 거대한 산맥처럼 서구의 사상사에 그림자를 드리우고 있다. 물론 때로는 명쾌하고 교훈적이지만, 종종 애매하고 수수께끼 같고 건너뛰는가 하면 재탕도 많다. 아무튼 이 책들 덕분에 아리스토텔레스는 불멸의 명성을 얻었다. 이 문헌들이 살아남은 것은 대부분 술라 덕분인데, 그는 피레우스Piraeus의 한 애서가bibliophile의 장서를 약탈하여 몽땅 로마로 가져갔다. 하지만 이 철학 서적들은 아리스토텔레스가 쓴 저작의 일부일 뿐이고 그나마 가장 중요한 부분도 아니다. 술라가 약탈한 책들 가운데 적어도 아홉 권은 전적으로 동물에 관한 책이다.

아리스토텔레스는 지식에 관한 한 잡식성이어서, 온갖 정보와 아이디어에 탐닉했다. 그럼에도 그가 가장 좋아한 주제는 생물학이었다. 그의 저술활동에서 '자연의 연구'[10]가 빛을 발하는

10 아리스토텔레스의 말을 그대로 옮기면 *historia tēs physēos*이고, 생물학은 그중 한 부분이다.

것은, (그 다채로움으로 우리의 세계를 채우는) 식물과 동물을 기술하고 설명하기 때문이다. 아리스토텔레스 이전에도 몇몇 철학자와 의사가 생물학에 손을 댄 것은 사실이지만, 삶의 많은 부분을 생물학에 바친 사람은 아리스토텔레스가 처음이다. 아리스토텔레스는 학문의 경계선을 그었고, 이 과정에서 과학을 발명했다. 그러니 그가 과학 자체를 발명했다고 해도 과언이 아니다.

아리스토텔레스는 리케이온에서 자연과학의 다양한 분야를 가르쳤는데, 한 저서의 서론을 보면 커리큘럼(교육과정)이 잘 정리되어 있다. 그는 먼저 자연의 추상적인 면을 다루었고, 다음으로 별의 움직임을 다루었으며, 이 다음으로 화학, 기상학, 지질학을 훑은 뒤 상당 부분을 생명체에 할애했다. 아리스토텔레스의 동물학 저서들은 마지막 과정에 대한 강의록이다. 우리가 비교동물학comparative zoology이라고 부르는 분야를 다룬 책도 있다. 기능해부학functional anatomy에 대한 책도 있고 동물이 어떻게 움직이는가에 대해 쓴 책이 두 권이다. 호흡에 대한 책도 한 권 있고 동물들이 왜 죽는가를 다룬 책도 두 권이다. 그리고 동물의 생명을 유지해 주는 시스템을 다룬 책도 있다. 동물이 어떻게 자궁에서 발생해 성체로 자라고 번식을 하며 이런 과정을 다시 반복하는지에 관해 연속 강연을 했고 역시 책으로 남겼다. 식물에 대한 책도 몇 권 있었지만, 이 내용이 뭔지는 알 수 없다. 그의 저서 가운데 3분의 2 가량이 없어졌는데, 식물에 대한 책이 여기에 포함돼 있기 때문이다.

우리에게 남겨진 책들은 자연을 연구하는 사람들에게 기쁨을 준다. 아리스토텔레스가 기술한 생물들 가운데 상당수가 바다나 바다 근처에 산다. 아리스토텔레스는 성게, 우렁쉥이, 달팽이의 해부학을 기술했다. 아리스토텔레스는 습지의 새들을 지켜보며 부리, 다리, 발에 대해 고찰했다. 아리스토텔레스는 물고기처럼 생겼지만 공기를 호흡하고 젖을 먹여 새끼를 키우는 돌고래에 매혹됐다. 아리스토텔레스는 100여 가지의 어류를 언급하며, 어떻게 생겼는지, 무얼 먹는지, 새끼를 어떻게 낳는지, 어떤 소리를 내는지, 어떤 패턴으로 이동하는지를 기술했다. 아리스토텔레스가 가장 좋아한 동물은 기묘하게 똑똑한 무척추동물weirdly intelligent invertebrate인 갑오징어였다. 멋쟁이 아리스토텔레스는 어시장을 싹쓸이하고 부두 주변에서 어부들에게 말을 건넸을 것이다.

하지만 아리스토텔레스의 과학은 서술이 아니라, 수백 가지 질문에 대한 답변인 경우가 대부분이다. 물고기는 왜 허파가 아니라 아가미를 가지고 있을까? 그리고 다리가 아니라 왜 지느러미일까? 비둘기는 왜 모이주머니가 있고 코끼리는 왜 긴 코가 있을까? 독수리는 알을 몇 개밖에 안 낳는데, 물고기가 그렇게 많은 알을 낳는 이유는 뭘까? 참새는 왜 그렇게 색을 밝힐까? 꿀벌은 왜 그 모양이고 낙타는 또 왜 그럴까? 사람이 특유의 직립보행을 하는 이유는 뭘까? 우리는 어떻게 보고 냄새 맡고 듣고 촉감을 느낄까? 환경은 성장에 어떤 영향을 미칠까? 어떤 아이는 부모를 닮고 어떤 아이는 닮지 않은 이유는 뭘까? 고환, 월경, 질액vaginal fluid, 오르가즘이 존재하는 이유는 뭘까? 기형아가 태어나는 원인은 무엇일까? 남녀의 진정한 차이는 무엇일까? 생물은 어떻게 생명을 유지할까? 왜 번식을 하고 왜 죽을까? 이것은 새로운 분야를 향해 그냥 던져 보는 말이 아니라, 완전한 과학이다.

아마도 너무 완전해서, 때로는 아리스토텔레스가 모든 것을 설명한 것처럼 보인다. 가십 기사 같은 전기—아리스토텔레스가 죽은 지 5세기 후 아리스토텔레스의 외모를 기록했으니, 이런 말을 들을 만하다—를 쓴 작가 디오게네스 라에르티오스는 이렇게 말했다. '자연과학 분야에서 그는 다른 어느 철학자보다도 뛰어나게 원인을 탐구했다. 그 결과, 가장 사소한 현상까지도 그에 의해 설명되었다.' 아리스토텔레스의 설명은 철학에까지 스며들어, 그의 철학에서는 왠지 생물학적 느낌이 난다. 그도 그럴 것이, 아리스토텔레스가 존재론ontology과 인식론epistemology을 고안해 낸 것은 동물이 어떻게 작동하는지를 설명하기 위해서였기 때문이다. 아리스토텔레스에게 '가장 기본적인 존재가 무엇인가요?'라고 물으면, 그는—오늘날의 생물학자들이 흔히 그러하듯—'물리학자에게 가서 물어보라'고 대답하는 대신 대뜸 갑오징어를 가리키며 '이것'이라고 말할 것이다.

아리스토텔레스가 시작한 과학은 크게 발전했지만, 후대의 과학자들은 그를 거의 잊었다. 런던, 파리, 뉴욕, 또는 샌프란시스코의 몇몇 구역에 돌을 던지면, 장담하건대 분자생물학자의 머리를 맞힐 수 있을 것이다. 하지만 돌에 맞은 생물학자에게 아리스토텔레스가 뭘 했느냐고 물으면, 기껏해야 어리둥절한 듯 찡그린 표정puzzled frown을 보게 될 것이다. 하지만 게스너, 알드로반디, 베살리우스, 파브리시우스, 레디, 레이우엔훅, 하비, 레이, 린네, 조프루아 생틸레리, 퀴비에—기라성 같은 과학자들의 이름을 더 많이 댈 수 있지만, 지면관계상 이 정도로 한다—는 아리스토텔레스를 읽었다. 이들은 아리스토텔레스적 사고의 구조 자체를 흡수했다. 그리하여 아리스토텔레스의 사고는 우리의 사고가 되었고, 우리가 의식하지 않을 때조차 그러하다. 아리스토텔레스의 아이디어는 마치 복류수subterranean river[11]처럼 과학사의 근저에서 도도히 흐르며 때때로 샘물처럼 솟아오른다. 명백히 새로운 아이디어처럼 보이는 것도 알고 보면 아주 오래된 것이다.[12]

이 책은 근원에 대한 탐색이다. 아리스토텔레스가 리케이온에서 쓰고 가르쳤던 아름다운 과학저술들처럼 말이다. 아름답지만 불가사의하기도 한데, 그의 사고를 담은 용어들이 우리와 너무나 동떨어져 있다 보니 난해한 부분이 수두룩하기 때문이다. 아리스토텔레스는 번역이 필요한데, 단순히 영어나 한글로 옮기는 것이 아니라 현대과학의 언어로 옮겨야 한다. 물론 이것은 모험이다. 아리스토텔레스를 오역할 위험성, 즉 그가 미처 생각지 못했을 아이디어를 그에게 귀속시킬 위험성이 상존하기 때문이다.

번역자가 과학자일 경우 더 큰 재앙이다. 우리는 태생적으로 빈약한 역사학자이기 때문이다. 솔직히 말해서 우리는 역사학적인 기질, 즉 과거를 그 자체로 이해해야 한다는 랑케Ranke의 지상과제가 결여되어 있다. 자신의 이론에 사로잡힌 나머지, 우리는 무엇을 읽든 거기에서 우리 자신의 이론을 보는 경향이 있다. 프랑스의 과학사가 조르주 캉길렘은 이런 경향을 이렇게 표현했다. '무작정 선구자들을 찾고 발견하고 찬사를 보내는 것은 인식론적 비판의 재능이 부족하다는 명백한 징후다.' 이 경구의 인신

---

11 하천과 호수 밑이나 그 근방의 모래층 속을 흐르는 물. – 역주

12 참고로, 이 구절은 다음과 같이 어마어마한 대가들이 쓰고 번역한 글에서 인용했다. 들어 보지 못한 이름이어도 상관없고, 굳이 기억할 필요도 없으며, 저자의 권위에 압도될 필요는 더더욱 없다. Theodor Gomperz (1911) *Griechische Denker*, vol. 1, p. 419; quoted and translated by Erwin Schrödinger (1954/1996) *Nature and the Greeks*, p. 3.

공격성 어감이 그 진실성을 의심하게 할지도 모르겠다. 또한 모든 역사학자는 아니더라도 모든 과학자들에게 명백한 사실, '과학은 축적된다'는 점을 무시하고 있다. 우리에게는 정말로 앞선 사람들이 있고, 이들이 누구이고 무엇을 알았는지를 아는 것이 바람직한데도 말이다. 그럼에도 불구하고 과학자의 폐부를 찌르는 일말의 진실이 엿보인다.

독자들은 이 모든 점을 염두에 두고 이 책을 읽어야 한다. 하지만 나는 변호, 즉 과학자의 변명[13]도 시도할 예정이니 양해해 주기 바란다. 아리스토텔레스의 위대한 주제는 '살아 있는 세계의 모든 아름다움'이었다. 그러므로 그를 동료 생물학자로 생각하고 읽는다면 뭔가를 얻는 것이 가능할 것으로 보인다. 요컨대, 우리의 이론이 아리스토텔레스의 이론과 맞닿은 것은 우리가 그의 후예일 뿐만 아니라 동일한 현상을 설명하려고 시도하기 때문이다. 그렇다면 아리스토텔레스의 이론이 우리의 이론과 크게 다르지 않을 수 있다.

20세기에 한 무리의 위대한 학자들이 나타나, 아리스토텔레스의 생물학 저술을 자연사의 관점이 아니라 자연철학의 관점에서 검증하기 시작했다. 데이비드 밤(David Balme, 런던), 앨런 고트헬프(Allan Gotthelf, 뉴저지), 볼프강 쿨만(Wolfgang Kullmann, 프라이부르크), 제임스 레녹스(James Lennox, 피츠버그), 제프리 로이드(Geoffrey Lloyd, 케임브리지), 피에르 펠르그랭(Pierre Pellegrin, 파리)은 우리에게 아리스토텔레스의 참신하고 흥미로운 면을 제시했다. 이 책의 모든 페이지에 이들의 발견이 등장하므로(그러나 상

---

13 플라톤의 저서 『소크라테스의 변명*Apologia Sokratous*』에 빗댄 표현이다. – 역주

호간의 의견대립이 빈번했다는 점을 감안할 때, 이들은 상당 부분에 대해 서로 동의하지 않았고 지금도 그럴 것이다), 나는 나의 독창성을 강력히 내세우지 않을 예정이다. 그러나 과학자인 나의 희망 섞인 생각은, 문헌학자와 철학자들이 아리스토텔레스의 서술에서 간과한 부분을 과학자들은 간혹—어쩌다 한 번—볼 수 있다는 것이다.

때로 아리스토텔레스는 어떤 생물학자라도 가슴이 찡하도록 직설적으로 말하는데, 우리가 생물을 연구해야 하는 이유를 일깨울 때 그렇다. 리케이온의 대리석 돌기둥들이 떠받치고 있는 회랑에서 만만찮은 제자들을 다루는 아리스토텔레스를 상상해 보라. 아리스토텔레스는 아테네의 태양 아래서 부패하고 있는 먹물투성이의 갑오징어 더미를 향해 손짓발짓을 하고 있다. 그러다 그중 하나를 집어 들어 칼로 갑오징어의 몸을 가르며 말한다. '보라!'

'…?'

잔뜩 약 오른 아리스토텔레스가 제자들을 이해시키려 노력한다.

> 우리는 아이들이 아니니, 덜 발달한 동물을 탐구하는 것을 역겹게 생각해서는 안 되네. 자연계의 모든 생명체에는 뭔가 경탄할 만한 것이 있지. 전하는 이야기에 따르면 몇몇 이방인들이 헤라클레이토스를 만나고 싶어 했어. 그들은 헤라클레이토스에게 다가갔지만, 그가 난로 옆에서 몸을 녹이는 모습을 보고 움찔했어. '괜한 걱정하지 마시오.' 그가 말했어. '들어들 오시오! 여기에도 신神이 있으니까.' 그와 마찬가지로, 우리는 어떤 형태의 동물이라도 주저하지 말

고 다가가 연구해야 하네. 이것들 각각의 고유한 특성에는 자연스러우면서도 아름다운 뭔가가 있어. 자연의 작품에 우연이란 없어. 어떤 것도 절대적으로 다른 뭔가를 위해 존재하지. 어떤 목적 때문에, 각각은 함께 존재하거나 각각의 존재로서 아름다운 것들 가운데 한 자리를 차지하는 거라네.

학자들은 이 대목을 '생물학으로의 초대The Invitation to Biology'라고 부른다.

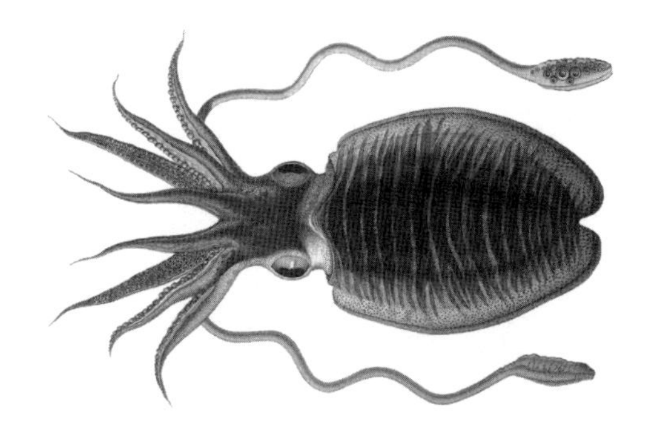

갑오징어(*Sepia officinalis*)

오징어과에 속하는 연체동물. 여덟 개의 짧은 다리와 두 개의 긴 다리가 있으며 각각의 다리에는 딱딱하고 거친 빨판이 있다. 이 다리들 가운데에 입이 있다. 몸통은 달걀 모양이며 둘레에는 주름 장식처럼 아가미가 둘러싸고 있다. 자주 몸 색깔을 바꾸기도 한다.

섬

록로즈(*Cistus sp.*)

제비꽃(Cistaceae)과에 속하는 상록 관목. 원산지는 지중해 동부와 카프카스 산맥이며 시스터스(Cistus) 또는 랩더늄(labdanum), 선 로즈(Sun rose)로도 알려져 있다. 꽃의 색은 흰색, 노란색, 분홍색 등으로 여름 내내 꽃을 피우고, 빠르게 성장한다. 보통 3m까지 자라며, 밑부분에 하얀 잔털이 있고 뾰족한 형태의 잎을 가지고 있다.

3

그런데 만인의 궁금증을 자아내는 문제가 있다. 아리스토텔레스는 어떻게 생물학을 할 생각을 했을까? 다시 말해서 아리스토텔레스는 어떻게 과학을 발명했을까?

이 이야기를 처음 꺼낸 사람은 다시 웬트워스 톰프슨D'Arcy Wentworth Thompson이다. 아니면, 그는 적어도 연대기적 · 지리적 골격을 제공했다. 톰프슨은 만년晩年에 『성장과 형태에 관하여*On Growth and Form*』라는 저술로 유명해졌는데, 독특하고 아름다운 이 책에서 톰프슨은 생명체가 왜 그런 형태를 지니게 되었는지에 대해 썼다. 하지만 1910년까지만 해도 톰프슨은 이것저것 건드리기만 했지 아무 것도 이루지 못한 상태였다. 케임브리지의 석학이었던 그는 불과 스물네 살에 던디 대학의 동물학과 학과장으로 발탁되었다. 쉴 새 없이 활동적이었던 톰프슨은 대학에서 가르치고 노동자를 대상으로 강연하고 지역신문 〈던디 쿠리어*Dundee Courier*〉에 기고를 하고 동물학 박물관에 표본을 보내고(특히 오리너구리가 압권이었다) 물개 사냥을 조사하기 위해 베링해로 출장을 가고 〈고전평론*The Classical Review*〉에 철학적 단상을 제출하기도 했지만, 과학연구 결과는 거의 출판하지 않았다. 스물여덟 살 때, 케임브리지의 은사에게 너무 늦기 전에 과학 좀 하라는 경고를 받았다. 서른여덟 살 때는 케임브리지의 다른 친구에게서 이런 편지를 받았다. '자네는 지금 과학연구 성과를 좀 더

내야 하는 시점이라고 말하지 않을 수 없군.' 톰프슨은 고민 끝에 1895년 『그리스 조류 용어집*A Glossary of Greek Birds*』을 출간했는데, 이 책에서 고대 그리스와 이집트 문헌에 언급된 모든 새를 분석해 규명했다. 동료들이 이 작업을 그다지 높게 평가하지 않자, 1910년에는 아리스토텔레스의 『동물 탐구』를 번역해 내놓았다.

아리스토텔레스의 애매모호한 산문散文은 톰프슨의 손을 통해 어느 정도 위엄을 얻었다. '모든 네발동물은 사람처럼 식도와 기관windpipe이 있다. 난생卵生 네발동물과 조류도 마찬가지다. 다만 조류의 경우 이들 기관의 모양이 다양하다.' 이런 문구도 있다. '난생 어류의 경우 짝짓기 과정을 관찰하기가 쉽지 않다.' 또는 '많은 곳에서 생물의 특징은 기후에 좌우된다. 따라서 일리리아Illyria, 트라키아Thrace, 에피로스Epirus의 당나귀는 덩치가 작고…'

톰프슨은 자신의 동물학 지식에 기반하여 아리스토텔레스가 기술한 동물을 동정同定[1]했다. 일례로 아리스토텔레스는 '아라비아에는 그리스의 들쥐보다 훨씬 큰 쥐가 있는데, 뒷다리는 한 뼘 길이고 앞다리는 손가락 한 마디 길이다'라고 썼는데, 톰프슨은 주석에 '이것은 날쥐jerboa(*Dipus aegyptiacus*) 또는 관련 종이다'라고 적어 바로 알 수 있게 했다. 톰프슨의 주석이 본문을 종종 압도한다. '…는 아마도 현대의 가래상어속*Rhinobatos*으로, 윌러비[2] 같은 전임자들은 *Squatinoraia*라는 속명屬名으로 불렀다. 여기에는 그리스 시장에서 흔한 가래상어(*R. columnae*)와 몇몇 종種들이 포

---

1 생물의 분류학상 소속이나 명칭을 바르게 정하는 일. - 역주

2 윌러비(Francis Willughby, 1635~1672). 영국의 조류학자, 어류학자. - 역주

함된다. …는 아마도 전자리상어angelfish(*Rhina squatina*)로, 상어와 가오리의 중간 형태다.' (그로부터 수년 뒤, 톰프슨은 『그리스 조류 용어집』에 이어 『그리스 어류 용어집*A Glossary of Greek Fishes*』을 출판한다.) 톰프슨의 말에서, 우리는 절망의 문구를 볼 수 있다. '아리스토텔레스의 자연사 지식에 주석을 달고 구체적인 예를 들고 비판하는 일은 끝이 없는 작업이다…'

톰프슨의 『동물 탐구』에서 가장 중요한 몇 줄이 발간사에 있는데, 별다른 예고도 없이 등장하기 때문에 놓치기 십상이다.

> 내 생각에 아리스토텔레스의 자연사 연구는 중년의 시기, 즉 첫 번째 아테네 체류와 두 번째 아테네 체류 사이에 대부분 이루어졌다. 아리스토텔레스가 가장 즐겨 찾은 곳은 피라Pyrrha에 있는, 육지에 둘러싸인 라군lagoon(석호)이었다….

톰프슨이 말한 피라는 에게해의 섬 레스보스Lesbos[3]에 있었다.

4

서쪽에서 보면, 레스보스는 키클라데스Cyclades 제도에서 눈에 번쩍 띄는 섬이다. 그 풍경은 붉은색, 황토색, 검은색으로 이루어

---

3 나의 레스보스 친구들에게 용서를 빈다. 나는 현재 이름인 'Lesvos' 대신 'Lesbos'로 부르려 한다. 왜냐하면 아리스토텔레스와 대부분의 영국인 독자들에게 Lesbos로 더 잘 알려져 있기 때문이다.

져 있다. 이런 색들은 2000만 년 전 화산분출로 생성된 응회암과 침식된 화성쇄설암, 현무암에서 비롯된다. 얼마 안 되는 면적을 프리가나phrygana라고 부르는 가시투성이의 건생乾生식물이 덮고 있는데, 비쩍 마른 양들이 산비탈을 가로질러 기하학적 격자를 이룬 돌벽 사이에서 잎을 뜯느라 열심이다. 하지만 동쪽에서 보면 녹색이 무성한 섬이다. 올림보스산Mount Olymbos의 비탈은 편암, 규암, 대리석으로 이뤄진 대산괴massif로, 참나무(*Quercus ithaburiensis macrolepis*와 *Q. pubescens*)로 덮여 있고, 고지대에는 밤나무와 송진이 많은 터키소나무가 밀생密生한다. 강에서는 민물거북인 테라핀terrapin과 뱀장어가 헤엄치고, 버려진 우조ouzo[4] 공장의 굴뚝에는 황새가 둥지를 틀었다. 봄이 되면 계곡은 희귀한 아시아산 노랑철쭉(*Rhododendron luteum*)으로 온통 노랗게 물들고, 평지의 올리브 밭은 양귀비로 뒤덮인다. 유럽과 아시아 대륙 사이에 자리잡은 섬은 양쪽 모두에서 식물상flora을 끌어들여, 종다양성이 풍부하다. 1899년 그리스의 식물학자 팔라이올로고스 칸타르치스Palaiologos C. Cantartzis는 자신의 저서 『레스보스섬의 식물』에서 새로 발견한 고유종 60종을 기술했다. 거의 모두가 인정을 받지 못했지만, 그보다 보수적인 후계자들조차 총 1,400종의 식물이 자생한다고 보는데, 이 가운데 난초가 75종이다.

섬을 동서로 나누는 것은 콜포스 칼로니Kolpos Kalloni다. 이것은 외해open sea와 분리된 길이 22㎞, 폭 10㎞의 좁고 구불구불한 해협으로, 섬을 거의 둘로 갈라 놓았다. 콜포스 칼로니는 종

---

4 우조(ouzo). 그리스의 전통술. 아니스로 향을 내며, 알코올 도수는 40~45%이다. – 역주

종 라군(석호lagoon)으로 불리지만, 사실은 해양학자들이 바히라 bahira라고 부르는 내해[5]다. 콜포스 칼로니는 동쪽 에게해에서 가장 풍요로운 바다다. 주변 언덕에서 쏟아져 내려온 강물에 녹아 있는 영양분이 식물성 플랑크톤을 증식시켜, 봄이면 물이 온통 녹색이 된다. 얕은 곳에 깔린 거머리말류는 도미, 농어, 게의 보금자리가 된다. 경사가 완만한 갯벌을 방해하는 것은 오래된 굴초 oyster reef뿐이다. 하지만 그리스 사람들에게 칼로니의 명물이 뭐냐고 물으면, 십중팔구 (플로마리Plomari 해변의 우조와 궁합이 맞는) 염장한 청어를 최고로 꼽을 것이다.

소금은 라군 북쪽 끝의 작업장에서 산출된다. 이곳에는 (염전의 웅덩이에서 웅덩이로 이어지면서 농도가 점점 더 증가하는) 소금물이 지나가는 수로가 미로처럼 펼쳐져 있다. 염분이 포화되면 나뭇가지와 돌 표면에 커다란 결정이 생겨나, 퉁퉁마디samphire와 스타티스sea lavender 군락 아래에서 반짝반짝 빛난다. 가장 안쪽의 웅덩이에서 형성된 거친 소금은 분쇄한 뒤 쌓아 두는데, 흰색 피라미드처럼 보인다. 녹슨 기계들이 흩어져 있지만 작동하는 모습은 거의 보이지 않는다. 제염업은 할 일이 별로 없는 산업인 듯하다. 염전의 생태계는 단순하기 짝이 없다. 호염성 조류halophilic algae는 소금새우와 소금파리의 유충이 먹고, 이 녀석들은 홍학과 장다리물떼새, 도요새, 물떼새의 먹이가 된다. 이런 고농도 염분수에서 살 수 있는 물고기는 투스캅thoothcarp(*Aphanius fasciatus*) 한 종뿐인데, 수로를 따라 걷는 황새와 따오기, 하늘에서 내려

5 내해(inland sea). 육지 사이에 둘러싸여 있고, 해협strait으로 대양과 통하는 바다. – 역주

은 제비갈매기의 먹이가 된다. 봄과 가을에는 염전과 그 둘레의 습지가 아프리카와 북쪽 사이를 이동하는 수많은 철새의 휴식처가 된다.

5

아리스토텔레스는 지리학자나 여행작가는 아니었지만, 그의 저술을 읽어 보면 레스보스섬 동쪽 해안의 칼로니Kalloni—아리스토텔레스는 피라Pyrrha로 알고 있었다—를 언급한 구절이 이상하리만큼 많다. 이를 근거로, 다시 톰프슨은 아리스토텔레스가 이곳에서 생물학 연구를 많이 했다고 추정했다. 많은 구절들은 아리스토텔레스의 위대한 비교동물학 저서인 『동물 탐구』에 나오는데, 한마디로 이 라군에 사는 동물들에 관한 이야기다. 이런 구절들을 모아 생물학 여행 안내서로 만들면 아래처럼 읽힐 것이다.

> 레스보스의 물고기들은 피라의 라군에서 번식을 한다. 그중 몇몇은—대부분 알을 낳는다—초여름에 가장 맛있고, 다른 종류 즉, 회색숭어grey mullet와 연골어류는 가을이 최고다. 겨울의 라군은 외해보다 수온이 낮기 때문에 큰망둥이giant goby를 제외한 대부분은 헤엄쳐 떠나고 여름에나 돌아온다. 흰망둥이white goby는 바닷물고기가 아님에도 라군에 살고 있다. 겨울에 물고기가 없다는 것은 해협의 식용 성게가 먹을 것이 더 많다는 뜻이다. 따라서 겨울 성게는 작아도 특히 알이 꽉 차 맛이 일품이다. 라군에는 굴도 있다(키오스섬Chios 사람들이 레스보스로 와서 굴을 가져가, 섬의 해안에 이식

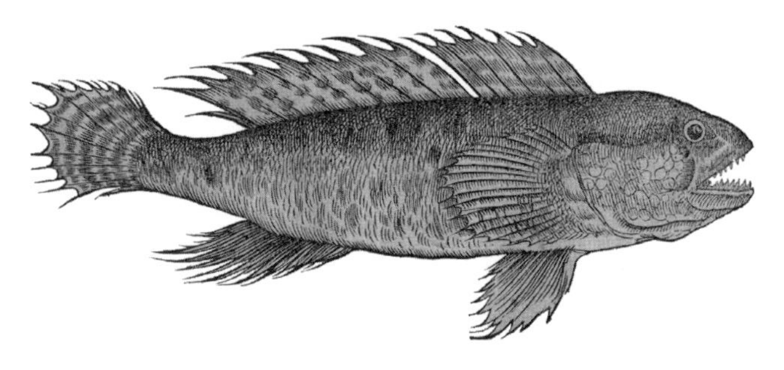

망둥이(*Gobius cobitis*)

몸은 작은 비늘로 덮여 있고, 비교적 작고 간격이 좁은 눈, 짧은 꼬리 줄기를 가지고 있다. 등지느러미, 꼬리지느러미의 가장자리는 옅은 회색이며, 몸체의 옆 중간선을 따라 회색에서 아래로 올리브 갈색의 짙은 얼룩이 나타난다. 번식기에는 수컷이 암컷보다 색이 더 어둡다. 동부 대서양, 서부 영국 해협에서 모로코, 지중해 등지에서 서식한다.

을 시도했다). 한때는 가리비scallop도 많았지만 준설과 가뭄으로 사라졌다. 또 어부들이 말하기를, 라군 입구 쪽에서 불가사리가 특히 골칫거리라고 한다. 라군에 많은 생명체가 살고 있다지만, 없는 종도 많다. 비늘돔parrotfish, 청어, 돔발상어spiny dogfish 같은 종류들 말이다. 색깔이 요란한 물고기들은 물론, 닭새우spiny lobster, 왜문어common octopus, 사향문어musky octopus도 없다. 레스보스와 마주보는 본토의 렉툼 갑cape Lectum에 서식하는 뿔고둥은 유난히 크다.

이런 식으로 쓴 라군과 이곳의 생물들에 대한 아리스토텔레스의 기록 덕분에 우리는 23세기 전 라군의 모습을 그릴 수 있는데, 아마도 천연 서식지에 관한 기록 중에서 이보다 오래된 것은 없을 것이다.[6] 피라에는 고대 도시의 흔적이 거의 없지만, 스트라보에 의하면 기원전 3세기에 일어난 지진으로 인해 도시가 파괴됐다고 한다. 라군의 생물학은 그때나 지금이나 변함이 없는 것 같다. 라군에는 여전히 굴이 많으며, 오늘날에는 톤 단위로 북유럽에 수출된다. 사실 어부들은 우리 앞에서 불만을 터뜨렸는데, 그 내용인즉 라군 입구에 넘쳐나던 가리비가 20년 전 준설작업으로 모두 사라졌다는 것이다. 아마 적어도 23세기 동안 칼로니의 가리비 개체군이 부침을 거듭한 것 같고, 그때마다 지역 주민들은 희비가 엇갈렸던 것 같다. 한편 어부들은 물고기들이 매년 번식을 위해 라군 안팎으로 이동한다는 사실과 비늘돔, 청어, 닭새우, 돔발상어가 없다는 점을 확인해 줬다. 아리스토텔레스 시절 이후 라군의 동물상fauna에는 어느 정도 변화가 있었다. 당시에는 문어가 없었을지 몰라도 지금은 확실히 있다. 내가 여러 차례 먹어 봤기 때문에 하는 말이다. 그리고 아리스토텔레스는 홍학을 언급하지 않았는데, 이 화려한 새가 라군을 찾은 것은 불과 수십 년 전부터이기 때문이다.

6

그리스 사람들은 다들 어류에 관심이 있었다. 아리스토텔레스가

---

6 아리스토텔레스가 말하는 '피라의 바다'는 보통 에우리포스(*euripus*), 즉 콜포스 칼로니의 입구인 '해협'을 뜻한다. 라군 자체는 림노탈라사(*limnothalassa*), 즉 '호수 바다'라고 기술했다.

리케이온에서 어패류에 대해 강의할 때, 시칠리아에서는 아르케스트라토스가 어류에 대한 책을 운문으로 집필하고 있었다. 처음부터 끝까지, 언제 어디서 물고기를 잡고 어떻게 요리하는지에 관한 책이었다. '암브라키아(그리스 서부)에 가면, 설사 금값에 버금가더라도 황줄돔boarfish을 사야 한다'고 아르케스트라토스는 부추긴다. '하지만 가리비는 레스보스산産을, 곰치moray eel는 이탈리아해협에서 잡은 것을, 참치는 비잔티움산을 사라(얇게 썰어 소금을 뿌린 뒤 기름을 바르고 바로 구운 뒤 식기 전에 먹어라).' 아르케스트라토스는 책 제목을 『호화로운 삶』이라고 지었다. 요컨대, 그리스인들에게 어류는 식재료일 뿐이었다. 즉 욕망의 대상이었지 철학의 대상은 아니었던 것이다.

그렇다면 무엇이 아리스토텔레스로 하여금 물고기를 먹는 대신 해부하도록 만들었을까?

7

아리스토텔레스 이전에 과학—아니면 적어도 자연철학—이 전혀 없었던 것은 아니다. 오히려 차고 넘쳤다. 그가 태어났을 무렵, 물리적 세계의 본질을 이해하는 문제를 깊이 탐구하던 철학 학파들이 아나톨리아Anatolia와 이탈리아 연안 지역을 따라 부침을 거듭했다. 그리스인들은 이들을 자연학자들(*physiologoi*)라고 불렀는데, 문자 그대로 해석하면 '자연을 설명하는 사람들'이란 뜻이다. 이중 상당수는 과감한 이론가였다. 이들은 세계의 기원, 수학적 순서, 구성 물질, 그렇게 다양한 사물이 존재하는 이유 등을 포괄적 용어로 설명하는 체계를 선호했다. 이밖에도 경험론자들이 있었는데, 이들은 천체나 음계의 간격(음정) 같은 것을 측정하려고 노력했다. 이들의 설명은 신성한 힘보다 자연의 힘에 더 의지하는 경향이 있었다. 이들의 저술에는 현대과학의 요소가 어느 정도 들어 있지만, 관찰을 통해 이론을 검증하려 했다는 증거는 거의 찾아볼 수 없다.

거의 동시대인인 두 사람을 비교해 보면 사고의 변화shift를 명확히 알 수 있다. 신화를 노래한 헤시오도스(기원전 650년경 활약)에게 지진은 제우스가 분노한 결과다. 최초의 자연철학자인 밀레토스의 탈레스(기원전 575년경 활약)에게 지진은 (광대무변한 물 위에 뜬 채 간혹 넘실거리는) 땅이 불안정하게 움직인 결과다. 이보다 더 뚜렷한 차이는 없을 것이다. 한쪽의 설명은 그 기원이 아득한 초자연적 존재를 상정한 반면, 다른 한쪽의 설명은 순전히 물리적인 힘에만 의존하며 설사 설명이 틀리더라도 개의치 않는다.

하지만 이러한 비교는 신빙성이 떨어진다. 먼저 우리는 이것이 진짜 탈레스의 이론인지 확신할 수 없다.[7] 탈레스가 직접 쓴 저작은 하나도 남아 있지 않다. 우리가 아는 것이라고는 그가 아무것도 쓰지 않았다는 사실밖에 없다. 세네카는 『자연에 관한 의문』에서 탈레스의 지진 이론을 기술했지만, 탈레스가 죽은 지 대략 500년 뒤에 썼기 때문에 이 출처가 정말 모호하다. 따라서 탈레스가 지진 또는 다른 어떤 것에 대해 실제로 무슨 생각을 했는지

7 일례로, 아리스토텔레스는 탈레스의 관점으로 기술하면서 탈레스 사후에 만들어진 기술적인 용어—이를테면 아르케(arkhē), 즉 기원 또는 원리—를 썼다. 이 자체만으로도 우리는 탈레스의 말이 실제로 뭘 의미했는지 안다고 확신할 수 없다..

를 세네카가 알고 있었는지 의문이 든다. 물론 탈레스가 기원전 585년 일식을 예측했다고 널리 인정되고 있기는 하다. 초기(소크라테스 이전) 그리스 사상의 상당 부분에 대해서도 사정은 마찬가지다. 완전한 글 가운데 일부만 후세 사상가들의 문헌에 단편적으로 묻힌 채 전해 내려오는데, 이들이 종종 입맛에 맞는 부분만 발췌했거나 심지어 재구성했을 것이라는 의심이 든다. 학자들은 이런 문헌들을 '학설 모음집doxographical'이라고 부르는데, 소중하면서도 절망스러운 유산이다.

두꺼운 책을 채울 때 많은 단편斷片들이 추려지고 재구성되는 것은 비일비재한 일이다. 그리고 이런 단편들이 기원전 5세기 그리스에 널리 퍼진 새로운 철학 정신을 대변하는 것은 부인할 수 없는 사실이다. 하지만 오늘날 우리에게 뚜렷한 과학과 비과학 사이, 철학과 신화 사이의 구분이 2000년이 넘는 옛날에는 그렇지 않았다. 아리스토텔레스는 『형이상학』에서 자신의 저술을 많이 인용하면서도, 세계의 '근본 원인'에 대한 초기 사상가들의 이론을 검토한다. 그는 탈레스를 만물이 물에서 비롯된다는 이론의 원조로 내세우며, 모호할 수는 있지만 완전히 합리적인 생각이므로 이 자체로 논의할 가치가 충분하다고 썼다. 하지만 자신의 원칙에 따라 탈레스의 이론을 검토한 후에는 비호감을 드러냈다. 뒤이어 다른 사람들의 견해를 인용하며, '신을 처음 이야기한 먼 과거(여러 세대 전) 사람들이 지녔던 관점과 상당히 비슷하다'고 논평했다.

우리는 잠시 생각한 후 고개를 끄덕이게 된다. 물론 신화는 아주 오래된 역사일 수 있지만, 세계를 이루는 기본 물질에 대한 고도로 기술적인 논의에서 배제될 만큼 오래된 것은 분명히 아니기 때문이다. 탈레스에게 몇 개의 단락만을 할애한 뒤, 아리스토텔레스는 고대인들의 사상을 다룬다. 그는 헤시오도스의 저술을 분석해 과학적 의미가 있는지 알아보기로 한다. '존재하게 된 모든 것들 가운데 최초의 것은 혼돈이고, 불멸하는 것 가운데 가장 두드러진 것은 풍요로운 대지와 사랑이다.' 헤시오도스는 아마도 신화기록자mythographer였겠지만, 아리스토텔레스에게는 여전히 되짚어볼 가치가 있었다.

소크라테스 이전 시대 사상Pre-Socratic thought의 전형적 특징을 일컬어 자연주의naturalism라고 할 때, 우리가 봉착하는 문제는 바로 이것이다. 자연학자들이 늘 '신을 배제한 것'은 아니었다. 이들의 우주 어딘가에는 신이 몸을 숨기고 있다. 세상의 기원이 무엇이냐는 질문을 받으면, 몇몇은 기독교도와 비슷한 창조론자의 대답을 내놓는다. 어떤 사람들은 사랑 그 자체Love itself 같은 좀 더 멀리 있는 힘에 이끌린다. 하지만 열렬한 유물론자로, 세계는 스스로 조직됐을 뿐이라고 생각하는 사람들도 있었다. 헤시오도스에서 데모크리토스까지 오는 동안 창조자는 전면에 등장하거나 뒤로 물러나거나 때로는 몸을 웅크린 채 자신을 응시했다.

아마도 자연학자들을 초기 과학자라고 간주하게 된 것은, 이들이 세계에 존재하는 미스터리에 대해 자연주의적naturalistic 설명이 아니라 합리적rational 설명을 했기 때문일 것이다. 지혜란 단지 수용되는 것이 아니라 논의할 가치가 있는 아이디어로, 필요하다면 폐기될 수도 있다는 것이 이들의 생각이었다. 이들은 서로 논쟁했으며, 앞 세대 사람들과도 겨뤘다. 이들은 자신의 아이디어에 대해 열정적이었다. 다음 구절은 헤라클레이토스(기원전 500년경 활약)가 그 이전 사상가들을 평가한 대목이다. '박학博

學은 식견識見을 가르치지 않는다. 만약 가르쳤다면, 헤시오도스와 피타고라스는 물론 크세노파네스와 헤카타이오스에게도 식견이 넘쳤을 것이다.' 지식인의 풍모가 넘치는, 참으로 대단한 통찰력이다.

대부분의 자연학자들은 생물학에 그다지 관심이 없었다. 그런데 엠페도클레스(기원전 492~432년으로 추정됨)는 예외였다. 시칠리아의 귀족 출신인 엠페도클레스는 변론가이자 시인, 정치가, 치료사, 카리스마 있는 예언가였다. 그의 종교시 〈정화의례들 *Purifications*〉의 첫머리에서 자신을 불멸의 신이라고 소개하며, 언젠가 도시에 들어왔을 때 수천 명의 사람들이 몰려와 그에게 치유와 신탁oracle을 청한 사연을 들려준다. 그는 군중의 청을 들어 줬으며, 적어도 한번 죽은 자를 되살렸다. 그는 에고ego를 지닌 예수 또는 반항적 태도를 지닌 자라투스트라였지만, 엄청난 영향력을 지닌 자연철학자이기도 했다. 장편시 〈자연에 관하여 *On Nature*〉에 담긴 수천 줄의 운문에는 우주발생론, 동물발생론, 기계론 그리고 (믿기 어렵겠지만, 아리스토텔레스가 훗날 자신의 학설로 삼을) 호흡이론과 4원소론 화학이 들어 있다.

엠페도클레스의 생물학에는 당시의 의학적 관행과 민간요법이 반영되어 있으며, 마술과 신비주의에 대한 그의 취향도 포함되어 있다. 시칠리아에서 엠페도클레스가 기적적인 치료를 행하여 사람들을 끌어 모으며 의기양양해 있을 때, 지중해의 반대편에서는 히포크라테스(기원전 450년경 활약?)가 학교를 열려던 참이었다. 오늘날 코스Kos 마을의 광장에는 넓고 오래 된 옹이 진 나무 한 그루가 있는데, 장성한 히포크라테스가 그 그늘에 앉아 치료를 행하고 지혜를 설파했다고 한다. 물론 지금 나무가 그때

나무는 아닐 것이고, 히포크라테스의 의학 저술이라고 알려진 것도 아마 그가 쓴 것이 아닐 것이다. 약 60권으로 구성된 『히포크라테스 전집 *Corpus Hippocraticum*』 중 일부는 히포크라테스나 그의 제자들이 쓴 것으로 보일 정도로 오래됐지만, 나른 것들은 기원후 1세기 무렵의 작품으로 보인다.

『히포크라테스 전집』 중 대부분은 제대로 쓴 전문 책자로, 질병에 대한 자연주의적 설명을 제시한다. 간단한 임상사례도 있고 지적으로 좀 더 야심 찬 것들도 있다. 『살(육체) *fleshes*』의 저자는 '사람과 그 밖의 동물들이 어떻게 형성되고 영혼은 무엇인지, 건강과 병듦은 무엇인지, 사람에게 나쁜 것이 무엇이고 좋은 것이 무엇인지, 죽음을 초래하는 것은 무엇인지' 설명하고자 했다. 심오하든 진부하든, 이런 논의들은 엠페도클레스의 방식과는 꽤 다르다. 다음은 급성질환에 대한 히포크라테스의 치료법이다.

> 이런 경우에는 종종 옥시멜[8] 내복액이 아주 유용하다. 옥시멜은 가래를 배출하게 함으로써 호흡을 돕는다. 약의 상태에 따라 효과가 다른데, 강한 산성일 때는 가래를 제거하는 데 탁월한 효능을 발휘한다. 가래를 부드럽게 해 거담을 도우므로, 깃털로 닦아낸 것처럼 기도가 깨끗해진다. 이렇게 해서 폐가 가라앉으면 안정이 찾아온다. 약을 조합해 쓰면 더욱 좋은 효과를 거둘 수 있다.

그에 비해 엠페도클레스의 접근방법은 다음과 같다.

---

8 옥시멜(oxymel). 히포크라테스가 식초와 섞어 만든 약품. - 역주

어떤 치료법이라도 유해함과 노화로부터 우리 몸을 지킨다네 / 당신만이 치료법들을 알게 될걸. 내가 그렇게 해 주지 / 당신은 바람의 그치지 않는 급습을 멈추게 할지니 / 대지를 향한, 그리고 농작물에 미치는 소용돌이치는 숨결의 소진시키는 힘을 / 마찬가지로, 당신이 그런 선택을 하면 그만큼 강력한 소용돌이를 일으킬 수 있고… / 심지어 하데스Hades에서도 당신은 사람들을 데려올 수 있지. 사람들의 힘은 시간이 지날수록 시들겠지만.

아리스토텔레스는 엠페도클레스의 스타일을 '혀 짧은 소리'라고 불렀다.

과학자가 되기 위해 아리스토텔레스가 해야 했던 온갖 일은, 매사에 탐색하는 성마른 자연학자들과 경험을 중시하는 무뚝뚝한 의사들 사이에서 결혼을 주선하는 일처럼 보인다. 그는 탁월한 정신력으로 이 일을 해냈다.

8

아리스토텔레스의 삶에 대해 확실한 것은 거의 없다. 옛 문헌이 십여 건 있지만, 그가 죽고 수세기가 지난 뒤 쓰인 것들이고 종종 서로 어긋난다. 각종 뜬소문과 라이벌 철학 학파의 술수로 전승 과정에서 뒤죽박죽 되는 바람에, 작품 뒤에 있는 작가를 탐구하려는 학자들은 수세기 동안 혼란을 겪었다. 그 결과는 시원찮다. 합의된 사실들을 기술하는 데 한 페이지면 족하니 말이다.

아리스토텔레스는 기원전 384년 스타기라(스타게이로스)에서 태어났는데, 이 연안 도시는 오늘날 테살로니카에서 그리 멀지 않다. 그의 아버지 니코마코스는 아스클레피아다이라는 결사조직에 속해 있었는데, 그 구성원들은 사제와 의사를 겸한 사람들이었다. 니코마코스는 돌팔이는 아니었고, 마케도니아의 왕 아민타스 3세의 시의侍醫를 지내기도 했다. 그렇다고 대단한 명의였던 것은 아니다. 당시 마케도니아는 결투로 판결을 대신하는 변방의 반半야만 국가였다. 아리스토텔레스는 열일곱 살에 아테네에 있는 플라톤의 아카데메이아에 들어가, 처음에는 학생으로 나중에는 선생으로 거의 20년 동안 머물렀다.

10대의 아리스토텔레스가 플라톤에게 가르침을 받으려고 아테네에 도착했을 무렵에는 두 세기가 채 안 된 자연철학의 전통이 죽은 상태였다. 글자 그대로 그랬다. 최후의 위대한 자연학자인 아브데라의 데모크리토스가 불과 수년 전 사망했다. 시간이 흘러 아리스토텔레스는 데모크리토스가 대단한 사람이었음을 깨닫고, 그의 체계에 자신의 체계를 비춰 검증하기도 했다. 아리스토텔레스는 데모크리토스가 진전을 이뤘다고 평가하며, 이렇게 말했다. '하지만 이제 세상이 달라졌다. 사람들은 자연에 대한 탐구를 포기했고, 철학자들은 정치학과 실제적인 선善(윤리)의 문제로 관심을 돌렸다.' 이것은 바로 소크라테스를 두고 한 말이었다.

소크라테스(기원전 469~399년)는 심사숙고하는 취향을 지닌 석공이었다. 젊었을 때는 자연철학을 좋아했다. 적어도 플라톤의 『파이돈』에서 말하는 소크라테스는 그랬다. 즉 생명의 기원과 사고의 물리적 기초, 천체의 움직임에 대해 궁리했다. 그러나 그의 노력은 허사였다. 그는 이런저런 자연학자들의 논의를 따랐거나 따르려고 시도했지만 혼란스럽기만 했다. 정말 1+1=2일까? 이에 대해 검토한 결과 더 이상 그렇다고 확신할 수 없었다. 소크라테스는 '이런 종류의 질문은 내 적성에 맞지 않는다'고 결론지었다. 그가 보기에 자연학자들은 결코 제대로 된 답을 제시하지 못했고 심지어 제대로 질문하지도 못했다. 지구가 편평하거나 둥글거나 다른 어떤 모양이어야만 한다고 설명할 때, 이들은 이것이 왜 최선인지 이유를 대야 했지만 결코 그런 적이 없었다. 그 대신 이들은 '자연'에 호소했는데, 이것은 진정한 인과론적 설명이 아니다. ('이 우쭐대는 이 사람들은 사물의 원인cause of a thing과 부재할 경우 원인이 될 수 없는 조건condition without which it could not be a cause을 구분하지 못한다!')

우주가 왜 선한지에 대해 논의하는 것에 관심이 없는 자연학자들에 환멸을 느낀 소크라테스는 자연세계를 대상으로 한 연구에서 등을 돌렸다. 크세노폰은 이렇게 썼다.

> 대부분의 사람들과 달리 소크라테스는 우주의 본성에 대해 논하지 않았고, '지식인들이 우주라고 부르는 것'의 상태와 '천체현상의 존재에 필요한 특징들'을 조사하지도 않았다. 그 대신, 그는 우주의 본성을 궁리하는 사람들을 '시간을 낭비한다'고 몰아세웠다. 그가 품었던 첫 번째 의문은, 이런 종류의 추론이 인간사를 이미 철저히 이해했다는 확신에 기반한 것인가였다. 실제로, 이들은 인간을 희생하고 신성divine을 집중적으로 조사하는 것이 적절하다고 생각하지 않았을까?

자연학자들은 상호 모순되는 이론들로 무장한 '미친 사람들'

같았다. 이들은 사회적 기생충이기도 했다.

> 소크라테스는 이런 사람들을 더욱 거세게 몰아붙였다. 그의 말에 따르면, 인간사를 연구하는 사람들은 그 주제가 자신은 물론 다른 잠재적 수혜자들에게도 생산적이라고 생각한다. 천체현상을 연구하는 사람들은 '사물이 존재하는 데 필요한 특징들을 발견하는 것'이 바람, 물, 계절, 그 밖의 모든 자연현상을 원하는 대로 만들어 내는 데 기여한다고 믿을까? 아니면, 그런 결과를 실제로 기대하지 않고 자연현상의 발생과정을 알아내는 데 만족할 뿐일까?

과학자들은 의견의 일치를 보지 못한다. 따라서 이들은 어리석다. 신의 역할을 하는 이들은 도대체 누구일까? 이들이 한 일 중에서 나에게 유익한 게 있을까? 이 모두는 시대를 초월한 반反과학의 진실한 목소리다. 이제 막 시작한 윤리학이 훨씬 쓸모가 많다. '소크라테스는 철학을 천체에서 도시로 소환하여 사람들에게 적용해, 삶과 도덕, 선과 악을 탐구하는 데 활용했다.' 키케로는 이렇게 평가하며 소크라테스를 찬양했다.

9

벽으로 둘러싸인 아카데메이아에는 체육관, 신성한 올리브 과수원, 정원이 있었다. 피레우스 공원에 그 초석이 남아 있지만, 전선, 축 처진 나무들, 온갖 잡동사니들 때문에 아카데메이아를 떠올리기는 어렵다. 플라톤은 이 일대의 부지를 매입하여 기원전

387년 무렵에 학교를 설립했다. 디오게네스 라에르티오스는 플라톤의 제자 명단을 기록했다. 아테네의 스페우시포스, 칼케돈의 크세노크라테스, 시라쿠사의 디온, 그리고 여성 둘을 포함해 그리스 주변에서 모여든 십여 명이 더 있다. 이곳은 오늘날의 대학보다는 철학모임에 더 가까웠다. 학생들은 수업료를 내지 않았다. 따라서 소피스트들이나 수사학자rhetorician들이 아테네의 젊은이들을 대상으로 화술과 법정에서 승리하는 변론술을 가르치는 학원 사업과는 성격이 전혀 달랐다.

아리스토텔레스가 도착했을 때, 플라톤 자신은 2년 일정으로 시칠리아로 떠날 짐을 꾸리고 있었다. 아마도 조카 스페우시포스에게 학교 운영을 맡겼을 것이다. 마흔 살 무렵 성미가 고약했던 플라톤은 홧김에 가장 아끼던 개를 우물로 집어던졌다는 얘기도 전한다. 아무튼 플라톤은 그 젊은이(아리스토텔레스)를 자기 문하에 받아들였으며, 우리는 아리스토텔레스에게서 플라톤 사상의 흔적을 엿볼 수 있다. 그럼에도 만일 플라톤의 대화, 아카데메이아의 교재, 아리스토텔레스의 회상이 아카데메이아의 정원에서 오고간 대화들을 보여주는 믿을만한 지침서라면, 당시 커리큘럼에 자연철학은 없었다. 설사 있었더라도 특수한 형태였을 것이다.

도덕신학moral theology에 대한 소크라테스의 관심은 플라톤에게도 이어졌다. 물론 두 사람을 분리하기가 어려운데, 이유는 소크라테스가 저서를 남기지 않았기 때문이다. 플라톤은 다작을 했는데, 그중 상당수가 '소크라테스'의 목소리를 빌려 쓴 것이다. 플라톤이 쓴 소크라테스는 크세노폰이 쓴 소크라테스만큼 거칠게 반과학적이지는 않지만, 플라톤의 완숙기 철학은 소크라테스의 발언만큼이나 과학에 대해 적대적이다. 어찌 보면 더 심한데,

플라톤은 글솜씨가 일품인 데다 저술들이 온전하게 살아남았기 때문이다.

플라톤은 가장 유명한 대화편인 『국가』에서 자연철학의 목적과 방법에 대한 자신의 견해를 제시한다. 글라우콘과 소크라테스가 철인왕哲人王의 교육에 대해 토론하고 있다. 천문학을 공부해야 할까? 글라우콘은 그래야 한다고 말한다. 천문학이 농업, 항해, 전쟁 등 모든 방면에서 유익하기 때문이다. 소크라테스는 글라우콘에게 그런 '저속한' 실용주의에서 벗어나라고 점잖게 지적한다. 글라우콘은 그럼에도 천문학을 공부해야 한다고 대답하는데, 그 이유인즉 천문학이 '영혼으로 하여금 위를 쳐다보도록 촉구하기' 때문이다. 글라우콘은 내심 이런 식의 대답이 소크라테스가 추구하는 것이기를 바랐지만, 다시 한 번 지적을 받는다. 글라우콘은 상상력이 지나치다는 것이다. 소크라테스에 의하면, 영혼으로 하여금 위를 쳐다보게 하는 유일한 학문은 '존재being와 보이지 않는 것invisible'을 다루는 것이고, '존재와 보이지 않는 것'이란 피상적인 겉모습 뒤에 있는 진정한 실체를 의미한다. 별을 연구하는 것은 우리에게 도움이 되지만 그리 대단한 것은 아니라고 소크라테스는 덧붙인다. 별의 실제 움직임은 보이지 않는 실체의 불완전한 표상일 뿐이다. 우리는 대상에서 기하학적 형상을 추구해야 한다. 그리고 이런 실체는 '눈에 보이는 광경이 아니라 이성과 사고로만 이해할 수 있다네. 자네(글라우콘)는 다르게 생각하나?'

글라우콘은 다르게 생각하지 않는다. 그는 소크라테스-플라톤의 반反경험주의에 백기를 든다. 몇 페이지 뒤에서 이야기가 조화의 학습study of harmony으로 넘어가자, 두 사람은 조화의 규칙과 음악 지각의 한계를 이해할 요량으로 '옆방에서 엿듣듯이 귀를 쫑긋 세우며 악기의 현絃을 쥐어뜯는' 자연학자들을 함께 야유한다. 이런 '대단한 사람들(음악 자연학자)'은 '일반화된 문제들로 넘어가지 않으며, 어떤 수數가 본래적으로 조화롭고 어떤 수가 그렇지 않은지와 그 이유를 조목조목 따지지 않는다.'[9] 희미하게 지각되는 음악의 질서에 대한 일반화된 형식이론을 연구해야 할 때, 이들은 고작 하프를 만지작거린다. 일반화된 형식이론은 우리가 음악에서 듣는 아름다움과 선함을 설명할 것이다. 그리고 음악의 조화와 별의 움직임을 통합할 것이다. 글라우콘은 이러한 생각을 '초인의 과제'라는 말로 집약하는데, 우리가 보기에는 절제된 표현인 듯하다.

플라톤은 이 정도에서 그쳤어야 했다. 만일 그랬다면 우리는 적어도 플라톤을 겸손하다고 말할 수 있었을 것이다. 그런데 그러지 않았다. 플라톤은 만년에 자연세계를 기술하고 설명했다고 주장하는 책을 썼다. 이 야심 찬 저술은 『국가』의 4분의 1 분량인데, 간결함이 모든 것을 말해준다.

10

플라톤은 『티마이오스』에서 우주와 우주에 담긴 모든 것—시간, 원소, 행성, 별, 인간, 동물—의 창조에 대해 설명한다. 비록 짧은

9 이런 야유가 조화의 지각에 대한 인지적 기초cognitive basis of harmonic perception라는 진지한 과학 문제를 풀기 위한 시도라는 점을 주목하라.

분량이지만, 백과사전처럼 모든 것을 담으려고 한 이 책은 존재론, 천문학, 화학, 감각생리학sensory physiology, 정신의학, 쾌락, 고통, 인체해부학과 생리학(간肝이 어떻게 예언의 근원이 될 수 있는가에 대한 설명도 있다), 질병과 성직 욕망의 기원을 다루고 있다. 이 모든 주제들은 『티마이오스』를 자연철학 책처럼 보이게 한다.

만약 『티마이오스』가 자연철학 책이라면, 이상해도 너무 이상한 책이다. 학술적인 인용도 없고 경험적 증거나 심지어 추론적 논의도 없는 『티마이오스』는 무의미한 확신과 함께 설득력 없는 주장으로 점철된 응접실의 독백이다. 상당히 종교적인 이 책은, 신성한 제작자divine workman인 데미우르고스Dēmiourgos가 세상을 어떻게 만들었는가를 밝히는 것이 목적이다. 다른 한편, 『국가』에 나오는 이상적인 도시가 실제로 어떻게 생겼는지를 보여주는 정치적 선전물이기도 하다. 솔직히 말해서 플라톤이 『티마이오스』를 통해 자연철학에 기여하려고 했는지조차 불분명하다. 플라톤은 보이는 세계를 설명하려 한다고 주장한다. 하지만 플라톤은 단지 '그럴듯한 이야기(eikōs mythos)'를 소개할 뿐이라는 말로 우리의 주의를 환기하면서 시작한다. 이런 언급을 하게 된 부분적인 이유는, 그가 진정 추구하는 것이 감각 너머에 있는 세계를 설명하는 것이기 때문이다. 이런 결함이 있지만 보이는 것flawed, but visible에 대한 어떤 설명도 완벽하지만 보이지 않는 것perfect, but invisible에 대한 모종의 메시지를 담고 있을 것이다. 하지만 플라톤은 이런 세계에 대해서조차 합리적인 설명을 시도할 생각이 전혀 없다.

동물의 기원에 대한 설명을 봐도 플라톤의 의도가 잘 드러난다. 플라톤이 말하기를, 예전에는 다양한 정도로 타락했거나 단순히 어리석은 사람들이 있었는데, 이런 사람들이 죄악의 정도에 따라 다양한 동물들—벌레, 조개 등—로 환생했다. 예컨대 새는 무해하지만 재치가 없는 사람들harmless but light-witted man이 환생한 것인데, 이들은 '하늘에 있는 것들에 관심이 많지만 너무 단순해서, 가장 확실한 것은 눈에 보이는 것뿐이라고 믿는다.' 즉 천문학자들이 새가 됐다는 말이다.

플라톤은 새가 진짜로 자연철학자로 환생했다고 생각했을까? 아니면 그저 우스갯소리를 한 것일까? 전자는 기원전 4세기라는 것을 고려해도 너무 엽기적이므로, 인심을 후하게 써서 후자라고 생각해 주자. 하지만 이런 우스갯소리는 『티마이오스』의 성격에 위배된다. 즉 이것은 자연철학 책이 아니라, 그 자체로서 모호한 시, 신화, 기발한 명구jeu d'esprit로 이루어져 있기 때문이다.

이런 평가가 가혹해 보일 수도 있다. 플라톤으로 말할 것 같으면 피타고라스학파와 기하학에 대한 애정을 공유했고, 『티마이오스』에는 수학을 이용해 자연세계를 기술하려는 최초의 시도가 들어 있을 정도다. 아카데메이아의 정문 위에는 '기하학을 모르는 사람은 이곳에 들어오지 말라'는 글귀가 새겨져 있었다고 한다. 독자들은 볼 수 없을지 모르겠지만, 오늘날 모든 물리학과의 전자카드 출입문 위에도 같은 문구가 아로새겨져 있다. 만일 플라톤의 과학이 신학과 거의 구분되지 않는다면, 몇몇 물리학자들의 발언으로 판단하건대 현대과학도 그렇다고 볼 수 있다. '만일 우리가 완전한 이론을 발견한다면, 이는 인간 이성의 궁극적인 승리일 것이다. 그때 우리는 신의 마음을 알 것이다.' 이것은 플라톤이 아니라 스티븐 호킹이 한 말이다.

이런 비교가 플라톤을 구원하지는 않는다. 일례로, 플라톤이 수학모델을 만드는 스타일을 살펴보자. '두 번째 입체도형[10]도 똑같은 삼각형들로 구성되는데, 여덟 개의 정삼각형으로 만들어지고 하나의 입체각은 네 개의 평면각을 형성한다. 그리고 이런 입체각이 6개 만들어지면 두 번째 입체도형이 완성된다. 세 번째 입체도형[11]은 20개의 정삼각형으로 구성되고 12개의 입체각을 갖는데…' 이것은 원소element에 대한 문장인데, 수의 신비에 깊이 사로잡힌 사람이 쓴 글임에 틀림없다.

플라톤을 시대의 산물이라고 둘러대며 어벌쩡 넘어가도 안 될 일이다. 자연학자들도 경험적 증거의 제한을 받지 않고 거창한 이론을 만드는 것을 좋아하는 경향이 있었던 것은 사실이다. 하지만 이들은 적어도 자신들이 말하는 것에 대해서는 진심이었다. 이들은 신화의 장막 뒤에서 킬킬거리거나 회피하지는 않는다.

마침내 올 것이 왔다. 플라톤이 『티마이오스』를 완성한 지 불과 몇 년 뒤 그의 학생 중 한 명이 실체의 성채citadel of reality에 대해 단호하고 합리적인 공격을 시작했는데, 오늘날 인쇄 양식으로는 1,000쪽이 넘는 분량이었다. 이전 사람들은 자연세계의 인과관계와 구조에 대해 어떻게 생각했을지, 왜 그 사람들은 (대개) 틀렸는지에 대한 철저한 분석이었다.

그가 바로 아리스토텔레스였다. 그는 스승의 이상주의에 등을 돌려, 우리의 세계를 있는 그대로 보기로 했다. 그에게 세계는 아름답고 그 자체로 연구할 가치가 있는 대상이었다. 아리스토텔레스는 응당 가져야 할 겸손함과 진지함으로 접근했다. 그는 세

---

10 정8면체. 공기의 분자. - 역주

11 정20면체. 물의 분자. - 역주

심하게 관찰했고, 이런 과정에서 손에 흙이 묻어도 아랑곳하지 않았다. 아리스토텔레스는 최초의 진짜 과학자다. 모든 시대를 통틀어 가장 설득력이 있는 지성인에게 가르침을 받은 사람이 스승에게 등을 돌리고 독자적인 경지에 올랐다니! 이것이 바로 아리스토텔레스의 미스터리다. 그가 세계를 설명하는 데 적용한 방식은 이 한마디로 요약된다. '경건함은 우리에게 친구들보다 진실에 충실할 것을 요구한다.'

11

기원전 348년 또는 347년에 아리스토텔레스는 갑자기 아테네를 떠났는데, 이 이유에 대해서는 적어도 두 가지 설명이 있다.

먼저 홧김에 떠났다는 것이다. 아리스토텔레스는 20년 동안 플라톤의 아카데메이아에서 연구했다. 동료들은 그를 '독서가'라고 불렀지만 아리스토텔레스에게는 독창성도 있었다. 아마도 너무 독창적이었을 것이다. 플라톤은 약간은 퉁명스럽게 그를 '망아지'라고 불렀는데, 망아지가 어미에게 발길질을 하듯 스승에게 발길질을 했다는 의미다. 수 세기 뒤 로마의 작가 엘리아누스는 이것을 가리켜, 특별히 아리스토텔레스에 대한 얘기가 아니라 아카데메이아 내부의 권력다툼을 보여준다고 썼다. 어느 날 나이 들어 나약하고 더 이상 명민하지도 않은 플라톤이 아카데메이아의 정원을 서성이다 아리스토텔레스 및 그 추종자들과 마주쳤는데, 이들이 철학적인 린치를 가했다는 것이다. 그 후 플라톤은 실내에 칩거했고, 아리스토텔레스의 추종자들이 수개월 동안 정원을 접수했다. 플라톤의 조카 스페우시포스는 점령자들을 어쩌지 못했지만, 또 한 명의 충성파인 크세노크라테스가 마침내 이들을 몰아냈다. 이런 얘기가 맞는지는 모르겠다. 하지만 플라톤이 죽자 아리스토텔레스가 아니라 스페우시포스가 권좌에 올랐고, 우연의 일치인지 아닌지 모르겠지만 이 무렵 아리스토텔레스는 동쪽으로 떠났다.

다음으로, 홧김이 아니라 정치적 상황 때문에 아리스토텔레스가 떠났다는 설명이다. 아리스토텔레스는 마케도니아 궁중과 밀접한 관계에 있었다. 아민타스의 아들인 필리포스 2세는 막강한 군사력으로 그리스의 내륙지역을 위협하고 있었다. 그는 막 아테네의 동맹도시인 올린토스를 함락해 초토화시켰고, 올린토스의 시민들을—그곳에 주둔한 아테네 군인들과 함께—노예로 내다팔았다. 아테네에서는 데모스테네스가 시민들을 자극하는 바람에 외국인 혐오가 기승을 부렸다. 사정이 이러하다 보니, 아리스토텔레스는 할 수 있을 때 떠나야 했다.

고대 문헌들은 예외 없이, 아리스토텔레스가 아테네를 떠났을 때 동쪽으로 갔다고 썼다. 즉 에게해를 건너 그리스의 변방인 소아시아 연안지역에 도착했는데, 이곳의 작은 도시국가들은 아테네, 마케도니아, 페르시아의 세력 판도에 따라 위태롭게 흔들리고 있었다. 트로아드 반도의 남쪽 연안에 자리잡은 아소스도 이런 도시국가들 중 하나로, 자매 폴리스sister *polis*인 아타르네오스와 함께 이 지역의 강자인 헤르미아스에 의해 통치되고 있었다. 헤르미아스에 대해서는, 미천한 신분으로 태어나 잠깐 권력을 잡았다가 끔찍하게 죽었다는 것 외에는 알려진 것이 없다. 헤르미아스는 한 은행가의 노예로 삶을 시작했지만, 아소스의 권력자이기도 한 그 은행가는 헤르미아스의 재능을 알아보고 노예에서 해방시켜 줬고 결국에는 자신의 상속자로 삼았다. 헤르미아스는 플라톤의 아카데메이아에서 교육을 받은 것으로 알려져 있다. 그가 환관이었다는 설도 있는데, 이런 이야기들은 대부분 그의 명성을 높이거나 깎아내리기 위한 헛소문일 것이다. 고대 문헌 가운데 공정한 것은 거의 없다. 어디서 왔든 간에, 기원전 351년 권력을 잡았을 때 헤르미아스는 꽤 지적인 사람이었다. 그는 아카데메이아에서 여러 명을 궁정으로 초빙했는데, 이 가운데 아리스토텔레스도 포함되어 있었다.

『국가』에서, 플라톤은 이상국가에서 철학의 지혜가 어떻게 정치권력을 순화하는지에 대해 말한다. 플라톤은 이런 이상을 구현하기 위해 시칠리아로 가서 시라쿠사의 방종한 소小디오니시오스의 가정교사 노릇을 했지만, 이 프로젝트는 자칫 그의 목숨을 앗아갈 뻔 했다. 이런 사건이 있은 후, 아카데메이아의 철학자들이 다시 한 번 철인왕을 만들려고 한 대상이 바로 헤르미아스였다. 짤막한 전기傳記에 따르면, 아리스토텔레스는 아소스에 3년간 머무르며 그 독재자의 지배방식을 많이 순화했다. 아무리 그렇더라도 헤르미아스가 마케도니아에 동조하면서 이 프로젝트 역시 안 좋게 끝났다. 기원전 341년, 마케도니아의 팽창주의에 위협을 느낀 아테네 사람들은 필리포스에게 트로아드에 주둔한 군대를 철수시키라고 요구했고 필리포스는 그렇게 했다. 그러자 헤르미아스는 애가 탔고, 당시 일시적으로 아테네와 연합했던 페르시아인들이 그를 붙잡아다 고문해 죽였다. 아리스토텔레스는 깊은 상실감을 느꼈다. 그로부터 수년 뒤, 아리스토텔레스는 델포이에 바친 헤르미아스의 조각상에 다음과 같은 명문銘文을 새겼다.

헤르미아스를 처형한 것은 극악무도한 일로, 신성한 정의의 모든 측면을 무시한 처사였다. 누가 그를 죽였는가? 활을 메고 다니는 페르시아의 왕이다. 헤르미아스가 몰락한 것은 공정한 결투나 전쟁터에서 창으로 찔려 죽었기 때문이 아니다. 다만 믿었던 사람에게 배신당했기 때문이다.

아리스토텔레스가 살해된 친구를 위해 매일 찬가를 불렀다는 말도 있는데, 아마도 디오게네스 라에르티오스가 『그리스 철학자 열전』에 기록한 찬가일 것이다. 감정이 지나친 것처럼 보이지만, 아리스토텔레스의 아내 피티아스가 헤르미아스의 조카딸 또는 어쩌면 딸일지도 모른다는 점을 감안해야 한다. 참고로, 결혼 당시 아리스토텔레스는 서른여덟 아니면 서른아홉 살이었고 신부는 매우 젊었을 것이다. (『정치학』에서 아리스토텔레스는 남자의 결혼 적령기는 서른일곱 살이고 여자는 열여덟 살이라고 말한다.) '향기로운 미르틀[12]과 아름다운 장미는 / 그녀의 손에 행복을 담았네, 그녀의 머리칼은 / 허리와 어깨 위에 어둠처럼 드리웠네…' 아르킬로코스[13]는 다른 장소와 다른 시대에 다른 소녀에 대해 이렇게 노래했지만, 나는 피티아스의 모습이 이랬을 거라고 상상한다.

---

12 미르틀(myrtle). 지중해가 원산지인 허브. - 역주
13 아르킬로코스(Archilochos). 고대 그리스 서정시인. - 역주

고대 그리스의 소녀

12

고대 아소스의 폐허는 평지와 해안에서 가파르게 솟아올라 있는 휴화산 아래에 펼쳐져 있다. 도리아식 기둥 다섯 개가 있는, 아테나 여신에게 바쳐진 사원이 아크로폴리스를 내려다보고 있다. 바다 쪽 경사면에는 주랑柱廊, 불레우테리온[14], 체육관, 광장의 초석이 남아 있다. 슈와젤-구피에Choiseul-Gouffier는 『그리스 풍경 여행』(1809)에서 '아소스처럼 즐겁고 볼 것이 많은, 축복받은 도시는 별로 없다…'고 쓰면서, 전성기 때 어떻게 보였을지에 대해 비록 부정확하지만 유쾌하게 재구성하고 있다. 윌리엄 마틴 리크[15]는 아소스가 그리스 도시의 이상을 가장 완벽하게 구현했다고 말했다.

14 불레우테리온(Bouleuterion). 고대 그리스 도시국가의 의사당. - 역주

15 윌리엄 마틴 리크(William Martin Leake, 1777-1860). 영국의 골동품 연구가. - 역주

황혼녘에 터키풍 마을을 지나 성채를 따라 오르막을 걷다가 고대 유적을 둘러싼 담을 넘으면, 아소스가 정말 아름다웠음을 지금까지도 알 수 있다. 하지만 슈와젤-구피에와 리크가 봤던 것을 볼 수는 없다. 1864년 터키(오스만두르크) 정부는 온전한 고대 도시의 상당 부분을 파괴했고, 석재를 이스탄불의 무기고 부두를 건설하는 데 썼다. 당시 프랑스는 오스만 정부로부터 사원의 돋을새김을 선물로 받아 루브르 박물관에 전시했는데, 그나마 다행스러운 일이다. 1881년 남아 있던 유적을 발굴하던 한 미국 팀은 새로 파낸 벽과 프랑스 사람들이 놓친 대리석 켄타우로스 상像을 가져가기 위해 마을 사람들과 협상을 해야 했다.

아리스토텔레스 당시 지어진 지 180년가량 됐음에도, 극장은 헬레니즘 양식이다. 성채에서 보는 조망은 크게 변하지 않았다. 육중해서 꿈쩍도 하지 않는 동쪽 벽은 여전히 서 있다. 주변 언덕은 토종 관목으로 덮여 있고 계곡에는 참나무가 많다. 여행자용 리조트는 저 아래 해안가에 있는데, 이곳에는 올리브나무조차 그다지 많지 않다. 그러나 우리의 주의를 끄는 것은 바로 섬이다. 커다란 회색과 청색 층에 휩싸인 레스보스섬이 바로 우리 앞에 놀랄 만큼 가까이 자리하고 있기 때문이다. 꼭 헤엄쳐서 도달할 수 있을 것 같고 그러고 싶은 충동을 억제하기 어렵지만, 미틸레네 해협의 가장 좁은 지점도 너비가 9㎞나 된다. 일단 레스보스를 바라보면 가고 싶은 마음이 생긴다. 거기서는 뭔가를 꼭 발견할 수 있을 것 같아서다.

13

위: 복원된 아소스
아래: 아소스 성채에서 본 레스보스(2012년 8월)

헤르미아스가 여전히 통치하고 있던 기원전 345년, 아리스토텔레스는 새 신부를 대동하고 레스보스로 건너가 살았다. 낭만주의자인 톰프슨은 아리스토텔레스가 이 섬에서 보낸 2년을 '아리스토텔레스 인생의 허니문'이라고 불렀다. 아마도 그랬을 것이다. 하지만 사실 아리스토텔레스가 이 섬에서 정확히 무슨 일을 했는지는 전혀 알 수 없는데, 일기나 노트를 남기지도 않았고 고대의 전기작가들도 침묵했기 때문이다. 하지만 다시 톰프슨이 옳다면, 아리스토텔레스가 생물의 세계를 기록하고 이해하는 위대한 작업을 시작한 곳이 바로 레스보스다.

작업은 대화에서 시작되었을 것이다. 우연한 언급이 열띤 반응을 불러일으켰을 것이다. 그러자 말을 더 많이 하게 됐고, 근사하고 스릴 있는 대상에 대한 전체적인 비전이 모습을 드러냈을 것이다. 아리스토텔레스의 생물학이 이렇게 시작됐을 것이라는 생각은 매력적이고 납득할 만하다. 이것은 받아들이기 어려운 이야기가 아니다. 아리스토텔레스가 레스보스에 갔을 때 대화상대가 될 만한 철학자가 적어도 한 명은 있었을 테니 말이다. 그 사람은 아리스토텔레스의 절친한 친구가 되고, 결국에는 그의 지적 재산을 물려받게 된다.

티르타모스Tyrtamos는 레스보스 남서쪽 해안에 있는 도시인 에레소스에서 태어났다. 에레소스 주변의 계곡은 포도밭 덕분에 온통 초록색으로 물들어 있었다. 에레소스는 와인으로 유명했다. 오늘날 이 계곡은 너무 메말라 경작을 할 수 없지만, 고대에 계단 모양의 밭이었음을 보여주는 흔적은 여전히 남아 있다. 티르타모스와 아리스토텔레스가 언제 어떻게 만났는지는 알 수 없다. 아카데메이아에서 제자였던 열세 살 연하의 티르타모스가 스승을 따라 아소스로 간 것일 수도 있다. 그랬다면 티르타모스가 스승에게 고향을 소개했을 것이다. 아니면 아테네를 구경해 본 적도 없는 티르타모스가 레스보스에서 아리스토텔레스를 만난 것일 수도 있다. 말주변이 좋은 젊은이는 저명한 방문자의 눈에 들었을 것이다. 사실 우리는 그의 이름이 무엇이었는지도 확신할 수 없다. 스트라보는 '티르타모스'라고 썼고 디오게네스 라에르티오스는 '티르타니오스Tyrtanios'라고 썼다. 사실상 철자는 문제가 안 되는데, 티르타모스가 됐든 티르타니오스가 됐든 완전히 잊힐 운명이었기 때문이다. 아리스토텔레스는 젊은이의 이름을 테오프라스토스Theophrastos로 개명했는데, '신성한 발언'이라는 뜻이다. 테오프라스토스는 아리스토텔레스의 가장 가까운 협력자가 된다. 소크라테스-플라톤-아리스토텔레스-테오프라스토스! 우리는 황금사슬에서 다음 연결고리를 만난 것이다.

'신성한 발언'이란 참 이상한 이름이다. 왜냐하면 그 사람이 쓴 글들은 중요성에도 불구하고 한 여름의 흙처럼 건조하기 짝이 없기 때문이다. 지금까지 남아 있는 테오프라스토스의 저서들 가운데 하나인 『캐릭터』는 우리가 피하고 싶은 사람들을 나열한 백과사전인데, 무뢰한, 구두쇠, 수다쟁이 등이 지겨울 정도로 이어진다. 책 내용은 실제로도 시시하다. 아리스토텔레스처럼 논리학, 형이상학, 정치학, 윤리학, 수사학 등 다양한 분야의 책을 썼지만, 테오프라스토스의 저서들은 모두 사라졌다. 하지만 식물학 책이 살아남았다. 게다가 뛰어난 작품이다.

테오프라스토스는 식물학 서적 두 권을 썼다. 하나는 『식물탐구』로 서술적이다. 그는 이 책에서 식물체를 구성하는 각 부분들을 규정하고, 이를 토대로 식물을 몇 가지 그룹—나무, 관목, 작은 관목, 풀—로 분류했다. 이 체계는 르네상스 시대까지 이어졌다. 다른 하나는 『식물의 이유에 관하여』로, 식물의 성장을 다루고 있다. 그는 이 책에서 식물의 성장에 미치는 환경의 영향을 검토하고, 나무와 작물의 재배를 논하고, 식물의 질병과 식물이 죽는 이유를 조사한다. 아리스토텔레스가 동물을 연구해 책을 썼다면, 테오프라스토스는 식물을 대상으로 한 연구가 담긴 책을 썼다. 즉 두 사람이 쓴 책은 각각 동물학과 식물학 분야의 토대를 이루었다.[16]

두 철학자가 라군에서 그리 멀지 않은 올리브나무 숲에서 어슬렁거리는 장면을 떠올려 보자. 둘은 자연을 둘로 나눠 경쟁보다는 협력하기로 한다. '자네는 식물을 맡게. 나는 동물을 연구할 테니. 그러면 우리 둘이서 생물학의 토대를 놓게 될 거야.' 멋지지만 너무 단순한 생각이다. 테오프라스토스는 동물에 대한 책들도 썼고, 아리스토텔레스도 식물에 대해 적어도 한 권은 썼기 때문이다. 하지만 두 가지 경우 모두 남아 있는 것이 하나도 없다. 식물학자들이 둘 중 한 사람을 식물학의 아버지로 삼고 동물학자들은 나머지 한 사람을 동물학의 아버지로 삼는 것은 대체로 역사의 우여곡절—수도승이 어떤 책을 남기기로 결심했는가—의 결과물이다. 하지만 아리스토텔레스가 고대의 또 다른 위대한 생물학자의 고향에서 동물들을 연구하기로 한 것은 우연일 수 없다.

---

16 내가 『식물 탐구*Enquiries into Plants*』라고 부르는 책은 전통적으로 '*Historia plantarum*'으로 알려져 있고, 『식물의 이유에 관하여*Explanations of Plants*』라고 부르는 책은 전통적으로 '*Causis plantarum*'으로 알려져 있다. 내가 '*Historia animalium*'를 『동물 탐구*Enquiries into Animals*』라고 부르는 것과 마찬가지다. 라틴어 제목은, 내가 맨 처음 그것을 사랑하게 되었던 추억 때문에 간직하고 있다.

이들의 연구 프로그램과 삶은 깊이 엮여 있다. 테오프라스토스는 아리스토텔레스를 이어 리케이온 원장이 됐고, 아리스토텔레스가 가장 소중히 여긴 것—장서—를 물려받았다.

하지만 두 사람은 매우 다른 사상가였다. 아리스토텔레스는 과감한 설명을 하는 데 주저한 적이 거의 없는 반면, 테오프라스토스는 신중한 경험주의자였다. 아리스토텔레스가 큰 그림을 그렸다면, 테오프라스토스는 마주친 어려움을 두고 고민하는 편이었다. 이러한 점 때문에 아리스토텔레스가 협력관계를 주도했던 것으로 흔히 간주되며, 실제로도 그랬을 것이다. 그럼에도 두 사람이 레스보스에 있을 때 생물을 연구하자는 아이디어를 누가 먼저 냈는지가 여전히 궁금하다. 누가 누구를 설득했을까?

14

레스보스에 가려면 피레우스에서 야간 페리를 타야 한다. 아직 젊거나 돈이 없거나 체력이 튼튼하다면 갑판에 머무는 3등석 표를 끊는 것도 좋다. 30유로면 에게해를 건널 수 있다. 여행하는 동안 계단통에 살림을 차린 집시 가족, 바를 점령하고 있는 (섬 주둔지로 귀환하는) 병사들, 아니면 라운지를 차지하고 있는 (올리브 과수원으로 돌아가고 있는) 농민들을 볼 수도 있다. 어쩌면 객실을 잡는 것이 나을 것이다. 12시간이나 걸리는 여정이니까.

아테네가 멀어지면 온통 파란색이다. 새벽 3시에 배는 키오스에 정박한다. 항구가 작기 때문에, 배는 터빈을 최대한 가동하여 135m에 이르는 장축이 들어갈 수 있도록 방향을 틀어야 한다.

조명 아래에서는 흰 제복을 입은 부두 경찰들이 호루라기를 불고 팔을 흔들며, 컨테이너 트럭과 말 안 듣는 통행인들을 안내하고 있다. 그럼에도 어찌되었든 정리가 된다. 30분 뒤, 배는 잠든 도시를 향해 경적을 울리고 다시 방향을 틀어 에게해로 나간다.

새벽이 되면, 불그스름한 아침놀을 배경으로 터키 해안이 검게 모습을 드러낸다. 점차 밝아지면서 레스보스가 모습을 드러내는데, 처음에는 소나무가 빽빽한 올림보스산이 보이고 뒤이어 바위투성이인 남쪽 해변이 보인다. 말레아 곶은 둥그렇다. 배의 왼쪽에는 레스보스가 오른쪽에는 아소스가 보이고, 미틸레네가 금세 눈앞에 모습을 드러내는데, 대성당의 대리석 돔이 아침 해에 하얗게 빛난다.

미틸레네에 내 친구가 있다. 배가 부두에 정박할 때, 난 요르고스Giorgos K.에게 전화를 걸어 부두 카페에서 만나기로 한다. 지역 대학의 수리생태학자인 요르고스는 오래된 친한 친구로 이 섬에 살고 있다. 우리의 대화 범위는 늘 거기서 거기다. 과학에서 시작하여 여자로 넘어가는데, 양쪽 다 발전하고 있지만 어려움이 있었다. 그러나 최근 상황이 바뀌었다. 요르고스는 못 말리게 여자를 밝히는데, 친구들도 동의하듯이 과분하게도 아름다운 아내를 얻었다. 천만다행이다. 앞으로 몇 년 동안 얘기할 거리가 생겼으니.

내가 지금 요르고스를 언급하는 것은 이 친구가 나를 칼로니로 처음 데려온 사람이기 때문이다. 우리는 미틸레네에서 북쪽으로 차를 몰았고, 칼로니의 동생뻘인 회색빛 게라만灣을 끼고 돌아 소나무가 빽빽한 올림보스산의 아래쪽 경사지를 통과해 남서쪽 지름길로 달리자, 놀랄 만큼 거대한 라군이 펼쳐진 아클라데리 해변이 모습을 드러냈다. 이곳에는 생선요리 맛집과 올리브 과수원이 있다. 들리는 이야기에 따르면 (한때 해안을 따라 이웃 마을까지 펼쳐져 있던) 고대 도시 피라의 유적도 있다는데, 나는 그런 것을 본 적이 없다.

하지만 고고학만 말을 하는 것은 아니다. 책과 섬도 말을 한다. 아리스토텔레스가 살았던 에게해 동쪽의 모든 장소 가운데 레스보스가 단연 최고다. 적막하고 해가 이글거리는 해안에는 다른 곳에는 없는 자연세계가 풍부하게 펼쳐져 있어 주의를 끈다. 그리고 레스보스에서 가장 눈에 띄는 곳은 칼로니다. 봄날 아침에 칼로니 해안에 흩어져 있는 마을들 중 한 곳의 부두로 내려가면 『동물 탐구』에 나오는 동물들을 실제로 볼 수 있다. 아리스토텔레스의 물고기인 perkē(고등어류), skorpaina(쏨뱅이), sparos(도미류), kephalos(회색숭어)가 구매자의 픽업트럭에 실린 채 숨을 헐떡거리고 있다.[17] 아리스토텔레스가 사용했던 이 이름들은 지금도 여전히 통용되므로, 생선구이를 먹고 싶다면 어부들에게 이 이름을 대고 구입할 수 있다. 또 갑오징어를 한 양동이 사서 아리스토텔레스의 책에 나온 대로 해부할 수도 있다. 부두 한 쪽으로 몸을 기울이면, 역시 아리스토텔레스가 언급한 또 다른 동물들—우렁쉥이, 말미잘, 해삼, 삿갓조개, 게 등—이 손에 잡힐 듯 보인다. 어선의 갑판에는 라군의 바닥을 점령한 뿔고둥의 껍데기와 알집이 널려 있는데, 아리스토텔레스도 이 생물들의 산란 습성을

17 고대-현대 그리스어 이름은 다음과 같다. perkē-perka, skorpaina-skorpiomana, sparos-sparos, kephalos-kephalos. 영어 토착어와 라틴어 이명법에 대해서는 용어해설(2. 이 책에 언급된 동물 종류들)을 참고하라.

궁금해 했다. 염전 옆에 있는 습지를 따라 걷다 보면 논병아리, 오리, 따오기, 왜가리, 장다리물떼새가 보이는데, 아리스토텔레스는 이들의 몸 구조와 습성에 흥미를 느꼈다. 봄 철새들 중에서 가장 예쁜 (청록색과 황금색, 황토색, 녹색 깃털을 지닌) 유럽벌잡이새도 보이는데, 모래톱에 둥지를 튼 모습이 아리스토텔레스가 말한 것과 똑같다. 톰프슨은 이렇게 썼다. '이런 한적한 라군에서 조용한 여름을 보내는 사람은 억세게 운 좋은 자연주의자다. 그는 자연의 풍요로움을 발견하고 'all that Lesbos has on it'[18]이라고 감탄하며, (아리스토텔레스가 잘 알고 좋아했던) 동물들을 보며 어슬렁거릴 것이다.' 나도 이렇게 해 봤는데, 톰프슨의 말이 맞았다.

---

18 '레스보스에는 이 모든 것이 있다.': 『일리아드』 XXIV

알려진 세계

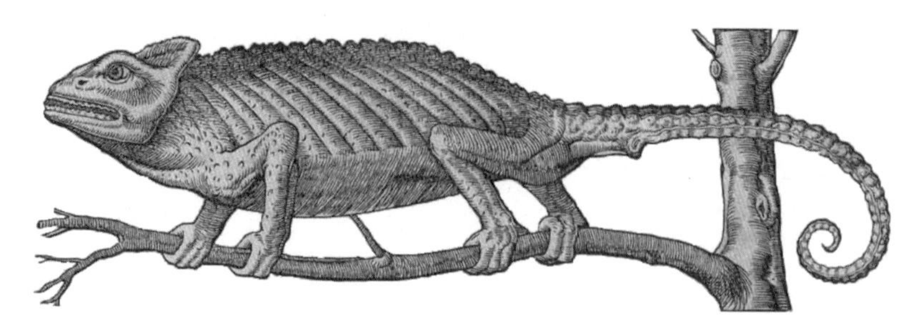

카멜레온(*Chamaeleo chamaeleon chamaeleon*)

◊

체형이 세로로 넓적하며, 돌출된 두 눈은 360°로 따로 돌아가고, 작은 구멍이 뚫린 눈꺼풀이 항상 덮고 있다. 발도 두 갈래로 나뉘어서 나뭇가지 등을 잡는 데 유리하다. 피부색이 바뀌는 것은 기온과 기분에 의한 표현이다.

15

아리스토텔레스가 과학자였다는 주장의 이면에는, 우리가 과학자를 인식할 수 있다는 가정이 깔려 있다. 사회학자와 철학자들은 자신들의 관점에서 과학자를 정의하려고 오랫동안 시도했지만 특별한 소득이 없었다. 활동 영역과 중시하는 부분이 워낙 제각각이어서, 점성술사를 제외해야 한다는 점을 빼면 모두가 합의할 수 있는 정의를 도출하지 못했다. 자신과 동류인 사람들을 쉽게 알아보는 과학자들—비록 정의를 내리는 훈련은 별로 받지 못했지만—에게 재촉한다면, '체계적인 탐구systemic investigation를 통해, 경험된 실체experienced reality를 이해하려 노력하는 사람' 정도를 제시하지 않을까? 이 정의는 다소 느슨하지만 이론물리학자와 딱정벌레연구가, 그리고 일부 사회학자까지도 포함할 수 있다. 경계를 둘러싸고 옥신각신할 수는 있지만 이 정의만으로도 인간 활동의 분야를 꽤 좁힐 수 있으므로, 정원사, 의사(체계적인 연구를 하지 않는 경우), 문학비평가와 철학자(경험된 실체를 다루지 않는 경우)는 물론 이도 저도 아닌 동종요법의사homeopath와 창조'과학자'도 과학자의 범주에서 제외할 수 있다. 하지만 아리스토텔레스는 과학자에 포함되는데, 그의 연구에서 체계적인 면을 빼면 남는 것이 없고 그 자신이 경험된 실체를 이해하기 위해 최선을 다했기 때문이다. 자신을 '과학자'라고 부른 적이 단 한 번도 없지만, 아리스토텔레스는 '자연과학(*physikē epistēmē*)'—문자 그대로 해석하면 '자연에 관한 연구'—라는 용어를 썼다. 그리고 자신을 단지 피지오로고스(*physiologos*)[1]—'자연을 설명하는 사람'—이 아니라 피지코스(*physikos*)—'자연을 이해하는 사람'—라고 불렀다.

16

오늘날 『형이상학』이라고 부르는 논문집에서 아리스토텔레스는 근본적인 실체fundamental reality를 탐구했다. 그의 아이디어를 이해하기는 쉽지 않다. 학자들은 지난 수백 년 동안 『형이상학』 열네 권에 주석을 다느라 고생했고, 앞으로 수백 년 동안도 그럴 것이다. 다행히도, 이 책 첫머리의 빛나는 격조를 이해하기 위해 굳이 이들의 전철을 밟을 필요까지는 없다.

> 모든 사람은 본성적으로 알고 싶어한다. 우리가 감각sense에서 느끼는 즐거움이 증거다. 감각은 심지어 유용성을 떠나 그 자체로 사랑 받는다 … 그리고 무엇보다도 시각이 중요하다. 그 이유는 모든 감각 중에서 사물들 간의 차이를 가장 잘 보여주는 것이 시각이기 때문이다.

여기서 '안다'는 편협하게 '이해한다'만을 의미하지 않는다.

---

1 2장 '섬'의 #7에서 언급한 피지오로고이(*physiologi*) —'자연학자들'—의 단수형이므로, 앞으로 '자연학자'라고 번역하기로 한다. – 역자

'안다'에는 '지각知覺한다'는 의미도 있다. 따라서 우리는 아리스토텔레스의 단어들에서 먼저, 사람들이 감각을 사용하는 데서 기쁨을 느낀다는 주장을 읽어 내야 한다. 사람들이 이런 기쁨을 느낄 수 있는 이유는, 감각 덕분에 세계를 이루고 있는 모든 종류의 사물들을 지각할 수 있기 때문이다. 하지만 이것은 단지 시작일 뿐이다. 아리스토텔레스는 한걸음 더 나아가, '지각함'을 뜻하는 '앎'이 '이해함'을 뜻하는 '지혜'의 기반이 된다고 주장한다. 요컨대 '이해함'을 갖춰야 지혜로운 사람이 된다는 것이다. 아리스토텔레스가 『형이상학』의 맨 앞에 이런 명제를 내세운 이유는 뻔하다. 그는 논쟁의 기준을 세우면서 아카데메이아의 이상주의에 대해 전쟁을 선포하고 있다. 아리스토텔레스의 프로젝트는 플라톤과 다르다. 그는 이 세계this world를 대상으로 하며, 우리가 여기here에 대해 알기를 원한다.

지각에서 지혜를 얻기 위해 아리스토텔레스는 이해의 위계hierarchy를 제시한다. 그의 말에 따르면, 우리가 뭔가를 지각하면 그에 대한 기억을 지니게 된다. 그리고 어떤 종류의 사물에 대한 많은 기억들을 통해 우리는 이것을 일반화할 수 있다. 예컨대 소크라테스와 플라톤에 대한 기억이 우리로 하여금 '남자'를 일반화할 수 있게 한다. 이것은 플라톤의 주장과 정면으로 배치된다. 플라톤은 우리가 세상에 있는 모든 지식을 지닌 채 태어난다고 주장했다. 정말이지 옛날에는 그 모든 지식을 지니고 있었는데 불행히도 지금은 잊어버렸을 뿐이라는 것이다. 따라서 우리의 과제는 잊어버린 지식을 되찾는 것이다. 이런 인식론을 경험적 정적주의empirical quietism라고 부른다. 우리가 이미 모든 것을 알고 있다면 굳이 세계를 탐구할 필요가 없다는 것이다. 아마도 이것에 대해 충분히 대화하다 보면 지식이 다시 돌아올 것이다. 플라톤이 대화편을 쓴 것은 결코 우연이 아니다.

하지만 아리스토텔레스는 대화의 가치를 낮게 평가하며, 심지어 예술과 과학에 필요한 경험도 충분하지 않다고 생각한다. 아리스토텔레스는 의사를 예로 들어 그 이유를 설명한다. 그다지 명석하지 않지만 실무적 마인드를 가진 의사는 어떤 치료법이 한 환자에게 효과가 있으면 다른 환자에게도 그럴 거라고 추측하지만, 그 작동과정에 대해서는 이해하지 못하고 신경 쓰지도 않는다. 아리스토텔레스는 이런 부류의 거친 경험주의도 나름 유용하다고 인정하지만, 그렇게 대단한 것은 아니라고 말한다. 사실 아리스토텔레스는 단순한 경험주의에 대해 꽤 비판적이어서, 암기식으로 배운 과제를 수행하는 노동자를 '무생물'에 비유했다. 노동자들이 어떤 일을 하는 이유는, 단지 늘 그렇게 해 왔기 때문이다.[2] 장인匠人은 자신이 만드는 물건의 존재 이유를 이해하는 사람으로, 다른 기계인간machine-man들에 비해 '격이 높고, 진정한 의미의 지식을 보유하고 있으며, 지혜롭다.' (『정치학』 1253b31: '노예는 살아 있는 도구로서…')

뭔가를 가르칠 수 있는 사람은 그럴 수 없는 사람보다 우월한데, 그 이유는 이해하기 때문이다. 이런 관점은 이해를 추구하는 삶을 영위한 사람에게는 아주 자연스러운 것이다. 아리스토텔레

---

2 아리스토텔레스가 못마땅하게 여긴 것은 손으로 하는 일 그 자체가 아니라, 이해가 결여된 상태에서 하는 일이었다. 아리스토텔레스가 생물학에서 솜씨craftmanship라는 말을 메타포로 즐겨 사용했고, 손을 잘 쓸 뿐 아니라 다루는 대상에 대한 이해도가 높은 사람을 지칭해 '장인'이라고 부른 것을 봐도 그의 의도를 능히 짐작할 수 있다.

스는 계속해서 발명가도 대단하다고 말한다. 그런데 어떤 발명가는 다른 발명가보다 더 대단하다. 예컨대 '여흥을 목적으로 한' 발명품을 만드는 사람은 유용한 뭔가를 만드는 발명가보다 우월하다. 이 말은 좀 삐딱하게 들리지만, 아리스토텔레스는 단지 순수한 지식이 유용한 지식보다 낫다는 점을 강조하고 싶었을 것이다. 이런 논의를 통해, 아리스토텔레스는 '이해의 형태'에 대한 다소 거슬리는 구분을 '이해를 지닌 사람'에게까지 확장한다. 그 결과 아리스토텔레스는 노골적인 속물근성—지금은 폐기된 사고방식이지만 불과 얼마 전까지도 남아 있었다—을 드러내게 되는데, 바로 순수과학자가 공학자보다 우월하고 공학자는 정원사보다 우월하다는 관점이다. 우리 세대의 평등주의적 본능에서 보면 이런 태도는 부적절하지만, 불쾌한 독자들은 아리스토텔레스가 바야흐로 새로운 종류의 철학을 출범시키고 있다는 점을 상기하기 바란다. 즉 절대적인 가치를 추구하는 데 관심이 없고, 감각 저 너머의 완벽한 세계를 전제로 하지 않는 철학 말이다. 아리스토텔레스의 철학은 조만간 농부와 생선장수가 일상적으로 경험하는 것들—먼지, 피, 살, 때, 성장, 짝짓기, 번식, 죽음, 부패—을 포용하게 된다. 그러기 위해서 아리스토텔레스는 엄격한 계급사회의 엘리트인 청강생들을 설득해야만 했다. 이런 것들에 대해 숙고한 결과로 나온 지식이 고상한 것이고, 이것을 추구하는 사람들의 성품도 고상하다고…

17

아리스토텔레스의 과학적 방법은 그의 인식론과 궤를 같이한다. 아리스토텔레스에 따르면 우리는 파이노메나(*phainomena*)—여기서 '현상phenomena'이란 말이 나왔지만 아마도 가장 적절한 번역어는 '외현appearances'일 것이다—로 시작해야 하는데, 그가 말하는 외현外現은 자신의 눈으로 본 것뿐만 아니라 다른 사람들이 본 것과 그에 대한 그들의 의견까지 포함한다. 아리스토텔레스는 '현명한' 사람과 '존경스런' 사람들의 의견을 경청했다. 그는 한 사람이 모든 것을 다 볼 수 없음을 잘 알고 있었다. 때로 우리는 다른 사람이 들려준 이야기를 신뢰할 수밖에 없다(그리스인들은 바빌로니아와 이집트에서 방대한 천문 목록을 이어받았다).

출처가 어디든 간에 이런 데이터는 어떤 대상, 예를 들어 동물(zōia)이라는 폭넓은 집단에 대한 많은 관찰로 이루어져 있다. 일단 큰 틀이 잡히면 더 작은 집단으로 정리해야 한다. 동물의 경우 조류, 어류, 뿔 달린 동물, (붉은) 피가 없는 동물 등으로 말이다. 아리스토텔레스는 데이터에 대한 욕심에 끝이 없었고, 이것을 분류하고자 하는 열의는 식을 줄 몰랐다. 아리스토텔레스는 동물, 식물, 바위, 바람, 지리, 도시, 법률, 성격, 연극, 시—이것은 목록의 일부일 뿐이다—를 탐욕스럽게 관찰했고, 이것을 가공하여 이 책에서는 이런 식으로 저 책에서는 저런 식으로 분류했다. 아리스토텔레스는 이 모두에 대해, 연구의 초기 귀납적 단계initial inductive phase는 진정한 과학이 아니라 단지 과학적 추론scientific reasoning이 자리잡을 경험적 기반이라고 생각했다.

아리스토텔레스는 동물에 대한 데이터를 『동물 탐구』에 결집했는데, 아무 곳이나 펼쳐도 그 스타일이 드러난다.

> 어떤 동물들은 새끼를 낳고 어떤 동물들은 알을 낳고 어떤 동물들은 유충을 낳는다. 새끼를 낳는 동물에는 인간, 말, 물개와 털이 있는 모든 동물이 포함된다. 그리고 수생동물 가운데 고래류—이를테면 돌고래—와 소위 '연골어류selachian'도 새끼를 낳는다. 돌고래, 고래 같은 항온 수생동물은 아가미가 없는 대신 분수공blowhole이 있다. 돌고래의 분수공은 등에 있고, 고래는 이마에 있다. 눈에 띄는 아가미를 지닌 동물에는 별상어smooth dog fish, 가오리 같은 연골어류가 포함된다.

아리스토텔레스가 알았던 세계의 범위는 서쪽으로 지브롤터 해협, 동쪽으로 옥수스[3], 남쪽으로 리비아사막, 북쪽으로 유라시아평원까지였다. 이 안에 아리스토텔레스가 이름을 붙인 약 500가지, 또는 이 이상의 다양한 동물들이 살았다. 이들의 모든 면이 아리스토텔레스의 흥미를 끌었다. 아리스토텔레스는 이louse의 번식, 왜가리의 짝짓기 습성, 소녀의 성적 무절제, 달팽이의 위胃, 해면의 민감성, 물개의 지느러미발, 매미의 소리, 불가사리의 파괴성, 청각장애인의 말 못함, 코끼리의 복부팽만, 인간의 심장 구조에 대해 이야기한다. 『동물 탐구』는 13만 개의 단어로 구성되어 있고, 경험으로 얻은 9,000여 건의 주장을 담고 있다.

동물의 세계라는 방대한 주제를, 아리스토텔레스는 아무런 사전 준비 없이 맨 처음부터from scratch 시작했다. 약간의 의학

3 옥수스(Oxus). 아프카니스탄과 타지키스탄의 접경 지역. - 역주

저술을 빼면, 아리스토텔레스 이전에 동물학 논문을 쓴 사람이 있었다는 증거는 찾아볼 수 없다. 그렇다면 아리스토텔레스는 이 모든 사실을 어디서 얻었을까? 이에 대한 답은 아마도, 구할 수 있는 데라면 어디서라도 구했다는 것이 아닐까?

어떤 사실은 책에서 얻었을 것이다. 아리스토텔레스는 출처를 잘 밝히지 않지만, 슬쩍 비춘 암시를 통해 일부를 확인할 수 있다. 아리스토텔레스의 저술은 과학적 성격을 띠지만, 그가 제목을 언급한 몇몇 출처는 좀 이상하다. 즉 호메로스의 문구가 종종 등장한다. 그리고 후투티의 깃털에 대한 아이스킬로스의 운문을 간접적으로 인용한다. 한편 그가 빼먹은 것을 보면 놀랍다. 해부학에 대한 내용 가운데 히포크라테스의 논문을 인용한 것은 많지 않은데, 아리스토텔레스의 아버지가 의사여서 그런 것일까? 여기서 누군가는 아리스토텔레스가 전임자들을 제대로 언급하지 않았을 것이라고 의심한다. 아리스토텔레스의 이론에 플라톤의 통찰이 배어 있음에도 플라톤이 사실적 정보factual information의 출처로 거론된 적은 없다. 자연학자들(*physiologi*) 역시 이론적인 스파링 파트너에 머물렀을 뿐, 사실의 출처로 언급된 적은 거의 없다. 우리가 알듯이 아리스토텔레스는 이런 말을 하기도 했다. '선두에 있는 자들을 바짝 따라붙되 뒤에 처진 자들은 기다리지 않는다.'

포유류의 몸 구조에 대한 아리스토텔레스의 데이터 중 일부가 동물의 내장으로 치는 점hieroscopia—내장을 이용한 예언—에 대한 책에서 왔다는 설이 있다. 아리스토텔레스는 쓸개에 지나치게 집착했는데, 이 볼품없는 기관은 예언적 믿음prophetic belief의 그늘 속에서 큰 비중을 차지했다. 아리스토텔레스는 복사빼에 대해서는 전문가 수준인데, 이 조그만 발뻐는 도박꾼과 예언자들의 주사위로 쓰였다. 설사 아리스토텔레스가 몇몇 데이터를 정말 이런 곳에서 얻었다 하더라도, 해부학에 대한 내용만 챙기고 관련된 예언은 버렸을 것이다. 그러나 플라톤은 정반대로 했다.

예언서는 동물행동학ethology 분야에도 꽤 많은 데이터를 제공했을 것이다. '예언자들은 여기서 "정렬alignment"과 "비정렬non-alignment"이라는 용어를 얻었다. 싸우고 있는 동물들은 "비정렬" 상태이고 평화롭게 있는 동물들은 "정렬"로 간주된다.' 아리스토텔레스는 계속해서 독수리가 경쟁자들과 어떻게 싸우는지(그리고 뱀과 동고비와 왜가리가 어떻게 싸우는지) 기술한다. 수 쪽에 걸쳐 자연계에서의 싸움—사냥벌과 게코도마뱀이 거미와 어떻게 싸우는지, 뱀이 족제비와 어떻게 싸우는지, 굴뚝새가 올빼미와 어떻게 싸우는지 등—을 다루는데, 그 격렬함이 거의 다윈적이다. 여기에는 품질이 떨어지는 데이터도 많다. 굴뚝새, 종달새, 딱따구리, 동고비가 다른 새의 알을 먹는다는 내용을 조류학자들이 보면 아연실색할 것이다. 그리고 아리스토텔레스가 살던 시절 '여물통에서 잠자다 깨어난 도마뱀이 당나귀의 콧구멍 속으로 들어가 식사를 방해하는 바람에' 당나귀가 도마뱀과 싸웠다면, 오늘날 당나귀는 도마뱀이 그런 못된 버릇을 고친 덕분에 편하게 먹을 수 있다는 것인가?

아리스토텔레스가 정말로 이런 내용들을 책에 집어넣었을까? 아마도 아닐 것이다. 경험적 실체에 대한 아리스토텔레스의 감각은 현대의 어떤 과학자에게도 뒤지지 않을 정도로 확고했기 때문에, 점쟁이의 책자를 사실의 출처로 간주하지는 않았을 것이다. 그리고 아리스토텔레스를 비난하기 전에 잠깐 멈춰, 그가 당시 직면한 어려움을 생각해 봐야 한다. 대중문화는 신화에 젖어 있었다. 의학을 가르치는 곳에서는 인체해부학에 대해 아는 바가 거의 없었다. 지역의 민담은 주변 동물들에 대한 잘못된 정보의 보고寶庫였다. 사정이 이러하다 보니, 아리스토텔레스는 과학의 경험적 토대를 쌓을 때 수많은 데이터를 어렵사리 수집하여 꼼꼼히 살펴본 후 조용히 제쳐놓아야 했다.

아리스토텔레스의 책에는 그가 헤치고 나간 우화와 신화의 흔적들이 있을 뿐이다. 아리스토텔레스는 미토이(*mythoi*)라고 지칭한 이야기를 받아들이지 않거나 적어도 의심했다. 예컨대 두루미의 배 안에는 무게중심을 잡기 위한 돌이 들어 있는데 이를 토하면 황금으로 변한다거나, 암사자가 새끼를 낳을 때 자궁이 밖으로 튀어나온다거나, 그리스 서부에 서식하는 리기얀Ligyans은 갈비뼈가 일곱 쌍밖에 없고 머리가 몸에서 떨어져 나간 뒤에도 말을 계속한다거나. 기원후 3세기에 로마 작가 클라우디우스 아일리아누스Claudius Aelianus가 아리스토텔레스의 책에 이런 얘기들을 잔뜩 채워 넣었을 것이다.

방금 언급한 미토이 중 마지막 사례—말하는 머리—를 다루는 아리스토텔레스의 방식에는 배울 점이 있다. 그는 '많은 사람들이 잘린 머리가 말할 수 있다고 믿는다'라고 말하면서, 이를 지지하는 호메로스의 시를 인용한다. 또한 이런 사례를 뒷받침하는, 믿을만한 기록이 있다고 덧붙인다. 즉, 카리아(오늘날의 아나톨리아)에서 제우스 홉로스미오스Zeus Hoplosmios를 숭배하는 집단의 사제가 참수되었다. 땅에 떨어진 머리는 세리데스인Cerides을 살인자로 지목했다. 때마침 세리데스인 한 명이 발견되어 재판에 회부되었다. 아리스토텔레스는 이 사람의 운명과 오심誤審의 가능성에 대해 언급하지 않았다. 그 대신 그는 몇 가지 이유를 들어 그 이야기를 묵살했다. (i) 야만인들이 사람의 목을 벨 때 떨어져 나간 머리는 말을 하지 않는다. (ii) 동물의 머리가 떨어져 나갔을 때 머리는 아무런 소리도 내지 않는다. 그런데 사람의 머리가 어떻게 말을 할 수 있을까? (iii) 말을 하려면 폐에서 기관氣管을 통해 숨이 나와야 하는데, 잘린 머리에서는 그럴 수 없다. 아리스토텔레스의 경이로운 분별력이 돋보인다. 우리는 이런 분별력을 당연시하지 말아야 한다.

18

참수된 머리는 발성을 할 수 없겠지만, 물고기는 분명히 무슨 소리를 낸다. 동물의 소리를 다룬 곳에서, 아리스토텔레스는 코키스(kokkis)와 리라(lyra)—둘 다 성대류gurnard에 속한다—가 그렁거리는 소리를 내고 달고기John Dory(khalkeus)가 피리 같은 소리를 낸다고 말한다. 그리고 이에 대한 설명을 시도하는데, 물고기는 폐가 없기 때문이라고 한다. 이런 소리는 새나 포유동물이 내는 '목소리'와 종류가 다르며, 공기 또는 바람이 들어 있는 내부 기관의 움직임 때문에 나온다는 것이다.[4]

---

4 이들 물고기는 특화된 '소리' 근육을 부레에 부딪쳐 소리를 만들어낸다. 해양생물학자들은 달고기(*Zeus faber*)의 소리가 '짖기'와 '으르렁거림' 사이라고 기술한다.

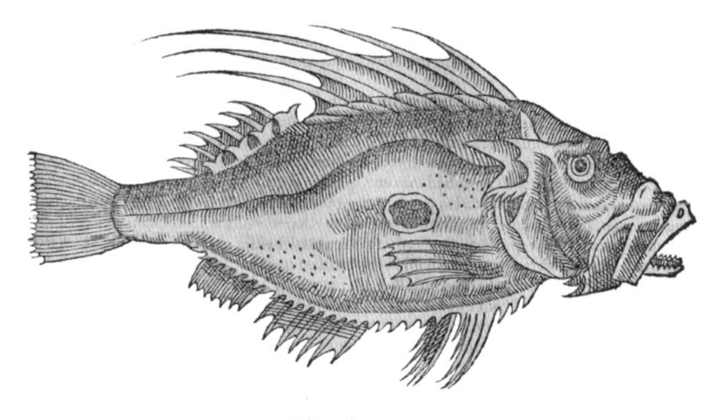

달고기(*Zeus faber*)

몸길이는 50㎝ 정도이며 몸은 장타원형에 가깝다. 몸빛은 회색으로 은색의 광택이 나며, 옆구리에는 큰 암갈색 무늬가 있고, 그 주위에는 흰색의 둥근 테가 둘려 있다. 눈은 비교적 위쪽에 붙어 있고, 입은 수직형으로 크다. 아래턱이 위턱보다 돌출되어 있고 몸 전체에 작은 둥근 비늘이 덮여 있다. 어린 물고기는 몸의 높이가 매우 높고, 옆구리 가운데의 무늬는 불분명하다. 머리 등쪽의 윤곽은 어린 물고기는 움푹 들어가나 성어가 되면 직선상이거나 돌출된다. 깊이 60~70m 정도의 펄이 많은 바닥 밑에 서식한다.

『동물 탐구』에는 수상쩍은 사실들이 잔뜩 담겨 있는데, 이중 일부는 차라리 심오하다고 볼 수도 있다. 나우크라티스의 아테나이오스는 서기 300년경 시민들이 식사 자리에서 대화를 나눌 소재를 담은 책을 썼는데, 상당한 분량을 물고기와 관련하여 아리스토텔레스를 비꼬는 데 할애했다.

> 하지만 솔직히 말해서 난 아리스토텔레스에 대해 좀 놀랐다. 도대체 언제 이 모든 것을 배웠을까? 그리고 누구에게서? 바다에서 프로테우스[5]나 네레우스[6]라도 올라온 것일까? 물고기가 무엇을 하는

5 프로테우스(Proteus). 그리스 신화에 나오는, 자유자재로 변신하고 예언의 힘을 가졌던 바다의 신. – 역주

6 네레우스(Nereus). 그리스 신화에 나오는 바다의 신. 50명의 네레이드Nereid의 아버지. – 역주

지 어떻게 자는지 어떻게 시간을 보내는지, 아리스토텔레스는 이런 것들에 대해 썼다. 웃긴 시를 쓰는 사람처럼 아리스토텔레스 역시 백치들을 즐겁게 할 수 있다!

경이로울 것은 하나도 없다. 몇몇 어부들이 아리스토텔레스에게 네레우스 역할을 했을 뿐이다. 아리스토텔레스 자신은 일반적 통념popular wisdom을 경멸하지 않았다. 아리스토텔레스는 종종 말하기를, 우리가 탐구를 시작할 때 대부분의 사람들이 생각하는 것을 고려해야 하는데 이 이유는 종종 이들이 옳기 때문이라고 한다. 문제는 사람들이 과장된 이야기를 하는 경향이 있다는 것이다. 물고기가 알을 수정시키기 위해 정액을 먹는다고 말하는 어부들도 있다. 아리스토텔레스는 이 얘기가 가당치 않다고 말하는데, 이 이유는 물고기의 해부학적 구조와 맞지 않기 때문이다(먹은 정액은 다 소화될 것이다). 이것은 짝짓기 행동을 오해한 것이다. 아리스토텔레스는 어떤 물고기가 이런 행동을 하는지 말하지 않았지만, 그리스의 물고기에 대해 모르는 것이 없는 내 친구 다비드 코초기아노폴로스David Koutsogiannopoulos는 놀래기(아마도 *Symphodus ocellatus*)가 틀림없을 거라고 말하며, 자기의 말을 증명하는 그림을 내게 보냈다.

차제에 어부들의 이야기를 소개한다. 어떤 사람이 재미 삼아 나에게 들려준 이야기 세 편이 있다. 먼저, 라군 입구에 살고 있는 몽크바다표범 한 녀석은 지역의 어부들을 쫓아다니며 그물에 걸린 물고기를 뺏어먹는다고 한다. 다음으로, 인근의 작은 섬인 브라코니시다 칼로니Vrachonisida Kalloni에 사는 갈매기는 새끼에게 물고기 대신 올리브를 먹인다고 한다. 끝으로, 아포티카

Apothika의 까마귀는 바퀴에 깔려 껍질이 깨지기를 기대하며 지나가는 자동차 앞에 호두를 떨어뜨린다고 한다. 실패하면 호두를 회수해 다시 시도한다.

난 놀랍다는 반응을 보였는데, 진심이었다. 하지만 아리스토텔레스는 어부들이 자연을 주의 깊게 관찰하지 않는다고 말하는데, 이유인즉 지식 그 자체를 추구하지 않기 때문이다. 입으로 전해지는 이야기들이 좋은 출발점이 될 수 있더라도 자연세계를 탐구하려면 식견이 필요한데, 여기에는 합리적인 주장을 평가할 수 있는 일반적인 식견뿐만 아니라 해당 주제에 대한 전문적인 식견도 포함된다. 아리스토텔레스에 따르면 전문가란 다른 사람들이 쉽게 놓치는 것들을 알아채는 사람으로, 일례로 번식기가 아닌 돔발상어의 쭈그러진 정관을 들 수 있다. 나로 말하자면 뉴칼레도니아의 까마귀가 도구를 사용한다는 보고서들이 있음에도 불구하고, 아포티카의 까마귀가 정말 그렇게 똑똑한지 믿기 전에 야외에서 오랫동안 관찰한 행동생태학자의 이야기를 듣고 싶다. 아리스토텔레스의 회의적인 태도는 과학적 권위의 출발점으로, 오늘날에는 도처에서 발견된다. 모든 분야에 박사학위와 대학의 자리가 보증하는 전문가가 버티고 있고 통계학이 뒤를 받치고 있어 대중의 의견에 휘둘리지 않는 오늘날의 모습에 아리스토텔레스는 분명히 감탄할 것이다. 그는 이런 상황을 좋아할 것이다.

19

출처에 대해 언급하기를 꺼리는 아리스토텔레스의 태도는 자신의 연구에서도 마찬가지다. 아리스토텔레스는 '난 이것을 봤고, 그렇기 때문에 이것이 진실이다'라는 식의 말을 결코 하지 않는다. 따라서 번식 행동에 대해 그가 언급한 많은 사실 가운데 그의 관찰에서 비롯된 것이 얼마나 되는지 알기 어렵다. 하지만 행간을 읽어 보면, 아리스토텔레스가 직접 수행한 연구가 많은 것은 분명하다. 다음 글에는 그의 권위가 각인되어 있다.

> 카멜레온의 몸 생김새는 전반적으로 도마뱀 같지만, 다리는 아래로 내려가 배 밑으로 모여 있어 물고기의 배지느러미를 연상시킨다. 카멜레온 등의 가시도 물고기의 등지느러미처럼 위쪽으로 돋아 있다. 얼굴은 '돼지원숭이pig-ape'를 꼭 닮았지만, 매우 긴 꼬리가 아래를 향하고 끝 부분은 평상시에 가죽 채찍처럼 말려 있다. 카멜레온의 몸은 도마뱀보다 땅에서 좀 더 떨어져 있지만, 다리는 마찬가지로 굽어 있다. 발은 두 갈래로 나뉘어 상대적인 위치가 사람의 엄지와 나머지 손가락처럼 마주하게 되어 있다. 발은 곧바로 발가락처럼 생긴 구조로 갈라진다. 앞발 안쪽은 세 개로 갈라지고 바깥쪽은 두 개로 갈라진다. 반면 뒷발은 안쪽이 두 개로, 바깥쪽이 세 개로 갈라진다. 발톱은 맹금류의 발톱처럼 생겼다. 몸 전체가 악어처럼 우둘투둘하다. 눈은 꽤 크고 둥근데, 몸의 다른 부분과 마찬가지로 피부로 덮여 있고 마치 구멍에 박혀 있는 듯한 형상이다. 눈 한복판의 작은 구멍을 통해 보는데, 이 부분은 피부에 덮여 있지 않다. 필요할 때는 눈알을 굴려, 보고자 하는 물체가 있는 방향으로 시선을 바꾼다. 카멜레온은 악어처럼 까맣거나, 도마뱀 같은 녹색 바탕에 표범같이 까만 점이 있지만 흥분하면 피부색이 바뀐다. 이런 변화는 눈과 꼬리를 포함해 몸 전체에서 일어난다. 카멜레온의 동작

은 거북처럼 꽤나 굼뜨다. 카멜레온은 죽을 때 녹색이 되는데, 죽은 뒤에도 색깔이 그대로다. 식도와 숨통은 도마뱀과 같은 위치에 있고, 머리 및 턱 주변과 꼬리의 기저부를 빼고는 살이 거의 없다. 피도 심장 및 눈 주변과 혈관에만 있어, 양이 얼마 되지 않는다. 뇌는 눈과 연결되어 있지만, 눈 바로 위에 놓여 있다. 눈의 피부를 벗기면 반짝이는 구리 반지처럼 생긴 뭔가가 보인다. 몸의 대부분은 튼튼한 막으로 덮여 있다. 카멜레온은 배를 완전히 갈라도 오랫동안 숨을 쉴 수 있고, 심장 주위의 미세한 움직임도 계속된다. 수축이 가장 두드러지는 곳은 다리이지만 몸의 다른 부분에서도 일어난다. 지라는 없는 것 같다. 카멜레온은 도마뱀처럼 겨울잠을 잔다.

아마도 아리스토텔레스는 카멜레온을 산 채로 해부했던 것 같은데, 이 아름다우면서도 호감을 느끼게 하는 동물은 여전히 사모스Samos의 올리브 숲에 살고 있다.

20

아리스토텔레스가 동물학 책들에서 언급한 포유동물들은 다음과 같다. *ailouros*(고양이), *alōpēx*(여우), *arktos*(곰), *aspalax*(지중해두더지), *arouraios mys*(들쥐), *bous/tauros*(소), *dasypous/lagos*(토끼), *ekhinos*(고슴도치), *elaphos/prox*(사슴), *eleios*(동면쥐), *enydris*(수달), *galē*(흰가슴담비), *ginnos*(반달곰), *hinnos*(버새), *hippos*(말), *hys*(돼지), *hystrix*(호저), *iktis*(족제비), *kapros*(멧돼지), *kastōr*(비버), *kyōn*(개), *leōn*(아시아사자), *lykos*(늑대), *lynx*(스라소니), *mys*(생쥐), *mygalē*(갯첨

서), *nykteris*(박쥐), *oïs*/*krios*/*probaton*(양), *onos*(당나귀), *oreus*(노새), *phōkē*(물개), *thōs*(재칼), *tragos*/*aïx*/*khimera*(염소).

이 종種들은 모두 그리스와 소아시아의 토착종이거나 토착종이었으므로 아리스토텔레스가 언급할 만하다. 더 놀라운 것은 아리스토텔레스가 언급한 나일 삼각주와 리비아사막, 중앙아시아평원의 토착종 숫자도 만만치 않다는 점이다. *alōpēx*(여기서는 이집트과일박쥐), *boubalis*(사슴영양), *bonassos*(유럽들소), *dorkas*(가젤), *elephas*(코끼리), *hyaina*/*trokhos*/*glanos*(줄무늬하이에나), *hippelaphos*(닐가이영양), *hippos-potamios*(하마), *ichneumōn*(몽구스), *kēbos*(원숭이), *kynokephalos*(개코원숭이), *onos agrios*/*hēmionos*(야생당나귀), *onos Indikos*(인도코뿔소), *oryx*(오릭스영양), *panthēr*/*pardalis*(표범), *pardion*/*hippardion*(기린?), *pithēkos*(바바리원숭이), *kamēlos Arabia*(단봉낙타), *kamēlos Baktrianē*(쌍봉낙타)가 있고, *ibis*(아프리카흑따오기), *strouthos Libykos*(타조), *krokodeilos potamios*(악어), 여러 종류의 아프리카 뱀을 더할 수 있다. '늘 뭔가 새로운 것이 리비아에서 온다'고 아리스토텔레스는 말했는데 이 목록을 보면 동쪽으로부터도 그랬던 것 같다.

아리스토텔레스의 이국적인 동물학은 어디에서 비롯되었을까? 아리스토텔레스는 에게해를 거의 벗어나지 않았기 때문에, 이 동물들을 직접 수집했을 리 만무하다. 로마의 박식한 작가인 대大플리니우스가 답을 내놓았다. 그의 주장이 종종 이렇듯, 멋진 얘기다. 즉 알렉산더 대왕이 동물들을 보냈다는 것이다.

> 알렉산더 대왕은 동물의 본성을 발견하는 데 열정적이어서, 이 과제를 모든 지식에 통달한 아리스토텔레스에게 맡겼다. 아시아의 전

지역과 그리스에서 수천 명이 그의 명령을 수행했는데, 다들 사냥, 새 잡이, 낚시로 생계를 유지하거나 수집한 동물들, 소떼, 벌집, 양어장, 새집을 돌보던 사람들이다. 아리스토텔레스는 세상 어디에 있는 어떤 동물이라도 그냥 지나칠 수 없었다. 아리스토텔레스는 이 사람들에게 많은 것을 물었고, 이 결과를 동물에 관한 유명하면서도 탁월한 50권에 이르는 책으로 엮었다.

여전히 레스보스에 머무르던 기원전 343년, 아리스토텔레스는 마케도니아 궁정으로 소환되었다. 거기에는 그럴만한 이유가 있었다. 마케도니아는 어쨌든 고향이었고, 이제는 더 이상 거의 25년 전 그가 떠났을 때처럼 후미진 곳이 아니었다. 아민타스 3세는 오래 전에 죽었고, 필리포스 2세가 마케도니아 왕관을 물려받아 군대를 키우고 군사력을 증강했다. 아테네에서는 데모스테네스가 시민들에게 예언적인 어조로 코앞에 닥친 위험을 경고했다. 시민들은 그의 말을 무시했고 결국 대가를 치렀다.

필리포스 2세는 아들의 교사가 필요했다. 사내아이의 거친 면을 다듬고 왕자에 걸맞은 철학교육을 해줄 수 있는 사람이어야 했다. 아리스토텔레스가 왕자를 왕이 원하는 남자로 만들었을까? 아니면 소년의 타고난 힘을 누그러뜨리려고 노력했을까? 알고 싶은 마음은 간절하지만 알 도리가 없다. 아리스토텔레스의 십대 소년 제자는 단지 망나니 왕자가 아니라, 장차 알려진 세계(*oikoumenē*)를 호령하는 왕이 될 알렉산드로스였다.

이 만남은 역사상 가장 주목받는 결합이다. 역사상 가장 위대한 사상가가 수년 동안 가장 위대한 군대 지휘관을 조련해 세상에 내보낸 것이다. (그와 대조적으로, 피에르-시몽 라플라스는 나폴레

옹이 육군사관학교에 입학할 때 면접을 봤을 뿐이다.) 4세기가 지난 뒤 플루타르코스는 이 장면을 이렇게 묘사했다.

> 필리포스 왕은 알렉산드로스와 아리스토텔레스가 공부하거나 여가를 보낼 곳을 미에자Mieza 근처의 님파에움Nymphaion(님프에게 바쳐진 사당)으로 정해주었다. 오늘날까지도 이곳에는 아리스토텔레스가 앉았다는 돌 의자와 그가 거닐던 그늘진 숲길이 남아 있다. 알렉산드로스는 아리스토텔레스로부터 윤리와 정치에 관한 것들뿐만 아니라, (소요학파Peripatetic school라는 명칭에서도 알 수 있는 것처럼 출판되거나 일반인들에게 공개되지 않은) 비밀스럽고 심오한 이치들도 가르쳤을 것이다.

플루타르코스가 언급한 그늘진 숲길과 돌 의자는 지금도 여전히 볼 수 있다.

기원전 336년 필리포스 왕이 암살되자 알렉산드로스가 왕이 되었다. 알렉산드로스는 그리스 제2의 도시국가인 테베를 침략하여 초토화하는 것부터 시작했다. 아리스토텔레스는 알렉산드로스에게 편지를 보내 그리스의 지도자가 되고 그리스인들을 '친구나 친척'처럼 돌보라고 신신당부했지만, 알렉산드로스는 테베 시민들을 노예로 팔아버렸다. 그 뒤 가자Gaza의 남자들은 모조리 십자가에 매달아 죽였다. 이것은 아리스토텔레스의 주장보다 한발 더 나간 것으로, 아리스토텔레스는 같은 편지에서 알렉산드로스에게 야만인들에게는 폭군이 되어 '짐승이나 식물처럼 취급하라'고 말했다. 젊은 장군은 알려진 세계를 휩쓸 때 아리스토텔레스가 편집한 『일리아드』를 갖고 다녔다. 335년, 임무를 마친 아리스토텔레스는 마케도니아의 주도권 아래 있는 아테네로 돌아와 리케이온을 열었다. 그리고 플리니우스의 말을 믿는다면, 아리스토텔레스는 이곳에서 알렉산드로스가 보내준 동물들을 해부했다.

21

플리니우스의 이야기는 매력적이다. 알렉산드로스는 단지 눈가가 거무스름한 감각주의자나 과대망상증에 걸린 정복자가 아니었다. 그는 식물과 동물을 사랑하고 옛 스승의 관심을 기억하고 제국의 생물 전리품을 정성 들여 주변에 두기도 했다. 아테나이오스는 1세기나 2세기 뒤에 쓴 글에서, 알렉산드로스가 아리스토텔레스에게 800명의 재능 있는 사람을 보내 연구를 돕게 하고 스스로 마케도니아 국립과학재단의 수장 역할을 했다고 말한다. 이 이야기에서는 낭만적인 허풍이 느껴진다. 플리니우스의 말대로라면 당시 마케도니아의 연간 GDP의 몇 배에 달하는 비용이 들었을 것이다. 그리고 아리스토텔레스의 생물학 저술에는 보조금과 동물원은커녕 알렉산드로스에 대한 언급조차 없다.

그리고 아리스토텔레스는 다른 사람들의 여행기를 통해 이국적인 동물에 대한 지식을 얻은 것이 분명하다. 기원전 5세기 그리스의 의사로 페르시아 궁정에서 일했던 크니도스의 크테시아스는 페르시아와 인도에 대한 책을 몇 권 썼는데, 아리스토텔레스는 이것을 무시할 수도 믿을 수도 없다고 느꼈다.

이런 종류(*genē*)의 동물들(새끼를 낳는 네발동물, 즉 포유류) 가운데 치아가 두 줄로 난 경우는 없다. 다만 크테시아스를 믿을 수 있다면 하나의 예외가 있다. 크테시아스는 인도에 사는 마티코라스(martichōras)라는 동물의 치열이 셋이라고 말했는데, 사자만 한 덩치에 털도 북슬북슬하고 발도 사자와 비슷하다. 이 동물은 얼굴과 귀가 사람처럼 생겼고, 파란 눈과 주홍색 피부에 꼬리는 전갈을 연상시킨다. 꼬리에는 침이 달려 있어서 활처럼 쏜다. 목소리는 목동의 피리와 트럼펫 소리의 중간이다. 사슴만큼이나 빨리 달리고 야수라서 사람도 잡아먹는다.

크테시아스의 여행기에 나오는 마티코라스는 덤불 속에서 도사리고 있는 호랑이—페르시아어로는 마티자카라(*martijaqāra*)로, 문자 그대로 '식인 동물'이다—를 말한다. 아리스토텔레스는 다른 곳에서는 이렇게 썼다. '크테시아스가 코끼리의 정액에 대해 호박琥珀만큼이나 단단하다고 쓴 것은 오류다.' '크테시아스가 말하기를, 인도에는 멧돼지도 집돼지도 없는 대신 피가 없고 비늘이 있는 동물들은 다 크다고 한다.' 나무에 살며 가축을 잡아먹는다는 크테시아스의 '인도 벌레'는 커다란 비단뱀을 말하는 것이 분명하다.

딱한 크테시아스는 아리스토텔레스 동물학의 고전적인 문제점 중 하나의 원천이기도 하다. 아리스토텔레스는 뿔이 하나인 동물의 예로 두 가지를 들고 있다. 하나는 오노스 인디코스(*onos Indikos*)인데—문자 그대로 '인도 당나귀'다—발굽이 하나고(즉 기제류Perissodactyl로, 말이 여기에 속한다), 다른 하나는 오릭스(*oryx*)로 발굽이 갈라져 있다(즉 우제류Artiodactyl로, 아마도 영양antelope을 말하는 것 같다). 아리스토텔레스는 오노스 인디코스에 대해서는 조심스러운데 그럴만하다. 즉, 적어도 19세기 학자들은 이것이 인도코뿔소를 제멋대로 묘사한 것이고 오릭스는 아라비아오릭스를 멀리서 얼핏 본 것이라고 해석했기 때문이다. 하지만 물론 너무 늦었다. 아리스토텔레스는 회의적이었지만, 자신의 저서에 유니콘이 등장하는 것을 막을 수 없었다.

아리스토텔레스가 크테시아스에 대해서 이야기를 지어냈다고 늘 의심했다면, 헤로도토스(기원전 450년 활약)에 대해서는 훨씬 더 믿는 쪽이었고 확신을 갖고 자주 인용했다. 어쨌든 헤로도토스 자신은 직접 본 것을 믿는 편이라고 주장했다. 『동물 탐구』에는 출처도 밝히지 않은 헤로도토스의 사실이 가득하다. 카리아(아나톨리아)의 폐경기 여사제는 수염이 있다는 둥, 낙타가 말과 싸운다는 둥, 유럽 사자는 아켈로스강과 네스토스강(마케도니아) 사이에서만 발견된다는 둥, 두루미는 가을에 스키타이(중앙아시아)에서 나일강의 발원지인 이집트 남부의 습지대로 이동한다는 둥, 이집트의 동물들은 그리스의 같은 종류보다 더 크다는 둥. 때로 사실들이 아무래도 의심스러울 때 아리스토텔레스는 '이런 설이 있다'는 표현을 선호했는데, 예를 들어 '에티오피아에는 하늘을 날아다니는 뱀이 있다는 설이 있다'는 식이다. 날아다니는 뱀은 우리가 보기에도 기이하지만, 헤로도토스는 아라비아에서 그 골격을 봤다고 주장하며 이 동물의 포악한 짝짓기 의식을 기록했고, 이 뱀이 매년 이집트를 침략하지만 신성한 따오기 무리에게 쫓겨난다고 덧붙였다. 이에 대해 아리스토텔레스는 언급을 자제하고 있다. 황금을 캐는 개미와 그리핀[7]에 대한 헤로도토스의 이

7 그리핀(griffin). 헤로도토스의 『역사』에 나오는 상상의 괴물로, 사자의 몸통에 독수

야기는 그냥 무시했고, 낙타의 뒷다리 각각에 무릎이 넷이라는 헤로도토스의 믿음은 그의 이름도 언급하지 않은 채 반박했다. 아리스토텔레스가 이 역사학자의 이름을 언급한 유일한 순간은 헤로도토스가 정말 이상한 얘기를 했을 때로, 역정을 내는 것이 느껴진다. '에티오피아 사람들이 검은 정액을 사정한다는 헤로도토스의 말은 틀렸다.'

크테시아스와 헤로도토스는 아리스토텔레스가 아시아와 아프리카의 동물상에 대해 알고 있는 지식의 작은 부분을 차지할 뿐이므로, 장담하건대 아리스토텔레스는 십중팔구 다른 여행자들의 진술도 인용했을 것이다. 하지만 아리스토텔레스의 이국적인 동물학의 가장 당혹스러운 측면은 정확한 지식과 터무니없는 무지가 어떻게 뒤섞일 수 있느냐에 있다. 예를 들어 아리스토텔레스는 코끼리를 자주 언급한다. 아리스토텔레스는 크테시아스 같은 사람들의 기록을 통해 코끼리의 일반적인 모습—덩치가 크고 코가 길고 상아가 있다—이나 습성에 대한 정보를 어느 정도 입수했다. 하지만 코끼리가 쓸개가 없고 간이 소의 네 배 크기이고 지라는 상당히 작고 고환이 몸속 콩팥 부근에 있다는 사실은 어떻게 알게 되었을까?

이런 해부학적 데이터는 기원전 4세기의 여행자들이 흔히 언급한 것과 차원이 다르다. 코끼리에 대한 그런 놀라운 정보는 알렉산드로스가 살아 있는 동물을 구해 줬다는 설에 신빙성을 더한다. 아마도 알렉산드로스는 기원전 331년 가우가멜라 평원에서 페르시아의 다리우스 3세 군대를 괴멸시켰을 때 동원된 코끼

리의 날개와 부리를 지녔다. – 역주

리를 사로잡아 2,000킬로미터 떨어진 아테네로 보냈고, 아리스토텔레스가 리케이온의 그늘진 주랑에서 해부했을 것이다. 과학소설가인 L. 스프레이그 드 캠프L. Sprague de Camp는 『아리스토텔레스를 위한 코끼리』(1958)라는 흥미로운 소설을 하나 썼는데, 이러한 시나리오를 전제로 했으며 일부 학자들도 이것을 터무니없다고 여기지 않는다. 하지만 이 걷기 좋아하는 후피동물pachyderm을 아리스토텔레스가 직접 관찰하고 해부했다면, 어떻게 코끼리의 뒷다리가 앞다리보다 훨씬 짧다고 말할 수 있을까?[8]

아리스토텔레스의 이국적인 동물학의 나머지 부분에도 오류가 수두룩하다. 아리스토텔레스에 가장 호의적인 번역가이자 그 자신이 숙련된 동물학자인 윌리엄 오글William Ogle은 아시아사자(인도사자)에 대한 아리스토텔레스의 언급을 요약하면서 신랄한 논평을 쏟아낸다. '아리스토텔레스가 사자를 잘 모른다는 것은 명백하다. 사자의 구조에 대한 그의 설명은 거의 전부 오류다.' 오글은 특히, 사자는 목뼈가 하나밖에 없다(물론 다른 모든 포유동물들처럼 목뼈가 일곱 개다)는 아리스토텔레스의 주장을 염두에 뒀다. 이 오류가 더 눈에 띄는 것은, 사자의 경우 아리스토텔레스가 마음만 먹으면—굳이 멀리 가지 않더라도—얼마든지 관찰할 수 있는 동물이었기 때문이다. 그 당시 아시아사자는 마케도니아의 오지 계곡을 어슬렁거리고 있었다.[9] 아리스토텔레스는 유럽들소

8 이 의문에 대한 답은 단순할 수도 있다. 코끼리 뒷다리의 윗부분은 (아래로 처져 접힌) 피부로 덮여 있으므로, 평범한 관찰자에게는 앞다리보다 짧아 보일 수 있다. 그렇지만 이런 오해는 해부를 하면 해결될 것이다.

9 아시아사자(*Panthera leo persica*)는 아마도 1세기쯤 유럽에서 사라졌을 것이다. 지금은 인도의 기르 숲Gir Forest에만 살고 있다.

에 대해서는 제대로 묘사했지만, 공격하는 동물에게 부식성 있는 똥을 분사한다고 말하는 우를 범하기도 했다.[10] 그와 마찬가지로, 아리스토텔레스는 타조를 제대로 묘사했지만 발톱 대신 발굽이 있다(인정하건대, 인상적이긴 하다)고 덧붙이는 실수를 저질렀다. 낙타의 경우는 훨씬 나은데, 이 반추동물의 위胃가 여러 개의 방으로 나뉘어 있고 발굽이 갈라졌다는 것을 알았을 뿐만 아니라, 놀랍게도 뒷발의 틈cleft이 앞발의 틈보다 깊다는 사실도 알았기 때문이다. 그리고 하이에나의 외부생식기에 대해서도 완벽하게 기술했다.

22

아리스토텔레스는 『동물의 발생에 관하여』에서 헤로도로스Herodorus의 주장을 인용한다. 그 내용인즉, 하이에나가 수컷의 생식기와 암컷의 생식기를 모두 지니고 있어서 격년으로 암수의 역할을 바꾼다—한마디로 자웅동체hermaphrodite다—는 것이다. 헤로도로스는 흑해의 항구도시인 헤라클레아 출신으로서 그 지역의 역사를 썼고, 원과 면적이 동일한 정사각형을 구하려고 했던 소피스트 브뤼손Bryson의 아버지였다. 헤로도로스가 말한

10 이것은 과장된 이야기로, 소가 위협을 받을 때 꼬리를 활처럼 구부려 묽은 똥을 싸는 습성에서 비롯된 것이다. 이 이야기는 누군가가 추가한 것으로 보인다. 이 이야기는 『아리스토텔레스 전집』에 나오는 놀라운 이야기들의 모음집인 『믿기 어려운 것들에 관하여』에서 거의 그대로 반복되지만, 이 책은 아리스토텔레스의 후계자 중 한 명이 쓴 것이다.

하이에나는 분명 줄무늬하이에나(*Hyaena hyaena*)였을 텐데, 이유는 고대 그리스 지역에서 발견되었던 유일한 종種이기 때문이다. 아리스토텔레스는 헤로도로스의 언급이 난센스라고 말했다. 하이에나는 자웅동체가 아니라, 암수의 생식기가 이상하게 생겼을 뿐이라고 말이다.

아리스토텔레스는 『동물 탐구』에서 이 문제를 부연 설명한다. 아리스토텔레스의 설명에 따르면, 하이에나는 암수 모두 항문 주위에 주머니처럼 생긴 커다란 생식샘이 달려 있다. 해당 부분을 오늘날의 용어로 옮기면 아래와 같다.

> 하이에나는 색깔이 늑대 같지만, 더 덥수룩하고 등뼈를 따라 갈기가 돋아나 있다. 이 녀석들이 암수의 생식기를 다 지니고 있다는 항간의 주장은 틀렸다. 먼저 수컷 하이에나를 살펴보자. 수컷의 생식기(음경)는 개나 늑대와 비슷하다. 꼬리 아래에 암컷의 유사생식기(항문샘anal gland)와 비슷하게 생긴 구조가 있지만, 내부에 통로가 없다. 그 아래에 자리잡은 기관(항문)에는 통로가 있어서, 그리로 배설물이 통과한다. 다음으로 암컷 하이에나를 살펴보자. 암컷은 유사생식기(항문샘)를 지니고 있는데, 수컷과 마찬가지로 꼬리 아래에 있고 통로가 없다. 항문샘 아래에 배설물이 지나가는 통로(항문)가 있고, 항문 아래에 진짜 외부생식기(질)가 자리잡고 있다. 암컷 하이에나는 다른 동물의 암컷과 마찬가지로 자궁을 보유하고 있다. 암컷 하이에나가 잡히는 경우는 극히 드물다. 사냥꾼이 들려준 얘기에 따르면, 하이에나 11마리를 잡았는데 그중에서 암컷은 겨우 한 마리뿐이었다고 한다.

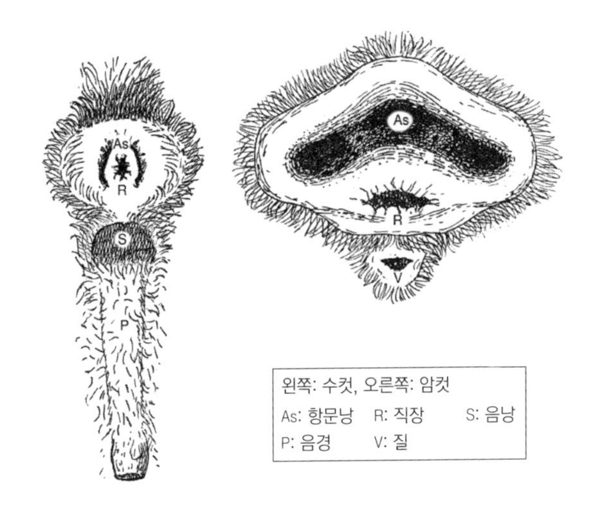

줄무늬하이에나(*Hyaena hyaena*)의 생식기

첨부한 그림을 보면 혼란을 초래한 원인을 알 수 있다. 우리는 암컷의 항문샘 때문에 형성된 안쪽말림invagination을 질로 오인하기 쉽다. 아리스토텔레스는 제대로 봤지만, 이 모든 것을 자신이 직접 보았다고는 말하지 않는다. 아리스토텔레스는 '이런 것이 관찰되었다'고 말하는데, 필시 다른 누군가가 하이에나의 다리 사이를 유심히 들여다보다 발견했을 것이다.

사실, 아리스토텔레스가 자신이 기술한 이국적인 동물을 전부 보았다는 주장은 설득력이 떨어진다. 이런 동물들의 해부학적 구조와 습성에 대한 설명에는, 그가 직접 보았다면 의당 있어야 할 포괄성, 세밀함, 정확성—갑오징어의 경우를 상기하라—이 없다. 알렉산드로스가 도와줬다는 이야기는 정복자의 이미지를 순화하거나 철학자의 명성을 높이기 위해 후대에서 만들어낸 것이 거의 확실하다. 대신 아리스토텔레스는 여행자들의 이야기로 말문을 연 후 여러 초기 역사서들을 최대한 검토하여, 개연성이 없는 얘기는 버리고 가능한 얘기에는 조심스런 문구를 더하고 개연성이 높은 얘기는 그대로 옮긴 것으로 보인다. 그리고 이런 소재들을 다른 사람들이 보고한 좀 더 과학적이고 복잡한 단편들과 엮었다. 이러한 작업 과정에는 알려지지 않은 협력자가 있었을 것이다. 그는 여행을 많이 했고, 해부학에 조예가 깊었고, 목격한 것에 대한 정보를 아리스토텔레스에게 보낸 사람이다.

익명의 협력자 몇 명이 용의선상에 떠오른다. 이중에서 가장 유력한 용의자는 아리스토텔레스의 조카인 칼리스테네스Callisthenes다. 칼리스테네스는 아리스토텔레스의 친척일 뿐 아니라, 아리스토텔레스가 아테네에 머물며 플라톤의 아카데메이아에서 가르칠 때 그의 학생이었다. 기원전 346년이나 347년 아리스토텔레스가 아카데메이아를 떠나 아소스의 헤르미아스 궁정으로 갈 때 칼리스테네스도 동행했을 가능성이 높다. 헤르미아스가 페르시아인들에게 고문을 받고 처형됐을 때, 그도 아리스토텔레스처럼 독재자를 칭송하는 찬가를 지었다. 그 뒤 칼리스테네스는 아리스토텔레스를 따라 레스보스로 갔고, 몇 년 후 마케도니아로 갔다. 알렉산드로스보다 몇 살 위였지만, 둘은 미에자에서 같이 공부했을 것이다. 확실한 것은 알렉산드로스가 권력을 잡았을 무렵 칼리스테네스는 이미 역사학자로서 명성을 쌓았고 열 권 분량의 그리스 역사서인 『헬레니카』를 집필하고 있었다는 것이다. 기원전 334년 알렉산드로스가 동방을 정복하기 위해 헬레스폰트해협을 건널 때, 칼리스테네스는 동행하며 전투를 기록했다.

그리고 군대의 진격 상황을 아테네에 알렸다. 많은 군주들 가운데 한 사람일 뿐으로 아직 검증되지 않은 알렉산드로스는 아테네 사람들에게 자신의 승전보를 확실히 전하고 싶어했다. 하지만 칼리스테네스는 단순한 선전자propagandist가 아니었다. 칼리스테네스는 자연철학자로, 나일강에 매년 홍수가 나는 원인이 습기를 머금은 구름이 에티오피아의 고원을 때린 결과라고 설명할 수 있었다. 이런 생각은 기원전 332년 알렉산드로스가 순식간에 이집트를 횡단하는 과정에서 받은 영감의 산물임이 분명하다. 심지어 알렉산드로스는 칼리스테네스를 남쪽(수단Sudan이 있는 방향)으로 파견하여 나일강의 발원지를 찾아보게 했다. 칼리스테네스는 바빌로니아의 천문학 지식을 기록했고, 지진의 원인에 대한 이론을 제안하기도 했다. 남아 있는 단편에 따르면 칼리스테네스는 아리스토텔레스에게 여러 가지 정보를 보냈는데, 무엇에 대한 것인지는 알 수 없다.

칼리스테네스는 알렉산드로스의 군대를 7년 동안 따라다녔다. 그는 티레Tyre와 가자의 약탈, 시와 오아시스Siwa Oasis 진격, 그라니코스와 이소스와 가우가멜라 전투, 중앙아시아 사막을 가로지르는 다리우스 왕 추격작전 때도 현장에 있었다. 칼리스테네스는 아나톨리아, 시리아, 이집트, 메소포타미아, 바빌론, 페르시아, 메디아, 히르카니아, 파르티아를 가로질렀다. 칼리스테네스는 카스피해, 키르사막, 시스탄 습지를 지나쳐갔고 아오르누스Aornus의 바위산을 올랐고 힌두쿠시 산맥을 넘었다. 이런 곳들에는 모두 다양한 동물들이 사는데, 조카가 본 것들을 모두 써먹었다면 동방의 동물들을 더 많이 소개할 수 있었음에도 아리스토텔레스가 왜 그러지 않았는지 의아하다. 그러나 이 의문에 대해서는 쉽게 답할 수 있다. 언제부터인가 조카의 연락이 끊긴 것이다. 왜냐하면 오늘날의 아프카니스탄인 박트리아의 어디에서인가 알렉산드로스가 이 역사학자를 체포해 처형했기 때문이다. 고대 문헌의 기록들은 칼리스테네스가 왜 죽임을 당했는지에 대해 엇갈린 이야기를 하지만, 그의 죽음이 정당하지 않다는 데는 의견이 일치한다.

알렉산드로스는 기원전 323년에 죽었다. 많은 사람들은 알렉산드로스가 펠라Pella의 총독이자 아리스토텔레스의 친구인 안티파토루스에 의해 독살됐다고 말했다. 아리스토텔레스는 정치적인 감정이나 개인적인 감정이 전혀 들어 있지 않은 자신의 저술에서 조카의 운명에 대해 아무런 언급을 하지 않았지만, 식물 수집가인 테오프라스토스는 칼리스테네스의 죽음을 애도하며 그의 이름으로 대화편을 썼다.

해부학

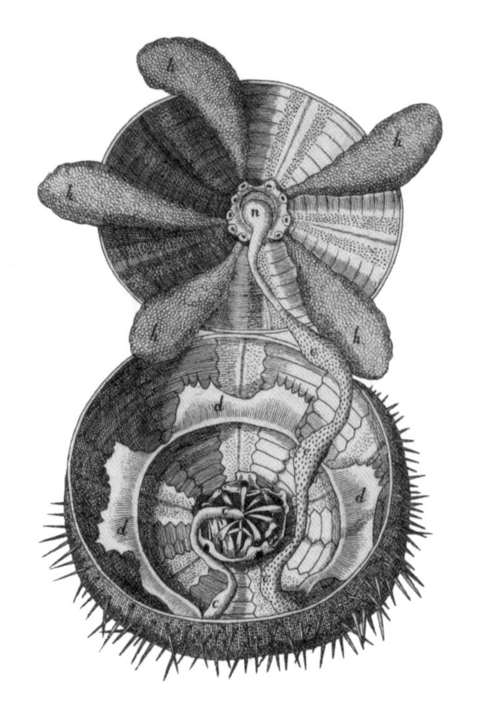

식용 성게(*Paracentrotus lividus*)

직경이 7센티미터까지 되는 원형의 납작한 둥근 판에 길고 날카로운 뾰족한 가시가 촘촘하게 입혀져 있고 빨대 모양으로 생긴 발이 줄지어 붙어 있다. 각 판에는 5~6쌍의 모공이 있으며, 발은 5~6개의 그룹으로 나뉘어 작은 호로 배열되어 있다. 입은 몸통의 아래쪽에 있고, 항문은 입의 반대쪽인 몸통의 위에 있다. 보통 보라색이지만 때로는 짙은 갈색, 옅은 갈색, 올리브색을 띠기도 한다.

23

아리스토텔레스는 약 110가지 동물의 해부학적 구조를 설명했다. 이중에서 35가지 정보는 폭넓거나 정확한 것으로 보아, 그 자신이 직접 설명한 것이 틀림없다. 아리스토텔레스 연구의 질質을 가장 잘 보여주는 것은, 뭐니뭐니해도 갑오징어의 해부학적 구조에 대한 설명이다. 갑오징어 한 마리를 손에 들고 그의 설명을 읽으면 쉽게 이해가 된다.

나는 테이블에 흐물흐물하고 색이 옅고 끈적끈적한 갑오징어를 올려놓는다. 아리스토텔레스가 했던 것처럼 겉부분부터 시작한다. 입이 있고, 날카로운 턱이 둘이고, 다리가 여덟에 촉수가 둘이고, 외투막mantle sac과 지느러미가 있다. 이제 몸속을 들여다봐야 하는데, 아리스토텔레스는 어떻게 해야 하는지 말하지 않는다. 오늘날 그리스 주부들이 하듯이, 한 손으로 촉수를 잡고 다른 손으로는 외투막을 잡은 채 냅다 찢었을까? 현대 해부학자의 기술, 인내심, 정교한 장비가 아리스토텔레스의 유산이라고 말할 수는 없겠지만, 아리스토텔레스는 모르긴 몰라도 이보다는 섬세했을 것이다. 다른 곳에서, 아리스토텔레스는 두더지의 얼굴 피부를 세심히 절개해 그 아래에 있는 조그만 눈을 드러낸 과정을 기술하기 때문이다.

그래서 나는 외투막을 촉수에서부터 꼬리까지 길게 절개한다. 배쪽 절개부ventral incision에서 생식기관이 드러난다. 등쪽

절개부dorsal incision에서는 갑오징어의 뼈가 보이고, 그 아래로 큼직한 적색 구조—아리스토텔레스는 미티스(mytis)라고 부른다—와 소화계가 드러난다. 아리스토텔레스의 해부를 세세한 부분까지 따라 하지는 않겠지만, 두 가지 중요한 사실만큼은 언급해야겠다.

먼저, (무지갯빛 홍채argentae와 검은 틈처럼 보이는 눈동자를 지닌) 두 눈 사이에 연골이 있다. 연골을 주의 깊게 도려내면 작고 부드러운 황색 돌기가 두 개 드러난다. 이것이 갑오징어의 뇌腦인데, 놓치기 십상인데도 아리스토텔레스는 잘 찾아냈다. 찾기가 어려워서 그렇지, 일단 한번 보면 신경조직의 질감을 놓칠 수가 없다.

다음으로 소화관alimentary tract을 따라가 보자. 입에서 시작해 식도를 따라 뇌와 미티스를 지나쳐 위胃에 다다르는데, 아리스토텔레스는 적절하게도 이 부분을 새의 모이주머니와 비교한다. 그 다음에 또 다른 주머니인 나선형 막창자caecum가 있는데, 아리스토텔레스는 트럼펫고둥의 껍데기처럼 보인다고 말한다. 막창자에서 시작되는 장腸은 대부분의 동물에서 몸 뒤쪽으로 향하지만, 갑오징어는 그렇지 않다. 그 대신 앞쪽으로 둥그렇게 굽어, 직장rectum이 깔때기처럼 생긴 항문으로 연결된다. 아리스토텔레스는 두족류cephalopod의 가장 이상한 해부학적 특징 중 하나인, 머리에서 배설한다는 사실을 알아차렸다.

틀린 부분도 있다. 아리스토텔레스는 미티스—몸의 한가운데 있는 커다란 기관—가 갑오징어의 심장에 해당한다고 생각한다. 하지만 틀렸고, 미티스는 간에 해당한다. 17세기에 슈밤메르담[1]

1 슈밤메르담(Jan Swammerdam, 1637~1680). 네덜란드의 생물학자. - 역주

이 갑오징어의 진짜 심장을 발견했는데, 모두 세 개였다. 아리스토텔레스는 외투강mantle cavity에서 '깃털 같은 구조'도 발견했지만, 물고기의 아가미와 꽤 비슷하게 생겼음에도 아가미임을 알아보지 못했다. 그는 근육과 신경도 감지하지 못했다.

오류에서 자유로운 사람은 아무도 없으며, 아리스토텔레스도 예외는 아니다. 하지만 아리스토텔레스는 뭔가 중요한 것을 빠뜨리고 있는데, 갑오징어에서가 아니라 책에서다. 『동물 탐구』에는 모든 현대 해부학 교재에 들어 있는 것이 없는데, 바로 도해圖解다. 해부학은 그림 없이 배울 수도 가르칠 수도 없는데, 추상화와 시각화를 통해서만 동물 형태의 논리적 구조가 명확해지기 때문이다. 모든 해부학자들이 알듯이, 그리기 전까지는 진짜로 아는 것이 아니다. 아리스토텔레스가 도해도 없이 어떻게 해부학을 연구했는지 궁금해지는 순간, 다음과 같은 문구를 만난다.

> 이 부분들의 배열에 관한 세부사항은 『해부학*Anatomies*』에 수록된 삽화들을 참조하라.

그러면 그렇지. 그 당시에는 『해부학』의 완전체가 존재했다. 실제로, 또는 디오게네스 라에르티오스의 말에 따르면, 이 책은 여덟 권짜리 전집이었다. 철학자들은 아리스토텔레스의 초기 철학을 요약한 『프로트레프티코스*Protrepticus*』의 소실을 아쉬워한다. 하지만 철학책은 적어도 다른 사람들이 인용한 것에서 재구성할 수 있다. 난 『해부학』이 너무 아쉬운데, 그 이유는 재구성할 방법이 없기 때문이다.

기원전 4세기의 해부학 책에 수록된 삽화는 어땠을까? 아풀

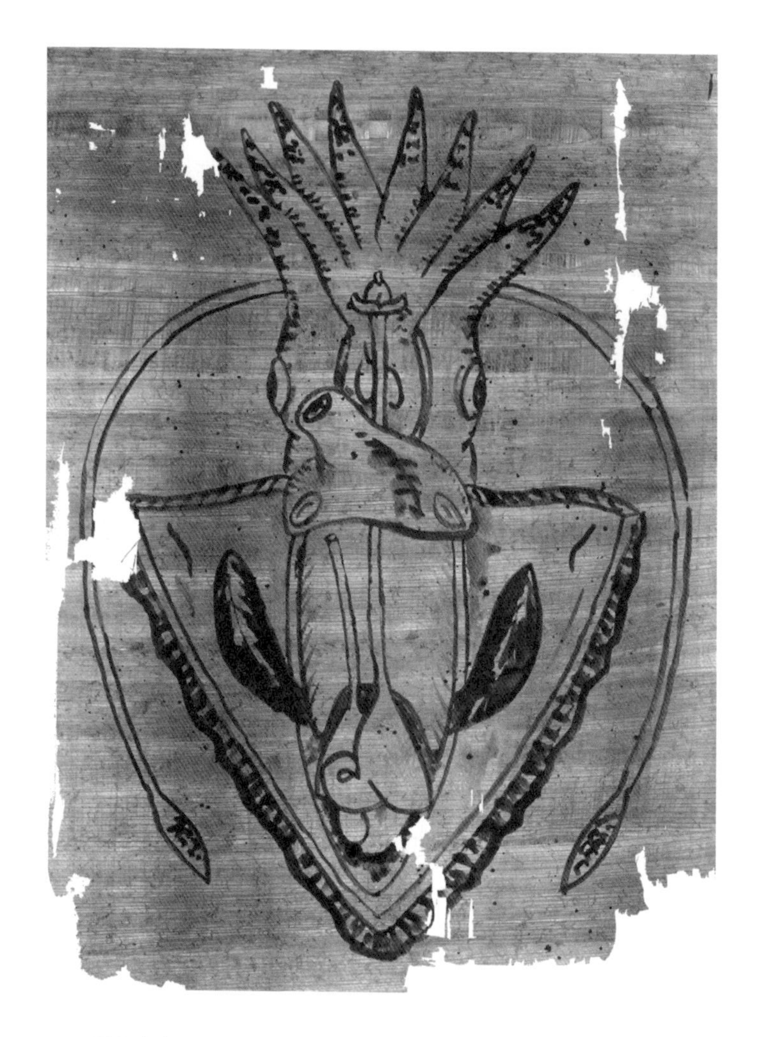

갑오징어(*Sepia officinalis*), 『동물 탐구』 IV권의 내용에 기반하여 후세에 재현

리아 도기Apulian pottery에 그려진 물고기 그림과 약간 비슷하지 않을까? 분명히 말할 수 있는 것은, 대략적이고—아리스토텔레스는 직업 화가가 아니었다—교육적인 부분을 강조했으리라는 것이다. 붓으로 검은색 윤곽선을 그리고 여러 부분에 알파벳 기호(Α, Β, Γ, Δ)를 붙이고, 때로는 명확히 설명했을 것이다. 그의 삽화를 재현하려고 시도할 수 있지만, 사실 추측할 수 있을 뿐이다. 이집트의 미라 주변이나 내부에 있는 파피루스에서 정체불명의 고대 문서가 발견되곤 한다. 고대 그리스인의 내장을 빼낸 시신 안에 사람의 심장이 그려진 아리스토텔레스의 삽화가 있을지도 모르지만, 파피루스 학자인 친구의 말에 따르면 이렇게 될 확률은 콩고에서 살아 있는 공룡을 발견할 확률과 비슷하다고 한다. 아무리 그렇더라도 『해부학』 필사본 하나가 이집트의 사막에 묻혀 있다는 소문을 듣는다면, 나는 이것을 발견해 아리스토텔레스가 무엇을 어떻게 보았는지 알아낼 때까지 땅을 팔 것이다.

24

아리스토텔레스는 모든 동물에 관심이 있었지만, 이중 어느 것도 사람에 비할 수 없었다. 아리스토텔레스에게 사람은 궁극적인 모델 생명체ultimate model organism였다. 이는 결코 시대착오적인 생각이 아니다. 『동물 탐구』는 인체해부학을 설명하면서 시작된다.

먼저 사람(anthrōpos)의 신체부위부터 살펴봐야 한다. 사람들은 매사에 가장 친숙한 것을 통해 시류를 판단한다. 그리고 우리에게 가장 친숙한 동물은 인간일 수밖에 없다.

아리스토텔레스도 인정했듯이 사람이 가장 전형적인 동물은 아니다. 그는 종종 사람의 특이한 점들을 언급한다. 즉 사람만 얼굴이 있고 양쪽 눈꺼풀 위에 속눈썹이 있고 눈 색깔이 다양하고 태어날 때 이가 없고 두 다리로 서고 몸 앞쪽에 유방이 있고 손이 있다. 그럼에도 해부학의 출발점은 사람이다.

아리스토텔레스는 사람을 해부해 봤을까? 이에 대해 많은 논란이 있다. 신랄한 학자인 루이스Lewes는 그럴 가능성을 부인하며 소포클레스의 희곡을 끌어들였다. 즉 소포클레스는 사랑스럽고 충실하고 아름답고 용기 있는 안티고네가 오빠를 매장하기 위해 싸우는 장면을 묘사했다. 루이스에 따르면, 이 장면은 그리스인들이 사자死者를 예우했음을 보여주는 것이다. 이런 분위기에서, 제아무리 해부를 좋아하는 아리스토텔레스일지라도 시체에 함부로 손을 대지는 못했을 것이다.

그러나 이것은 강력한 논거가 될 수 없다. 기원전 4세기의 그리스에는 노예가 많았다. 아테네에는 예우받지 못한 비非그리스인의 시체가 늘 넘쳐났다. 한편 다음 세기에 키오스의 에라시스트라토스와 칼케돈의 헤로필로스는 비록 자유분방한 알렉산드리아에서였지만 명백히 사람을 해부했다. 고대 문헌에는 심지어 살아 있는 죄수를 해부했다는 기록도 있다. 하지만 논란을 해결하기 위해 사회학적인 논의가 필요한 것은 아니다. 아리스토텔레스 자신은 사람을 해부하지 않았다고 분명히 말한다. 인체의 해부학적 구조에 대해 아리스토텔레스는 이렇게 말한다. '사실, 인체의 안쪽 부위는 우리에게 무척 낯설다. 따라서 우리는 사람과 비교할 수 있는 특징을 가진 동물들의 신체부위를 가져와 조사해야 한다.'

실제로, 사람의 내장에 대한 설명에서 보이는 부정확함의 일부는 이런 유추에서 비롯된다. 아리스토텔레스는 인간의 자궁이 둘이라고 말하는데, 대부분의 포유류가—정도의 차이가 있지만—그렇기 때문에 그럴듯한 유추이지만 물론 틀렸다. 아리스토텔레스는 사람의 신장이 나뭇잎 모양이라고 말하지만 역시 틀렸다. 하지만 소의 신장은 그렇게 생겼다. 몇몇 부정확함은 용서가 안 된다. 아리스토텔레스는 사람의 갈비뼈가 여덟 쌍이라고 말했는데, 사람의 골격도 보지 못했다는 말인가? 아리스토텔레스는 저절로 유산된 태아를 조사한 기록도 남겼다. 아리스토텔레스는 태아를 해부했다고 대놓고 말하지는 않았지만, 명백한 오류 중 몇 건은 태아의 해부학적 구조를 정확히 기술하려다 발생한 해프닝일 수도 있다.

아리스토텔레스는 다른 어떤 기관보다도 심장과 심장의 혈관에 관심이 많았다. 그의 논의는 당시의 상황을 기술하는 것으로 시작된다. 히포크라테스학파 의사인 키프로스의 시에네시스와 코스의 폴리보스, 자연학자(*physiologos*)인 아폴로니아의 디오게네스에게는 한 단락에서부터 몇 쪽까지 할애한다. 플라톤은 아예 언급하지도 않는데, 아마도 플라톤의 심혈관계 모델은 『티마이오스』에 있는 다섯 줄이 전부이기 때문일 것이다.

시에네시스와 폴리보스는 구제불능이었다. 이들은 혈관이 머리에서 시작된다고 썼고 심장은 건너뛰었다. 디오게네스는 좀 나았고, 소크라테스 이전의 철학자들 중에서 가장 긴 단편을 남겼다. 아리스토텔레스는 디오게네스를 길게 인용한다. 디오게네스는 혈관을 심장에 연결할 정도로 안목이 있었고, 오늘날에도 확인할 수 있을 정도로 경로를 자세히 묘사했다. 세 사람 모두 혈관계가 좌우 계획left/right plan에 따라 만들어진다고 믿었다. 혈관의 한 세트는 왼쪽 고환 · 신장 · 팔 · 귀를 담당하고 다른 세트는 오른쪽의 해당 기관을 맡는다고 말이다. 깔끔한 설명이지만 물론 틀렸다.

그와 대조적으로, 아리스토텔레스의 설명에서는 고도의 기교를 요하는 해부학 연구의 냄새가 난다. 시에네시스와 폴리보스가 피부를 통해 보이는 혈관을 따라가거나 단순히 추측을 했다면, 아리스토텔레스는 해부를 했다는 인상을 풍긴다.

> 앞에서 언급한 바와 같이 육안으로 검사할 때의 문제는, 사전에 체중을 줄인 동물을 질식사시킨 경우에만 효과적인 조사가 가능하다는 점이다.

이런 부분도 있다.

> 심장의 뾰족한 말단이 앞쪽을 향하고 있는데, 해부 과정에서 위치가 바뀌면 이 사실을 놓칠 수 있다.

또 있다.

> 혈관의 상대적인 위치에 대한 상세하고 정확한 연구는 『해부학』과 『동물 탐구』를 활용해야 한다.

내 기교를 먼저 마스터하기 전에는 내 결과를 논할 생각을 하지 말라고 경고하는 아리스토텔레스의 모습이 눈에 선하다.

이런 기교 덕분에 아리스토텔레스는 심장의 구조는 물론, 인체의 주요 혈관과 이것들 간의 상호관계 및 분지分枝에 대해 일관되고 상세한 설명을 할 수 있었다. 이 부분을 읽다 보면 아리스토텔레스가 정말 사람을 해부했을 것이라는 생각까지 든다. 하지만 자세히 살펴보면, 아리스토텔레스가 염소만 해부했더라도 이러지 않았을 거라며 실소를 머금게 된다. 아리스토텔레스는 심장을 전체 시스템의 중심에 두고 주요 혈관을 배치했고, 심장 근처에서는 대동맥을 '거대혈관great blood vessel(대정맥vena cava)'의 '뒤(등쪽dorsal)에' 두었다. 아리스토텔레스가 설명하는 대로 '거대혈관'과 그 지류를 따라가 보자.

대정맥은 심장의 세 구획(우심방과 우심실을 하나로 봤다.) 중에서 가장 큰 곳을 통과한다. 상대정맥superior vena cava은 흉곽상부upper thorax로 올라가 무명정맥innominate vein을 형성한 뒤, 쇄골하정맥subclavian vein이 되어 양팔로 뻗어나가고 두 쌍의 경정맥jugula을 머리로 올려 보낸다. 경정맥은 머리에서 얼굴정맥과 다른 많은 소정맥들로 갈라진다. 하대정맥inferior vena cava은 가로막을 지나 (간을 감싸는) 간정맥과 (신장을 감싸는) 신정맥으로 갈라진다. 그 이후로도 계속 진행하여, 장골정맥iliac vein으로 갈라져 다리와 발가락까지 내려간다. 위, 췌장, 창자간막mesentery의 수많은 정맥들은 하나로 합쳐져 커다란 혈관을 형성한다. '거대혈관'의 가지 중 하나(폐동맥)는 여러 개로 갈라져 작은 혈관들이 되고, 작은 혈관들은 더 작은 혈관들로 갈라져 폐로 들어간다.

나는 여기서 현대 용어를 썼지만, 아리스토텔레스는 '거대혈관'과 대동맥을 빼면 혈관에 이름을 붙이지 않는다(대동맥의 지류는 거대혈관과 거의 같은 방법으로 추적한다). 그럼에도 아리스토텔레스의 설명이 워낙 뛰어나, 문장이 만연체임에도 무슨 이야기를 하려고 하는지 알 수 있다. 그의 설명은 타의 추종을 불허하여, 오늘날의 혈관계 해부도를 손에 들고 보면서 따라갈 수 있을 정도다. 그리고 오류도 단박에 알아차릴 수 있다.[2]

하지만 해부는 어려운 일이다. 막상 시체를 열어 보면, 깔끔하게 배열되고 논리적으로 연결되고 색상이 선명하게 대비된 기관은 존재하지 않는다. 그 대신 구분하기 어려운 관, 주머니, 막이 체액 속에서 뒤엉켜 있을 뿐이다. 이 경우 우리의 시각은 예상('아마도 이러이러하게 생긴 것을 볼 것이다')에 큰 영향을 받기 때문에, 예상과 현실적 어려움이 공모하여 진실을 은폐하게 된다. 해부학뿐만 아니라 모든 연구에서 그렇다. 하지만 예상과 어려움은 때로 극복될 수 있다. 아리스토텔레스는 피가 어디로 가는지 궁금해 했다. 아리스토텔레스는—아마도 사상 최초로—혈관이 어떻게 가지를 치고 또 가지를 쳐서 미세한 혈관(모세혈관)이 되어 살속으로 사라지는지를 관찰하고 기술했다.

---

2 예컨대 사람의 심장이 네 구획이 아니라 세 구획으로 이루어져 있다는 아리스토텔레스의 믿음이 그렇다. 아마도 우심방과 우심실을 구분하지 못했거나, 우심방을 대정맥의 일부로 간주하는 오류를 범했을 것이다. 이와 관련하여, 아리스토텔레스는 폐동맥의 연결 부위도 착각했다. 폐동맥은 대정맥이 아니라 우심실과 연결되어 있다. 또한 아리스토텔레스는 소화계의 정맥들이 합쳐져 하대정맥으로 이어진다고 했는데, 실제로는 간으로 이어진다(즉, 간문맥계hepatic portal system를 빠뜨렸다). 그는 요골측피부정맥cephalic vein이 귀 부근의 경정맥에서 갈라져 나온 것이라고 말했고(그렇지 않다. 요골측피부정맥은 쇄골하정맥의 분지다), 뇌에는 혈관이 없다고 말했다. 심지어 하대정맥에서 양팔로 가는 혈관쌍을 발명하기도 했다. 나는 정맥과 동맥을 구분했지만, 아리스토텔레스는 그러지 않았다. 물론 아리스토텔레스는 혈액의 순환을 알지 못했다.

25

전반적으로 볼 때, 아리스토텔레스의 생물학 실력은 어느 정도 수준일까? 이론은 그렇다고 치고, 아리스토텔레스의 간단하고 기술적인記述的 주장들 중에서 진실은 얼마나 될까? 과학자들이 아리스토텔레스의 생물학 저서를 펼쳐 곳곳에 있는 경험적 주장을 읽을 때마다 이런 의문이 떠올랐겠지만, 아직까지 속시원한 해답은 나오지 않았다.

이런 시도가 부족했던 것은 아니다. 수 세기에 걸쳐 허다한 주석가들이 아리스토텔레스의 주장에서 진실이 얼마나 되는지 알아내려고 시도했다. 하지만 이들은 이 엄청난 과제에 번번이 실패했다. 다음 문구를 살펴보자.

> 새끼를 배는 모든 네발동물은 신장과 방광이 있고, 알을 낳는 동물 중에서 일부(예: 새와 물고기)는 이런 기관이 없다. 알을 낳는 네발동물 중에서 거북만이 다른 기관과 비례하는 크기의 신장과 방광을 지니고 있다. 거북의 신장은 소의 신장과 비슷하게 생겼고, 황소의 신장은 수많은 작은 장기들로 이루어진 단일 장기처럼 보인다.

겨우 세 개의 문장에 경험적 주장이 여섯 개나 포함되어 있다. (i) 모든 포유류는 신장이 있다. 맞다. (ii) 모든 포유류는 방광이 있다. 맞다. (iii) 어류나 조류는 신장이 없다. 틀리다. (iv) 어류나 조류는 방광이 없다. 맞다. (v) 양서류와 파충류 중에서 거북만 신장이 있다. 틀리다. (vi) 거북의 신장은 황소의 신장처럼 모듈화된 구조다. 맞다. 아리스토텔레스는 어류와 조류에서 신장을 놓친 것 같다. 여기에도 예상이 작용한 것이 분명한데, 어류와 조류의 신장은 여느 동물의 신장과 달리 가늘고 길쭉하게 생겼기 때문이다. 사실, 그는 다른 책에서 어류와 조류에 '신장과 비슷하게 생긴' 부위가 있다고 말했다.

그래도 배설계에 대한 아리스토텔레스의 지식을 평가하는 것은 쉬운 일인데, 척추동물의 해부학적 구조에 대해 조금만 알아도 되기 때문이다. 하지만 올리브숲에 둥지를 트는 중간 크기의 딱따구리가 있다는 아리스토텔레스의 주장은 어떨까? 그리스의 저명한 조류학자인 필리오스 아크레오티스Filios Akreotis가 내게 말하기를, 이런 딱따구리가 정말 있지만(학명: *Dendrocopus medius*) 레스보스에서만 그런 행동을 보인다고 한다.

그리고 텍스트에 복병이 숨어 있다. *euripos Pyrrhaiōn*에 대한 아리스토텔레스의 언급에서, 우리는 이것이 식용 성게인 *esthiomenon ekhinos*(*Paracentrotus lividus*)임을 알 수 있다. 또한 아리스토텔레스가 말하기를, 해초로 장식된 것을 보면 이 식용 성게를 비식용 친척과 구분할 수 있다고 한다. 그래서 나는 어느 여름날 친구들과 함께 스쿠터를 타고 라군의 입구로 가서 스노클링을 하며 해초로 장식한 성게를 채집해, 바위에 던져 껍질을 깬 뒤 생식샘(시칠리아 사람들이 사족을 못 쓰는 리치디마레*ricci di mare*)을 날로 먹었다. 우리가 먹고 남은 것 중에 성게의 구기mouthpart가 있었는데, 골백색bone-white 방해석으로 만들어진 미세하고 섬세한 기관이다. 1734년 프로이센의 박식가인 야코프 테오도레 클라인네Jacob Theodore Klein은 저서 『극피동물의 생태 구조』에서 이 구조를 기술했다. 하지만 사실은 다시 기술한 것으로, 클라인은 아리스토텔레스 역시 이것을 관찰했다고 언급하면서 전관예우 차원에서 '아리스토텔레스의 등燈Aristotle's Lantern'이라고 명명했다.

이것은 해부학에서 상징적인 에피소드다. 동물학자들은 아리스토텔레스에 대해 아무것도 모를 수 있지만, 클라인이 명명한 성게의 입 부위에서 그의 이름을 접할 것이다. 사실 클라인은 모두가 자주 그러는 것처럼 문장을 잘못 해석한 것으로 드러났다. 아리스토텔레스가 성게를 등燈에 비교했을 때, 단지 입 부위만을 의미한 것이 결코 아니었기 때문이다. 레테의 공동묘지에서 최근 발굴된 고대의 등을 살펴보면, 성게의 껍질처럼 생겼음을 알 수 있다. 문제는 필경사에게 있었다. 어디서는 소마sōma(몸)라고 썼고 다른 데서는 스토마stoma(입)라고 썼다. 따라서 주석가는 둘 중에서 하나를 선택해야 했다.

사실 이것은 충고성 일화cautionary tale다. 아리스토텔레스의 관찰들이 진짜인지 검증하려면 많은 동물학자들이 참여해야 하고, 그의 사고방식에 정통해야 하며, 고대 그리스어를 읽을 수 있어야 한다. 오늘날 이런 동물학자들은 거의 없지만, 수 세기 전에는 그렇지 않았다. 많은 사람들이 아리스토텔레스를 원전原典으로 읽을 수 있었고 실제로 그렇게 했다. 이들은 자신들이 발견한 것들에 애착을 가졌다. 퀴비에는 이렇게 말했다. '아리스토텔레스는 모든 것이 흥미롭고 놀랍고 엄청나다. 그는 62년을 살았지만, 수천 가지 생물에 대해 아주 세세한 부분까지 관찰했고, 가장 엄격한 비평가조차 허점을 찾지 못할 정도로 정확했다.' 『비교해부학 강의』(다섯 권, 1800~1805), 『동물의 왕국』(네 권, 1817), 『어류의 자연사』(발랑시엔Valenciennes과 공저, 스물두 권, 1828~1849)의 저자인 퀴비에는 그 시대의 가장 위대한 해부학자로 여겨진다. 이런 그가 생각하기에, 아리스토텔레스는 모든 것을 알고 있었기에 오류를 범할 수가 없었다.

아리스토텔레스는 허점투성이였지만, 추종자들이 그를 맹신했다. 조프루아 생틸레르는 이렇게 말했다. '이 거장은 … 모든 과학의 지평을 넓혔고 깊은 곳까지 파고 들어갔다.' 드 블랑빌도 이렇게 말했다. '아리스토텔레스의 계획은 웅대했고 자체발광했다... 그는 결코 사라지지 않을 과학의 초석을 놓았다.' 다들 지나친 감이 있다. 하지만 오웬, 아가시, 뮐러, 폰 지볼트, 쾰리커를 비롯해 동물계 전체를 메스로 해부한 시대의 전문가들은 앞다퉈 아리스토텔레스를 칭송했다. 이들이 이렇게 행동한 이유는 아리스토텔레스가 해부학을 정립했기 때문이지만, 이들이 몰랐던 것을 아리스토텔레스가 알고 있기 때문이기도 했다. 이들을 아리스토텔레스의 열렬한 팬으로 만든 결정적 요인은 이들이 아리스토텔레스에서 재발견한 세 가지, 즉 메기의 부성애, 문어의 음경팔 penis-arm, 돔발상어의 출산이었다.

26

마케도니아의 차가운 강과 호수에는 부성애 넘치는 메기가 산다.

> 강에 사는 물고기인 글라니스(*glanis*)의 경우, 수컷이 새끼를 세심하게 돌본다. 암컷은 알을 낳은 뒤 내팽개쳐두고 떠나지만, 수컷이 남아 알이 모여 있는 곳이라면 어디든지 지킨다. 40일 내지 50일 동안 작은 물고기들로부터 지켜주는데, 그 동안 새끼들이 자라 다른 물고기로부터 도망칠 수 있는 능력을 갖추게 된다. 어부들은 수컷이

> 작은 물고기들로부터 알을 지킬 때 내는 웅얼거림 소리를 듣고 그 위치를 파악한다. 수컷은 알 주위에 남아 있으려는 열정과 집착이 대단한데, 수심이 깊은 곳에 있는 식물 뿌리에 알이 달라붙어 있을 경우, 어부가 식물을 뽑아 얕은 곳으로 옮겨도 끝까지 따라간다. 어부들은 물가에 서서, 알을 향해 달려드는 메기를 갈고리로 낚아챈다. 경험이 많은 수컷은 끝까지 알을 포기하지 않고, 단단한 이빨로 갈고리를 깨물어 부순다.

감동적인 장면이다. 불쌍한 치어들이 지느러미 아래 옹기종기 모여 있을 때, 무책임한 암컷에게 버림받은 수컷 메기는 모든 침입자를 향해 호전적으로 웅얼거리며 버티고 있다. 우화에 나오는 삽화의 한 장면처럼 보인다. 이것은 전혀 비非아리스토텔레스적이지 않다. 아리스토텔레스는 여러 동물들에 대해 '성격이 좋다' '게으르다' '지적이다' '소심하다' '기만적이다'라고 기술하고, 사자의 경우 '고상하고 용감하고 우아하다'고 묘사하는데 왠지 구구절절이 이솝의 향기를 풍긴다.

1839년 조르주 퀴비에와 아실 발랑시엔은 아리스토텔레스의 글라니스가 벽메기wels(학명: *Silurus glanis*)임을 밝혀냈다. 주의 깊은 두 사람은 벽메기의 부성애 본능에 대한 아리스토텔레스의 설명을 무시하지는 않았는데, 그럼에도 이것은 믿기 어려운 일이라고 말했고 사실 그랬다. 1856년 하버드 대학교의 동물학 교수인 루이 아가시도 글라니스에 대해 생각했다. 아가시는 아리스토텔레스를 무척 신뢰하는 편이었다. 어류에서 부성애를 언급한 문헌은 그 무렵에야 나왔다. 그 자신도 미국의 메기가 둥지를 만들고 새끼를 보살피는 장면을 봤는데, 그렇다면 마케도니아의 메기가 그러지 말라는 법은 없지 않을까? 한편 스위스에서 자란 아가시는 벽메기의 습성을 잘 알고 있었는데, 그 녀석이 새끼를 지키는 모습을 본 적이 없었다.

이 문제는 아가시가 그리스 왕의 시의侍醫인 로제르Roescr 박사에게서 그리스산 물고기 표본을 받으면서 해결됐다. '그중 대여섯 마리에 글라니디아*Glanidia*라는 라벨이 붙어 있는데, 설명서를 읽어 보니 아리스토텔레스가 글라니스에 대한 정보를 얻은 아카르나니아의 아켈로스강에서 잡은 것이다. 이름과 장소에서, 나는 이 그리스 철학자가 진짜 글라니스를 얘기했다고 확신한다. 글라니스는 메기류에 속하지만, 분류학자들이 말하는 벽메기는 아니다.' 아가시의 조교인 사무엘 가만Samuel Garman은 1890년, 마케도니아의 메기는 신종인 아리스토텔레스메기Aristotle's cat fish(학명: *Silurus aristotelis*)이라고 선언하고, 턱에 난 수염이 여섯 개가 아니라 네 개라는 점이 벽메기(*S. glanis*)와 뚜렷이 구별되는 차이라고 기술했다.

아리스토텔레스메기(*S. aristotelis*)의 번식 습성에 대한 아리스토텔레스의 기술은 정확하다. 적어도 우리가 이 동물에 대해 아는 범위 내에서는 그렇다. 다른 문장에서, 아리스토텔레스는 이 물고기의 짝짓기, 체외수정, 수정 뒤 형성되는 '싸개'(알주머니), 수일 뒤 생기는 배아의 눈, 유생의 유달리 느린 성장을 기술했다. 매우 상세한 것으로 보아, 이 모든 것을 아리스토텔레스가 직접 연구한 것이 확실시된다. 아리스토텔레스는 마케도니아에서 유년기와 성년기를 보냈다. 게다가 아리스토텔레스메기의 부성애에 대한 그의 기술에는 생동감이 넘친다. 암컷이 알을 낳고 어디론가 떠나버리면 수컷이 남아 알을 지킨다. 수컷은 다른 물고기

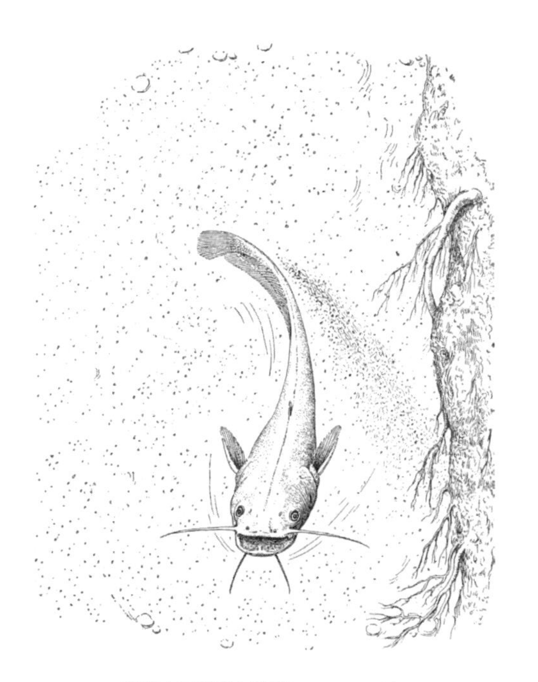

아리스토텔레스메기(*Siluris Aristotelis*)

길이 46㎝까지 자라며 담수호에서만 서식한다. 그러나 수질 오염과 남획으로 멸종 위기에 놓여 있다.

들에게 겁을 주기 위해 (배지느러미로 가슴을 때려서) '웅얼거리는' 소리를 낸다. 그런데 그의 설명에는 이상한 점이 하나 있다. 아리스토텔레스는 수컷이 50일 동안 자리를 지킨다고 주장한다. 이것은 지나치게 긴 시간으로 보이는데, 대략 일주일이 지나면 알이 부화하기 때문이다. 나는 전문가들에게 이 종種의 수컷이 아리스토텔레스가 말한 것처럼 치어가 자랄 때도 돌봐 주는지 문의했지만 다들 알지 못한다고 대답했다.

아리스토텔레스가 우리에게 모든 얘기를 다 들려주지 못했을 것이기 때문에, 누군가가 이 물고기를 더 연구해야 할 것이다. 가능하면 빨리 말이다. 아리스토텔레스메기는 IUCN(세계자연보전

연맹)의 목록에 '멸종 위기종'으로 등재되어 있기 때문이다.

27

배낙지paper nautilus(학명: *Argonauta argo*)는 문어처럼 생긴 생물이다. 이 동물 자체는 인상적인 점이 없지만 껍질만큼은 아름답다. 달걀 껍데기처럼 얇고 흰 패각은 완벽한 평면나선planispiral 기하학을 연출한다. 그리고 비록 먼 바다에 살지만 종종 해변으로 휩쓸려 올라온다. 폭풍이 지나간 뒤 수백 마리가 해변에서 죽은 채 발견되기도 한다.

1828년 델레 키아제Delle Chiaje라는 이탈리아 해부학자는 나폴리 만에서 배낙지를 연구하다 기생충에 감염된 것 같다는 사실을 발견했다. 그는 이 기생충에 *Trichocephalus acetabularis*라는 학명을 붙였는데 '머리에 털이 난 흡충'이라는 뜻이다. 이듬해에 퀴비에도 니스 해안의 문어에서 비슷한 기생충을 발견했다. 그는 이 기생충에 *Hectocotylus octopodis*라는 학명을 붙였는데 '문어에 붙어 있는 컵'이라는 뜻이다.

새로운 기생충을 발견한 것이 주목할 만한 일은 아니었다. 해양동물들 중에는 이런 경우가 많다. 하지만 *Hectocotylus*는 특이한 기생충인데, 희한하게도 숙주와 닮았기 때문이다. 녀석의 빨판은 두족류의 빨판과 아주 비슷하게 생겼다. 그런데 이 녀석이 기생충이 아니라는 의심이 커졌다. 1851년 하인리히 뮐러Heinrich Müller와 장 밥티스트 베라니Jean Baptiste Vérany는 각각 *Hectocotylus*가 기생생물이 아니라 사실은 배낙지의 배우자, 좀 더 정확히 말하면 배우자의 음경임을 밝혔다. 전세계에서 발견된 모든 배낙지는 암컷으로 보인다. 수컷은 잘 알려지지 않은 조그만 동물로, 패각을 전혀 만들지 않는다. 녀석이 보유한 두 개의 촉수 중 하나는 몹시 변형된 삽입기관으로, 짝짓기하는 동안 암컷의 외투강 속에서 절단된다. 수컷은 이렇게 음경(즉 하나의 촉수)을 잃음으로써, 태어날 때보다 하나가 적은 부속지appendage를 갖게 된다.

배낙지의 일회용 음경 겸 촉수penis-tentacle는 19세기 해부학에서 경이로운 사례였다. 그런데 더욱 경이로운 것은, 아리스토텔레스가 이것을 알고 있었다는 사실이다. 적어도 아리스토텔레스의 열성팬인 폰 지볼트는 1853년 이렇게 주장했다. '베라니와 뮐러는 *Hectocotylus* 연구의 역사에서 새로운 전기를 마련했지만, 수컷 문어와 *Hectocotylus*의 교미용 다리 사이의 관계에 대한 우선권 다툼을 아리스토텔레스와 벌여야 한다는 놀라운 사실을 알아야 한다.'

아리스토텔레스가 정말 알았을까? 장담하건대 아리스토텔레스는 배낙지를 알고 있었다. 아리스토텔레스는 배낙지를 '뱃사람(*nautilos polypous*)'이라고 부르며 명쾌하게 기술하고, ('관찰을 통한 지식이 아직 만족스럽지는 않지만') 달팽이나 대합처럼 껍데기에 단단하게 붙어 있는 패각류는 아니라고 믿는다. 이것은 맞지만, 아리스토텔레스는 배낙지가 촉수 사이에 있는 막(물갈퀴)을 돛처럼 썼다고 반복해 말하는데 이것은 사실이 아니다. 그러나 짝짓기에 대해서는 배낙지와 마찬가지로 침묵한다.

하지만 아리스토텔레스는 분명 뭔가를 봤다. 그는 문어의 짝짓기 습성을 언급하면서, 문어의 촉수 중 하나가 나머지와는 달리 색깔이 연하고 끝이 더 뾰족하고 기저부 빨판이 더 크고 끝에 주름이 있다고 말한다. 그에 더하여, 수컷이 구애를 하는 동안 이 촉수를 암컷의 깔때기에 삽입한다고 말한다. 1857년 스틴스트럽Steenstrup은 왜문어(학명: *Octopus vulgaris*) 역시 음경 겸 촉수가 있다는 사실을 확인했다. 왜문어의 경우에는 배낙지보다 훨씬 평범한데, 수컷 문어가 일을 마친 뒤 배우자의 구멍에서 음경 겸 촉수를 온전한 형태로 회수하기 때문이다. 하지만 이것은 아리스토텔레스가 기술한 내용과 대동소이하다.

폰 지볼트는 아리스토텔레스의 해부학 솜씨를 과장했다. 아리스토텔레스가 문어의 음경 겸 촉수라는 미묘한 특수기관을 알

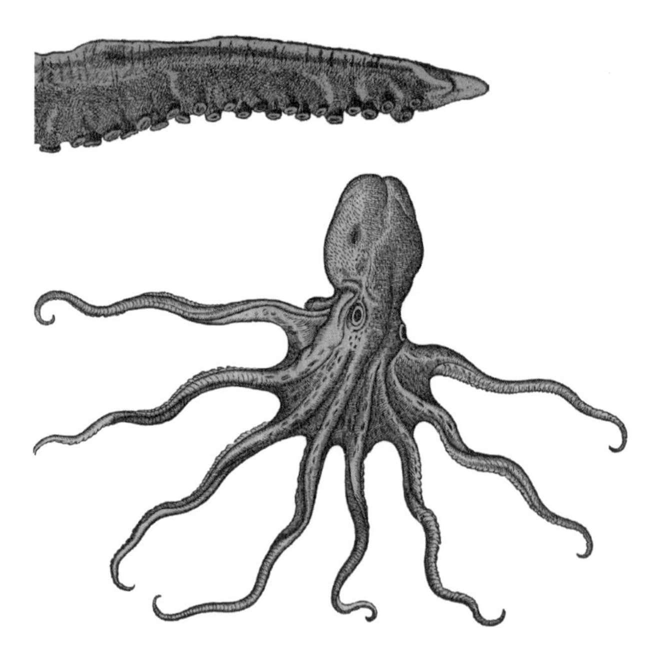

왜문어(*Octopus Vulgaris*)
위: 교접완(交接腕), 아래: 성체

아차린 것은 맞지만, 어디에 쓰는 물건인지는 확신하지 못한 것 같다. 어떤 문장에서는 촉수를 이용한 더듬기가 곧 교미임을 시사한다. 다른 문장에서는 이것을 어부들의 속설이라고 폄하하며, 교미를 위한 준비 과정일 뿐이라고 말한다. 아리스토텔레스는 정액이 촉수를 통해 이동할 수 있다는 것을 이해하지 못하고, 모든 과정을 선험적 기준에 의거하여 의심한다. 구강성교를 하는 물고기일 경우에나 적합할 법한 이런 접근방법은, 호색적인 문어에 이르러 아리스토텔레스의 얼을 뺀 듯하다. 하지만 두 문장 모두 아리스토텔레스의 사고방식에 대해 뭔가를 얘기하고 있다. 그리고 아마도 아리스토텔레스는 발을 적셔 가면서까지 직접 관찰하는 것을 원치 않았던 것으로 보인다.

28

하지만 아리스토텔레스가 완전한 우선권을 인정받을 만한 발견도 하나 있다. 아리스토텔레스는 별상어smooth dog fish의 별난 배아에 대해 기술했다.

대부분의 물고기들이 단단한 뼈를 가지고 있는 것과 달리 돔발상어, 상어, 가오리, 전기가오리는 무른 뼈를 가지고 있음을 관찰한 뒤, 아리스토텔레스는 이들을 통틀어 *selakhē*[3]라고 불렀다. 아리스토텔레스는 이들이 외부 생식기를 이용해 교미한다는 사

3 아리스토텔레스의 *selakhē*는 상어만을 포함하는 상어목目(Selachii)에 해당하지 않고, 상어, 가오리, 홍어를 포함하는 연골어강綱(Chondrichthyes)에 얼추 해당한다.

실을 알고 있었지만, 이 과정에 대해서는 '어부들의 속설'이라고 덧붙이며 다시금 조심성을 드러냈다. 아리스토텔레스는 *batides*(가오리 또는 홍어)와 *skylion*(두톱상어) 같은 몇몇 *selakhē*가 단단한 껍질과 섬유질로 뒤덮인 알—간혹 해변으로 휩쓸려 올라오는 '알상자mermaid's purse'를 보면 짐작할 수 있다—을 낳지만 대부분은 새끼를 낳는다고 적고 있다. 또 아리스토텔레스는 *akanthias galeos*(돔발상어)의 배를 가르면 아직 알상자 속에 있는 태아를 볼 수 있음을 알았다. 이 동물들은 훗날 난태생卵胎生으로 불리게 되는데,[4] 이것은 아마도 그리스 어부들에게는 상식이었을 것이다. 오늘날 그리스인들은 연골어류의 태아들을 통틀어 *koytabakia*(강아지)라고 부르며, 마늘 소스를 찍어 먹는다.[5]

*selakhē*는 확실히 특이한 어류이지만, *leios galeos*라는 연골어류는 정말 특이하다. 다음을 보자.

> 이 동물은 자궁에 붙어 있는 탯줄에 의존해 발생과정을 겪는데, 그 결과 알이 소모되어 감에 따라 네발동물을 닮은 배아가 된다. 기다란 탯줄이 자궁 아래쪽에 붙어 있는데, 탯줄의 양쪽 말단은 일종의 빨판으로 고정돼 있다. 배아의 몸 중간에 있는 간肝에 탯줄이 붙어

---

4 또한 아리스토텔레스는 *batrachos*(씬벵이, 학명: *Lophius piscatorius*)가 연골어류이고 껍질이 단단한 알을 해변에 한 무더기씩 낳는다고 말한다. 아리스토텔레스는 물고기에 대해 잘 알지만, 여기에 나오는 물고기들은 모두 해양어류라는 점을 감안해야 한다. 먼저, *Lophius*는 연골어류가 아니다. 다음으로, 비록 *Lophius*가 알을 낳지만 무더기라는 그의 표현은 실제와 일치하지 않는다. 1882년 알렉산더 아가시가 말했듯이, 씬벵이는 먼 바다에서 거대한 젤 형태의 막 안에 수백만 개의 알을 낳는다. 내 생각에, 아리스토텔레스나 그의 정보원(또는 후세의 기록자)들이 부분적으로 *batrachos*와 *batos*(가오리, 홍어)를 혼동한 것으로 보인다.

5 *skylion*은 '강아지'를 뜻하는 고대 그리스어에서 파생되었다.

있다. 배아에는 더 이상 알이 없음에도, 갈라 보면 알처럼 보이는 영양분 덩어리가 있다. 네발동물처럼 융모막chorion과 막이 자라 배아를 둘러싸고 있다. 배아는 어릴 때 머리가 위를 향하지만, 충분히 자라면 아래를 향하며 완전한 …

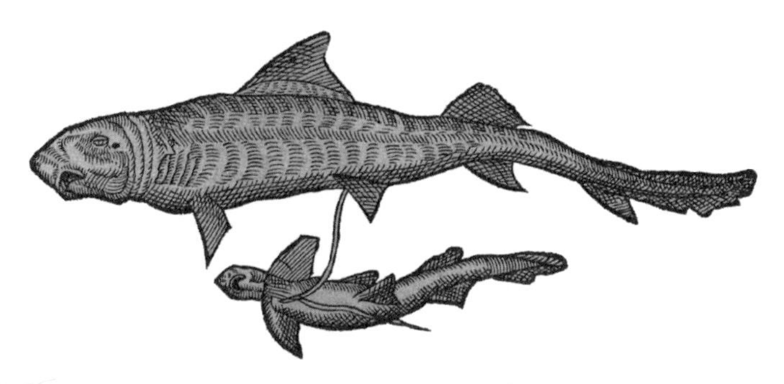

별상어(*Mustelus mustelus*) 태반 형성

이보다 더 명쾌할 수는 없다. 아리스토텔레스는 별상어(학명: *Mustelus mustelus*)의 새끼들을 기술하고 있는데, 이 녀석들은 탯줄과 일종의 태반에 의해 어미의 자궁에 연결되어 있다. 아리스토텔레스는 이런 주목할 만한 방식이 새끼를 낳는 네발동물, 즉 포유류에서만 발견된다는 사실도 간파했다.

1550년대에 피에르 블롱Pierre Belon과 기욤 롱드레Guillaume Rondelet는 별상어의 특이한 생식계 구조를 확인했다. 롱드레는 어미의 배꼽에 매달려 있는 태아를 그리기까지 했다. 1675년 덴마크의 박물학자 닐스 스텐센Niels Steensen은 별상어를 해부하여, 탯줄이 어떻게 소화관에 연결돼 있는지 확인했다. 이후 별상어는 거의 두 세기 동안 잊혀졌고, 퀴비에와 발랑시엔은 별상어에 대해 언급하지 않았다. 1839년 요하네스 뮐러가 별상어를 재발견했다. 뮐러는 해부를 통해 별상어의 태반이 실은 어미의 자궁벽에 붙어 있던 난황낭yolk sac이며, 포유류의 태반만큼이나 발달한 구조를 지니고 있다는 사실을 밝혔다. 뮐러는 동물학의 대가大家를 기려, 논문의 제목을 〈아리스토텔레스의 별상어에 관하여 *Über den glatten Hai des Aristoteles*〉라고 붙였다.

많은 동물학자들이 아리스토텔레스를 찬양해 왔는데, 이것은 자기 자신 속에서 아리스토텔레스를 보았기 때문이다. 몇몇은 열정이 지나친 나머지 아리스토텔레스의 결함을 모른 체했다. 이들은 자신의 통찰을 아리스토텔레스의 것으로 돌렸고, 찬사를 바치며 그의 정확성에 매료되었다. 하지만 나로서는 한 동물학자의 평가야말로 특히 아름답고 적절해 보인다.

> 이제 나는 아리스토텔레스가 로버트 보일이 화학에서 그랬던 것처럼 동물학의 오래된 전통을 타파했다고 본다. 그의 위대한 기여 중에서도 가장 위대한 것은 여기에 있다. 그의 시대 이전에도 자연사(박물학) 연구가 많이 있었다. 하지만 이것은 농부, 사냥꾼, 어부들이 한 일로써 (의심할 바 없이) 초등학생, 게으름뱅이, 시인에게나 어울린다. 그러나 아리스토텔레스는 이것을 과학으로 만들었고, 철학에서 한 자리를 차지하게 했다.

이 글을 쓴 사람은 다시 톰프슨이다.

자연

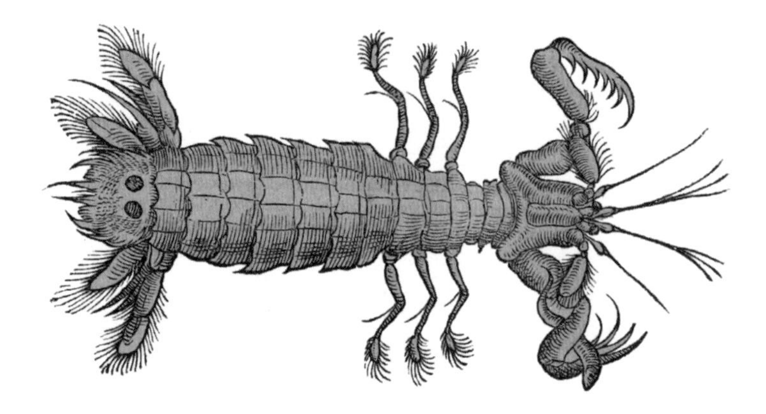

갯가재(*Squilla mantis*)

구각목(口脚目)에 속하는 갑각류의 하나. 강력한 힘을 가진 앞다리를 가지고 있으며 이것으로 먹이가 되는 무척추동물이나 작은 물고기를 잡아먹는다. 20㎝까지 자란다. 지중해나 지중해 인근 대서양에서 서식한다.

29

실러는 그리스인들이 자연을 무심하게 대했다고 말했다. 알렉산더 폰 훔볼트는 그리스인들이 자연을 그 자체로 대하지 않았다고 말했다. 내 생각에는 두 사람 다 틀렸다.

> 높이 매달린 나뭇잎 아래에서 매미가 나직하게 울며
> 두 날개 아래에서 쉼 없이 새된 노래를 만들어 낼 때
> 아티초크 꽃과 여자들은 따뜻하고 자유분방하지만
> 남자들은 불타는 시리우스 때문에 수척해지고 다리를 절면서
> 뇌腦와 무릎을 메마르게 한다네.

알카이오스[1]의 사랑스런 단편은 아마도 레스보스를 노래한 것일 텐데, 그 이유는 그가 이곳 출신이기 때문이다. 알카이오스는 기원전 6세기에 이 시를 썼는데, 사포Sappho의 연인이었던 것으로 추정된다. (사랑하는 사람의 얼굴을 기사 부대 또는 전투함대의 즐비한 노ranked oar에 비교할 역량을 갖춘) 사포 역시 해변의 금작화, 야생 장미와 백리향에 맺힌 이슬, 빛이 쏟아지는 바다를 노래했다. 그리고 송시頌詩 단편과 희비가 엇갈린 비문을 모아놓은 『그

1 알카이오스(Alkaios). 기원전 7세기 말에서 6세기 초에 활동한 그리스의 서정시인. -역주

리스 사화집 *Greek Anthology*』을 좀 더 읽는다면, 자연은 천 년 남짓한 기간 동안 그리스인들 곁에 늘 머무르며 의미로 가득 차 있었음을 알게 될 것이다.

하지만 좁은 의미에서는 실러의 말이 맞다. 그리스인들 역시 봄날에 돌아오는 제비를 축하했지만, 이들의 '자연'은 (야생적이고, 사람 손을 안 탄 모든 것을 의미하는) 낭만파의 자연이 아니다. 이들이 자연학자들을 지칭하기 위해 사용한 피지오로고이(*physiologoi*)는 때로 '창조'를 의미했다. 적어도 크세노파네스, 헤라클레이토스, 엠페도클레스, 고르기아스Gorgias, 데모크리토스, 그리고 훗날의 에피쿠로스가 모두 『자연에 관하여*peri physeos*』라는 제목의 저서를 남겼는데, 하나같이 우주론을 담고 있다. 아리스토텔레스 역시 이 제목으로 책을 썼지만(『자연학*Physics*』에서 앞의 네 권) 우주론은 아니다. 오히려 변화의 분석analysis of change을 다룬다.

바위는 아래로 떨어지고, 뜨거운 공기는 위로 올라가고, 동물은 움직이고 자라고 짝짓기를 하고 죽는다. 천체는 회전한다. 모든 것이 끊임없이 움직인다. 우리는 변화의 원인이 다양하다는 것을 당연히 여기고 있다. 요리 중인 냄비에서 수증기가 하늘을 향해 올라가고 정원의 식물도 그 방향으로 자라지만 두 현상은 명백히 다른데, 원인이 다르기 때문이다. 아리스토텔레스도—우리와 완전히 같은 방식은 아닐지언정—이러한 사실을 직시하고, 변화 그 자체에 대한 설명이 필요하다고 느껴 『자연학』에서 '자연(physis)'과 변화를 동일시했다. 아리스토텔레스에게, 자연을 그저 존재하는 것으로 증명하려는 시도는 우스꽝스럽기 짝이 없다. 많은 사물들이 '자연(본성)'을 지니고 있고, 이는 자명하기 때문이다. 과학자의 과제는 자연이 어떻게 작동하고 실체가 무엇인지 발견하는 것이다.

자연에 관한 이런 식의 개념을 발명한 사람은 아리스토텔레스가 아니다. 호메로스의 작품에서 이런 의미의 자연이 발견되기 때문이다. '그래서 헤르메스는 땅에서 캐낸 약초를 나에게 주며, 이 자연(성질)을 보여주었다.' 이것은 누가 봐도 데모크리토스와 매우 가깝다. '자연과 가르침은 비슷하다. 가르침은 사람됨을 변화시키고, 자연은 형태를 변화시킴으로써 작용하기 때문이다.' 태생적으로, 이는 우리가 뭔가의 내재적 원인innate cause을 말할 때 '자연'을 언급하는 것과도 가깝다. 예를 들어 아이작 왓츠(Isaac Watts, 1674~1748)의 우스꽝스러운 시의 한 구절을 보라. '개가 짖고 물며 좋아하도록 놔 두자 / 신이 녀석들을 그렇게 만들었으니까 / 곰과 사자가 으르렁거리며 싸우도록 놔 두자 / 이 역시 녀석들의 자연(본성)이니까.' 또는 홉스의 '자연(신이 세상을 만들고 지배할 때 사용하는 기술)'을 생각해 보라.

하지만 아리스토텔레스는 18세기의 이신론자deist가 아니므로, 신을 인과론적 사슬에 끌어들이는 것은 그가 의미하는 바를 흐리게 할 위험이 있다. 아리스토텔레스에게 자연은 변화와 안정change and rest의 내적 원리internal principle이기 때문이다. 이것이 바로 자연물natural object과 인공물artefact의 근본적인 차이다. 전자는 스스로 움직이고 멈추지만, 후자는 그러지 않으며 그럴 수도 없다. 그리고 비록 아리스토텔레스는 자연적 무생물(예: 원소) 역시 스스로 움직인다고 생각했지만, '자연'에 관한 이런 식의 정의는 사실상 생물학자들을 위한 것이다. 그의 목적은 창조물들이 하는 모든 행동의 불가사의한 방식을 이해하는 것이다. 어느 누구도 시간의 수레바퀴를 돌릴 수 없고, 조그만 생물을 올바른 방향으로 인도할 수 없다. 이것은 자연만이 할 수 있는 일이다.

30

자연을 '변화와 안정의 내적 원리'로 정의함으로써 아리스토텔레스는 자연과학의 범위에 한계를 정했을 뿐이다. 뒤이어 그가 던진 질문—아리스토텔레스의 모든 과학 탐구에 동기를 부여한 위대한 질문—은 변화의 원인이 무엇이냐라는 것이다.

이 질문에 대답하기 위해, 아리스토텔레스는 책을 독파하기 시작했다. 아리스토텔레스가 기원전 367년 열일곱 살의 나이에 아카데메이아에 발을 들여놓았을 무렵, 지성계의 분위기는 반反과학적이었고 자연학자들의 위대한 학맥은 사라진 상태였다. 하지만 이들의 저술(파피루스 두루마리)은 남아 있었다. 아리스토텔레스가 언제 어떻게 도서관 선반에서 이 책들을 찾아냈는지는 얘기하지 않겠다. 다만 아리스토텔레스가 아카데메이아를 떠날 때는 서른일곱 살이었으므로, 그 동안 수많은 책을 읽고 메모하고 생각했을 것이다.

그가 읽은 책들 중에는 데모크리토스의 책도 있다. 아리스토텔레스의 지적 영토에서 데모크리토스보다 더 큰 자리를 차지하고 있는 사람은 플라톤밖에 없다. 자연철학자 중의 자연철학자인 플라톤은 데모크리토스를 워낙 싫어해서, 그의 책을 태워버리고 싶어 했다고 한다. 나중의 철학자들이 데모크리토스의 책을 읽은 것이 분명하므로, 플라톤이 뜻을 이루지 못했음을 알 수 있다. 하지만 후대에 와서 플라톤의 비열한 소망ignoble wish이 이루어졌는데, 오늘날 데모크리토스의 책이 단 한 권도 남아 있지 않기 때문이다. 아리스토텔레스의 물리학 이론은 대체로 데모크리토스의 물리학 이론에 반反하여 성립됐지만, 데모크리토스의 물리학 이론에 대해 우리가 알고 있는 것 중 상당부분은 아이러니하게도 아리스토텔레스의 물리학 이론에서 유래한다. 플라톤과는 달리, 아리스토텔레스는 반대자들의 글도 기록하며 경의를 표했기 때문이다.

아리스토텔레스가 말했듯이, 데모크리토스는 세계가 궁극적으로 원자—보이지 않지만 단단하고 파괴할 수 없고 쪼갤 수 없고 변환할 수 없고 개수와 변이가 무한하고 영구적으로 움직이는 독립체—들로 이루어져 있다고 생각했다. 그는 원자를 온타(onta)—'사물thing'—이라고 불렀다. 데모크리토스는 이 이론을 스승인 레우키포스Leukippos에게서 배웠다. 오늘날 데모크리토스와 레우키포스 두 사람은 원자론의 아버지로 여겨지는데, 이들과 돌턴 & 러더퍼드를 연결하는 이론적 끈은 비록 퇴색했지만 실재한다.

데모크리토스는 자신의 원자론을 우주론으로 발전시켰다. 그는 엉성한 우주론—데모크리토스의 실패 때문인지, 아니면 역사의 굴곡 때문인지는 모르겠지만—에서, 원자가 진공 속에서 떠다니다 충돌해 서로 달라붙어 더 큰 독립체를 만들며 궁극적으로 행성과 별이 된다고 제안했다. 또한 데모크리토스는 원자의 모양과 운동을 이용해, 동물의 성결정sex determination, 감각, 움직임을 명쾌히 설명했다. 데모크리토스는 완전한 환원주의적 생명이론reductionist theory of life을 정교하게 구축했지만(학설 모음집 편찬자들에 따르면, 그가 동물의 원인Causes of the Animals에 관한 책을 세 권 썼다고 한다), 지금은 소실되었기 때문에 진위를 알 수 없다. 아무리 그렇더라도 그의 이론의 전반적인 취지는 명백하다. 데모크리토스는 사물의 본성(그리고 왜 변화하는지)을 설명하기 위해 물질matter, 즉 사물을 이루는 재료stuff에 전적으로 매달렸다. 데모크리토스가 이렇게 한 최초의 인물은 아니다. 유물론은 신이오니아학파적Neo-Ionian 고찰의 커다란 줄기 중 하나이지만, 이중에서 가장 정교한 것이 데모크리토스의 설명이었다. 아리스토텔레스는 데모크리토스가 왜 틀렸는지 보여주기 위해 삶의 많은 부분을 할애했다. 어떤 의미에서, 아리스토텔레스의 과학 저술들은 유물론자들에 대한 긴 논박이다. 우리는 과학적 사고의 중대한 전환점 중 하나에 도달했는데, 이것은 종종 잘못된 전환으로 평가된다.

아리스토텔레스가 지적하는 데모크리토스 우주론의 문제는, 우주가 원자의 충돌에서 '자발적으로spontaneously' 생겨났다는 데 있다. 이것이 왜 말이 안 되는지를 설명하기 위해 아리스토텔레스는 '자발적'의 의미를 분석한다. 세 발로 서 있는 삼발이를 본다면 우리는 누군가가 의도적으로 이것을 이렇게 놔 둔 것이라고 자연스럽게 추측할 것이라고 아리스토텔레스는 말한다. 하지만 꼭 그런 것은 아니다. 어쩌면 삼발이가 지붕에서 떨어지면서 우연히 세 발로 서게 된 것일 수도 있다. 영어의 'automatic(자동)'은 그리스어 automaton(자동기계)에서 왔다. 데모크리토스는 우주가 세 발로 서 있는 삼발이 같다며, 의도적으로 이곳에 놓인 것이 아니라 그저 우연히 자리했을 뿐이라고 가정한다.

이것은 특이한 논쟁처럼 보인다. 왜 우주가 우연히 세 발로 서 있게 된 것이면 안 되는가? 하지만 아리스토텔레스의 요점은, 자발적인 사건이란 목적이 있는 것처럼 보이지만 사실은 이렇지 않다는 것이다. 그리고 이것이 바로 물질의 핵심이라는 것이다. 아리스토텔레스는 우주—별, 행성, 지구, 거기에 살고 있는 생명체들, 원소들—가 엄연히 목적을 갖고 있다고 생각한다. 이것들은 설계design의 전형적인 특징을 보인다. 그리고 설사 합목적적인 사물이 자발적으로 생겨날 수 있다 하더라도, 아리스토텔레스에게는 우주처럼 정교하게 질서 잡힌 대상이 자발적으로 자가조립될self-assemble 수 있다는 것이 타당해 보이지 않는다.

대부분의 현대 우주론은 우주가 어떤 목적 없이 단지 그 자체로 존재한다고 가정한다. "별이 왜 있나요?"라고 묻는 사람은 어린아이밖에 없을 것이다. 하지만 아리스토텔레스에게는 이런 질문이 유치하지 않다. 목적에 대한 아리스토텔레스의 감각은 거의 모든 것을 아우른다. 이상해 보일지 모르겠지만, 우리가 그를 일종의 우주생물학자로 본다면 덜 이상할 것이다. 우리는 아리스토텔레스가 불확실한 기반 위에 서서 별들을 바라본다고 생각하기 쉽지만, 지구상에(또는 다른 어느 행성에라도) 존재하는 생명체의 규칙적이고 합목적적인 특징을 원자의 임의적인 충돌로 설명할 수 없다는 그의 말은 명백히 옳다.

생물학자의 관점에서 세계를 바라보는 아리스토텔레스의 비전은 자연학자들의 다른 측면을 살펴볼 때 명확히 드러난다. 그가 데모크리토스를 논할 때마다 거의 예외없이 엠페도클레스가 등장한다. 아리스토텔레스가 볼 때, 이들은 유형은 다르지만 둘 다 유물론자다. 엠페도클레스는 세상이 네 가지 기본 원소—흙,

물, 공기, 불—로 이루어져 있다고 생각했는데, 앞의 세 가지는 고체, 액체, 기체 상태의 물질이고 불은 여분extra이라고 해석할 수 있다. 이 원소들이 특정한 비율로 조합되면 우리가 보는 모든 종류의 사물들—돌, 철, 뼈, 피—이 만들어진다.

> 존재하는 사물들에는 자연(본성)이 없다. 오직 혼합mixing과 혼합된 것의 분리separating of what has been mixed가 있을 뿐이다. 자연은 인간이 부여한 이름이다.

엠페도클레스에게 '자연'은 믹솔로지mixology(칵테일 만드는 기술)일 뿐이다. 그는 사랑과 불화Love and Strife 사이의 충돌이 어떻게 세계의 순환적인cyclical 창조와 파괴를 가져오는지, 그리고 생명체의 주기적인periodic 창조를 가져오는지를 운문으로 설명한다. 매 순환에서 첫 번째 단계는 사랑이 조직tissue들을 형성하는 것인데, 각각의 조직에는 고유한 화학적 레시피chemical recipe가 있고, 이들 조직에서 (주로 단일기관single organ으로 이루어진) 이상한 창조물들—'얼굴 없는 눈', '목 없는 머리', '팔 한 짝'—이 등장한다. 사랑이 차고 불화가 기울며 순환이 이루어져, 신체의 일부인 창조물들이 임의의 조합組合으로 융합되어 얼굴과 가슴이 둘인 사람 또는 일부는 남성이고 일부는 여성인 사람 같은 창조물이 탄생하거나, '사람 얼굴을 한 황소' 또는 '황소 얼굴을 한 사람' 같은 잡종들—미노타우로스가 선봉에 선 기형동물 군단—이 만들어진다. 그러나 그 자신이 탁월한 해법을 제시한 경우를 제외하면, 엠페도클레스는 우리가 실제로 보는 동물을 만들어내지 못한 것으로 보인다. 기원후 6세기에 살았던 아리스토텔레스의 『자연학』 주석가인 심플리키오스는 이렇게 말한다.

> 따라서 엠페도클레스의 말인즉, 사랑의 지배하에서 동물의 신체부위들—머리, 손, 발 등—이 임의로 만들어진 뒤 조합된다는 것이다. 그 결과 사람의 사지를 지닌 황소의 자손과 그 반대[황소의 사지를 가진 사람의 자손으로, 한마디로 황소와 사람의 잡종]가 생겨났다. 자신을 보존할 수 있는 조합은 동물이 되어 살아 남았는데, 그 이유는 [각 신체부위들이] 서로의 필요를 충족시켰기 때문이다. 치아는 음식물을 썰어 분쇄하고, 위胃는 소화시키고, 간은 혈액으로 전환한다. 그리고 사람의 머리는 사람의 몸과 조합을 이루어 전체를 보존하지만, 황소의 몸과 조합을 이룰 경우 일관성을 이루는 데 실패해 죽는다. 적절한 원리proper principle에 따라 조합되지 못한 것들은 사라진다. 이는 오늘날에도 마찬가지다….

대부분의 재조합체recombinant들은 부적합해unfit 소멸하므로, 오늘날 우리는 살아남을 것들만을 본다. 많은 초기 자연철학자들이 이런 생각을 했다고 심플리키오스는 말한다. 만일 그렇다면 이것은 대단한 일이다. 왜냐하면 선택이 질서의 근원이라는 생각이 아리스토텔레스의 시대에 널리 퍼져있었음을 의미하기 때문이다. 확실히 에피쿠로스—아리스토텔레스보다 한 세대 젊다—는 엠페도클레스보다 훨씬 정교한 선택 기반 우주생성론selection-based cosmogeny을 내놓았다. 적어도 루크레티오스가 쓴 에피쿠로스학파에 관한 운문을 믿을 수 있다면 그렇다.

혹자는 아리스토텔레스가 엠페도클레스의 모형을 좋아했다고 생각할 수 있다. 이 시칠리아 사람은—적어도 심플리키오스의 말에 따르면—혼돈에서 복잡하고 기능적인 창조물을 만들어 낼 수 있는 완벽하게 합리적인 메커니즘을 제시한다. 자연에서 목적에 대한 설명을 찾고 있던 아리스토텔레스가 이 점을 간파하고 자기 것으로 만든 것이 아닐까? 아리스토텔레스는 확실히 논리의 힘을 알았다. 그는 생물학적 설계의 멋진 단면을 포착하는데, 바로 치아다. 아기들의 앞니는 날카로워서 음식물을 찢는 데 적합하고, 어금니는 널찍해서 음식물을 분쇄하는 데 안성맞춤이다. 아리스토텔레스는 우리에게 묻는다. 왜, 이런 것들을 사물들이 꼭 맞게 배치되면 살아남고 그러지 않으면 도태되는 과정의 산물이라고 보면 안 되는가? 왜 치아는 '자발적'이지 않을까?

아리스토텔레스는 왜 아닌지에 대한 몇 가지 이유를 댈 수 있다. 하지만 이 이유들을 이해하려면, 아리스토텔레스 버전의 선택을 마음속에 명백히 새겨 둬야 한다. 그의 버전은 아마도 엠페도클레스 버전과 결이 다를 것이다. 엠페도클레스의 남아 있는 운문에 등장하는 몇 안 되는 사례들을 살펴보면, 선택이란 까마득히 오래된 과거에 일어난 재조합-선택 사건recombination-selection event의 결과물임을 알 수 있다. 우리가 보는 식물과 동물의 형태는 그때 살아남아 확정된 것이다. 그와 대조적으로, 아리스토텔레스는 오늘날에도 선택이 작동하고 있다고 말한다. 하지만 아리스토텔레스의 선택은 다윈의 선택과 달리 훨씬 더 과격하다. 다윈의 자연선택은 생명체가 한 세대에서 다음 세대로 그 특성을 다소 온전하게 전달하는 유전 시스템을 지니고 있는데, 그럼에도 유전물질이 약간 변할 수 있으며, 이 미묘한 변이가 자연선택의 대상이라고 제안한다. 그러나 아리스토텔레스-엠페도클레스의 선택Aristotelian-Empedoclean selection은 모든 개체의 형태 자체가 변이선택 메커니즘mutational-selection mechanism에 의해 자신을 새로이de novo 형성한다고 가정한다. 자궁 속에는 말하자면 무형의 수프formless soup가 담겨 있고, 여기에서 선택이 일어나 치아를 완비한 아기가 만들어진다는 것이다. 간단히 말해서, 아리스토텔레스는 우주론 모형cosmological model을 발생학 모형embryological model으로 전환한 것이다.

아리스토텔레스는 이 일을 쉽게 해냈다. 그의 논증은 매력적이어서, 이중 일부는 자연선택에 의한 진화evolution by natural selection 이론을 반박하는 데 쓰이기도 했다. (1) 자발적인 사건은 드물지만, 진정으로 합목적적인 특징을 살펴보면 이런 사건들이 도처에 있음을 알 수 있다고 아리스토텔레스는 말한다. 예컨대, 치아는 늘 정확히 같은 방식으로 돋아난다. 이는 합목적적 행위자purposeful agent의 존재에 대한 확률론적 논의probabilistic argument로, 이런 유類의 모든 논의들과 마찬가지로 틀리다. 왜냐하면 선택이 무질서로부터 규칙적으로 질서를 만들어낼 수 있기 때문이다.[2] 인정하건대, 엠페도클레스가 자신의 우주생성론을 불확정적indeterminate으로 만든 것이 아리스토텔레스가 이런 결론을 내리는 데 한몫 했다. '[때로] 이것은 한 방향으로 일어날 수도 있지만, 종종 다른 방향으로 일어날 수도 있다.' 이것은 아리

---

2 1982년 천문학자 프레드 호일은 한 라디오 인터뷰에서 이와 동일한 논리를 사용했다. '생명이 [자연선택에 의해] 지구에서 기원했을 가능성은 허리케인이 비행기 부품이 널려 있는 격납고를 쓸고 지나갈 때 운 좋게 보잉 747이 조립되는 확률보다 크지 않다.' '보잉 747 갬빗'으로 불리는 이 논리는 아리스토텔레스의 논리와 비슷한데, 둘 다 우연만으로는 복잡한 구조(아이의 치아와 비행기)를 꾸준하게 생산할 수 없고 따라서 합목적적 행위자가 있어야만 한다는 입장을 견지한다는 면에서 그렇다. 둘 다 선택이 '우연'이 아니라 확정적인 창조적 과정determinate creative process이라는 사실을 파악하는 데 실패했다.

스토텔레스가 인용한 문구다. (2) 목적은 발생의 종착점에서뿐만 아니라, 이 과정에서도 드러난다. 집을 지을 때 매 단계가 이런 것처럼, 발생의 각 단계는 명백히 최종 목표를 지향한다. 이 모든 단계들이 최종 생성물을 염두에 두고 있는 지성의 산물임에 틀림없다. (3) 비록 발생은 매우 규칙적이지만, 오류는 여전히 일어난다. (『동물의 발생에 관하여』에서 아리스토텔레스는 샴쌍둥이와 난쟁이에 대해 많이 언급한다.) 하지만 오류란 이미 확립된 기존의 합목적적 프로그램에서 벗어난 것이다. 사실 엠페도클레스가 당초 언급한 재조합동물들recombinant animals들조차 무無에서 나올 수는 없었다. 이것들도 '지금의 씨seed에 상응하는 원리 중 일부가 무너져' 나타났음이 틀림없다. (4) 게다가 우리가 눈여겨보지 않아서 그렇지, 세상에는 변이가 상당히 많다. 괴물 같은 자손이 이따금 나타나고 이중 몇몇은 엠페도클레스의 사람 머리를 가진 송아지만큼이나 기이하지만, 왜 우리는 식물에서 일어나는 똑같은 현상을 눈여겨보지 못할까? 가령 올리브가 열린 포도나무는 '터무니없는 생각'일까? 아리스토텔레스에게 호메오 변이주homeotic mutant[3]의 꽃을 보여줄 수 있다면 얼마나 좋을까 라고 생각하는 사람도 있을 것이다. (5) 생명체는 그 형태를 부모에게서 물려받는다. 주어진 씨(수정란)는 매미나 말이나 사람과 같은 특정한 생물이 되며, 다른 어떤 생물로도 발달할 수 없다. 선택론selectionism은 이러지 말아야 한다고 아리스토텔레스는 말했는데, 지당한 말이다. 그의 버전은 이러지 않는다.

---

3 호메오 변이homeotic mutation를 보유한 개체. 호메오 변이란 기관 발달에 중요한 유전자의 변이에 의해 하나의 기관이 다른 기관으로 전환되는 것을 말한다. – 역주

아리스토텔레스가 유물론을 기각한 것의 핵심에는, 우주와 그 안에 있는 창조물이 질서와 목적을 지니고 있다는 믿음이 도사리고 있다. 질서가 자발적으로 생겨날 수 있다는 데모트리토스의 신념을 아리스토텔레스가 묵살한 것은 이해할 만하다. 엠페도클레스에 대한 반감은 덜한데, 선택이—심지어 비다윈적 선택non-Darwinian selection도—무질서에서 질서를 이끌어낼 수 있기 때문이다(사실, 이것이 지금까지 알려진 유일한 자연주의적 설명이다). 아리스토텔레스는 스스로를 궁지로 몰고 간 것 같다. 그렇다면 질서는 어디에서 오는 걸까? 그 목적은 무엇일까?

31

아리스토텔레스는 자연학자들에 대해 말하면서, 이들 중 하나를 콕 집어 완전한 허당은 아니라고 인정한다. '누군가는 동물뿐만 아니라 자연에서도 모든 질서와 배열의 원인으로 제시되는 정신mind을 가리켜, 제멋대로 떠들어대는 사람들 앞에 있는 진지한 사람과 같다고 말했다.' 이처럼 에둘러 칭찬받은 사람은 클라조메나이의 아낙사고라스Anaxagoras(기원전 500~428년으로 추정됨)다. 아낙사고라스 역시 자신의 우주론을 갖고 있었는데, 이에 따르면 우주는 영원히 존재하는 다양한 종류의 물질들various kinds of eternally existing matter의 혼합물로서 시작되었다고 한다. 이 혼합물을 작동시키는 것은 누스(nous)—'지성'—이며, 이것을 구성하는 성분들이 부분적으로 분리되어 우리가 보는 다양한 종류의 물질을 제공했다. 오늘날 남아 있는 아낙사고라스의 단편들을 아무리 읽어 봐도 그 성분들이 무엇인지, 존재하는 물질의 레시피가 무엇인지, 지성의 원천이 무엇인지에 대한 답을 찾을 수 없다. 하지만 아낙사고라스가 내세운 지성은 설계자designer라기보다는, 우주에 존재하는 믹서의 동력원power source인 것 같다.

소크라테스는 『파이돈』에서 이에 대한 실망감을 표시한다. 자연과학에 대한 관심이 남아 있던 시절 아낙사고라스가 지성이 사물의 질서와 원인임을 보였다는 이야기를 듣고, 아낙사고라스라면 왜 사물이 지금처럼 배열되어 있고 왜 이 배열이 최선인지 설명해줄 것으로 기대했던 그였다. 하지만 아낙사고라스의 책을 사서 읽고는 이렇게 말했다. '나 원 참! 그 사람은 지성을 사용하지도 않고, 세계의 질서와 관련된 인과관계를 지성에 귀속시키지도 않고, 엉뚱하게도 공기와 아이테르(*aithêr*)와 물과 그 밖의 온갖 터무니없는 것들을 원인이랍시고 들이대더군.'

소크라테스에게서 기대할 수 있는 반응은 바로 이런 종류였다. 그런데 뜻밖에 아리스토텔레스도 똑같은 불평을 한다. 아리스토텔레스는 몇 페이지에 걸쳐 지성에 호소하는 아낙사고라스를 칭찬한 뒤 태도를 바꿔, 지성을 최종 해결책*deus ex machina*으로 사용하는 아낙사고라스를 비판한다. 그 내용인즉, 궁지에 몰렸을 때만 지성을 끌어들이고 평상시에는 온갖 다른 원인들로 사건을 설명한다는 것이다. 문제는 아낙사고라스가 지성을 들먹이는 데 있는 것이 아니라, 지성에게 완전한 제어권을 넘기지 않는 데 있다. 소크라테스와 플라톤은 과학에 꽤 적대적이었고 아리스토텔레스는 과학에 철저히 헌신했음에도 제3의(또는 제4의?) 철학자를 비난하는 데는 일치단결한 것으로 볼 때, 우리는 이들 사이에 깊은 유대관계가 있음을 확신할 수 있다. 그리고 증명할 수도 있다. 우주가 목표 또는 목적으로 설명돼야 한다는 아리스토텔레스의 믿음은 플라톤에게서 배운 것이기 때문이다.

목표 또는 목적 또는 목적인final cause에 호소하는 설명을 '목적론적 설명teleological explanation'이라고 한다. 목적론이라는 단어는 1728년 독일의 철학자 크리스티안 볼프Christian Wolff가 '목적'을 뜻하는 텔로스(*telos*)에서 만들었다. 세상에 목적을 부여하는 목적론적 설명이 인기를 끌자, 사람들은 합목적적 행위자의 존재를 요구하게 됐다. 이들이 설명하는 현상이야말로 이런 행위자가 존재한다는 증거가 된다. 윌리엄 페일리가 자신의 저서 『자연신학*Natural Theology*』(1802)에서 눈꺼풀의 기능적 완벽함을 다음과 같이 묘사한 것도 이 때문이다.

> 동물의 겉 부분 중에서, 위치나 구조 면에서 눈꺼풀만큼 주목할 만한 가치가 있는 것을 난 알지 못한다. 눈꺼풀은 눈을 보호하고 닦아 주며, 잠잘 때는 덮어 준다. 눈꺼풀이 수행하는 것만큼 명백한 목적을 지닌 예술작품이 있을까? 또 이보다 더 지적이고 적절하고 역학적인 목적을 실행하는 기관이 있을까?

그리고 소크라테스도 똑같은 이유로 이렇게 말했다.

> 그리고 이 모든 것 말고도, 섬세한 안구眼球를 덮고있는 눈꺼풀은 접문folding door을 연상시킨다. 접문과 마찬가지로, 눈꺼풀은 필요하면 언제든 활짝 열리고 잠잘 때는 굳게 닫힌다. 이는 거의 선견지명 수준이라고 생각되지 않는가?

소크라테스는 계속해서, 눈꺼풀에 구현된 목적은 '모든 살아 있는 것들에 대한 사랑으로 충만한 지혜로운 조물주'인 신神으로부터 온 것이라고 주장한다. 이 언급은 페일리의 『자연신학』과 『브리지워터 논문집 *The Bridgewater Treatises*』(1833~1840)이 의존한 설계논증Argument from Design의 역사에서 첫 페이지를 장식한다. 이는 소크라테스가 아낙사고라스를 비롯한 자연학자들에게서 찾고자 했던 종류의 설명으로, 그를 현상적 세계에서 아름다움 · 선善 · 신성함의 세계로 이끌게 된다. 이것은 소크라테스의 생각임이 거의 확실한데, 그 이유는 플라톤의 저작이 아니라 크세노폰의 『소크라테스 회상』에 실려 있기 때문이다. 하지만 소크라테스가 세계를 설명하기 위해 제스처를 쓴 데 불과했다면, 플라톤은 이에 대해 실제로 글을 썼다.

『티마이오스』는 '신화'일지 모르지만, 이 책은 플라톤이 쓴 신화로서 농담joke과 도덕화moralizing를 수시로 넘나들며 풍성한 아이디어를 번뜩인다. 물론 창세기와 『리그베다』도 아이디어를 담고 있지만, 『티마이오스』와 달리 과학의 역사와는 무관하다. 왜냐하면 아리스토텔레스가 『티마이오스』를 읽고 그 개념을 과학적 설명의 핵심으로 바꿨기 때문이다.

플라톤이 말하는 신화는 지적 설계intelligent design의 하나다. 우주와 그 속의 창조물들이 존재하고 아름다운 것은 신성한 장인divine craftsman인 데미우르고스가 이것들을 만들었기 때문이다. 동물학자가 아니었던 플라톤은 여섯 가지 생물을 언급하는데, 천상의 신들(달리 말하면 별과 행성), 인간, 육상동물, 새, 물고기, 조개가 그것이다. 플라톤은 데미우르고스가 이들을 어떻게 무슨 이유로 만들었는지를 장황하게 설명한다.

우리의 소화관에 대한 플라톤의 설명을 보면, 데미우르고스의 설계가 중요시하는 것이 무엇인지 잘 드러난다. 장腸이 고리 형태로 말려 있는 것은 영양분이 너무 빨리 통과하지 않게 하기 위함이라고 플라톤은 말한다. 고리 형태는 음식의 섭취량을 제한하는데, 이것은 좋은 일이다. 왜냐하면 우리는 음식을 섭취할 때 '우리 본성의 신성한 부분divine part of our nature의 명령에 귀를 막게' 되어—문자 그대로 바보 멍청이가 되어—, 제대로 생각할 수 없기 때문이다. 이것은 나쁜 일이다. 철학은 우리의 배 속에서 시작된다는 플라톤의 말은 이래서 나온 것이다.

또한, 데미우르고스는 탁월한 선견지명을 갖고 있다. 플라톤은 우리가 손톱을 가지고 있는 이유를 이렇게 설명한다. '우리의 설계자는 남자가 언젠가는 여자나 짐승으로 변하며, 많은 동물들이 많은 목적 때문에 손톱(앞발톱과 발굽)이 필요할 것이라는 사실을 알고 있었다. 그래서 그는 인류가 탄생하는 바로 그 순간부터 손톱을 설계했다.' 사람들은 이 부분에서, 플라톤이 진화에 대해 생각하고 있고, 손톱이 앞발톱의 전적응pre-adaptation이라고 제안하고 싶은 유혹을 느낀다. 이상하지만 흥미로운 구절이라고 생각할 수도 있지만, 사실은 기이하면서도 지루하다. 이것은 변성론자transmutationist인 플라톤의 또 다른 기이함에 불과하며, 천문학자가 새bird로 환생했다는 얘기와 비슷한 수준이다.

그렇다고 해서 『티마이오스』에 흥미로운 아이디어가 없다는 것은 아니다. 아리스토텔레스는 자신의 동물학 책에서 플라톤의 아이디어를 애용한다. 하지만 플라톤은 기질적으로, 우리가 과학적 장점 때문에 자신의 신성한 목적론teleology을 받아들여야 한다고 생각하지 않는다. 플라톤은 『법률』에서 유물론—엠페도클레스와 데모크리토스의 유물론—이 해로운 것이라고 설명하는데, 신성한 목적이 없어도 되므로 무신론과 사회적 무질서로 이어지기 십상이기 때문이다. 플라톤의 모든 이야기에는 도덕적 풍자가 들어 있다.

32

플라톤의 비자연적 목적론을 바탕으로, 아리스토텔레스는 기능적 생물학functional biology을 구축했다. 목적론적 설명에 의지할 때, 아리스토텔레스는 종종 '~을 위하여(*to hou heneka*)'라는 문구나 이 문법적 변형을 사용한다. 아리스토텔레스는 『동물의 부분들에 관하여』에서 이 용어에 대해 명쾌한 정의를 내린다. '어떤 움직임이 명백한 목표를 향해 방해 받지 않고 나아갈 때, 우리 모두는 x가 뭔가를 위한 것이다being for the sake of something고 말한다.' 아리스토텔레스는 이 목적론적 충동teleological impulse을 변화의 내적 원리인 자연(본성)으로 규정하고, 이에 대한 구체적 사례로 말馬의 성장을 제시한다. 아리스토텔레스는 이렇게 말한다: 만약 본성에 따라 목표(예컨대 어미의 씨에서 망아지를 거쳐 궁극적으로 성체로 성장함)를 향해 나아가고 있는 과정을 발견한다면, 우리는 이 과정을 '이것은 저것을 위한 것이다'라는 용어로 설명해야만 한다. 여기서 '이것'은 동물의 어떤 특징이고 '저것'은 성체 동물 자체를 가리킨다.

아리스토텔레스는 생물과 인공물(특히 기계) 사이의 유사성에 깊은 인상을 받았다. 동물의 삶의 다양한 특징들을 설명하고 규명하는 문장마다, 그는 어김없이 도끼, 침대, 집, 그리고 미스터리한 자동기계들(*automata*)에게 도움을 청한다. 때로 인공물들은 동물이 어떻게 작동하는지를 설명하는 기계적 모형을 제공한다. 『동물의 움직임에 관하여』에서, 아리스토텔레스는 사지의 작동을 꼭두각시의 사지와 비교한다. 하지만 생물과 인공물을 비교할 때 아리스토텔레스의 진짜 관심사는 둘 다 '그러도록 되어 있다'는 것이다. 다시 말해서, 이것들은 그러도록 성장하거나 만들어졌고, 둘 다 설계의 흔적을 지니고 있다는 것이다.

인공물에 대한 이러한 이야기는 하나같이 매우 플라톤적이다. 어쩌면 아리스토텔레스 역시 지적 설계자를 지향하는 것처럼 보일 수 있다. 하지만 아리스토텔레스는 이 모든 것을 만든 신성한 장인의 존재를 반복적으로 단호히 부인한다. 아리스토텔레스의 우주는 만들어진 것이 아니기 때문에, 데미우르고스가 끼어들 여지가 없다. 우주는 늘 거기에 있어 왔기 때문이다. 아리스토텔레스는 동물의 명백한 합목적적 행동을 생각해 보라고 말한다. 거미가 집을 짓는 방식이나 제비가 둥지를 만드는 방식 말이다. 어떤 사람들은 이런 능력이 있으려면 인간 장인에 버금가는 지적 능력이 있어야 한다고 주장한다. 하지만 그렇지 않다는 것이 명백한데, 지능이 없는 식물조차 성장하는 방식에서 목적성을 보이기 때문이다. 그와 마찬가지로, 생물의 다양한 부분들은 천재적인 외적 정신ingenious external mind이 설계한 결과물인 것처럼 보이지만 그렇지 않다. 각각의 동물과 식물은 그 자신의 본성의 결과물이다. 각각의 생물은—의사가 자가치료를 하듯—스스로를 만들고 유지한다.

아리스토텔레스의 주장에 따르면, 플라톤은 '이것은 저것을 위한 것이다'라는 유형의 설명을 한 적이 없다고 한다. 이상한 일이다. 『티마이오스』에는 이런 유형이 넘쳐나고, 플라톤은 심지어 그 문구를 사용하기까지 했는데 말이다. 아마도 아리스토텔레스는 자신의 목적론이 플라톤의 목적론과 많이 다르다고 생각한 것 같다. 정말 그렇다. 플라톤은 『티마이오스』에서 소화관의 고리 형태를 목적론적으로 설명했고, 아리스토텔레스는 『동물의 부분들에 관하여』에서 같은 식으로 말한다. 두 설명은 관련이 있는데, 둘 다 장腸의 형태가 식욕을 조절한다고 주장하기 때문이다. 하지만 플라톤이 신성한 장인이 인간의 장을 그렇게 설계했기 때문에 우리가 철학을 할 수 있게 되었다고 설명하는 대목에서, 아리스토텔레스는 다음과 같이 말한다.

> 먹이를 먹을 때 어떤 동물(위胃의 공간이 충분하지 않거나 장腸이 곧지 않고 굴곡이 심한 동물)은 더 많이 절제해야 한다. 공간이 폭식에 대한 욕망을 불러일으키고 곧음은 욕망을 가속화한다. 이런 동물들은 속도나 양에 있어서 게걸스럽게 먹기 마련이다.

여기에서 철학을 좋아하는 신성한 장인은 전혀 찾아볼 수 없으며, 단지 비교 소화생리학comparative digestive physiology이 있을 뿐이다.

『동물의 부분들에 관하여』에는 이런 사례들이 가득하다. '몸의 모든 부분은 어떤 행동을 위해 존재한다. 따라서 몸이란 여러 측면의 행동multifaceted action을 위해 통합된 전체composite whole라고 볼 수 있다.' 이 심오한 진실에 대한 아리스토텔레스의 탐색은 매우 상세하며 끊임없이 천재성이 번득이지만, 정작 그는 딜레마라는 뿔로 자신을 찌른 것처럼 보인다. 소크라테스와 플라톤이 이전에 그랬던 것처럼 아리스토텔레스도 세계의 표면에 아로새겨져 있는 목적의 증거를 본다. 그리고 물질의 힘만으로는 이것을 설명할 수 없다는 것을 알지만, 우주 설계자라는 편법에 따르기를 거부한다. 따라서 의문은 여전히 남는다. 자연에서 계획과 목적은 어디에서 오는 것일까? 이 질문에 대한 아리스토텔레스의 대답은 상당히 불온不穩하다. 아리스토텔레스는 플라톤의 또 다른 신조doctrine를 전용轉用하는데, 이것은 자신과 플라톤의 존재론 및 인식론 전반을 뒷받침하는 것으로, 지각적 세계perceptible world에 대한 그의 경멸의 핵심이다. 아리스토텔레스는 이것을 파괴한 다음 재구축하여 과학에 봉사하게 만든다. 플라톤에게는 반감을 초래할 요소가 많은데, 반反과학, 전체주의, 산문의 유혹적인 매력이 그런 것들이다. 하지만 플라톤은 다음과 같은 말을 들을 만하다: 플라톤이 아리스토텔레스를 가르쳤다.

33

데모크리토스의 원자우주론atomic cosmology 바로 뒤에 나온 플라톤의 창조론은 헤시오도스의 『신통기』의 소박한 자연신학으로 후퇴한 것처럼 보인다. 그리고 플라톤은 완전히 새로운 존재론으로 이를 뒷받침하려고 하지도 않았다. 유동적이고 가변적인 세계에서 안정성의 근원을 찾는 과정에서, 플라톤은 우리가 보는 물리적 실체가 추상적이고 비물질적인 실체—그는 이것을 형상Form이라고 불렀다—의 불완전한 복제품이라고 주장했다. 이것은 불명확한 신조이지만, 형상을 신의 마음속에 있는 청사진이라고 생각한다면 우리는 플라톤이 염두에 뒀던 생각에 가까이 다가갈 것이다. 우주 전체는 형상의 복제품일 뿐이다. 플라톤은 『티마이오스』에서 원본을 '지적인 살아 있는 창조물Intelligible Living Creature'이라고 불렀는데, 이 문구는 우주가 살아 있다는 그의 믿음을 반영한다. 이 궁극적인 형상은 그 안에 무수한 종속된 형상들subordinate Forms, 즉 우주에 있는 모든 대상들의 청사진을 지니고 있다. 침대, 새, 인간은 보이지 않는 이데아의 흐릿한 반영일 뿐이다.

플라톤의 형상론theory of Forms은 모든 종류의 관념론idealism의 원조다. 현대의 과학자들은 일반적으로 실재론자realist이기 때문에 플라톤의 형상론이 이해되지 않거나 이상하게 보인다. 아리스토텔레스도 그랬다. 아리스토텔레스는 물리적 세계의 특징을 설명하고 싶어 했다. 하지만 만일 형상이 영원하고 정적靜的이라면, 형상이 실제로 할 수 있는 일이 뭐란 말인가? 그리고 물리적 세계가 형상의 세계에 '참여한다'고 말하는 것이 무엇을 뜻하는 것일까? 그런데 만약 형상이 정신적 개념에 불과하다면, 하나의 물리적 대상이 (우리가 생각하듯이) 많은 형상을 지닐 수 있지 않을까? 그리고 소크라테스가 말한 것처럼 어떤 물리적 대상에도 형상이 존재한다면, 산책하는 소크라테스의 복제품이 둘이나 셋, 또는 무한히 존재할 수 있지 않을까? 따라서 아리스토텔레스는 플라톤의 형상이 공허한 단어이며 시적인 은유poetical metaphor일 뿐이라고 결론지었다. 플라톤의 형상이 과학 탐구를 끝장낸 것이었다.

이 가망 없는 이론이 아리스토텔레스의 가장 심오한 아이디어 중 하나의 원천이라는 것은 정말 놀라운 일이다. 아리스토텔레스는 생물의 본성, 또는 적어도 생물의 가장 중요한 부분이 사실은 형태—형상은 아니더라도—라고 믿었기 때문이다. 아리스토텔레스가 '형태'를 의미하며 쓴 용어는 플라톤이 사용한 에이도스(*eidos*)인데, 이 용어는 아리스토텔레스의 사상에서 가장 생동감 있는 요소다.

아리스토텔레스는 모든 감각적 대상sensible object을 에이도스eidos(형태)와 힐레hylē(물질)의 혼합물이라고 생각한다. 우리는 '형태'와 '물질'을 추상적으로 얘기할 수 있지만, 실제로 둘은 분리할 수 없다. 이 의미를 설명하기 위해, 아리스토텔레스는 다양한 메타포를 구사한다. 만일 밀랍이 물질이라면, 형태는 밀랍이 인장반지signet ring에 눌렸을 때 새겨진 각인impression이다. 가장 일반적인 의미에서, 형태는 물질이 우리가 볼 수 있도록 구조화된 방식이다. 이것은 명백해 보인다. 그러나 이 용어를 생물의 세계에 적용할 때, 아리스토텔레스는 뚜렷이 다른(그러나 관련이 있는) 의미에서 사용했다.

아리스토텔레스가 에이도스를 사용한 첫 번째 생물학적 의미는 영어의 'form(형태)', 즉 동물의 겉모습appearance에 가깝다. 아리스토텔레스는 동물의 분류를 위해 게노스(genos, 복수는 genē)라는 단어를 썼는데, 나는 이것을 '종류kind'라고 번역한다. 어떤 게노스는 크기가 작고(참새 종류) 어떤 게노스는 크다(새 종류). 따라서 참새를 두루미가 아닌 참새로, 또는 새를 물고기가 아닌 새로 만드는 특징을 기술하고자 할 때, 아리스토텔레스는 에이도스를 사용한다.

아리스토텔레스가 다음과 같은 의미에서 에이도스를 쓸 때는, 보통 하나의 종류를 구성하는 여러 가지 형태들을 이야기하는 것이라고 보면 된다. '물고기와 새에는 많은 에이데*eidē*(eidos의 복수)가 있다.' 이것은 에이도스의 두 번째 용법인데, 생명다양성biodiversity의 기본 단위로, 오늘날 우리가 사용하는 '종species'의 의미에 가깝다. 사실, 전통적인 라틴어 번역에서 *eidos*는 정확히 *species*로 옮기고, *genos*의는 정확히 *genus*로 옮긴다.[4] 따라서 위의 문장을 다음과 같이 고쳐 쓸 수 있다. '어류와 조류에는 많은 종種이 있다.'

그런데 애매모호함이 문제다. 조류 또는 어류에 많은 상이한 종들이 있다고 말하는 것은, 이것들이 많은 형태를 보인다고 말하는 것보다 훨씬 더 풍성한 주장이기 때문이다. 하지만 아리스토텔레스가 둘 중 어떤 의미로 썼는지 알기 어려운 경우가 많다. 그의 생물학 저서에 대한 옛 번역서들은 에이도스를 종종 단순히 '종'으로 번역했다. 윌리엄 오글William Ogle의 『동물의 부분들에 관하여』(1882)와 다시 톰프슨의 『동물 탐구』(1910)를 읽어보면, 종의 실체에 대한 아리스토텔레스의 생각이 린네와 다르지 않다는 결론을 내리게 된다. 오늘날 대다수의 학자들은 아리스토텔레스가 에이도스를 이 의미로 쓴 것은 드문 경우라고 본다. 때때로 아리스토텔레스는 '나눌 수 없는 형태indivisible form'라는 뜻으로 아토몬 에이도스(*atomon eidos*)를 쓰는데, 예를 들어 칼리아스와 소크라테스가 아토몬 에이도스를 공유한다고 말한다. 아리

4 구분에 대한 플라톤-아리스토텔레스의 용어(*eidos/species*와 *genos/genus*)는 로마의 백과사전학파와 신플라톤 주석가, 중세 학자, 르네상스 자연주의자들을 거쳐 걸러져 린네에 와서 오늘날의 의미를 갖게 됐다.

스토텔레스는 두 사람이 동일하다는 뜻이 아니라, 동일한 본질적 특징the same essential feature을 지니고 있다는 뜻으로 말한 것이 틀림없다. 이것은 우리가 사용하는 '종'에 상응하는 것 같다. 하지만 아리스토텔레스는 극소수의 나눌 수 없는 형태들만을 언급했는데 인간과 말, 참새와 두루미가 이런 예에 해당한다.

여기서 문제—종종 일어나는 일이다—는 아리스토텔레스가 사용한 전문용어가 불충분하다는 점이다. 아리스토텔레스는 꼭 필요한 때조차 새로운 용어를 만드는 것을 상당히 꺼린다. 그도 이 문제를 완전히 외면하는 것은 아니다. 아리스토텔레스는 기존 용어가 여러 가지 다른 맥락에서 쓰인다고 종종 말하며, 이것이 뭘 의미하는지 추측하는 것은 독자의 몫이라는 말도 가끔 한다.

사실, 아리스토텔레스가 에이도스를 사용한 세 번째 용례도 있다. 이것은 앞의 두 가지 용법과 관계가 있지만, 더 깊이 들어가 보면 훨씬 더 놀랍다. 이 경우에 에이도스가 의미하는 것은 생물의 겉모습이지만—이 말이 지나치게 역설적으로 들리지 않는다면—아직 보이지 않을 때when it cannot yet be seen의 겉모습이다. 이건 '정보information' 또는 '제조법formula'으로, 부모로부터 전달받아 알 또는 자궁 안에서 스스로 완성된다. 그런 다음 다시 자손에서 전달된다. 이런 맥락에서, 아리스토텔레스는 사물의 본성이 일차적으로 형태 안에 있다고 생각한다.

'정보'라는 뜻으로 에이도스를 말하면 시대착오로 비칠 위험성이 있다. 확실히 아리스토텔레스는 우리가 생각하는 일반적 의미의 정보라는 개념을 생각하지는 않았다. 하지만 아리스토텔레스가 동물 형태의 전달과 지식의 전달을 나란히 놓고 이야기하는 문장을 보면, 이 해석이 힘을 받는다. 『동물의 부분들에 관하여』

에서, 아리스토텔레스는 나무 조각가가 자신의 예술을 어떻게 설명하는지에 대해 숙고한다. 조각가가 목재에 대해서만 말하지 않을 것임은 명백하다. 목재는 조각의 재료일 뿐이다. 조각가는 도끼와 송곳에 대해서만 이야기하지도 않을 텐데, 그저 도구일 뿐이기 때문이다. 또 손놀림에 대해서만 얘기하지도 않을 텐데, 단지 기술일 뿐이기 때문이다. 만일 조각가가 작품(그가 만들려는 대상)의 기원을 제대로 전달하려고 한다면, 작업을 시작할 때 갖고 있었던 아이디어—이것이 궁극적인 목적, 최종 설계, 손놀림을 통해 전개되는 과정이 조각이다—에 대해 이야기해야만 한다. 즉, 조각가는 작품의 에이도스에 대해 말해야만 한다. 그와 마찬가지로, 과학자는 생물들이 왜 그런 특징을 지니게 됐는지를 설명하려고 할 때, 이들의 에이데에 대해 이야기해야 한다. 에이데란 생물의 형태를 말하며, 플라톤이 생각한 것처럼 어떤 신성한 장인의 정신 속에 들어 있는 것이 아니라 부모의 씨seed 안에 자리잡고 있다.

『형이상학』의 한 구절에서, 아리스토텔레스는 물질적 본성material nature과 형태적 본성formal nature 사이의 관계에 대한 또 다른 메타포를 사용한다. 경이롭게도, 아리스토텔레스는 신체의 구성요소들을 상징체계symbolic system와 비교한다. 그에 의하면 어떤 것들은 혼합물이다. 예컨대 ab이라는 음절은 글자 a와 b의 혼합물이다. 그러나 a와 b를 함께 놓는 것만으로는 특정한 음절을 만들기에 충분하지 않다. 뭔가 다른 것이 필요하다. 글자의 순서를 정하는 것이 필요하거나(그러지 않으면 ba가 될 수 있다), 내가 방금 말했듯이 정보가 필요하다. 마찬가지 원리로, 살flesh은 불과 흙과 다른 무엇이 특정한 순서로 결합하여 이루어진 화합물이다. 이런 순서가 살의 형태이고 본성이다.

생물의 재료보다 정보구조informational structure에 더 많은 주의를 기울여야 한다는 아리스토텔레스의 믿음은, 분자생물학자라는 용어가 생기기 이전임에도 그를 분자생물학자처럼 보이게 한다. 하지만 그렇다고 해서, 아리스토텔레스가 기적을 일으키듯 DNA의 발견을 예상한 것은 아니다. 마치 우리가 뉴클레오타이드를 기술하듯, 그가 알파벳 순서—ab vs ba—를 예로 든 것은 우연의 일치일 뿐이다. 하지만 플라톤의 감각 너머 영역realm-beyond-the-senses에서 형태를 가져오면서, 아리스토텔레스는 다음과 같은(그것도 제대로 된) 질의응답을 했다: 우리가 생물에서 보는 설계의 직접적인 원천은 무엇일까? 이것은 바로 부모에게서 물려받은 정보다.

34

전임자들을 신랄하게 비판했음에도 불구하고(그는 결코 에둘러 말하는 법이 없었다), 아리스토텔레스는 이들에게서 모든 것을 가져왔다. 데모크리토스와 엠페도클레스는 그에게 물질의 힘을 보여줬다. 아낙사고라스, 소크라테스, 플라톤은 목적이 우위에 있음을 보여줬다. 그리고 플라톤은 질서의 기원을 보여줬다. 아리스토텔레스 자신의 설명 도식에는 이 모든 요소들이 담겨 있다.

그래야만 했다. 문제는 그의 전임자들 중에서 어느 누구도 자연이 여러 가지 상이한 방식으로 이해될 수 있고 그래야만 한다는 것을 알지 못했다는 것이다. 우리의 심장은 뛰지만 단지 화학 때문만은 아니며, 단지 우리를 살아 있게 하기 위해서만도 아니다. 또한 배아의 상반신에서 자라났기 때문만도 아니며, 우리의 부모 역시 심장을 지니고 있기 때문만도 아니다. 이런 종류의 원인들은 모두가 서로를 보완하며, 실제로 서로 깊이 얽혀 있다. 아리스토텔레스가 '4원인'으로 알려진 유명한 방법론적 언명methodological dictum에서 논한 바와 같다. 하지만 '원인'이 정답은 아니다. 아리스토텔레스의 의미를 더 잘 포착하는 것은 '네 가지 의문' 또는 '네 가지 인과적 설명causal explanation'이다.

> 네 가지 기본적인 인과적 설명은 다음과 같다. 첫 번째는 목적인으로, 무엇을 위한 것이냐(그 목적이 무엇이냐)이다. 두 번째는 형상인formal cause 또는 '정수의 정의definition of the essence'다(이 두 가지 설명은 거의 같은 것으로 다루어져야 한다). 세 번째는 질료인material cause이고 네 번째는 작용인efficient cause, 즉 움직임의 기원이다.

나는 역순으로 설명하는 것을 선호한다. 먼저, 작용인(또는 운동인)은 움직임과 변화의 역학mechanics에 대한 설명으로, 오늘날 발생생물학과 신경생리학의 영역이다. 질료인은 동물을 이루는 물질—재료—과 이 속성에 대한 설명으로, 현대 생화학과 생리학의 영역이다. 형상인은 생물이 부모로부터 전달받는 정보에 대한 설명으로, 해당 종의 다른 구성원들과 공유하는 특징이며 오늘날 유전학의 주제다. 목적인이란 목적론을 말하며, 동물의 모든 부분들을 기능의 관점에서 설명하며 오늘날 적응을 연구하는 진화생물학의 한 부분이다. 기능은 재료를 주조鑄造하여 동물을 빚어내며, 동물의 발생 · 유지 · 번식 · 사망 메커니즘(어미의 자궁 속에서 발생하고, 세계의 풍파에 직면하여 스스로를 유지하며, 이 과정에서 번식하고 죽는 방식)에 영향력을 행사한다. 이런 점에서 볼 때, 아리스토텔레스도 말했듯이 목적인은 나머지 세 가지 원인을 포괄한다. 우리가 의식하지 못할 때도, 아리스토텔레스는 우리의 사고에 구조를 부여한다.

의견 대립도 있었다. 17세기에 이 이론이 부활한 이래 생물학은 종종 큰 논쟁에 휩쓸렸는데, 이중 상당수는 설명하는 방식을 둘러싼 논쟁일 뿐이었다. 1950년대에 형상-질료 측(분자생물학자들)과 목적론 측(유기체생물학자들) 사이에 전쟁이 벌어졌다. 이 과학자들은 흉터를 간직한 채 여전히 살아 있다. 동물학자 에른스트 마이어와 니콜라스 틴베르헌은 '4원인' 또는 '네 가지 의문'을 동등하게 인식함으로써 평화협상을 주선하려고—아니면 적어도 분자 승리주의molecular triumphalism를 견제하려고—시도했다. 이들이 제시한 원인의 목록이 아리스토텔레스의 4원인과 같은 것은 아니었지만(이들은 결국 진화론자였다), 여러 가지 다른 방식으로 생물을 설명해야 한다는 인식만큼은 확고했다. 요즘 대부분의 대학교에서는 각각의 설명이 하나의 학과를 이루고 있다.

아리스토텔레스의 생각이 오늘날 우리에게 큰 영향을 미치고 있을까? 몇몇 학자들은 아리스토텔레스 체계의 원천을 가리키며, 그를 아주 부지런한 까치very industrial magpie였을 뿐이라고 폄하했다. 칼 포퍼는 작심하고, 아리스토텔레스에게 '위대한 독창성이라고는 하나도 없는 사상가'라는 판결을 내렸다(그러나 아무런 갈등도 느끼지 않으며, 아리스토텔레스가 형식논리를 발명했다고 인정하기도 했다). 플라톤 예찬론자들(여전히 꽤 된다)은 아리스토텔레스를 스승의 아류로 보는 경향이 강하다. 이런 비판들은 아리스토텔레스가 플라톤의 아이디어를 어떻게 탈바꿈시켰는지를 의도적으로 무시해야만 가능하다. 다윈은 학생 시절 페일리의 『자연 신학』을 탐독하며 생물에 드러난 설계에 대해 예민한 감각을 얻었을 것이다. 그렇다고 해서 다윈을 페일리주의자라고 부를 사람이 있을까? 아리스토텔레스를 플라톤주의자라고 부르는 것도 마찬가지다.

아리스토텔레스는 새로운 설명 체계를 만들었을 뿐 아니라, 이것을 적용하기도 했다. 그의 전임자들은 세계가 올림포스에서 비롯되었다는 관점을 지니고 있었다. 까마득히 멀리 떨어져 있는 데다 짙은 안개가 시야를 가렸기 때문에, 이들은 그 안에 뭐가 들어 있는지 들여다볼 수 없었다. 하지만 아리스토텔레스는 바닷가까지 내려갔다. 그는 관찰했고, 4원인을 관찰에 적용했고, 자신의 위대한 동물학 강좌를 구성하는 저서로 엮어 냈다. 『동물의 부분들에 관하여』, 『삶의 길이와 짧음』, 『젊음과 노년』, 『삶과 죽음』, 『혼魂에 관하여』, 『동물의 발생에 관하여』, 『동물의 움직임에 관하여』, 『동물의 진보』는 이렇게 탄생했다. 아리스토텔레스가 저술을 끝냈을 때 물질 · 형태 · 목적 · 변화는 더 이상 사변철학의 노리개가 아니라 연구 프로그램이 되었다.

돌고래의 코골이

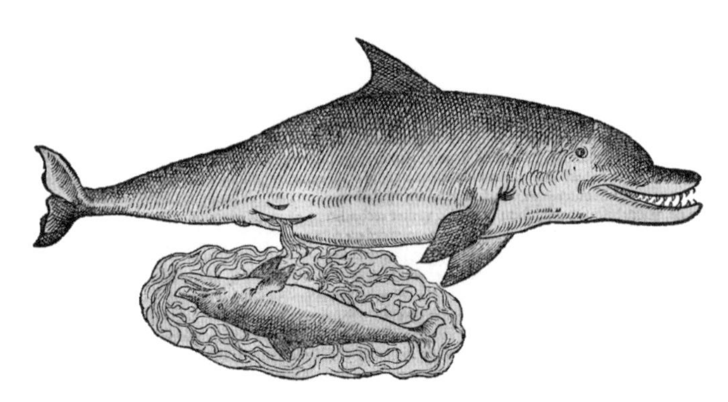

큰돌고래(*Tursiops truncatus*)

가장 흔하게 알려진 돌고래 가운데 하나이다. 북극과 남극권을 제외한 전 세계의 따뜻하고 온화한 바다에 서식한다.

35

런던 국립자연사박물관의 조류 전시관에는 오래된 캐비닛이 네 개 있다. 이것들은 자연에 대한 세 가지 비전을 보여준다. 첫 번째는 1800년대 초 호두나무로 만든 캐비닛으로, 아마 천 마리는 될 듯한(하지만 헤아리기는 어렵다) 벌새로 채워져 있다. 신세계 전역에서 수집된 벌새들을 집단비행을 하는 형태로 전시해 놓았는데, 불가능한 조류판 에덴동산이나 히드로 공항의 진입로를 연상시킨다. 캐비닛에 명시해 놓았듯이, 여기에는 벌새과Trochilidae의 찬란한 아름다움이 펼쳐져 있다. 깃털의 다채로움과 광택(비록 시간이 지나며 빛이 바랬지만), 부리 길이의 다양성, 꼬리의 변화무쌍한 형태를 관찰하라. 창조자가 빚었지만 사람이 정돈한, 보편적 테마의 끝없는 변주를 관찰하라. 이것은 곧 18세기의 비전으로, 린네와 뱅크스[1]의 과학, 신세계의 생물들에 대한 이들의 기쁨, 이 생물들을 분명히 정의하려는 이들의 욕망을 대변한다.

홀 한복판에 놓인 두 번째 캐비닛은 1881년 떡갈나무로 만들었는데, 종種은커녕 개체조차 없고 몸의 일부분만 있을 뿐이다. 새들은 훼손되어, 오리의 물갈퀴발이 맹금류의 발톱과 나란히 놓여 있고, 앵무새의 갈고리 부리가 후투티의 날씬한 부리와 마주하고 있다. 이것은 기능주의적 표현이다. 조그만 글씨로 인쇄된

---

1 조지프 뱅크스(Joseph Banks, 1743~1820). 영국의 박물학자. - 역주

라벨이 가득한 캐비닛은 '새들이 왜 이렇게 다양한 부리와 발과 깃털을 지니고 있는지'를 노심초사하며 가르치려는 태도로 설명한다. 이것은 한 때 꽤나 현대적으로 보였을 것이다.

세 번째와 네 번째 캐비닛은 조류 전시관의 뒤쪽에 있다. 새들은 쌍을 이뤄 둥지, 새끼와 함께 나뭇가지와 잎 사이에 배치되어 있다. 이 새들은 '영국 조류-둥지 틀기 시리즈British Birds-Nesting Series'라고 불리는 그룹에 속한다. 한 캐비닛에는 습새 한 쌍이 헤브리디스 섬에서 가져온 자갈들 위에 웅크리고 앉아 있다. 다른 캐비닛에는 수컷 찌르레기가 산사나무 울타리에서 내다보고 있고, 암컷은 아이보리색 알들을 지키고 있다. 이것은 전시물들 중에서 가장 최근의 것으로, 낭만주의자들이 예찬했고 우리가 여전히 존재한다고 믿어야 하는(그러나 몸부림치는) 풍경—짝짓기를 하고 새끼를 양육하며 편안히 지내는 동물들이 가득한, 세월이 흘러도 흐트러지지 않고 변치 않는 세상—을 그리고 있다. 이 캐비닛들은 〈건초 마차The Hay Wain〉[2]의 셀본[3]과 〈종달새는 날아오르고The Lark Ascending〉의 애들레스트로프[4] 같은 잉글랜드의 모습을 보여주고 있다. 라벨을 읽다 보면, 한 때 159개의 케이스가 있었지만 지금은 두 개뿐이라는 사실을 차분히 받아들이게 된다. 나머지는 1944년 여름 독일 공군(루프트바페Luftwaffe)의 공습으로 인해 파괴되었다.[5]

---

2 1821년에 그려진 존 컨스터블John Constable의 유화. - 역주

3 셀본(Selborne). 영국 잉글랜드 남부 햄프셔주 동부의 마을. - 역주

4 런던 근교에 있는 코츠월드Cotswold('양 우리Cots'와 '언덕wold'의 합성어)의 산등성이 아래에 아늑히 자리잡은 농촌 마을. - 역주

5 그럼에도 '영국 조류-둥지 틀기 시리즈'는 상당히 독일적인 계보를 지니고 있다. 왜냐하면 영국박물관(자연사)에서 동물학 책임자를 맡은 튀빙겐 출신의 알베르트 귄

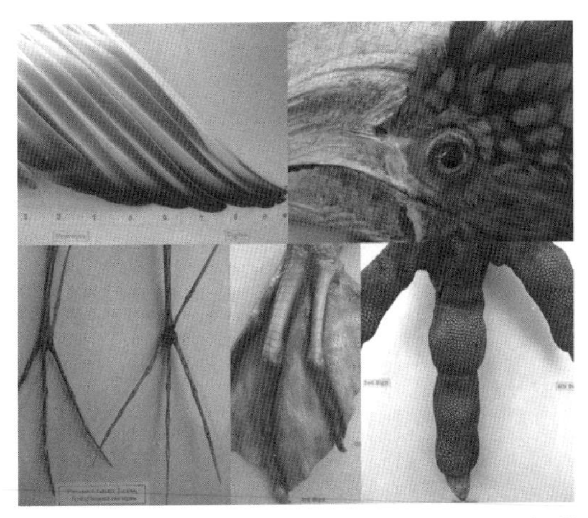

신체부위별로 전시된 조류, 런던 국립자연사박물관, 2010년 5월

생물의 아름다움은 무한한 다양성—다양성 속에서 통일성을 추구한다는 의미에서—과 관계의 복잡 · 미묘함에서 비롯된다. 우리는 자연의 풍성함에 직면하여 사물의 신비로운 연결성numinous connectedness에 대한 불분명한 감각에 굴복하거나 만화경적인 흐릿함kaleidoscopic blur에 넋을 놓기 십상이다. 헤켈은 이집트 알-투르Al-Tur의 산호정원을 내려다보며 헤스페리데스의 마법 운운하며 횡설수설했다. 다윈은 리우에서 대서양림Mata Atlântica으로 들어가, (모든 이를 털썩 주저앉게 만드는) 열대우림에 압도되어 헌신을 다짐했다. 하지만 만약 자연세계를 제대로 이해

터(Albert Günter, 1830~1914)가 만들었기 때문이다. 귄터는 서더크Southwark의 수정궁에서 본 박제술 전시관에서 영감을 얻었는데, 그 역시 독일인 박물학자 헤르만 플로퀘트Hermann Plouquet가 1851년 런던 세계박람회를 위해 만든 것이다. 여전히 전시되고 있는 숍새와 찌르레기를 제외하면 둥지 몇 개가 남아 있고, 지금은 연구용 컬렉션에 자리잡고 있다.

하고 싶다면, 우리는 구성요소들에 초점을 맞춰 분리하고 이름을 붙여야 한다. 면밀히 해부하고 분석하고 라벨을 붙여야 한다. 하지만 조류 전시관이 보여주듯이 자연주의자가 실체를 빚어 내는 방법은 여러 가지가 있으며, 각각의 손놀림은 다른 측면을 드러낸다. 따라서 우리는 다음과 같은 의문에 직면하게 된다: 아리스토텔레스는 어디에 손을 댄 것일까? 아리스토텔레스는 어떤 종류의 과학을 발명했을까?

36

르네상스시대의 자연철학자들은 세계를 호기심 어린 눈으로 바라보다 자신들이 세계에 대해 아는 것이 거의 없다는 사실을 발견하고, 아주 자연스럽게 아리스토텔레스에게 눈을 돌렸다. 이들은 아리스토텔레스를 주로 자연주의자로 여겼고, 자신이 아는 모든 생물들을 포괄적으로 설명하려고 노력한 인물로 기억하고 있었다. 그러나 어떤 이유에서인지, 아리스토텔레스는 자신이 수집한 데이터를 적절히 정리하는 데 실패한 인물로 간주되었다.

1473년 테오도루스 가자[6]는 아리스토텔레스의 동물학 저서들을 키케로식 라틴어로 번역해, 후원자인 교황 식스투스 4세에게 바쳤다. 번역서의 서문에서, 테오도루스는 책의 전반적인 내용을 다음과 같이 소개했다.

6 테오도루스 가자(Theodorus Gaza, 1398?~1475?). 그리스의 인문주의자. - 역주

자연은 모든 생물들이 각각 달라지도록 하기 위해 구분distinction을 만들었다. 자연에 대한 합리적인 탐구는 모든 구분을 통해 질서정연한 방식으로 진행된다. 탐구자는 주된 종류genus들을 묶고, 남아 있는 측면aspect들을 하나씩 자세히 설명한다. 탐구자는 종류를 여러 가지 종species으로 나누어 하나씩 기술한다(이 책들에는 약 500종[7]이 들어 있다). 탐구자는 각각이 어떤 식으로 번식하는지(육상종과 수생종 모두), 사지가 어떻게 이뤄져 있는지, 어떤 영양분을 섭취하는지, 무엇에 의해 손상을 입는지, 습성은 어떤지, 수명이 얼마나 되는지, 덩치가 얼마나 큰지, 가장 큰 동물과 가장 작은 동물은 무엇인지, 형태, 색깔, 목소리, 성격, 유순한 정도에 대한 설명을 계속한다. 간단히 말해서, 탐구자는 자연이 만들고 먹이고 키우고 보호하는 어떤 동물도 간과하지 않는다.

이 홍보는 대놓고 오류를 범하고 있다. 아리스토텔레스가 약 500종의 이름을 기록하고 다수에 대해 많은 언급을 한 것은 맞지만, '종을 하나씩' 기술한 것은 명백히 아니다. 아리스토텔레스가 코끼리에 대해 언급한 부분을 살펴보자. 아리스토텔레스는 직접 보지 않은 동물에 대해서는 많이 언급하지 않았다. 하지만 뭔가를 찾으려면 먼저 『동물 탐구』의 색인에 의존해야 하는데, 이 책에서 우리는 코끼리의 신체부위와 습성이 책 전체에 걸쳐 단편적으로 흩어져 있음을 알게 된다.

7 테오도루스 가자는 이미 여기서 아리스토텔레스의 의도와 무관하게 '속genus'과 '종species'이라는 용어를 쓰고 있다.

코끼리: 나이 586a3-13; 630b19-31; 유방 498a1; 500a17; 짝짓기 540a20; 546b7; 579a18-25; 포획 610a15-34; 먹이 596a3; 질병 604a11; 605a23b5; 조련사 497b27; 610a27; 발 497b23; 517a31; 쓸개즙 506b1; 생식기 500b6-19; 509b11; 습성 630b19-31; 털 499a9; 다리 497b22; 잠 498a9; 두개골 507b35; 정자 523a27; 성질 488a28; 이빨 501b30; 502a2; 코 492b17; 497b23-31; 목소리 536b22 …

다음은 『동물의 부분들에 관하여』의 색인이다.

코끼리: 물가에서 습성 659a30; 코와 역할 658b30; 661a25; 682b35; 발가락이 있는 발 659a25; 발톱 659a25; 유방 688b15; 덩치로 보호 663a5 …

여기서도 오류는 계속된다.[8] 테오도루스는 일부 내용을 의도적으로 생략하여 아리스토텔레스를 백과사전주의자인 것처럼 포장했는데, 아마도 후원자인 교황이 동물학을 쉽게 접할 수 있게 하려고 그랬던 것 같다. 사실, 테오도루스는 아리스토텔레스를 그리스의 플리니우스로 만들려고 했다.

대大플리니우스는 기원후 1세기에 『박물지*Naturalis historia*』

8 아리스토텔레스의 원고에는 색인이 없었다. 이런 상태에서 아리스토텔레스가 자신의 장서에 포함된 수백 개의 두루마리 중에서 주어진 주제에 대한 자신의 이전 생각을 끄집어내기는 어려웠을 것이다. 사실 아리스토텔레스는 자신이 이전에 쓴 것을 잊어버려도 괘념하지 않은 것으로 보인다. 왜냐하면 사소한 진실의 문제에 대해 모순되는 입장을 취하는 안 좋은 버릇이 있었기 때문이다. 곧 보게 되겠지만, 코끼리에 대해서도 그랬다.

를 출간하며, 일종의 에세이집으로서 모든 것을 다루고 있다고 주장했다. 이 책은 아마도 최초의 진정한 자연사genuine natural history일 것이다. 플리니우스는 모든 가능한 출처에서 동물학에 관한 자료를 모아 종에 따라 배열했다. 그는 직접 체험한 내용을 쓴 문헌을 높이 평가한다고 말했지만, 막상 그렇지도 않았다. 그는 로마군의 개선행진, 서커스, 전쟁터에서 코끼리를 직접 봤겠지만, 이 많은 자료원들은 아무짝에도 쓸모가 없었다. 아래 인용문을 보면 감이 잡힐 것이다.

> [코끼리는] 보살핌과 존중하는 기색에 기뻐하고, 게다가 사람에게도 드문 정직, 지혜, 정의감 같은 미덕을 지니고 있으며, 별들을 존경하고 해와 달을 숭배한다.

> 한 코끼리는 꽃 파는 소녀와 사랑에 빠졌는데(어느 누구도 이를 저속한 선택이라고 생각하지 않을 것이다), 그녀는 고명한 학자인 아리스토파네스가 애지중지하던 소녀였다.

> 커다란 인도산 코끼리들은 뱀들과 줄곧 사이가 안 좋아서 싸움을 계속했는데, 뱀들 역시 워낙 덩치가 컸으므로 코끼리를 어렵지 않게 휘감아 꼼짝달싹 못하게 했다.

우리는 지금 고대 자연사의 진면목을 보고 있다. 남의 말 하기 좋아하고 잘 믿고 완고한 저자에게 사실 여부는 둘째 문제였고(일말의 사실이 있다면 더할 나위 없겠지만), 뭐든 경탄할 만한 이야기를 쏟아 내야만 했다. 만일 플리니우스의 전임자를 꼽으라면

(황금을 캐는 개미, 그리핀, 외눈박이 부족 아리마스피에 대해 이야기한) 헤로도토스일 텐데, 헤로도토스조차 마지막 얘기는 너무 기이하다고 생각했을 것이다.

아리스토텔레스가 대부분의 자료를 제공했음에도, 르네상스 자연사의 모형을 제공한 것은 아리스토텔레스가 아니라 플리니우스였다. 1551년 스위스 의사이자 학자인 콘라트 게스너Konard Gesner는 『동물 탐구』 1권을 출간했는데, 동물계에 대해 알려진 모든 것을 담은 개요서였다. 플리니우스가 그랬듯이, 게스너는 아리스토텔레스의 저서들에서 살만 발라내어 백과사전식으로 배열했다. 그러나 플리니우스와는 달리, 게스너는 동물의 생물학에 관심이 컸기 때문에 신중히 집필했고 고대의 데이터를 검증하려고 노력했다. 그는 현대적인 자연사 문헌의 틀을 잡은 것으로 평가된다. 게스너 이후 '영국 조류-둥지 틀기 시리즈'에 요구된 것은, 자연이 단지 경탄스러울 뿐 아니라 공포, 아름다움, 비애로도 채워져 있다는 인식이었다.

37

현대적인 생물분류학—분류의 과학—은 1758~1759년 칼 린네가 『자연의 체계*Systema naturae*』 10판을 출간하면서 시작되었다. 분류학이 19세기 과학의 중요한 프로젝트 중 하나가 된 것은 이 책 덕분이었다. 린네의 후계자들은 멋진 다색석판인쇄chromo-lithograph로 자연을 기술한 전집을 출간함으로써, 지구상의 모든 생물을 발견 · 분류 · 목록화하는 프로젝트를 진행했다. 퀴비에와 발랑시엔의 『어류자연사*Histoire naturelle des poissons*』, 풋Voet의 『갑충류의 체계적 목록*Catalogus systematicus coleopterorum*』(두 권, 1804~1806), 에스퍼Esper와 샤르팡티에Charpentier의 『나비*Die Schmetterlinge*』(일곱 권, 1829~1839), 아가시Agassiz의 『어류 화석 연구*Researches sur les poissons fossiles*』(다섯 권, 1833~1843), 소워비 부부the Sowerbys의 『조개 보물*Thesaurus conchyliorum*』(다섯 권, 1847~1887), 굴드Gould의 『벌새과에 관한 모노그래프*Monographs of the Trochilidae, or Family of Humming-birds*』(1849~1861), 다윈의 『현생 만각류와 화석 만각류*Living Cirripedia and Fossil Cirripedia*』(네 권, 1851~1854), 벨Bell의 『육지거북과 테라핀과 바다거북*Tortoises, Terrapins and Turtles*』(1872)은 오늘날에도 도서관의 서가를 차지하고 있다. 지금까지 언급한 책들은 수백 권 중 일부일 뿐이다.

또한, 분류학자들은 아리스토텔레스를 이들 자신의 심상心象에 따라 리메이크했다. 이들에게 아리스토텔레스는 단지 자연사가natural historian가 아니라, 자기 자신이 종사하는 특정 과학 분야의 창시자였다. 이들은 아리스토텔레스 역시 분류하려는 충동을 지니고 있었음이 틀림없다고 느꼈다. 오늘날 약간의 자폐적 성향attribute of mildly autistic이라고 일컬어지는 이런 충동은, 어린아이로 하여금 수집한 조개껍데기들을 이리저리 배열하면서 이질적 형태disparate form들을 통합하는 독특한 구성원리organizing principle를 찾게 만든다. 이에 더하여, 아리스토텔레스는 다른 사람들이 이전에 알아채지 못한 생물을 발견했을 때 분명 승리감을 느꼈을 것이며, 과학계에 보고된 새로운 종에 몸소 이름을 붙이며 기뻐했을 것이다. 『동물 탐구』는—평이한 책이 아니라는 점을 인정하지만—아리스토텔레스가 이런 기분에 휩싸여 작성한 카탈로그임에 틀림없다.

이들은 아리스토텔레스를 에게해의 바닷가에서 분류작업을 하던 원조 린네proto-Linnaeus라고 여겼다. 물론 천재였지만, 퀴비에의 예찬은 으레 그렇듯 도를 넘었다.

> 아리스토텔레스는 시작부터 동물학 분류를 내놓았고, 이 결과 수세기 동안 후학들이 할 일을 거의 남겨 놓지 않았다. 그가 동물계를 나누고 더욱 세분한 과정은 놀랍도록 정확해서, 과학이 더 이상 추가할 것이 없을 정도다.

물론 이 구절은 단지 과장법일 뿐이다. 퀴비에 자신이 아리스토텔레스보다 훨씬 뛰어난 동물분류 체계를 만들었다. 그가 아리스토텔레스의 주된 구분에 뭔가를 더하고 빼고(또는 단순히 폐기하고) 나니, 원래의 모습이 보존된 것은 거의 없었다. 하지만 칭송 일색의 전기傳記를 차치하더라도, 아리스토텔레스의 프로젝트는 근본적으로 분류학적인 것이며 진보주의자의 매력을 지니고 있다고 사료된다. 요컨대, 어떤 대상이 처음으로 분명히 정의되고 명명되지 않는 한 이것에 대한 과학은 제대로 시작될 수 없다. 생물학에 린네의 체계가 필요하듯이, 천문학에는 요한 바이어의 별자리 지도star atlas가 필요하고 결정학에는 아베 아위Abbé Haüy의 기하학이 필요하고 화학에는 드미트리 멘델레예프의 주기율표가 필요하다. 하지만 우리는 왜 과학만을 말하는 것일까? 심지어 신神도 동물을 만들자마자 아담에게 건네주며 이름을 지으라

고 했는데 말이다.[9]

아리스토텔레스가 말하는 종류(*genos*)의 대부분은 오늘날의 종種에 얼추 해당한다. *erythrinos, perkē, skorpaina, sparos, kephalos*는 오늘날 한 종 또는 몇 종에 해당한다. 하지만 아리스토텔레스의 종류는 때때로 오늘날의 품종breed이나 변종variety—이를테면 라코니안하운드Laconian hound나 몰로시안하운드Molossian hound—에 해당한다. '개에는 여러 종류가 있다….' 우리가 아는 범위에서, 아리스토텔레스가 명명한 동물 이름은 린네가 종을 명명하기 위해 고안해 낸 것과 같은 종류의 전문적인 명칭은 아니다. 오히려 그가 살던 시대의 지역 동물학의 소산이다. 아리스토텔레스는 어부, 사냥꾼, 농부들과 이야기를 나누며 동물의 이름을 들었다. '포이니케Phoinike[레바논] 근처에는 *hippos*(말)라고 불리는 게crab가 있는데, 하도 빨리 달아나서 잡기가 어렵기 때문이다.' 이것은 달랑게ghost crab를 말하는 것으로, 라틴어 이명법으로는 *Ocypode cursor*라고 하며 문자 그대로 '걸음이 빠른 주자'라는 뜻이다. '해안가 암벽에 집을 짓는 *kyanos*["파란색"]라는 새가 있는데, 스키로스 섬Skyros에 가장 많이 살며 바위 위에서 시간을 보낸다. 크기는 *kottyphos*[대륙검은지빠귀]보다 작고 spiza[되새]보다 약간 더 크다. 발이 커서 암벽을 기어오를 수 있다. 온 몸이 짙은 파란색이다. 가늘고 긴 부리와 짧은 다리가 마치 *hippos*[딱따구리] 같다.' 이것은 아마도 동고비rock nuthatch를 말하는 것

9 '여호와 하나님이 흙으로 각종 들짐승과 공중의 새를 지으시고 아담이 무엇이라고 부르나 보시려고 그것들을 그에게도 이끌어 가시니 아담이 각 생물을 부르는 것이 곧 그 이름이 되었더라.' 구약성서 창세기 2장 19절(개역성경) – 역주

같다. 사실 아리스토텔레스에게 hippos는 게도, 새도, 말도 될 수 있기 때문에, 그의 동물학은 읽어 내기가 쉽지 않다.[10]

전통사회의 어부나 사냥꾼이 아주 뛰어난 분류학자라는 널리 퍼진, 다소 낭만적인 생각이 있다. 과학자들이 고심하는 종들도 단번에 구분할 수 있다는 것이다. 뉴기니의 고지대에 사는 사람들은 136종의 조류를 하나도 틀리지 않고 말할 수 있다고 한다. 아마 그럴 수도 있을 것이다. 하지만 오늘날의 그리스 어부들은 물고기의 종류를 알아맞히는 재능이 한참 떨어지는 것 같다. 고대 그리스의 어부들이 지금의 어부들보다 한 수 위였다고 생각할 이유는 없다.

나는 일행과 함께 동쪽 해안의 작은 항구도시인 스카마누디Skamanoudi에 있었는데, 듣자 하니 날이 좋으면 바닷가에 있는 고대 피라의 항구 유적이 보인다고 했다. 하지만 바람이 많이 불어 곶에 부딪치는 흰 파도가 조망을 흐렸기 때문에, 우리는 식당에 자리를 잡고 우조ouzo와 소금에 절인 생선 안주 한 접시를 시켰다. 파팔리나papallina가 정말 좋다고 누군가가 말했다. 탐사어류학자인 데이비드 K.가 끼어들어 이렇게 말했다. '사르델라sardella를 말하는 것이겠죠.' 그는 계속해서 사르델라는 학명이 *Sardina pilcharus*이고 파팔리나는 *Sprattus sprattus*라고 말하며, 자기가 『그리스의 어류』라는 책을 냈는데 거기를 보면 사실상 같은 두 물고기를 아름답게 묘사한 구아슈[11] 그림을 볼 수 있다고 자랑이 대

10 딱따구리를 뜻하는 *hippos*는 아리스토텔레스가 딱따구리에 대해 즐겨 쓴 이름인 *pipō*를 필경사가 잘못 옮긴 것일 수 있다. 따라서 이것은 어쩌면 아리스토텔레스의 잘못이 아닐 수도 있다.

11 구아슈(gouches). 수채화 물감에 수용성 고무를 섞음으로써 불투명한 효과를 내는

단했다.

우리가 주인에게 물어봤더니, 주인장은 파팔리나라고 말했다. 하지만 우리는 메뉴에 사르델라라고 써 있다고 지적했다. 물론 라군 안에서는 파팔리나가 사르델라이고, 밖에서는 사르델라가 파팔리나이다. 그리고 이 생선의 맛이 뛰어난 이유는 안쪽에서 잡았기 때문이다. 옆 테이블의 어부들이 끼어들었다. 주인장은 솔직하게 말하지 않았거나, 적어도 알아듣게 말하지 않은 것 같았다. 사르델라와 파팔리나는 정말로 동일한 종이지만, 근본적 차이는 지리적 기원이 아니라 시대나 어쩌면 단순히 음식에서 비롯된 것이었다. 하지만 이런 요인들 중에서 어떤 것(하나 또는 모두)이 핵심인지에 대해서는 어느 누구도 동의할 수 없었다. 딴지를 거는 몇몇 사람들은 과학적 관점을 취했다. 사르델라와 파팔리나는 상당히 다른 종이라고 이들은 말했다. 키리오스 kyrios(주님)[12]이 말한 것처럼 누구나 맛의 차이를 느낄 수 있다[13]나 뭐라나.

'두 물고기 사이의 관계에 대한 관점의 다양성'과 '우리가 이 중에서 뭘 먹고 있느냐'는 풀리지 않은 의문이었다. 칼로니에서는 매년 수천 톤의 사르델라 또는 파팔리나 또는 적어도 작은 은빛 물고기가 출하된다. 그리스의 슈퍼마켓치고 이 생선을 팔지 않는 곳은 없다. 따라서 당신은 매일 이 물고기를 잡는 사람들이

회화 기법. – 역주

12 '주님'으로 번역되는 *kyrios*는 이스라엘 백성이 감히 부를 수 없다는 하느님의 이름 야훼(YHWH)를 그리스어로 번역한 것이다. – 역주

13 신약성서 베드로전서 2장 3절(개역성경)의 '너희가 주의 인자하심을 맛보았으면 그리하라'라는 구절을 빗대어 말한 것이다. – 역주

분류학적 합의taxonomic consensus에 이르렀을 것이라고 생각할 것이다. 이들은 좌우지간 오랜 기간 동안 이 일을 했으니까 말이다. 아리스토텔레스는 이 지역명들(사르델라, 파팔리나)의 내적 모호성inherent ambiguity을 인식했을까? 어부의 동물학적 지식에 대한 아리스토텔레스의 믿음은 제한적이었는데, 그는 필시 이들의 분류학이 생물의 다양성을 포착하지 못한다고 생각했을 것이다. '다른 종류의 karkinoi(게)는 크기가 더 작은데, 특별한 이름은 없는 것 같다.' 하지만 아리스토텔레스는 이런 결핍증을 결코 치료하지 않았다.

아무리 그렇더라도, 아리스토텔레스가 분류한 종류 중 상당수는 현대의 종과 납득할 만하게 동일시될 수 있다. 이중에는 개들 전부, 말, 매미 두 가지, 딱따구리 네 가지, 성게 여섯 가지, 인간이 있다. 아리스토텔레스가 두족류의 전문가라는 것은 놀라운 일도 아닌데, 이를테면 이런 이름들을 지었다. *polypodon megiston genos*(왜문어), *heledônelbolitainalozolis*(사향문어musky octopus), *sêpia*(갑오징어), *teuthos*(화살문어segittal squid), *teuthis*(유럽오징어), *nautilos polypous*(집낙지). 한편, 아리스토텔레스는 또 다른 패각두족류shelled cephalopod를 언급하면서 '소라처럼 껍데기 안에 살면서 때때로 촉수를 내뻗는다'라고 말하는데, 이 생물의 실체를 두고 많은 논쟁이 있었다. 이 문구는 섬세한 연체동물인 앵무조개를 멋지게 묘사한 것일 수도 있지만, 앵무조개(학명: *Nautilus pompilius*)가 아리스토텔레스의 활동 범위에서 아주 먼 안다만 제도Andaman archipelago 서쪽의 인도-태평양에 산다는 것을 생각하면 이치에 맞지 않는다. 몇몇 학자들은 알렉산드로스 대왕을 따라 인도에 원정 갔던 사람이 목격한 것에 기반하여 아리스토텔레스가 기술했다고 추측했다. 다른 학자들은 아리스토텔레스가 수컷 원양문어(학명: *Ocythoe tuberculata*)를 지칭한 것이라고 말하는데, 이 녀석은 전혀 두족류처럼 보이지 않는 살프salp나 진보라고둥(학명: *Janthina janthina*)의 껍데기를 집으로 삼는다. 이런 설명들은 그다지 설득력이 있어 보이지 않아, 아홉 번째 두족류의 실체는 미스터리로 남아 있다.

또한, 아리스토텔레스는 오늘날 사용되는 상위 분류군higher taxon—속, 과, 목, 강, 문—을 닮은 더 큰 그룹larger group을 인식했다. 그는 이를 *megista genē*('가장 큰 종류')라고 불렀다. 이런 이름들 중 일부는 명백히 지역명으로, *ornis*(새)와 *ikthys*(물고기)가 그런 예다. 하지만 다른 것들은 그가 고안해 낸 전문용어임이 분명하다. 아리스토텔레스는 민간분류학folk-taxonomy이 동물을 더 큰 그룹으로 분류하는 데 적합하지 않다고 생각했는데, 특히 다루는 동물이 대다수 사람들이 무시하는 종류일 때 더 그렇다. 아리스토텔레스가 분류한 가장 큰 종류의 이름은 종종 묘사풍이다. *malakostraka*('말랑한 껍데기' = 대부분의 갑각류), *ostrakoderma*[14]('단단한 껍데기' = 극피동물 대배분의 + 복족류 + 쌍각류 + 따개비 + 우렁쉥이), entoma('분절되는' = 곤충 + 다족류 + 협각류), *malakia*('말랑한 몸' = 두족류), *kētōdeis*('괴물 같은' = 고래), *zōotoka tetrapoda*('새끼 낳는 네발동물' = 대부분의 포유류), *ōiotoka tetrapoda*('알 낳는 네발동물' = 대부분의 파충류 + 양서류), *anhaima*(무혈동물 = 무척추동물), *enhaima*(유혈동물 = 척추동물).

아리스토텔레스가 생각하는 좋은 분류체계는 뭘까? 한 종류

---

14 직역하면 '도자기 조각 같은 피부'.

가 다른 종류에 종속되고, 각각의 종류가 다른 모든 종류들에 대해 독특하고 정의된 위치unique, defined position를 차지하는 것인 듯하다. 다른 말로 하면, 내포위계nested hierarchy에 따라 배열되어야 한다. '유혈동물에서 가장 중요한 종류는 알 낳는 네발동물, 새끼 낳는 네발동물, 새, 물고기, 고래 그리고 이름 없는 것들인데, 이름 없는 것들의 경우 그룹이 존재하지 않고 각 개체마다 단순한 형태가 있을 뿐이다.' '이제 무혈동물에 대해 말해야 한다. 여기에는 여러 가지 종류가 있다.' 그가 말하는 무혈동물의 종류는 다음과 같다. '말랑한 껍데기(*malakostraka*)는 네 가지 큰 종류로 이루어져 있는데 각각 *astakoi, karaboi, karides, karkinoi*라고 부른다.' 이 네 가지는 바닷가재 · 가재 · 새우 · 게인데, 종속적인 가장 큰 종류subordinate greatest kind로서 훨씬 더 큰 종류even greater kind인 '말랑한 껍데기'에 속한다. 하지만 아리스토텔레스의 위계 중 일부는 너무 간단하다. 예컨대 사람은 유혈동물이라는 점을 빼면 외톨이다.

오늘날 동물의 관계가 내포위계로 기술되어야 한다는 것은 명백한 사실이다. 단어를 이용해 수형도tree graph의 위상topology을 기술하는 방법은 이것밖에 없다. 그리고 그림을 이용해 (하나의 공통조상에서 갈라져 나온) 가계descent를 기술하는 방법은 수형도밖에 없다. 하지만 만일 이것이 사실이라면, 다윈이 『종의 기원』에서 설명한 문구('같은 부류에 속한 모든 생물의 친화도affinity는 종종 커다란 나무로 표현된다. 나는 이 직유법이 대체로 진실을 말한다largely speaks the truth고 생각한다….')를 결코 읽은 적이 없는 아리스토텔레스가 그런 생각을 한 이유가 궁금하다. 우리가 이 시점에서 논리적 대안을 생각해 보는 것은 당연한 수순이다. 첫째로,

아리스토텔레스는 서로 꽤 독립적인quite independent of each other 분류군들을 기반으로 분류체계를 세울 수 있었다. 보르헤스는 중국의 백과사전인 『天朝仁學廣覽(은혜로운 지식의 하늘 창고)』에 대한 유쾌할 정도로 부정직한 서술에서, 각 분류군이 황제에 속하는지 여부, 방부 처리했는지 여부, 인어인지 여부, 길 잃은 개인지 여부, 멀리서 볼 때 파리를 닮았는지의 여부에 따라 정의된다고 말한다. 둘째로, 아리스토텔레스는 내포된 분류군이 아니라 순수한 2차원적orthogonal 분류군들을 기반으로 분류체계를 세울 수도 있었다. 『정치학』 III권 7장에서, 아리스토텔레스는 권력의 집중도degree of concentration와 질quality이라는 두 가지 특징을 바탕으로 정체form of government를 분류한다.

	높음	보통	낮음
올바름 (공익 추구)	군주정체	귀족정체	혼합정체
올바르지 않음 (사익 추구)	참주정체	과두정체	민주정체

하지만 그는 이 구조를 정작 동물에 적용하지는 않았다.

아마도 생명의 다양성을 주의 깊게 연구하는 사람은 누구나 이것(생명)을 위계적으로 배치해야 한다는 것을 당연한 일로 받아들일 것이다. 린네가 동물을 속, 목, 강에 배치했을 때 다윈의 훈수 따위는 필요하지 않았다. 아리스토텔레스의 '분류군taxon' 용어인 게노스(*genos*)의 원래 뜻은 '가족'—그리스인들의 가족이란 부계씨족patrilineal clan을 의미한다—인데, 이 역시 본질적으로 위계적이다. 따라서 아리스토텔레스의 분류법에 내포위계가 등장했다고 해서 의아하게 생각할 필요는 없다.

아마도 동물을 처음으로 분류한 사람은 아리스토텔레스일 것이다.[15] 하지만 분류는 정의definition와 아주 가까우며, 정의를 내리는 것은 학자들의 강박이라고 할 수 있다. 플라톤은 뭔가를 정의하는 것이 이것을 이해하는 것이라고 생각했다. 플라톤이 정의를 내리는 방법은 사물의 특징을 연속적 이분법successive dichotomy으로 분류하는 것이다. 『정치가』에서 군주제의 본질을 탐구하며, 플라톤은 '인간의 모든 지식'에서 시작하여 전문적 지식specialist knowledge의 가지치기를 계속함으로써 왕이 일종의 목동임을 보인다. 하지만 왕은 무엇을 돌보는 목동일까? 플라톤은 이를 알아내기 위해 동물을 다양한 특징에 따라 계속 나누었고, 마침내 왕은 얌전하면서 뿔이 없고 깃털도 없는, 흔히 인간이라고 알려진 두발동물biped을 돌보는 목동이라는 결론에 도달했다. 하지만 특정한 활동, 사람, 동물을 수많은 상이한 방법으로 나눌 수 있으며, 이 결과 수많은 정의가 탄생할 수 있음(그는 소피스트에 대해 대략 여덟 가지 계통을 제시했는데, 이중 대부분은 젊은이를 망치는 비도덕적인 수전노라는 정의로 귀결되었다)을 플라톤은 인정했다. 아무리 그렇더라도, 플라톤의 주장에 따르면 우리는 '다양한 갈래thread의 정의들을 취합'할 수 있고, 이렇게 하여 짐승의 본성을 파악할 수 있다. 그의 후기 대화편들에서는 정의 마니아definitional mania의 냄새가 물씬 풍긴다.

---

15 아테나이오스에 의하면, 스페우시포스가 『닮음』이라는 책을 썼고 여기에서 소라고둥, 뿔고둥, 달팽이, 대합이 비슷하다고 주장했다고 한다. 스페우시포스가 무슨 근거와 무슨 목적으로 이런 주장을 펼쳤는지 우리는 알지 못한다.

아리스토텔레스는 『형이상학』과 『분석론 후서』에서 플라톤식 분류를 살짝 비틀고, 『동물 탐구』와 『동물의 부분들에 관하여』에서는 이것을 변형한다. 아리스토텔레스는 분류 대상을 넓힘으로써, 플라톤식 분류로 하여금 맥을 못 추게 한다. 그는 이분법이 왜 작동하지 않는지에 대해 많은 이유를 내놓았지만, 가장 설득력 있는 것은 결과의 자의성arbitrariness이다. 플라톤은 동물을 '수생동물 대 육상동물'과 '무리생활 대 단독생활'과 '길들여짐 대 야생'으로 나눴는데, 다들 아주 좋지만 새의 경우에는 뭘 선택하든 양쪽 하위 그룹에 모두 속하게 되므로 맞지 않는 것 같다. 아리스토텔레스가 보기에, 생물에는 심오한 자연적 순서가 있기 때문에 좋은 분류는 이를 반영해야 한다. 그가 말하기를, 우리는 분류를 할 때 '각 종류를 해체하는 것을 삼가야 한다'. 사실 플라톤도 같은 생각을 좀 더 세련되게 표현했다. '우리는 어설픈 백정처럼 관절joint을 함부로 자르지 말아야 한다.' 현명한 수칙이지만, 정작 그는 늘 무시했다. 그러고 보니 문득 이런 의문이 떠오른다: 자연의 관절을 어떻게 찾아야 할까?

38

전체적인 문제는, 자연의 관절을 포착하기가 여간 어렵지 않다는 것이다. 아리스토텔레스는 플라톤의 접근법에 대해서는 트집 잡을 것이 많았지만, 자기 자신의 접근법에 대해서는 할 말이 별로 없었다. 그럼에도 다양한 분류 계획 및 실천 방안을 서술한 구절들을 읽어 보면, 아리스토텔레스가 채택한 복잡한 분류방법은 두 가지 통찰에 기반한다.

첫 번째 통찰은, 자연적 위계natural hierarchy의 수준에 따라 동물의 특징이 달라진다는 것이다. 참새와 두루미의 경우처럼, 주어진 대분류군(가장 큰 종류)에 속하는 종류 사이의 diaphorai(차이)는 상대적으로 미미하다. 이들은 동일한 기본적 신체구조를 공유하고, 모양이나 크기만 다르다. 이런 차이를 기술하는 아리스토텔레스의 용어는 '정도the more and the less'다.

> 여러 새 [종류]들 사이의 차이는, 신체부위들의 과잉과 부족을 수반하는 정도의 문제a matter of the more and the less다. 어떤 것은 다리가 길고 어떤 것은 짧다. 혀가 널찍한 것도 있고 좁은 것도 있다. 다른 부위도 그런 식이다.

아리스토텔레스의 기술적 생물학descriptive biology 중 상당수는 부리, 방광, 내장, 뇌가 크기와 비율 면에서 어떻게 변하는가에 대한 것이다.

대분류군(이를테면 새와 물고기) 사이의 차이는 훨씬 더 근본적이다. 즉, 이 차이는 동물이 가진 신체부위의 종류 및 배열에 있다. 이것은 한마디로 건축학적architectural이다. 현대 동물학자들은 독일어 바우플랜Bauplan에서 가져온 '체제body plan'라는 말을 쓴다. 아리스토텔레스는 그에 상응하는 용어를 만들지 않았지만, 동일한 개념을 사용한다. 단단한 부분과 말랑한 부분의 상대적인 위치와 다리의 개수가 특히 중요하다. 몇몇 '말랑한 몸' 동물(두족류)은 내부에 단단한 구조(살오징어의 깃quill과 갑오징어의 뼈

cuttlebone)를 지녔지만,[16] '말랑한 껍데기' 동물(갑각류)과 '단단한 껍데기' 동물(달팽이, 조개, 성게)은 외부에 단단한 구조, 즉 외골격 exoskeleton이 있다. 물고기는 다리가 없지만, 사람과 새는 다리가 둘이고 네발동물은 넷이고 절지동물과 갑각류는 여럿이다.

대분류군은 기하학적 형태에서도 다르다. 아리스토텔레스가 보기에 동물은 여섯 개의 극pole을 가진 세 개의 축axis, 즉 위-아래, 앞-뒤, 왼쪽-오른쪽으로 이루어져 있다.[17] 위는 동물이 영양분을 섭취하는 극이고 아래는 배출하는 극이다. 앞은 동물의 감각기관이 직면하는 쪽으로, 동물이 움직이는 방향이고 뒤는 그 반대다. 아리스토텔레스의 오른쪽과 왼쪽은 우리가 쓰는 방식과 같다. 이러한 기하학은 사람에 기반하며, 사람은 네발동물과 구분된다. 네발동물에서 위(입의 위치)과 앞(감각기관의 방향)은 같은 극이고 아래(항문의 위치)와 뒤(감각기관의 반대 방향) 역시 마찬가지다. 아리스토텔레스가 사람을 '새끼 낳는 네발동물'(포유류)로 분류하지 않은 이유 중 하나는 이것이다.

현대 동물학자들에게는 몸을 기하학적으로 고찰하는 아리스토텔레스의 방식이 좀 이상해 보일 것이다.[18] 하지만 아리스토텔

---

16 이 대조를 구상할 때, 아리스토텔레스는 집낙지와 불가사의한 아홉 번째 두족류의 껍데기는 잊은 듯하다.

17 아리스토텔레스 번역자들이 '극'에 대해 다른 번역어를 썼기 때문에, 여기에 그리스어 원문을 제시한다. 앞(*to emprosthen*), 뒤(*to opisthen*), 위(*to anō*), 아래(*to katō*), 오른쪽(*to dexion*), 왼쪽(*to aristeron*).

18 우리가 보기에, 사람과 네발동물은 같은 축, 즉 앞-뒤, 등쪽-배쪽, 왼쪽-오른쪽을 공유한다. 이것은 사람이 서 있다는 사실을 무시하기 때문인데, 아리스토텔레스에게는 이 사실이 중요했다. 다른 식으로 표현하면, 아리스토텔레스는 기능적 유사성 functional analogy에 기반하여 축軸을 정했고 우리는 적어도 척추동물의 구조적 상동성structural homology에 기반했다. 하지만 아리스토텔레스의 접근방법과 우리의 접근방법이 보기보다 심오한 것은 아니다. 척추동물의 범위를 벗어나면, 우리의 축이

레스가 우리처럼 행동할 이유는 없다. 그리고 이 방식 덕분에, 아리스토텔레스는 두족류의 기이한 기하학적 형태에 대한 천재적인 직관을 얻었다. 이들의 발은 입 주위에 배열되어 있고 내장은 U자 형태로 꼬여 있기 때문에, 아리스토텔레스는 갑오징어의 형태를 일컬어 네발동물이 두 번 휨bent double으로써 위와 아래, 앞과 뒤가 한 곳에서 만난 결과물이라고 주장한다.

이것은 기발한 통찰이다.[19] 하지만 아리스토텔레스는 기하학 때문에 좀 덜떨어진 주장을 하기도 한다. 광합성에 대해 무지한 상태에서, 아리스토텔레스는 동물의 영양 모형을 식물에 적용했다. 그가 생각하기에 식물은 뿌리를 통해 영양분을 얻으므로, 뿌리는 동물 입의 유사체analogue라고 할 수 있다. 그렇다면 식물도 반대쪽에서 뭔가를 배설해야 할 텐데, 이것이 바로 열매다. 이러한 비유를 바탕으로, 아리스토텔레스는 식물의 상단上端은 흙 속에 묻혀 있고 하단下端은 미풍에 흔들린다는 결론을 내린다.

하지만 아리스토텔레스가 동물의 체제에 전적으로 의존하여 대분류군을 기술한 것은 아니다. 그는 이들이 같은 종류의 신체 부위를 공유하는지 여부도 묻고 있다. 그는 기존의 용어인 아날로곤(analogon)—유사체—을 차용한다. 이 용어는 아리스토텔레스가 정의한 것이 아니지만, 용례들을 유심히 살펴보면 '어떤 동

정말로 구조적 상동성에 따라 정의된 것도 아니다. 관례상 초파리의 배가 배쪽이고 등이 등쪽이지만, 분자유전학 데이터에 따르면 곤충은 우리와 비교하면 뒤집혀 있는 상태다. 즉 우리의 등쪽은 초파리의 배쪽에 상응하고 우리의 배 쪽은 초파리의 등쪽에 상응한다. 이렇게 보면, '등쪽/배쪽'은 기능적 유사함일 뿐이기도 하다.

19 역시 기발하게도, 아리스토텔레스는 복족류gastropod도 동일한 꼬인 기하학twisted geometry을 가졌음을 알아차렸다. 두족류와 복족류 모두 배아일 때 '비틀림torsion'이라는 과정이 일어나는 바람에 몸이 꼬인 결과다.

물의 한 부분이 다른 동물의 한 부분과 동일한 기능을 수행하거나 동일한 위치에 있지만, 몇 가지 근본적인 면에서 다르다'는 의미인 것 같다. 이 용어는 수학에서 기원한다. 'A와 Y의 관계는 B와 Z의 관계와 같다'. 아리스토텔레스는 이것을 동물학에 은유적으로 적용한다. '새와 깃털의 관계는 물고기와 비늘의 관계와 같다.' 만일 두 생물이 유사한 부분analogous part을 지니고 있다면, 둘은 각각 다른 대분류군에 속한다. 유사체는 세부 구조나 물리적 성질이 다르다. 게와 달팽이는 둘 다 단단한 껍데기를 지니고 있지만, 게를 밟으면 껍데기가 찌부러지는 반면 달팽이를 밟으면 껍데기가 깨진다. 따라서 게 껍데기와 달팽이 껍데기는 뭔가 근본적인 면에서 다를 것이고,[20] 이것들을 지니고 있는 종류들도 필시 이럴 것이다.

아리스토텔레스는 꽤 많은 유사체를 규정한다. '새끼 낳는 네발동물' · 사람 · 돌고래는 뼈로 이루어진 골격을 지니고 있지만, 물고기 · 상어 · 갑오징어 · 살오징어는 뼈의 유사체, 즉 '물고기 가시', 연골, 갑오징어의 뼈, 살오징어의 깃을 지니고 있다. 이들 구조는 모두 같은 기능을 한다. 즉, 연조직soft tissue을 보존하고 지탱한다. 새의 깃털과 물고기의 비늘은 둘 다 덮개임이 분명하다. 유혈동물은 심장을 지니고 있지만, 무혈동물—특히 두족류—은 피와 유사한 체액이 있으며 이것을 다룰 심장 비슷한 기관이 있다. 폐는 아가미의 유사체다. 아리스토텔레스는 때로 두 부분이 유사체인지, 아니면 사실은 동일한 것의 변이체variant일뿐인

20 정말 그렇다. 게 껍데기는 주로 키틴chitin으로 이루어져 있고, 달팽이 껍데기는 탄산칼슘 결정으로 이루어져 있다.

지 확신을 못하는 것처럼 보인다. 예컨대 한 구절에서는 두족류가 '뇌의 유사체brain-analogue'를 지니고 있을 뿐이라고 말하고, 다른 곳에서는 두족류에 '뇌'가 있는데 네발동물의 뇌와 똑같아 보인다고 말한다.[21] 아리스토텔레스는 유사체의 반대말(즉, 구조적으로 '동일한' 부분을 지칭하는 말)을 만들지 않고, '조건 없이without qualification 같은 부분'이라고 상당히 모호하게 언급할 뿐이다. 1843년에 와서야 리처드 오언이 비어 있는 자리에 '상동기관homologue'라는 용어를 채워 넣었다. 아마도 아리스토텔레스는 진화 이전의 관점에서 척추동물의 내부기관이 대부분 상동기관이라고 생각했던 것 같다. 즉, 알 낳는 네발동물, 새끼 낳는 네발동물, 조류, 어류에서 적어도 심장, 위, 간, 쓸개가 조건 없이 같은 부분이라고 언급했다.

요컨대 소분류군—품종, 종—은 동일한 부분의 크기 및 모양의 다양성에 따라 구분되고, 대분류군—상위 분류군—은 체제와 유사체의 다양성에 따라 구분된다. 이를 좀 더 추상화하기 위해, 아리스토텔레스는 분류의 잣대에 맞춰 특징의 가중치를 조절한다. 이 논리는 여전히 현대 분류학의 기본이지만, 다양성의 밑바탕에 깔린 통일성에 대한 아리스토텔레스의 감각은 종종 예리하다. 그는 자신이 만든 용어인 '유사성'과 '정도'가 모호하다는 사실을 인식한다. 결국 정량적인 차이가 두드러질 때 정성적인 차이가 되는 것 아닐까? 예컨대 소의 골격을 정어리의 골격과 비교하면, 진짜 뼈와 '물고기 가시' 사이의 구분이 뚜렷해 지는 것 같

---

21 일견 사소해 보이지만, 여기에는 놀라운 차이가 있다. 사실상 이 때문에 두족류가 유혈동물에서 무혈동물로 소속을 이동한다.

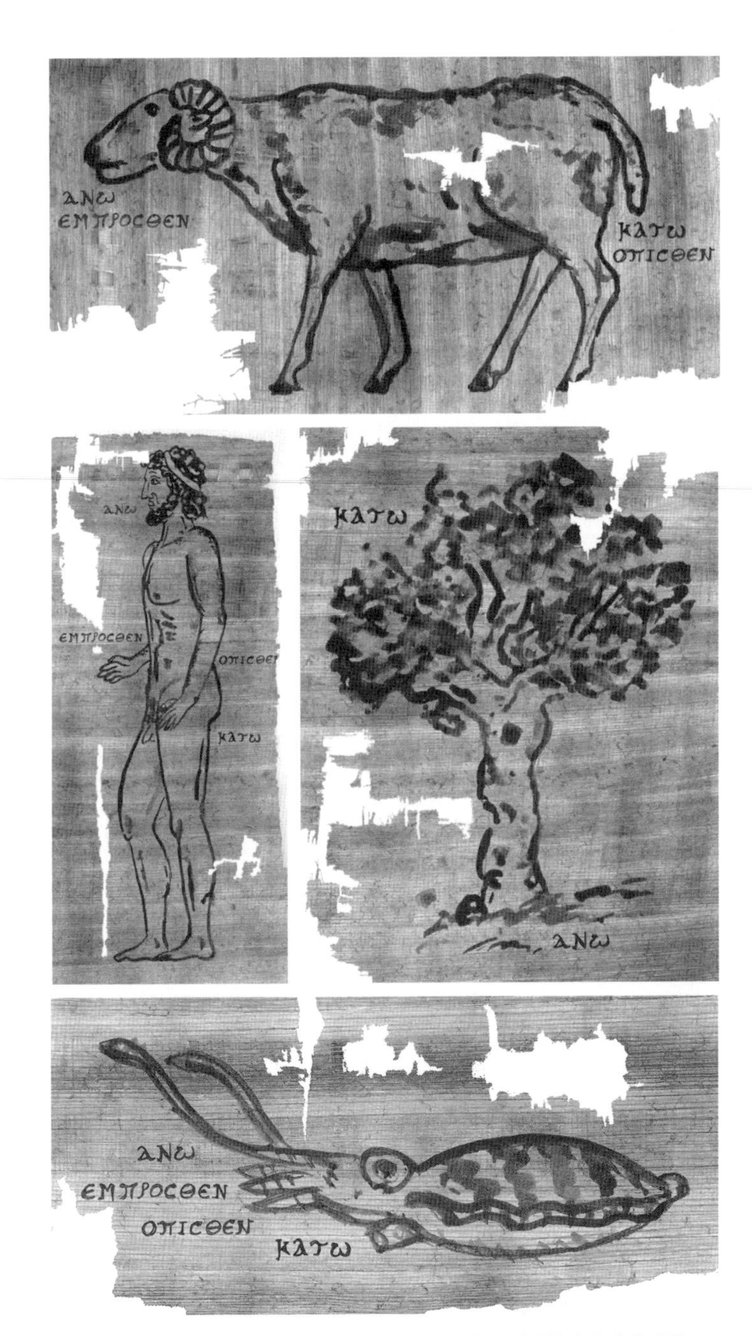

생물의 기하학적 형태. 『동물의 진보』 IV권의 내용에 기반하여 후세에 재현

다(적어도 아리스토텔레스에게는 그렇다). 이것이 바로 유사체(상사기관)다. 하지만 아리스토텔레스가 언급한 것처럼, 새와 뱀은 일반적으로 뼈를 지니고 있지만 작은 새와 뱀의 뼈는 물고기 가시와 더 닮았다. 아리스토텔레스는 이런 동물들에서 '작은 보폭으로 이행transition by small steps하는 자연'을 관찰한다. 아리스토텔레스는 자신이 내놓은 대분류군 사이의 경계가 명쾌하지 않고 서로 그늘을 드리운다는 사실을 인식한다. 뱀과 도마뱀을 언급하며, 아리스토텔레스는 '뱀은 도마뱀에 비견되는 부분을 지닌 종류다(단, 도마뱀의 몸을 늘이고 발을 자를 경우)'라고 말한다. 아리스토텔레스는 심지어 이들을 syngennis(친척)이라고 부른다. 그리고 물개는 물속에 살지만, 이들의 지느러미는 특이한 다리일 뿐이다. 아리스토텔레스는 물개를 가리켜 '불완전한' 또는 '절름발이' 네발동물이라고 말한다.

39

아리스토텔레스의 두 번째 방법론적 통찰은 생물 분류에서 가장 큰 난제 중 하나로, 골치 아픈 생물학적 경향(하나의 생물 속에 명백히 부조화된 특징들이 뒤섞임)에 대한 해결책이다. 자연의 위계는 깔끔하지 않으며, 사실은 엉망이다. 동물을 생식방법(난생 대 태생)에 따라 분류하면 두 그룹으로 나눌 수 있고, 부속지(다리 대 지느러미)에 따라 분류해도 두 그룹으로 나눌 수 있지만 둘은 완전히 다르다. 분류학자들이 말하듯이 데이터에는 모순이 있기 마련이고, 아리스토텔레스가 말하듯이 어떤 해결책도 같은 종류를 갈라놓을 위험성이 있다. 이것은 플라톤의 방법으로는 풀 수 없는 문제다. 플라톤의 분류에서는 각각의 특징이 차례로 검토되므로, 불가피하게 자의적인 결과가 나온다. 하지만 아리스토텔레스는 자연의 질서에 대한 감각이 훨씬 뛰어나다. 아리스토텔레스가 육상동물을 어떻게 나누는지 살펴보자.

> 날개가 없는 네발동물은 모두 혈액이 있지만, 태생은 털이 있고 난생은 비늘이 있으며 이것들은 모두 물고기의 비늘에 상응한다. 뱀은 혈액이 있는 동물에 속하고 땅에서 움직일 수 있지만, 발이 없고 각질 비늘이 있다. 뱀은 일반적으로 알을 낳지만 *ekhidna*(근동살무사)는 예외적으로 새끼를 낳는다. 태생동물이라고 다 털이 있는 것이 아니고 몇몇 어류 역시 새끼를 낳는다.

부조화된 특징들을 지닌 동물들을 분류하는 요령은, 몇 가지 특징들—덮개(털 대 비늘), 생식(태생 대 난생), 발(넷 대 없음)—을 동시에 고려하여 조합을 만드는 것이다. 각각 두 가지 상태인 세 가지 특징에서 가능한 여덟 가지(2^3) 조합이 나온다. 각 조합은 이론적으로 가능한 동물 종류를 의미하지만, 실제로는 네 가지만 존재한다.

(1) 털이 있고 새끼를 낳는 네발동물
(2) 비늘이 있고 알을 낳는 네발동물
(3) 비늘이 있고 알을 낳는 무족동물apod
(4) 비늘이 있고 새끼를 낳는 무족동물

대분류로 말하면, 앞의 셋은 각각 포유류(*zōiotoka tetrapoda*), 양서파충류(*ōiotoka tetrapoda*), 뱀(*opheis*)이다. 네 번째 조합은 예외적인 살무사로, 새끼를 낳는다는 점만 빼면 모든 면에서 뱀에 속한다. 그렇다면 이 살무사를 어떻게 분류해야 할까? 플라톤식 분류학자는 '비늘이 있고 새끼를 낳는 무족동물'로 정의하여 나머지 뱀들과 갈라놓을 것이다. 아리스토텔레스는 좀 더 교묘하다. 그에게 하나의 종류란 비슷한 동물들의 집단을 의미하지만 경계가 흐릿하다.[22] 매우 분별력 있는 아리스토텔레스에게, 살무사가 아무리 태생이라도 뱀인 것은 명백한 사실이다. 이런 실용성이 바로 아리스토텔레스다운 것이다. 그는 늘 '대체로' 진실인 것들에 대해 얘기하는데, 마치 생물계가 예외로 가득 차 있어서 주목은 하되 너무 심각하게 받아들여서는 안 된다고 충고하는 것 같다.

가벼운 이야기처럼 들리지만, 사실 분류를 위한 플라톤의 접근법과 아리스토텔레스의 접근법은 세계를 나누는 두 가지 아주 다른 접근법을 대표한다. '단일원칙monothetic' 분류법에서, 한 특징의 존재(예를 들어 태생)는 그 대상이 한 집단(태생동물)에 포함되는지 여부의 필요충분조건이다.[23] '다중원칙polythetic' 분류법에서, 집단은 모든 특징의 중심경향central tendency에 따라 규

---

22 여기서, 나는 종류들의 경계가 겹친다는 뜻으로 이야기하는 것이 아니다. 아리스토텔레스의 생각에, 한 동물이 '동일한 위계수준의 두 종류'에 동시에 속할 수는 없다. 즉, 살무사는 (타당해 보이지 않지만) '비늘이 있고 다리가 없는 태생 네발동물'이거나 '태생인 뱀'이거나 '완전히 다른 무엇'일 수는 있지만, 태생 네발동물이면서 뱀일 수는 없다는 것이다.

23 다중원칙 분류군으로 귀결된다는 점에서, 아리스토텔레스의 과정은 1970년대에 개발된 표형적 분류법phonetic classification과 비슷한 면이 있다. 하지만 표형론자들은 전통적으로 전반적인 유사함overall similarity(모든 평가 가능한 특징assayable character들의 가중치가 동일함)을 고집하는데, 이는 아리스토텔레스와 다른 점이다.

정되며 단일특징의 존재 여부는 집단 구성원이 되는지 여부의 필요충분조건이 아니다. *genē*을 기술할 때, 아리스토텔레스는 함축적으로 확률론적인 자세를 견지하며 특징을 분석한다. 이 일을 하는 데 컴퓨터는 필요하지 않다. 분류를 할 때, 사람은 자연스럽게 많은 특징들을 챙기면서 그것들 사이에서 관련성을 찾는다. 바로 이런 정신으로, 아리스토텔레스는 대부분의 사람들이 쓰는 *genê*(조류, 어류)에서—적어도 납득할 만할 때—분류를 시작해야 한다고 말한다.

아리스토텔레스의 동물우화집에서 골치 아픈 동물은 살무사뿐만이 아니다. 타조, 유인원, 박쥐, 물개, 돌고래 역시 분류하기가 어렵다. 이런 동물들 중 대부분은 분기divergence를 암시하는 특징을 지니고 있다. 문제의 기원은, 우리에게는 분명하지만 아리스토텔레스에게는 모호했던 진화사의 변덕vagary of evolutionary history이다. 서로 가까운 종들은 많은 특징을 공유하는 경향이 있는데, 하나의 공통조상에서 유래했기 때문이다. 그러나 서로 먼 종들도 특징을 공유할 수 있는데, 바로 수렴진화convergent evolution 때문이다. 조류와 박쥐는 둘 다 날개를 지니고 있지만, 그렇다고 해서 둘이 친척이라고 할 수는 없다. 동물은 오래된 특징과 파생된 특징의 헷갈리는 모자이크일 수도 있다. 알을 낳고 털이 있고 젖을 분비하고 오리부리가 있는 오리너구리를 보라. 분류학의 역사는 이런 혼란에 대한 해결책을 찾는 과정이었다고 해도 과언이 아니다. 원인(수렴진화)을 이해하지는 못했겠지만, 아리스토텔레스는 결과를 유심히 관찰하고 기술했다. 그는 두 방향을 가리키는 몸을 가진 동물에 대해 *epamphoterizein*(이원적)이라는 단어를 사용했다.

살무사에게 그랬던 것처럼, 아리스토텔레스는 기존 대분류 체계의 경계를 흐릿하게 함으로써 몇몇 이원적 동물들을 분류했다. *strouthos Libykos*(타조, 문자 그대로 번역하면 '리비아 참새')는 모든 점을 감안할 때 새라고 볼 수 있다. 그는 바바리원숭이에 내포된 사실을 외면한다. 이 동물에 대해 사람의 특징(얼굴, 치아, 속눈썹, 팔, 손, 가슴, 암컷 생식기, 꼬리 없음)과 네발동물의 특징(털, 엉덩이, 일반적인 신체 비율, 수컷 생식기)과 고유한 특징(손을 닮은 발)을 열거하지만, 자신의 분류체계에서 어디에 소속되는지는 말하지 않는다. 하지만 돌고래에 대해서는 단호하게 과감한 결정을 내린다.

40

전쟁으로 얼룩진 그리스 통치자의 역사를 논하던 중, 헤로도토스는 느닷없이 레스보스 출신의 음악가 아리온Arion 이야기를 꺼낸다. 아리온 음악의 아름다움은 최고라고 헤로도토스는 말한다. 아리온은 디티람보스Dithyrambos를 작곡했는데, 한마디로 디오니소스에 대한 활기찬 찬가다. 아리온은 코린트에서 오래 살았다. 때는 기원전 7세기 중반에서 후반에 이르는 시기로, 독재자 페리안드로스의 재위기간과 겹친다. 그 뒤 아리온은 시칠리아로 이주했고, 하프를 연주해 큰 돈을 벌었다. 하지만 바위투성이의 코린트를 못 잊어 하다, 아풀리아의 타렌툼에서 배와 선원을 사서 되돌아갔다. 선원들은 코린트인들이어서 다들 마음에 들었지만, 이탈리아가 눈에 보이지 않게 되자 돈을 노리고 아리온을 바다에 내던지려 했다. '서두를 것 없소!' 아리온이 말했다. '당신들을 위해 노래 한 곡조 부르게 해 주시오.' '그러든지.' 선원이 말했다. 그래서 아리온은 옷을 차려입고 하프를 뜯으며 노래를 부른 뒤, 배 측면에서 몸을 던졌다. 그러자 친절한 돌고래 한 마리가 그를 구조해 행선지를 묻고는, 등에 태워 코린트로 데려다 줬다. 물론 현장에 있던 사람들 중 어느 누구도 돌고래와 아리온의 대화를 믿지 않았지만, 코린트에 도착했을 때 살아 있는 아리온을 보고 충격을 받아 죄를 인정했다. 타이나룸의 한 성지shrine에 가면 돌고래 등에 올라탄 남자 형상의 작은 청동상을 볼 수 있다고 헤로도토스는 마무리한다.

헤로도토스의 전쟁사에서 아리온이 타렌툼(오늘날의 타란토)을 경유하여 이탈리아를 떠난 것은 우연의 일치가 아니다. 도시의 건립 신화와 이곳에서 찍어낸 동전을 보면, 돌고래의 등에 올라탄 젊은이가 나오기 때문이다. 파우사니아스[24], 아일리아노스Aelianus, 플리니우스, 오피아노스Oppianus, 오비드, 이 밖에도 수십 명의 고대 작가들은 돌고래를 탄 사람의 신원을 놓고 갑론을박을 벌이지만, 신화의 설득력 있는 핵심plausible core을 간파하여 다음과 같이 말한 사람은 아리스토텔레스밖에 없다. '해양동물에 관하여: 많은 증거가 돌고래의 온순함과 친절함, 타라스와 카리아 등의 지역에서 소년들이 받은 크나큰 사랑을 입증한다.' 우리가 소아성애paedophilia의 느낌을 받는다면, 그리스인들도 이런 느낌을 받았을 것이다. 아리스토텔레스는 뒤이어 돌고래들이 어린 소년을 어떻게 보호했는지에 대해 이야기하지만, 그의 주된 관심사는 돌고래의 해부학적 구조다.

24 파우사니아스(Pausanias). 2세기 그리스의 여행가이자 지리학자. - 역주

아리스토텔레스는 돌고래가 아주 재빠르게 유영하는 동물이며 게걸스러운 사냥꾼이라고 말한다. 또한 짝짓기를 해서 한두 마리의 새끼를 낳고, 새끼는 어미의 배에 있는 틈slit에서 젖을 빨아먹는다고 말한다. 돌고래의 배 부근에 내부고환internal testicle이 있고 쓸개는 없다. 그리고 제대로 된 뼈가 있다. 돌고래는 공기호흡을 하고 기관windpipe과 폐가 있으며 물을 내뿜는 분수공blowhole이 있다.

사냥을 할 때 녀석들은 얼마나 오래 머무를 수 있는지 계산하여 깊이 들어간 뒤, 화살처럼 물 표면으로 돌진해 공기 중으로 솟구쳐 오르는데 때로는 배의 돛대를 뛰어넘는다. 이럴 때 녀석들은 마치 해수면을 향해 급강하하는 다이빙선수 같다. 바닷속에 쳐 놓은 그물에 걸리면 익사하지만, 육지에서는 반대로 꽤 오랫동안 살아남는다. 바다에서 꺼내면 끙끙대지만, 혀를 놀리지 못하며 입술도 없기 때문에 또렷이 발음할 수 없다. 잠자는 돌고래는 심지어 코를 곤다(그렇다는 얘기가 있다). 돌고래는 암수가 짝을 이뤄 최대 30년 동안 함께 산다. 이런 사실은 어부들이 사로잡은 돌고래 꼬리에 표시를 하고 놓아준 뒤 다시 잡은 연구—아마도 사상 최초인 듯하다—에서 밝혀진 것이다. 때로 돌고래들은 분명한 이유는 모르겠지만 육지로 밀려와 오도가도 못 한다.

아리스토텔레스의 설명은 대부분 맞다. 돌고래의 코골이는 의심스럽지만, 녀석들이 잠을 잘 때 소리를 내는 것은 분명하므로 넘어가기로 하자. 몇몇 학자들은 아리스토텔레스가 틀림없이 돌고래를 해부해 봤을 것이라고 생각한다. 난 이렇게 생각하지 않는데, 아리스토텔레스가 심각한 오류도 저질렀기 때문이다. 그가 두 번이나 말하기를, 돌고래의 입은 상어처럼 머리 아랫부분에 달려 있다고 했다.[25] 이것은 돌고래를 가까이에서 본 적이 없는 사람만이 할 수 있는 실수다. (플리니우스는 아리스토텔레스의 오류를 부풀려 돌고래의 입이 배에 달렸다고 말하는데, 그리스인들이 종종 틀리는 곳에서 로마인들은 이처럼 어처구니없는 소리를 한다.)[26] 아리스토텔레스는 또한 분수공이 입과 연결되어 있다고 생각하고, 먹이를 먹을 때 들어온 물을 분수공으로 내보낸다고 말했지만 다 틀렸다. 아리스토텔레스는 해변에서 돌고래를 해체한 적이 있는 어부에게서 해부학적 구조에 대한 얘기를 들었음에 틀림없다. 그리스인들은 돌고래를 신성한 동물로 귀하게 여긴다고들 한다. 돌고래를 사랑했던 오피아노스는 돌고래 사냥이 비도덕적이라며 살인만큼이나 역겨워했고, 그린피스 활동가들이 자랑스러워할 용어로 짐승 같은 트라키아인들이 돌고래에게 어떻게 작살을 던졌는지 기술했다. 하지만 아리스토텔레스가 또 다른 사냥 기술을 언급하는 것으로 보아, 돌고래 사냥이 분명 널리 행해진 것으로 보인다. 즉 몰래 그물을 친 뒤, 돌고래가 주변을 돌 때 큰 소리를 내어 놀라게 해 사로잡는다는 것이다. 어조로 판단하건대 비난의 의도는 없어 보인다. 아리스토텔레스는 돌고래들이 귀가 없음에도 명백히 소리를 들을 수 있다는 사실에만 관심이 있을 뿐이다.

해부를 직접 했든 하지 않았든, 아리스토텔레스는 돌고래의 해부학적 구조에 대한 지식을 잘 활용했다. 비록 많은 점에서 물고기와 같지만, 아리스토텔레스는 돌고래의 신음과 코골이, 폐와

25 15장 코스모스에서 #101의 뒷부분에 나오는 사진을 참고하라. – 역주

26 오류는 대중적인 도상학iconography에 기반하는데, 타렌툼의 동전에 새겨진 돌고래의 모습을 보면 입이 머리 아랫부분에 달려 있다. 하지만 플리니우스가 아리스토텔레스의 말이라며 분수공의 기능을 설명한 것은 옳았다.

뼈, 내부고환과 출산과 수유가 전형적인 네발동물의 특징임을 파악했다. 한편 돌고래는 분수공이라는 고유한 특징이 있다. 아리스토텔레스는 『동물의 부분들에 관하여』에서 돌고래를 놓고 망설이는 것처럼 보이지만, 『동물 탐구』에서는 쇠돌고래, 고래와 함께 새로운 대분류인 *kētōdeis*에 배정한다. 고래목Cetacea은 여기에서 비롯되었다. 아리스토텔레스는 아마도 몇몇 종류의 동물들이 이런 독특한 특징들의 조합combination of features을 공유한다는 사실에 기반하여 새로운 분류군을 만들었을 것이다. 아리스토텔레스는 분류학에서 실용주의자다. 그는 고래류를 포유류로 분류하지 않았는데, '포유동물'은 그가 이해하지 못한 개념이었기 때문이다. 그에게 고래류는 유혈동물에서 대분류의 하나로, 조류, 어류, 태생 네발동물과 동등한 지위다. 그의 사후 2,000년 동안 돌고래를 그저 '물고기'라고 부른 후대의 학자들을 생각해보라. 아리스토텔레스는 그들보다 훨씬 더 훌륭한 동물학자였다.

난 칼로니에서 돌고래를 보지는 못했지만, 듣자 하니 때때로 이곳에 나타난다고 한다. 한 어부가 내게 말하기를, 2011년 여름에 큰돌고래bottlenose 무리가 사냥을 하러 라군에 들어왔다고 한다. 확실하지는 않지만 몇몇 어부들이—물론 그 어부는 아니고—돌고래들을 그물로 잡아 죽였다고 한다. 그의 설명에 의하면, 젊은 돌고래들이 개당 3,000유로나 하는 그물을 망가뜨리는 바람에 50마리 중에서 세 마리가 탈출했다고 한다.

41

나는 동물을 분류하는 데 성공한 아리스토텔레스를 찬양하면서 중요한 문제를 빼먹었는데, 바로 아리스토텔레스의 프로젝트가 본질적으로 분류학이었는지 여부다. 18세기와 19세기의 동물학자들은 그렇다고 생각했지만, 우리는 이것을 곧이곧대로 들어서는 안 된다. 이들은 탁월한 전임자를 찾으려 애쓰고 있었는데, 아리스토텔레스가 정말 이런 인물이었는지에 대해 의심할만한 이유가 있다.

퀴비에와 달리, 아리스토텔레스는 모든 동물이 자리를 차지하는 일관되고 포괄적인 분류체계 비슷한 것을 만든 적이 없다. 더욱이 설사 자연의 위계를 인지했더라도, 그는 각 단계들에 이름을 붙이지 않았다. 품종Race에서부터 계Kingdom까지 종류(*genos*) 하나면 충분했다. 또, 한 종류를 다른 것과 어떻게 구분하는지에 대해 언급한 적이 없고 이름에 대해서는 끔찍하리만큼 무심했다. 아리스토텔레스의 시절에 소금에 절인 정어리*Sardina pilchdus*와 작은 청어*Sprattus sprattus*는 에게해의 주식主食이었는데, 그는 '정어리류'와 '청어류' 어느 쪽도 언급하지 않는다. 그 대신 *membras, khalkis, trikhis, trikhias, thritta*를 언급했는데, 모두 청어과 물고기로 보이지만 어떤 것이 sprat(작은 청어), sardine(정어리류), shad(청어류), pilchard(정어리류)인지—영어 이름도 불충분하기는 마찬가지다—분간하기 어려운데, 정체성에 대한 단서를 거의 제공하지 않기 때문이다. 아리스토텔레스의 대분류는 부실하기 짝이 없다. 그는 뱀과 도마뱀이 어쨌든 친척이라고 봤지만, 둘을 포괄하는 이름을 부여하려고 고민하지는 않았다. 그는 박쥐가 새인지 네발동물인지 아니면 다른 무엇인지 언급하는 것을 잊어버렸다. 그는 종류를 유용한 방식으로 정의할 수 있는 진단적인 특징diagnostic feature을 부여한 적이 없다. 즉 '어류는 아가미 + 비늘 + 지느러미… 가 있는 동물'이라고 말한 적이 없고, 그 대신 (마치 모든 사람들이 이것이 뭔지 알고 있다고 전제하듯이) '어류는 하나의 종류다'라고만 말했다. 이름과 정의가 수록된 엄격한 목록과 표로 이루어진 『자연의 체계』(칼 린네)와 묘사적인 이야기로 점철된 『동물 탐구』를 비교해 보면, 둘 사이의 과학적 관점이 달라도 너무 다르다는 생각이 들 것이다.

아리스토텔레스는 다른 목적을 위해 필요할 때만 이름을 붙이고 분류를 한 것 같다. 심지어 그렇다고 시인하기도 했다. 즉 우리가 동물을 기술할 때 예를 들어 참새나 두루미를 개별적으로 이야기할 수 있지만, '두 가지 동물 사이에 공통적이 너무 많다 보니 동일한 속성에 대해 중언부언하기 십상이어서, 각각을 따로 얘기하는 것은 뭔가 어리석고 지루한 일이다.' 따라서 이럴 바에야 차라리 (많은 특성을 공유하는 동물들로 구성된) 더 큰 그룹에 대해 이야기하는 것이 훨씬 간편하다.

하지만 만일 아리스토텔레스의 기술적 생물학이 플리니우스의 자연사도 아니고 린네의 분류학도 아니라면, 정확히 무엇에 관한 것일까? 힌트는 『동물 탐구』 자체의 구조에 있다. 책의 첫머리에서, 아리스토텔레스는 자신의 데이터를 질서의 닮음꼴some resemblance of order로 환원하는 방법을 고민한다. 그가 직면한 문제는 동물학자라면 누구나 마주치는 문제다. 분류군(예를 들어 파충류, 어류, 조류)에 따라 배열해야 할까, 아니면 특징(예를 들어 생식계, 소화계, 행동, 생태)에 따라 배열해야 할까? 아리스토텔레스의 해결책은 현명하게도 타협하는 것이다. '동물들은 생활방식, 습성, 신체부위가 서로 다르다. 우리는 이러한 차이들을 고려하며 먼저 폭넓고 일반적인 용어로 이야기한 다음, 각각의 특정한 종류에 대한 내용을 자세히 다루어야 한다.'

아리스토텔레스는 일반적인 개요에서부터 시작하여, 자신의 모형인 인간에 특별한 주의를 기울인다. 그러고 나서 유혈동물의 중요한 해부학적 구조—팔다리, 피부, 이차 성징, 소화계, 호흡계, 배설계—를 다룬다. 뒤이어 무혈동물을 체계적으로 고려하고 나서 유혈동물로 돌아가 이들의 감각계, 발성, 잠 자는 방식을 살펴본다. 이어지는 두 권에서는 생식기관과 행동을 다루는데 역시 유혈동물-무혈동물의 순서이고, 습성과 서식지에 대한 책이 한 권 있고 행동에 대한 책이 한 권 있으며, 끝으로 인간의 생식에 대한 책이 한 권 있다. 총 10권짜리 『동물 탐구』에서 마지막에 이르면, 아리스토텔레스가 사상 최초로 비교동물학comparative zoology을 구축했다는 사실이 명확해진다.

아리스토텔레스는 동물의 발을 보며, 어떻게 유혈 태생 네발동물(포유류)의 일부(사람, 사자, 개, 표범)는 여러 개의 발가락을 가졌고 다른 종류(양, 염소, 사슴, 돼지)는 발톱 대신 두 갈래로 나뉜 발굽bifulcate feet을 가졌고 또 다른 종류(말)는 단 하나의 발굽hoof을 가졌는지를 묘사한다. 다른 곳에서, 그는 어류의 장腸을 분석한다. 많은 물고기들은 평범한 위胃와 장 대신 유문수pyloric caecae가 있는데, 영양분을 흡수하는 장의 표면적을 늘리기 위한 부속기관이다. 아리스토텔레스는 물고기에 따라 유문수의 개수와 위치가 각각 어떻게 다른지 기술한다. 그리고 다른 곳에서 후각의 분포 등을 숙고한다. 이 모두는 퀴비에의 『독*Poissons*』과 같은 위대한 분류학 문헌의 선구까지는 아니더라도, 동물이 여러 부분으로 잘린 채 나오는 퀴비에의 『비교해부학』이나 오언의 『척추동물학』(1866)의 선구로 여겨질 만한 자격이 충분하다. 네발동물의 발이나 어류의 소화관을 설명하는 아리스토텔레스의 설명을 읽으면, 오언의 책에서 해당하는 부분을 찾아 도판圖版과 대조해 보는 호사를 누릴 수 있다. 그는 새의 부리와 발에 대해서도 다루고 있는데, 이 부분을 읽으면 런던 자연사박물관 조류 전시관에서 동물의 신체부위가 진열된 캐비닛을 들여다보는 느낌이 든다.

하지만 아리스토텔레스의 목적을 이해하기는 쉽지 않다. 현존하는 그의 모든 저술들처럼, 『동물 탐구』도 구조가 허술하거나 겹치거나 일관성이 없거나 번짓수가 틀리거나 가까스로 이해할 수 있는 데이터가 많다. 독자는 편집하고 싶어서 몸이 근질근질할 것이다. 이것은 결코 잘 만든 책이 아니며, 어느 부분에나 유동적인 항목이 꼭 하나씩 있다. 아리스토텔레스는 새로운 정보가 입수될 때마다 첨가하거나, 다른 사람들의 이론을 참고하여 고치면서 책을 조금씩 완성해 나간 듯하다. 누구의 이론이 반영되었고 어느 정도 되는지 말하기는 어렵지만, 아무튼 어수선하다.

설사 그렇더라도 현대 학자들은 아리스토텔레스가 명백한 목적을 품고 『동물 탐구』를 집필했다는 점에 대체로 동의한다. 아리스토텔레스는 무질서의 와중에서 데이터 분석을 위한 장場을 제공한다. 그는 항상 패턴을 찾는데, 우리가 흔히 생각하는 패턴이 아니라 아주 미묘한 패턴이다. 그는 신체부위들이 어떻게 변화vary하는지에만 관심이 있는 것이 아니라, 이것들이 어떻게 공변화covary하는지에도 관심이 있다. 복잡하기로 유명한 반추동물의 위—네 개의 방으로 이루어진 위four-chambered stomach—를 아리스토텔레스가 어떻게 설명하는지 살펴보자(이해를 돕기 위해 현대 용어를 덧붙였다).

> 새끼를 낳고 뿔이 있는 네발동물로 위턱과 아래턱의 치아 개수가 다른 종류(반추동물이라고도 부른다)의 위에는 방이 네 개 있다. *Stomachos*[식도]는 입에서 시작하여 폐를 지나 아래로 내려가 횡격막에서 *megalê koilia*[혹위rumen]로 간다. 혹위 안쪽 면은 거칠고 분할되어 있다. 그리고 식도의 입구 근처에서 혹위에 붙어 있는 것이 *kekryphalos*[벌집위reticulum]인데, 바깥쪽은 위처럼 보이지만 안쪽은 뜨개질한 모자처럼 생겼다. 벌집위는 위보다 훨씬 작다. 여기에 연결된 *echinos*[중판위omasum]는 안쪽이 거칠고 층이 져 있고 크기는 벌집위와 비슷하다. 그 다음에 *enystron*[주름위abomasum]라는 것이 있는데, 중판위보다 크고 모양이 더 길쭉하다. 내부에는 커다랗게 접혀 있는 부분이 많고 매끄럽다. 주름위 바로 다음에는 소장이 있다.

기술記述은 상세하고 정확하지만, 우리의 진짜 관심사는 아리스토텔레스가 어떤 과정을 거쳐 이처럼 이상한 위를 뿔이 있고 두 턱의 치아 개수가 다른(많은 반추동물의 위턱에는 앞니와 송곳니가 없다고 아리스토텔레스는 생각하고 있다) 태생 네발동물의 속성으로 제시하게 되었냐는 것이다. 아리스토텔레스는 이런 연관성에 기반하여 대분류를 구상하지만, 그가 추구하는 것은 연관성 자체다. 우리는 아리스토텔레스의 데이터를 종합하여 데이터 매트릭스로 만들 수 있는데, 여기에는 여섯 가지 특징(치아 개수, 위 유형, 발 유형 등)과 열두 가지 동물 종류(소, 염소, 양, 사슴, 낙타, 돼지, 말,

노새, 코끼리, 사자, 개, 인간)가 포함된다.[27] 이 매트릭스를 살펴보면, 다양한 특징들이 어떻게 함께 어우러지는지를 (불완전하게나마) 일목요연하게 알 수 있을 것이다. 아리스토텔레스는 이런 표를 만든 적이 없으며, 모든 것을 수고스럽게 단어로 설명했다. 하지만 『동물 탐구』의 속편인 『동물의 부분들에 관하여』를 읽어 보면, 그가 이런 뭔가를 염두에 두고 있었다는 것이 명백해진다. 아리스토텔레스는 이 책에서 변이variation와 공변이covariance의 패턴을 요약하며, 이런 것이 존재하는 이유를 발견하고 설명한다. 그는 데이터를 종합하여 하나의 거대한 인과관계 그물causal web을 짰는데 목적은 단 하나, 생명체의 진정한 본성을 발견하는 것이다.

27 완전한 매트릭스는 부록 1을 참조하라.

도구

붉은사슴(*Cervus elephas*)

크고 잘 발달된 뿔을 가진 반추동물이며 염소나 소와 같이 발굽마다 짝수의 발가락이 있다. 유럽의 붉은사슴은 아시아 및 북미의 붉은사슴에 비해 상대적으로 긴 꼬리를 가지고 있다. 붉은사슴의 다양한 아종 사이에는 미묘한 외관 차이(주로 크기와 뿔)가 있다.

42

모든 과학자들은 무엇이 '좋은 과학'을 만드는가에 대한 개념을 지니고 있다. 이것은 어떤 인과론적 주장이 옳고 어떤 것이 그른지에 대한 감각으로, 확고하지만 표현하기는 어렵다. 물론 과학자들이 어떤 주장의 타당함에 대해 반드시 동의해야 하는 것은 아니다. 만일 당신이 원고를 면밀히 살펴본 뒤 기대에 부풀어 '네이처'나 '사이언스'에 제출하면(이 학술지들의 문 앞에 서면 늘 희망이 샘솟기 마련이다), 동료 심사자들의 타당한 인과론적 주장sound causal claim에 대한 관념이 당신과 많이 다르다는 것을 종종 발견하고 상당히 혼란스러울 것이다.

아리스토텔레스 역시 관찰에서 인과론적 지식을 확보하는 문제에 직면했지만, 혼자서 직면했다. 그의 뒤에는 자연세계의 인과관계에 대한 사변적 이론들이 줄지어 있었고, 그의 눈앞에는 세계 자체가 펼쳐져 있었다. 그 이전에는 누구도 깨닫지 못했지만, 아리스토텔레스는 양자兩者를 연결하는 방법이 필요함을 인식했다. 목 마른 사람이 우물 파는 심정으로, 아리스토텔레스는 이 방법을 스스로 개발했다.

아리스토텔레스는 『동물 탐구』 I권에서 이 문제에 대해 언급한다. '우리는 먼저 동물의 상이한 특징에 대한 사실들을 수집해야 하고, 다음으로 그 원인을 알아내야 한다.' 그리고는 이렇게 덧붙인다. '매사를 이런 순서로 처리하면, 우리가 증명하고자 하는 것의 주제와 목표가 명확해진다.' 이것은 다소 진부한 모두冒頭 발언처럼 보인다. 하지만 그렇지 않다. 아리스토텔레스가 말하는 '증명'이란 복잡미묘한 지적 구조를 뜻하는데, 그 기초는 형이상학적 기반암에 깊이 박혀 있고 그 기둥은 엄격한 형식논리학으로 구성되어 있기 때문이다. 이것은 그 자신의 과학적 방법을 의미한다.

43

오르가논(*organon*)은 '도구'나 '기구'를 뜻한다.[1] 아리스토텔레스는 여섯 권짜리 저술의 제목에 이 단어를 사용했다. 책이란 지식을 생산하는 도구이므로 적절한 선택이다. 이 책들 중 하나인 『분석론 후서』에는 그의 과학적 방법론이 담겨 있다.

아리스토텔레스는 의견을 토론하는 법칙과 과학적 설명을 만드는 법칙을 구분한다. 그는 전자를 '변증법dialectic'이라고 불렀고 후자를 '증명demonstration'(그리스어로 *apodeixis*)이라고 불렀다. 아리스토텔레스가 말하는 '증명'의 의미는, 현대 과학자가 '우리는 A가 B의 원인임을 보였다'—다시 말해서, A의 존재가 B에 대한 필요충분조건임을 보였다—고 말할 때의 의미와 정확히 일치한다. 아리스토텔레스는 과학적 증명의 힘을 높이 평가하여, 입증이 진리를 제시한다고 생각했다. 증명이 논리연산logical op-

1 영어에는 일반적인 용례가 흔적만 남았지만, 그리스어에는 살아 있다. 그리스 군사정권 시절 경찰은 오르가논으로 불렸는데, 그 이유는 권력의 도구였기 때문이다.

eration의 결과물이기 때문이다. 그는 추론적 논리inferential logic에 대한 이론을 발명했는데, 이것이 그 유명한 아리스토텔레스의 삼단논법syllogistic이다. 비록 불완전하고 부분적으로 틀렸음에도, 삼단논법은 아리스토텔레스의 가장 위대한 과학기술적 성과로서 향후 1,000년 동안 학계를 지배했다. 아리스토텔레스의 삼단논법은 기존의 확립된 전제premise에서 새로운 결론을 연역하는 것을 목적으로 하는데, 전제란 주어와 서술어로 이루어진 명제proposition를 말한다. 예를 들면 '모든 문어는[주어] 발이 여덟 개다[서술어]'라는 진술statement을 분석하기 위해, 아리스토텔레스는 항項을 문자로 치환하는 형식주의formalism를 발명했다. 예를 들면 '모든 A는 B다.' 이 형식주의 덕분에 아리스토텔레스는 주어진 형태의 모든 명제를 일반적으로 말할 수 있었고, 이를 조작하여 많은 결과를 도출할 수 있었다.

아리스토텔레스의 과학적 증명은 삼단논법에 기반한다. 그러나 삼단논법이 증명으로 인정받으려면 특정한 조건들을 충족해야만 한다. 첫째, 삼단논법의 전제들은 명백히 참true이어야 한다. 둘째, 삼단논법의 전제들은 결론보다 더 즉각적이고 경험적으로 더 명백해야 한다(기하학과 별개로, 적어도 자연과학에서 그렇다). 셋째, 삼단논법은 특별한 것보다 보편적인 것을 다뤄야 한다. 사실, 아리스토텔레스는 개별적인 것에 대한 과학지식을 얻는 것이 불가능하다고 생각한다. 예컨대 '이 문어'는 다리가 여덟 개라고 말하는 것은 아무짝에도 소용이 없다. 일단 모든 문어—또는 적어도 모든 정상적인 문어—의 다리가 여덟 개라는 사실이 확립되어야만 과학지식이 시작될 수 있다. 마지막으로, 보편적이고 확고하고 실제적인 명제만이 증명의 기초를 이룰 수 있다. '모든

A는 B다; 모든 B는 C다; 따라서 모든 A는 C다.' 논리학자들은 이런 삼단논법을 일컬어 '바르바라Barbara' 형식이라고 한다.

이런 논리구조는 현대 과학적 방법과는 동떨어져 보이고, 어느 면에서 정말 그렇다. 하지만 삼단논법에 입각해 과학지식을 구축한 아리스토텔레스의 추론은, 내가 보기에 현대 과학자들에게도 익숙한 방식이다. 『동물 탐구』는 자연사나 분류학과 거리가 멀지만, 동물들이 지닌 형질들 사이의 연관성을 찾는 작업—말하자면 저인망식 데이터 수집—이라는 것이 내 생각이다. 그의 삼단논법은 그런 연관성을 확보하는—진리임을 보이는—강력한 방법을 제공한다. 즉 확실한 연관성은 인과론적 설명이 있어야 하는데, 이를 확인하는 것이 바로 삼단논법이다.

이 전략을 설명하기 위해 현대생물학의 매력적인 사례를 하나 소개한다. 북유럽과 북아메리카의 만灣과 강어귀에는 큰가시고기(학명: *Gasterosteus aculeatus*)라는 물고기가 살고 있다. 이 학명을 직역하면 '가시 돋친 뼈 같은 위胃'인데, 복부에 가시 달린 요대pelvic girdle가 있다는 점을 감안하면 적절한 이름이라고 할 수 있다. 큰가시고기는 보통 바다에 살지만, 이 다재다능한 물고기는 지난 1만 년 동안 여러 차례 담수호를 침범했다. 그리고는 신속한 진화를 통해 요대와 가시를 버렸다. 최근 발표된 몇몇 뛰어난 연구에 따르면, 호수에 사는 큰가시고기의 *Pitx1*이라는 유전자의 인핸서[2]에 변이가 생겼는데, 바다에 사는 친척들에게서는 볼 수 없는 변이라고 한다. 만일 이 사실을 알았다면 아리스토텔레스는 분명 이런 사실들 사이의 연관성에 대해 궁금해 했겠지

2 인핸서(enhancer). 인접한 유전자의 전사를 촉진하는 DNA상의 조절영역. - 역주

만, 연구에 착수하기 전에 연관성의 존재를 삼단논법으로 증명했을 것이다.

> 호수의 모든 큰가시고기는 요대 가시가 없다.
> 요대 가시가 없는 모든 큰가시고기는 *Pitx1* 변이가 있다.
> 따라서 호수의 모든 큰가시고기는 *Pitx1* 변이가 있다.

이 삼단논법의 진리는 큰가시고기에 관한 진술들의 몇몇 서술어—호수에 산다, 요대 가시가 없다, *Pitx1* 변이가 있다—사이의 관련성을 보증한다. 논증적 삼단논법은 논리적 관련성만을 함축하는 것이 아니라 인과적인 것도 함축할 수 있는데, 이는 '정의definition'로 표현될 수 있다. 우리는 보통 '정의'를 한 단어로 기술하는 것으로 생각한다. 이를 명목적 정의nominal definition라고 하는데,[3] '호수의 큰가시고기는 요대 가시가 없는 물고기를 말한다'가 그런 예다. 하지만 아리스토텔레스는 삼단논법의 두 번째 명제에 나오는 '*Pitx1* 변이'를 인과적 연결고리causal link로 이용하여, 다음과 같은 종류의 정의를 제시할 것이다. '호수의 큰가시고기는 요대 가시가 없는 물고기를 말하는데, 이렇게 된 이유는 *Pitx1* 변이가 있기 때문이다.' 아리스토텔레스는 이것을 증명이라고 말할 텐데, 이것이 바로 과학이다. 이런 정의가 로고스(*logos*)이며, 아리스토텔레스가 연구하는 것들의 '정수essence' 또

3 '정의하려는 낱말'을 그것과 바꾸어 사용할 수 있는 '보다 익숙한 낱말'을 제시함으로써 이루어지는 정의. 이해하기 쉬운 다른 말로 바꾸는 데 불과한 정의이기 때문에 어학적인 의의만을 지니며, 따라서 아리스토텔레스는 이를 실질적 정의와 구분하였다. – 역주

는 '공식formula'이라고 할 수 있다. 따라서 아리스토텔레스의 과학적 방법은 사물의 인과적 정체성causal identity을 표현하는 근본적 방식이라는 것을 알 수 있다. 이 과정에서 우연적이고 부수적인(따라서 과학적으로 흥미가 없는) 특징들은 모두 제거된다.

나는 아리스토텔레스의 '논증이론'을 여러 가지 논증이론 중 하나인 것처럼 이야기하고 있다. 아리스토텔레스는 『분석론 후서』에서 지면의 대부분을 내가 간단히 소개한 방법에 할애한다. 하지만 그는 다른 논증방식들도 있다고 인정하는데, 이것들이 어떻게 작동하는지에 대해서는 꽤 모호한 태도를 보인다. 『동물의 부분들에 관하여』에서, 아리스토텔레스는 자연과학의 논증방법은 기하학 같은 '이론과학'의 논증과는 실제로 다르다고 말한다. 생물학의 경우 우리는 동물의 목적—목적론—에서 시작하여, 동

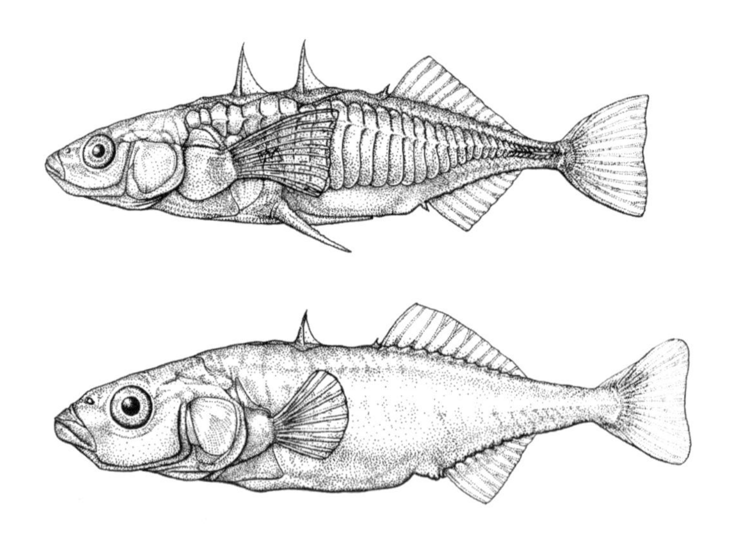

큰가시고기(*Gasterosteus aculeatus*)

위는 바다형(캘리포니아), 아래는 호수형(브리티시컬럼비아 팩스턴 호).

물의 다양한 부분들이 그 목적에 어떻게 기여하는지 추론하기 위해 연역적으로 나아가야 한다. 이런 논증은 약간의 변형을 거쳐 삼단논법 용어로 표현될 수도 있다.

비록 논증이 자신의 과학적 방법의 핵심이지만, 아리스토텔레스는 과학이 다양한 논증 불가능한 진술indemonstrable statement에 의존한다는 점을 인정한다. 여기에는 삼단논법의 공리axiom와 다양한 일차적 정의primary definition가 포함된다. 예컨대 기하학에서는 '공간적 크기spatial magnitude'라는 정의가 필요하고, 산술에서는 '단위unit'라는 정의가 있어야 한다. 생물학에서는 공리와 일차적 정의가 덜 명확하지만, '자연은 헛수고를 하지 않는다'와 같은 명제가 포함된다. 이것은 아리스토텔레스가 여간해서 사용하지 않는 경구다. 아리스토텔레스는 이런 아이디어가 어떻게 정당화될 수 있는지 밝히지 않지만, 진실 여부는 귀납(*epagōgē*)을 통해 명백히 알 수 있다고 암시한다. 그럼에도 만일 과학이 순조롭게 시작되려면 공리와 일차적인 정의가 필요하다고 주장한다.

이것은 확실히 맞는 말이다. 오늘날 과학적 증거가 차고 넘치는데도 불구하고, 과학이 많은 신념체계 중 하나일 뿐이라고 생각하는 사람들이 있다. 아리스토텔레스는 이런 사람들과도 논쟁해야 했다. 아리스토텔레스에 따르면 어떤 사람들은 과학지식이 불가능하다고 주장하는데, 이 이유는 다음과 같다. 어떤 추론이라도 이전의 추론에 의존해야 하고 이 역시 다른 추론에 의존하는 식으로 무한히 계속되므로, 궁극적으로 우리는 아무 것도 알 수 없다는 것이다. 심지어 모든 것이 논증될 수 있다고 주장하는 사람들도 있다. 그렇다면 모든 것이 진실이라는 이야기인데, 이것은 아무 것도 진실이 아니라는 이야기와 일맥상통한다.

아리스토텔레스는 두 가지 사고방식 모두가 과학의 가능성에 치명적임을 인식하고, 씩씩하게 문제를 해결하러 나선다. '추론의 무한회귀infinite regress는 없고, 모든 것이 논증될 수 있다는 주장은 틀렸다. 우리의 논의는 궁극적으로 공리와 경험적 세계에 대한 지각perception에서 시작되기 때문이다.' 그의 언어는 호전적이다. 그래야만 한다. 그는 반대자들—이중에는 플라톤뿐만 아니라 면도날처럼 날카로운 변증법으로 무장한 소피스트들도 포함되어 있다—과 당당히 맞서, 감각적 세계sensible world에서 진짜 지식real knowledge을 이끌어내는 것이 가능함을 증명해야 한다. 독자들은 그가 성공했는지 궁금할 것이다. 현대 과학도 아리스토텔레스의 과학만큼이나 기본 공리에 의존하는데, 과학자들은 공리가 잘 작동한다는 사실로부터 대체로 이것을 정당화한다. 하지만 현대 과학자들과 달리, 아리스토텔레스는 등불을 밝히고 자신의 추론을 방어하는 데 역부족이었다.[4]

44

논증에 대한 아리스토텔레스의 이론에 문제가 없는 것은 아니다.

---

4 우리는 여기서 '과학자들'이라는 복수형 단어에 주목해야 한다. 아리스토텔레스의 시대에는 과학자들이 많지 않았다. 인식론적 이슈를 고민하는 것은 철학자들의 단골메뉴이지만, 진리의 정당화를 둘러싸고 벌어진 토대주의자foundationalist와 구성주의자construtivist의 논쟁에서 한 시간 동안 불을 밝힌 과학자는 한 명도 없었다. 이런 고립무원 상황에서 아리스토텔레스가 독야청청했는지는 분명하지 않다.

과학을 전공하는 학부생들은 누구나 '상관관계가 인과관계와 같지 않다'고 배운다. 우리가 실험을 하는 것은 바로 이 때문이다. 학술지 〈사이언스〉에 연구결과를 게재하기 위해, 찬Chan과 동료들은 *Pitx1* 변이가 요대 가시의 결손과 동외연적coextensive[5]일 뿐 아니라 *Pitx1* 변이가 가시의 결손을 정말로 초래한다는 점을 실험으로 보여줘야 했다. 그리고 영웅적인 노력으로 이런 형질전환transgenic 큰가시고기를 만들었다. 그에 반해, 엄격한 실험을 해 본 적이 없는 아리스토텔레스는 신중함이 훨씬 부족했다. 동외연적인 특징들의 쌍coextensive set of features을 발견하면 인과관계로 비약하는 경향이 있었다. 뿔이 있고 치아가 불완전하고 위가 여러 개인 것은 순전히 동외연적임을 삼단논법을 통해 보일 수 있었을 텐데(오직 반추동물만 이런 특징들을 공유한다), 이것이 정말 아리스토텔레스가 말한 직접적 인과관계일까? 다른 증거가 없는 상태에서 우리는 이를 의심하기 마련이다.

또 다른 문제는 인과관계의 방향에 있다. '뿔 달린 동물의 위가 여러 개인 것은 치아가 완전하지 않기 때문이다.' 그럴 수도 있지만, 반대 방향으로 말하면 안 되는 이유가 있을까? 즉, 위가 여러 개이기 때문에 치아가 부실하다는 말도 마찬가지로 그럴듯하지 않나? 큰가시고기의 경우는 인과적 화살표causal arrow의 방향을 확신할 수 있다. 즉 호수에 침투한 후 → *Pitx1* 돌연변이가 생겨나 → 요대 가시가 사라졌다고 말이다. 두 가지 이론(자연선택에 따른 진화이론theory of evolution by natural selection과 분자생물학의 기본 원리)에 따르면 이런 순서가 맞고 다른 순서는 틀리기 때문

5 시간적 · 공간적으로 같은 범위에 존재한다는 뜻. - 역주

이다. 아리스토텔레스는 이 문제를 『분석론 후서』에서 제기하지만 해결하지는 않는다. 사실, 아리스토텔레스가 의도하는 인과적 화살표의 방향은 삼단논법과 무관한 모든 종류의 이론적 신념에도 의존한다.

최종적으로, 아리스토텔레스는 모든 논증적 주장이 삼단논법의 형태로 진술될 수 있다고 주장한다. 몇 가지는 확실히 그렇겠지만 모두가 그럴까? 현대 과학의 상당 부분은 정량적 현상과 관계에 기반한 수리모형에 의존한다. 이런 모형을 테스트하려면 측정과 추론에 관한 확률이론이 필요하다. 그와 대조적으로, 아리스토텔레스의 모형은 늘 정성적이어서 아리스토텔레스가 뭔가를 측정한 적은 없는 것 같다.

몇몇 학자들은 우리가 아리스토텔레스의 실질적인 과학 저술들, 이를테면 『동물의 부분들에 관하여』를 펼쳐볼 때 아리스토텔레스의 과학적 장치가 작동되고 있음을 알아야 한다고 제안했다. 즉 기하학적 증명에 관한 논문에서처럼, 공리와 삼단논법이 깔끔하게 배열되어 있음을 봐야 한다는 것이다. 이들은 사람들이 그러지 않는다는 사실을 의아해한다. 모든 논문에는 데이터, 주장, 결론이 뒤죽박죽 섞여 있다(이런 상태가 도처에 만연하기 때문에, 전수傳授 과정에서 뒤섞인 것이라고 변명할 수 없다). 만일 유심히 살펴본다면, 저술 전반에 걸쳐 아리스토텔레스 특유의 장치의 흔적을 찾을 수 있을 것이다. 삼단논법은 없을지라도 결과는 담고 있다. 아리스토텔레스의 저술은 인과적 정의causal definition로 가득 차 있다. '뿔 난 동물은 위가 여러 개인데, 그 이유는 치아가 완전하지 않기 때문이다.' '연골어류는 피부가 거친데, 그 이유는 연골로 된 골격을 지니고 있기 때문이다.' '타조는 발굽이 아니라 발가락이 있는데, 그 이유는 덩치가 크기 때문이다.' 이 인용문들은 『동물의 부분들에 관하여』에서 가져왔다. 그러나 아리스토텔레스는 삼단논법 자체에 대해서는 입을 다물고 있다. 왜 그럴까?

아마도 그럴 필요를 느끼지 못했던 것 같다. 아니면 연구가 완료되어 모든 인과관계를 이해한 뒤에 말할 생각이었는데, 그런 일이 결코 일어나지 않았기 때문에 그러지 못했을 수도 있다. 하지만 내 생각에, 아리스토텔레스가 인과적 주장을 삼단논법으로 표현할 수 없었던 것은 이것이 불가능했기 때문으로 보인다. 아리스토텔레스의 논증 논리에서, 삼단논법의 술어들이 전형적으로 동외연적이지만 실제 동물에서는 그렇지 않다. 예컨대 뿔, 여러 개로 이루어진 위, 갈라진 발굽, 불완전한 치아는 함께 다니는 경향이 있다. 낙타는 이런 특징들을 지니고 있지만 딱 하나가 없는데, 바로 뿔이다. 삼단논법에 따른 추론의 문제는 단일원칙에 따른 분류의 문제와 동일하다. 즉 찬물을 끼얹는 동물들이 늘 존재한다는 것이다.

이것은 우리의 확률론적 추론(통계학) 이론이 지닌 문제다. 어떤 속성들 사이의 관련성을 찾을 때 우리에게 필요한 것은, 이것들이 완전히 동외연적인 것이 아니라 단지 상관관계가 있다는 것이다. 실제로, 찬Chan과 동료들은 호수에 사는 것, 요대 가시가 없는 것, *Pitx1* 돌연변이가 있는 것이 완전히 동외연적이라고 주장하지 않는다. 이들은 (상당히 강력한) 통계적 연관성을 보여 주면서, 다른 유전적 요인들이 작용했을 수도 있다고 경고한다. 아리스토텔레스의 해법은 단순히 '갈라진 발굽을 가진 동물들 중 상당수가 뿔을 지니고 있다'고 말하는 것이다. 그런 다음, 낙타가 뿔을 갖지 않은 데 대해서는 명백히 임시변통인 설명ad hoc explanation을 내놓는다. 사실 아리스토텔레스는 '대부분의 경우' 이러저러한 관련성이 있다는 식으로 종종 주장한다.

내 생각에, 『분석론 후서』는 과학지식에 대한 황금률gold standard을 제시한다. 이 책이 확립한 조건을 충족하는지 따져 보면, 우리는 주어진 인과관계가 진실인지를 정말로 알 수 있다. 하지만 실제 자연과학—아리스토텔레스가 그랬던 것처럼, 수학이나 기하학의 대상이 아닌 자연세계에 대한 연구를 의미한다—에서는 엄밀한 증명이 이루어지는 경우가 드물다. 대부분은 훨씬 약한 형태의 추론(아리스토텔레스에 따르면, '이 주장이 개중에서 가장 나은 설명이다.')에 의존한다. 데이터는 불완전하고 결과는 모호하고 원인은 복잡하므로, 매 국면마다 추론의 편차inferential gap가 크다. 우리도 그렇지만, 제아무리 뛰어난 아리스토텔레스도 별수 없었다. 그 결과 그의 습관은 『분석론 후서』에 나타난 엄밀함보다는 좀 더 엉성하고 변증법적인데, 좋게 말해서 훨씬 더 추론적이고 확률적이다. 이러한 모호함은 『니코마코스 윤리학』(윤리학은 자연과학이 아니지만 아리스토텔레스에게는 과학이다)에서 잘 드러난다.

> 다른 모든 경우와 마찬가지로, 우리는 여기서도 현상 [*phainomena*]을 제시해야 한다. 먼저 그와 관련된 쟁점들을 검토한 뒤, 이런 경험들에 대한 신념의 진실성을 가능하면 모두—이것이 안 되면 가장 권위 있는 신념들을 되도록 많이—입증해야 할 것이다. 쟁점이 해결되어 이 신념들이 여전히 유효하다면 진리는 충분히 증명된 셈이 될 테니까.

쉽게 풀어쓰면 다음과 같다. 먼저, 세계의 어떤 부분에 대한 어떤 정돈된 정보ordered information에서 시작한다. 제시된 문제들을 확인하고, 이 문제들에 대한 최선의 설명들을 수집하고 나서, 이 설명들 중에서 어떤 것이 일관되고 어떤 것이 그렇지 않은지 논증한다. 이렇게 하여 살아남은 것들이 답이다.

이 구절은 '논증'에 관한 것처럼 보이지만, 실제로는 『분석론 후서』의 이론과 상당히 다른 절차를 시사한다. 이는 아리스토텔레스가 사용한 단어인 현상(*phainomena*)에 잘 드러난다. 논증의 삼단논법 이론에서는, 논의의 전제가 명백히 진실이어야 한다. 만약 그렇지 않다면 어떤 것도 증명할 수 없다. 하지만 현상에는 이런 종류의 인식론적 확실성이 없는데, 그 이유는 (아리스토텔레스에 따르면) 의견이 포함되어 있기 때문이다. '현명하고 존경스런' 사람의 의견은 확실하겠지만, 그래도 의견은 어디까지나 의견이다. 우리는 변증법의 영역에 있고, 이 영역은—나중에 알려진 사실이지만—논증에서 그리 먼 곳에 있지 않다. 아리스토텔레스의 생물학 중 대부분은 이 애매한 영역에 놓여 있다.

이것이 뒤죽박죽한 세상에 대한 결론이다. 하지만 아리스토텔레스는 동외연성coextension의 결함에 대처하는 좀 더 심오한 전략을 갖고 있다. 그는 다음과 같이 제안한다. 개체(또는 종류)로 이루어진 집단이 어떤 특징을 공유하고 이 특징이 다른 특징들과 차별적으로differentially 연관되어 있다면, 몇 가지 원인들이 작용한 결과일 수 있다. 그런 경우, 우리는 일정한 방식으로 분류하고 공통원인을 찾는 일을 계속하여, 마침내 각각의 특징에 대해 단일원인을 규명해야 한다.

현대 생명과학의 상당 부분이 바로 이 레시피를 따른다. 미국인들은 167,000명에 한 명꼴로 눈의 일부인 포도막uvea에 흑색종melanoma이 생긴다. 이들을 어떻게 도와줘야 할까? 답은—연구자들은 여기에 경력을 건다—이 질병의 원인, 정의, 공식formula, 정수essence를 찾음으로써 얻는다. 흑색종도 암癌이기 때문에, 아마도 특정한 변이나 변이의 조합에 의해 생길 것이다. 하지만 포도막 흑색종에는 적어도 두 가지 '종種'이 있고, 각각은 고유한 변이 '공식'을 갖고 있다. 2종 종양Class 2 tumor은 *BAP1*이라는 유전자에 변이가 있는 반면, 1종 종양Class 1 tumor에는 이 변이가 없다. 따라서 1종 종양은 치료할 수 있지만, 2종 종양은 (현재로서는 치료할 수 없는) 공격적인 악성종양으로 100퍼센트에 가까운 치명률을 보인다. 심지어 각각의 종種도 이질적이어서, 추가적인 변이의 유무에 따라 더욱 세분될 수 있다. 따라서 이 질병—어쩌면 여러 가지 질병들—의 원인을 찾는 종양유전학자oncogeneticist들은 공식을 더 깊이 파고들어 종양을 더욱 세분하고 있다. 실제로, 아리스토텔레스는 바로 이런 경우를 언급한다.

> 모든 정의definition는 늘 보편적이다. 의사는 어떤 특정한 눈에 듣는 약을 처방하는 것이 아니라, 모든 눈(또는 어떤 확정적 형태determinate form의 병든 눈)에 듣는 약을 처방한다.

하지만 아리스토텔레스와 현대 생물학자 사이에는 한 가지 차이가 있다. 아리스토텔레스는 다음과 같이 확신한다. '우리가 충분히 깊이 파고 들어가면 대상들의 안정적인 분류stable class를 기술할 수 있으며, 더 이상 나눌 수 없는 형태—진정한 종true species—는 하나같이 어떤 독특하고 규정적인 인과적 공식unique, defining causal formula을 공유한다.' 우리도 역시 자연의 다양성에 깊은 인상을 받았지만, 아리스토텔레스보다 훨씬 더 많이 조사한 후에 다양성에 완전히 굴복했다. 우리의 기술—DNA 염기서열분석은 최신 기술일 뿐이다—은 어떤 두 마리의 큰가시고시도, 두 가지 암도, 두 명의 사람도, 심지어 '일란성' 쌍둥이도 완전히 동일한 공식을 공유하고 있지 않음을 보여준다. 이 관점의 차이는 심오하지만 실제로는 그다지 큰 문제가 아니다. 아리스토텔레스가 그랬던 것처럼, 우리는 여전히 사물을 파헤치고 분류하여 공식을 찾아낸다. 그리고 설사 (마음속으로는) 우리가 결코 순수한 인과적 광맥鑛脈에 도달하지 못한다는 것을 인정하더라도, 광맥을 찾아 내려가는 과정에서 벼락부자가 될 수 있다는 것도 안다.

핵심을 말하자면 이렇다. 모든 한계에도 불구하고, 아리스토텔레스의 논증이론은 진정한 과학적 방법이다. 이것은 우리의 과학적 방법 중 일부다. 과학자들은 방법론에 대해 왈가왈부할 수 있지만, 상당 부분에 대해 동의하기도 한다. 이들은 과학의 영역, 즉 과학이 탐구하는 대상의 종류를 이해한다. 과학이 모든 것을 묻고 답하려고 노력하는 대신, 사물과 문제의 한계를 정하고 단계적으로 탐구해 간다는 사실을 이해한다. 이들은 이론과 증거의 상호역할reciprocal role과 가설과 사실의 차이를 이해한다. 또 과학이 (관찰에서 일반화를 이끌어내는) 귀납과 (일반화에서 확고한 인과적 주장을 도출하는) 연역에서 시작된다는 것을 이해한다. 또한 과학적 주장은 논리적인 주장이어야 함을 이해하고, 논리적인 주장을 들을 때 논리성을 인식할 수 있다. 과학자들은 어떤 인과적 주장이 확고하고 어떤 것이 약한지, 그리고 양자를 구별하는 것이 비결임을 이해한다. 과학자들이 이 모두를 이해하는 것은 아리스토텔레스가 그렇다고 말해 줬기 때문이다.

새 바람

후투티(*Upapa epops*)

아프리카, 아시아 및 유럽 전역에서 발견되는 화려한 새로, 머리에 독특한 '왕관' 모양의 댕기가 있고, 날개와 꽁지에는 검은색과 흰색의 줄무늬가 있다. 추장새라고도 불린다.

45

동지가 지난 지 70일 후인 3월 초쯤 되면, 새 바람(*ornithiai anemoi*)이 불기 시작한다. 이때 레스보스섬에 철새들이 도착하기 시작한다. 라군(석호)이 육지와 만나는 스칼라Skala와 부바리스강Vouváris 어귀 사이의 습지와 웅덩이는 새들의 지상낙원이다. 철새들이 갈대 사이에서 날개를 퍼덕이며 얕은 곳으로 뛰어드는 동안, 높은 하늘에서는 아프리카에서 날아온 맹금류들이 줄지어 내려온다. 탐조가들은 아를란다Arlanda(스웨덴), 스히폴Schipol(네덜란드), 개트윅Gatwick(영국)에서부터 철새들을 따라 여기까지 왔다. 이들은 망원렌즈로 철새의 비행경로를 추적하고, 장다리물떼새처럼 서로 티격태격하면서 정밀성이 미심쩍지만 자신들의 웹사이트를 업데이트한다. ('5월 7일: 꺅도요common snipe 한 마리가 염전에 있는데, 어제도 있었다고 한다. 녀석은 어제 이 웅덩이에 있었던 도요great snipe에게 그림자를 드리운다.') 섬은 아리스토텔레스의 새들로 가득하다. 아리스토텔레스가 한 종(사실은 겨울 철새이지만)에 대해 기술한 내용은 다음과 같다. '티라노스(*tyrannos*)의 몸집은 메뚜기보다 약간 크고, 볏은 옅은 안개 사이로 은은하게 내비치는 태양의 빛깔이다. 이 조그만 새는 모든 면에서 아름답고 우아하다.' 이것은 상모솔새(학명: *Regulus cristatus*)로, 레스보스의 솔숲에 산다.

아마도 피라에 있는 올리브 과수원들이 아네모네(바람꽃)로 붉게 물들고 올림보스의 정상이 말끔한 봄날, 아리스토텔레스도 새를 관찰하러 갔을 것이다. 새들의 아름다움은 잘 드러난다는 데 있다. 물고기는 물결 아래 숨어 있고 포유동물은 숲에 가려 있지만, 새의 삶은 우리에게 공개되어 있다. 내 생각에, 아리스토텔레스가 대분류군 내에서 '정도'(몸의 크기 및 형태의 미묘한 차이)를 설명하고 싶을 때 종종 새를 예로 들었던 것은 바로 이 때문인 것 같다.

아리스토텔레스는 새들을 몇 가지 그룹으로 나누는 것부터 시작한다. 육식 조류, 물새, 습지 조류 같은 식이다. 이것은 분류학적 그룹—*genos*/종류—이 아니라 기능적 분류로, 현대 생태학에서 말하는 길드[1]와 비슷하다. 아리스토텔레스는 각 그룹의 특징을 어떻게 먹고 사느냐에 따라 설명한다. 육식 조류(독수리, 매)는 먹이를 발견해 제압해야 하므로 커다란 발톱, 강한 날개, 짧은 목, 매우 훌륭한 시각을 지니고 있다. 물새(오리, 논병아리)는 헤엄을 치고 물속으로 들어가고 수생식물을 갈가리 찢어야 하므로, 다리가 짧고 발에 (노 역할을 하는) 물갈퀴가 있고 목이 길고 부리가 넓적하다. 습지 조류(왜가리, 두루미, 장다리물떼새)는 늪에 살며 물고기를 잡아먹어야 하기 때문에 다리와 목이 길고 부리는 창처럼 뾰족하다. 작은 새(되새류)는 씨앗을 모으거나 진드기를 잡아야 하므로 작고 속이 텅 빈 부리가 있다. 어떤 새들은 비행술이 뛰어나 장거리를 이동할 수 있다.

진화생물학에서 기능적 설명이 시작되는 지점은 바로 여기다. '근연관계에 있는 몇 가지 새들의 구조에 나타난 점진적 변화 gradation 및 다양성diversity을 살펴보며, 우리는 이 군도에 자생

1 길드(guild). 공통자원을 비슷한 방식으로 이용하는 종種들의 무리. - 역주

하던 몇 가지 새들이 상이한 목적들different ends 때문에 한 종種씩 선택되어 제각기 변형되었음을 상상할 수 있다.' 갈라파고스 제도의 핀치에 대한 다윈의 글을 인용하는 사람들은 '한 종씩 선택되어 제각기 변형되었다'는 대목에 흥미를 느끼기 십상이다. 하지만 이것은 잊어버리고, '구조의 점진적 변화 및 다양성'과 '상이한 목적들'에 집중하자: 한 핀치 종의 부리는 단단해서 가시가 난 껍질이 있는 씨앗을 부수는 데 적합하고, 다른 종의 부리는 작은 씨앗을 섬세하게 쪼아먹는 데 유리하고, 또 다른 종의 부리는 피를 빨아먹기 위해 부비새에게 구멍을 내는 데 알맞고, 몇몇은 곤충을 잡아먹기에 적합하다. 심지어 한 종은 선인장 가시를 이용해 딱따구리처럼 나무껍질에서 곤충을 끄집어낸다. 이 모두를 고려한다면, 당신은 철저하게 아리스토텔레스적인 분석을 하고 있는 것이다.

『동물의 부분들에 관하여』에서, 아리스토텔레스는 '자연은 기능에 적합한 도구를 만들지, 도구에 적합한 기능을 만들지는 않는다'라고 말한다. 물론 지금은 이 문장이 진부해 보인다. 하지만 새는 단지 부분들의 수납장cabinet of parts이 아니라 날고 있는 도구상자toolbox on the wing라는 사실을 처음 깨달은 사람은, 다윈이 아니라 바로 아리스토텔레스였다.

46

이것(구조의 점진적 변화 및 다양성)은 무엇을 위한 것일까? 모든 자연현상을 제대로 설명하려면, 5장에서 언급한 네 가지 의문을 모두 해결해야 한다. 하지만 아리스토텔레스의 급선무는 이 의문을 해결하는 것이므로, 우리도 목적에서부터 시작하기로 하자.

아리스토텔레스의 주장에 따르면, 가장 좋은 것은 영원히 죽지 않는 것이다. 하지만 실제로 모든 개체는 죽을 운명이다. 따라서 차선책을 택해야 하는데, 바로 자손을 보는 것이다. 그리고 자손을 보기 위해서는, 먹기 숨쉬기 짝짓기 등을 위한 신체부위가 필요하다. 아리스토텔레스는 이런 기능을 수행하는 신체부위를 도구(*organon*)이라고 부르는데, '기관organ'이라는 말은 여기에서 나왔다.

신체부위를 '도구'라고 부른다는 것은, 만인의 찬사를 받는 아리스토텔레스의 목적론이 소크라테스/플라톤/페일리 유類의 나이브한 기능주의보다 나을 것이 없음을 시사한다. 눈꺼풀은 '눈의 문門'이라는 표현이 그런 예다. 아리스토텔레스는 확실히 이런 식의 설명을 많이 한다. 그는 동물의 기본적인 기능—영양, 호흡, 보호, 이동, 감각—에 대한 표준 교재를 만들고 그에 따라 기관을 나누는데, 이중에는 여러 가지 기능을 수행하는 기관도 있다. 어떤 기관의 기능은 쉽게 알 수 있는데, 예컨대 위胃는 명백히 영양을 위해 일한다. 때로는 좀 어려운데, 아리스토텔레스는 지라spleen가 하는 일은 고사하고 기능이 있는지 여부조차 확신하지 못한다. 때로 아리스토텔레스는 실제로는 실마리가 없음에도 더 쉽다고 생각한다. 예컨대, 그는 심장과 뇌가 무슨 일을 하는지 안다고 확신한다.

하지만 옳든 그르든, 이런 식의 일반적 목적론은 시작일 뿐이며, 아리스토텔레스의 프로그램은 소크라테스, 플라톤, 페일리가 꿈꿨던 것보다 훨씬 더 탐구적이고 야심만만하다. 아리스토텔레스는 비교생물학자이며, 그의 진짜 관심사는 특이적 목적론specific teleology이다. 그는 어떤 동물이 왜 그런 특징을 지니고 있는지 뿐만 아니라 다른 동물들은 왜 그런 특징이 없는지에 대해서도 알고 싶어 한다. 이 의문을 비롯하여 수많은 비슷한 의문들을 해결하기 위해, 아리스토텔레스는 (온 세상에 있는 모든 동물의 모든 신체부위를 상기하며) 목적론적 원리와 수칙precept의 체계를 고안했다. 이것은 그 이후 줄곧 사용된 체계의 핵심이다. 다음으로, 그는 『동물의 부분들에 관하여』에서 왜 어떤 동물들은 날고 어떤 동물들은 헤엄치고 어떤 동물들은 걷는지에 대해 다룬다. 또한 이빨과 맹금류의 갈고리발톱, 턱과 발톱, 뿔과 발굽을 다룬다. 그리고 코끼리의 코에 대해서도 언급한다.

47

'코끼리의 코는 그 길이와 비범한 유용성 때문에 동물들 중에서 독보적이다.' 코끼리는 코를 손처럼 쓸 수 있다. 코로 먹이를 집어먹을 수 있고 몸을 방어할 수 있으며 소리를 낼 수 있다. 심지어 코를 써서 나무를 뿌리째 뽑을 수 있다. 코끼리를 직접 본 적은 없었겠지만, 아리스토텔레스는 코끼리의 코를 유난히 많이 언급한다.

어떤 동물이 왜 특별한 특징을 지니게 되었는지 설명하고 싶을 때, 아리스토텔레스는 간혹 생활방식—서식지, 먹이, 다른 생물과의 관계—, 한마디로 비오스(*bios*)에서 답을 찾는다. 새의 아름다움에 대해 설명할 때도 이렇게 하며, 때로 물밑을 들여다보려고 애쓰기도 한다. '해양동물의 생활방식에서도 많은 숙련된 활동[*technika*]을 볼 수 있는데, 노랑씬벵이(*batrachos*)와 전기가오리(*narkê*)에 대한 이야기들은 풍문이 아니다.' 그러고서 아리스토텔레스는 노랑씬벵이frogfish가 어떻게 진흙 속에 몸을 숨긴 채 미끼를 흔들다가 걸려든 물고기를 흡입하는지, 그리고 전기가오리torpedo가 어떻게 먹이를 마비시키는지 들려준다.

이런 맥락에서, 아리스토텔레스는 코끼리의 두드러진 코를 설명할 때도 역시 생활방식에서부터 시작한다. 약간 틀리기는 하지만, 그는 코끼리가 물을 좋아하기 때문에 습지에 산다고 생각한다.

> 잠수부의 경우, 물속에 오래 머무를 때 숨쉬는 장비를 이용하여 물 밖의 공기를 들이쉰다. 자연은 코끼리를 위해 코의 길이를 늘려 비슷한 기제mechanism를 만들었다.

고대의 잠수부와 코끼리가 정말 스노클링을 했을까? 솔직히 말해서, 난 두 가지 주장을 모두 의심했다. 그러나 존슨D. L. Johnson은 '몇몇 섬의 육상 척추동물지리학적 문제들과 코끼리의 수영 능력'이라는 제목의 논문에서, 아프리카코끼리가 잠베지강을 헤엄치고 아시아코끼리가 스리랑카의 섬들 사이를 헤엄칠 때 코를 하늘 높이 치켜든 채 돌고래 같은 동작을 한다고 보고한다. 이들의 최대 속도와 이동거리는 시속 2.8킬로미터와 48킬로미터다. 우리가 헤엄치는 코끼리를 거의 보지 못하는 이유인즉, 코끼리가 보통 밤에 헤엄치기 때문이라고 그는 덧붙인다. 사람들의 의심을 잠재우기 위해 그는 흐릿한 사진을 제시한다.

그러나 코끼리가 습지에 산다는 것이, 긴 코에 대한 완전한 설명이 될 수는 없다. 하마, 물개, 악어는 물과 뭍 양쪽에서 살지만

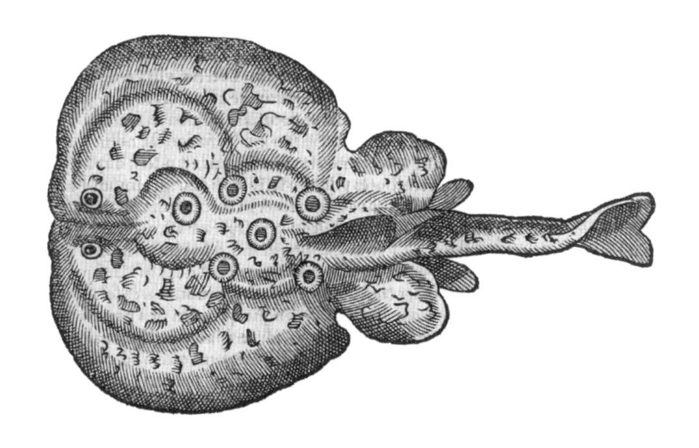

전기가오리(*Torpedo torpedo*)

가슴지느러미 부분의 피부 밑에 있는 기관에서 일반 동물들보다 훨씬 강력한 생체 전기를 발생시키므로 전기가오리라는 이름이 붙었다. 등 쪽은 (+), 배 쪽은 (-) 전기를 내며, 전압은 어종에 따라 다르지만 5~200볼트이다.

코가 길지 않다. 코끼리는 필시 뭔가 특이한 문제에 직면했을 것이고, 이에 대한 최선의 해결책이 긴 코였을 것이다. 정말 그렇다. 하지만 이것은 한 가지 문제가 아니라 여러 가지 문제에 대한 해결책일 것이다. 코끼리의 코는 습지생활뿐 아니라 동물의 기본적 기능—호흡, 섭식, 포식자로부터 보호 등—을 충족하면서도, 다른 특징들로 인해 제한된다. 코끼리의 코에 대한 아리스토텔레스의 완전한 설명은 이런 기능과 특징들로부터 시작하여, 교차하는 인과적 사슬causal chain 속에서 결론을 도출한다.

코끼리는 보호가 필요하다. 아리스토텔레스가 언급하지 않은 것부터 살펴보면, 세 줄로 배열된 치아를 가진 마티코라스(*martikhōras*)라는 괴물의 공격을 받을 수 있다. 코끼리는 엄청난 덩치로 스스로를 지킨다. 코끼리는 워낙 크기 때문에 다리도 굵어야 한다. 다리가 굵어지면 유연성이 떨어지기 때문에 느려진다. 이것은 땅에서는 별 문제가 안 되지만, 코끼리는 습지에서 산다. 때로 수심이 깊은 곳에 있게 되는데, 숨을 쉬기 위해 뛰어나갈 수 없으므로 인더스강의 늪에 빠져 허우적거리다 익사할 위험이 있다. 만약 자연이 스노클링 장비를 주지 않았다면, 코끼리는 살아남지 못했을 것이다.[2] 이것은 한마디로 천우신조였다.

아리스토텔레스는 이런 종류의 설명을 '조건부 필요성conditional necessity'이라고 부른다. 이 원리를 간단히 설명하면 다음과 같다. 어떤 목표를 X, 목표를 이루기 위한 도구를 Y라고 한다면, 조건 Z는 Y가 X를 달성하기 위해 필요하다. 그가 제시한 예는 평범하다. 만약 목표(X)가 나무를 자르는 것이라면 도구(Y)는 도끼다. 도끼는 뭔가 단단한 것(Z), 즉 청동 같은 것으로 만들어져야 한다. 하지만 이 원리는 일반적이다. 만약 당신의 목표가 숨쉬는 것이고, 그리고 당신이 늪지에 서식하는 느릿느릿한 네발동물이라면, 당신은 긴 코가 필요할 것이다. 아리스토텔레스가 진실(살아 있는 생명체란 통합된 전체integrated whole로, 개개의 부분이 다른 모든 부분들에 맞도록 조정되어 있다)을 표현하고 조사하는 방식은 바로 이것이다. 만약 몸의 각 부분들이 무작위하게 뒤섞인다면 괴물—그것도 절망적인—이 탄생할 것이다. 엠페도클레스의

---

2 아리스토텔레스의 반수생semi-aquatic 코끼리 이야기는 다소 앞뒤가 안 맞는다. 하지만 이것은 상상력을 자극한다. 최근 발표된 코끼리의 발생학, 화석, 분자계통학 연구는 코끼리가 수생 포유류에서 진화했음을 보여준다. 연구자들의 추론에 따르면, 현재 아무리 다양한 용도로 사용되고 있더라도, 코끼리 코의 원래 용도는 스노클링이었다. 흥미롭게도 아리스토텔레스는 이런 주장에 대한 다른 증거를 알고 있는데, 코끼리가 물개나 돌고래처럼 내부고환을 가지고 있다는 사실이다. 하지만 그는 이것을 수생 포유류와 연결시키지는 않는다.

선택론적 도식selectionist scheme이 터무니없는 것은 바로 이 때문이다.

『동물 탐구』에서, 아리스토텔레스는 자신의 생명체들을 해체하여 각 부분들 간의 관계를 확립한다. 『분석론 후서』에서는 이런 관계의 원인을 증명하는 방법을 제시하고, 『동물의 부분들에 관하여』에서는 자신의 생명체들을 재조합하며 이 방법을 실행에 옮긴다. 따라서 조건부 필요성의 원리는 이 책에서 작동하는 단 하나의 가장 중요한 목적론적 원리teleological principle라고 할 수 있다. 하지만 인과적 사슬은 텍스트를 관통하며 증가하고 분기分岐하기 때문에, 어디서 시작되고 어디서 끝나는지 알기 어렵다. 그는 심지어 코끼리가 코를 손으로 사용하는 경우를 설명함으로써 또 다른 조건부 필요성의 사슬을 이야기하지만, 발가락 이야기부터 시작한다.

코끼리의 발가락에 관한 이야기의 내용은, 코끼리가 많은 발가락을 갖고 있다는 것이다. 따라서 코끼리는 고양이, 개, 인간과 같이 여러 개의 발가락을 가진 동물과 기능적인 연관성을 가지고 있다. 발가락이 여러 개인 동물들은 앞다리로 먹이를 움켜쥘 수 있다. 그러나 코끼리는 다리가 유연하지 못한 데다 굵고 커서 움켜쥘 수가 없다.[3] 그래서 코끼리는 티크 숲에서 굶어 죽을 수 있다.

---

3 아리스토텔레스는 코끼리의 다리가 얼마나 잘 구부러지는지에 대해서는 명확하게 설명하지 않는다. 그로부터 5세기 후, 로마의 역설가paradoxographer 아일리안Aelian은 코끼리가 관절이 없는데도 춤을 출 수 있는 것이 이상하다고 생각했다. 이것은 아리스토텔레스의 생각을 잘못 받아들였거나 아마도 한 다리 건너 얻은 정보일 수도 있다. 어찌됐든 코끼리가 무릎이 없고 선 채로 잠을 잔다는 생각은 중세의 동물 우화집에도 등장하고, 셰익스피어의 2행시와 영국의 시인 존 던John Donne의 시의 주제가 되고, 영국의 저술가 토머스 브라운 경Sir Tomas Browne의 경멸의 주제가 되었다. 운동학적 연구 결과, 코끼리의 다리는 매우 유연한 것으로 밝혀졌다.

만약 자연이 긴 코(일종의 손)를 주지 않았다면, 코끼리는 살아남지 못했을 것이다. 다시 말하지만 이것은 천우신조였다. 이것을 스노클링에 관한 주장과 함께 생각해 보면, 모든 것을 납득하기 위한 인과적 다이어그램이 필요하다는 점을 깨닫게 될 것이다. 물론 그렇다. 그러나 이런 다이어그램도 없이, 아리스토텔레스가 어떻게 이런 생각을 했는지—아마도 추측이었겠지만—당신은 의아해할 것이다.

48

조류의 해부학적 구조에 대한 아리스토텔레스의 분석이 워낙 명명백백하다 보니, 당신은 『동물의 부분들에 관하여』가 동일한 내용으로 가득 찰 것으로 기대하게 된다. 동물이 환경에 절묘하게—이 수식어는 남발되는 경향이 있다—적응한다는 사실을 증명한, 적응 예찬론자의 프로그램을 기대할 것이다.

하지만 이 책에 이런 내용은 없다. 물론 아리스토텔레스는 때로 동물의 생활방식 측면에서 적응을 명확하게 설명한다. 하지만 그의 설명에서 주류를 이루는 것은 조건부 필요성의 원리—부분들 간의 관계에 대한 설명—다. 이에 대한 이유 중 하나는 아리스토텔레스의 분류학적 초점taxonomic focus에 있다. 어떤 생물학자들은 생명의 캔버스에 가장 넓은 붓질을 한 후 각각의 문phylum들을 비교한다. 이렇게 하면 문에 포함된 수많은 종species들을 의식하지 못하게 된다. 다른 생물학자들은 잘 아는 과family 하나, 이를테면 가뢰과tiger beetles를 상세히 묘사한다. 많은 생물학자들은 단 하나의 종species, 즉 쥐, 파리, 기생충, 인간을 연구한다. 아리스토텔레스는 이 모든 것을 한다. 그의 시선은 분류학적 위계를 위아래로 넘나들며, 때로는 인간을 다루고 때로는 모든 유혈동물을 다룬다. 하지만 『동물의 부분들에 관하여』에서 그가 주로 다루는 것은, 대분류군(가장 큰 종류)들 사이의 차이점이다.

이것은 자명하다. 생명의 다양성 중 대부분은 대분류군에서 발견되기 때문이다. 대분류군의 구성원들은 조류의 구성원들처럼 '정도'가 아니라, 몸의 전체적인 체제order가 다르다. 만약 이들의 기관이 유사하다면, 이것은 유사성analogy에 기반할 뿐이다. 그러나 대분류군을 특이적 목적론의 관점에서 설명하는 것은 매우 까다롭다. 조류는 부리를 갖고 있지만 네발동물은 이빨을 가지고 있다. 왜 그럴까? 대부분의 동물들은 몸의 한쪽 끝에 입이 있고 다른 쪽 끝에 직장rectum이 있지만, 두족류는 그렇지 않다. 이것은 왜 그럴까? 어떤 동물은 피를 가지고 있지만 다른 동물은 그렇지 않다. 이것은 또 왜 그럴까? 각각의 대분류군은 다른 것들과 너무 다르며 너무나 많은 다양성을 포함하기 때문에, 그 차이를 생활방식과 연관시키려다가는 허송세월하기 십상이다. 어류는 다리가 아닌 지느러미를 가지고 있고 폐가 아닌 아가미를 가지고 있다는 사실도 그렇다. 어류는 육지가 아닌 물속에서 살기 때문에 그렇다고 설명하면 실없는 소리 한다는 핀잔을 듣겠지만, 아리스토텔레스는 정말로 이렇게 말한다. 그러나 일반적으로 대분류군들의 다양성을 생각할 때, 그는 특징과 생활방식을 연관시키려는 시도조차 하지 않기 일쑤다.[4]

---

4 진화생물학자들도 일반적으로 그렇다. '포유류의 번성' 또는 '공룡의 멸종'에 대한

이쯤 되면 아리스토텔레스는 더 이상 설명할 것이 없는 것처럼 보일 수 있다. 그러나 그의 설명은 지금부터 시작이다. 그의 접근방법은 다음과 같다. 각각의 대분류군에 대해, 그는 어떤 특징들을 (진화적 측면이 아니라 인식론적 측면에서) 원시적인primitive 것으로 간수한다. 이것들은 주어진 것이므로 반드시 설명해야 하는 것은 아니다. 그러나 이것들은 설명의 출발점이다. 아리스토텔레스는 원시적 특징primitive feature을 자주 거론하며, 이 특징이 한 동물에 대한 '독립체(*ousia*)적 정의(*logos*)'의 일부임을 암시한다. 조류의 날기가 그렇고, 어류의 헤엄치기가 그렇다. 조류(그리고 아마도 다른 동물들)의 폐가 그렇고, 태생 네발동물(대부분의 포유류)과 난생 네발동물(대부분의 파충류와 양서류)과 조류와 어류의 피가 그렇고, 모든 동물들의 감각이 그렇다. 아리스토텔레스는 이런 부류의 특징들 중 몇 가지를 주어진 것으로 명시하면서, 마치 많은 특징을 설명한 것처럼 행동한다.

조류의 부리만 해도 그렇다. 아리스토텔레스는 조류가 이빨이 아닌 부리를 가지고 있는 이유를 결코 설명하지 않는다. 그냥 그런 것이다. 그러나 그는 결과론을 일목요연하게 나열한다. 조류는 이빨이 아닌 부리를 가지고 있기 때문에 먹이를 씹지 못한다. 이런 결점을 보완하기 위해, 조류는 여러 가지 장치들을 이용하여 먹이를 저장하고 '소화한다'. 어떤 조류(비둘기, 펠리컨, 자고새)는 모이주머니를 갖고 있고, 다른 조류(까마귀)는 널찍한 식도를 갖고 있고, 또 다른 조류(황조롱이)는 위의 확장부(전위proven-

---

이야기를 하지 않는 한, 문phylum 또는 강class의 특징을 적응적 관점에서 설명하려는 시도는 매우 드물다.

triculus)을 갖고 있다. 대부분의 조류는 두툼하고 단단한 위(모래주머니)를 갖고 있다. 습지에 서식하는 새들은 모래주머니도 널찍한 식도도 없다. 왜냐하면 이들이 섭취하는 먹이는 쉽게 부스러지기 때문이다. 이 모든 해부학적 구조는 대체로 적절하다. 따라서 아리스토텔레스는 다음과 같이 추론한다. '이들이 이런 이유는 이빨이 없기 때문이다.'

동일한 논리로, 아리스토텔레스는 방목동물(말, 당나귀, 야생당나귀)들이 위턱과 아래턱에 같은 수의 이빨을 가지고 있고 단순한 위를 가지고 있는 반면, 다른 동물(소, 염소, 양)들은 위턱과 아래턱의 이빨 개수가 다르고 복잡한 위를 가지고 있는 이유를 설명한다. 또는 왜 어떤 어류는 아가미가 한 쌍이고 다른 것은 두 쌍 이상인지 설명한다. 또는 왜 타조는 날지 못할까? 왜, 왜, 왜 … 그의 소재는 고갈될 줄 모른다. 『동물의 부분들에 관하여』에서, 아리스토텔레스는 동물의 모든 다양성을 시종일관 이런 식으로 설명한다.

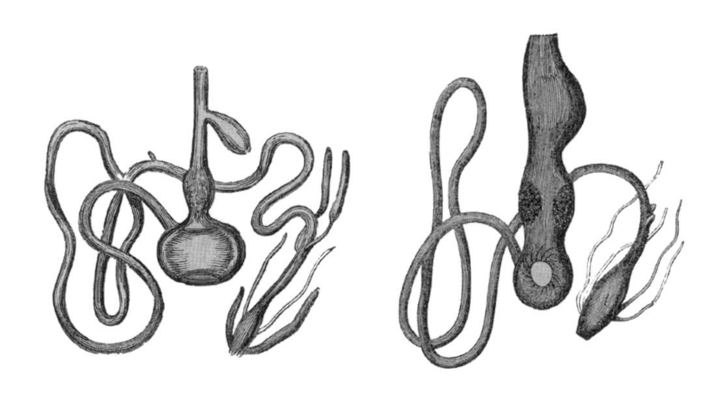

조류의 소화관
왼쪽은 닭(*Gallus domesticus*), 오른쪽은 독수리(*Aquila sp.*)

49

레스보스섬 북쪽 갑岬의 아름다운 터키 마을인 미심나Mythymna 항에서, 나는 전에 본 적이 없는 성게의 한 종種이 말라붙어 있는 것을 발견했다. 부두에서 발견했는데, 어부들이 그물을 손질하다가 버린 것이 분명했다. 통통한 몸집에 연약한 가시를 가지고 있는 라군의 성게와 매우 달랐는데, 나는 문득 아리스토텔레스가 '작은 몸집에 길고 단단한 가시를 가지고 있다'고 기술한 성게를 떠올렸다. 늘 그렇듯 성게의 이름을 밝히지는 않았지만, 해안에서 멀리 떨어진 곳의 수심 100미터('60 *orguiai*') 지점에 서식한다고 말했다. 그러고 보니 장소가 얼추 들어맞는다. 왜냐하면 미심나는 수심 300미터 이상인 미틸레네 해협에 면해 있기 때문이다.

다시 톰프슨은 『그리스 어부』에서 이 이름 모를 성게를 긴가시성게*Cidaris cidaris*로 동정했다. 내가 손에 쥔 성게는 그가 기술한 것과 정확하게 일치했다. 아리스토텔레스에 의하면, 이 성게는 소변 볼 때 고통을 주는 배뇨장애 치료제로 쓰인다고 한다. 하지만 나는 이것이 더 이상 배뇨장애 치료제로 쓰이지 않는다고 생각한다. 어쨌든 그는 약효에 대해서는 별로 관심이 없지만, 긴 가시에 대해 설명하는 데는 정말 관심이 많다.

아리스토텔레스는 가시가 성게를 보호한다는 것을 알고 있다. 그래서 당신은 깊은 바다에서 사는 성게가 어떤 기능적인 이유, 아마도 이곳의 물고기들이 특별히 사납기 때문에 긴 가시가 필요했다고 주장하기를 기대할 것이다. 하지만 아리스토텔레스는 이렇게 설명하지 않는다. 대신에 그는 긴 가시가 성게에게 특별한 이득이 있는 것이 아니라 '물질적 본성material nature'의 결

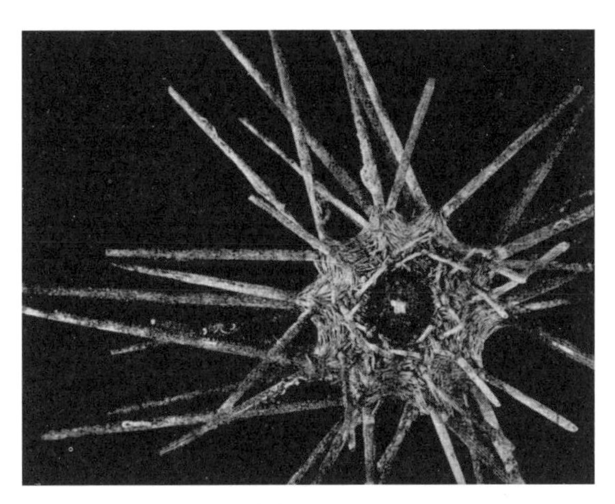

긴가시성게(*Cidaris cidari*)

과물에 불과하다고 주장한다.

비록 전임자들의 무심한 유물론을 경멸할 수도 있지만, 아리스토텔레스는 물질의 힘을 믿는다. 어쨌든 물질 없이는 형태가 실제로 존재할 수 없으니까 말이다. 형태와 물질을 추상적으로 생각하면, 확실히 형태가 더 중요해 보인다. 형태(예컨대 공)는 여러 가지 종류의 물질(나무, 쇠)로 만들 수 있지만, 근본적으로 여전히 공이기 때문이다. 그러나 공은 매우 추상적인 사례일 뿐이며, 생물의 형태(몸)는 이것을 이루는 물질에 따라 크게 달라진다. 인간의 몸을 나무로 만들 수 있지만, 이것은 걷거나 말할 수 없다.

아리스토텔레스에 의하면, 모든 동물은 3단계 위계hierarchy를 가지고 있다. 하층부는 요소element들이, 상층부는 기관organ들이 차지하고 있다. 중간층은 '균일부uniform part'들—혈액, 정액, 젖, 지방, 골수, 살, 힘줄, 모발, 연골, 뼈—이 차지하고 있다. 아리스토텔레스의 의미가 약간 왜곡되는 것을 감수하고, 나는 균일부들을 '조직tissue'이라고 부를 것이다. 우리는 조직이 세포로 구성되어 있다는 것을 안다. 하지만 아리스토텔레스는 '균일부'가 진짜로 균일하다, 즉 미세구조microscopic structure가 전혀 없다고 생각한다. 모든 균일부는 고유의 '물질적 본성', 즉 일련의 기능적 속성들a set of functional properties—부드러움, 건조함, 축축함, 유연함, 취약함—을 갖고 있다. 이런 속성은 균일부를 구성하는 요소들이 어떻게 혼합되어 있느냐에 따라 달라진다. 그리고 균일부는 나름의 기능(예컨대 뼈는 살을 보호한다)을 보유하고 있지만, 이것들의 진짜 목적은 기관을 만드는 재료가 되는 것이다.

아리스토텔레스는 균일부가 동물마다 다르다고 지적한다. 혈액의 온도, 뼈의 굳기, 살, 지방, 피부, 그리고 골수의 양은 동물에 따라 다양하다. 물론 많은 동물들은 혈액, 살, 뼈가 전혀 없고, 그 대신 다른 균일부—유사하지만, 통상적으로 이름이 없다—를 갖고 있다. 아리스토텔레스는 어떤 동물 종류의 균일부는 타고난 것이지만, 이것의 질quality과 조성composition은 건강, 식생활, 계절에 따라 달라진다고 생각하는 것처럼 보인다. 이것은 각 동물의 생리학의 기본 단위이며, 동물의 환경과 몸 사이의 연결고리이기도 하다.

아리스토텔레스의 생각은 동물의 다양성에 대해 전혀 다른 종류의 설명을 가능하게 한다. 그는 모든 다양성이 목적론적으로 설명할 수 있는 것은 아니라고 생각한다. 이중 일부는 환경의 영향과 직접적으로 관련된다. 이름 모를 성게가 사는 깊은 바다는 차갑다. 아리스토텔레스에 따르면, 낮은 수온 때문에 성게가 먹이를 적절히 '소화할' 온기溫氣가 부족하다고 한다. (생리학적 체제로 볼 때, 성게는 어쨌든 상당히 차가운 생물이다.) 온기가 없으므로 소화되지 않은 '잔류물질residual matter'이 많이 누적되었고, 성게는 이것을 가시로 전환했다. 심해에 사는 성게의 가시가 이렇게 길어지게 된 것은 바로 이 때문이다. 게다가 냉기冷氣가 가시의 재료를 석화petrifaction시키는 바람에 가시는 매우 단단해졌다.

이 모든 것은 매우 기계적이다. 긴 가시는 '필요성necessity'의 결과물일 뿐이지만, 여기서 아리스토텔레스는 조건부 필요성보다는 물질적 필요성material necessity을 강조한다. 성게 가시의 길이는 어떤 기능적 목표로도 설명될 수 없고, 냉철한 생리학에 의해서만 설명되기 때문이다. 으레 그렇듯 성게는 환경에 반응하여 상이한 가시를 만드는데, 생물학자들은 이런 현상을 '표현형 가소성phenotypic plasticity'[5]이라고 부른다. 그러나 긴가시성게의 긴 가시는 표현형 가소성으로 설명할 수 없다. 왜냐 하면 이것은 종種 전체의 특징이기 때문이다. 그러나 어떤 이유를 대든, 이것은 아리스토텔레스가 긴가시성게의 긴 가시를 바라보는 방식이 아니다. 그는 이것을 물질이 우위를 점하는 사례로 본다.

50

동물의 설계를 분석할 때, 아리스토텔레스는 건축가나 엔지니어처럼 생각한다. 그의 첫 번째 생각은 주어진 기관이 무슨 목적을

5 같은 유전자를 가진 생물이더라도 환경 조건에 따라서 다른 표현형을 발현시키는 생물의 능력을 말한다. - 역주

수행하는가이다. 그러나 그는 이것이 무엇으로 만들어져 있는지도 깊이 의식한다. 여기에 두 가지 설명이 있다. 이것은 조건부 필요성과 물질적 필요성인데, 이 두 가지 설명은 미묘하게 상호작용 한다.

아리스토텔레스는 다음과 같이 가정한다. 동물의 기관은 일반적으로 올바른 물질right stuff로 만들어져 있으며, 균일부의 물질적 본성—조직의 생물물리학biophysics—은 동물의 기능적 필요성과 일치한다. 그러나 그는 동물들이 항상 올바른 물질을 가지고 있는 것은 아니라는 점도 인정한다. 특정한 동물의 몸이 특정한 종류의 물질로 만들어졌다는 사실은 이들이 보유한 기관의 종류를 제한하며, 심지어 (만약 올바른 물질로 만들어졌다면 가능할) 다른 장기를 가지지 못하도록 막기도 한다. 역으로, 동물들은 필요 이상의 잉여물질인 '잔류물residue'을 생산한다. 이 잔류물은 때로 어떤 기관을 만드는 데 유용한데, 이 기관은 (아마도) 필수적인 것이 아님에도 바람직하다. 건축가인 아리스토텔레스에게, 기능은 전능하지 않으며 사슬에 결박되어 있다.

균일부의 속성이 기능적 수요functional demand와 일치하는 사례는 생물물리학자의 기쁨이다. 뱀은 자신의 뒤에서 누군가가 다가오는 것을 볼 필요가 있지만, 다리가 없어서 몸을 쉽게 돌리지 못한다. 그 대신 이들은 머리를 비틀 수 있다. 뱀의 척추가 그렇게 유연한 것은 바로 이 때문이다. 가오리는 헤엄칠 때 파도 모양을 이루어야 하므로, 뱀과 마찬가지로 유연한 골격이 필요하다. 가오리가 뼈가 아닌 연골을 갖고 있는 것은 바로 이 때문이다. 인간의 식도는 음식물을 삼킬 수 있도록 확장되어야 하지만, 음식물이 내려갈 때 긁혀서 상처가 나지 말아야 한다. 식도가 탄력

성과 부드러움을 겸비한 것은 바로 이 때문이다. 인간의 페니스는 필요에 따라 발기하거나 이완되어야 한다. 페니스가 부드러울 수도 있고 단단할 수도 있는 물질로 만들어진 것은 바로 이 때문이다. 이 모두는 조건부 필요성이 균일부의 속성에 적절히 반영된 사례들이다.

그러나 후두덮개epiglottis는 이야기가 다르다. 아리스토텔레스는 목의 설계가 꽤 부실하다고 지적한다. 후두larynx와 기관windpipe이 식도의 바로 앞에 자리잡고 있어서, 동물들이 먹이를 먹다가 숨이 막히기 쉽다. 포유류의 경우, 자연이 후두에 덮는 뚜껑, 즉 후두덮개(먹이를 삼키는 동안에 닫힌다)을 고안해 냄으로써 이 문제를 해결했다. 하지만 조류와 파충류는 후두덮개가 없다. 왜 그럴까? 아리스토텔레스의 대답은, 이들의 살과 피부가 '건조'해서 후두덮개를 가질 수 없다는 것이다. 왜냐하면 후두덮개가 작동하려면 '부드러울' 필요가 있기 때문이다. 따라서 자연은 이들을 위해 다른 장치를 발명했으니, 후두를 축소한 것이다.[6]

아리스토텔레스는 주어진 기관이 하는 일을 알고 있다고 대체로 확신한다. 지라는 불가사의한 기관이다. 그는 지라가 필수 기관은 아니라고 확신하는데, 나름 타당성이 있다. 그는 많은 유혈동물들이 아주 작은 지라를 가지고 있다는 것을 알고 있고, 어떤 동물들은 아예 없다고 생각한다. 그래서 그는 지라가 간의 균형을 잡아줄 가능성을 제기한다(그는 기관들이 좌우대칭으로 쌍

6 아리스토텔레스의 동물학은 대략적으로 맞다. 그렇다면 포유류에서 '후두덮개의 존재'에 대한 설명과 조류와 파충류에서 '후두덮개의 부재'에 대한 설명도 맞을까? 단정적으로 말하기 힘들지만 한 가지 의문이 있다. 조상들이 이미 문제를 해결했는데, 포유류는 왜 후두덮개를 진화시켰을까?

을 이루는 것을 좋아한다). 비록 영양분을 '소화하는' 데 도움이 되거나, 혈관을 고정하는 데 도움이 되지만 말이다. 그러나 그는 지라를 단지 '잔류물'로 생각한다. 자연이 생산한 배출물로, 다양하지만 그다지 필수적이지 않은 부차적 용도를 지녔다는 것이나.[7]

물론 신체의 생산물 중 일부는 실제로 쓸모없는 '잔류물'일 뿐이다. 소변과 대변은 분명히 배설물이지만, 아리스토텔레스는 담즙bile 또한 마찬가지라고 생각했다. 그는 일반적으로 인정되는 의견들에 반대한다. 그리스인들은 미래를 점치기 위해 희생된 동물들의 간과 쓸개를 오랫동안 조사해 왔다. 좀 더 합리적인 생각을 가진 자연학자들은 쓸개가 감각 기능을 가지고 있다고 생각했고, 히포크라테스와 플라톤은 담즙이 질병의 산물이라고 생각했다. 아리스토텔레스는 이런 생각을 받아들이지 않는다. 그는 비교 데이터(일부 동물들은 쓸개가 있고, 다른 동물들은 없다)를 인용하며, 담즙은 간에서 생산되어 장腸으로 배출되는 혈액의 잔류물로서 아무짝에도 쓸모없다고 주장한다. '때로 자연은 잔류물조차 어떤 용도로 사용하지만, 모든 것들에 대해 하나의 목적을 찾을 이유는 없다. 실제로 어떤 목적이 있는 것은 일부일 뿐이므로, 다른 많은 것들은 부차적일 수밖에 없다.'[8]

---

7 지라의 기능은 20세기까지만 해도 미스터리였다. 이것은 혈액을 여과하며, 이 과정에서 적혈구를 제거하고 철분의 균형을 유지하고 선천적 · 후천적 면역반응을 가동하는 것으로 알려져 있다.

8 실제로, 담즙은 이차적으로 활용되는 배출물의 한 예인 듯하다. 이것은 지라에서 거두어들인 낡은 적혈구의 분해물인 빌리루빈에서 유래한다. 빌리루빈은 간으로 이동하여 담즙으로 가공된 후 쓸개에 저장되었다가, 장腸 안으로 배출되어 지방의 소화를 돕는다.

성게, 뱀, 상어, 쓸개, 음경, 지라를 해부하고 분석하며, 아리스토텔레스는 위태로운 길을 따라 조심조심 나아간다. 그의 위에는 플라톤의 경솔한 목적론heedless teleology의 산봉우리가 우뚝 솟아 있고, 그의 아래에는 자연학자들의 가차없는 유물론relentless materialism의 심연abyss이 놓여 있다. 아리스토텔레스는 어떤 쪽도 무시할 수 없음을 인정하고 모든 부분을 차례차례 고려한 후, 마침내 기능적 목표와 생리학에 우선권을 부여한다. 그리고 종종—이것은 그의 커다란 기여다—플라톤과 자연학자들 사이의 미묘한 상호작용에 주목한다. 『동물의 부분들에 관하여』를 찬찬히 읽어 보면, 아리스토텔레스의 4원인론Four Causes에서 직접 유래한 설명의 근저에 매우 이질적인 원리가 도사리고 있다는 것이 명백해진다. 이것은 공리인데, 경제학에 입각하며 목적론이나 유물론과 직접적으로 연관되어 있지 않다.

51

제우스, 포세이돈, 아테나가 누가 창조물을 제일 잘 만드는지 경쟁하고 있다. 제우스는 사람을 만들고, 아테나는 집을 만들고, 포세이돈은 황소를 만든다. 이들은 동료인 모모스[9]에게 창조물에 대한 평가를 맡겼다. 모모스는 즉각 이들 셋을 모두 조롱한다. 그는 사람에 대해, 심장을 볼 수 있도록 창문이 있어야 한다고 말한다. 그래야 그의 생각을 볼 수 있으니까 말이다. 또 집에 대해서

9 모모스(Momus). 그리스 신화에 나오는 불평과 비난의 신. - 역주

는, 바퀴가 있어야 이동할 수 있다고 말한다. 마지막으로 황소에 대해서는, 뿔 아래에 (추가로?) 눈이 있어야 뿔로 들이받을 때 잘 볼 수 있다고 말한다. 이런 불평에 짜증이 난 제우스—그는 사람을 만드는 데 많은 시간을 투자했다—는 모모스를 올림포스산에서 던져 버린다.

『동물의 부분들에 관하여』에서 아리스토텔레스는 이솝우화를 넌지시 말한다. 하지만 그의 버전에는 뿔-눈 이야기가 없다. 그 대신, 모모스는 황소의 뿔이 어깨에 있어야 쓸모가 가장 많다고 이야기한다. 아리스토텔레스는 퉁명스럽게 쏘아붙인다. '모모스의 불평은 예리하지 않다.' 모모스는 뿔이 들이받을 때의 힘과 방향에 대해 연구했어야 한다. 만약 뿔이 어깨(또는 다른 곳)에 있다면 황소의 움직임을 방해할 수도 있다. 따라서 뿔이 있어야 할 곳은 바로 머리다.

이것은 조건부 필요성을 곧이곧대로 적용한 목적론적 주장이다. 뿔은 보호를 위한 것이므로, 다른 기능적 제약조건functional constraint들을 감안하여 최선의 위치에 배치해야 한다는 것이다. 그는 다른 몇 가지 사항을 덧붙인다. 왜 뿔이 단단할까, 왜 사슴의 뿔은 속이 꽉 차 있을까, 왜 황소의 뿔은 속이 비어 있음에도 기부base에 뼈가 있어 단단해질 걸까 등등. 어느 적응주의자도 이보다 더 완벽할 수 없을 것이다. 그러나 당신은 그에 만족하지 않고, 대부분의 동물들이 뿔을 가지고 있지 않은 이유를 설명해 주기를 기대할 것이다. 어떤 동물의 생활방식은 뿔을 필요로 하는 데 반해, 어떤 동물의 생활방식은 그렇지 않은 이유를 설명해 주기를 기대할 것이다. 그러나 그는 그렇게 하지 않는다. 대신에 그는 신체의 경제학economics of the body에 의존하는 일련의 보조원리

auxiliary principle를 언급한다.

아리스토텔레스는 『정치학』에서, 가계관리household management가 두 가지 문제, 즉 지휘통제command and control와 경제학economics으로 귀결된다고 주장한다. 지휘통제란 누가 누구를 지배할 것인가에 관한 것이며, 경제학이란 재화財貨를 어떻게 획득하고 분배할 것인가에 관한 것이다. 그는 사물의 자연적 질서natural order에 대해 뛰어난 감각을 가지고 있다. 세상에는 주인, 마나님, 어린이, 노예, 동물과 같은 자연적 위계natural hierarchy가 있다. 부의 획득에는 자연적 한계natural limit가 있거나 있어야 한다. 그는 필요 이상으로 돈을 모으는 것에 대해 매우 엄격한 잣대를 들이대어, 소매는 부자연스럽고 고리대금업은 혐오스럽게 생각한다. 그는 부르주아의 금전적 집착에 대해 지식인 특유의 경멸감을 갖고 있다. 그의 어조는 1940년대의 케임브리지 대학교 교수들(프랭크 리비스F. R. Leavis 교수가 떠오른다)처럼 전제적專制的이고 도덕적이고 청교도적이다.

가정경제에 대해 기술할 때, 아리스토텔레스는 동물을 반복적으로 언급한다. 동물에 대해 기술할 때도 그는 가정경제에 대해 반복적으로 기술한다. '훌륭한 가정관리자처럼, 자연은 쓸모있는 뭔가의 원료가 될 수 있는 것을 버리는 법이 없다', '자연은 헛수고를 하지 않는다', '자연은 한 곳에서 가져와 다른 곳을 채운다', '자연은 싸구려로 놀지 않는다'. 아리스토텔레스의 목적론적 설명에는 이런 원리가 필요하지만, 그는 이것들을 옹호하기 위해 언성을 높이지 않는다. 그도 그럴 것이, 이것들은 자명한 공리이기 때문이다. '자연은 숨기를 좋아한다'는 말도 있지만, 이것은 아리스토텔레스가 아니라 헤라클레이토스가 한 말이다. 아리스토텔레스에게, 자연은 이웃에 사는 타베르나[10] 주인 같았을 것이다.

아리스토텔레스는 황소의 곧은 뿔horn과 사슴의 가지진 뿔antler의 효용에 대해 기묘한 양면적 태도를 취한다. 동물의 뿔은 틀림없이 방어용이다. 하지만 그는 아울러, 뿔은 불필요하거나 심지어 해로운 것이라고 말한다. 그는 수사슴이 가지진 뿔을 매년 떨군다는 사실에 깊은 인상을 받았다. 추정컨대, 그는 뿔을 떨구는 사슴을 현장에서 본 적이 없을 것이다. 그는 사냥꾼의 관점에서, 뿔은 포식자에게 대항하는 데 쓰이지만 성적 무기로는 쓰이지 않는다고 말한다. 그는 발정 난 사슴들끼리 가지진 뿔로 치고받는 장면을 봤을 리 없다.[11]

뿔이 별로 쓸모 없다는 것은 생리학적 기원을 반영한 것이다. 소화된 영양분으로 자신의 몸을 만들 때, 동물들은 먼저 최고품질의 영양분을 이용하여 가장 필수적인 기관을 만든다. 만약 이들이 뭔가를 남긴다면 덜 중요한 기관을 만들기 위함이다. 따라서 우리는 다음과 같이 생각해야 한다. 아리스토텔레스가 말하는 '훌륭한 가정관리자'는 가족들이 먹고 남은 음식물을 주방 주위에 숨어든 길고양이에게 줄 것이다. 솔직히 말해서 고양이는 어떤 의미에서 유해동물이므로, 당신은 이들이 집안에 들어오는 것을 원하지 않을 것이다. 그러나 아이들이 좋아하고 쥐를 잡아주기도 한다. 뿔도 고양이와 같아서, 비용과 한계효용marginal utility이 모두 낮다.

---

10 타베르나(taverna). 그리스의 작은 음식점. - 역주

11 『동물의 부분들에 관하여』 II권 2장과 다윈의 『인간의 유래와 성선택』 II권 17장을 비교해 보라.

왜 모든 동물이 뿔을 갖고 있지 않을까? 아리스토텔레스는 두 가지 이유를 제시한다. 첫 번째 이유는 경제성economy의 원리다. '훌륭한 가정관리자'의 이미지에 걸맞게, 그는 자연이 동물들을 효율적으로(허투루 쓰이는 기관을 보유하지 않도록) 설계한다고 생각한다. 그는 동물들이 큰 몸집, 빠른 몸놀림, 무기(뿔이나 엄니나 송곳니)를 이용하여 자기 자신을 보호한다고 말한다. 그러나 여기에는 딜레마가 있다. 만약 동물이 한 가지 보호수단을 보유한다면, 다른 수단을 포기해야 한다. 왜냐하면 '자연은 헛수고나 지나친 행동을 하지 않기 때문'이다.

그래서 또 하나의 경제원리, 즉 자원배분resource allocation의 원리가 작동한다. 아리스토텔레스는 『동물 탐구』에서 태생 네발동물들 간의 관련성—예컨대 뿔 있는 동물(되새김동물)은 위아래 턱의 이빨 개수가 다르지만(위턱에 송곳니와 앞니가 없다), 뿔 없는 동물(예를 들어 말)은 그렇지 않다—을 확인했다. 뿔과 이빨은 단단해야 하므로, 둘 다 단단한 물질을 많이 함유하고 있다. 따라서 아리스토텔레스는 뿔을 만드는 것과 이빨을 만드는 것 사이에 상충관계trade-off가 존재한다고 주장한다. 쉽게 말해서, 동물은 뿔을 만들 수도 완전한 이빨을 만들 수도 있지만, 두 가지를 다 만들 수는 없다는 것이다. 왜냐고? 그가 종종 이야기하듯 '자연은 한 곳에서 가져와 다른 곳을 채우기 때문'이다. 이러한 상충관계를 해결하기 위해, 아리스토텔레스는 자원배분의 원리를 아주 절묘하게 구사한다. 그는 대형동물의 뿔이 소형동물(예컨대 그가 아는 되새김동물 중에서 몸집이 제일 작은 가젤)의 뿔에 비해 불균형적으로 크다는 데 주목한다. 그는 '조그만 동물에 비해, 커다란 동물은 뿔을 만드는 데 사용할 잉여물질을 상대적으로 더 많이 보유하고 있다'고 주장함으로써 이런 패턴을 설명한다. 그는 생물이 보여주는 위대한 패턴 중 하나를 일찌감치 짚어 줬지만, 우리는 지금까지도 이 패턴을 설명하느라 애를 먹고 있다.[12]

아리스토텔레스의 자연은 일반적으로 인색하지만, 때로 그 인색함이 지나치기도 하다. 많은 동물의 기관은 다중기능multiple functions을 갖고 있으며, 코끼리의 코는 특히 다재다능하다. 하지만 그는 기능적 상충관계가 존재한다는 것도 관찰한다. 많은 것을 두루 잘하는 것은 어려우므로, 그는 일반적으로 각 부분이 전문화되는 것이 낫다고 생각한다. 그가 말한 대로, 자연은 '고기 굽는 꼬챙이 겸 전등 소켓—장담하건대, 두 가지 기능 모두 제대로 작동하지 않을 것이다—을 값싸게 만드는 구리 세공사'처럼 행동하지 않는다. 또한 복잡한 동물일수록 더욱 특별한 부분을 보유하는 경향이 있다고 그는 생각한다.

아리스토텔레스는 이상과 같은 보조원리들을 이용하여 동물의 다양성을 폭넓게 설명한다. '자연은 훌륭한 가정관리자'라는 개념은 기능이 미약한 기관들(예: 눈썹, 지라, 신장)의 존재와 부재

12 관련된 동물들의 부분집합(말하자면 포유류)을 대상으로 '몸의 크기에 대한 어떤 특징(예: 뿔의 크기, 대사율, 수명)의 비율'을 그래프로 그린다면, 우리는 종종 이 특징이 몸의 크기에 비례하여 증가하지 않고 더 빠르게 또는 더 느리게 증가한다는 것을 알게 된다. 이러한 관계를 현대 용어로 표현하면 동형성장isometric growth이 아니라 상대성장allometric growth이며, 수학적으로 말하면 선형함수linear function가 아니라 지수함수exponential function라는 것이다. 상대성장의 수학적 의미는 1920년대에 줄리언 헉슬리(Julian Huxley, 1887~1975. 영국의 생물학자 - 역주)에 의해 처음 연구되었다. 따라서 아리스토텔레스는 이 용어를 사용하지 않았지만, 이 현상을 알아내고 이것을 설명하려고 노력했다. 많은 학자들이 연구를 계속했고, 스티븐 제이 굴드(Stephen Jay Gould, 1941~2002. 미국의 진화생물학자 - 역주)는 큰뿔사슴의 괴물 같이 가지진 뿔을 설명하는 데 상대성장이라는 용어를 사용한 것으로 유명하다. 하지만 그는 이 분야를 개척한 아리스토텔레스의 우선권을 인정하지 않았다. 나는 스티븐 제이 굴드가 아리스토텔레스의 저서를 읽지 않았다고 생각한다.

를 설명한다(또는 설명하는 데 도움이 된다). '자연은 헛수고를 하지 않는다'라는 개념은 왜 물고기는 눈꺼풀 · 폐 · 다리가 없는지, 왜 송곳니를 가진 동물은 엄니가 없는지, 왜 어금니를 가진 동물들만이 이빨을 좌우로 가는지, 왜 우리의 치아는 오랫동안 지속되는지, 왜 남성이 존재하는지를 설명한다. '자연은 한 곳에서 가져와 다른 곳을 채운다'는 사실은 왜 상어가 경골을 갖지 않는지, 왜 곰은 꼬리에 털이 없는지, 왜 조류는 방광이 없는지, 왜 사자는 젖꼭지가 2개인지, 조류는 발톱이나 며느리발톱을 가지고 있는데 왜 둘 다 갖지 않았는지, 왜 노랑씬벵이는 재미있는 모양을 하고 있는지를 설명한다. 이것은 또한 많은 생활사의 변천과 우리가 죽는 이유를 설명한다.

종합적으로 보면, 이런 보조원리들은 신체의 경제적 설계body's economic design의 모델이라고 할 수 있다. 가정관리의 달인이 의식주를 해결하기 위해 특정한 자연소득natural income을 사용하듯, 동물도 신체부위를 만들고 이 기능을 실행하기 위해 특정한 영양소득nutritional income을 이용한다. 어떤 기관과 기능은 생명을 유지하는 데 필수적이고, 어떤 것들은 유용하지만 없어도 무방하다. 필수불가결한 기관과 번식은 영양소득 사용의 일순위 항목이다. 없어도 그만인 기관은, 뭔가 남은 것이 있을 경우에 만들어진다. 그러나 일반적으로, 동물들은 상당히 엄격한 예산제약budgetary constraint하에 가동되며, 기관을 가동하는 데는 비용이 많이 든다. 이는 두 가지 결과를 낳는다. 첫째로, 어떤 기관을 만든 대가로 다른 기관을 만들 수 없는 경우가 종종 있다. 둘째로, 동물들은 자신의 영양소득을 효율적으로 사용함으로써, 허투루 쓰이는 기관을 만들지 않으려는 경향이 있다. 모든 동물들이 영양예산nutritional budget을 지켜야 하지만, 대형동물들은 소형동물들보다 불균형적으로 더 많은 여분을 가지고 있기 때문에, 비필수적인 기관에 더 많은 영양분을 할당할 여력이 있다. 마지막으로, 다중기능을 가진 기관은 비용이 덜 들고 많은 동물들에서 찾아볼 수 있지만, 기능적 전문화functional specialization의 장점을 감안할 때 가능하면 하나의 기관이 단일임무를 수행하는 것이 최선이다.

아리스토텔레스는 이상과 같은 모델을 자세히 설명하지 않으며, 영양과 관련하여 '소득', '효율성', '예산'이라는 개념을 아무데서도 언급하지 않는다. 이것은 그의 모델 중 하나이지만, 그의 보조적인 목적론auxiliary teleology 중 상당부분을 이해하게 해준다. 현대 진화생물학의 이론적 구조에 경제학이 접목된 것은 다윈 이후의 일이다. 다윈은 자유방임적 자본주의 시대에 살았고, 불로소득 계급에 속했으며, 애덤 스미스와 맬서스를 탐독했다. 아리스토텔레스는 이렇게 하지 않았다. 그러나 나는 그가 단순하지만 심오한 경제적 진리를 이해하고 적용했다고 믿는다.

갑오징어의 영혼

나뭇가지에 낳은 갑오징어의 알

52

칼로니의 어선들은 '트레한티리(*trehantiri*)'라고 불리는데, 크기가 작고 앞뒤가 똑같이 생겼으며 파란색 바탕에 노란색과 초록색 테두리가 그려져 있는 것이 특징이다. 우리가 항구에 도착했을 때 대부분의 배들은 여전히 정박해 있었다. 부두에 버티고 선 펠리컨이 조용히 하품을 하며 깃털을 곤두세웠다. 새벽의 라군은 매우 고요했고, 수면에 비친 오렌지색, 분홍색, 파란색 하늘은 회색으로 물든 채 하얀색 서쪽 해안선에 의해 이등분되어 있었다.

우리의 목표는 갑오징어를 잡는 것이었다. 갑오징어들은 봄에 에게해의 얕은 만灣으로 이주해 와 짝짓기를 하고 알을 낳고 생을 마감한다. 시인 오피안[1]은 터키 해안 바로 윗마을에서 쓴 〈할리에우티카〉라는 시에서, 골풀rush로 엮어 만든 원뿔 모양의 덫으로 갑오징어를 잡을 수 있다고 썼다. 이 기술은 지금까지 사용되고 있으며, 다른 점이 하나 있다면 덫(통발)이 플라스틱 그물로 만들어졌다는 것이다. 우리가 설치한 첫 번째 덫은 텅 비어 있었다. 우리는 잠깐 누군가 다른 사람이 덫을 들어 올린 것으로 의심했다. (파렴치한 칼로니의 어부들은 다른 사람이 잡은 것을 훔쳐가기도 한다.) 하지만 이때 조그만 문어 한 마리가 갑판 위를 흐물흐물 기어다녔다. 지적인 연체동물은 점액성 물질을 흘리며 갑판 배수

1 오피안(Oppian). 2세기의 그리스 · 로마 시인. - 역주

구 쪽으로 직행했지만, 우리는 문어를 잡아 기절시킨 다음 양동이에 던져 넣었다. 뒤이어 그물에 걸려 꼼짝 못하는 숭어가 머리를 물어뜯긴 채 나타났다. '보라, 갑오징어(*soupia*)의 소행이다.' 아니나 다를까. 잠시 후 연료통을 덮고 남을 정도로 커다란, 수 킬로그램짜리 갑오징어가 걸려들었다.

'잘츠부르크의 소금 광산에서,' 스탕달은 『연애론』에 이렇게 썼다. '그들은 잎이 없는 가지를 폐광에 던진다. 그로부터 2~3개월 후, 그들은 빛나는 결정의 침전물로 뒤덮인 가지를 꺼낸다.' 이것은 당신이 사랑하는 연인을 떠나 보내고 24시간 정도 지났을 때 일어나는 일을 소금 결정에 빗댄 유명한 메타포다. 봄에 칼로니에서 나뭇가지를 던져 보라. 하루도 채 안 되어, 그리스 포도를 닮은 작은 알갱이로 뒤덮일 것이다. 이것은 갑오징어의 알이다. '갑오징어는 육지 근처의 해초나 갈대나 그밖의 찌꺼기(이를테면 덤불, 나뭇가지, 돌)에 알을 낳는다. 어부들은 심지어 갑오징어로 하여금 알을 낳게 하려고 적당한 장소에 나뭇가지를 갖다 놓기도 한다'라고 아리스토텔레스는 말한다. 칼로니의 어부들은 지금도 여전히 이렇게 하고 있다. 하지만 갑오징어는 단단한 곳이라면 어디에든 알을 낳을 것이며, 우리의 덫도 조만간 알로 뒤덮일 것이다. 저 아래쪽에는 필시 두족류의 산란장이 있을 것이다.

갑오징어의 알들은 분리되어 있고 고무처럼 말랑말랑하며, 처음 낳았을 때는 어미가 내뿜은 불투명한 진보라색 먹물로 얼룩져 있다. 성숙해지면서 알 껍질이 점점 더 깨끗해진다. 나는 그물에서 반투명한 알갱이 하나를 떼어내 1분 동안 햇빛에 비춰 보았다. 반짝이는 분홍색 눈을 하고, 난황 주위의 황금빛 액체에 떠 있는 하얀 갑오징어의 씰룩거림이 보였다. 장담하건대, 아리스토텔레스도 나와 똑같이 행동했을 것이다.

> 어린 갑오징어의 발육: 암컷이 알을 낳는 순간, 알 속에서 우박 비슷한 것이 생겨난다. 어린 갑오징어는 바로 여기에서 자라나는데, 이것은 일종의 고정장치로서 머리에 연결되어 있다. 조류의 경우에는 이 비슷한 고정장치가 배腹에 연결되어 있다. 탯줄의 부속물인 이것(하얀색 조각)의 본질이 무엇인지 정확히 보여주는 증거는 아직 없지만, 어린 갑오징어가 자라면서 점점 작아져—조류의 경우 난황이 그러는 것처럼—결국에는 없어진다. 다른 동물들과 마찬가지로, 어린 갑오징어의 눈은 처음에 매우 커 보인다. 첨부 그림에서 α는 알, β와 γ는 두 눈, δ는 어린 갑오징어를 나타낸다. 갑오징어들은 봄철에 짝짓기를 하고 15일 내에 알을 낳는다. 산란된 알은 15일쯤 지나면 포도송이처럼 발육하고, 곧이어 알 껍질이 터지며 어린 갑오징어가 세상에 나온다.

우리가 표류할 때 한 쌍의 갑오징어가 짝짓기를 하며 헤엄쳐 지나갔다. 아리스토텔레스는 말한다. '부드러운 몸을 가진 문어, 갑오징어, 오징어 들은 모두 같은 방식으로 짝짓기를 한다. 다시 말해서, 이들은 촉수를 얼기설기 엮은 상태에서 입을 맞대고 짝짓기를 한다.' 그는 두 마리가 모두 살아 있을 필요는 없다는 이야기는 하지 않는다. 심지어 수컷은 이미 죽어 매우 창백해진 암컷을 질질 끌고 다니기도 한다. 암컷들은 일단 알을 낳은 후 죽으며, 수컷들은 촉수로 아무것이나 움켜잡은 채 경련을 일으키기도 한다. 우리의 덫에서 나온 갑오징어들은 화가 나서 검붉은 색으로 변했고, 먹물을 뿜어대며 (작지만 매우 화가 난) 새끼고양이처럼 쉭쉭 소리를 냈

갑오징어의 배아. 『동물탐구』 V권의 내용에 기반하여 후세에 재현

다. 우리는 제비갈매기와 앞서거니뒤서거니 하며 귀항했다.

53

생명이란 무엇일까? 에르빈 슈뢰딩거[2]의 질문이다. 그의 대답은, 생명은 음陰의 엔트로피negative entropy를 먹고사는 시스템이라는 것이다. 허버트 스펜서[3]는 생명을 '동시적이고 연속적인 이질적 변화의 확고한 결합'으로 정의했다. 자크 러브[4]는 생물을 화학적 기계chemical machine로 여기고, 그 기계는 본질적으로 '스스로 발생 · 보존 · 생식하는 특성을 가진 콜로이드 물질로 구성된다'고 생각했다. 헤르만 뮐러[5]는 증식 · 변이 · 유전의 속성을 가진 모든 실체를 생물로 간주했다. 당신이 선호하는 생물학 교과서의 저자들은 대사 · 영양 · 생식 등 다소 임의적인 목록을 제시하지만, 대부분은 생물학자들은 '생명이란 무엇일까?'라는 질문을 거들떠보지도 않는다.

아리스토텔레스는 자기 자신에게 슈뢰딩거의 질문을 던지고 스스로 대답했다. 그는 처음에 '생명이란 자양분 섭취, 성장, 쇠퇴의 능력을 의미한다'는 전통적인 목록을 제시한다. 하지만 이 대답에는 그가 문제를 분석하는 조건이 제대로 반영되지 않았다.

---

2 에르빈 슈뢰딩거(Erwin Schrödinger, 1887~1961). 오스트리아의 이론물리학자. 1933년 노벨 물리학상 수상. - 역주

3 허버트 스펜서(Herbert Spencer, 1820~1903). 영국의 철학자. - 역주

4 자크 러브(Jacques Loeb, 1859~1924). 미국의 생물학자 - 역주

5 헤르만 뮐러(Hermann Muller, 1890~1967). 미국의 유전학자. 1946년 노벨 생리의학상 수상. - 역주

그는 나중에 죽음과 삶을 구별하는 것이 무엇인지 훨씬 더 추상적으로 기술한다. 그의 더욱 심오한 대답은 독특하다. 생물이 영혼을 지니고 있다고 하니 말이다.

54

영혼에 대한 그리스의 전통적 개념은 호메로스에서 유래한다. 파트로클로스가 트로이 전쟁에서 전사하자, 그의 육신을 떠난 영혼은 하데스의 신전을 향해 날아간다. 아마도 이것은 나비를 뜻하는 그리스어 단어가 '영혼'—프시케(*psychê*)—과 똑같은 이유를 설명하는 것 같다. 인간이 죽을 때, 영혼은 시신을 벗어난다. 나비가 번데기에서 우화羽化하듯이 말이다. 『파이돈』에서 플라톤은 전통적인 이론을 자세히 설명한다. 영혼이란 단지 죽음과 동시에 상실하는 뭔가가 아니라, 우리가 살아 있는 동안 육신의 욕망을 판단하고 조절하는 존재다. 지금 소크라테스가 죽어가고 있다. 그의 영혼 역시 자신을 가두고 있던 육신을 떠나 하데스의 신전으로 날아갈 것이다. 파트로클로스의 영혼은 그곳에서 고작해야 미약한 내세의 삶을 영위할 것이다. 그에 반해 소크라테스의 영혼은 영속적인 환생perpetual reincarnation의 가능성을 기대하거나 낙관할 수 있다. 『국가론』에서 영혼은 더욱 복잡해져, 윤리덕moral virtue이 머무는 자리가 된다. 플라톤은 (해초로 뒤덮인) 조개껍데기에 짓눌린 바다의 괴물 글라우코스—거미게의 일종을 모델로 삼은 것이 분명하다—에 비유하며, 인간의 영혼이 악마에 의해 훼손된다고 기술한다.

초기 저작 중 일부에서, 아리스토텔레스는 플라톤과 비슷한 믿음을 전하고 있다. 친애하는 에우데모스가 시칠리아의 전장에서 죽었을 때, 아리스토텔레스는 그에게 헌정한 논문에서 에우데모스의 영혼이 자신의 집으로 돌아온다고 썼다. 또 다른 초기 저작인 『프로트레프티코스』에서, 그는 육신과 영혼 사이의 관계를 (포로들에게 시신과 얼굴을 맞대게 하는) 에트루리아의 불쾌한 관습과 비교한다. 영혼은 이처럼 섬뜩한 2인무pas de deux를 함께 추는, 삶의 동반자라는 것이다. 한 학자는 이 구절에 다음과 같은 주석을 달았다. '우리는 여기서 하나의 정신과 확실히 마주한다. 이것은 강하고 아름답지만 병약하다.'

아리스토텔레스는 만년晩年에 영혼에 관한 책인 『영혼론』을 썼다. 플라톤적인 설교 없이 순전히 과학적인 어조로 쓴 책이다.

> 어떤 종류의 지식은 정확성 면에서 특별히 훌륭하고 가치로울 수 있다. 또는 그 대상이 더 큰 가치를 가지고 있거나 더 큰 경이로움을 불러일으키기도 한다. 이런 이유로 우리는 영혼에 관한 연구를 지극히 중요한 것으로 취급해야 한다. 하지만 영혼에 관한 연구는 총체적인 진리, 특히 자연을 연구하는 데 있어서 특히 중요해 보인다. 영혼은 동물의 삶의 원리이기 때문이다.

우리가 보기에, 이것은 좀 이상하고 심지어 의심스러운 주장이다. '영혼'은 많은 의미를 가진 부담스런 말이지만 현대과학에는 없는 말이다. 아마도 우리는 번역을 포기하는 것이 나을 것이다. 단순한 직역은 문제에 전혀 도움이 되지 않는다. 우리는 '영혼psyche'이라고 할 때 정신상태, 특히 의식consciousness을 지칭한다. 확실히 아리스토텔레스는 자신의 책에서 정신상태를 다루고 있다. 그러나 그는 이것을 생리학으로 다루며, 의식에 대한 데카르트적 문제를 거의 일으키지 않는다. 사실, 『영혼론』은 엄밀히 말해서 생리학 논문이 아니다. 이것은 생물로 하여금 자신의 삶을 영위하게 해주는 명령 및 통제 시스템system of command and control에 대한 가장 일반적인 진술이다.

아리스토텔레스는 논거를 거의 제시하지 않으면서 두 가지 명제를 내세운다. 첫 번째는 모든 생물, 즉 식물과 동물과 인간은 영혼을 가지고 있다는 것이다. 두 번째는 생물이 죽으면 영혼은 더 이상 존재하지 않는다는 것이다. 이 명제들은 기원전 4세기의 그리스 지식인들 사이에서 상식으로 통했을 것이다. 플라톤의 경우, 첫 번째 명제는 확실히 믿었지만 두 번째 명제는 반대했다. 하지만 영혼이란 정확히 무엇일까? 아리스토텔레스는 전임자들의 견해를 조사하는 것으로부터 시작한다.

그는 이렇게 말한다. '모든 사람들은 영혼이 움직임—생물이 숨쉬고, 자라고, 꿈틀거리고, 헤엄치고, 걷고, 날 수 있는 능력—과 관련되어 있다는 데 동의한다.' 영혼에 대한 훌륭한 설명은 '어떻게'를 설명할 수 있어야 한다. 먼저, 그는 영혼이 어떤 물리적 물질로 이루어져 있다는 통속적인 아이디어를 고려한다. 영혼물질soul-stuff(영혼을 이루는 물질)의 통상적인 후보자는 원소, 즉 공기, 물, 불이며, 흙만이 영혼물질의 후보자에서 제외되는 듯하다. 그는 이 모든 것을 기각한다. 매우 합리적으로, 그는 동물로 하여금 움직이게 만드는 원소의 존재와 그 메커니즘을 알지 못한다고 잘라 말한다. 다음으로, 그는 움직임이란 생물의 영혼을 구성하는 구형 원자spherical atom의 끊임없는 운동에 기인한다는 데모크리토스의 주장을 고려한다. 아리스토텔레스는 그의 주장을 가리켜, 아프로디테의 나무 조각상 속에 녹인 은molten silver을 넣어 생기를 불어넣으려는 다이달로스의 생각과 다름없다고 말한다. 원소들은 영혼을 작동시키는 물질이고 생명의 기질substrate이지, 생명 자체는 아니라는 것이다.

그는 다소 따분한 아이디어 몇 가지를 추가적으로 고려한다. 이중 하나는 피타고라스학파가 제안 것으로, 영혼이란 조화harmony라는 것이다. 아리스토텔레스는 조화를 원소들의 특별한 구성비particular ratio of elements로 해석한다. 단순하다는 인상을 받았지만, 그래도 그는 이 아이디어에서 어떤 장점을 본다. 이것은 영혼이 물질 자체의 속성이 아니라 물질의 배열방식에 의존한다는 자신의 이론과 공통점이 있다는 것이다. 마침내 자신만의 이론을 제시하게 되었을 때, 그는 영혼이란 생물의 몸속에 깃든 형태—형상(*eidos*)—라고 주장한다.

여기서 잠깐 나의 개인적 견해를 제시한다. 나는 아리스토텔레스가 말하는 생물의 '형상' 또는 '형상성formal nature'을 일종의 '정보'로 해석하며, 그 용도는 '물질을 배열하여 주어진 종류의 생명체로 빚어내는 것'이라고 생각한다. 이런 해석은 그의 다양한 비유(밀랍에 새겨진 각인, 문자, 음절 등)뿐만 아니라, 형상은 보이지 않을 때도 존재한다는 사실에 기초한 것이다. 이것들은 어떤 식으로든 동물의 씨seed에 존재하며, 배아의 발생과 성체의 외모 및 기능을 책임진다. 비록 특별한 상황에 처해 있을망정 동물의 영혼이 형상인 것은 바로 이 때문이다.

만약 모든 종류의 영혼에 대해 일반적인 뭔가를 말해야 한다면, 기관들을 가진 자연적 신체natural body의 첫 번째 사실태first actuality일 것이다.

여기서 핵심단어는 '사실태'—엔텔레케이아(*entelekheia*)[6]—다. 이것은 아리스토텔레스의 용어 중 하나로, 그의 영혼론에서 가장 독특한 말이다. 그는 종종 이것을 '가능태potentiality'—디나미스(*dynamis*)[7]—의 반대말로 사용한다. 이 반대말은 그의 신체이론 속으로 깊숙이 파고든다. 아리스토텔레스의 관점에서 볼 때, 모든 변화는 가능태의 실현actualization이다. 따라서 영혼을 사실태라고 말할 때, 그는 '이전에 잠재적으로만 존재하던 어떤 것'이라는 사실에 중점을 둔다. 영혼은 '뭔가 다른 것에서 탄생한 어떤 것'이라는 것이다. 생물의 영혼은 '몸속에 깃든 형상form in a body'이라는 주장과 이 개념을 결합하면, 다음과 같은 아리스토텔레스의 의도가 명확해진다: 미수정된 씨unfertilized seed의 형상은 단지 가능태만 가지고 있으며, 이 형상이 성장하는 배아growing embryo와 기능하는 성체functioning adult에서 실현된 것이 바로 영혼이다.

이것은 여전히 짜증날 정도로 추상적이다. 하지만 아리스토텔레스는 영혼의 속성들에 대해 많은 것을 말해주며, 이 속성들은 아리스토텔레스가 무엇을 말하는지 알려준다. 어떤 속성들은 매우 일반적이어서 모든 생물의 영혼에 적용된다. 어떤 것들은 더욱 특이적이어서 인간에게만 적용되는데, 그 중 4가지는 특히

---

6 질료matter가 목적하는 형상을 실현하여 운동이 완결된 상태. - 역주

7 질료가 형상을 받아들일 수 있는 능력이나 가능성. - 역주

흥미로운 사실을 드러낸다.

첫째, 아리스토텔레스의 영혼은 물질로 이루어지지 않았다. 그가 데모크리토스의 조악한 유물론crude materialism에 반대하는 것을 보면 분명하다. 하지만 이것은 또한 '몸속에 깃든 형상'이라는 영혼의 정의를 따른다. 둘째, 영혼은 생물의 기능적 속성functional property을 의미하는 기관의 존재와 관련된다. 셋째, 영혼은 생물의 변화를 담당한다. 이것은 영혼이 몸에서 일어나는 모든 과정—성장, 유지, 노화, 운동, 감각, 정서, 생각—을 조절한다는 것을 의미한다. 마지막으로, 영혼은 생물의 목표, 즉 궁극적으로 생존과 생식을 담당한다.

아리스토텔레스가 영혼을 기술하기 위해 사실태(*entelekheia*)라는 단어를 사용한 것은, 그가 이것을 얼마나 중요하게 여겼는지를 단적으로 보여준다. 왜냐하면 *entelekheia*는 부분적으로 텔로스(*telos*)—목적 또는 목표—에서 유래하기 때문이다. 이 말의 개념 역시 그의 형이상학과 깊이 맞닿아 있다. 아리스토텔레스에 의하면 영혼은 '정의[*logos*]적 의미에서 독립체[*ousia*]'인데, 이는 생물의 영혼이 기능적 특징functional feature들의 총합sum이라는 것을 의미한다. 만약 눈이 생명체라면, 눈의 영혼은 시각vision이 될 것이라고 그는 말한다. 생물(또는 기관)을 구성하는 물질보다는 이것을 정의하는 기능적 특징에 집착한 나머지, 그는 심지어 (손상 등으로 인해) 보이지 않는 눈은 진짜 눈이 아니라고 말한다. 그리스 선원들이 뱃머리에 그리는 '눈' 같이 '이름만' 눈인 것이다.[8] 그는 시체를 가리켜, 영혼이 없기 때문에 사람이 아니라고

8 실제로, 그가 늘 냉철한 기능주의자였던 것은 아니다. 두더지는 눈을 덮은 피부 층

주장한다. 이런 관점에서 보면, 죽은 암컷과 교미하는 수컷 갑오징어는 시간을 낭비할 뿐만 아니라 심각한 철학적 실수까지도 저지르고 있는 셈이다.

55

아리스토텔레스의 영혼은 막중한 부담을 안고 있다. 아리스토텔레스의 4가지 설명적 원인 중 3가지—형상인formal cause, 운동인moving cause, 목적인final cause—를 포용하지만, 이것이 무엇으로 만들어졌는지에 대한 질료인material cause은 예외로 남겨뒀기 때문이다. 그러므로 영혼은 명백한 중요성에도 불구하고 불가사의로 남아 있다. 목적은 있지만 실체(질료)가 없다면, 결국 생명체를 이루는 물질을 움직일 수 있는 것은 무엇일까?

이런 까다로운 기준에 직면했을 때, 학자들은 때로 '아리스토텔레스가 영혼에 대해 말할 때 모종의 정신력spiritual force을 언급한다'는 결론을 내렸다. 이 '정신적 영혼spiritual soul' 해석은 생물학과 정신철학philosophy of mind이라는 두 가지 이질적인 분야의 지적 전통으로 귀결되었는데, 이 둘의 최종 결과는—아리스토텔레스가 의미하는 것에 대한 불필요한 신비화unnecessary mystification라는 점에서—매우 비슷하지만 결이 사뭇 다르다.

정신적 영혼 해석의 '정신철학' 버전에서, 아리스토텔레스

때문에 눈이 멀었다고 말할 때, 그는 두더지의 실명에 그 이상의 의미를 부여하지는 않았을 것이다.

는 정신상태가 신체와 독립적이라고 믿는 데카르트적 정신-신체 이원론자mind-body dualist처럼 보인다. 길버트 라일[9]의 말을 빌리면, 그는 영혼에 대해 말할 때 '기계 속의 유령ghost in the machine'을 언급한다. 아리스토텔레스가 '능동적' 지성active intellect을 논할 때 실제로 이 해석에 도움이 되는 구절들이 있지만, 이 구절들은 영혼과 정신상태의 관계에 대해 그가 쓴 다른 모든 것들과 너무나 모순되기 때문에 학자들을 절망에 빠뜨린다.

우선, 아리스토텔레스는 영혼이 행위자agent라는 것을 부인한다. 이것은 특히 정서에 대해 말할 때 명확하다. 그는 우리가 영혼에 귀속시키는 모든 정서(기쁨, 절망)를 가리켜, 우리 몸안에서 일어나는 생리적 반응(웃음, 눈물)의 표출이라고 지적한다. 그는 더 나아가, 이러한 반응을 영혼상태soul's condition의 결과물로 간주하는 경향은 오류라고 주장한다. 그 자체가 영혼이라면 몰라도.

> 영혼이 화났다고 말하는 것은, 영혼이 옷감을 짜거나 건물을 짓는다고 말하는 것과 같다. 영혼이 연민을 느끼고 배우거나 생각한다고 말하는 것보다, 사람이 그렇게 행동한다고 말하는 것이 바람직할 것이다.

그리고

> 생각, 사랑, 증오는 정신이 아니라 '정신을 가진 자'에게 영향을 미

---

9 길버트 라일(Gilbert Ryle, 1900~1976). 영국의 철학자. - 역주

치며, 영향력의 크기는 정신을 얼마나 가졌는가(온전한가)에 달렸다. 실제로 기억과 사랑이 존재하기를 멈추는 시기는 정신이 쇠퇴할 때이다. 정신이 쇠퇴할 때, 기억과 사랑은 정신에 속하지 않고 소멸된 합성물perished composite에 속한다.

아리스토텔레스는 '호문클루스homumculus'를 뿌리뽑으려 노력한다. 그는 다음과 같은 개념을 공격한다: '우리 모두의 몸 속에는, 신체와 분리된 작은 사람—또 하나의 나—이 존재한다. 그는 우리의 생각을 생각하고, 우리의 증오를 증오하고, 우리의 사랑을 사랑하고, 약간 불가사의한 방법으로 우리의 신체기계bodily machine를 조절한다.' 아리스토텔레스는 데카르트적 문제, 즉 실체가 없는 영혼이 신체를 움직이는 방법을 설명해야 하는 문제에서 자유롭다.

정신적 영혼 해석의 '생물학적' 버전에서, 아리스토텔레스는 생기론자vitalist처럼 보인다. 생기론자가 된다는 것은 생명체가 (무생물에서 발견되지 않거나 유래하지 않은) 속성을 보유한다고 가정하는 것이고, 생명체가 사실은 매우 복잡한 기계일 뿐이라는 사실을 부인하는 것이며, 생명의 자율성autonomy을 믿는 것이다. 18세기와 19세기에—특히 독일에서—생명체가 단지 기계일 뿐이라는 생각과 그렇지 않다는 생각을 가진 생물학자와 철학자들이 격렬하게 논쟁했다. 생명체가 단순한 기계가 아니라는 생각은 생명체의 목표지향성goal-directness을 의미하는데, 이것은 아리스토텔레스에게 깊은 인상을 준 생각이었다. 목적론은 설명의 여백을 (비록 공허하지만) 생명력과 활력을 의미하는 온갖 미사여구들—*nisus formatus, Bildungsreib, Lebenskraft, vis vitalis, vis essentia-*

lis—로 가득 채운 초대장이었다. 생기론자의 배지를 자랑스럽게 착용한 마지막 과학자는, 나름 명성을 날린 한스 드리슈[10]였다.

젊은 시절부터 총명한 실험주의자였고 중년에는 실험발생학 Entwicklungsmechanik—experimental embryology[11]—의 선구자 중 하나였던 드리슈는 기계론적 생명론을 거부하고 헌신적인 생기론자가 되어, 기계는 이론적으로도 생명체를 구성할 수 없다고 주장했다. 1941년 에드워드 콩클린[12]은 '작동하는 기계의 메커니즘이 너무 복잡해서 드리슈가 이해하지 못하는가 보다'라는 냉소적인 재담을 했고, 오늘날 드리슈는 고작해야 '철학의 공허한 영역을 위해 실험대lab bench를 포기하면 어떤 위험에 처하게 되는지'를 단적으로 보여준 사례로 알려져 있다. 아리스토텔레스에게 경의를 표하는—사실은 아리스토텔레스를 욕되게 한—뜻에서, 드리슈는 생명력을 엔텔레키(*entelechy*)라고 불렀다.

정신-신체 이원론자들은 철학 분야의 더욱 어두컴컴한 구석에 여전히 숨어 있는지 모르지만, 생기론자들은 생물학계에서 자취를 감추었다. 생명체의 목표지향성은 (왜 생명체가 목표를 갖는지와 그 목표가 무엇인지 알려주는) 자연선택론, (생명체가 목표를 어떻게 성취하는지 알려주는) 생리학 및 생화학, (목표가 어디에 저장되고, 부모에게서 자녀에게 어떻게 전달되는지 알려주는) 유전학에서 설명되어 왔다. 아리스토텔레스의 목적인, 운동인, 형상인—이 모든 연구는 영혼에 기여했다—은 생물학의 여러 하위분야로 흡수되

---

10 한스 드리슈(Hans Driesch, 1867~1941). 독일의 동물학자. - 역주

11 독일에서 제창된 학문의 호칭을 영어로 직역하는 것이 불가능해, 'experimental embryology'라는 용어가 정착되었다. - 역주

12 에드워드 콩클린(Edward Conklin, 1863~1952). 미국의 동물학자. - 역주

고 나뉘었다. 그렇다면 다음과 같은 의문이 떠오르는 것은 당연한 수순이다. 이처럼 매끄러운 설명체계를 몰랐던 아리스토텔레스는 칸트적 절망에 굴복하여, '영혼'이라는 전통적인 단어를 무생물적 물질inanimate matter과 생물의 행동what living things do 사이의 틈을 잇는 블랙박스로 사용했을까? 만약 그렇다면 그는 생기론자다. 아니면 '영혼'을 생명체가 발생하고 기능하는 과정을 설명하는 용어로 사용했을까? 그가 생각한 과정이—옳든 그르든—그 당시의 자연과학적 관점에서 완벽하게 설명될 수 있었을까? 만약 그렇다면, 매우 세련된 유형이지만 그는 유물론자다.

모든 설명이 물질의 원초적인 속성—화학과 물리학—을 고려하는 한, 현대의 모든 생물학자들은 '유물론자'라고 할 수 있다는 말이 있다. 일리 있는 말이다. 그러나 어떤 생물학자도 순진한 데모크리토스적 유물론자는 아니다. 왜냐하면 생물의 독특한 특징이 물질의 배열에 달려 있다는 데 모두 동의하기 때문이다. 원소는 생명을 위한 필요조건이지만 충분조건은 아니다. 순서화원리ordering princle—정보—또한 필요하기 때문이다. 새로운 용어를 쓴다면, 오늘날의 생물학자는 '정보에 능통한 유물론자'다.

이것은 아리스토텔레스의 견해이기도 했다. 그가 영혼(*psyche*)을 형상(*eidos*)의 실현이라고 부른 것은 바로 이 때문이다. 이것은 단지 시작일 뿐이다. 영혼은 발생생물학과 유전에 관한 그의 책인 『동물의 발생에 관하여』, 동물의 운동에 관한 책인 『동물의 움직임에 관하여』, 기능적 해부를 다룬 『동물의 부분들에 관하여』, 무엇보다도 생리학을 다룬 『장수와 단명에 관하여』와 『젊음과 늙음, 삶과 죽음에 관하여』에 등장한다. 간단히 말해서 영혼은 아리스토텔레스의 생물학 전체에 퍼져 있다. 그가 영혼의 작동에 대해 말한 것들을 낱낱이 조사해 보면, 동물들이 환경으로부터 물질을 획득하여 변형하고, 변형된 물질을 몸 전체에 배분하고, 이것을 이용하여 성장하고 자신을 유지하고 생식하고, 세계를 인식하고 이것에 반응하는 과정을 아리스토텔레스가 상세하고 일관되고 (생물학적 조직화의 많은 단계에 걸쳐) 포괄적으로 설명했음을 명백히 알게 될 것이다. 그리고 이 모든 활동의 형태와 구조(또는 조직화)가 바로 영혼이라는 것을 깨닫게 될 것이다.

결론은 충격적일 정도로 생경하기도 하지만 놀랍도록 친숙하다. 우리가 지금껏 종교적이고 철학적인 전통에 얽매인 채 '영혼'에 대해 물리적 세계와 닿을 듯 말 듯 연결된 독립체라고 말해 온 것을 감안하면, 영혼은 생경할 수밖에 없다. 그러나 우리가 단어 자체를 무시하고 아리스토텔레스가 이해하려고 노력한 생명의 운동원리에 주의를 기울인다면, 영혼은 매우 친숙하게 다가올 것이다.

56

아리스토텔레스는 영혼을 기능별로 나눈다. 모든 생명체는 자양분(*trophē*)을 담당하는 '영양'혼nutritive soul을 가지고 있다. 그리고 지각 · 식욕 · 운동을 통제하는 '감각'혼sensitive soul은 동물(그리고 인간)에게만 있다. (그는 식물들은 환경을 감지하지도, 이것에 반응하지도 않는다고 생각한다.) 인간은 또한 '이성'혼rational soul을 가진다. 이런 하위영혼sub-soul들은 더 큰 전체를 구성하는데, 이러한 체계를 통틀어 영혼의 하위체계sub-system라고 한다.

영양혼은 동물의 발생과정에서 나타나는 첫 번째 영혼이다. 이 힘은 폭넓게 작용한다. 이것은 영양의 획득 · 변형 · 배분과 생명체의 성장 · 유지, 노화에 의한 파괴, 생식에 의한 형태의 영속화를 담당한다. 영양혼은 생명체를 단단히 뭉쳐 산산이 부서지지 않도록 한다. 좀 더 간단히 말하면 아리스토텔레스가 생명체의 영양혼에 대해 말할 때, 그는 대사의 구조와 통제에 대해 말하는 것이다.

그리스어 메타볼레(*metabolē*)에서 온 대사metabolism는 문자 그대로 '변형transformation'이다. 이것은 매우 아리스토텔레스적인 말이다. 대사란 생물이 세상으로부터 물질을 얻은 다음 필요한 재료로 변형하여, 이것을 필요로 하는 곳에 재분배하는 체계를 말한다. 이것은 개방된 화학시스템으로, 슈뢰딩거가 생명은 음의 엔트로피를 먹고사는 시스템이라고 말한 것과 같은 의미다. 아리스토텔레스 역시 생명체가 개방된 시스템임을 알고 있었다.

> 우리는 이것[성장하는 균일부]을 물water의 지속적인 흐름이라는 관점에서 이해해야 한다. 상이한 부분들이 차례차례 등장한다. 각 부분들은 (육신을 이루는) 물질이 어떻게 성장하는지를 보여준다. 어떤 물질은 흐름 속에서 사라지고, 어떤 물질은 추가로 도입된다. 모든 부분에 물질이 추가되는 것은 아니지만, 모양과 형태에 속하는 부분에는 모두 추가된다.

아리스토텔레스는 동물 만들기를 도끼 · 동상 · 침대 · 집 같은 인공물 만들기와 종종 비교한다. 그러나 그에 의하면 동물은 집과 전혀 다르다. 동물은 자가조립을 할 때, 우리가 수많은 벽돌을 쌓아 집을 완성하는 것처럼 살을 단순히 덕지덕지 붙이지 않는다. 동물들의 재료역학matter dynamics은 훨씬 더 복잡하다. 왜냐하면 성장하면서도 자신을 유지하기 때문이다. 생물학자들의 용어로 말하면 재료는 지속적으로 '교체turnover'되는데, 성장은 이런 교체 말고도 물질의 획득에 기인한다. 이러한 아이디어가 아리스토텔레스 생리학의 중심이며, 모든 현대 생리학적 성장모델의 출발점이기도 하다.

생물이 먹이를 균일부로 변형한다는 믿음은 독창적인 통찰로 보이지는 않지만, 아리스토텔레스가 처음 공론화한 것만은 분명해 보인다. 그에 의하면, 전임자들은 균일부가 성장하는 방식에 대해 두 가지 견해를 지니고 있었다고 한다. 어떤 사람들은 생물이 x(살, 뼈 등)를 섭취함으로써 x를 더 많이 만든다고 생각했는데, 이것을 영양의 '부가'모델additive model이라고 부른다. 다른 사람들은 더욱 절묘해서, 생물이 반대자opposite를 잡아먹음으로써 x를 더 많이 만든다고 생각했다. 이 '반대물질anti-matter' 이론은 이해하기 어렵고, '물이 불을 먹인다고 할 수 있다'는 아리스토텔레스의 설명도 별로 도움이 되지 않지만, 변형에 대한 나름의—비록 특이한 형태일망정—아이디어를 포함하고 있다. 아리스토텔레스는 '반대물질' 이론이 진실의 싹을 포함하고 있다는 것을 인정한다. 아무리 그렇더라도, 그는 훨씬 더 일반적인 변형이론을 필요로 했다.

어떤 화학적 표기법은 그의 이론이 전임자의 것보다 진일보했음을 보여준다. 만약 '부가' 이론을 $x \rightarrow x$로 쓰고 '반대물질' 이론을 anti-$x \rightarrow x$로 쓴다면, 아리스토텔레스의 일반이론은 $x \rightarrow y$다. 또는 그의 용어로 말하면, 한 종류의 물질인 x가 '없어지는'

순간 또 한 종류의 물질인 y가 '나타나게 된다.' 하지만 실제로 이것은 너무 단순하다. 왜냐하면 아리스토텔레스는 균일부가 직렬과 병렬의 변형체계($x \to y \to z$ 등 또는 $x \to y + x$ 등)에서 온다고 생각하기 때문이다. 즉, 그는 대사적 변형이 사슬 또는 심지어 네트워크로서 명령을 수행한다고 생각한다. 이 단순하면서도 의미심장한 아이디어에 기반하여, 아리스토텔레스는 전체적인 체계를 구성한다.

유혈동물의 경우, 먹이를 이빨로 씹고, 소화계에서 분해하고, 장간막mesentery과 간과 지라로 보내 더욱 순수한 영양분으로 변형한 다음, 정맥을 통해 심장으로 보내 또 다시 변형한다. 변형의 최종적인 산물은 혈액인데, 혈액은 핵심 매개체key intermediate로서 동물의 모든 균일부가 여기에서 파생된다. 혈액은 혈관계를 통해 전신에 배분되어, 살 · 지방 · 뼈 · 정액 등으로 변형된다. 아리스토텔레스는 각각의 균일부가 어떻게 만들어지는지, 또는 다른 균일부와 어떻게 관련되는지 설명한다. 살은 '가장 순수한' 영양분으로부터 제일 먼저 만들어진다. 다른 균일부들은 나머지 영양분으로부터 만들어지고, 최종적으로 남은 물질은 배설된다. 아리스토텔레스는 자신의 완전한 모델을 제시하지 않았지만, 그의 글을 샅샅이 읽어 보면 현대적 대사망metabolic network과 유사한 다이어그램을 그릴 수 있으며, 그가 언급한 균일부 · 체액 · 노폐물의 기원을 설명할 수 있다.[13] 이 다이어그램은 몸의 경제body's economy에 대한 아리스토텔레스의 비전을 총체적으로 보여줄 것이다.

13 아리스토텔레스의 대사망을 일목요연하게 정리한 다이어그램은 부록 2를 참고하라.

57

생명체 내부를 흐르는 물질은 (살아가는 데 필요한) 다양한 균일부로 변형된 후, 경제법칙에 입각한 방식으로 다양한 균일부들 사이에 배분된다. 모든 대사이론은 이런 식으로 전개된다. 그러나 화학에 의해 뒷받침되지 않는 이론은 사상누각이다. 아리스토텔레스는 화학지식을 가지고 있지만 부족한 편이다.

아리스토텔레스의 대사이론은 전통적인 4원소에서 출발한다. 음식물과 모든 파생물—균일부—은 화합물compound로써, 네 가지 원소들이 특별한 비율로 조합되어 있다. 아리스토텔레스는 이 아이디어의 원조가 엠페도클레스라고 믿고 있고, 엠페도클레스는 실제로 뼈에 대한 공식을 제공했다: $E_2W_2A_0F_4$(여기서 E는 흙, W는 물, A는 공기, F는 불이다.) 그와 대조적으로 아리스토텔레스는 균일부의 공식에 대해 매우 모호한 태도를 취하며, 흙과 물로만 구성되어 있다는 일반론을 제시한다. 단단한 균일부(뼈, 손발톱, 발굽, 뿔 등)에는 흙이 많지만 물이 적고, 부드러운 균일부(지방, 정액, 생리혈 등)에는 흙이 적지만 물이 많다. 살flesh은 그 중간이다. 아리스토텔레스는 이런 공식이 균일부의 정의를 향한 첫걸음이라고 제안한다. 이것은 말이 된다. 왜냐하면 레시피가 결과물의 기능적 속성을 좌우하기 때문이다.

이 모든 것은 직관에 충분히 부합한다. 그러나 좀 더 깊이 파고들면 고개를 갸웃거리게 하는 부분들이 나타난다. 아리스토텔레스는 엠페도클레스를 가리켜, 균일부를 단순한 혼합물mixture—원소들이 뭉쳐 있는 더미—로 간주한다고 질책한다. 아리스토텔레스에 따르면, 이것은 틀린 생각이다. 다시 말해서, 균일부들은 화합물 즉, 진정으로 새로운 물질genuinely new substance이라는 것이다. 매우 훌륭하다. 하지만 이런 화합물은 어떻게 형성될까? 화학은 물질의 분자이론에 기반하는데, 분자이론의 진실성이야말로 화학을 그토록 풍성하게 만드는 원동력이다. 왜냐하면 이것은 다수의 (가능성을 지닌) 변형—반응—과 수많은 (독특한 물성을 가진) 분자종molecular species을 허용하기 때문이다. 그러나 아리스토텔레스는 데모크리토스의 원자설atomism을 기각했으므로, 그의 화합물은 (가장 세밀한 미시적 수준microscopic scale까지 내려가는) 완전히 연속적인 물질completely continuous matter로 구성된다.

여러 가지 종류의 연속적인 물질들이 결합하여 새로운 종류의 물질을 형성하는 메커니즘은 무엇일까? 아리스토텔레스는 이것을 설명하기 위해 아무런 모델도 메타포도 제공하지 않는다. 그래서 나는 납득할 만한 과정을 생각할 수가 없다. 그는 원소들이 혼합(*mixis*)되면 완전히 새로운 뭔가로 변형된다고 말하면서도, 이런 원소들은 여전히 존재한다(또는 '잠재적'으로 존재한다)고 주장한다. 사실, 그의 입장에서 보면 원소들은 혼합물 속에 존재할 수밖에 없다.[14] 왜냐하면 그의 화학은 변형되는 동안의 재출현re-emergence during transformation에 의존하기 때문이다. 문제의 근원은 분명하다. 그는 원자설을 기각했을 때, 화학결합에 관한 분자이론까지도 기각한 것이다. 이렇게 함으로써, 그는 (원소

---

14 여기에 부주의를 노리는 덫이 존재한다. 아리스토텔레스에게 합성(*synthesis*)은 혼합물(부분들의 덩어리)이 형성되는 것이고, 혼합(*mixis*)은 화합물(새로운 물질)이 형성되는 것이다. 혼란스럽게도 현대영어에서 합성과 혼합의 어원은 정반대 의미를 갖는다. 번역이 이 점을 늘 명확히 하는 것은 아니다.

들이 새로운 물질의 빌딩블록이 되지만, 스스로 변하지 않은 채 생명체들이 원하는 대로 재활용할 수 있는 상태로 남아 있도록 허용하는) 분자이론들을 모조리 기각하는 우愚를 범했다.

열heat은 음식물을 다양한 균일부로 변형한다. 그러나 아리스토텔레스는 열의 본성을 이해하느라 무진 애를 먹는다. 그는 '뜨거움'과 '차가움'이 여러 가지 의미로 사용될 수 있다고 지적한다. 이것은 분명히 맞는 말이지만, 불행하게도 그는 뜨거움과 차가움이라는 개념을 무분별하게 사용한다. 그는 모든 생명체가 '필수열vital heat'의 내부원천internal source을 가지고 있다고 믿는다(단, 부모에게서 열을 받는 배아를 제외한다). 동물을 만질 때 따뜻함이 느껴지는 것은 바로 이 때문이다. 내부 불internal fire은 통상적인 불과 다르며, 영양분에 의해 유지된다. 그는 '불'은 '늘 존재하고 강물처럼 흐르며, 모든 불이 그렇듯 땔감(먹을 것)을 필요로 한다고 말한다.[15] 이런 내부 불은 '소화concoction'를 추동하는데, 소화란 '요리', '굽기', '끓이기'와 유사한 과정이다. 그가 생각하기에, 요리 · 굽기 · 끓이기는 혼합물 내부의 열과 습기를 제거함으로써 다양한 비율의 흙물질earthly material을 남긴다. 소화는 왠지 조잡한 장치처럼 보이고 실제로 그렇지만, 아리스토텔레스는 원原영양분, 혈액, 파생된 화합물derived compound에 미묘하고 반복적으로 적용된 열이 (생명체를 구성하는) 온갖 종류의 물질을

---

15 내부 불에 대한 아이디어는 세포호흡cellular respiration의 개념을 닮았는데, 세포호흡이란 문자 그대로 느린 연소slow combustion라고 할 수 있다. 하지만 아리스토텔레스는 내부 불의 중요한 산물이 열 자체라고 생각하는 데 반해, 우리는 ATP에서 발견되는 고에너지 결합high energy bond이 '소화'—고분자 분해대사macromolecular catabolism—를 추동하며 열은 단지 부산물일 뿐이라고 생각한다.

생산한다고 주장한다.

아리스토텔레스의 대사모델과 그 밑바탕에 깔린 화학을 기술하는 동안, 나는 영혼에 대해 까맣게 잊은 것처럼 보일 수 있다. 하지만 사실, 나는 내내 영혼에 대해 이야기해 왔다. 내가 지금까지 기술한 시스템—내사망의 구소—는 영양혼 자체 또는 적어도 그 일부분이다. 생명체의 일생(영양소를 보내는 최종 목적지는 어디인지, 각각의 균일부를 얼마나 만들 것인지, 언제 어디서 성장하고 생식하고 죽을 것인지)은 대사의 조직화에 의존하며, 이 모든 것은 아리스토텔레스가 말한 바와 같이 영양혼에 달렸다. 그러나 영양혼의 역할은 이것이 전부가 아니다.

> 어떤 사람들은 불 자체가 영양과 성장의 주요원인이라고 생각한다. 하지만 그렇지 않다. 비록 기여요인들contributory cause 중 하나일 수 있지만, 이것은 영혼이다. 불은 연료가 있는 한 늘 활활 타오르지만, 자연적으로 구성된 것(즉, 생명체)의 크기와 성장은 제한되고 규정되기 마련이다. 제한과 규정은 불이 아니라 영혼이 하는 일이다. 영혼은 물질이 아니라 특징을 규정해 준다.

우리는 아리스토텔레스가 화로 앞에 앉아(전하는 말에 의하면 헤라클레이토스가 그랬다고 한다) 불을 응시하고, 때때로 불을 들쑤시고, 자기 안에서 격렬하게 타오르는 불을 생각하고, 그것이 그를 살아 있게 하고, 그의 생각이 끊임없이 흐르며 세상을 집어삼키는 장면을 상상한다. '불은 항상 존재하고 강처럼 흐른다.' 이 얼마나 사실적인 이야기인가! 하지만 불은 뭔가를 소비하지 않고 영원히 걷잡을 수 없이 타오를 수는 없다. 아무리 미약한 불꽃일

지라도, 유지하려면 연료를 넣고 불을 때고 조절해야 한다. 이 또한 영혼의 임무다.

58

거북은 쉿 소리를 내고, 교미를 하며, 껍데기를 갖고 있다고 아리스토텔레스는 말한다. 또한 거북은 커다란 폐, 작은 지라, 단순한 위胃와 방광을 갖고 있으며, 수컷 거북은 (하나의 '기관'에서 수렴하는) 내부고환과 정관seminal duct을 갖고 있다. 그는 정말로 거북을 해부했나 보다. 거북의 심장을 꺼냈다가 등껍데기를 다시 덮으니 다리가 움찔한다고 말하는 것으로 보아, 적어도 한 마리의 거북을 살아 있는 상태에서 해부한 것을 알 수 있다. 아리스토텔레스는 애완동물을 기른 적이 없으며, 실험이나 해부용 표본을 갖고 있었을 뿐이다.

그는 (더 이상 유행하지 않는) 열정을 가지고 살아 있는 동물을 해부했다. 카멜레온은 '세로로 자른 후에도 오랫동안 숨을 쉴 수 있다'. 곤충 역시 반으로 잘라도 놀랄 만큼 오랫동안 살아 있을 수 있다. (의심할 여지없이, 그는 닭, 염소, 개, 사람은 심장 없이는 오래 살지 못한다는 사실을 독자들이 알고 있다고 가정한 것 같다.) 이 모든 것이 잔인해 보일지도 모르지만, 그의 관찰은 매우 주의깊게 이루어진다. 왜냐하면 아리스토텔레스는 생체해부를 할 때 영혼의 자리seat of the soul를 찾기 때문이다.

영혼은 어디에 자리잡고 있을까? 아리스토텔레스적인 대답은 '어디에나everywhere'와 '아무데도nowhere'이다. 어쨌든 생명체의 영혼은 물리적 대상physical object이 아니라 기능적 특징들의 총합이기 때문이다. 그러나 이 자명한 이치가, 특정한 기관이 신체기능을 조절하는 데 있어서 특별히 중요한 역할을 수행할 가능성을 배제하는 것은 아니다. 유혈동물—척추동물—에서, 아리스토텔레스는 이 특정한 기관이 바로 심장이라고 가정한다.

이것은 우리에게 이상한 선택으로 받아들여진다. 왜 심장만 되고 뇌는 안 될까? 그러나 영혼의 첫 번째 임무가 '영양'인 것을 생각하면 의문이 쉽게 풀린다. 누가 보더라도, 영양은 뇌의 소관사항이 아닌 것이 분명하기 때문이다. 좋다. 그렇다면 심장이 영양을 위해 하는 일은 무엇일까? 아리스토텔레스는 모든 것everything이라고 대답한다. 아리스토텔레스의 생리학이 이상해지는 것은 바로 이 부분이다. 영양분이 혈액을 통해 운반되는 한, 심혈관계가 어떻게든 영양에 관여하는 것은 불문가지다. 그러나 아리스토텔레스는 심장을 자신의 영양생리학의 전면과 중심에 배치하고 있다. '심장은 소화가 일어나는 주요 장소다. 왜냐하면 이것은 '내부 불'이 존재하는 장소이기도 하기 때문이다.' 우리는 심장을 펌프라고 생각하지만, 아리스토텔레스는 이것을 반응기chemical reactor라고 생각한다. 그는 심장을 '신체의 요새citadel of the body'라고 부르며 '최고의 통제권supreme control'을 갖는다고 말한다.

물론 모든 동물이 혈액을 갖고 있는 것은 아니다. 하지만 일부 무혈동물은 적어도 혈액 비슷한 것과 심장 비슷한 것을 갖고 있다. 그가 갑오징어의 미티스(*mytis*)를 심장의 유사체로 쉽게 오인한 것은 바로 이 때문이다. 그러나 그는 영혼에 대한 심장중심모델cardiocentric model을 모든 동물에 적용하는 실수를 범하지는 않는다. 어떤 곤충들은 '몸을 여러 부분으로 잘라도' 계속 움직이

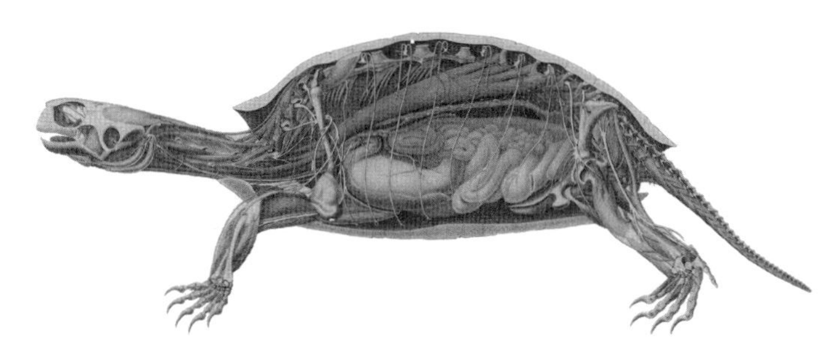

거북(*Testudo sp.*)의 세로 단면

기 때문에, 각각의 부분은 '영혼의 모든 부분'을 가졌음에 틀림없다는 결론에 도달하게 된다. 정말 모든 부분일까? 이것은 과장인 듯하다. 비록 수컷 사마귀가 암컷 사마귀에게 머리를 씹어 먹히면서도 교미를 계속할 수 있지만 말이다. 그는 지네와 노래기가 '많은 동물들의 응결체concretion' 같다고 말하는데, 아마도 다지류Myriapoda를 염두에 둔 것 같다. 이 모든 생체해부가 아리스토텔레스로 하여금 식물, 곤충, 파충류, 포유류로 갈수록 더욱 중앙집중화된 영혼centralized soul을 갖는다는 결론을 내리게 만든다. 그는 중앙집중화된 영혼이 분산화된 영혼distributed soul보다 '낫다'고 생각한다. 그는 거북을 해부하는 동안 이런 연구를 하고 있었던 것이 분명하다. 나는 아리스토텔레스의 관찰을 반복하지 않았지만, 경험을 유난히 중시하는 한 철학자는 정말로 이렇게 했다고 한다. 그는 아리스토텔레스의 해부원칙을 따르지 않고 자신의 테라핀[16]을 눈물을 머금고 참수했으면서도, 아리스토텔레스와 똑같은 결과를 얻었다고 주장한다.

16 테라핀(terrapin). 북아메리카의 강과 호수에 서식하는 작은 거북. - 역주

59

아이스킬로스[17]가 시칠리아를 방문하고 있을 때, 검독수리 한 마리가 그의 대머리를 바위로 착각하고 거북을 떨어뜨리는 바람에 아이스킬로스는 즉사하고 말았다. 아마 거북도 죽었을 것이다. 왜냐하면 이 이야기의 내용에서 유일한 팩트는, 검독수리가 거북을 잡으면 등껍데기를—마치 견과류 껍질처럼—부수기 위해 하늘 높이 가지고 올라가서 떨어뜨린다는 것이기 때문이다. 여기서 중요한 것은 아이스킬로스도 거북도 아니다. 전자는 우연한 모루anvil이고 후자는 먹이일 뿐이다. 이야기의 관심사는 검독수리가 어떻게 자기의 목적을 달성했느냐이다.

관련된 메카니즘을 설명하는 신경생리학자는 다음과 같은 순서로 인과적 사슬을 기술할 것이다: 목표(신체의 유지) → '식욕을 자극하는 추동력'(배고픔) → 지각perception(거북과 아이스킬로스의 머리) → 다양한 계산(거북을 언제, 어떻게 잡아서, 얼마나 높이 올라가서 떨어뜨릴 것인가) → 운동반응motor-response을 통한 실행. 이들은 이런 과정들의 일부를 뒷받침하는 생리학은 잘 이해되고 있지만, 일부는 불분명하며 전체적인 작동 메커니즘은 거의 알려지지 않았다고 말할 것이다. 그러면서 실험실의 생물학자들을 가리켜, 사냥하는 검독수리에는 신경 쓰지 않고 배양접시에서 꿈틀거리는 벌레의 계산모델을 제시하려 애쓴다고 지적할 것이다.

아리스토텔레스 역시 동물의 운동에 대해 기계론적 설명을 시도한다. 그는 감각이 작동하고, 정보가 감각중추sensorium에

---

17 아이스킬로스(Aeschylus, BC 525~BC 456). 그리스의 비극 시인. - 역주

전송되고, 이 정보가 동물의 목표에 통합된 후 사지에서 기계적 행동mechanical action으로 전환되는 과정을 개략적으로 설명한다. 두 명의 고전철학자는 매우 과학적인 것처럼 보이는 두문자어acronym를 이용하여, 아리스토텔레스의 모델에 CIOM—중앙집중화된 입출운동Centralized Incoming Outgoing Motions—이라는 이름을 붙였다. 아리스토텔레스는 이것을 간단히 감각혼sensitive soul이라고 부른다. 별의별 이름을 붙여도 해부학은 모호하고 생리학은 틀렸지만, 구조의 통찰력만큼은 인정해 줘야 한다.

지각은 세상에 대한 정보가 동물의 몸안으로 전달될 것을 분명히 요구한다. 아리스토텔레스가 말했듯이, 지각은 대상의 형태form가 물질matter 없이 전달되는 것을 말한다. 이 과정은 오감—시각, 후각, 미각, 청각, 촉각—과 각각의 감각을 담당하는 기관에서 시작된다. 그는 지각이 감각기관의 질적 변화를 수반한다고 생각한다. 이는 지각된 대상이 감각기관과 접촉해야 한다는 것을 의미한다.

촉각, 미각, 청각 그리고 아마도 후각에서 접촉의존적 변화contact-dependent change가 일어나는 메커니즘을 파악하기는 쉽다. 하지만 시각은 좀 까다롭다. 엠페도클레스와 플라톤은, 눈은 불을 포함하고 있으며 이 불에서 나온 광선이 보고자 하는 대상에 도달한다고 주장했다. 아리스토텔레스는, 만약 이런 손전등광선이론torch-beam theory이 사실이라면 우리는 어둠 속에서도 볼 수 있을 거라고 날카롭게 지적한다. 우리는 합리적으로, 아리스토텔레스의 빛 이론이 엠페도클레스/플라톤의 이론과 정반대라고 가정할 수 있다. 즉, 광선은 어떤 광원에서 나온 다음 우리의 눈으로 들어와 어떤 변화를 일으킨다는 것이다. 하지만 이것은 아리스토텔레스가 아니라 뉴턴의 생각이다.

아리스토텔레스의 생각은 이렇다. 그는 어떤 매질—공기와 물—이 불투명하거나 투명한 속성을 갖고 있다고 가정한다. 이런 매질은 태양이나 불에 노출될 때 완전히 투명해진다. 그리고 빛은 광선이나 파동이나 입자가 아니라 특질quality, 즉 실현된 잠재력이다. 우리가 투명한 매질을 통해 대상을 볼 때, 대상의 모양과 색깔이 매질 속에서 움직이기 시작하여 우리의 안구로 들어와 변화를 일으킨다.

각 감각기관은 세상에서 일어나는 특정한 종류의 변화들을 감지한다. 이런 특이성specificity은 조직의 원소 조성elemental composition에 의존한다. 색깔과 모양을 지각하려면, 안구는 투명해야 하며 물로 구성되어 있어야 한다. 촉각을 느끼려면 살이 뭔가 단단한 것으로 구성되어 있어야 하므로, 흙물질로 되어 있을 것이다. 우리가 어떤 대상을 볼 때 안구에서 실제로 일어나는 사건에 대한 그의 설명은 매우 불분명하다. 어쩌면 안구가 일종의 물리적 변형을 겪는다고 믿는지도 모른다. 그는 감각기관과의 접촉이 일련의 물리적 결과에 시동을 걸고, 이것이 몸안에 도달한다고 가정하는 것이 틀림 없다.

이런 연쇄반응의 최종 목적지는 중앙감각중추로, 지각 자체가 발생하는 장소다. 고대의 해부학적 전통에 따라, 플라톤은 중앙감각중추가 뇌라고 생각했다. 이번에는 그가 옳았다. 물론 아리스토텔레스는 이것이 심장이라고 생각한다. 이에 대한 그의 주요 논거는, 영혼의 모든 기능에 대해 단 하나의 중심원리가 있어야 한다는 것이다. 이러한 이론을 합리화하기 위해, 그는 심장과 말초감각기관 사이의 물리적 연결을 필요로 했던 것이 분명하다. 당신은 그가 신경을 언급하기를 기대할지 모르지만, 그는 신경에 대해 알지 못한다. (그는 *neuron*이라는 용어를 사용하지만, 신경이 아니라 힘줄sinew이라는 의미로 사용한다. 그도 그럴 것이, 신경이 별도의 조직임을 확인한 사람은 다음 세기에 나타난 헤로필로스[18]이기 때문이다.) 따라서 아리스토텔레스는 감각 전달이 혈관망뿐만 아니라 다양한 '채널들'을 통해 이루어진다고 가정한다. 이러한 '채널들' 중 대부분은 현대 해부학의 어떤 것과도 명확하게 일치하지 않지만, 굳이 하나를 꼽는다면 시신경optic nerve이라는 현대적 이름으로 불릴 수 있는 것이 있다. 그의 주장은, 머리의 충격으로 인해 시신경이 절단될 경우 마치 손전등이 고장 난 것처럼 실명하게 된다는 사실에 기반한다. 그는 감각정보의 전달경로(혈관/채널 자체, 혈액, 또는 다른 어떤 것)를 구체적으로 언급하지 않는다. 그러나 어떤 경우에도, 말초감각기관과 중앙감각중추 사이의 물리적 연속성이 필수적이다.

감각혼의 핵심 기능은 심장에서 일어난다. 원原지각이 정신적 표상mental representation으로 번역된 후 욕구에 추가되면 행동이 된다. 아리스토텔레스가 상정하는 감각혼의 기능은, 먹이를 충분히 섭취함과 동시에 포식자에게 먹히지 않도록 보장함으로써 동물의 웰빙을 유지하는 것이다. 따라서 동물들은 자기유지self-maintenance라는 목표에 따라 정의된 쾌락이나 고통 등의 관점에서 세계를 경험한다. 검독수리는 쾌락으로 거북을 감지하고, 거북은 고통으로 검독수리를 감지한다. 그러나 주어진 지각

---

18 헤로필로스(Herophilus, BC 335~BC 280). 최초로 여러 사람 앞에서 인체를 해부한 그리스의 의학자. - 역주

은 동물의 내적 상태internal state에 따라 쾌락 또는 고통이 될 수 있다. 예컨대, 거북을 실컷 먹은 독수리는 또 한 마리의 거북을 경멸할 수 있다.

아리스토텔레스는 어떤 대상에 대한 정신적 표상을 의미하는 용어로 핀다시아(*phantasia*)를 사용한다. 그는 다음과 같은 전형적 사례를 들어 설명한다. '"나는 마실 것이 필요해"는 욕구를 말하는 것이다. "여기에 마실 것이 있구나"는 감각지각sense-perception 또는 판타시아 또는 생각을 말하는 것이다.' 물론 그는 판타시아를 비롯한 고도의 인지과정cognitive process이 어떻게 작동하는지 설명하지 못하고 어려움을 토로한다. 후각을 생리학적으로 설명한 후, 그는 다음과 같이 덧붙인다. '하지만 "냄새 맡음"에는 "냄새에 끌림" 이상의 뭔가가 있다. 이것이 뭘까? "냄새에 끌림"은 공기 중에 일시적으로 머문 물건의 냄새가 후각에 저절로 감지되는 것인 반면, "냄새 맡음"은 생성된 결과result produced를 능동적으로 관찰하는 것이 아닐까?' 정말 어려운가 보다.

판타시아와 욕구는 블랙박스일 수 있다. 하지만 이것들이 운동에 영향을 미치는 메커니즘이 어떻게 작동하는지 설명할 때, 아리스토텔레스는 또 다시 투철한 생리학자가 된다. 이런 정신적 사건mental event들에는 심장의 가열과 냉각이 수반된다. 그리고 이런 열적 변화thermal change는 사지로 전달되는 운동에 시동을 건다. 이 메커니즘을 설명하기 위해, 그는 '자동인형automatic puppets'이라고 부르는 장치를 동원한다.

> 동물의 운동은 자동인형의 운동과 같다. 작은 움직임이 일어나면서 운동이 시작된다. 끈이 풀리고, 여러 개의 막대들이 서로 부딪치

고 …. 동물들도 똑같은 종류의 기능적 부분functional part들—힘줄과 뼈—을 갖고 있다. 힘줄은 끈과 같고, 뼈는 막대와 같다. 이것들이 풀려 느슨해질 때 동물이 움직인다. 인형의 경우 … 질적 변화qualitative change는 일어나지 않는다 … 그러나 동물에서는 똑같은 부분들이 커지거나 작아지며, 모양이 바뀔 수 있다. 이것들은 가열되면 팽창하고 냉각되면 수축함으로써 질적으로 변화한다.

아리스토텔레스가 말하는 인형의 요체는 자동기계(*automaton*)라는 것이다. 이것은 일종의 기계인형mechanical doll인 듯하다. 그는 조심스레, 자동인형의 운동이 동물의 운동과 100퍼센트 일치하는 것은 아니라고 지적한다. 왜냐하면 동물의 운동에는 심장의 확장 및 수축과 같은 질적 변화가 수반되기 때문이다. 이것은 그에게 또 다른 해부학적 문제를 제기한다. 심장에서 일어나는 질적 변화를 기계적 변화mechanical change로 바꾼 다음 이런 기계적인 자극mechanical impulse들을 사지로 퍼뜨릴 뿐만 아니라, 이 모든 작업을 신경은 물론 근육도 없이 해 내야 하기 때문이다.

고대 그리스인들이 근육을 의식하지 않은 것은 아니다. 운동선수와 영웅들의 고전적 조각상은 근육을 부러울 정도로 부각시킨다. 히포크라테스의 교과서에서는 근육을 미에스(*myes*)—'쥐mice'—라고 부르지만,[19] 정작 이것들이 무슨 일을 하는지에 대해서는 두루뭉술 넘어간다. 아리스토텔레스는 이 용어를 완전히 회

19 참고로, 근육을 뜻하는 영어 'muscle'은 '쥐'를 의미하는 라틴어 'mus'의 애칭인 'musculus'에서 유래한다. 로마인들은 꿈틀거리는 근육이 피부 아래에서 왔다갔다하는 '작은 생쥐' 같다고 생각했다. - 역주

피하고, 근육을 사르크스(*sarx*)—'살'—라고 부른다. 그는 근육이 대체로 감각기능sensory function을 수행한다고 가정한 듯하다. 다음으로, 그가 국지적 운동의 작동체effector로 내세운 것은 힘줄과 *symphyton pneuma*—'타고난 정신connate pneuma'—이라는 물질이다.

'타고난 정신', '뜨거운 숨결hot breath', '정신', 또는 간단히 ΣP로 다양하게 번역되는 '프네우마(*pneuma*)'는 아리스토텔레스의 화학에서 가장 불가사의하지만 강력한 물질 중 하나다. 이것은 뭔가 뜨거운 공기 같은 것이지만, 이것이 내뿜는 열은 전통적인 불이 내뿜는 열과 달리 특별한 종류다. 어찌 보면, 이것은 별을 구성하는 신성한 '첫 번째 원소(*aithēr*)'와 유사하다. 좀 더 세속적으로 말하면, 이것은 유기물질에 특별한 속성을 부여한다. 예컨대 올리브기름이 물에서 반짝이며 뜨는 것은, 높은 함량의 프네우마 덕분에 얼지 않기 때문이다.

프네우마는 영혼에 가장 가까운 기구이기도 하다. 프네우마는 심장에 의해 가열 또는 냉각됨으로써 확장되고 수축되면서, 심장의 미세한 힘줄을 움직인다. 이런 기계적 움직임은 결국 신체의 나머지 부분으로 전달되지만, 이 메커니즘은 명확하지 않다. 왜냐하면 뼈나 혈관과 달리 힘줄의 네트워크는 불연속적이기 때문이다. 이것은 또 다른 연결성의 문제로, 감각정보가 감각기관에서 심장으로 전달되는 것과 다르지 않다. 이것이 어떻게 작동하든, 아리스토텔레스는 심장의 운동에서 일어나는 하나의 작은 변화가 동물 전체의 움직임으로 증폭된다는 사실을 알고 있다. 이것이 바로 자동기계 인과성automaton-causality의 원동력이다. 뒤이어 표정을 바꾸면서, 그는 동물이 움직이는 방법을 (방향타를 최소한도로 움직

리시포스(Lysippos)의 파르네세의
헤라클레스(Farnese Hercules) 상(기원전 330년)

임으로써 방향을 크게 바꾸는) 배의 움직임과 비교한다.

『동물의 움직임에 관하여』의 말미에서, 아리스토텔레스는 간단한 기하학적 다이어그램으로 동물의 운동에 대한 자신의 설명을 요약한다.

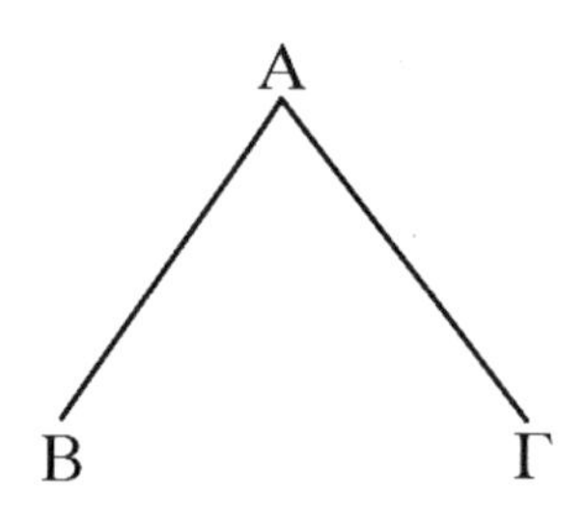

> 부분들에서 '원점'[*archē*]으로, '원점'에서 부분들로, 그리고 부분들 사이에서 서로 전달되는 운동은 합리적이다. 우리가 그린 다이어그램에서 각 문자로부터의 움직임은 원점[A]에 도착하는데, 원점으로부터의 움직임이 변화함에 따라 운동이 잠재적으로 많아지면서 B의 운동은 B로, Γ의 운동은 Γ로, B와 Γ의 동시적 운동은 B와 Γ로 전달된다. 그러나 B에서 Γ로 운동할 때는 하나의 원칙에 따라 B에서 A로 간 다음, 또 하나의 원칙에 따라 A에서 Γ로 간다.

이것은 말초기관(B와 Γ)에서 시작되어 어떤 결과를 나타내는 운동에 대한 장황한 설명이다. 하지만 무슨 운동이든, 이것은 늘 A—원점이자 영혼의 자리인 심장—에 의해 중계된다. 이것이 CIOM 모델의 핵심이며, 내가 지금껏 설명한 것들은 모두 여기에 살을 붙이기 위한 것이었다.[20] 아리스토텔레스는 다음과 같은 세 가지 사항을 인정한다. 첫째, 동물들은 판타스마(*phantasma*)—심장박동 같은 불수의운동—없이도 행동할 수 있다. 둘째, 판타스마타(*phantasmata*)—꿈, 환각—는 실제 지각actual perception 없이도 행동에 시동을 걸 수 있다. 셋째, 인간은 전혀 별개적 차원의 인지cognition와 누스(*nous*)—이성—를 보유하고 있어서 행동을 조절할 수 있다. 그러나 검독수리는 훨씬 덜 복잡한 생물이다. 시칠리아의 돌산 위로 솟아오른 검독수리는 아이스킬로스의 대머리가 내뿜는 광채를 지각하고, 이것이 바위라는 (잘못된) 판타스마를 만들고, 엄청난 식욕에 반응하여 프네우마를 불태운다. 이렇게 하여 관절을 느슨하게 하고 힘줄을 풀고 발톱을 열어 거북을 떨어뜨려, 급강하한 거북이 아이스킬로스의 대머리와 충돌하여 사망하게 함으로써 단순하게 욕구를 충족한다.

60

심장이 '최고의 통제권'을 갖는다는 아리스토텔레스의 말에서, 통제란 단지 감각 및 대사망의 중심에 있다는 의미가 아니라 문자 그대로 '통제'를 의미한다. 그는 동물의 조직화organization와 잘 운영되는 도시를 비교한다. 중앙조직화의 원리인 영혼이 전체적인 방향을 잡고, 나머지는 그냥 따라간다고 한다.

감각혼의 작동을 살펴보면 의미가 명확해지지만, 이것은 영

---

20 완전한 CIOM 모델의 다이어그램은 부록 3을 참고하라.

양혼에도 적용된다. 생명의 취약성에 깊은 인상을 받은 아리스토텔레스는 심장의 내부 불이 걷잡을 수 없이 타올라 모든 연료가 소모된 나머지 대사적 위기metabolic crisis로 치닫는 것을 우려한다. 그러므로, 동물이 다양한 장치를 보유하고 있어야만 불을 잘 통제할 수 있다고 주장한다. 이러기 위해서 가장 중요한 것은 공기다.

아리스토텔레스에 따르면, 불은 주변 공기의 흐름을 바꿈으로써 조절된다. 그와 마찬가지로 심장의 불을 조절하는 것은 폐에 의해 공급되는 공기인데, 구체적인 방법은 다음과 같다. (i) 폐가 대장간의 풀무처럼 확장되면서 찬 공기를 흡입한다. (ii) 찬 공기가 심장으로 흘러 들어가 내부 불을 약화시킨다. (iii) 심장이 수축한다. (iv) 폐가 수축한다. (v) 새로 가열된 공기가 배출된다. (vi) 심장이 다시 가열된다. (vii) 심장이 확장된다. (viii) 폐가 확장된다. (ix) (i)로 돌아가 순환이 반복된다.

이것은 기발한 메커니즘이지만, 물론 모두 틀렸다.[21] 그리고 이것은 포유류, 조류, 파충류에만 해당되며, 다른 동물들은 다른 방법으로 내부 불을 조절해야 한다고 아리스토텔레스는 말한다.

---

21 이것은 해부학적으로 틀렸다. 폐와 심장을 연결하는 혈관은 폐동맥과 폐정맥인데, 살아 있는 동물의 혈관은 혈액으로 채워져 있으며 아리스토텔레스가 말하는 공기는 없다. 이것은 화학적으로도 틀렸다. 아리스토텔레스는 라부아지에를 읽지 않았으므로, 연소라는 것이 공기의 성분인 산소와 연료가 결합하는 반응이라는 것을 모른다. (사실, 그는 내부 불이 공기에 의해 자양분을 얻게 될 가능성을 명확하게 따져 보고 거부한다.) 사정이 이러하다 보니, 그는 불(또는 생명)에 대한 공기의 영향이 냉각에 기인한다는 개념에 도달한다. 이것은 물리학적으로도 틀렸다. 그의 모델은 불의 강렬함이 주변 기온의 영향을 받는다는 아이디어에 의존하는데, 이 아이디어는 옳지 않다. 심장-폐순환 모델 외에, 아리스토텔레스는 유혈동물의 내부 불이 뇌에 의해 냉각되고 영양에 의해 약화된다고 생각하지만 이 생각도 역시 틀렸다.

꿀벌, 왕풍뎅이, 말벌, 매미는 피부를 통해 숨을 쉰다.[22] 물고기는 아예 공기호흡aerial respiration을 하지 않는다. 그들은 공기를 들이마시지 않으며, 공기에 노출되면 죽는다. 그래서 그들은 아가미를 통해 들어온 물에 의해 냉각된다. 그러나 작은 절지동물(곤충 등)과 부드러운 껍질을 가진 연체동물(바닷가재, 게 등)은 내부 불이 그다지 강렬하지 않기 때문에 냉각할 필요가 없다.

내부 불이 어떻게 통제되는지 설명하며, 아리스토텔레스는 영양혼의 작동방식을 낱낱이 밝힌다. 이것은 그의 목적론의 또 다른 차원이다. 그는 영양혼이 형상인, 동력인, 목적인을 책임진다고 주장한 다음, 세 가지 원인의 작동방식을 모두 밝힌다. 그는 신체의 목표를 설정하고, 이것이 어떻게 성취되는지 보여준다. 아리스토텔레스가 의미하는 영혼이 무엇인지 전달하려고 노력하는 학자들 중 상당수는 이것을 '사이버네틱 시스템cybernetic system'이라고 묘사해 왔다. 이 비유는 의도적으로 시대착오적이지만 그럴 듯하다.

1860년대에 클로드 베르나르[23]는, 포유류가 신경계로부터의 신호에 반응하여 혈액순환을 바꿈으로써 체온을 조절한다는 사실을 증명했다. '자유롭고 독립적인 삶의 조건은 불변하는 내부 환경*milieu intérieur*이다'라는 베르나르의 슬로건은 1932년 월터 캐넌[24]에게 영감을 불어넣어 '항상성homeostasis'이라는 용

22 『젊음과 늙음, 삶과 죽음에 관하여』에서, 아리스토텔레스는 이 호흡이 곤충들의 윙윙거리는 소리를 설명한다고 말한다. 하지만 『동물 탐구』에서, 그는 이 소리가 날개의 움직임에 의해 발생한다고 밝힌다.

23 클로드 베르나르(Claude Bernard, 1813~1878). 프랑스의 생리학자. - 역주

24 월터 캐넌(Walter Cannon, 1871~1945). 미국의 생리학자. - 역주

어를 대중화시켰다. 1940년대에 노버트 위너[25]는 항상성을 '음성되먹임회로negative feedback circuit'를 포함하는 조절시스템 regulatory system의 산물로 공식화하고, 이런 자가조절시스템 self-regulating system[26]의 과학을 위해 '사이버네틱스'라는 용어를 만들어냈다. 위너는 자가조절시스템 덕분에 '어뢰torpedo(물고기인 "전기가오리"가 아니라 무기인 "어뢰"를 말한다)가 어떻게 목표추구행동goal-seeking behavior을 하는가'라는 목적론적 문제가 해결되었다고 주장했다. 만약 기계가 목표추구행동을 할 수 있다면, 살아 있는 생명체도 이렇게 할 수 있다. 그렇다면 생기론은 더 이상 최후의 보루가 아니었다. '종종 생기론적이거나 신비주의적으로 간주되었던 유기체 시스템의 특징 중 상당수는 시스템 개념과 특정한(상당히 일반적인) 시스템 방정식의 특징에서 도출될 수 있다.' 이것은 1968년에 폰 베르탈란피[27]가 한 말이다.

아리스토텔레스의 영혼과 하나의 시스템이 많은 특징을 공유한다는 점을 부인할 수는 없다. 이것은 통합된 전체integrated whole(신체)를 형성하는 한 세트의 상호작용 단위들a set of interacting units(기관들)이다. 이것은 모듈들(영양혼, 감각혼, 이성혼)을 갖고 있고, 각 모듈들은 특화된 기능을 갖고 있으며 위계적으로

25 노버트 위너(Norbert Wiener, 1894~1964). 미국의 수학자. - 역주

26 자신의 새로운 과학에 이름을 붙이기 위해, 위너는 증기기관 조절장치를 일컫는 '조절기regulator'로 시작했다. 그는 조절기의 라틴어 어원인 '*gubernator*'로 거슬러 올라갔고, 궁극적으로 그리스어 어원인 '*kybernētē*(키잡이)'에 도달했다. 배의 조타장치는 음성되먹임 제어시스템의 완벽한 사례이므로, 그는 조타수가 안성맞춤이라고 생각했다. 그리하여 *kybernētē*에서 'cybernetics'가 나왔다. 키잡이가 절묘한 선택인 것은, 플라톤과 아리스토텔레스 모두가 정치적 위계의 맥락에서 사용한 통제에 대한 메타포이기 때문이었다.

27 폰 베르탈란피(von Bertalanffy, 1901~1972). 오스트리아의 생물학자. - 역주

배열되어 있다. 어떤 경우(인간)에 이것은 중앙집중화되어 있고, 다른 경우(지네)에는 분산되어 있다. 영혼의 목적은 생명의 기능을 조절하는 것이다.

그러나 영혼이 과연 사이버네틱스 시스템일까? 이 메타포에 설득력을 부여하려면, 아리스토텔레스는 심장-폐 체온조절 사이클heart-lung thermoregulatory cycle을 기술할 때 가장 구체적인 부분을 속시원히 밝혀야 한다. 아리스토텔레스의 주장대로라면, 그는 심장이 고동치고 폐가 움직이는 과정을 완벽히 기술했다. 정말 그럴까? 그의 구두 설명만으로는 뭐라 단정적으로 말할 수 없다. 그러나 그의 물리학, 화학, 해부학, (사이버네틱스의 주특기인 블록과 화살표라는 형식주의 모델을 이용한) 다이어그램을 인정한다면, 메커니즘의 구조는 분명해진다.[28] 그의 텍스트를 도표화한 다이어그램은 그의 모델이 작동한다는 것을 증명하지만, 문제는 그가 생각한 대로 작동하지 않는다는 것이다. 그는 (폐를 리드미컬하게 확장시키고 수축시키는) 진동자oscillator를 기술했다고 생각하겠지만, 사실은 온도조절장치thermostat를 기술한 것이다. 다시 말해서, 그는 심장을 일정하게 가열하는 방법을 생각해 냈을 뿐이다.

그러나 이것은 결코 평범한 성취가 아니었다. 왜냐하면 그의 시스템에는 항상성 장치의 본질인 음성되먹임회로가 포함되어 있기 때문이다. 이것은 진정한 사이버네틱 시스템이다. 음성되먹임제어를 발명한(또는 최소한 적용한) 공로는, 통상적으로 이것을 물시계 설계에 통합한 알렉산드리아의 과학자 크테시비우스(기

28 심장-폐 사이클의 통제 다이어그램은 부록 4를 참고하라.

원전 250년경에 활동)에게 돌아간다. 그러나 그보다 2세기 전에 생명체에게 이런 장치가 필요하다는 것을 알았고, 이 작동과정을—비록 비현실적이지만—기발하게 스케치한 아리스토텔레스에게도 얼마간의 공로를 인정할 수 있을 것이다.

아리스토텔레스는 오늘날에도 살아 숨쉬고 있다. 사이버네틱스와 폰 베르틀란피의 일반시스템이론General Systems Theory은 결국 현대 시스템생물학의 선구자가 되었다. 현대 시스템생물학은 진정한 21세기적 과학으로, (생명체를 구성하는 부분들 사이의 물질 및 정보 흐름을 묘사하는) 네트워크에 관심을 갖고 있다. 미국 캘리포니아대학교의 시스템생물학자 B. Ø. 팔슨(1957~)은 이렇게 말한다. '구성요소들은 들락날락한다. 따라서 살아 있는 시스템의 주요 특징은, 구성요소들이 서로 연결된 방식에 있다. 세포와 세포의 구성요소들 사이의 상호연결은 살아가는 과정의 본질을 정의한다.' 여기서 세포라는 말만 빼면, 아리스토텔레스의 말과 구별할 수 없다.

물론 내가 아리스토텔레스를 신격화하려고 이러는 것은 아니다. 그보다는 차라리, 생물학자들의 가장 심오한 질문에 대한 아리스토텔레스의 대답을 이해하는 것이 더 바람직해 보인다. 생명체에게 목표지향성을 부과하는 것은 뭘까? 영혼이다. 여기서 그가 말하는 영혼이란, 목표지향적 행동을 보여줄 수 있을 만큼 충분히 복잡한 통제시스템을 의미한다. 무엇이 생명체의 부분들을 하나로 묶어 줄까? 영혼이다. 여기서 그가 말하는 영혼이란, 부분들 간의 기능적 상호연결functional interconnection을 의미한다.

우리는 생명체를 어떻게 연구해야 할까? 우리는 이것을 계속 분해하여 개별적인 작은 조각으로 만들어야 한다. 그러나 이것이 끝이 아니다. 아리스토텔레스는 다시 조립하라고 한다. 왜냐하면, 생명체의 작동과정을 제대로 이해하려면 조립해야 하기 때문이다. 부분들을 하나로 묶어 주는 것은 영혼이다.

거품

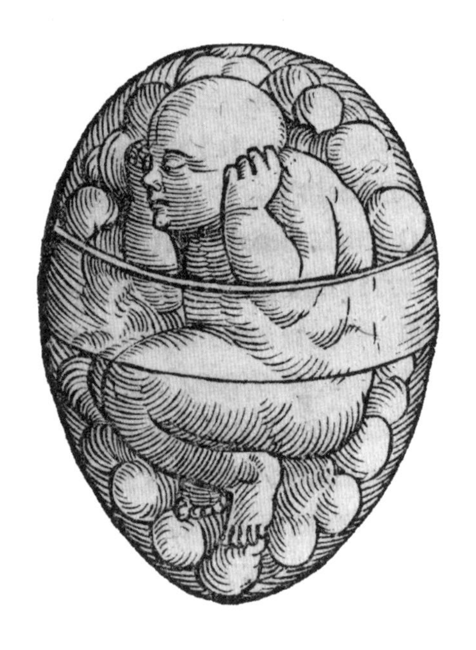

인간 배아의 형태(아리스트텔레스의 모델)

61

으레 그렇듯, 생명체는 종착점end—목표—을 갖고 있다는 점을 납득시키려고 할 때, 아리스토텔레스는 단순히 동물 설계의 아름다움과 (세상의 우여곡절에 직면하여 스스로를 유지하는) 각종 장치에 호소하지 않고, 동물들이 규칙적인 방식으로 발생한다는 사실에 호소하는 것 같다. 아리스토텔레스는 『자연학』에서, 질서가 자궁 속에서 '자발적으로' 나타날 수 있다는 엠페도클레스의 주장—엠페도클레스의 정확한 논지는 불분명하다—을 문제삼는다. 그러면서, 어린이의 치아가 적재적소에 돋아나려면 형상적 본성formal nature에 기반한 목표지향적 과정이 필요하다는 주장을 내세운다. 『동물의 부분들에 관하여』에서 아리스토텔레스는 다시 공세를 퍼붓는다. 이제 그의 관심사는 치아가 아니라 척추다. 아리스토텔레스는, 등뼈는 발생 도중에 비틀어지고 부서지기 때문에 척추와 구별된다는 엠페도클레스의 명백한 주장을 비판한다. 그 이유인즉, 배아를 탄생시킨 씨seed는 척추를 만들 수 있는 잠재력을 이미 갖고 있음에 틀림없다는 것이다. '사람이 사람을 낳지' 말을 낳지 않는 것은 바로 이 때문이다.

'사람이 사람을 낳는다'는 말은 아리스토텔레스가 제일 좋아하는 속담 중 하나이고 매우 심오한 진리이지만, 설득력 있는 논증은 아니다. 왜냐하면 명백한 것을 고쳐 말한 것에 불과하기 때문이다. 정확하게, 인간은 어떻게 인간을 낳는 것일까? 엠페도클레스가 틀렸다고 말하는 것과, 그가 틀렸음을 증명하는 것은 전혀 다른 문제다. 아무도 들여다볼 수 없는 자궁의 구석에서 온갖 이론들이 자유롭게 생겨난다.

아리스토텔레스의 해결책은, 이곳에서 무슨 일이 일어나고 있는지 알아내는 연구 프로그램을 시작하는 것이다. 그는 40일 된 인간 배아를 연구한다.

> 수정 후 40일째에 적출된 남성 배아를 차갑지 않은 물에 넣으면, 배아는 녹아서 사라진다. 차가운 물에 넣으면, 이것은 하나의 막膜 안에서 어느 정도 응집한다. 만약 막을 찢으면 큰 개미만 한 배아가 드러나는데, 음경과 눈을 포함한 부분들이 선명하게 보인다. 다른 동물들처럼, 이것들은 매우 크다.

그는 배아를 어디서 입수했는지 말하지 않는다. 아마도 한 개 이상의 배아를 연구한 듯하다. 이 구절은 『동물 탐구』에 나오는 기술 중 하나일 뿐이다. 이에 대한 설명은 다른 책에 나온다. 동물이 어떻게 발생하는가에 대한 기계론적 설명이 포함된 두 번째 저술은 그의 생리학 이론—생물이 왜 두 가지 성性을 갖고 때로는 그렇지 않은지에 대한 설명, 형상이 부모에게서 배아로 전달되는 과정에 대한 기계론적 설명, 유전되는 변이에 대한 이론(즉, 유전학)—과 깊이 통합되어 있다. 또한 이것은 생활사 변화에 대한 분석이며 환경적 영향에 대한 논의이기도 하다. 간단히 말해서, 『동물의 발생에 관하여』는 사람이 어떻게 사람을 낳고 물고기가 어떻게 물고기를 낳는지에 대한 일반적인 설명이다. 『동물 탐구』를 논외로 하면, 이것은 그의 책 중에서 가장 길다. 또한 이것은 가장 명쾌한 책이기도 하다.

62

생식생물학은 내용상으로 질펀하지만, 어조상으로는 임상적이다. 아리스토텔레스에 의하면, 짝짓기 시즌 동안 '모든 동물들은 교미와 관련된 욕망과 쾌락으로 흥분해 있다.' 수컷 개구리, 숫양, 수퇘지들은 암컷 개구리, 암양, 암퇘지를 부르고, 비둘기들은 키스를 나눈다. 어떤 암컷들은 암내를 풍김으로써 욕망을 드러낸다. 암말은 여러 마리의 수컷과 교미하고, 암고양이는 교미를 위해 수고양이를 유혹한다. 그러나 암사슴은 수사슴이 너무 극성맞다는 것을 알기에 꺼린다.

물론 수컷들은 아귀다툼을 한다. 수말, 수사슴, 수퇘지, 황소, 수낙타, 수곰, 수늑대, 수사자, 수코끼리, 수메추라기, 수자고새들은 서로 공격하면서 성적 대혼란을 가져온다. 수사슴들은 암컷을 한 곳에 몰아 넣은 후 땅에 구덩이를 파고 경쟁자들에게 소리를 지른다. 떼 지어 사는 동물들은 전투적이고, 독립적으로 사는 동물들은 덜 그렇다. 수자고새는 '호색한好色漢'이어서 암컷의 알을 깨버리고, 비둘기는 매우 신사적이어서 평생동안 짝을 이룬다. 비록 때로 암컷이 다른 수컷에게 가 버리기도 하지만.

그러나 이 모든 것은 행위 자체에 대한 서론에 불과하다. 아리스토텔레스는 수컷을 '암컷의 내부에서 번식하는 동물'로 정의한다[1]. 암컷의 내부로 들어가기 위해, 대부분의 수컷은 암컷의 뒤에

1 난생어류 중에서 체외수정을 하는 것으로 알려진 물고기는 이 정의에서 제외된 듯하다. 아리스토텔레스는 많은 수컷 물고기들이 새로 산란된 알에 정액을 뿌려 수정

서 올라탄다. 그러나 상어나 가오리는 배를 서로 맞대고, 돌고래는 옆구리를 서로 맞대고, 사자 · 스라소니 · 토끼는 등을 서로 맞대며, 뱀은 서로 뒤엉킨다. 그리고 고슴도치는 교미하는 동안 뒷발로 지탱한 채 서로 얼굴을 마주봄으로써 가시털이 방해되지 않게 하고, 곰은 정상위missionary position를 취하며, 낙타는 하루 종일 교미한다고 아리스토텔레스는 말한다.[2]

그러나 이것은 교미위상학copulatory topology이 아니라 두 가지 성 사이의 본질적인 차이를 보여주는 생식생리학reproductive physiology이다. 아리스토텔레스는 수컷과 암컷 공히 생식 잔류물인 스페르마(*sperma*)—씨seed—를 만든다고 주장한다. 그가 생각하는 수컷의 씨인 고네(*gonē*)—정액semen—는 고도로 정제된 혈액으로, 모든 대사 잔류물과 마찬가지로 조성이 완전히 균일하다. 그리고 암컷의 씨는 카타메니아(*katamēnia*)—월경액menstrual fluid—다. 월경액에 대한 설명은 현대의 독자들에게 (불쾌하거나 걱정스러울 정도로) 기이하게 들리겠지만, 그의 생리학은 시종일관 이렇다.

배아는 영양분을 필요로 하고 혈액은 가장 순수한 상태의 영양분이므로, 혈액과 매우 비슷하게 생긴 월경액은 배아를 형성하는 물질임에 틀림없다. 게다가 매월 분비되는 월경액은 사용되지 않은 씨unused seed로 설명할 수 있으며, 여자가 월경을 시작해야만 임신할 수 있고 임신을 하면 월경이 멎는 이유를 깔끔하게

시킨다는 사실을 확실히 알고 있다. 그러나 물고기의 짝짓기가 진행되는 동안 정확히 어떤 일이 벌어지고 있다고 생각하는지는 불분명하다. 그는 이것이 애매한 문제임을 인정한다.

2 고슴도치, 곰, 낙타, 사자, 스라소니는 실제로 이렇게 교미하지 않는다.

설명한다. 월경액은 정액과 매우 유사하지만, 덜 정제되거나 덜 제조되었다. 아리스토텔레스에 의하면 여자가 남자보다 차갑기 때문에 이치에 맞다. 여자는 영혼을 가지고 있지만, 또한 차가운 심장을 가지고 있다.

늘 그렇듯 아리스토텔레스는 모든 동물(아니면 적어도 유혈동물)을 다루는 이론을 원하지만, 배아가 월경액에서 만들어진다는 아이디어는 명백한 약점을 갖고 있다. 왜냐하면 대부분의 동물들이 월경을 하지 않기 때문이다. 이에 아랑곳하지 않고, 아리스토텔레스는 암소와 암캐가 발정기 때 분비하는 혈액 같은 체액을 월경액으로 간주한다.[3] 암탉은 분명 혈액 비슷한 어떤 것도 분비하지 않으므로, 그는 '무정란'(유난히 작고 노른자가 없는 알)을 가리켜, 새들이 간혹 분비하는 일종의 월경액이라고 지적한다.[4] 그리고 비록 대부분의 물고기 알을 배아라고 생각하지만, 그는 몇

---

3 아리스토텔레스는 암컷의 질 분비물—인간의 경우 소변, 질 윤활액, 병적 분비물, 산후 출혈, 월경혈, 그리고 발정기에 들어선 동물의 경우 발정출혈oestral bleeding—을 분류하는 데 여러 페이지를 할애한다. 처음 세 가지(소변, 질 윤활액, 병적 분비물)는 번식과 직접적인 관련성이 없다고 생각한다. 여기까지는 옳다. 하지만 월경혈(인간의 경우)과 발정혈(개와 소의 경우)은 똑같은 카타메니아(월경혈), 즉 모체가 배아를 만드는 데에 기여하는 스페르마(씨)라고 생각한 것은 틀렸다. 사실, 이 두 가지 분비물은 완전히 다르다. 진정한 월경을 하는 동물은 영장류뿐인데, 아리스토텔레스가 직접 확인해 제대로 아는 영장류는 인간 하나뿐이었다.

4 처녀 닭이 *hypēnemia*(문자 그대로 '무정란')을 낳는다는 아리스토텔레스의 주장은 이제 사실이 아니다. 슈퍼마켓에서 파는 알들(크고, 완벽하게 형성된 노른자를 가졌다)은 모두 처녀 닭이 낳은 것이니 말이다. 그러나 어린 닭pullet(영계)이 낳은 첫 번째 알은 종종 작고 노른자가 없다. 따라서 아리스토텔레스의 주장에서, '처녀'는 '어린'으로 바뀌어야 한다. 그런데 엄밀히 말하면 아리스토텔레스가 정확하다고 할 수 있다. 현대 양계장의 암탉들은 매우 이상한 조류다. 암탉들은 수천 년 동안 오직 알을 생산하기 위해 선택되어 왔다. 아마도 고대에 사육된 품종은 처녀 때만 무정란을 낳았을 것이다. 최소한 어떤 조류는 일단 짝짓기를 해야만 알을 낳기 시작하는 것이 분명하다.

몇 물고기가 미수정 어란roe, 말하자면 월경액으로 가득 차 있다고 인정한다. 그러나 이것이 바로 모든 문제를 두루 해결하는 만병통치약과 같은 해답an answer for everything을 제시해야만 직성이 풀리는 아리스토텔레스의 본모습이다.

63

수컷은 상당히 적은 양의 씨를 생산하고 암컷은 많이 생산한다. 이는 암수가 매우 다른 생식기를 갖고 있음을 시사한다. 이런 이유로 아리스토텔레스는 음경에 대해 할 이야기가 많다. 물개의 음경은 크고, 낙타의 음경은 늘씬하고 근육질이며, 족제비는 음경 안에 뼈를 갖고 있다. 상어와 가오리의 경우, 수컷의 총배설강cloaca에 두 개의 교미용 부속지copulatory appendage가 달려 있지만 암컷에게는 없다. 『동물의 발생에 관하여』에서, 아리스토텔레스는 거위도 그렇다고 말한다.[5] 뱀에게는 음경이 없다고 말하는데, 사실 이들은 교미할 때 나타나는 두 개의 생식기를 가지고 있다. 아주 크고 단단한 거북의 음경에 대해서는 모호하게 말한다.

그는 고환으로 화제를 돌린다. 대부분의 태생 네발동물들(포유류)은 배에 매달린 고환을 갖고 있다. 그러나 돌고래, 고슴도치, 코끼리는 내부—신장 근처—에 고환을 간직하고 있는데 이것을

---

5 오리과 동물 중 상당수(오리, 거위, 고니)는 폭력적이고 강압적인 교미를 하며, 이러기 위해 정교한 삽입기관을 갖고 있다. 최근 발표된 보고서에 따르면, 아르헨티나푸른부리오리Argentina lake duck는 코르크스크루 모양에 가시가 돋친 길이 20센티미터짜리 음경을 갖고 있다고 한다.

내부고환이라고 한다. 조류와 난생 네발동물(개구리, 도마뱀, 거북)의 내부고환은 엉덩이 부근에 위치한다. 이런 모든 동물들에서, 고환은 (하나의 공통관에서 만나는) 정관seminal duct(비뇨생식관/수정관)에 연결되어 있다. 난생동물들(조류, 파충류, 양서류)은 대변·정액·소변이 나오는 공통경로(총배설강)를 갖고 있지만, 포유류는 그렇지 않다.

그의 말은 디테일하며 대체로 정확하다. 그러나 우리는 아리스토텔레스에 대한 자족적 친근함complacent familiarity에 빠져 방심하기 쉽다. 그는 이쯤에서 뜻밖의 말을 한다. 독자들은 아직 깨닫지 못했겠지만, 생식기의 작동방식에 대한 그의 관념은 우리와 다르다. 아리스토텔레스는 고환이 정액과 관련되어 있다고 보지만, 이것이 정액을 만드는 기관은 아니라고 생각한다. 대신에 그는 고환이 정액을 저장하고 이 흐름을 조절한다고 주장한다. 그가 내세우는 근거는 특징상 복잡하다.

그는 뱀과 물고기에게 고환이 없다는 점을 들어, 고환이 생식에 필요하지 않다고 말한다. 그 대신 뱀과 물고기는 정액으로 가득 찬 '통로'를 갖고 있는데, 이 통로는 조류와 네발동물의 주요 정액수납기관semen-receiving organ인 정관의 등가물이라고 한다.[6] (정액은 고도로 정제된 혈액이고, 혈액은 연속적인 제조의 산물이므

---

6 아리스토텔레스는 고환이 둥글 것이라고 예상한다. 하지만 물고기와 뱀의 고환이 길다 보니, 그는 이것을 네발동물의 정관(사실상 수정관)의 등가물로 여긴다. 이 실수는 놀랍다. 왜냐하면 그는 어류의 정관이 (조류의 고환과 마찬가지로) 계절에 따라 정액으로 가득 채워진다는 사실을 알고 있기 때문이다(이는 어류의 정관과 조류의 고환이 유사한 기능을 수행한다는 것을 시사한다). 이것은 '어류와 조류의 신장의 정체성'에 대한 불확실성에 비견된다. 왜냐하면 이들의 신장은 고전적인 네발동물의 신장과 다르게 생겼기 때문이다.

로, 만약 정액이 어디선가 생산된다면 그곳은 심장일 것이다. 그러나 그는 이 점에 대해 모호한 태도를 취한다.) 또한 뱀과 물고기가 고환이 없다는 것은, 고환이 선택적인 개량체optional refinement(즉, 일부—전부가 아니라—동물이 '필요성'보다는 '편의성 향상'을 위해 보유하게 된 구조물)임을 시사한다.

고환은 정액을 저장한다. 이것은 일부 조류(자고새와 비둘기)의 고환이 번식기 동안 정액으로 가득 차 있지만 그 후에는 고갈된다는 사실로부터 알 수 있다. 하지만 네발동물들의 경우, 고환의 기능은 정액의 흐름을 조절하는 것이라고 그는 주장한다. 네발동물의 정관(수정관)을 관찰해 보면, 음경으로 가는 도중 요관ureter을 고리 모양으로 휘감는다. 그는 이러한 배열이 정액의 흐름을 유지하거나 심지어 제한한다고 주장한다.[7] 따라서 그는 고환을 가리켜, 정관이 휘도는 자연적 경향에 대항하여 고리 모양을 유지하는 균형추counterweight라고 주장한다. 인간의 경우 사춘기에 고환이 하강하고, 거세된 동물들이 새끼를 못 낳는 것은 바로 이 때문이다. 고환을 제거하면 정관이 체강 내로 솟구쳐 올라가, 정액의 흐름이 억제된다.

아리스토텔레스의 모델은 눈에 띄게 기계적이다. 그는 고환을 심지어 베틀용 돌(베 짜는 여성이 베틀의 날실을 제자리에 유지하

---

7 고환은 사실상 균형추가 아니기 때문에, 휘도는 수정관looping vas deferens에 대한 아리스토텔레스의 기발한 설명은 틀렸다. 그렇다면 이 휘돎의 진정한 기능은 뭘까? 정답은, 신기하게도 정답이 없다는 것이다. 이것은 포유류 진화사의 우발적 · 비적응적 결과물contingent, non-adaptive product로, 고환이 원래 위치(복강)에서 사타구니로 하강하는 과정에서 우연히 비효율적인 경로inefficient route로 들어서는 바람에 벌어진 일이다. 이것은 아리스토텔레스의 목적론이 도를 넘어선 대표적 사례다. 적어도 표준적인 진화적 설명이 맞는다면 그렇다.

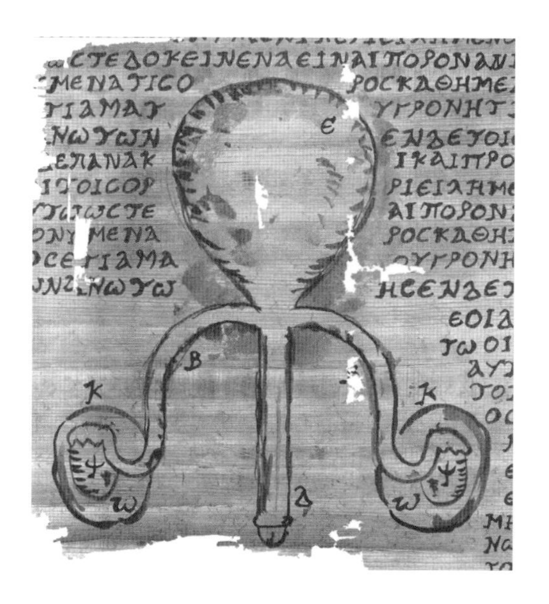

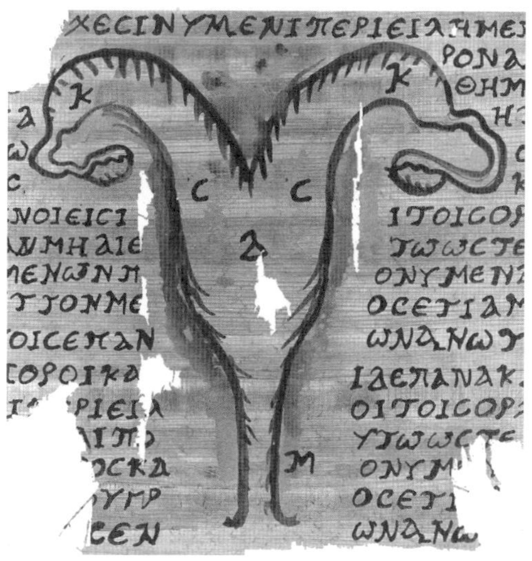

유혈 태생 네발동물의 생식기관
위는 수컷, 아래는 암컷
『동물 탐구』 III권의 내용에 기반하여 후세에 재현

는 데 쓰는 돌)과 비교한다. 음경이 하는 일에 대한 그의 설명도 이상하기는 마찬가지다. 그는 교미하는 동안 생긴 마찰열에 의해 정액이 최종적으로 제조된다고 생각한다. 이 모든 것을 종합하면, 정액은 혈관계에서 제조된 다음 정관을 통해 수집되어 고환에 저상되며, 정확한 양의 사정이 보장된다. 음경은 정액을 가득 장전하여 여성의 생식관으로 발사한다.

아리스토텔레스가 설계한 수컷의 생식계 모델은 아마도 황소나 숫양 같은 태생 네발동물에 기반한 듯하다. 그는 이것을 해부학적 다이어그램으로 보여준다. 한편, 암컷의 생식계 모델은 몇몇 되새김동물에 기반한 것이다. 그는 전체적인 구조를 히스테라(*hystera*)—'자궁'—라고 부르고, 되새김동물에 기반한 자신의 기술에서 자궁이 항상 '2개'라고 주장한다. 왜냐하면 인간은 해당되지 않지만, 동물의 자궁은 대부분 2개의 커다란 자궁각uterine horn으로 구성되어 있기 때문이다. 두 개의 자궁각—케라티아(*keratia*)—은 합쳐져 델피스(*delphys*)를 형성하고, 이것은 (살집이 있고, 연골로 된) 메트라(*mētra*)라는 열린 관tube with an opening으로 이어진다. 여기서 델피스는 자궁체uterine body, 메트라는 자궁경부cervix에 해당하는 것으로 보인다. 아리스토텔레스는 통합을 한계까지 몰아붙여, 암컷 포유류, 파충류, 어류, 두족류, 곤충의 생식 시스템을 하나의 공통된 체계a common scheme에 편입하려 노력한다. 그는 이것이 어려운 작업임을 깨닫게 되는데, 이것은 별로 놀랄 일이 아니다. 왜냐하면 이것들은 실제로 판이하게 다르기 때문이다.

64

해부학 이야기는 이 정도면 됐다. 여성의 오르가슴에 대한 아리스토텔레스의 견해는 어떨까?

그는 여성이 섹스를 원한다고 생각한다, 그것도 많이. 성교는 타 아프로디시아(*ta aphrodisia*)—아프로디테에게 속한 것, 에너지가 넘치는 쾌락—이며, 그는 성욕이 강한 여성을 아프로디시아조메나이(*aphrodisiazomenai*)—쾌락에 사로잡힌 여자—로 기술한다. 사춘기의 소녀들은 눈여겨봐야 하는데, 이유는 발달하는 성적 능력을 사용하고 싶은 본성적 충동natural impulse이 있기 때문이다. 이런 소녀들은 심지어 잘못된 습관에 빠질 수도 있지만(자위행위에 대한 경고일까?), 보통 몇 명의 아이를 낳고 나서 마음을 다잡는다. 그러나 어떤 여자들은 암말만큼이나 음탕하다. 여자색정증nymphomaniac은 문자 그대로 '미친 종마stallion-mad'(*hippomanousi*)다.

그리스어에는 오르가슴을 지칭하는 전문용어가 없기 때문에, 아리스토텔레스는 단순하게 섹스의 '쾌락' 또는 '강렬한 쾌락'이라고 말한다. 하지만 그는 여자들이 전형적으로 오르가슴을 느낀다고 분명히 생각한다. 남성과 여성의 섹슈얼리티에 대한 그의 모델은 매우 유사하다. 여성의 경우, '성교의 쾌락은 남성과 똑같은 부위를 접촉함으로써 일어난다.' 여기서 '쾌락'은 오르가슴을 의미하며, '똑같은 부위'는 남성의 귀두glans와 여성의 음핵clitoris을 의미하는 것 같다. 사실 그는 귀두의 이름을 발라노스(*balanos*)라고 붙였지만, 음핵에는 따로 이름을 붙이지 않았다. 그러나 사실 따지고 보면 그는 음핵의 존재를 알고 있었던 같다.

아리스토텔레스에 의하면, 어떤 여성들은 '남성에 비견되는 방식으로' 쾌락을 경험할 때 타액 비슷한 체액saliva-like fluid을 분비한다고 한다. 이것은 월경액과 다르다고 하는데, 내가 보기에는 필시 질 윤활액vaginal lubrication인 것 같다. 때로 여성은 질 윤활액을 많이 분비하는데, 어떤 때는 남성의 정액 배출량을 능가할 수 있다. 이는 여성의 사정female ejaculation을 지칭하는 것이 분명하다. 여성은 쾌락을 느낄 때 이런 성액sexual fluid을 분비하는데, 이것은 자궁이 열려 임신의 가능성이 높아졌다는 신호다. 그는 특히 금발 여성이 성액을 많이 분비한다고 말한다.

사실, 문제는 여성들이 섹스를 하는 동안 쾌락을 경험하는지 여부가 아니다. 왜냐하면, 아리스토텔레스가 생각하기에, 그녀들은 쾌락을 느껴야 하며 실제로 그렇기 때문이다. 정말로 문제가 되는 것은, 임신을 하기 위해 오르가슴이 필요한지 여부다.[8] 아리스토텔레스는 아니라고 생각한다. 그는 『동물의 발생에 관하여』에서, 여성은 성교하는 동안 통상적으로 쾌락을 경험하지만 쾌락 없이도 임신할 수 있으며, 역으로 여성이 남성 파트너와 '보조를 맞춰'도 임신에 실패할 수 있다고 주장한다. 여성의 오르가슴은 좋은 것이지만 필요한 것은 아니라는 이야기다. 그러나 『동물 탐구』 X권에서는 오르가슴이 훨씬 더 중요해 보인다. 아리스토텔레스의 주장에 따르면, 성교를 하는 동안 월경액이 '자궁의 앞쪽'(아

---

8 몽테뉴(1533~1592)는 자신의 『수상록』에서 다음과 같은 취지로 아리스토텔레스를 인용한다. '남자는 … 자신의 아내를 신중하고 진지하게 애무해야 한다. 그녀를 너무 음탕하게 주무르면, 쾌락이 그녀를 이성의 범위 밖으로 데려갈 수 있다.' 몽테뉴가 어디서 이런 형편없는 조언을 받았는지 모르지만, 장담하건대 아리스토텔레스의 책은 아니다.

마도 자궁경부 또는 질인 듯하다)으로 분비되어 정액과 섞이는데, 이런 분비는 오르가슴 때 일어나는 것이 틀림없다. 따라서 수정에 성공하려면 파트너 양쪽이 '보조를 맞춰'야 한다. 사실, 대부분의 불임은 여성 파트너가 시작도 하기 전에('대부분의 경우 여성이 남성보다 느리다') '빨리 끝내는' 남성들 때문이다. 조루가 불임의 원인인지 아닌지 결정하기 위해, 그는 문제의 남성에게 아기를 낳을 수 있는지 확인하려면 다른 여성과 성교를 해 보라고 제안한다. 도가 지나친 실증주의적 정신이다. 타이밍의 불일치 문제를 해결하기 위해서, 그는 여성에게도 '파트너의 심정을 헤아려' 스스로 흥분하라고 제안한다. 심지어 그녀의 애인이 열정을 주체하지 못하는 경우에도.

'오르가슴은 좋은 것'이라는 이론과 '오르가슴은 필요한 것'이라는 이론 중 어느 쪽이 아리스토텔레스의 최종 생각인지 판단하기는 어렵다. 『동물 탐구』의 X권은 나머지 부분과 뚜렷이 구별된다. 왜냐하면 이 내용이 대부분 임상적이기 때문이다. 어떤 학자들은 심지어 그가 썼다는 것을 의심한다. 그러나 이런 다양한 이론들은 성교가 협업collaboration이라는 아이디어를 공유한다. 두 파트너는 섹스가 주는 강렬한 쾌락을 위해 협력할 것이 요구되며, 이상적인 것은 쾌락을 함께 나누는 것이다. 적어도 이들이 임신을 원한다면 이렇게 할 것이며, 아리스토텔레스가 말하고자 하는 것은 바로 이것이다.[9]

---

9 진화생물학자들은 여성의 오르가슴이 어떤 기능을 수행하는지 알아내려고 골머리를 앓아 왔다. 남성의 오르가슴은 명백한 적응이고, 생식을 위한 직접적인 유인책이다. 그러나 여성의 경우, 오르가슴을 아무리 좋아하더라도 임신에 필요한 것은 아니다. 만약 여성의 오르가슴이 어떤 기능을 수행다면, 이것은 상당히 미묘한 것임에 틀

65

『동물의 발생에 관하여』의 서두에서, 아리스토텔레스는 생명체의 운동인moving cause에 대해 조사하려는 의중을 밝히며, '운동인을 조사하는 것은, 동물의 탄생을 조사하는 것과 어떤 면에서 똑같다'라고 말한다. 이것은 다소 함축적인 표현이지만, 그는 가장 일반적인 용어로 논의를 시작한다. 그는 부모가 자손—씨seed—을 형성하는 재료(질료)가 잠재적으로만 살아 있다고 믿는다. 자세한 내막은 모르겠지만, 이 질료가 생명을 얻게 되는 것이 틀림없다. 우리에게 이것은 수정fertilization의 문제이고, 아리스토텔레스에게는 영혼 획득의 문제이다.

배아가 '영혼을 획득'한다고 말하는 것은 심오하고 불가사의한 이야기지만, 아리스토텔레스가 의미하는 것은 단지 한 세트의 기능적 기관functional organ을 획득한다는 것이다. 달리 말하면, 배아가 형상form을 갖게 되는 과정이다. 플라톤은 자신의 형상을 감각 너머의 영역realm beyond the senses에 두었다. 아리스토텔레스는 자신의 형상을 씨에 두었다. 동물들은 자신의 부모에게서 영혼을 얻는다. 그러나 이것은 설명할 여지를 많이 남긴다. 영혼은 부모로부터 올까? 하위 영혼들—영양혼, 감각혼, 이성혼—은 한 묶음으로 전달될까? 영혼은 개체발생ontogeny 도중 어떤 시기에 나타날까? 생명은 실제로 언제 시작되는 걸까?

림없다. 그리고 이 기능을 둘러싸고 많은 기발한 설명들이 제시되었다. 어떤 생물학자들은 심지어 적응적 기능과는 아무런 관련이 없으며, 남성의 쾌락을 위한 선택의 부산물일 뿐이라고 주장한다. 요컨대 남성의 젖꼭지의 생식기적 등가물genital equivalent이라는 것인데, 대부분의 사람들은 납득하지 않을 것이다.

이런 질문들에 대답하기 위한 아리스토텔레스의 접근방법은 경험적이다. 그는 월경액의 흐름에 비해 사정액의 양이 보잘것없다는 점에 주목한다. 그래서 처음에는, 어머니가 배아에게 질료를 제공하는 반면 아버지는 형상(그리고 당연한 귀결인 영혼)을 공급한다고 생각한다. 이것은 어머니가 단지 건축자재building material를 제공하고, 아버지가 이것을 기능적 창조물functioning creature로 빚어낸다는 이야기와 대동소이하다. 실제로, 아리스토텔레스는 종종 이것이 마치 자신의 진심인 양 말한다. 『동물의 발생에 관하여』의 도처에서, 그는 일련의 병렬적 이분법parallel dichotomy을 반복적으로 구사한다. 남성과 여성의 차이를 파악할 요량으로 뜨거움/차가움, 정액/월경액, 형상/질료, 영혼/물질, 운동인/질료인, 능동/수동 등의 용어가 난무하지만, 대비contrast는 항상 명백하다.

정말 그럴까? 남성과 여성이 배아에 전혀 다르게 기여한다는 아리스토텔레스의 반복된 주장에도 불구하고, 일단 배아발생과 유전의 디테일을 파고들면 남성과 여성의 역할이 모호해지고 병합되기 시작하여, 결국에는 구별하기가 어려워지기 십상이다. 어떤 학자들은, 『동물의 발생에 관하여』가 매우 다르고 양립할 수 없는 이론을 포함한다고 주장한다. 그러나 아마도 우리는 이런 성적 이분법sexual dichotomy을, 추후 분석에서 명료화되고 세련화될 수 있는 슬로건으로 읽어야 할 것 같다. 예컨대 아버지가 배아의 영혼에 기여한다고 말한 후, 그는 이것이 완전한 진실이 아님을 인정이라도 하듯 어머니가 자녀에게 생명을 준다는 것을 보여주는 몇 가지 증거를 제시한다.

아리스토텔레스는 암컷 자고새가 미풍에 실려 오는 수컷의 냄새만으로도 '임신'할 수 있다고 주장한다. 이것이 터무니없는 말이지만, 그는 실제로 반복해서 이야기한다. 자고새는 '무정란wind egg'을 낳는 유일한 새가 아니며, 모든 조류가 무정란을 낳는다. 하지만 이들은 (유정란이 됐든 무정란이 됐든) 알을 워낙 많이 낳는 새이다 보니 아리스토텔레스의 눈에 띄었을 뿐이다. 중요한 것은 미풍의 역할이 아니라, 처녀 새가 무정란을 낳는다는 사실이다. 아리스토텔레스는 조류가 수정 없이 임신할 수 있다는 것을 정말로 믿을까? 그는 믿는다. 하지만 문제의 핵심은, 그의 의도를 알아채는 것이다. 우리에게 임신이란, 정자와 난자가 융합하여 접합자zygote를 만드는 것이다. 아리스토텔레스에게 임신이란, 정액이 월경액과 만나 알을 만드는 것이다. 그러나 무정란은 처녀 새가 낳을 수 있는 것이므로, 월경액이 간혹 자발적으로 엉겨 수태물conceptus이 될 수 있다는 증거라고 할 수 있다.[10] 그렇다면 생리혈은 어떤 의미에서 살아 있다고 볼 수 있다. 아리스토텔레스의 용어로 말하면, 월경액은 영양혼의 잠재력(가능태)이다. 아리스토텔레스는 무정란은 쓸모 없는 것이라고 명확히 말한다. 완전한 임신(새끼가 태어나는 임신)에는 수컷, 교미, 정액이 필요하기 때문이다. 그러나 어떤 물고기들은 수컷이 필요 없을 수도 있다고 생각하기 때문에, 그는 이것(완전한 임신의 3가지 조건)이 모든 동물들에게 적용되는지 궁금해 한다. 카브릴라농어

---

10 수컷 자고새의 냄새가 암컷의 '임신'을 초래할 수 있다는 아리스토텔레스의 주장이 의미하는 것은, (발생이 완료되지 않는) 무정란을 낳도록 유도한다는 것이다. 노련한 꿩 사육사에게 물어보니, 이것은 사실이 아니라고 한다. 어린 암컷은 수컷의 존재와 상관없이 무정란을 낳는다는 것이다. 그러나 나는 수컷의 페로몬이 자고새의 난자형성oogenesis에 미치는 영향을 더 연구할 가치가 있는지 궁금하다.

(khannos)에 대한 헷갈리는 사실은, 아무리 노력해도 암컷만 잡을 수 있다는 것이다.[11] 어쩌면 수컷이 존재하지 않는지도 모른다. 그러나 아리스토텔레스는 더 많은 자료가 입수되지 않은 상태('관찰 자료가 충분하지 않다')에서 수컷의 필요성을 버리는 것을 꺼린다. 그래서 암수의 씨 모두가 영양혼의 잠재력을 포함하며, 정액만이 감각혼과 특정한 형상—특징(즉, 참새를 닭이나 두루미와 구별해 주는 요인)—의 잠재력을 포함한다는 이론을 고수한다.

발생의 메커니즘을 기술할 때, 아리스토텔레스는 가능태/사실태의 이분법에 크게 의존한다. '그러므로, 비록 구별할 방법은 없지만, 동물의 특정 부분(손이나 얼굴)의 씨는 실제로 한 동물의 해당 부분(손 또는 얼굴)이 된다. 다시 말해서, 손 또는 얼굴은 사실태이고 이 씨는 가능태다…' 이것은 놀라울 정도로 통찰력이 있는 동시에 좌절감을 줄 정도로 난해한 진술이다. 이것이 통찰력이 있는 것은, 다음과 같은 두 가지 아이디어를 포착하기 때문이다. 첫째, 씨는 (동물 자체는 아니지만, 그럼에도 불구하고 동물의 형태를 만들고 동물이 될 수 있는 힘을 가진) 뭔가—형상—를 포함하고 있다. 둘째, 개체발생이란 가능태가 실제로 생활 · 호흡 · 교미하

---

11 아리스토텔레스는 수컷 없이 번식할 수 있는 물고기 세 가지—*khannos*, *erythrinos*, *psētta*—를 언급한다. *khannos*는 카브릴라농어(학명 *Serranus cabrilla*)이고, *erythrinos*는 아마도 안티아스(학명 *Anthias anthias*)인 것 같지만, *psētta*의 정체는 오리무중이다. 그러나 이것은 *perkē*의 오타로, 페인티드 코머painted comber(학명 *Serranus scriba*)라고 생각된다. 만약 이 추측이 맞는다면 아리스토텔레스가 언급한 세 종류의 암컷 물고기는 모두 바리과(*Serranidae*)에 속한다. 1787년 카볼리니Cavolini는 *S. cabrilla*와 *S. scriba*가 동시발생 자웅동체simultaneous hermaphrodite이고, 안티아스는 수컷이 드문 자성선숙 자웅동체protogynous hermaphrodite(암컷이 우선임)임을 증명했다. 동시발생 자웅동체의 경우, 고환이 너무 작아서 잘 보이지 않는다. 아리스토텔레스는 카브릴라농어에서 고환 또는 수컷을 찾는 데 실패했고, 따라서 이 물고기가 교미 없이 생식할 가능성을 제시한 것으로 보인다.

는 생명체로 번역되는 과정이다. 그러나 가능태 이야기는 발생의 신체적 모델에 대한 미미한 대체물feeble substitute처럼 보이기도 한다. 이 가능태란 정확히 무엇일까? 아리스토텔레스가 한 가지 예를 들어 줬으면 좋겠다. 만약 그렇게 할 수 없다면, 적어도 이것이 어떻게 작동하는지에 대한 힌트라도 줬으면 좋겠다.

장담하건대, 아리스토텔레스 역시 이런 긴장감을 느끼고, 신체적(물리적) 모델을 만들려고 시도한다. 그는 이러한 배아형성 잠재력embryo-forming potential이 정액 자체의 물리적 물질과 별개로 전달될 수 있는지 여부를 자문自問하는 것부터 시작한다. 그는 자신이 가장 좋아하는 비유 중 하나인 공예가를 불러낸다. 목수가 나무로 침대를 만드는 것을 생각해 보라. 그는 그 과정에서 침대에 실제로 물질을 제공하는 것이 아니다. 그는 공예에 대한 지식(잠재력)을 제공할 뿐이고, 기능적인 움직임을 통해 궁극적으로 형태를 빚어낸다. 이와 마찬가지로, 정액이 배아에게 잠재력을 제공하기 위해 실제로 물질을 제공할 필요는 없다.

이 비유 외에, 아리스토텔레스는 세 가지 동물학적 증거를 추가로 제시하는데, 설득력이 부족하므로 과학자들의 논평만 간략히 살펴보기로 하자. (i) 그는 어떤 곤충이 특이한 방법으로 교미한다고 생각하는데, 이 내용인즉 수컷이 어떤 기관을 암컷에게 삽입하는 것이 아니라 정반대라는 것이다.[12] 이 경우, 그는 수컷이 정액을 조금도 전달하지 않고 잠재력만 전달한다고 생각한다.

---

12 아리스토텔레스는 아마도 메뚜기 또는 메뚜기목에 속하는 몇몇 곤충의 암컷을 기술하는 것으로 보인다. 암컷들은 교미하는 동안 길고 뾰족한 산란관ovipositor을 구부려, 자신의 등에 올라타 있는 왜소한 수컷의 보잘것없는 생식기와 마주치도록 한다. 이것은 사실이지만, 이런 자세가 왜 진정한 정액 주입을 방해하는지는 명확하지 않다.

(ii) 한 마리의 암탉이 한 마리 이상의 수탉과 교미하면, 새끼가 다른 아비—통상적으로 서열 2위—를 닮을 수 있지만 '모든 부분이 두 개씩' 생기는 것은 아니다. 이런 발상은 괴물 같은 동물(샴쌍둥이)이 정액물질seminal matter의 과잉 때문에 생겨난다는 생각에서 나온 것으로 보인다. 만약 이것이 사실이라면 난교亂交가 기형 병아리를 초래할 것으로 예상되지만, 사실은 그렇지 않다. 그러므로 본질적인 것은 질적인 '잠재력'이지, 정액물질의 양이 아니다.[13] (iii) 수컷 물고기가 알에 정액을 뿌릴 때, 정액에 닿은 알들만이 수정된다. 다시 말하지만, 아리스토텔레스가 제시한 세 가지 증거 중에서 신빙성 있는 것은 하나도 없다. 그러나 아리스토텔레스의 의도는 명확하다. 그는 발생을 추동하는 정액의 힘이 정액 자체의 전달보다는 뭔가 다른 것에 기반한다는 것을 보여주려고 노력한다.

이것이 무엇일까? 필시 정액 속의 무엇이 배아에 영향을 미칠 텐데, 만약 이것이 정액물질이 아니라면 대체 무엇일까? 이 문제를 해결하기 위해, 아리스토텔레스는 다시 한 번 불가사의한 물질인 프네우마를 불러낸다. 이것은 감각혼의 도구일 뿐만 아니라, 유전 시스템의 구성요소이기도 하다. 아리스토텔레스는 정액에서 움직임의 징후sign of activity를 찾다가, 정액이 거품을 닮았다—또는 사정 직후 거품처럼 된다—는 사실에서 움직임의 징후

---

13 아리스토텔레스는 암컷 씨의 과잉이 접합쌍둥이(샴쌍둥이)를 초래한다고 생각한다. 그러나 다른 한편, 그는 수컷 씨의 과잉은 접합쌍둥이를 초래하지 않는다고 주장하려 한다. 그의 주장은 독창적이지만 부정확한 '접합쌍둥이의 원인에 대한 이론'에 기반한다. 그러나 서열 2위가 종종 수정에 성공한다는 아리스토텔레스의 생각은 맞다. '최후정자우선last male sperm precedence'으로 알려진 이 현상은 많은 조류에서 발견되며, 정자경쟁에서 비롯된다.

아프로디테Aphrodite

를 포착한다. 거품은 교미하는 동안 정액을 제조하기 위해 유입된 프네우마의 에너지에 기인한다. 그러나 프네우마가 반드시 정액에 실려 갈 필요는 없다. 왜냐하면 기이한 교미를 하는 곤충들의 경우, 암컷의 몸속에 프네우마가 직접 주입되기 때문이다. 동물의 영혼이 배아에 복제되는 메커니즘에 대한 이론은 이렇게 탄생했다. 아비의 영혼의 구조는 사실상 프네우마의 운동*pneu-*

ma-tic action에 의해 자신의 정액에 코딩된다고 말이다.[14]

그럼에도 우리는 프네우마를 유전정보 자체의 전달자로 간주하는 우를 범하지 말아야 한다. 프네우마는 아리스토텔레스판版 DNA가 아니다. 정확히 말하면, 아리스토텔레스의 유전 단위는 훨씬 더 추상적이다. 이것은 정액에서 프네우마가 유도하는 운동이다. 정액 속의 운동원리motive principle와 미래 영혼의 화신incarnate인 운동을 기술할 때, 그는 적절하고 우아한 단어 아프로스*aphros*—거품—를 선택한다. 아프로스는 문자 그대로 정액에서 보이는 거품이고, 해안으로 밀려왔다 물러가는 파도에서 볼 수 있는 거품이다. 그러나 의미가 명확한 만큼, 그는 이 단어를 선택할 때 중의법을 염두에 뒀다. 이것은 바로, 사랑의 여신 아프로디테의 이름이 아프로스에서 비롯되었다는 것이다.

---

14 이러한 수정受精 모델은 발생생물학의 역사를 통틀어 수 세기 동안 유지되어 왔다. 심지어 1677년 레이우엔훅(1632~1723)이 자신이 만든 현미경으로 정자를 관찰하고 '극미동물animalcule'을 보고한 후에도 그랬다. 파브리시우스(1537~1619)는 정액이 '찬란하거나 영묘한 능력'을 통해 신비로운 작용을 한다고 생각했다. 윌리엄 하비(1578~1657)는 스승(파브리시우스)의 용어를 뒤짜 놓고, 정액은 '전염contagion'을 통해 작용한다고 말했다. 지금 생각해 보면, 두 사람 모두 프네우마 또는 거품을 통해 작용한다고 말했으면 더 쉬웠을 것이다. 심지어 카를 폰 에른스트 베어(1792~1876, 독일의 동물학자-역주)의 수정 모델조차도 여전히 매우 아리스토텔레스적이다. (정자를 spermatozoa라고 부른 사람이 바로 폰 베어인데, 이름 자체가 모호한 기운을 풍긴다.) 1875년에 와서야 비로소, 오스카 헤르트비히(1849~1922, 독일의 동물학자 - 역주)는 정자와 난자핵의 융합으로 배아가 시작된다는 사실을 (아이러니하게도 매우 아리스토텔레스적인 동물인 식용 성게를 관찰함으로써) 명명백백하게 입증했다. 그러나 이것은 현미경에 의존한 결과였다. 염색체가 유전정보의 전달자라는 증거는, 토머스 헌트 모건(1866~1945, 미국의 유전학자-역주)이 1910년 초파리 실험을 할 때까지 기다려야 했으며, 이때까지도 여전히 회의론자들이 건재하고 있었다. 멘델의 초기 옹호자 중 하나였고 '유전학genetics'이라는 말을 만든 윌리엄 베이트슨(1861~1926, 미국의 유전학자 -역주)은 1928년에도, 유전은 핵 내부의 '진동' 시스템, 말하자면 운동을 통해 작동한다고 주장하고 있었다.

66

아리스토텔레스는 통상적으로 발생학, 또는 그의 말을 빌리면 '생겨나는 것coming to be'을 연구한 최초의 과학자로 인정된다. 이 말은 맞는 말일까? 그가 사용한 방법의 기원은 일반적으로 모호하지만, (아리스토텔레스가 활동하기 50년 전으로 거슬러 올라가, 폴리보스[15]가 쓴 것으로 추정되는) 히포크라테스식 논문에서는, 인간의 태아가 병아리의 태아와 닮았다고 제안한다. 이것을 증명하기 위해, 폴리보스(로 추정되는 인물)는 20개의 알을 암탉에게 품게 하고 알이 부화할 때까지 하루 간격으로 깨 보았다고 말한다. '새가 사람과 비슷하다는 전제하에, 당신은 내가 말하는 모든 것을 발견할 것이다.' 아리스토텔레스는 이상하게도 폴리보스를 언급하지 않는다. 왜냐하면 그는 훌륭하기로 유명한 장서를 보유하고 있었고, 인정하건대 전임자들이 틀렸다는 생각이 들 때 이들을 인용하는 경향이 있기 때문이다.

닭의 발생학을 최초로 연구했든 안 했든, 그의 기술記述은 종전의 그 어떤 것보다도 훌륭하다.

> 암탉이 낳은 알을 관찰해 보면, [생명의] 첫 번째 가시적 징후가 보일 때까지 3일이 걸린다. 덩치가 큰 새는 더 오래 걸리고 작은 새는 더 짧게 걸린다. 이 기간 동안 노른자의 움직임이 실제로 일어나, 알의 근원이 되는 부분과 마지막 부분(병아리가 나오는 곳)이 생긴다. 심장은 흰자위에 있으며, 크기는 피 한 방울만 하다. 이 작은 점이

15 폴리보스(Polybus). 히포크라테스의 사위. 역주

닭의 배아

마치 살아 있는 것처럼 고동치며 움직인다. 여기서부터 발생이 시작되어 양쪽 끝까지 계속되며, 혈액을 포함한 두 개의 혈관이 이를 뒷받침한다. 이 단계에서, 시뻘건 섬유질 세포막이 혈관에서 갈라져 나와 흰자위를 감싼다. 얼마 후 몸통을 실제로 구별할 수 있게 되는데, 처음에는 아주 작고 하얗다. 머리가 보이고 이 안에 눈이 있는데, 유난히 툭 튀어나왔다….[16]

16 현대 해부학 용어를 사용하여 전체를 다시 쓰면 다음과 같다: 3일령日齡 배아는 박동하는 심장을 갖게 되는데, 여기에서 나온 두 개의 혈관(좌우 난황동맥vitelline artery)이 난황낭의 모세혈관들로 갈라진다. 몸통, 머리, 눈이 보인다. 10일령 배아에서, 머리는 몸통보다 훨씬 더 크고 눈은 적출할 수 있을 만큼 크며, 여러 개의 막—융모막chorion, 요막allantois, 양막amnion, 난황낭—이 보인다. 이 막들은 액체로 채워진 공간에 의해 서로 분리되고, 양막낭amniotic sac에는 혈관이 분포하며, 노른자(난황)에는 액체가 많아지고 알부민이 적어진다. 위胃와 그밖의 내장이 보인다. 20일령 병아리는 전신이 솜털로 덮여 있고, 몸을 웅크리고 있어서 머리가 날개에 덮인 채 다리 옆에 위치해 있다. 요막은 이제 배설물을 포함하고 있고, 병아리와의 연결이 단절되었다. 난황낭이 위 안으로 거의 흡수되었다. 병아리는 자고, 깨고, 움직이고, 뭔가를

아리스토텔레스가 병아리의 발생을 연구한 것은, 이것이 현실적으로 가능한 일이기 때문이었다. 어류의 배아는 아주 작고 포유류의 배아는 자궁 안에 감춰져 있다. 하지만 병아리를 보기 위해 당신이 해야 할 일은 달걀을 깨 보는 것뿐이다.

그는 또한, 비록 상세하지는 않지만 다른 많은 동물들의 발생 과정을 기술한다. 그가 이해하는 범위에서, 어류의 배아는 오직 한 종류의 난황을 가지고 있고 요막이 없다는 점만 제외하고 조류와 매우 비슷하다. 심지어 태생동물(포유류, 별상어)의 배아도 난생동물(조류, 대부분의 어류, 파충류)의 배아와 아주 비슷하다. 둘 다 (알껍데기 또는 자궁에 의해) 외부세계로부터 보호받고, 양막낭 *khōrion*에 둘러싸여 있으며, 난황 또는 어미의 혈액으로부터 탯줄을 통해 영양분을 공급받는다. 소, 양, 염소의 자궁이 코틸레돈 *kotylēdone* —태반엽cotyledon—으로 덮여 있지만 대부분의 다른 동물은 그렇지 않다는 것을 아리스토텔레스는 알고 있다.[17] 그러나 때때로 그가 일반론을 펼칠 때, 닭에 대해 이야기하는지 사람에 대해 이야기하는지 알기 어렵다.

하지만 그렇게 할 때, 그는 두루뭉술 말하지 않는다. 오히려 그는 뭔가 매우 중요한 것을 말하고 있다.

인간, 말, 또는 다른 어떤 종류의 동물도 처음 생겨날 때부터 형태를

찾고, 재잘거린다. 부화 직전이다. 조류의 발생 과정에는 이밖에도 많은 것들이 도사리고 있다.

17 소의 태반엽태반cotyledonary placenta에 붙어 있는 인간의 태아를 스케치한 것으로 악명 높은 레오나르도 다빈치에 비하면, 아리스토텔레스는 양반이다. 반면에 그는 태반이라는 전문용어를 사용하지 않는다.

갖추는 것은 아니다. 각 동물의 마지막 발생단계가 이들의 목표이며, 동물의 독특한 형태는 …

그의 말인즉, 배아가 처음 형성될 때 우리가 볼 수 있는 것은 동물이 되기 위한 일반적인 특징—심장과 기관들의 기본적인 윤곽선—뿐이라는 것이다. 인간이 (말이 아니라) 인간이 되게 하는 특이적인 특징specific feature은 발생의 맨 마지막 단계에 나타난다.

이것은 아름다운 관찰이다. 이것은 1828년 카를 에른스트 폰 베어에 의해 더욱 자세히 관찰되었다. 그는 자신의 위대한 저서 『동물발생학, 그 관찰과 고찰』에서, 이것을 비교발생학comparative embryology의 '제1법칙'이라고 불렀다. 이것은 장차 진화발생생물학evolutionary developmental biology의 위대한 개념 중 하나로 자리매김하게 된다.[18]

아리스토텔레스의 해부학 지식은 자신이 직접 해부하여 확실히 얻은 것이지만, 이중에는 생선장수, 도살업자, 사냥꾼, 여행가, 의사, 예언가들을 통해 배운 것도 많다. 그러나 그의 발생학 지식은 그 자신이 직접 본 것에 관한 것임이 분명하다. 발생의 비밀을 밝히기를 열망하는 생물학자가 아니라면, 어느 누가 미세한 배아를 자세히 들여다보는 데 그렇게 많은 시간을 할애했을까? 만약 폴리보스를 인정한다면, 우리는 아리스토텔레스가 닭의 배아를

18 이 사실은 최근까지도 변함이 없었다. 하지만 지난 몇 년 동안, 전사체 데이터transcriptomic data는 배아의 아주 초기단계도 매우 다양한 모습임을 보여주었다. 이제는 서로 다른(또는 관련된 종)의 배아가 어떤 중간단계intermediate stage에서 가장 많이 보존된다고 여겨진다. 척추동물의 경우, 이 단계는 체절형성somite formation과 신경발생neurogenesis 시기에 해당한다. 그 이후의 패턴은 아리스토텔레스와 폰 베어가 말한 그대로다.

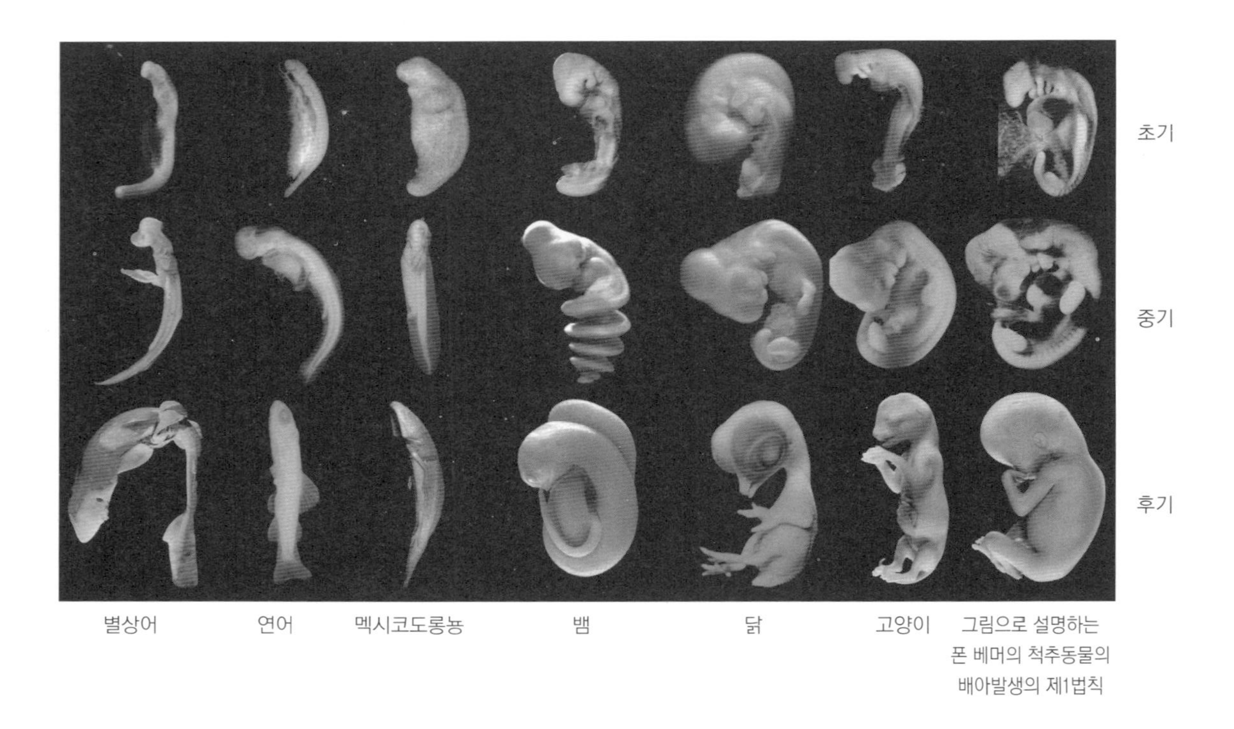

그림으로 설명하는 폰 베머의 척추동물의 배아발생의 제1법칙

처음으로 연구한 사람이 아님을 인정해야 한다. 그러나 그 안에서 배아발생의 문제 해결책을 처음으로 보았던 사람이 아리스토텔레스임을 부정할 수는 없을 것이다.

67

정액이 월경액에 닿으면, 월경액이 엉겨붙어 배아 또는 알로 된다. 아리스토텔레스는 피부에 와 닿는 비유를 이용하여 이 일이 어떻게 일어나는지 설명한다. '이것은 우유를 응고시키는 무화과주스의 경우와 비슷하다. 무화과 주스 역시 응고물의 일부가 되지 않으면서 변화하기 때문이다.' 다른 곳에서는 이렇게 말한다. '이것은 레닛rennet이 우유에 작용하는 것과 똑같은 방식으로 작용한다.' 이 두 가지 사례들은 모두 치즈 생산과 관련이 있다. 레닛이란 젖 먹는 송아지의 위胃에서 유래하는 물질로, 우유와 섞으면 우유를 고체(응유curd)와 액체(유장whey) 부분으로 나눈다. 아리스토텔레스는 정액의 프네우마가 월경액에 똑같이 작용하여 흙물질을 응고시키고 액체만 남긴다고 생각한다. 아마도 그는 이 비유가 특히 적절하다고 생각한 듯하다. 활성성분인 정액, 레닛, 무화과주스는 생명의 열로 가득 차 있으므로 스스로 힘을 얻고, 기질인 월경액과 우유는 매우 밀접하게 관련된 혈액 파생물이라고 여기며.[19]

---

19 초기 발생학을 화학적 비유를 통해 설명하기 위해 자신의 부엌을 살펴보던 아리스토텔레스는 놀랍게도 효소(무화과주스와 레닛은 모두 단백질 분해효소protease를

치즈 생산과 비슷한 현상의 결과는, 액체에 떠 있는 막에 의해 배아가 발생한다는 것이다. 프네우마의 활약은 지금부터 본격적으로 시작되는데, 구체적인 내용은 배아의 부분들을 제조하는 것이다. 자신이 중요한 발견을 했다고 생각하는 사람의 열정으로, 아리스토텔레스는 심장이 배아에 나타나는 첫 번째 기관이라는 주장을 반복한다. 만약 (심장보다 훨씬 전에 형성되는 체절somite과 척색notochord을 제외하고) 심장이 최초의 가시적인 기능적 기관first visible functioning organ이라는 그의 논점을 인정한다면, 이것은 매우 합리적인 주장이다. 아리스토텔레스에게, 이것은 팩트일 뿐만 아니라 이론과도 잘 들어맞는다. 심장은 영양과 다른 모든 기관의 성장에 관여하므로, 첫 번째로 발생하는 장기가 되어야 마땅하기 때문이다.

어미에 의해 공급되고 어미의 열에 의해 제조되는 영양분은 난황혈관을 통해 배아로 흘러 들어가고, 심장과 분지分枝된 혈관계system of ramifying vessel에 의해 재분배된다. 아리스토텔레스는 혈관을 묘목의 뿌리 또는 들판의 관개수로와 비교한다. 그리고 혈관벽을 통해 영양분이 스며드는 방식을, 굽지 않은 도자기를 통해 물이 스며드는 방식과 비교한다. 마지막 단계에서, 열의 효율적인 작용이 영양분을 살, 힘줄, 뼈, 그밖의 (배아의 성장에 필요한) 모든 조직들로 전환한다.

아리스토텔레스는 조직과 기관이 미未형성 원재료raw un-

포함하고 있다)에 기반한 비유를 생각해 냈다. 그가 촉매라는 아이디어에서 힌트를 얻은 것은, 활성성분이 생산물의 일부가 되지 않는다고 생각하기 때문이다. 그러나 다른 한편, 그는 활성성분이 반응 도중에 소비된다고 생각함으로써 이 의미를 파악하는 데 실패한다.

formed material로 구성되어 있다고 생각한다. 그러나 먼저, 그는 명백한 라이벌 가설, 즉 배아의 일부—어쩌면 전체—가 부모의 씨에 이미 존재하지만 너무 작아서 볼 수가 없다는 아이디어를 박살낸다. 그의 상대자는 신이오니아파 자연학자들로, 어떤 종류의 물질도—심지어 조직도—창조되거나 파괴될 수 없다고 철석 같이 믿는 사람들이었다. 후세의 주석가는 아낙사고라스의 이론을 언급한다. '그[아낙사고라스]의 말에 따르면, 머리카락 · 손톱 · 정맥 · 동맥 · 근육 · 뼈가 같은 씨 안에 있는데, 너무 작아 보이지 않지만 자라면서 점차 구분된다고 한다. 그는 머리카락이 아닌 것에서 머리카락이 나오고, 살이 아닌 것에서 살이 나오는 과정을 궁금해 한다.' 하지만 아리스토텔레스는, 생물체는 기既형성 기관pre-formed organ으로부터 자가조립된다고 믿었던 엠페도클레스를 집중적으로 공격한다. (그 주석가는 이렇게 말한다. '아리스토텔레스는 종종 시칠리아인의 아이디어를 신뢰하지 않는 듯하다.') 어쨌든 그는 엠페도클레스의 이론에 대해 많은 반론을 제기하지만, 다소 따분한 진술도 주저하지 않는다. '말이 나와서 하는 말인데, 만약 동물의 부분들이 정액 속에서 흩어지면 이들은 어떻게 살까? 만약 이것들이 응집되면 작은 동물을 형성할 텐데.' 결론은 독자들의 몫이었지만, 장담하건대 이들은 모두 터무니없다는 반응을 보였을 것이다.

아리스토텔레스는 두 가지 아름다운 메타포를 이용하여 자신만의 견해를 제시한다. 이중 하나는, 자연이 마치 화가처럼 배아를 그린다는 것이다.

먼저, 자연은 모든 부분들의 윤곽선을 스케치한다. 색깔, 부드러움,

단단함을 부여하는 것은 이 다음 일이다. 이것은 마치 화가가 그림을 그리는 일과 같다. 화가들은 동물을 그릴 때, 먼저 스케치를 한 후 적당한 색깔을 칠한다.

다른 하나는, 자연이 마치 어부처럼 배아를 직조한다는 것이다.

그럼 부분들은 정액으로부터 어떻게 만들어질까? 이것들은 … 모두 한꺼번에 만들어지거나, 오르페우스의 시에 나오는 것처럼 … 그물을 짜듯 단계적으로 만들어진다. 한꺼번에 만들어진다는 것은 사실이 아니다. 어떤 부분들은 배아 속에 이미 존재하는 것을 명확하게 볼 수 있지만, 다른 부분들은 그렇지 않다 … 폐는 심장보다 크지만, 최초의 발생단계에서 심장보다 늦게 나타난다.

두 번째 메타포에서, 아리스토텔레스는 기형성 기관에 관한 이론을 좋아하지 않는 진짜 이유를 드러낸다. 이 이론은 정액 속에 미세한 닭이나 닭의 조각들이 있는 것이 틀림없다고 주장하는데, 아리스토텔레스는 너무 작아서 볼 수 없는 것들의 존재를 믿지 않는다. 보이지 않는 세계에 대한 이런 곱지 않은 시선은, 그의 가장 근본적 이론인 물질론에서 직접 나온 것이다. 정액은 균일한 물질이며, 분자나 미세한 가금류로 구성되어 있지 않다.

패턴을 확립한 아리스토텔레스는 이것을 설명해야 한다는 강박관념을 느낀다. 부분들이 하나씩 차례로 만들어지는 이유가 뭘까? 그는 기관들끼리 서로 영향을 미칠 가능성—간과 심장은 실제로 밀접하게 관련되어 있다—을 고려한다. 그러나 각각의 기관은 나름의 형태를 가지고 있고, 한 기관의 형태가 다른 기관에는 존재하지 않는다는 점을 근거로 이 가능성을 기각한다. 모든 기관은 더욱 근본적인 물질로 만들어진다고 그는 생각한다. 그 자신의 해결책은 훨씬 더 미묘한 인과적 사슬에 의존한다. 그의 말에 따르면 정액은 배아에서 움직이기 시작하며, 일단 이렇게 되면 다음과 같은 일이 일어난다.

> 경이로운 자동인형에서처럼, A가 B를 움직이고 B가 Γ를 움직인다고 상상해 보라. 심지어 움직이지 않을 때도, 각 부분들은 모종의 잠재력을 지니고 있다. 이것은 어떤 외력outside force이 한 부분에 시동을 걸면 다음 부분이 즉시 활성화된다는 것을 의미한다. 그러므로 어떤 의미에서 보면, 자동인형에서 A가 Γ를 움직이는 것은 다른 부분과 현재 접촉하고 있어서가 아니라 이전에 접촉했기 때문이라고 할 수 있다. 정액의 기원도 마찬가지다. 정액의 생산자는 (현재의 연결이 아니라) 과거의 연결을 통해 작동하도록 초기값을 설정한다.

이것은『동물의 운동에 관하여』에 나오는 자동기계 이야기다. 동물이 어떻게 움직이는지 설명하는 것은 자동기계로도 충분하다. 하지만 배아가 어떻게 발생하는지 설명하려면 자동기계만으로는 불충분하다. 배아가 단계적으로 발생하는 기관이라는 점을 분명히 하기 위해, 아리스토텔레스는 'A'와 'B'와 'Γ'라는 기호를 사용한다. 정액의 움직임은 심장을 형성하고, 심장은 다른 기관을 형성하고, 다른 기관은 또 다른 기관을 형성한다. 이 과정은 그림이 완성될 때까지 계속된다. 마치 그물이 직조되는 것처럼, 배아는 단계적으로 완성된다.

아리스토텔레스는 많은 설명을 통해, 배아를 만드는 것이 조각상을 만드는 것과 같다고 누누이 말하는 것처럼 보인다. 아버지는 조각을 하는 예술가이고, 그의 손에는 정액이 들려 있다. 어머니는 화덕이고, 이 속에서 월경액이라는 점토가 구워진다. 이제 이런 비유가 그가 의미하는 바를 제대로 포착하지 못한다는 것이 명백해졌다. 그는 월경액이 어떤 의미에서 살아 있으며, 영양혼을 위한 잠재력을 보유하고 있다는 것을 이미 인정했다. 앞장에서도 언급한 자동기계 인과성*automaton-causality*은 '잠재력'이라는 단어에 새로운 의미를 부여한다. 왜냐하면 월경액이 감춰진 구조hidden structure이고 잠재적인 형성력latent formative power을 갖고 있다는 것을 말해 주기 때문이다. 월경액은 자물쇠 걸린 태엽시계와 같으며, 정액은 단지 자물쇠를 풀 뿐이다.

또한, 자동기계 인과성은 형태의 다양성을 설명한다. 모든 배아들은 똑같이 시작하지만, 발생이 진행될수록 인과적 사슬 때문에 다양한 모양으로 분기分岐한다. 그는 코르딜로스(*kordylos*)라는 동물에 대해 이야기한다. 이것은 양서류다. 아가미를 가지고 있고 메기를 닮은 꼬리를 이용해 헤엄친다. 하지만 지느러미 대신 다리를 가지고 있어, 땅 위에서도 살 수 있다.[20] 이것은 본질적으로 육상동물과 수생동물의 중간체intermediate다. 그는 이것을 가리켜, 발생 초기에 일어난 어떤 사건들 때문에 일이 그렇게 '꼬

20 코르딜로스는 명확히 영원newt의 육상 유생 eft 개구리의 올챙이이지만, 이것이 유생이라는 사실을 아리스토텔레스가 알았는지는 분명하지 않다. 그는 이것을 물개 또는 돌고래 같은 '이원적' 성체dualizing adult로 생각했을 것이다. 아리스토텔레스가 동물의 미래 발생을 지시하는 미세기관에 대해 이야기하면, 동물학자들은 양서류의 변태metamorphosis를 조절하는 내분비 기관들—시상하부, 뇌하수체, 갑상샘—을 떠올리지 않고 못 배길 것이다. 아리스토텔레스는 아마도, 대개 이런 것처럼 심장을 의미할 것이다.

였다warped'고 말한다. 그는 동물이 성장하는 환경—육지 또는 물—이 '지극히 사소하지만 절대적으로 필요한 기관'에 영향을 미친다는 설명을 하려고 한다. 즉, 환경이 육상동물의 특징을 가질지 아니면 수생동물의 특징을 가질지 좌우한다는 것이다. 코르딜로스에 대해서는 많은 것이 모호하지만, 일반적인 논쟁거리는 아니다. 개체발생 초기에 어떤 미세기관은 수생동물과 육상동물의 많은 상이한 특징들을 담당한다. 이것은 A가 B를 움직이고 B가 Γ를 움직이기 때문이다.

68

르네상스기의 해부학자들은 달걀의 내부를 들여다보려고 다시 시도했다. 이들은 『동물의 발생에 관하여』를 지침서로 이용했다. 물론 이들에게 다른 참고서는 없었다. 울리세 알드로반디(『조류학』, 1600년), 그의 제자인 프리슬란드(옛 네덜란드) 출신의 폴허르 코이터드(『외적 그리고 내적 최초의 인체 부분들의 보고서와 연습』, 1573), 히에로니무스 파브리시우스(『계란과 병아리의 형성』, 1604)는 병아리의 발생에 관한 아리스토텔레스의 기술記述을 넘어서지 못했다. 비록 멋진 삽화를 몇 점 그리기는 했지만 말이다.

아리스토텔레스의 저술을 예의주시한 윌리엄 하비는 더욱 비판적인 시각으로 접근했다. 자신의 저서 『동물 발생론』(1651)에서, 하비는 *punctum saliens*(배아의 심장)가 아니라 *cicatricula*(배반엽blastoderm)를 배아의 첫 번째 징후로 정확하게 식별했다. 그는 배반엽을 '모든 생명의 샘the Fountain of All Life'이라고 불렀을 뿐만 아니라, 아리스토텔레스와 달리 혈액이 심장보다 먼저 형성된다는 사실을 알고 있었다. 또한 아리스토텔레스가 수정 이론에서 예측한 정자와 월경액의 응고물coagulum of sperm and menses을 추적한 사람도 하비였다. 그는 (찰스 1세가 로열파크의 사냥 파티에서 잡은) 새로 수정된 암사슴들을 해부했는데, 아리스토텔레스의 수정액을 발견하지 못하자 다른 통합옵션을 채택했다. 이렇게 해서 자신의 책 서두에서 *Ex ovo omnia*—'모든 것은 알로부터'—라고 선언했다.[21] 비록 신랄한 비평가였지만, 하비의 발생학 중 상당부분은 완전히 아리스토텔레스적인 채로 남았다. '미래 태아의 부분은 없다.' 그는 이렇게 선언했다. '실제로 알 속에 있지만, 모든 부분들은 잠재적으로 존재한다….' 여기서 '실제로'와 '잠재적으로'의 극명한 대조에 주목하라. 아리스토텔레스 자신도 하비보다 잘 기술할 수 없었을 것이다.

하비는 이러한 실현(가능태 → 현실태)의 과정을 '후성epigenesis'이라 불렀다.[22] 아리스토텔레스와 신이오니아학파의 논쟁이 재현되는 곳이 바로 이 부분이다. 현미경을 통해 밝혀진 구조들에 매료된 하비의 후계자들 중 상당수는 아리스토텔레스의 모델이 잘못됐다고 단언했다. 이들은 배아가 맨 처음부터 모든 부분을 완성된 상태로 포함하고 있다고 주장했다. 어떤 사람들은 정자에서 배

---

21 그러나 이것은 정말로 요행수이거나, 어쩌면 강령적인 진술programmatic statement이었다. 이것은 확실히 경험적 일반화empirical generalization는 아니다. 카를 폰 베어는 1827년에야 극미동물인—실제로 미세하지는 않지만—포유류의 난자를 발견했다. 그는 하비만큼 열성적인 지원을 받지 못했으므로, 동료의 개를 해부함으로써 이것을 발견했다.

22 현대적 의미의 '후성유전학epigenetics'과 혼동하지 말아야 한다. 후성유전학은 DNA 또는 염색체 구조의 화학적 변형chemical modification을 통해 유전자 발현의 패턴이 바뀌는 메커니즘을 연구하는 학문이다.

아의 축소판을 봤다고 이야기하고, 어떤 사람들은 알에서 이것들을 봤다고 이야기했다. 역사가들은 이런 교리를—다양한 변종이 있지만—'전성설pre-formationism'이라 부른다. 스위스의 자연철학자로 논리적 결과에 개의치 않는 샤를 보네는 '각각의 씨는 완전한 기형성 배아pre-formed embryo를 포함하고 있고, 이 배아의 씨도 완전한 기형성 배아를 포함하고 있었고, 이 배아의 씨도…'라고 제안하며 태초의 천지창조까지 거슬러 올라갔다.

후성설과 전성설의 논쟁은 이 이후로 약 200년 동안 진행되었다. 한동안 전성설 신봉자들이 현대성과 메커니즘 면에서 우위에 선 것처럼 보였다. 그러나 차이스Zeiss의 광학에 기반한 고배율 현미경은 이들의 편에 서지 않았다. 전성설은 환상이었고, 배아는 스스로 완성되어 가는 것으로 규정되었다.

오늘날 우리는 배아발생 과정을 두 눈으로 똑똑히 볼 수 있다. 우리에게 필요한 것은 몇 가지 팬시 필터를 갖춘 고배율 현미경과 건강한 선충이 담긴 배양접시가 전부다. 하나의 수정란을 작은 한천 패드에 올려놓고, 완충액을 떨어뜨려 붕괴하는 것을 막음과 동시에 수분을 유지하고, 커버슬립으로 전체를 보호한 다음 1,000배로 확대한다. 그리고 들여다본다. 처음에는 많은 일이 일어나지 않지만, 세포질이 소용돌이치고 변형되기 시작하는가 싶더니 (지금껏 한 개의 세포만 있었던 곳에) 아주 갑자기 두 개의 세포가 등장한다. 이것들은 다시 나뉘고 또 다시 나뉘고 또 또 다시 나뉜다. 이 모든 일은 놀랍도록 빠르고 정확하게 일어난다. 세포들이 이리저리 움직이기 시작하고, 어떤 것은 다른 것 밑으로 들어가고, 강cavity이 형성되고 팽대부bulge가 돌출한다. 인두pharynx나 소화관과 같은 기관들이 희미하게 윤곽을 드러내기 시작하여, 갈수록 점점 더 확실해진다. 세포 덩어리가 수축하여 처음에는 콩, 다음에는 쉼표, 그 다음에는 프리첼 모양의 벌레가 된다. 이렇게 모양이 변하면서 작은 벌레가 된다. 우리가 관찰을 시작한 지 7시간쯤 지나면 꿈틀거리기 시작하고, 10시간 정도 지나면 알 속에서 구르는 모습도 보인다.

아리스토텔레스의 발생생물학에는 꽤 이상한 부분들이 많아 보인다. 우리가 아는 생물학에서, 부모의 재료는 체액이 아니라 생식세포gamete다. 부모의 생식세포들은 모호하게 근접하는 것이 아니라 융합한다. 유전정보의 운반체는 '움직임'의 패턴이 아니라, 특별히 안정적인 거대분자다. 당연한 이야기지만, 동물의 형태는 아버지뿐만 아니라 양친 모두에게서 온다. 그럼에도 불구하고, 우리는 아리스토텔레스 시스템의 순수한 담대함에 찬탄을 금할 수 없다. 그의 시스템에는 모든 생물학에서 가장 불가사의하게 여기는 문제—무형의 원재료가 어떻게 (모든 부분들을 완비한) 살아 있는 생명체 되는가—에 대한 기계론적 설명이 있다. 그리고 비가시적인 분자신호의 기울기gradient, 일련의 전사인자transcription factor들, (세포를 그들의 목적지와 차별화된 형태로 유도하는) 신호전달 단백질의 네트워크를 고려한다면, 아리스토텔레스의 자동인형 논리—A가 B를 움직이고, B가 Γ를 움직인다—만큼 인과적 사슬이 돋보이고 배아발생 메커니즘에 대한 아주 기본적인 뭔가를 포착하는 것은 없다. 이것은 '자연이 마치 예술가처럼 예술작품을 만드는 것과 매우 흡사하다.' 당신, 나, 아리스토텔레스, 이밖의 모든 생명체를 만들어낸 자기창조self-creation 행위에 대해, 이보다 더 아름답고 진실된 메타포가 있을까?

양羊의 계곡

시리아지방꼬리양(*Ovo aries*)

69

포타미아Potamia는 '강江'이란 뜻으로, 오르딤노스 대산괴Ordimnos massif에서 라군의 북서쪽 하안河岸에 있는 충적평야로 이어진다. 어느 봄 날, 나는 아네모티아에서 출발하여 산책 코스를 따라 내려갔다. 나는 아무도 보지 못했다. 이 언덕에는 사람이 거의 살지 않았지만, 통행로로 사용되고 있었다. 이 길은 주기적으로 상자나 통에서 나온 작은 개들로 막혀 있었고, 이 개들은 팽팽한 줄 끝에서 나에게 짖어댔다. 나는 이들이 청승맞게 무슨 일을 하고 있는지 궁금했다. 왜냐하면 이곳에는 이들이 지킬 것이 아무 것도 없기 때문이었다. 그러나 나중에, 이들의 역할이 계곡의 올리브나무 숲을 배회하는 양들의 움직임을 통제하는 것임을 알게 되었다. 실제로 한 모퉁이를 돌 때, 나는 아무런 간섭을 받지 않고 숲을 배회하는 양떼와 마주쳤다. 레스보스의 양들은 군살이 없고 지능적이다. 이들은 올리브나무 숲에서 (농부들이 양들을 위해 잘라 놓은) 나뭇가지의 잎을 먹지만, 섬의 건조한 내륙에서는 얇은 화산성토volcanic soil에서 자라는 프리가나phrygana의 향기로운 잎을 먹고 산다. 이들은 목에 청동방울을 달고 있으므로, 당신은 고요한 언덕에서 이들이 나타나기 한참 전에 종종 부드러운 차임벨 소리를 들을 수 있다.

목양牧羊을 많이 언급하는 아리스토텔레스는 거세된 수컷 한 마리에 특별한 관심을 기울인다. 양치기는 이 양에게 종을 매달고, 양떼를 이끌고 자신의 이름에 반응하도록 훈련시킨다. 레스보스에서는 거의 모든 양들에게 다양한 크기와 음색의 방울을 단다. 그래서 당신이 이들에게 접근할 때와 이들이 신경질적으로 달아날 때, 카리용[1]을 연주하는 듯한 소리가 양떼 전체로 물결처럼 퍼져 나간다. 우누머리인 늙한 양 한 마리가 내 앞길을 가로막은 채 당당히 풀을 뜯고 있다가, 노란 눈을 깜박이지도 않고 나를 뚫어지게 쳐다봤다. 이 양이 아직 고환을 갖고 있는지 알고 싶은 호기심이 들었지만, 그러려면 텁수룩한 털가죽 속을 들여다봐야 했다. 이 양의 자세로 보건대, 나의 호기심에 전혀 무관심한 것 같았다. 나는 코린트에서 고원의 양치기 한 명을 만났는데, 아리스토텔레스가 말한 것처럼 온갖 풍파에 시달린 듯 무뚝뚝했다. 그는 생후 3개월의, 크고 잘생기고 잘 훈련된 숫양을 미래의 우두머리로 선택했다. 생후 6개월째가 되면, 그 양은 거세되고 이름이 붙여지고 훈련을 받아 25마리의 양떼를 거느리는 성숙한 양이 된다. 양치기는 흥미로운 사실을 덧붙였는데, 그 내용인즉 성숙한 암양이 간혹 본능이나 개성의 힘으로 통제권을 찬탈하는데, 이렇게 되면 이 암양은 두 번 다시 새끼를 낳지 않는다는 것이었다. 또한 그는 언젠가 우두머리 숫양이 자신을 치명적인 위험에서 구해 줬다고 말했는데, 무슨 위험인지는 밝히지 않았다.

동물의 다양성의 차원에서, 아리스토텔레스는 양에 대한 생물지리학biogeography을 다룬다. 폰투스(흑해 연안)에 서식하는 숫양은 뿔이 없지만 리비아의 양[2]은 암수 모두 긴 뿔을 가지고 있

---

1 카리용(carillon). 종을 음계 순으로 죽 매달아 놓고 치는 악기. - 역주

2 이 양은 아마도 다른 종으로, 바바리양(학명: *Ammotragus lervia*)일 것이다. 왜냐하면

고, 사우로마티아(보스포러스 해협)의 양들은 뻣뻣한 털을 가지고 있고, 낙소스의 양들은 매우 큰 쓸개를 가지고 있지만 에비아섬 Euboea의 양들은 그렇지 않고, 납작꼬리양flat-tailed sheep은 긴꼬리양long-tailed sheep보다 겨울 추위를 잘 견디고 짧은털양 short-fleeced sheep은 긴털양shaggy-fleeced sheep보다 추위를 잘 견디지만 곱슬털양crisp-haired sheep은 추위에 약하다고 그는 기록하고 있다. 시리아는 몇몇 특이한 가축들의 고향이다.

> 시리아에 사는 양의 꼬리는 너비가 40~50센티미터이고, 염소의 귀는 길이가 약 30센티미터이며 어떤 경우에는 땅바닥에 닿을 듯 말 듯하다. 소의 어깨에는 낙타처럼 혹이 나 있다.

이 자체는 그다지 중요한 관찰이 아니며, 수천 가지 자연사 이야기 중 한 대목일 뿐이다. 하지만 한 가지 궁금한 것은, 아리스토텔레스가 이런 지방꼬리양fat-tailed sheep, 긴귀염소, 혹등소 hump-backed cattle를 어떻게 생각했는가이다. 이들은 그리스의 농장에서 방목되는 기본종basic species의 재래종local variety일 뿐일까, 아니면 전혀 다른 종일까? 이것은 별로 중요한 질문처럼 보이지 않지만 사실은 매우 중요하다. 이에 대한 대답은, 생명의 질서와 안정성에 대한 비전을 드러내기 때문이다.

> 호텐토트 사람들에 의하면, 큰꼬리양의 원산지는 케이프이고 가는꼬리양의 원산지는 더 깊숙한 내륙지방이라고 한다 … 데이비스 선장은

오늘날의 북아프리카산 베르베르양은 뿔이 없기 때문이다.

1598년 테이블만Table Bay에서 혹등소와 큰꼬리양을 발견했다.

동물의 다양성에 관심 있는 사람들이 가진 데이터는 다 거기서 거기다. 지방꼬리양과 혹등소는 이국적이고, 원산지에서 되새김질하는 소와 매우 다르나. 그러나 중요한 것은 단지 데이디가 아니라, 데이터에서 뭘 봤는가이다. 두 번째 구절은 다윈의 『종의 변형에 관한 노트북』에서 발췌한 것이다. 이것은 1837년 또는 1838년에 기록된 것인데, 그는 바로 이 즈음 진화를 발견했다.

포타미아 계곡, 레스보스(2011년 6월)

70

『종의 기원』 1장은 스물세 살 때 종교적 황홀감에 휩싸여 브라질의 열대우림을 배회했던 영광에 관한 것일 수도 있었다. 또는 녹색의 평온함이 (빛과 생명을 위한) 잔인한 투쟁을 은폐하는 켄트의 시골 마을에 관한 것일 수도 있었다. 어쩌면 진화론의 기원신화

Origin Myth가 된 갈라파고스에 관한 것일 수도 있었다. 다윈은 불과 몇 년 전에 출판한 따개비에 관한 책 4권을 간단히 요약하고, 따개비의 유생이 새우나 게와 관련된 것으로 밝혀졌음을 지적할 수도 있었다. 이보다 더 기이한 사례로, 크기가 너무 작은 수컷—오죽하면 '정자 주머니에 불과하다'고 말했을까—이나 코끼리코 모양의 거대한 음경을 가진 수컷을 기술할 수도 있었다. 결국은 이 모든 것이 문제이고 그가 설명하려고 한 것도 바로 이것이었을 테니, 당신은 그가 자연의 경이로움을 과시함으로써 독자를 사로잡으려 했다고 생각할 것이다. 그러나 그는 이렇게 하지 않는다. 평범하게, 그는 비둘기 이야기로 말문을 연다.

그는 세상의 모든 비둘기 품종이 평범한 바위비둘기(학명: *Columbia livia*)의 자손이라고 주장한다. 수천 대代에 걸친 인간의 선택이 비둘기의 분기分岐와 변형으로 귀결되었는데, 이것은 자연계에서도 일어나는 일이다. 그러므로 비둘기를 알고 이해하면 다른 종들은 자연히 따라오게 된다. 다윈의 주장은 너무나 친숙해서, 비둘기 · 양 · 염소 · 금붕어를 들여다보는 생물학자 중에서 소싯적에 이들의 깃털 · 다리 · 지느러미에 관한 장대하고 그로테스크한 진화 이야기를 읽지 않은 사람은 없을 것이다. 지방꼬리양과 혹등소는 중동의 사막과 인더스 문명에서 수천 년 전에 시작된 기원과 이주와 변화를 말해 준다. 소아시아의 산맥을 가로지르고 레반트의 깎아지른 듯한 해안 언덕을 끼고 돈 다음, 그레이트 아프리카 리프트Great African Rift를 따라 내려간 후 까마득한 초원을 가로질러 테이블만[3]의 지리학적 종착역에 도달했

3 남아프리카공화국 남서부의 만. 만을 따라 케이프타운 시가가 펼쳐져 있음. – 역주

지만, 이것은 오늘날까지도 계속되고 있다. 왜냐하면 진화 자체는 멈추지 않기 때문이다.

그러나 이것은 다윈의 이야기가 아니다. 가축의 구불구불하고 종잡을 수 없는 계보학이 까마득히 멀고 오래된 야생의 기원까지 거슬러 올라간 것은, 최근 수십 년 동안 이루어진 분자생물학과 고고학적 노력 덕분이다.[4] 다윈의 진짜 의도는 이보다 더욱 심오했다. 그는 종種이 변이하며, 이런 변이 중 일부가 유전된다는 것을 보여주고 싶어 했다. 자연은 유전 가능한 변이heritable variation를 다음과 같이 만들어 낸다.

> 품종의 다양성은 정말 놀랍다. 전서구English carrier와 공중제비비둘기short-faced tumbler를 비교하고, 이들의 부리와 (이에 상응하는) 두개골의 경이로운 차이점을 확인해 보라. 전서구, 특히 수컷의 경우 두피에 육질소융기caruncle[5]가 아주 잘 발달되어 있고, 크게 늘어난 눈꺼풀, 매우 커다란 콧구멍, 커다란 입도 빼놓을 수 없는 특징이다. 공중제비비둘기의 부리는 핀치의 부리와 거의 같은 윤곽을 가지고 있고, 공중제비비둘기는 … [등등]

다윈은 유전을 제대로 이해할 필요가 있었다. 유전 가능한 변이는 진화 엔진을 구동하는 연료이므로, 이 법칙과 한계를 알 필요가 있었다. 그는 수십 년 동안 이 문제에 매달렸다. 『종의 변형

---

4 다윈은 혹등소가 사실은 소과Bovidae 조상의 독특한 종에서 파생된 것으로 의심한다. 오늘날 이들은 별개의 아종subspecies인 제부zebu(학명: *Bos primigenius indicus*)의 자손으로 간주되고 있다. 유럽소는 소(학명: *B.p.taurus*)에서 파생되었다.

5 육질肉質로 된 작은 융기隆起를 말한다. - 역주

에 관한 노트북』에 적힌 잠정적인 메모는 『종의 기원』에서 확신에 찬 주장으로 탈바꿈했고, 1868년에 출간되어 그를 궁지에 몰아넣은 『가축화 및 작물화된 동물과 식물의 변이』의 모태가 되었다. 이것은 그가 과학자 생애에서 경험한 최대의 실패였다. 그러나 우리는 이제 알고 있다, 모든 종들이 유전 가능한 변이로 가득 차 있다는 다윈의 가정이 옳았음을. 사실 다윈 이후 생물학 post-Darwinian biology의 위대한 교훈은, 생물의 다양성에는 끝이 없다는 것이다. 이러한 표현형 다양성phenotypic variety의 일부는 유전자의 다양성에 기인하고 일부는 환경의 다양성에 기인하지만, 대부분은 둘 다에 기인한다. 유전자와 환경은 너무나 복잡하게 얽히고설켜 있으므로, 이 실타래를 푸는 것은 우리의 능력을 벗어난다.

다윈은 이러한 다양성 중에서 몇 가지를 파악했다. 아리스토텔레스는 어땠을까? 많은 과학자들은 고개를 가로저었다. 이들의 주장에 따르면, 아리스토텔레스는 과학자의 임무가 자신이 연구한 생물의 '본질적인essential' 특징을 열거하는 것이라고 믿었다. 본질적인 특징은 개체마다 다르지 않고, 설사 달라도 우발적으로만 다를 수 있다(예컨대 사고로 인해 다리가 절단된 사람은, 더 이상 두 발로 걷지 못하더라도 분명히 사람이다). 아리스토텔레스는 모든 형태의 본질을 추구하며, 개체가 보여주는 다양성을 무시하고 이것을 과학의 영역에서 제외했다. 소크라테스와 칼리아스—또는 두 마리의 양—이 아무리 달라 보여도, 아리스토텔레스에게 이들은 '하나의 형태'이므로 더 이상 왈가왈부할 필요가 없었다.

그러나 과학자들은 헛다리를 짚었다. 물론, 아리스토텔레스는 자신이 다루는 종류들의 '근본적인'—전형적이고 기능적인—특징을 이해하고 싶어한다. 그러나 다른 한편, 그는 (가장 작은 것조차 고개를 갸우뚱거리게 만드는) 사소한 다양성을 이해하기 위한 병렬적 연구과제parallel research agenda를 가지고 있다. 이것은 아토몬 에이도스(*atomon eidos*)—'불가분의 형태'—를 벗어나지 않는 변이인데, 그는 이런 유형의 변이에 대한 용어를 갖고 있지 않으므로, 나는 현대 생물학자들이 사용하는 내부특이적 변이intra-specific variation에 빗대어 비형상적 변이informal variation라고 부른다. 아리스토텔레스에 의하면, 대부분의 돼지가 갈라진 발굽을 가지고 있는데 반해 일리리아와 파에오니아(발칸 지역)의 돼지들은 말처럼 통발굽을 가지고 있다고 말한다. 이 이야기는 아리스토텔레스 특유의 기담奇談처럼 들리지만 그렇지 않다. 왜냐하면 다윈도 이런 종류의 돼지가 영국에 존재한다고 말하기 때문이다. 아리스토텔레스와 다윈이 말한 것은 다른 종류(또는 종)의 돼지가 아니라, 보통 돼지의 변종임이 분명하다.[6]

요컨대 다양한 양, 돼지, 말, 소 들이 세계 각지에 분포하는 것은 특정한 형태의 상이한 발현일 뿐이다. 아리스토텔레스가 말하듯, 가축화된 동물들은 모두 야생형wild type을 보유하고 있다. 그렇다면 이들을 다른 종류로 분류해야 할까? 아니다. 이런 분류는 자연스럽지 않다. 인간 역시 하나의 단일체unity다. 아리스토텔레스는 에티오피아 사람들이 검은 피부와 곱슬머리를 갖고 있다는 사실을 알지만, 이들과 그리스인이 동일한 불가분의 형태를

6 루이지애나에는 '말굽돼지mule-foot hogs'로 알려진 합지변이syndactylous mutant 돼지가 있다.

공유한다는 것을 당연시한다.

가축화된 동물에서 볼 수 있는 대부분의 변이는 유전된다고 다윈은 주장했다. 이와 대조적으로, 아리스토텔레스는 환경의 직접적인 효과가 대부분의 비형상적 변이에 영향을 미친다고 주장한다. 어떤 곳은 덥고 어떤 곳은 춥다. 어떤 곳은 습하고 어떤 곳은 건조하다. 이런 차이가 겉모습의 차이를 만든다. 깊은 바닷속은 차갑다. 그래서 여기에 사는 성게는 긴 가시를 갖고 있다. 아프리카는 건조하지만 흑해 지역은 습하다. 이래서 에티오피아 사람들은 곱슬머리를 갖고 있지만 스키타이인과 트라키아인들은 직모를 갖고 있다. 이집트의 건조한 기후는 거기에 사는 태생적인 변온동물(냉혈동물)들—뱀, 도마뱀, 홍해거북—로 하여금 아주 크게 자라도록 한다. 한편 이집트의 개, 늑대, 여우, 토끼들이 작은 것은 먹이가 부족하기 때문이다. 꿀벌은 말벌보다 더 '균일한 색깔'을 띤다. 왜냐하면 이들은 비교적 단조로운 식생활을 하기 때문이다. 이러한 모든 비형상적 변이에는 기능적인 유의미성이 전혀 없다. 이것은 뭔가를 위한 것이 아니라 물질적 본성material nature의 산물일 뿐이며, 세계의 변화무쌍함에 의해 주조鑄造된 조직의 물리적 특성이다.

지리적 변이geographic variation에 대한 아리스토텔레스의 환경론적 견해는 혼란스럽다. 가축의 다양한 특징이 유전된다는 것을 이해하지 못한 것은 아닐까? 추측하건대 시리아의 지방꼬리양과 발칸의 말굽돼지에 대해서는 책에서 읽어 알고 있었지만, 긴털양과 곱슬털양이 사육되고 있다는 소문은 어느 양치기에게서도 듣지 못한 것이 분명하다. 그에 의하면 어떤 지역의 양은 흰색이고 어떤 지역의 양은 검은색인데, 이 차이는 물 때문이라고 한다.[7] 이것은 터무니없는 소리다. 모든 목동들이 알고 있는 바와 같이, 그리스의 양떼는 흰색과 검은색이 어우러진 체스판과 같다. 그리고 코린트의 고원 지대 목동이 내게 확실히 말해 준 것처럼 양털의 색깔은 유전된다. 또한, 기원전 4세기의 그리스인들에게는 선택육종selective breeding의 원리가 금시초문은 아니었던 것처럼 보인다. 왜냐하면, 플라톤은 『국가론』에서 우수한 목양견을 어떻게 사육할 것인지에 대해 논의하기 때문이다. 물론 플라톤의 경우, 우수한 인재를 어떻게 양육할 것인가라는 자신의 실질적 관심사를 소개할 뿐이다. 인정하건대, 아리스토텔레스가 플라톤의 우생학적 환상을 무시한 것은 백번 잘한 일이다.[8] 하지만 플라톤으로 말할 것 같으면 또 한 명의 내로라하는 그리스 철학자였고 절친한 친구였다. 내부특이적 변이의 원인에 대한 플라톤의 이해도는 꽤 뛰어났고, 그가 보유한 관련 데이터는 아리스토텔레스의 것보다 훨씬 더 나았다.

71

테오프라스토스는 전형적인 아류인 것처럼 보인다. 만약 아리스

---

7 다른 구절에서, 그는 양털의 색깔이 유전될 수 있다고 말한다. 그러나 그가 제시하는 메커니즘이 문제다. 그 내용인즉, 숫양의 혀 밑에 있는 정맥을 보면 자손의 털 색깔을 예측할 수 있다는 것이다. 그의 진술은 심히 의심스럽다. 최소한 나의 질문에 대답한 양치기들은 어안이 벙벙해 보였다.

8 아리스토텔레스는 『정치학』에서, 국가가 건강한 자녀 양육을 위해 결혼과 자녀 출산을 규제해야 한다고 제안했다. 그는 심지어 기형아를 살해하라고 권고하기까지 한다. 그러나 어떤 곳에서도 이러한 법률에 대한 유전학적 근거를 제시하지 않으므로, 그의 주장이 우생학적이라고 할 수는 없다.

토텔레스가 화려한 불꽃놀이를 한다면, 테오프라스토스는 양초로 불을 밝히는 정도다. 테오프라스토스의 이론들은 대담하지 않고 심오하지도 않으며 대부분 친구들에게 빌려온 것이다. 우리에게 식물 이야기를 들려줄 때, 테오프라스토스는 아리스토텔레스의 이름을 결코 거론하지 않는다. 하지만 아리스토텔레스는 항상 거기에 있다. 그럼에도 우리는 테오프라스토스를 결코 과소평가하지 말아야 한다. 기질의 차이는 방법의 차이기도 하다. 테오프라스토스는 더 신중하고 덜 논쟁적이고 더 경험적이고 덜 이론적이다. 그는 덜 형이상학적이다. 이것은 그의 『형이상학』이 단편적으로 남아 있는 반면 아리스토텔레스의 『형이상학』이 온전히 남아 있기 때문만은 아니다. 테오프라스토스가 대안적 설명을 고려하고 당신에게 각각의 증거를 제시할 때, 당신은—아리스토텔레스에 흠뻑 빠진 나머지—그가 이미 자기에게 유리한 판을 짜 놓았음을 느끼지 못할 것이다. 그의 말이 '신의 말씀Divine Speech'보다 현대 과학자의 모델에 더 가깝다.

테오프라스토스가 말하기를, 트라키아의 밀은 늦게 싹트며 자라는 데 3개월 정도 걸린다. 다른 곳의 밀은 일찍 싹트고 자라는 데 2개월쯤 걸린다. 왜 그럴까? 한 가지 분명한 설명은 트라키아의 공기, 물, 토양에 뭔가 차이점이 있다는 것이다. 그는 토양, 물, 바람이 식물의 길이생장에 미치는 영향을 분석한다. 레스보스에서, 피라 근처의 강은 영양분이 너무나 풍부해서 식물들을 죽이고, 강물에 멱감는 사람들의 피부를 비늘 조각으로 뒤덮는다. (이것은 라군의 바로 서쪽에 자리잡은 리스보리Lisvori의, 미네랄이 풍부한 온천수를 말하는 것이 틀림없다.) 동물 역시 환경의 영향을 받지만, 식물보다 덜 하다고 그는 말한다. 왜냐하면 동물은 토양과의 관련성이 덜 직접적이기 때문이다.

그는 아리스토텔레스의 이집트 동물들을 은연중에 암시한다. 사실 그의 모델은 전체적으로 매우 아리스토텔레스적이다. 그러나 그는 트라키아의 밀을 다른 곳에서 재배하면 여전히 늦게 자라고, 일찍 싹트는 밀을 트라키아에서 재배하면 여전히 일찍 싹튼다는 점을 지적한다.[9] 그는 밀의 이런 다양성이 그 자체의 '특별한 본성'이라고 결론짓는다. 그는 밀 품종들 간의 차이가 고정되어 있으며, 유전될 수 있다고 생각하는 것 같다. 그러나 일반적으로 말하면, 환경과 유전 모두 식물의 성장에 영향을 미친다. '두 가지 이상의 힘있는 사물things possessing power 때문에 무슨 일이 생기면, 원래의 식물에는 그에 상응하는 변화가 필연적으로 일어난다. (이것은 동물에게도 적용된다. 동물은 양친뿐만 아니라 지역과 공기, 요컨대 식생활에 따라 차이가 난다.)' 또는 프랜시스 골턴의 용어로 말하면, 이것은 본성nature과 양육nurture 모두의 문제다.

적어도 이 부분에서, 테오프라스토스는 아리스토텔레스보다 현상에 더 가깝다. 우리의 느낌에, 제자는 정원사이고 스승은 울타리 너머에서 농장을 들여다보기만 하는 것 같다. 그러나 두 과학자는 서로 보완하는 관계에 있다. 테오프라스토스의 이론은 빈약해서, 변이가 실제로 어떻게 유전되는지 말하지 않는다. 그러나 아리스토텔레스는 말한다.

---

9 이것은 의도적인 실험으로, 식물학자들에게 '공통정원'실험common garden experiment으로 알려져 있으며, 테오프라스토스의 목적(표현형 변이에 대한 유전과 환경의 기여도를 규명함)을 달성하기 위해 사용되었다.

72

아리스토텔레스는 곱슬머리와 직모를 기후 탓으로 돌리겠지만, 부모의 특징 중 적어도 일부가 자녀들에게 대물림 된다는 사실을 모를 리 없다. 그는 슬하에 적어도 1남1녀의 자녀를 두었다. 내부 특이적—비형상적—변이의 유전은, 그가 씨름하고 있는 모든 과학적 문제 중에서 가장 까다로운 것 중 하나다. 이 현상은 포착하기가 여간 어렵지 않다. 자녀들이 어떻게 부모를 닮게 되는지를 정확히 기술하기 위해서는 확률을 이해할 필요가 있다. 갑오징어의 내부를 정확하게 기술하는 데는 확률이 필요하지 않다. 그러나 유전 문제는 관찰만으로는 해결할 수 없으며 (여러 세대에 걸쳐 많은 개체들을 사육하고 측정하는 작업을 수반하는) 어려운 실험이 필요하다. 다윈은 그런 실험을 했고, 심지어 비율을 구하려고 노력했지만 아무런 진전도 이루지 못했다.

유전된 변이inherited variation에 대한 아리스토텔레스의 데이터가 빈약하다는 사실은 전혀 놀랍지 않다. 아무리 그렇더라도, 그의 데이터가 이 정도로 빈약하다는 것은 놀라운 일이다. 사실, 그는 변이가 유전되는 사례를 몇 가지 언급하지만 불분명한 소문일 뿐이며, 의당 보아야 할 많은 것들을 간과한다. 다윈과 달리, 아리스토텔레스는 가축을 무시한다. 물론 그는 어떤 가축도 이종교배하지 않는다(그러나 잡종hybrid에 대한 흥미로운 구절이 몇 개 있다). 그는 인간의 눈과 머리카락 색깔의 변이에 지면을 할애하지만, 이것들이 유전될 수 있다는 말은 하지 않는다. 그는 기형학teratology—왜소증, 자웅동체, 접합쌍둥이, 변칙적인 생식기, 추가적인 부속물—에 매료되어 있으며, 이런 기형은 종종 유전되지만 때로 안 그런 경우도 있다고 말한다. 이 모든 것은 분명한 사실이지만, 그리 대단한 것은 아니다. 전반적으로 볼 때, 아리스토텔레스가 파악한 유전에 대한 팩트는 그 즈음 등장한 다른 유전학의 아버지들보다 약간 더 정교할 뿐이다.

> 어떤 자녀들은 자신의 부모를 닮지만, 다른 자녀들은 그렇지 않다. 누구는 아버지를 닮고 누구는 어머니를 닮고, 누구는 몸 전체를 닮고 누구는 일부분을 닮고, 누구는 부모를 닮고 누구는 조상을 닮고 누구는 일반인을 닮는다. 아들은 아버지를 닮을 수 있고 딸은 어머니를 닮을 수 있다. 그러나 누구는 어떤 친척도 닮지 않고 그냥 사람처럼 생겼을 뿐이다. 심지어 누구는 겉모습만 봐서는 사람이 아니라 괴물이다.

멘델의 비율은 꿈도 꿀 수 없다.

그러나 데이터가 아무리 빈약해도, 아리스토텔레스는 설명이 필요한 현상의 목록을 뽑아낸다. 즉, 자녀는 왜 (i) 때때로 부모를 닮을까? (ii) 때때로 조상을 닮을까? (iii) 때때로 친척을 닮지 않고 단지 사람처럼 생겼을까? (iv) 때때로 사람이 아니라 괴물처럼 생겼을까? 그리고 (v) 아들은 왜 대체로—항상이 아니라—아버지를 닮고 딸은 어머니를 닮을까? (vi) 자녀의 어떤 특징은 왜 다른 부모 또는 조상을 닮을까? 당연히, 아리스토텔레스는 이 모든 것을 설명할 이론을 가지고 있다. 그리고 당연히, 그는 먼저 다른 사람의 이론을 기각해야 한다.

아리스토텔레스는 논쟁 상대의 이름을 여간해서 거론하지 않는다. 하지만 때때로, 우리는 그의 정체를 어떻게든 알게 된다. 왜냐하면 우리는 아리스토텔레스의 노여움을 산 주장이 담긴 글을 가지고 있기 때문이다. 『발생에 관하여』라고 불리는 기원전 5세기의 소책자에는, 아리스토텔레스가 분명히 읽었음직한 유전이론에 대한 간략한 설명이 담겨 있다. 이것은 『히포크라테스 전집』에 들어 있지만, 히포크라테스가 썼을 리 만무하다. 이 이론은 19세기에 다시 불쑥 등장하기 때문에 특별히 흥미롭다. 아리스토텔레스는 이것을 효과적으로 제압함으로써, 2000여 년을 사이에 두고 두 개의 전리품을 동시에 챙긴다. 19세기에 나타난 두 번째 상대는 다윈이다.

히포크라테스의 모델은 간단하다. 아버지의 씨는 그의 신체부위에서 비롯된다. 즉, 아버지의 손, 심장, 이 밖의 모든 기관과 조직이 체액을 뿜어내면, 이것들이 혈관을 통해 음경으로 이동하여 섞이고 가열되고 사정된다. 어머니의 몸속에서도 비슷한 일이 일어난다. 부모의 씨가 자궁에서 섞여, 양친의 (기여도가 가중평균된) 특징을 가진 배아가 형성된다. 이것은 피상적으로는 설득력 있는 아이디어다. 신체부위와 씨가 생리적으로 직접 연결된다는 것은, 부모의 신체적 특징이 씨를 통해 자손에게 전달되는 과정을 깔끔하게 설명한다. 데모크리토스는 이 이론의 한 버전을 채택한 것으로 보이지만, 아마도 체액fluid이 아니라 입자particle를 전달단위unit of transmission로 정한 것 같다. 다윈은 1868년에 동일한 아이디어를 약간 다듬어 출판하고, 이것을 '범생설pangenesis'이라고 불렀다.[10]

10 히포크라테스의 이론은 다윈의 이론과 너무나 비슷해서, 현대의 학자들은 비록 복잡하지만 시대착오적인 느낌이 없는 그의 문구를 이용한다. 그러나 다윈의 이론은

아리스토텔레스는 범생설을 신중하게 다루었다. '히포크라테스(『발생에 관하여』의 저자)'는 몇 가지 사항을 개괄적으로 논증했다. 아리스토텔레스는 증거를 반복적으로 제시하고 심지어 보충 설명을 덧붙이는데, 이것은 오로지 범생설을 격파하기 위한 것이다. 10여 쪽에 걸친 지엽적인 변증법에서 그는 15가지 반론을 제시한다. 이중 하나는 19세기 유전학의 위대한 의문을 다룬다. 획득 형질은 유전될까?

'히포크라테스'는, 만약 아버지가 어떤 신체부위를 못쓰게 되면, 이 부분에서 나온 정액이 약해져 자녀도 똑같은 신체부위를 못쓰게 된다고 주장했다. 아리스토텔레스는, 만약 이것이 사실이라면 '자녀는 타고난 형질뿐만 아니라 획득 형질에 대해서도 부모를 닮게 될 것이다'라고 생각한다. (1942년 발간된 『동물의 발생에 관하여』의 번역서에서, 역자 펙Peck은 다음과 같이 말한다. '이 책은 외견상 현대적이지만, 내용상으로 원작에 가깝다.') 아리스토텔레스는 심지어 칼케돈[11]에서 온 한 남자의 사례를 소개하는데, 이 사람은 팔에 낙인이 찍혀 있고 그의 자녀에게도 똑같은 자국이 희미하게 새겨져 있다고 한다. 중년의 다윈은 획득 형질이 결국에는 진화에 중요할 것이라고 생각한 나머지, 자기 나름의 범생설을 분명히 제안했다. 하지만 아리스토텔레스는 이것을 전혀 인정하지 않는다. '사실, 자녀가 반드시 부모를 닮지 않듯, 장애인의 자녀라고

더욱 정교하다. 다윈은 『가축화 및 작물화된 동물과 식물의 변이』에서 윌리엄 오글의 말을 인용하는데, 그 내용인즉 '아리스토텔레스가 다윈의 이론과 매우 비슷한 이론을 알아내고 기각했다'는 것이다. 다윈은 아리스토텔레스의 책(특히 『동물의 발생에 관하여』)을 읽지 않았으므로, 그가 독자적으로 범생설을 생각해 냈다는 것은 의심의 여지가 없다.

11 칼케돈(Chalcedon). 소아시아 북서부의 있던 고대 도시. – 역자

해서 반드시 장애인이 되는 것은 아니다.' 범생설에 따르면, 만약 당신이 식물의 일부분을 자르면 이 후손도 동일한 부분이 잘린 채 자란다고 한다. 그러나 이것은 사실이 아니다.[12] 불구가 유전된다는 설은 틀렸다. 부모의 몸과 씨의 유전적 내용 사이에는 직접적인 관련성이 없다.

73

아리스토텔레스의 유전 모델은 사변생물학speculative biology의 승리다. 이것은 아마도 가장 성숙한 이론 중 하나일 것이다. 이것은 어머니가 생식에서 수행하는 역할을 가장 명확하고 디테일하게 설명한다. 다른 이론과 달리, 이 이론에서는 양친의 배아를 만드는 능력이 거의 동등하다. 그는 능동적인 형태active form와 수동적인 물질passive material을 더 이상 거론하지 않고, 자궁 안에서 경쟁하는 힘들competing forces을 언급한다.

배아발생학의 표준 설명에서, 아리스토텔레스는 동물의 형태가 정액 속의 움직임에 의해 배아로 전달된다고 설명한다. 정액은 유전의 단위이고 정보의 전달체라고 확언하지만, 월경액이 정보를 전달하는 방법에 대해서는 다소 모호한 태도를 취한다. 하지만 그는 월경액이 정보를 전달한다고 생각하는 것이 틀림없다.

---

12 이것은 유명한 '유대인 포피' 논쟁의 아리스토텔레스 버전이다. 만약 획득 형질이 유전된다면, 천 년이 넘도록 할례를 했음에도 포피를 갖고 태어나는 유대인은 어떻게 설명할 텐가?

요컨대, 월경액은 배아에게 적어도 식물류類의 생명을 부여한다는 것이다. 그러나 이제 유전 현상을 설명하기 위해 아리스토텔레스는 자신의 비전을 확장한다. 그는 정액과 월경액이 양친의 개별적인 형질을 코딩하는 움직임으로 들끓는다고 주장한다. 이는 이원석유전시스템dual-inheritance system으로 귀결된다. 이 시스템은 형태를 코딩하는 일련의 부친쪽 움직임paternal movement(이것은 배아로 하여금 두루미가 아닌 참새, 또는 말이 아닌 인간으로 성장하게 한다)과 비형상적 특징을 코딩하는 일련의 양친쪽 움직임parental movement(양친 중 한쪽을 더 닮게 만든다)으로 구성된다. 비형상적 움직임의 상대적인 힘은, 자녀가 어머니와 아버지 중 누구를 닮게 될 것인지를 결정한다. 배아의 갈등embryonic conflict이라는 아이디어는 아마도 데모크리토스 또는 히포크라테스에게서 나왔을 것이다. 하지만 아리스토텔레스의 모델은 이 갈등이 비대칭적이라고 주장하기 때문에, 다른 모델들보다 미묘하다. 월경액의 움직임은 오직 '잠재적'으로만 존재한다. 이것은 배아 속에 있지만 비활성화되어 있고, 정액이 일을 게을리할 때만 솜씨를 발휘한다. 아직까지도, 그는 어머니를 아버지와 동등하게 대우하지 않는다.

아리스토텔레스의 모델이 어떤 것인지 자세히 살펴보자. 그는 자녀의 성별이 두 가지라는 명백한 팩트에서 시작한다. 성결정sex determination은 자연학자들의 추론능력을 테스트하기 위한 문제에 불과했으므로, 아리스토텔레스는 얼씨구나 하며 이들의 이론에 태클을 건다. 아낙사고라스는, 오른쪽 고환에서 나온 정액은 아들을 낳고 왼쪽 고환에서 나온 정액은 딸을 낳는다고 주장했다. 이것은 아버지의 공로만을 인정한 것이었다. 레오파네스는 이 주장을 논리적으로 받아들여, 성교 전에 한쪽 고환을 묶음으로써 성별 선택gender selection을 할 것을 제안했다. 아리스토텔레스는 이것을 난센스라고 생각한다. 비록, 고환이 정액을 생산하지 않는다고 철석 같이 믿기 때문이지만 말이다. 엠페도클레스의 이론은 으레 그렇듯 복잡하다. 그 내용인즉, 각각의 부모에서 비롯된 미세한 남성 부분과 여성 부분이 자궁 속에서 분열하고 융합한다는 것이다. 그러나 그의 말은 도무지 이해하기 어려운데, 그 이유는 둘 중 하나다. 첫째, 아리스토텔레스가 이 이론을 혐오하는 데다 ('엠페도클레스의 가정은 엉성하다', '이 원인의 전체적인 틀은 상상의 산물인 것처럼 보인다', '게다가 상상의 내용이 기상천외하다...'), 비판하기 위해 옮겨 적는 과정에서 원문을 훼손했을 수 있다. 둘째, 어쩌면 애당초 말이 안 될 수 있다(엠페도클레스는 늘 운문으로 썼다). 그러나 아리스토텔레스는 한 가지 약점을 제대로 찾아냈다. 엠페도클레스는 태아의 성별이 어떻게든 자궁의 온도에 좌우된다고 주장한 것 같은데, 아리스토텔레스는 이 주장의 오류를 증명할 만한 결정적인 증거를 제시한다. 만약 태생동물을 해부해 본다면 종종 하나의 자궁 속에서 암수 쌍둥이를 발견하게 될 텐데, 이는 자궁의 온도가 성별을 결정할 수 없다는 증거라고 아리스토텔레스는 말한다. 그러나 그는 실제로 차분하게 말하지 않고 승리감에 도취한 듯 기고만장하다.

아리스토텔레스 자신의 이론에 따르면, 정액 속의 움직임은 남성성maleness을 코딩하고 월경액 속의 움직임은 여성성femaleness을 코딩한다. 여성의 움직임은 남성이 약할 때만 나타나므로, 모든 딸들은 아버지의 정액이 실패했음을 시사한다. 아리스토텔레스는 이 모델을 자신의 배아발생이론에 통합하려고 노력한다. 즉, 정액은 뜨겁고 월경액은 차갑다. 그리고 배아가 적절하게 제조되려면, 두 가지 씨가 적절한 양으로 존재해야 한다. 정액과 월경액의 상대적인 운동력은 어떻게든 상대적인 열relative heat에 좌우된다. 열과 움직임을 넘나들며 잔재주를 피우는 감이 있지만, 모델의 요지는 분명하다. 정액이 월경액을 '정복하면' 아들이 태어나고, 어떤 이유로 실패하여 월경액 속에 잠복한 움직임이 활발해지면 딸이 태어나는 것이다.

그러므로 딸들은 허약한(또는 적어도 차가운) 아버지들의 자손으로 태어나게 된다. 이것은 환경이 성결정에 영향을 미치는 경로를 제시한다. 아리스토텔레스는 식생활, 아버지의 나이, 주변의 온도, 바람의 방향 등이 정액의 열에 영향을 미침으로써 자녀의 성이 결정된다고 주장한다. 아리스토텔레스의 설명에 따르면, 만약 딸을 먼저 낳고 싶을 때는 오랫동안 냉수로 샤워해야 하며, 한쪽 고환을 묶는 것은 아무짝에도 쓸모 없는 짓이라는 점을 명심해야 한다.

그러나 배아 속 갈등은 단지 시작에 불과하다. 왜냐하면 아리스토텔레스는 성의 초기사양initial specification과 이 결과를 구별하기 때문이다. 그의 주장에 따르면, 배아 속 갈등은 배아의 작은 부분small part of the embryo 하나만을 직접적으로 결정하며, 이것이 나머지 부분에 영향을 미침으로써 다른 모든 성징sexual character을 발현시킨다. 이 부분에서 자동기계 인과성이 다시 작동하는데, 이 논리는 현대생물학의 '1차' 및 '2차' 성결정과 매우 흡사하다. 1944년 알프레드 조스트[13]는 거세된 토끼 태아가 항상

---

13 알프레드 조스트(Alfred Jost, 1916~1991). 프랑스의 생물학자. - 역주

암컷이 된다는 것을 알아냄으로써, 2차 성결정의 핵심적인 기관이 생식샘gonad(2차 성징을 결정하는 호르몬을 생산하는 기관인 외부 생식기, 유방, 수염 등)이라는 사실을 증명했다. 아리스토텔레스는 거세된 동물과 거세된 내시들이 여성화되는 사례를 지적하며, 이로부터 '몇몇 부분들이 [성결정의] 원리이며, 하나의 원리가 바뀌거나 영향을 받게 되면 그와 관련된 많은 부분들이 변화할 수밖에 없다'고 추론한다. 이쯤 되면, 조스트가 그랬던 것처럼, 아리스토텔레스도 명확한 결론을 내렸어야 한다. 고환이 성결정에 필수적이라고 말이다. 그러나 고환에 대해 회의적인 데다 심장을 염두에 두고 있었기 때문에, 다른 모든 차이가 생기는 것은 배아의 심장 때문이라고 아리스토텔레스는 주장한다.

74

자녀의 성별이 정액과 월경액의 비형상적 움직임 간의 갈등의 결과라고 확신하기 때문에, 아리스토텔레스는 다른 비형상적이고 유전적인 변이도 동일한 방식으로 코딩된다고 주장한다. 그래서 그는 (이상적인 그리스인의 코를 보유하지 않은 것으로 유명한) 소크라테스의 코에 대해 이야기한다. 이상적인 코는 아르테미시온의 포세이돈 동상이나 그 시대의 다른 동상에서 볼 수 있다. 이 동상들의 코는 하나같이 오뚝한 콧날에 곧고 다소 크다. 이에 반해 소크라테스의 코는 작고 들창코다. (크세노폰은 그의 저서 『심포지움』에서, 소크라테스로 하여금 들창코, 돌출한 눈, 커다란 입, 축 처진 입술을 옹호하게 한다. 소크라테스는 '내 이목구비가 당신네들 것보다 더 잘 작동하기 때문에 아름답소'라고 말한다.) 그렇다면 소크라테스의 정액에서 볼 수 있는 거품은 그의 형질들, 이중에서도 들창코를 아주 정확하게 코딩하는 수많은 미세한 움직임을 나타낸다고 할 수 있다.

소크라테스는 크산티페와 결혼했고, 그녀의 월경액 역시 그녀의 비형상적인 특징을 코딩하는 움직임을 가지고 있다. 그러나 그녀의 성性과 마찬가지로, 비형상적인 특징들은 잠재적으로 존재할 뿐이다. 즉, 반드시 발현되는 것은 아니라는 것이다. 크산티페는 유명한 악처였으며 매부리코를 갖고 있었다. 만약 소크라테스의 정액이 크산티페의 월경액을 완전히 '정복'했다면, 그의 아들 메넥세노스는 아버지를 닮아 들창코를 가졌을 것이다. 그러나 만약 정액이 정복에 실패했다면 크산티페의 잠재적인 움직임이 발현되었을 테니, 그는 매부리코를 가진 딸을 얻었을 것이다.

아리스토텔레스의 유전 이론에서 이상한 점 중 하나는, 대부분의 특징들—여기서 그는 얼굴의 특징을 생각하는 것이 틀림없다—이 성별과 연동된다sex-associated고 생각하는 것이다. 일반적으로 아들은 아버지를 닮고 딸은 어머니를 닮는다고 말이다. 그가 왜 이렇게 생각하는지 모르겠다. 내가 알기로, 현대의 부모들은 자신의 부모들에게 (찬성의 뜻으로) 고개를 끄덕이며, 흐뭇한 마음으로 자신들의 특징을 성별에 관계없이 자녀들에게 나눠준다.[14] 실제로, 아리스토텔레스는 이런 연동성이 깨질 수 있다는

14 나는 사람들이 일종의 내재적 편향성internal bias, 즉 부전자전父傳子傳과 모전여전母傳女傳에 주목하는 성향을 지니고 있을지 모른다고 생각했다. 그래서 35명의 부모들을 대상으로 한 간단한 실험에서, 55명의 자녀들의 다양한 특징(코, 눈 모양, 머리카락 색깔 등)이 조상들(아버지, 어머니, 부계 할아버지 등)과 닮은 정도를 점수로 평가해 달라고 요청했다. 실험 결과에 기반하여, 나는 모든 어린이의 '부계' 및 '모계' 유사성을 점수로 나타냈다. 그다지 엄격한 실험은 아니었지만, 남자아이와 여자아이

그리스인들의 코.
왼쪽: 영웅들의 코, 오른쪽: 소크라테스의 코

것을 인정한다. 소크라테스의 정액의 움직임은 대부분 승리했지만 코와 관련된 움직임이 실패하는 바람에 메넥세노스의 코가 어머니의 매부리코를 닮게 되었기 때문이다. 이에 대해 아리스토텔레스는 '외탁한' 경우라고 말한다.

아리스토텔레스와 히포크라테스의 유전이론 사이에는 매우 큰 차이점이 있다. 아리스토텔레스는 유전된 형질의 이산분포discrete distribution를 가정한다. 즉 메넥세노스는 소크라테스의 코 또는 크산티페의 코를 가질 뿐, 이 사이의 어떤 코도 가질 수 없다는 것이다. 이에 반해 '히포크라테스'는 연속분포continuous distribution를 가정한다. 즉 부모의 씨가 차지하는 정확한 비율에 따라, 메넥세노스의 코(또는 모든 신체부위)는 양 극단(아버지의

의 부계 및 모계 유사성 사이에는 유의미한 차이가 없는 것으로 나타났다. 그렇다면 성별 연동성에 대한 편향이 설사 존재하더라도 매우 작은 것이 틀림없다. 사람들은 동서고금을 막론하고 부모의 특징이 성별에 관계없이 자녀에게 대물림되는 것으로 생각하는 것 같다. 물론 내 실험에 참가한 사람들 중 일부는 고등학교 때 배운 멘델 유전학을 희미하게 기억하고 있어서 고대 그리스인들과 인식이 다를 가능성도 있지만, 나는 그리스인들이 성별 연동성에 대한 편견을 갖고 있지 않았을 것이라고 생각한다.

모양과 어머니의 모양) 사이의 어떤 모양도 가질 수 있다는 것이다. 그렇다면 아리스토텔레스의 유전적 움직임hereditary movement은 안정적일 테니, 여러 세대에 걸쳐 웬만큼 변함없이 대물림 될 수 있을 것이다. 이에 반해 히포크라테스의 유전액 혼합물mixture of hereditary fluid은 불안정하므로, 세대가 바뀔 때마다 새로운 혼합물을 만들 것이다.

이러한 차이는 친숙하면서도 핵심적이다. 왜냐하면 현대 유전학의 초창기 이론도 이 문제를 둘러싸고 둘로 나뉘었기 때문이다. 아리스토텔레스는 '입자적'particulate인 유전을 가정하고 '히포크라테스'는 '혼합적'blending인 유전을 가정한다.[15] 여기서 입자적이라는 것은, 진짜 입자가 전달된다—이것은 너무 데모크리토스적이다—는 것이 아니라 유전적 움직임이 안정적이고 불연속적이라는 것을 말한다. 이 차이는 중요한 결과를 가져온다.

모름지기 훌륭한 유전이론이 되려면, 자녀가 부모를 닮는 이유를 잘 설명하는 것만으로는 부족하다는 것이 아리스토텔레스의 생각이다. 훌륭한 유전이론은 한걸음 더 나아가, 자녀들이 때때로 조부모(또는 심지어 먼 조상)를 닮는 이유까지도 설명해야 한

---

15 '혼합유전'blending inheritance이라는 용어는 1867년 스코틀랜드의 공학자 플리밍 젠킨(1833~1885)이 다윈의 『종의 기원』에 대한 적대적인 서평에서 제안한 이론과 관련되어 있다. 그러나 입자유전particulate inheritance과 혼합유전을 명확히 구분한 사람은 프랜시스 골턴이었다. 물론, 연속적인 형질분포가 반드시 (입자유전이 아니라) 혼합유전을 의미하는 것은 아니다. 로널드 피셔(1890~1962)가 1918년에 보여 줘 유명해진 것처럼, 만약 수많은 입자들이 표현형에 기여한다고 가정한다면 연속분포가 입자유전과 양립하기 때문이다. 사실 이것은 '생물통계학자와 멘델리언의 화해'의 기초였고, 많은 형질들(피부색, 키)이 연속적임에도 불구하고 입자적 유전자particulate gene에 의해 지속되고 제어될 수 있는 이유를 설명해 준다. 그러나 히포크라테스적인 저자는 (i) 피셔Fisher의 통계학을 읽지 않았고 (ii) 입자보다는 체액을 명확하게 언급하므로, 그의 이론은 혼합유전임에 틀림없다.

다는 것이다. 당연한 이야기지만, 아리스토텔레스는 이런 환원유전reversion(격세유전)이 일반적 현상이라고 확신한다. 하지만 그가 제시한 사례는 현실과 동떨어진 면이 있다. 펠로폰네소스의 한 지역인 엘리스에, 에티오피아인 남성과 불륜관계를 맺은 여성이 살았다고 그는 말한다. 이 여인은 백인 딸을 낳았는데, 이 딸은 성인이 되어 흑인 아들—추측하건대, 애 아버지가 그리스인이었음에도 불구하고—을 낳았다.[16] 『동물의 발생에 관하여』 I권에서, 아리스토텔레스는 반대파의 이론으로는 이 사례를 설명할 수 없으며 자기 이론이 옳다고 주장한다. 나중에 자신의 이론을 조리있게 제시할 때 이 사례를 다시 언급하지는 않지만, 이것은 그의 이론으로 정확히 설명할 수 있는 현상이다(만약 하나의 복잡한 단계가 추가된다면, 수월하지는 않지만 그럭저럭 설명할 수 있다).

정액의 열과 움직임이 간혹 아버지의 특징을 복제할 만큼 충분히 강력하지 않지만, 어머니의 움직임에 굴복할 정도로 허약하지는 않다고 아리스토텔레스는 주장한다. 이럴 경우 메넥세노스는 할아버지의 코를 갖게 되고, 결국에는 할아버지의 코를 자신의 아들에게 전달할 것이다. 메넥세노스는 심지어 더 먼 부계 조상의 코를 갖게 될 수도 있지만, 이럴 가능성은 매우 낮다. 이런 실패는 부계의 움직임에 영구적이고 유전 가능한 변화permanent, heritable change를 초래하기 때문에, 우리가 이것을 변이mutation라고 불러도 시대착오적이라는 소리를 듣지 않을 것이

16 데이터는 소설 같지만, 가당찮은 이야기는 아니다. 인간의 피부색 유전은 복잡하기 때문이다. 그러나 사람들은 일반적으로, 백인 여성과 흑인 남성이 낳은 딸의 피부색은 커피색을, 손자의 피부색은 그보다는 더 옅은 피부색을 기대할 것이다.

다. 아리스토텔레스는 많은—아마도 대부분의—변이가 조상의 환원을 초래한다고 생각하는 것으로 보인다. 그는 영구적이고 유전적인 변화를 가리켜 리시스(*lysis*)—'재발relapse'—라고 부른다.

그러나 소크라테스의 코 움직임이 멈췄다는 것만으로 메넥세노스가 할아버지의 코를 갖게 된 이유를 설명할 수는 없다. 왜냐하면 할아버지의 코를 명시한 정보가 어디에 있는지를 설명해야 하기 때문이다. 소크라테스의 정액의 움직임은 그의 들창코뿐만 아니라, 그의 아버지 · 할아버지 · 증조할아버지…의 코까지도 코딩하고 있다고 아리스토텔레스는 주장한다. 도대체 몇 대조 할아버지까지 거슬러 올라가는 것일까? 아리스토텔레스는 말하지 않는다. 이와 마찬가지로, 크산티페의 월경액의 움직임도 모계 조상의 코를 코딩하고 있을 것이다. 그러나 모계 조상들의 움직임들은 전혀 발현되지 않는다. 이것들은 재활성화reactivation될 요량으로 부모의 활발한 움직임이 실패하기만 기다리는 잠재력에 불과하기 때문이다. 우리의 체액에 누대屢代의 코가 코딩되어 있다니! 그저 생각만 해도 아찔하다.

메넥세노스가 할아버지의 코를 갖거나, 심지어 어머니의 매부리코를 갖는다 해도 그리 나쁠 것은 없다. 왜냐하면 아리스토텔레스는 훨씬 더 극단적인 결과를 초래하는 변이가 얼마든지 있다고 생각하기 때문이다. 사람들은 숫양이나 황소의 머리를 가진 괴수 아이monstrous child 또는 아이의 머리를 가진 송아지를 거론하며, 이들을 인간-동물 잡종human-animal hybrid으로 여긴다고 그는 말한다. 그러나 이들은 잡종이 아니라, 부모의 정액과 월경액이 임무를 수행하는 데 실패했을 뿐이다. 그가 언급한 사례—황소의 머리를 가진 아이(또는 그 반대)—는 대중의 신념을 잠재울 뿐만 아니라 엠페도클레스의 전성설을 확인사살하기 위한 것이다. 그는 똑똑한 체 하는 학생이 손을 들고 다음과 같이 말하는 꼴을 보기 싫어한다. '나에게 친구가 있는데, 송아지 머리를 가진 아이를 낳은 사촌을 가진 여자를 알고 있대요. 그럼 엠페도클레스가 옳다는 것이 증명된 것이 아닌가요?'

그렇지 않다. 아리스토텔레스는 정액과 월경액 속의 움직임에 기반하여 모든 종류의 괴물을 설명할 수 있다. 만약 소크라테스의 코 움직임이 매우 약하다면, 메넥세노스는 일반인의 코를 가졌을 것이다. 그리고 총체적으로 실패했다면, 그는 괴물의 코를 가졌을 것이다.[17] 여기서 '괴물의'이란 동물처럼 생겼다는 것을 의미한다. 정액 속에 들어 있는 인간의 모든 코 특이적 움직임 nose-specific movement을 모두 제거하면, 동물을 만드는 움직임들만 남게 된다는 것이다. 변이 효과에 대한 이러한 견해는, 배아발생에 대한 폰 베어의 배아발생론의 자연스러운 귀결이다. 만약 배아에서 모든 생명체들(영양혼) 또는 모든 동물들(감각혼)의 공통적인 특징이 먼저 발현되고 특정한 종의 형질은 나중에 발현된다고 가정하면, 정액이 월경액을 정복하는 데 실패함으로써 배아발생이 중단되고 태아가 인간의 특징을 박탈당하는 메커니즘을 쉽게 이해할 수 있다. 그의 말을 빌리면, 이러한 태아는 매우 '불완전'하다.

환원유전(또는 격세유전atavism, 회귀throwback, 조상을 닮음ances-

---

17 데빈 헨리가 나에게 제안하기를, 아리스토텔레스는 이 대목에서 다운증후군—21번 삼염색체성trisomy 21—을 가진 어린이들을 염두에 뒀을 것이라고 한다. 이들은 21번 염색체가 3개여서, 인간이지만 어떤 조상도 닮지 않는다.

tral resemblance, 세대를 건너뛰는 유전skipped generation)[18]을 설명하고자 하는 이론들의 공통점은, 두 가지 가정에 기반한다는 것이다. 첫 번째 가정은 유전단위가 안정적인 입자이라는 것이고, 두 번째 가정은 이 입자들이 여러 세대 동안 침묵하다가 다시 활성화된다는 것이다. 이 두 가지 가정은 생물학계에서 두고두고 되풀이된다. 아리스토텔레스는 움직임의 사실태/가능태라는 이분법으로 환원유전을 설명했다. 유전된 형질의 첫 번째 혈통을 보고한 18세기의 철학자 피에르-루이 모로 드 모페르튀이[19]는 자신의 유전 요소들에게 거의 '지속적인 배열tenacious arrangement'을 허용했다. 『가축화 및 작물화된 동물과 식물의 변이』의 한 장章을 격세유전에 할애한 다윈은, (휴면 상태에 있을 수 있는) 제뮬gemmule[20]을 바탕으로 자신의 범생설 이론을 전개했다. 멘델은 자신의 유전 요소들을 우성 또는 열성으로 만들었다. 이 밖에 다른 이론들도 많다.

아리스토텔레스의 토대 위에 직접 세워진 현대—17세기 이후—의 분류학, 기능주의, 발생학과 대조적으로, 유전의 논리에 대한 아리스토텔레스의 통찰력이 시대를 초월하여 울려 퍼지고 있다고 생각할 이유는 없다. 종종 그렇듯, 자연은 자신을 집요하게 추궁하는 사람들—그가 누가 됐든—에게 동일한 방향을 가리켰을 가능성이 훨씬 높다. (다른 맥락에서, 아리스토텔레스는 데모크리

---

18 현대 유전학에서, 분리되는 열성 대립유전자segregating recessive allele로 인한 '세대를 건너뛰는 유전'은 변이에 의한 '격세유전'과 구별된다. 그러나 아리스토텔레스와 다윈에게는 이러한 구별이 별로 의미가 없다.

19 피에르-루이 모로 드 모페르튀이(Pierre-Louis Moreau de Maupertuis, 1698~1759). 프랑스의 수학자, 천문학자, 철학자. - 역주

20 부모의 신체 각 부분에 들어 있는 자기증식성 입자. - 역주

토스에 대해 이렇게 말했다. '그는 팩트의 제약에 의해by the constraint of fact 자신의 의도와 무관하게 그것[물질 정의 이론]을 얻게 되었다.') 물론 모든 이론들이 유전단위들의 조합 및 전달 과정에 대해 제각기 다른 설명을 내놓았다. 그리고 정답은 어차피 하나뿐이다. 아리스토텔레스의 이론도 물론 정답은 아니었다. 그러나 초기 유전학의 암울한 역사를 감안할 때, 멘델이 『식물 잡종에 관한 실험』을 세상에 내놓았던 1865년까지 아리스토텔레스의 이론을 능가하는 이론은 없었다고 감히 말할 수 있다.

굴을 위한 레시피

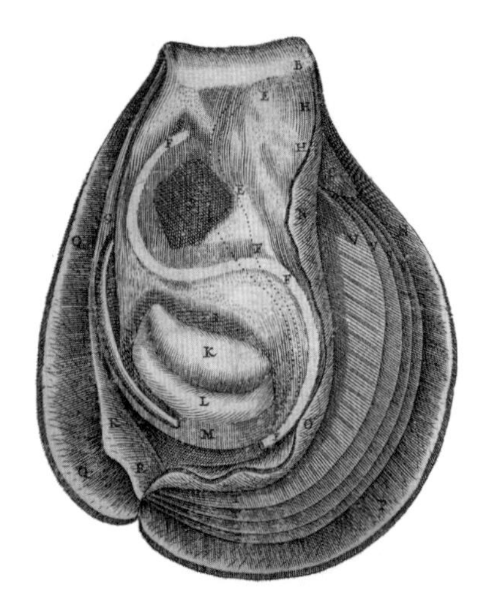

굴(*Ostrea sp.*)

껍데기가 둘인 조개. 바위에 붙어 살기 때문에 석화石花라고도 한다. 껍데기는 예리하고 까칠까칠한 비늘 모양의 결이 서 있다. 껍데기 속에는 부드러운 몸체가 있다. 아가미는 음식물을 모아 위에서 소화하도록 하며, 안쪽의 내전근으로 껍데기를 여닫는다. 껍데기는 타원형 또는 배 모양을 하고 있고, 흰색, 황색 또는 크림색이다. 왼쪽 껍데기는 오목하고 지층에 고정되어 있고 오른쪽 껍데기는 거의 평평하고 왼쪽 내부에 맞기 때문에 두 껍데기의 모양과 크기가 매우 다르다.

75

칼로니에서 우람한 체격을 가진 사람들은 십중팔구 잠수부들이다. 스쿠버를 비웃듯, 이들은 디젤 연료로 구동되는 압축기에 연결된 호스에 의존하여 굴, 가리비, 홍합을 톤 단위로 수확하기 위해 잠수한다. 대부분의 잠수부들은 젊지만, 나는 예순 살쯤 된 사람을 한 명 만났다. 그는 가마우지처럼 날씬하고 올리브나무처럼 단단해 보였다. 나는 그에게 잠수 경력이 얼마나 되는지 물었다. 1년 전에만 500시간이라니! 평생 동안 고작 150시간쯤 잠수한 나였기에 굉장히 인상적이었다. 그는 1년 전에 500시간, 2년 전에도 500시간 잠수를 했으며, 청년 시절부터 매년 이렇게 해 왔다고 한다. 칼로니의 잠수부들은 주로 겨울에 잠수한다고 한다.

조개류 어장의 크기나 상태는 알 수 없지만, 수심측량술bathymetry은 한때 패류가 풍부했음을 짐작하게 한다. 초음파탐지기의 화면을 살펴보면, 스칼라의 남서쪽에 자리잡은 라군의 어귀 방향으로 울퉁불퉁한 언덕이 간헐적으로 나타나기 시작한다. 이곳은 어부들이 카팔리에스(*kapalies*)라고 부르는 굴암초다. 이들에 의하면, 이런 굴암초들이 얼마나 많은지 모르겠지만 수천 개는 족히 될 것이라고 한다. 1950년대 이후 준설작업을 통해 상당수의 암초들이 평탄화되었다. 지금은 불법이지만, 어부들의 말에 따르면 항만경찰의 경비가 느슨할 때마다 어떤 사람들—이들은 늘 외지인을 지목한다—이 여전히 준설을 계속한다고 한다. 항만

경찰이 게으른 것인지 뇌물을 받은 것인지 불분명하지만, 확실한 것은 굴과 가리비가 줄어듦에 따라 홍합의 서식지가 넓어지고 있다는 것이다.

아리스토텔레스의 책에 나오는 *ostrakoderma*—'단단한 껍데기'—란 라군에 서식하는 조개류를 말한다. 그는 이것들의 해부학적 구조와 생태를 기술하고, 이 밖에도 굴, 가리비, 키조개, 삿갓조개와 아름다운 나팔고둥에 대해 언급한다.[1] 그는 (한때 새하선 hypobranchial gland에서 분비되는 자주색 물질을 얻기 위해 잡았던) 소라의 일종인 포르피라(*porphyra*)를 자세히 설명한다. 그러면서, 많은 종류의 포르피라들이 있는데, 라군에 서식하는 것들은 크기가 작고, 다른 곳에 서식하는 것들은 다양한 품질의 염료를 분비한다고 덧붙인다. 그는 아마도 남색 염료의 원료로 쓰이는 뿔소라(banded murex, 학명: *Hexaplex trunclus*), 진정한 티리언 퍼플Tyrrhean purple의 원천인 가시뿔소라(spiny murex, 학명: *Haustellum brandaris*), 그리고 각각의 재래종들을 구별하는 것으로 보인다. 칼로니에서 가장 흔한 종種은 라군의 밑바닥에 우글거리는 뿔소라로, 미끼가 있는 덫에 떼로 모여든다. 아리스토텔레스가 말한 것처럼, 이들은 이매패류를 먹고 살지만 이매패류의 청소부scavenger이기도 하다. 이런 소라류가 오늘날에는 귀찮은 존재지만, 한때는 주요 산업의 기반이었다. 최초의 미노아에서부터 최후의 비잔틴에 이르기까지, 무너진 패총들이 에게해 전역에서 발견된

---

1 식용 해양생물에만 흥미를 가진 아르케스트라토스에 의하면, 사로스만의 아이노스에서는 커다란 홍합이 잡히고, 아비도스, 파리움과 에페소스, 트로아드 전역에서는 각각 굴, 작은 새조개, 부드러운 대합이 잡히고, 미틸레네에서는 가리비가 잡힌다고 한다.

다. 아리스토텔레스의 시대에, 염료의 단위 중량당 가격은 은과 같았다.

굴의 해부학적 구조를 기술하는 아리스토텔레스는 소위 '알'을 언급한다. 그는 분명히 알을 의미하지만 정확하게 말하면 생식샘으로, 여름철에 젖주머니처럼 모습을 드러낸다. 그러나 그는 굴이나 다른 조개류의 생식샘을 부인한다. 그는 심지어 성게의 생식샘도 부인하고, 성게알*ricci di mare*이 (설사 개별적인 난자가 육안으로 보일지라도) 단지 지방질을 저장하는 곳이라고 생각한다. 그러나 만약 이것이 알이 아니라면 굴은 어떻게 번식할까? 놀랍게도, 아리스토텔레스는 굴이 번식하지 않는다고 말한다. 그 대신, 그는 굴이 서식지의 구성물질 속에서 자연히 발생한다고 주장한다.

뿔소라(*Hexaplex trunculus*)

바위달팽이라고도 불리는 육식성 연체동물. 약 4~10㎝ 길이의 넓은 원형 껍데기를 가지고 있다. 동맥에서 분비하는 보라색 점액으로 고대 지중해 사람들은 염료를 만들었다.

76

어떤 동물이 자연히 발생한다는 아리스토텔레스의 말은 다음과 같은 의미다.

> 어떤 동물들은 자신들의 친족kinship에 걸맞은 모양을 가진 동물로부터 발생하고, 다른 동물들은 (친족으로부터가 아니라) 자연히 발생한다. 후자 중 일부는 (많은 곤충들이 그러는 것처럼) 썩어가는 흙과 초목에서 발생하는 반면, 나머지는 자신의 몸속에 있는 다양한 부분의 잔류물에서 발생한다.

새조개, 백합, 등꼬리치, 가리비는 모랫바닥에서 자연히 발생한다. 굴은 점액에서 자라고, 키조개는 모래와 점액에서 자란다. 우렁쉥이류, 삿갓조개, 네레이테스(*nereites*)—소라의 일종, 아마도 울타리고둥인 듯하다—, 말미잘, 해면은 바위에서 자란다. 소라게는 토양에서 자란다. 크니도스[2]에는 (봄철에 어떤 작은 치어들이 그렇듯이) 모래나 진흙에서 자라는 가숭어 종류가 있다. 물이fish louse는 물고기의 점액에서 발생한다. 기생충은 우리의 소화관에서 자연히 발생한다. 곤충과 이 비슷한 것들은 어디에서나 자연히 발생하는 것처럼 보인다. 벼룩은 부패하는 물질에서 나오고, 이louse는 동물의 살에서 나오고, 진드기는 개밀couch grass에서 나오고, 왕풍뎅이와 파리는 똥에서 나온다.[3] 말파리는 나무 속에

---

2 크니도스(Cnidos). 터키 반도의 고대 도시. – 역주

3 그러나 애기뿔소똥구리는 예외적으로, 똥 속에 알이나 애벌레를 낳는다고 말한다.

서 나오고, 게벌레는 책에서 나오고, 옷좀나방은 옷에서 나온다. 다른 곤충들은 나뭇잎에 맺힌 아침이슬에서 나온다. 무화과벌은 무화과에서 자발적으로 발생한다. 상상할 수 있는 모든 서식지는 제각기 독특한 생명 형태를 만드는 것 같다. 아리스토텔레스가 자연발생spontaneous generation에 대한 이야기를 시작할 때, 무생물의 세계에는 생명체가 늘 넘쳐난다는 그의 생각이 분명히 드러난다.

그는 독자들에게 이러한 비전을 액면 그대로 받아들일 것을 요구하지 않고 관련 증거를 제시한다. 그는 굴에 대한 이야기를 소개한다. 한때 해군 함대가 로도스Rhodos에 정박해 있을 때, 많은 도자기가 함정 밖으로 버려졌다고 한다. 도자기는 진흙 속에 묻혔고, 이 안에서 굴이 살게 되었다. 굴은 도자기 속으로 들어갈 수 없으므로, 진흙 속에서 생겨났음에 틀림없다. 그는 굴에 대한 일화를 하나 더 소개한다. 몇몇 키오스섬Chios 사람들은 한때 피라의 라군에서 잡은 굴을 레스보스의 남쪽으로 옮겨, '해류들이 만나는' 해협에 심었다. 굴들은 크게 자랐을망정 번식하지는 않았다.

두 가지 일화에는 그럴듯한 대칭적 근거가 포함되어 있다. 먼저, 그는 굴이 생식하지 않고 나타날 수 있다는 근거를 제시한다. 다음으로, 그는 굴들이 생식하지 않는다는 근거를 제시한다. 그리고는 덜 과학적인 사상가들이 굴의 생식기관이라고 믿는 구조를 일소에 부친다. 그러나 사람들 깨우치기를 좋아하는 토머스 쿤의 말을 상기하라. 경험적 증거가 아무리 훌륭해도 중대한 과학적 이슈가 위기에 봉착했을 때는 어떤 것도 결정적이라고 할 수 없다고 하지 않았는가! 이런 경우에는 새로운 이론이 필요하다. 아리스토텔레스도 이런 긴장감을 분명히 느끼는 듯하다. (그는 『천체에 관하여』에서, '그러나 뭔가 더 확실한 것으로 대체하지 않는 한, 과학의 토대를 함부로 허무는 것은 잘못이다'라고 말한다.) 이 대목에서, 그는 굴을 만드는 레시피를 제시함으로써 문제를 해결한다. 물(바닷물이 특히 좋다)과 흙물질을 어떤 종류의 빈 통에 넣어 섞은 다음, (바닷물에 풍부한) 프네우마로 가열하거나 볕이 드는 곳에 놓는다. 이 혼합물은 숙성하여 거품이 되고, 약간의 부패한 잔류물—숙성의 부산물—이 형성된다. 얼마 지나면 흙물질이 엉겨 껍데기를 형성하기 시작한다. 이 안에는 살아 있는 물질—생명체—이 들어 있을 것이다. 굴은 이처럼 간단하게 발생한다.

아리스토텔레스가 말하는 자연발생 동물spontaneous generator 중 대부분은 무혈동물과 무척추동물이다. 그러나 극적인 창조물이 하나 있는데, 이 창조물의 장점은 생식기관에 대해 왈가왈부할 필요가 없다는 것이다. 왜냐하면 생식기관이 아예 없기 때문이다. 『동물 탐구』 IV권에서, 아리스토텔레스는 '뱀장어는 수컷과 암컷이 없으며, 자손을 퍼뜨리지 않는다'고 말한다. 그리고 '뱀장어는 짝짓기를 하지 않고 알도 낳지 않는다'고 덧붙인다. 이 두 문장에는 네 가지 사실적 주장factual claim이 포함되어 있는데, 모두 틀렸다. 아리스토텔레스의 주장과 반대로 뱀장어는 수컷과 암컷이 있고, 짝짓기를 하고, 알을 낳고, 자손을 퍼뜨린다. 뱀장어에 대한 아리스토텔레스의 오류 목록은 이것이 전부가 아니다. 사실, 그는 뱀장어에 대해서 아는 것이 거의 없다. 그럼에도 불구하고, 동물학자들은 뱀장어에 관한 한 아리스토텔레스에게 면죄부를 주는 경향이 있다. 이것은 바로, 가장 위대한 과학적 탐구 중 하나에 기여한 슈퍼히어로이기 때문이다. 아리스토텔레스는 뱀장어가 문젯거리라는 것을 과학자들에게 일깨워 주었다.

뱀장어의 문제점은, 생식샘을 갖고 있지 않다는 것이다. 뱀장어의 배를 갈라 열어 보면, 정소milt나 알을 전혀 볼 수 없다고 아리스토텔레스는 말한다. 그의 말은 완벽하게 옳다, 적어도 그리스의 바다에서는. 물고기의 생식샘에는 일반적으로 정액 또는 알이 가득하지만, 뱀장어는 일반적으로 그렇지 않다. 이에 대한 아리스토텔레스의 반응은, 자신의 자연발생 동물 목록에 뱀장어를 추가하는 것이다. 물론 그는 라이벌 이론들을 고려해야 한다. 한 이론에서는 뱀장어의 머리 모양에 주목했다. 즉, 어떤 뱀장어는 널찍한 머리를 가지고 있어서 얼핏 보면 개구리 같고, 다른 뱀장어는 정교하게 좁은 주둥이를 가지고 있다. 사정이 이러하다 보니, 어떤 사람들은 이것을 성적 이형성sexual dimorphism으로 간주했다. 아리스토텔레스는 이 견해를 단호하게 기각한다. '사람들의 주장에 따르면, 뱀장어 수컷과 암컷의 한 가지 차이점은 수컷의 머리는 크고 긴 데 반해 암컷은 길고 들창코라는 것이다. 그러나 이들이 이야기하는 것은 성별의 차이가 아니라 종류[게노스(*genos*)]의 차이다.'[4] 그리고 뱀장어가 태생동물이라고 주장하는 사람도 있었다. 그는 이런 이론가들을 이렇게 비웃는다. '이들에 의하면, 때로 머리카락, 벌레, 해초 같은 것이 뱀장어에 달라붙은 것을 볼 수 있다고 한다. 이것은 모두 관찰 실패에서 비롯된 잘못

4 많은 과학자들이 많은 뱀장어의 머리 크기를 측정했지만, 뱀장어의 두개골을 측정하는 것은 결정적인 과학이 아니다. 일부 연구자들은 뱀장어의 머리 모양이 뱀장어의 종(적어도 품종)에 따라 다르다는 아리스토텔레스에 동의했다. 다른 연구자들은 반대자의 편을 들어, 머리 모양 차이를 성별 탓으로 돌렸다. 그러나 또 다른 연구자들은, 이 차이가 순전히 식생활에 대한 가소성 반응plastic response 때문이라고 제안한다.

된 주장이다.'

아리스토텔레스의 독창적인 해결책은, 뱀장어의 개체발생을 설명하는 것이었다. 그에 의하면, 뱀장어는 게스 엔테라(*ges entera*)—'지구의 장腸'—에서 발생하며, 양지바른 강과 늪의 (부패한 물질이 풍부한) 가장자리 부근에서 자라는 벌레의 일종이라고 한다. 여기서 '지구의 장'은 새끼뱀장어의 어미 또는 숙주를 말하는 것 같은데, 아리스토텔레스는 자세한 내용을 밝히지 않는다. 어쨌든 당신은 이런 곳을 파헤쳐 보면 간혹 작은 뱀장어들을 발견하게 될 것이다. 이것은 기발하고 (겉모양만 봐서는) 흠잡을 데 없는 이론이다. 그는 어쩌면 굴 파는burrowing 갯지렁이 종류를 지칭하는지도 모른다. 해변과 갯벌에 널려 있는 갯지렁이의 배설물은 정말로 꼬인 장coiled intestine 더미처럼 보인다.[5] 내 개인적 생각이지만, '지구의 장'은 뱀장어를 이해하려는 시도의 일환이다. 자연히 발생하는 다른 많은 해양동물들(대합, 굴, 소라, 해면 등)은 그의 관점에서 보면 매우 단순한 동물이고, 그는 종종 이들을 식물과 비교한다. 그러나 뱀장어는 식물과 전혀 다르다. 이것은 맹렬히 활동하는 커다란 유혈 포식자이며, 이 밖에도 많은 특징들을 갖고 있다. 아리스토텔레스는 대담한 과학자였지만, 그럼에도 매년 진흙에서 나오는 길이 1미터짜리 동물을 대량으로 캐낼 수 있는 양식장 건설을 망설였다. 이렇게 하여 뱀장어 유생을 발견

---

5 플래트Platt는 '지구의 장'을 지렁이로 간주했고 펙Peck은 연가시로 간주했지만, 둘 다 이유는 밝히지 않았다. 다시 톰프슨의 제안에 따르면 '지구의 장'은 시칠리아의 어부들이 렙토세팔루스leptocephalus—버들잎 모양으로 생긴 뱀장어의 유생을 일컫는 말. 버들잎뱀장어라고도 한다—에게 붙인 이름인 카센툴라(*casentula*)와 관련있지만, 가능성이 낮아 보인다. 왜냐하면, 댓잎뱀장어는 연안 해역에서 찾아보기 힘들며 진흙 속에서 살지 않기 때문이다.

할 기회는 후대의 생물학자들에게 넘어갔다.

77

아리스토텔레스의 자연발생 이론은 초창기 현대과학에 지대한 영향을 미쳤다. 데카르트, 리체티, 심지어 하비는 모두 그에게 예속된 신세였다. 반 헬몬트는 바보처럼, 쥐가 넝마와 밀의 혼합물에서 자연히 발생한다고 보고했다. 자연발생 이론의 몰락은 이상하게도 호메로스의 한 구절에 의해 촉발되었다. 전쟁이 있었고 시체가 땅바닥에 널려 있었다. 아킬레우스는 친구 파트로클로스의 유골을 보고 울부짖으며, 어머니인 은발의 님프 테티스에게 이렇게 애원한다.

> 그러나 나는 파리들이 파트로클로스의 상처에 날아들어, 그 속에서 구더기를 기를까 봐 두려워하고 있어요. 그러면 그의 시체가 더럽혀질 거예요. 그에게는 생명이 남아 있지 않아 살이 부패할 테니 말이에요.

피사에서 아리스토텔레스의 학문을 배운 프란체스코 레디는 『일리아드』 XIX권을 읽다가 호메로스가 정말로 옳았는지 궁금해했다. 토스카나의 대공 페르디난트 2세의 실험실에서 행한 실험은 단순하고 명료했다. 그는 별도의 플라스크에 죽은 뱀, 강에서 잡은 물고기, 아르노에서 가져온 뱀장어, 송아지 고기 조각을 각각 넣었다. 어떤 플라스크는 종이 또는 고운 면직물(모슬린)로 밀봉했고, 다른 플라스크는 열어 놓은 채 방치했다. 그 결과 열어 놓은 플라스크에서는 파리 떼가 발생했지만, 밀봉한 플라스크에서는 그렇지 않았다. 그는 파리의 생활주기를 추적하여, 그 결과를 1668년『곤충의 발생에 관한 실험』이라는 책으로 출판했다.

레이우엔훅은 굴을 면밀히 관찰했다. 1695년, 그는 네덜란드의 제일란트 델타에 있는 지릭제이Zierikzee에서 한 부셸의 굴을 구입했다. 그는 굴 껍데기를 깨고 내부를 자세히 들여다보며 굴의 정자와 난자를 기술했다. 그는 또한 (배아 단계의 껍데기를 갖춘) 수천 마리의 벨리저[6] 유생을 발견했다. 그는 아리스토텔레스라는 이름을 들먹이지는 않았지만, 자신의 분노를 동시대인들에게 표출하겠다고 단단히 별렀다. '나는 이런 관찰을 전 세계에 알려, 아직도 조개류가 진흙에서 자발적으로 발생한다고 생각하는 고집불통 추종자들의 입을 틀어막고 싶다.'고 말이다. 또한, 레이우엔훅은 자연발생론의 문제점을 더욱 깊숙이 파고들었다.『일리아드』의 무의식적 반향으로, 그는 다음과 같이 썼다. '전투에서는 사람이 많이 죽고 말도 많이 죽는다. 만약 숨을 내쉴 때 동물이 나온다면, 왜 (5만 명 이상의 사상자들이 썩어 가도록 방치된) 전쟁터에서 수많은 어린아이나 어른, 또는 사람이나 말을 닮은 뭔가가 나오지 않을까?' 어떤 동물들이 자연히 생겨날 수 있다면, 다른 동물들도 이러지 말란 법은 없다.

1세기가 더 지나서야, 생물학자들은 실크로 된 그물로 유럽의 연안 해역에서 체질sieving을 하여, 플랑크톤 중에서 아리스토텔

---

6 벨리저(veliger). 두족류를 제외한 연체동물의 발생 시기 중 하나로, 트로코포라trochophora 다음 시기의 유생을 말한다. – 역주

레스의 '단단한 껍데기'의 유생을 발견했다. 1826년 존 본 톰프슨(1779~1847)은 코르크항Cork Harbour에서 따개비의 유생을 동정했고, 1846년 요하네스 뮐러(1801~1858)는 독일만에서 이상하게 생긴 부유성 유생(학명: *Pluteus paradoxus*)을 잡아 성게로 성장하는 것을 관찰했고, 1866년 안톤 코왈레프스키(1840~1901)는 나폴리만에서 우렁쉥이의 올챙이형 유생tadpole larva을 발견했다. 유생 자체는 매우 아름다워, 100배로 확대하면 베네치아 유리로 만든 기계처럼 보인다. 유생이 발견됨으로써 자연의 질서가 바뀌었다. 아리스토텔레스는 우렁쉥이를 가장 하등동물로 여겼지만, 코왈레프스키는 이 유생에서 아가미구멍, 배측신경삭dorsal nerve cord, 척삭notochord을 발견함으로써 우렁쉥이가 척삭동물임을 증명했다. 바위의 점액에서 자연히 생겨나기는커녕, 우렁쉥이는 우리와 근연관계에 있었던 것이다.

19세기 초기까지 대부분의 동물들은 자연발생 동물 목록에서 제외되었다. 복잡한 생활주기 때문에 이해하기 힘든 기생충들도 사정은 마찬가지였다. 그러나 미생물은 1859년 파스퇴르가 실험을 할 때까지 목록에 남아 있었다. 북유럽에서는 뱀장어의 자연발생에 대한 대중의 믿음이 17세기 후반까지 지속되었다.

그리스에서는 지금까지도 그렇다. 언젠가 부바리스강 어귀에서 뱀장어를 잡기 위해 주낙질을 하고 있을 때, (내가 이런 쪽에 관심이 많다는 것을 뻔히 아는) 디미트리스는 과학자들이 뱀장어의 탄생 비밀을 모른다고 힐난하며 진흙에서 자라나는 것이 분명하다고 강조했다. 이것은 아리스토텔레스의 책보다 지역의 구전 지식과 개인적 관찰에 근거한 것으로 보인다. 물론 과학자들은 뱀장어가 어디서 생기는지 알고 있다. 아리스토텔레스에게서 힌트를 얻어, 뱀장어는 회유어migratory fish라고 기술한 사람은 프란체스코 레디였다. 성체 뱀장어는 (때로는 수년 동안) 강과 호수에 살다가 바다로 이동하면서 이해하기 어려운 항해를 시작하여 번식하고 죽는다. 이들의 자손들은 새끼뱀장어가 되어 귀환하는데, 1월에서 4월 사이에 부모가 살았던 강으로 돌아오는 도중에 유럽의 강 어귀에 수백만 마리씩 진입한다.

그렇지만 뱀장어의 생식샘은 여전히 행방불명 상태였다. 어떤 사람들은 아리스토텔레스와 반대로 뱀장어가 태생동물이라고 생각했다. 레이우엔훅은, 뱀장어의 자궁에 태어날 준비가 되어 있는 새끼 뱀장어가 가득하다는 것을 발견했다고 주장했다. 사실, 그는 기생충(선충)으로 가득 찬 뱀장어의 방광을 발견한 것이었다. 1777년 볼로냐 대학교의 카를로 몬디니 교수가 마침내 뱀장어의 난소를 확인했다. 이것은 주름진 리본 장식 같은 조직으로, 뱀장어의 몸길이만큼 길며, 그동안 지방질로 오인 받았던 것으로 밝혀졌다. 고환은 이보다 더 애매했다. 이것은 1874년에 와서야 트리에스테Trieste에서 시몬 시르스키에 의해 발견되었다. 아리스토텔레스가 그들을 오해한 이유는 간단하다. 그도 그럴 것이, 암수 모두의 생식샘은 뱀장어가 바다에서 잘 지낼 때까지 거의 비어 있기 때문이다. (심지어 지금까지도 임신한 뱀장어가 잡힌 적은 거의 없다. 몇 안 되는 것 중 하나는 대서양 한복판에서 잡은 향유고래의 뱃속에서 나온 것이었다.) 아리스토텔레스는 이 사실을 몰랐는데, 스무살의 연구생 지그문트 프로이트(1856~1939)도 사정은 마찬가지였다. 그는 뱀장어의 정자를 찾기 위해 400마리를 해부했지만, 정자를 찾지 못하자 비교적 다루기 쉬운 주제로 방향을 틀었다. 그로부터 몇 년 후 메시나에서 연구하던 그라시와 칼란

드루치오는, 기묘하게 떠다니는 렙토세팔루스가 뱀장어의 진정한 유생임을 증명했다. 다나Dana에서 항해하던 요하네스 슈미트가 마침내 뱀장어가 짝짓기하고 죽고 부화하는 장소를 발견한 것은 무려 1922년이었다. 이곳은 사르가소 바다의 북위 22°30' 서경 48°65' 지점이었다.

78

아리스토텔레스의 자연발생 사랑은 비뚤어진 것처럼 보인다. 뱀장어가 알 낳는 장소를 몰랐다거나 굴의 유생을 보지 못했다는 이유로 그를 비난할 수는 없다. 그러나 그는 왜 파리가 자연히 발생한다고 생각한 것일까? 파리가 교미를 하고 구더기를 낳는다는 것을 그는 안다. 그리고 이 구더기가 파리로 성장한다는 것도 안다. 결론은 명백하다(또는 명백했어야 한다). 심지어 호메로스도 이것을 이해하고 있었다. 그러나 아리스토텔레스는 이것을 외면하고 파리의 명백한 생활주기를 인정하지 않는다.

이런 불일치는 단지 경험적인 부분에 국한되지 않는다. 자연발생은 그의 가장 심오한 이론의 일부와도 결이 맞지 않는다. 아리스토텔레스의 관점에서 볼 때, 질서는 물질의 속성에만 의존하지 않고 의존할 수도 없으며, 형상인formal cause을 추가로 필요로 한다. 유성생식 동물은 부계의 부모로부터 형태를 얻는데, 형태란 영혼의 역동적인 조직을 형성하는 정보다. 그러나 자연발생에는 정의상 부모가 없다. 그렇다면 이들은 어떻게 생겨난 것일까? 소라는 영혼이 없는 것일까?

자연발생 동물에 대한 아리스토텔레스의 레시피는 이러한 문제 중 일부를 해결하거나 최소한 숨기려는 시도임이 분명하다. 이것은 분명히 그 자신의 유성생식 모델에 기반한 것이다. 거기에는 어머니의 월경과 유사한 기질substrate(질료인)이 있고, 움직임의 원천(작용인)이 있고, 정액 속의 프네우마와 유사한 영혼열soul-heat의 원천이 있고, 배합과 거품이 있으며, 질서와 생명의 출현이 있다. 레시피는 자연발생에 대한 설명이 될 수 있지만 빈약하기 짝이 없다. 아버지가 없는 상태에서 특정한 형태의 동물(예컨대 대합이 아닌 굴)이 생긴다는 것을 무엇으로 보장할 것인가? 자연발생 동물의 종류가 이렇게 많은 이유가 뭘까?

아리스토텔레스의 대답은 그다지 명확하지 않다. 그러나 왜 그런지 모르겠지만, 특이성specificity은 레시피 재료의 정확한 배합에 달려 있다. 그가 각각의 자연발생 동물의 정확한 서식지를 우리에게 알려주는 데 어려움을 겪는 것은 바로 이 때문이다. 똥파리의 애벌레는 목재timber에서 나오는데, 이것은 배합이 이루어지는 구멍의 모양과도 관련이 있다. 또한 이런 변수들(배합 비율, 구멍의 모양)은, 주어진 반응에서 나오는 창조물이 얼마나 '번듯한지'—여기서 '번듯하다'는 말은 '복잡하다'는 말과 얼추 비슷하다—를 결정한다. 그러나 원재료는 도처에 존재하기 때문에 생명은 어디에서나 출현할 것이다. 실제로, 그는 담담한 어조로 '어떤 면에서, 삼라만상은 영혼으로 가득하다'라고 확언한다.

그가 자신의 설명을 납득할 만하다고 생각했을지 궁금하다. 이것은 (그가 그렇게 싫어하는) 유물론자의 이론과 별반 다르지 않으며 이들의 모든 결함을 공유하는 데도 말이다. 아리스토텔레스는 『자연학』 II권 8장에서, 자발적 사건은 '주어진 방식으로 일어나지 않는 것이 일반적이다'라고 주장한다. 자발적 사건은 특이하고 심지어 드물게 일어난다는 것이다. 그러나 굴, 대합, 파리, 벼룩은 그가 아는 아주 흔한 동물에 속한다. 그렇다면 이 동물들은 왜 자발적 사건(자연발생)의 결과물일까? 또한, 아리스토텔레스는 자발적 사건에는 목적이 없으며 그저 나타날 뿐이라고 주장한다. 그러나 그의 설명에 따르면, 자연발생 동물은—생식기관은 논외로 하고—유성생식 동물과 동일한 기관을 갖고 있다. 뱀장어는 유성생식 동물과 거리가 멀어 보이지만, 정어리에 뒤지지 않는 목적론적 구조를 보유하고 있다. 뱀장어와 정어리는 둘 다 입, 위, 아가미, 지느러미를 갖고 있으며, 정확히 같은 방식으로 사용한다. 그는 플라톤의 영역에서 형상을 가져와 자신의 유전 및 개체발생 이론의 핵심으로 삼은 다음, 명확하게 이것을 폐기한다. 그가 그러는 이유는, 뱀장어가 생식샘을 간직한 곳과 굴이 짝짓기하는 방법을 알아낼 수 없기 때문이다.

수수께끼는 이런 식으로 계속된다. 자신이 잘 아는 동물들이 하나같이 부모를 갖고 있음에도 불구하고, 아리스토텔레스는 자연발생을 믿는다. 심지어 특정 동물—이를 테면 성가신 파리—에 대한 자신의 데이터가 정반대 방향을 가리키는데도 말이다. 자연발생이 작동하려면 자신의—찬란한—발생이론이 왜곡되어야 함에도, 그는 자연발생을 믿는다. 자신의 형이상학과 모순되고 반대파인 유물론자들에게 (어렵사리 얻은) 전리품을 내주는 한이 있더라도, 그는 자연발생을 믿는다. 간단한 대안적인 설명이 손안에 있는 데도 불구하고, 그는 자연발생을 믿는다. 그가 이토록 이것을 믿는 이유가 도대체 뭘까?

모든 과학자들의 믿음은 전임자들로부터 물려받은 이론들,

스스로 수립한 이론들, 자신의 눈으로 본 증거라는 세 가지 요소에 의존한다. 아리스토텔레스는 자연발생에 관한 이론을 어디에서 얻었는지 알려주지 않지만, 이것은 그 당시에 상식이었던 것이 분명하다. 테오프라스토스에 의하면 많은 자연학자들(이를테면, 아낙사고라스와 디오게네스)이 자연발생설을 진리로 여겼다고 한다. 모르긴 몰라도 이것은 생명의 기원 이론origin-of-life theory으로 그럴듯하게 포장되었을 것이다.

『문제들』의 한 구절에 나오는, 아리스토텔레스의 탈을 쓴 텍스트가 이런 심증을 굳게 한다. 아마도 아리스토텔레스의 학생 중 한 명으로 추정되는 저자는, 다른 동물들이 발생하는 데 성性이 필요한 반면 어떤 동물들은 자연히 발생하는 이유를 궁금해 한다. 그는 모든 종류의 동물들이 궁극적으로 '특정 원소의 화합'에서 기원한다는 가정에서 출발한다. 그러나 그는, 자연학자들이 설명했듯이, 완전한 동물발생full-scale zoogony은 '강력한 변화와 움직임'을 필요로 한다고 말한다. 우리는 우주가 어렸을 때 존재했던 대규모 화학적 혼란chemical turmoil을 뚜렷이 상상할 수 있다. (분출하는 화산과 번쩍이는 번개라는 원시 수프 시나리오prebiotic-soup scenario가 우리의 마음을 사로잡는다.) 그러나 오늘날에는 혼란이 가라앉았으므로, 조그만 동물들만 자연히 발생하고 커다란 동물들은 유성생식을 해야 한다.

평균적인 그리스 사람들은 유성생식과 같은 정교한 이론을 필요로 하지 않았던 것이 분명하다. 매미가 흙 속에서 자연히 발생한다는 대중적인 믿음이 지배했고, 아테네의 소녀들은 토착인의 표시로 머리에 황금매미 장식을 했다. 빵, 고기, 와인, 나무, 옷—요컨대 거의 모든 유기질—도 충분히 오랫동안 방치하면 생명을 싹 틔우므로, 동물들로 우글거리게 될 것이다. 심지어 수조의 물도 생태계로 발전할 것이다. 생명체가 거기에서 생겨났다고 가정하는 것보다 더 자연스런 것이 있을까? 신중하기로 소문난 테오프라스토스조차, 어떤 식물은 실제로 자연히 발생한다고 인정한다.

아리스토텔레스가 자연발생에 애착을 보인 것은 여전한 인기 때문도, 전소크라테스적 믿음Pre-Socratic belief 때문도 아니다. 그는 전임자들의 이론을 신속히 고치기 일쑤이며, 그러면서 경멸하기도 한다. 그럼에도 불구하고 지적인 타성intellectual inertia을 도외시할 수는 없다. 아마 그의 자연발생론에도 지적인 타성이 작용한 듯하다. 늘 그렇듯이, 아리스토텔레스는 대중의 믿음과 전문가의 견해(단, 호메로스는 무시한다)에서 시작하여, 어떤 종류의 동물들은 자연히 발생한다는 주장을 펼친다. 이 동물들에게, 이것은 영가설null hypothesis이다. 다음으로, 그는 자연발생 동물들을 조사하여, 영가설을 채택하거나 기각할 수 있는 증거를 수집하기 시작한다. 그는 경험적인 입장을 취하여, 자신의 눈으로 모든 것을 보지 않는 한 동물이 완전한 생활주기를 갖고 있다고 믿기를 거부한다. 예컨대 어떤 작가들은 모든 회색숭어가 자연발생 동물이라고 주장하지만, 이것은 경험적으로 잘못된 것이다. 한 마리만 그렇다. 그는 자연발생 동물이 보이지 않는 씨들의 결과물이라고 생각하지 않는다. 왜냐하면 그는 원자 같은 미시적 대상microscopic object의 존재에 대해 대체로 회의적이기 때문이다. 그는 자연발생 동물을 자신의 유성생식sexual generation 모델과 가능한 한 부합하도록 설명하고, 그와 관련된 애로사항은 대수롭지 않은 듯 생략한다. 자신이 『자연학』에서 제시한 자발적 사건에 대한 정의가 훨씬 더 제한적임에도 불구하고, 그는 이런 종류의 발생에 대해 소크라테스 이전의 별칭別稱인 '자발적인 spontaneous'을 유지한다. 그는 여기서 하나의 용어를 종종 여러 가지 상이한 의미로 사용하지만, 어떤 용도로 사용하는지 밝힌다는 것을 까먹는다.

이것은 그다지 만족스러운 해결책은 아니다. 그러나 아리스토텔레스는 우리가 더 나은 해결책을 찾도록 도와주지 않는다. 그는 의구심을 표명하거나 갈등을 언급하는 경우가 거의 없으며, 현상을 이해하고 잘 설명하는 사람을 거의 항상 신뢰한다. 그러나 때로, 우리는 아리스토텔레스가 두 가지, 심지어 세 가지 마음을 가지고 있음을 엿볼 수 있다. 그는 포르피라—라군의 진흙 바닥에 사는 뿔소라의 일종—가 자연히 발생하는지 여부를 결정하지 못하는 것처럼 보인다. 포르피라는 봄철에 한데 모여 '벌집' 같은 구조물을 분비하는데, 이 위에서 새끼들이 기어다니는 것을 볼 수 있다고 아리스토텔레스는 말한다. 그는 포르피라의 알집을 분명히 언급하지만, 굴의 생식샘과 마찬가지로 제대로 보지는 못한다. 그 대신 『동물 탐구』에서, 그는 새끼 소라들이 '벌집' 밑의 진흙에서 자연히 발생한다고 말한다. 『동물의 발생에 관하여』에서는 약간 다른 설명을 하는데, 벌집을 가리켜 새끼 소라를 탄생시키는 씨 비슷한 잔류물seed-like residue이라고 말한다. 마치 식물이 싹을 틔우는 것처럼 말이다. 그리고 『동물의 발생에 관하여』의 다른 구절에서는, 이들이 궁극적으로 유성생식을 할 가능성이 낮다고 말한다. '이 종류[단단한 껍데기]에서, 교미하는 장면을 볼 수 있는 것은 소라뿐이다. 그러나 교미가 번식으로 귀결되는지를 시각적으로 확인할 수 없다.' 더 많은 연구가 필요하다는 뜻이다.

아리스토텔레스의 경험주의는 곤충을 다룰 때도 명확하다. 그는 대부분의 동물들이 자연발생 동물이라고 생각한다. 그래서 우리는 그가 복잡한 생활주기를 전혀 모른다고 가정하기 쉽지만, 그렇지 않다. 그는 매미의 생활주기를 언급한다.

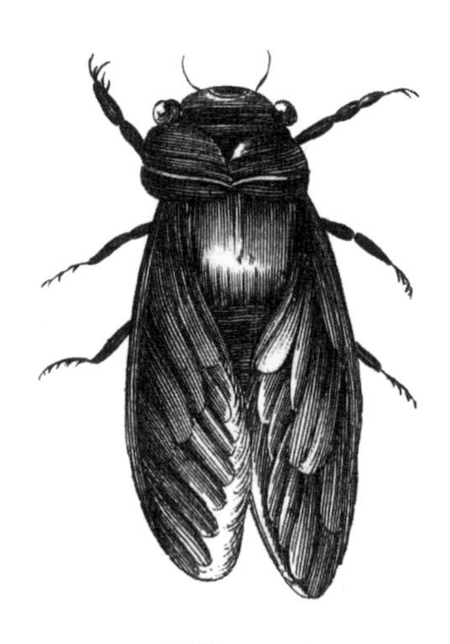

매미(*Cicada sp.*)

노린재목 매미과에 속하는 곤충. 몸길이는 0.3~80㎜로 크기가 다양하고 몸은 대체로 짧고 넓다. 체색은 녹색이나 갈색으로 위장하는 의태 종류가 많으나, 흰색이나 붉은색의 경고색을 가진 종류도 있다. 머리에 있는 입은 주둥이로 변형된, 찔러서 빠는 모양으로 몸의 아래에서 뒤쪽으로 향하고 있다. 겹눈은 발달하였고, 드물게 없는 종류도 있다. 홑눈이 2~3개 있다. 더듬이는 3~10(4~5)마디이고, 실 모양 또는 털 모양이다. 뱃속의 V자 배열 힘줄과, 여기에 연결된 발성 기관이 매미 고유의 소리를 내는데, 현악기가 소리를 내는 원리와 비슷하다. 암컷은 나무에 구멍을 뚫고 알을 낳아야 하기 때문에 배 부분이 발성 기관 대신 산란 기관으로 채워져 있어서 울지 못하며, 수컷만 운다. 약 3~7년 동안 땅 속에서 유충으로 살다가 지상에 올라와서 성충이 된 후에 약 한 달 동안 번식 활동을 하다가 죽는다.

크고 작은 매미는 배를 서로 맞대는 방식으로 교미한다. 다른 곤충과 마찬가지로, 수컷이 암컷에게 뭔가를 삽입하는 것이지, 암컷이 수컷에게 삽입하는 것이 아니다. 그리고 암컷 매미는 수컷 매미가 삽입할 수 있는 틈새—외음부pudendum—를 가지고 있다. 이들은 황무지에 알을 낳고, (메뚜기처럼) 후미에 있는 뾰족한 침으로 구멍을 뚫는다 … 또한 매미는 (사람들이 포도나무를 떠받치기 위해 사용하는) 말뚝에 알을 낳는다. 이들은 말뚝과 해총squill[7]의 줄기에 구멍을 뚫고 알을 낳는다. 알 덩어리는 우기雨期에 땅속으로 서서히 스며든다. 알에서 나온 애벌레는 땅속에서 크게 자라 성숙한 애벌레가 된다 … 하지가 다가오면 이들은 야간에 땅 위로 나와, 껍질이 즉시 갈라지고 (성숙한 애벌레가 아니라) 성충인 매미가 된다. 몸은 금세 짙은 색으로 변하여 더 단단해지고 커져, 노래하기 시작한다. 수컷은 노래하지만 암컷은 노래하지 않는다.

그리고 그는 이렇게 덧붙인다. '만약 당신이 손가락 끝을 가까이 갖다 대면, 매미는 당신의 손으로 기어오를 것이다.'

7 해총(squill). 지중해 원산의 백합과 여러해살이풀. – 역주

무화과, 꿀벌, 물고기

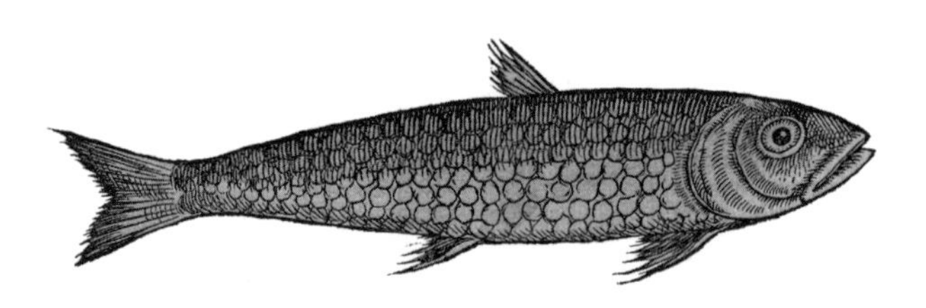

정어리(*Sardina pilchardus*)

청어류에 해당하는 작은 어류. 명칭은 정어리가 풍부한 지중해의 섬 사르데냐(사르디니아)에서 유래된 것으로 보인다. 정어리를 길이에 따라 구분하는데 10㎝ 이하면 그냥 정어리로 구분하며 더 크면 필차드(pilchard)로 따로 구분한다.

79

나는 언젠가 에레소스Erresos에서 죽은 참치 한 마리를 보았다. 참치는 먼 바다에서 잡혀, 타베르나의 조리대에서 해체되고 있었다. 주인은 팔꿈치가 새빨개진 채 칼을 움직이며 트로이를 향해 막연한 몸짓을 하고 있었다. 아리스토텔레스는 참치의 길이를 언급하지만, 해부를 하지 않은 것이 분명해 보인다. 왜냐하면 참치의 해부학적 구조—뜨거운 피, 어린아이의 심장만 한 심장, 골격 구조, 정교한 아래턱, 날개 같은 지느러미—는 물론, 강청색[1] 갑옷을 두른 100킬로그램짜리 육식어류의 면모에 대해 일언반구도 없기 때문이다. 대신 그는 참치의 삶에 대해 말한다.

암컷 틴노스(*thynnos*)—참치—는 봄에 '임신하고'—어란roe을 가득 품고—, 여름이 다가오면 폰토스 에우크세이노스Pontos Euxeinos, 즉 흑해로 이동한다고 아리스토텔레스는 말한다. 어부들은 망루에서 참치들이 떼지어 다니는 것을 발견하고, 야간에 이들이 잠든 동안 그물로 잡는다. 참치는 흑해에서만 산란한다. 산란하고 나면, 으레 그렇듯 야위고 기진맥진하고 (전갈처럼 생기고 거미만 한 크기의) 기생충—일종의 물이fish louse—에 감염된다. 어린 물고기는 빠르게 성장하여, 가을에 에게해의 깊은 바닷속으로 떠나 겨울잠을 잔다. 그리고 번드르르하게 살이 쪄서 폰토스

---

1 강철과 같은 검푸른 빛깔. - 역주

로 돌아온다.[2]

지구상의 모든 생물은 필연적으로 죽는다. 간접적 불멸vicarious immortality을 추구하는 것이 바로 생식이다. 아리스토텔레스가 말했듯이, 이들은 개체individual가 아니라 형태form로 '재귀再歸한다'. 이들의 생활주기는 자율적이 아니며, 더 높은 수준의 주기들, 즉 지구를 도는 달과 태양의 지배를 받는다. 달의 움직임은 여성의 월경주기를 결정하고, 황도를 따라 도는 태양은 (모든 생물들이 자신의 삶을 조율하는) 계절을 제공한다. 동물들이 언제 어디서 짝짓기를 하고, 새끼를 낳고, 동면을 하고 이동하는지에 대한 이야기가 끝없이 펼쳐진다.

대부분의 동물들은 봄에 짝짓기를 하지만, 많은 예외가 있다고 아리스토텔레스는 말한다. 인간은 시도 때도 없이 짝을 이루고 출산을 한다. 그러나 품질향상을 위해서 남자는 겨울에, 여자는 여름에 더 열심이다. 알키온(*alkyōn*)은 플레이아데스Pleiades[3]가 질 때(11월 초) 나타나 정교한 둥지를 만들고, 사람들이 할키오니데스 헤메라이(*halkyonides hēmerai*)—'할시온의 날들halcyon days'[4]—라고 부르는 동지 무렵(12월)에 번식한다. 그가 말하는 알키온은 레스보스의 겨울철새인 물총새를 의미하는데, 라군을 둘

---

2 대서양참다랑어(학명: *Thunnus thynnus*)는 오늘날 흑해에서 자취를 감췄지만, 아리스토텔레스에 따르면 유사이래 흑해로 이동하여 산란했다고 한다. (그러나 아리스토텔레스의 말과 달리, 참치는 지중해 어디서나 산란한다.) 그의 설명에서 꽤 심각한 실수는, 참치가 '주머니처럼 생긴' 알집을 낳는다는 것이다. 사실, 참치는 아주 작고 자유롭게 떠다니는 알을 낳는다. 아마도 원양遠洋에서 산란하는 노랑씬벵이와 혼동한 듯하다. 그는 참치의 산란행동 역시 혼동하고 있다.

3 겨울철 밤하늘 황소자리에서 볼 수 있는 산개성단. - 역주

4 할시온의 날들(halcyon days). 동지 전후 날씨가 평온한 약 2주의 기간. - 역주

대서양참다랑어(*Thunnus thyunnus*), 에리소스 2012

러싼 늪과 개울에서 청록색 섬광을 발하는 것을 종종 볼 수 있다. 린네가 이 새의 학명에 아티스Atthis라는 매력적인 이름을 붙인 것은 우연의 일치일 뿐이다. 뛰어난 소녀 아티스는 제자들 중 사포Sappho가 가장 사랑한 소녀였다.[5]

바다에서는 물고기들의 산란이 연례행사처럼 이루어진다. 이른 봄에 첫 테이프를 끊는 물고기는 색줄멸류(*atherinai*)로, 알을 낳을 때 모래에 몸을 문지른다. 이른 여름에는 *kestreus*(회색숭어), *salpe*(벤자리류)를 필두로 하여 *anthias*(제비꼬리바다바리swallowtail sea perch?), *chrysophrys*(청돔), *labrax*(유럽농어), *mormyros*(줄감성돔)가 뒤를 잇는다고 아리스토텔레스는 말한다. *triglē*(붉은촉수)와 *korakinos*(신원불명)는 *salpē*가 다시 산란하는 가을에 산란한다.

5 그러나 아리스토텔레스가 말한 것과 달리, 물총새(*Alcedo atthis*)는 그리스에서 바닷가에 커다란 둥지를 짓고 겨울에 번식하지 않는다. 중부유럽에서 강기슭에 굴을 파고 봄에 번식한다. 아리스토텔레스는 두 가지 종류의 물총새가 있다고 말한다. 하나는 제비갈매기일 수 있지만 번식습성이 물총새와 다르다. 다시 톰프슨은 아리스토텔레스의 물총새에 대한 설명이 점성술적인 신화에 크게 영향을 받았다고 주장하지만, 펙Peck은 이에 동의하지 않는다. 그러나 이것은 사실인 듯하다. 플레이아데스(아틀라스의 딸 일곱 자매) 중 하나가 알키오네(*alkyōn*)로, 물총새의 이름과 같기 때문이다.

maenis(도미류), *sargos*(흰색도미), *myxinos*와 *khelōn*(둘 다 회색숭어의 일종임)은 겨울에 산란한다. 어떤 물고기들은 다른 시기에 다른 곳에서 산란한다.[6]

극단적 상황을 회피하기 위해, 많은 동물들은 타오르는 에게해의 태양 또는 보레아스[7]의 겨울 폭풍으로부터 자신을 숨긴다. 한여름에는 모든 종류의 동물들—뱀, 도마뱀, 거북, 다양한 어류, 소라류, 곤충류—이 사라진다. 플레이아데스가 질 때 벌들은 벌집에 숨어 금식하므로, 겨울이 되면 거의 투명해진다. 엘라페볼리온[8]에 짝짓기를 하고 여름 내내 살을 찌운 곰은 새끼를 낳고 동면에 들어간다. 다른 동물들은 더욱 온화한 기후를 찾아 이동한다. 아리스토텔레스는 아프리카와 유라시아 중심부를 오가는 두루미들의 시끌벅적한 봄과 가을의 이주를 기록한다.

물론, 아리스토텔레스가 1년간의 진행과정을 모두 파악했으

6 여기에 수록된 어류의 산란 시기의 정확성은 판단하기 어렵다. 어류학자들—롱들레, 퀴비에, 다시 톰프슨 등—이 아리스토텔레스의 물고기를 동정하려고 노력했음에도, 상당수의 물고기들은 여전히 정체가 불분명하기 때문이다. *korakinos*만 해도 그렇다. 우리가 아리스토텔레스의 책과 다른 출처에서 알 수 있는 것은, 바위 주변에 살며 연말 즈음 산란을 한다는 것이 전부다. 퀴비에, 게스너, 다시 톰프슨에 의해 자리돔(*Chromis chromis*), 대서양민어(*Umbrina cirrosa*), 갈색도미(*Sciaena umbra*)로 다양하게 동정되었지만, 이 종種들은 모두 한여름에 알을 낳는다. 게다가 이 목록은 『동물 탐구』 VI권 17장에서 가져온 것으로, 아리스토텔레스는 『동물 탐구』의 다른 곳과 다른 책에서 다양한 물고기의 산란 시기에 대해 말하고 있는데, 내용이 간혹 제각각이다. 예컨대 그는 흰색도미가 봄과 가을(『동물 탐구』 543a7), 가을(『동물 탐구』 543b8), 그리고 포세이돈(고대 그리스 달력으로 12~1월)이 지난 지 30일 후인 1월경(『동물 탐구』 543b15, 『동물 탐구』 570a33)에 산란한다고 말한다. 사실, 흰색도미는 1월과 3월 사이에 알을 낳는다(FishBase). 가장 확실하게 동정된 물고기들을 감안하면, 그의 정확성은 절반 정도로 예상된다. 이쯤 되면, FishBase의 데이터를 굳이 그리스의 바다에까지 적용할 필요는 없다.

7 보레아스(Boreas). 그리스 신화에 나오는 북풍의 신. - 역주

8 엘라페볼리온(Elaphebolion). 고대 그리스 달력으로 3~4월. - 역주

리라 기대하는 것은 무리다. 게다가 그는 (고대 그리스의 서정시인인) 알카이오스와 시모니데스 또는 헨리 소로처럼 계절을 찬미한 작가가 아니다. 아리스토텔레스의 목적은, 동물이 번식하고 새끼를 키우고 먹이를 얻기 위해 계절에 따라 습성을 조절하는 방법을 보여주는 것이다. 물고기들이 폰토스로 몰려오는 것은 넓은 바다보다 먹이가 풍부하고 포식자가 적으며, 달콤한 용천수가 있고, 새끼의 성장에 도움이 되기 때문이다. 또한 그는 동물 종種들이 안전한 지역을 확보하는 방법과, '약한' 동물들의 내열범위 thermal tolerance가 '강한' 동물들보다 좁은 이유—약한 새(메추라기)가 강한 새(두루미)보다 먼저 이주하고, 약한 물고기(고등어)가 강한 물고기(참치)보다 먼저 이주하는 이유—를 설명하고 싶어 한다. 무엇보다도, 그는 생명체가 물리적 세계의 구조에 의존하는 메커니즘을 보여주고 싶어 한다. 이들의 생활주기는 천체의 운행을 자연스럽게 반영한다. 그리고 '자연의 목적은 천체의 운행을 잣대로 하여 생명체의 발생과 종말을 측정하는 것이다.' 그러나 그는 자연이 항상 그 목적을 이루는 것은 아니라고 경고한다. 왜냐하면 물질이 비협조적일 수 있기 때문이다.

80

물리적 체계의 구조 속에는 아리스토텔레스 세계의 완전성을 위협하는 요인이 도사리고 있다. 과학은 변화에 대한 설명이고, 세계의 변화는 설명할 수 있는 범위를 벗어나지 않는다고 그는 말한다. 바다에서 폭풍우가 일고, 비가 내리고, 강이 범람한다. 산사태가 모든 것을 휩쓸고, 산이 침식되고, 화산이 폭발한다. 살아 있는 것들—셀 수 없이 많은 생명체—은 어떻게든 살아간다. 그의 설명에 의하면, 이 모든 것 중 어느 것도 당연시 할 수 없다. 세계에는 정체stasis 경향이 내재되어 있기 때문이다. 그러나 여기서 한 가지 짚어 두고 넘어갈 것이 있다. 그 내용인즉, 내가 '세계'가 이러이러한 경향을 가지고 있다고 말할 때, '세계'가 의미하는 것은 '우주 전체'가 아니라 '한 부분'이며, 우리가 지구라고 부르는 것과 얼추 일치한다는 것이다. 더 정확하게 말하면, 내가 말하는 '세계'는 아리스토텔레스가 '달 아래 세계sublunary world'라고 부르는 것과 일치한다.

문제의 근원은 원초적elementary인데, 문자 그대로의 의미에서 그렇다. 아리스토텔레스의 관점에서 볼 때, 달 아래 세계는 4개의 원소element로 구성되어 있다. 각 원소는 우주에 본향natural home을 갖고 있어서, 거기로 여행하고 거기에 도착하여 휴식을 취한다. 원소 중에서 흙의 본향은 달 아래 영역sublunary sphere의 중심이고, 물의 본향은 흙의 바로 위이고, 공기의 본향은 물의 바로 위이며, 불의 본향은 공기의 바로 위다. 우리는 이러한 시스템에서 중간쯤에 위치하고 있다. 그래서 우리는 통상적으로 불과 공기가 위로 올라가고, 물과 흙이 아래로 내려가는 것을 볼 수 있다. 이런 원초적 경향이 아리스토텔레스에게 스며들어 있는 것은, 중력이 우리에게 스며들어 있는 것과 마찬가지다. 그러나 중력이 우리의 세계를 하나로 묶어 주는 데 반해, 원소들의 움직임은 아리스토텔레스의 세계를 양파onion로 바꾸겠다고 위협한다. 사실, 개략적으로 보면 세계는 정말 양파처럼 생겼다. 중심에 흙이 있고, 물, 공기, 불이 연속적인 층을 이루고 있으니 말이다. 그러나 원소들을 완전히 분류한다면—즉 세계가 완전한 평형상태에 이른다면—세계는 잠잠해질 것이다. 원소의 관점에서 볼 때 이것은 사후경직*rigor mortis*된 세계다. 이런 상태에서는 생명 자체가 존재하지 않고 존재할 수도 없다.

아리스토텔레스는 문제가 자신의 원소이론에서 비롯된 것으로 간주하고, 정교한 해결책을 제시한다. 한편에서는 원소들을 본연의 휴식처natural place of rest에서 지속적으로 끌어내고, 다른 한편에서는 달 아래 냄비sublunary pot를 휘저어야 한다고 그는 주장한다. 원소의 움직임을 유지하기 위해, 그는 이것들에게 주기cycle를 부여하는 것에서부터 시작한다. 각 원소는 더욱 근본적인 속성 즉, 반대되는 '잠재력'—뜨거움 vs 차가움, 건조함 vs 습함—의 이분법적 조합이다. 따라서 흙은 차가운 동시에 건조하고, 물은 차가운 동시에 습하고, 공기는 뜨거운 동시에 습하며, 불은 뜨거운 동시에 건조하다. 이런 잠재력들은 가능한 양방향 변성bi-directional transmutation을 지시한다. 그리하여 불↔흙, 흙↔물, 물↔공기, 공기↔불이라는 주기가 완성된다.

이 도식은 우아하지만, 이 자체로서 세계가 양파로 바뀌는 것을 막을 수는 없다. 원소들이 주기적으로 변화하려면 원소들끼리 서로 접촉해야 한다. 그래서 그는 천체, 즉 태양과 달이라는 믹서를 생각한다. 원소들은 날日, 달月, 해年가 지남에 따라 접근하고 멀어짐을 반복하며, 태양과 달은 세계를 데우고 식힌다. 여름의 태양은 토양을 데워 (구름을 이루는) 뜨겁고, 습하고, 공기가 풍부한 증기를 만든다. 겨울의 태양은 토양을 식혀, (우리가 비라고 부르는) 차갑고, 습하고, 물이 풍부한 물질로 다시 바꾼다. '우리는 이것을 위아래로 순환하는 (공기와 물로 구성된) 강물로 간주해야 한다.' 바람이 부는 원인도 이와 유사하므로, '심지어 바람도 일종의 수명을 가진다'.

아리스토텔레스는 『기상학』에서 이런 과정을 설명하는데, 이 중 많은 부분이 주기에 관한 것이다. 이것은 세계가 변화하는 동시에 지속되며 동적 평형dynamic equilibrium을 유지하는 메커니즘에 대한 설명으로, 엔트로피 모델에 관한 반론이다. 지구의 표면은 항상 변화하지만 너무나 느리기 때문에 알아채기 어렵다고 그는 말한다. 트로이 전쟁 때 아르고스Argos는 습지였고, 미케네Mycenae는 비옥했다. 지금 아르고스의 습지는 경작지가 되었고, 미케네는 메말라 버렸다. 이집트도 메말라 가고 있는데, 나일강의 경로가 바뀐 것은 바로 이 때문이다. 어떤 사람들은 이런 변화가 지구가 형성된 이후 줄곧 메말라 가고 있음을 단적으로 보여준다고 생각하지만, 이것은 편협한 시각이라고 그는 말한다. 이보다는 차라리, 지구의 한 부분이 건조해지면 다른 부분은 바닷속으로 가라앉는다. 왜냐하면 지구의 내부가 지속적으로 '성장하는 동시에 쇠퇴하기' 때문이다. 아리스토텔레스는 지질학적 시간Deep Time을 꿰뚫어보려고 노력하지만, 이에 대한 증거는 호메로스에게서 가져온 것이다.

이런 모든 생물기상학biometeorology은, 아리스토텔레스가 달 아래 세계를 어떻게 생각하는가라는 의문을 제기한다. 그는 이것이 유기체라고 생각하는 것일까? 기상학적인 주기가 생명의 주기일까? 기상학적 주기는 무엇을 위한 것일까? 『자연학』 II권 8장—많이 논의되는 부분—의 한 구절에서, 아리스토텔레스는 겨울비가 봄의 농작물을 위해서 내린다고 말한다. 이것은 물리적 세계가 여기에 서식하는 생명체(어쩌면, 씨 뿌리고 거두는 사람까지도)를 위해 세팅되었다는 것을 시사한다. 그러나 『기상학』에서, 그는 이런 이야기를 일절 하지 않는다. 그는 순환을 전적으로 질료인과 운동인의 관점에서 설명하며, 목적인은 안중에도 없는 것 같다. 달 아래 세계는 항상성 메커니즘을 통해 지속되고 있지만, 이 메커니즘은 (그가 생명체를 설명하기 위해 도입한) 사이버네틱 되먹임보다 훨씬 더 간단하다. 유기체 개념은 메타포일 뿐이며, 지구는 영혼을 가지고 있지 않다. 그는 우주, 계절, 원소, 생명 자체가 어떤 면에서 통합체라는 자신의 감각을 전달하려고 노력한다. 즉, 이것들은 모두 함께 손에 손잡고 나타났다 사라지기를 반복하며, 이 과정에서 순환하고(미소순환) 순환하고(소순환) 또 순환한다(대순환)는 것이다.

81

아리스토텔레스가 계절에 따른 물고기들의 산란을 목록화한 것처럼 테오프라스토스는 꽃의 개화를 목록화한다. 봄의 첫 번째 꽃은 비단향꽃무stock와 꽃무wallflower다. 다음으로 입술연지수선화poet's narcissus, 백합수선화bunchflower narcissus, 바람꽃windflower, 무스카리tassel hyacinth가 핀다. 이런 꽃들은 화환 제작자들의 애용품이다. 뒤이어 참터리풀dropwort, 골드플라워gold-flower, 공작바람꽃peacock anemone, 이탈리아글라디올러스field gladiolus, 비폴리아무릇alpine squill과 많은 야생화들이 핀다. 들장미wild rose는 끝 무렵에 피는데, 개화 기간이 짧기 때문에 마지막으로 핀 꽃 중에서 제일 먼저 진다.

테오프라스토스가 알고 있는 모든 꽃들에 대해, 아리스토텔레스는 이들의 존재 이유를 모른다. 그는 수술과 암술이라는 기관의 이름을 알고 있지만, 이것들이 식물의 생식기라는 사실을 모른다. 꽃가루는 수컷의 씨이고, 향기와 아름다운 색깔은 오직 꽃가루매개자를 유혹하기 위해 존재한다는 사실을 알지 못한다. 식물들의 사랑The Loves of the Plants(에라스무스 다윈의 말을 빌리면)은 그에게 금시초문이다.

그가 꽃에 이토록 무지한 이유는 뻔하다. 수술과 암술은 다소 작고, 꽃가루는 더 작다. 그리고 많은 식물들은 꺾어서 땅에 꽂아도 자랄 수 있는데(진정한 정원사인 테오프라스토스는 꺾꽂이에 이력이 났다), 여기에는 성性이 개입할 여지가 없다. 아리스토텔레스가 내린 수컷의 정의('다른 동물의 내부에서 번식하는 동물')가 테오프라스토스에게 영향을 미쳤겠지만, 이 정의는 식물과 전혀 무관하다. 식물이 번식하는 원리를 설명할 때, 아리스토텔레스는 '이들은 수컷과 암컷의 원리를 모두 포함한다'고 주장할 뿐이다.[9]

그러나 무화과에 대해서는 예외다. 아리스토텔레스는 『동물 탐구』에서 호기심 가득한 말을 전한다.

야생 무화과나무의 열매에는 사람들이 프세네스(*psēnes*)라고 부르는

9 아리스토텔레스는 이 구절에서 꽃의 성적인 부분을 정의하지 않았을 뿐이며, 자웅동주monoecious를 의미한 것은 아니라고 사료된다. 일설에 의하면, 아리스토텔레스는 식물이 (수컷이 없는 것으로 추정되는 벌이나 카브릴라농어와 마찬가지로) 단위생식parthenogenesis을 하는 것으로 생각했다고 한다. 그러나 그가 '수컷과 암컷의 원리를 모두 포함한다'고 일관되게 언급한 점을 감안할 때, 단위생식보다는 자가수정하는 자웅동체에 더 가깝다고 할 수 있다. 하지만 식물의 생식 메커니즘을 명확히 밝히지 않은 구절에 현대 생물학의 정의라는 잣대를 들이대는 것은 무리다.

것이 포함되어 있다. 이것은 애벌레로 시작하지만, 껍질[번데기 덮개]이 개열開裂된 후 성충이 되어 열매를 뚫고 나온다. 그런 다음 구멍을 통해 성숙한 열매 속으로 들어가, 열매가 나무에서 떨어지지 않도록 해 준다. 소규모 자작농들이 야생 무화과나무wild fig tree를 재배 무화과나무cultivated fig tree 근처에 심어 낙과落果를 방지하는 것은 바로 이 때문이다.

아시아 사람들에게 양羊이 있는 것처럼, 에게해 연안 사람들에게는 호메로스 시대 이전부터 무화과가 있었다. 누구나 흔히 말하듯, 요즈음 레스보스섬에서 최고로 치는 무화과는 에레소스에서 나온다. 과수원은 선선함과 푸르름과 생명으로 충만하지만, 주변의 언덕은 뜨겁고 건조하고 황량한 불모지다. 섬에서는 많은 무화과나무 품종이 자란다: 아포스토라티카, 바실리카, 아스프라(이상 흰색), 마우라(검은색), 디포라(봄과 가을에 이모작). 그러나 이 중에서 가장 유명한 것은 스미르나(*smyrna*)로, 소아시아의 도시 이름에서 따왔다. 이것은 당신이 시장에서 보는 과일 중 하나로, 어린아이의 주먹만 하고 진한 자주색 껍질에 진홍색 과육을 가지고 있다.

아리스토텔레스가 언급한 재배 무화과나무는 고대의 품종 중 하나일 것이다. 프세네스란 (그가 말한 대로) 열매에서 나오는 무화과벌(학명: *Blastophaga psenes*)이다.[10] 야생 무화과나무는 요즘에는 오르노스(*ornos*)라고 불리며, 강둑에서 잘 자란다. 야생 무화과

---

10 무화과벌은 아리스토텔레스가 말하는 자연발생 동물 중 하나로, 사실 매우 복잡한 생활주기를 가지고 있다.

나무는 과수로서의 가치가 낮아 염소의 사료로 사용되지만 재배 무화과나무에 접붙임으로써 남 좋은 일(재배 무화과나무의 결실結實을 보장함)을 할 수 있는데, 이 방법을 '카프리피케이션caprification'이라고 한다. 카프리피케이션은 한때 널리 성행했지만, 지금은 그리스에서 드물게 시행되고 있다. 레스보스의 농부들은 야생 무화과나무와 재배 무화과나무를 1:25의 비율로 섞어 심는다.

이 모든 사실은 충분히 명확하지만, 여전히 우리를 의아하게 만든다. 야생 무화과나무와 재배 무화과나무 사이의 정확한 관계는 무엇일까? 그리고 한 열매에서 나온 벌이 다른 열매의 낙과를 막아 주는 이유는 뭘까? 에레소스 출신으로 무화과나무에 대해 모든 것을 알고 있던 테오프라스토스는 이 문제를 상세히 논의한다. 그는 아리스토텔레스의 이야기를 반복한 후, 무화과벌이 켄트리네스(*kentrinēs*)라는 곤충포식자—아마도 기생벌의 일종인 *Philotrypesis caricae*인 듯하다—를 보유하고 있을 수 있다고 덧붙인다.[11] 또한, 그는 무화과벌이 무화과의 낙과를 막아 주는 이유에 대한 몇 가지 가설들을 제시한다. 그러나 세부적인 사항은 문제가 되지 않는다. 이 가설들은 기계적이며 매우 잘못된 것이다. 이보다 흥미로운 것은, 그와 아리스토텔레스 모두 두 가지 무화과나무들 간의 상호작용이 성性과 관련 있을 가능성을 고려한다는 것이다.

『동물의 발생에 관하여』에서 성性에 대해 이야기할 때, 아리

---

11 켄트리네스라는 이름은 켄트론(*kentron*)—'찌르다'—에서 파생된 것이다. *P. caricae*는 엄청나게 긴 산란관ovipositor을 통해 무화과 밖에서 무화과벌의 애벌레에 알을 낳는다. 이러한 동정同定과 달리, 테오프라스토스는 기생벌이 무화과에 들어가 성충을 잡아먹는다고 생각한다.

스토텔레스는 무화과나무 이야기를 다시 꺼낸다. '[수꽃과 암꽃 사이에는] 몇 가지 작은 차이가 있다. 왜냐하면 똑같은 종류의 식물일지라도 어떤 나무는 열매를 맺고, 어떤 나무는 (자기는 열매를 맺지 않고) 다른 나무가 열매를 맺는 데 도움을 주기 때문이다. 이것은 [재배] 무화과나무와 야생 무화과나무의 경우에 일어나는 일이다.' 테오프라스토스는 좀더 깊숙이 들어가, 무화과나무와 대추야자를 직접적으로 비교한다. 헤로도토스나 칼리스테네스의 그리스 동부 보고서를 인용하며, 그는 대추야자가 '수꽃'과 '암꽃'을 가지고 있는데, 농부들이 '먼지'—정확하게 말하면 꽃가루—를 한 꽃에서 다른 꽃으로 흩뿌림으로써 대추야자의 열매 맺기를 돕는다고 말한다. 그는 계속해서 야생 무화과나무를 재배 무화과나무에 접붙이는 것을 말하며, 둘(대추야자와 무화과나무) 다 물고기가 알에 정액을 뿌리는 것과 마찬가지라고 말한다.

이들은 유추를 통해 진실에 매우 가까이 다가간다. 두 종류의 무화과나무는 같은 종이고, 성별만 다르다. 무화과는 열매라기보다 다육질의 껍질 속에 밀봉된 미세한 꽃들의 집합체다. '야생' 무화과나무와 '재배' 무화과나무의 학명은 모두 *Ficus caria*인데, '야생'은 수꽃과 암꽃을 모두 포함하고 있지만, '재배'는 오직 암꽃만 가지고 있다. 벌들이 꽃가루를 이 나무에서 저 나무로 옮기는데, 수분이 되지 않은 무화과는 성숙하지 않는다. 이래서 접붙이기가 필요하다. 우리의 두 그리스 과학자는 이러한 아이디어를 생각해냈지만, 식물에도 성이 있다고까지 말하지는 않는다.

이것은 이론의 위험성에 대한 실례實例라고 할 수 있다. 하지만 과연 그럴까? 어쩌면 아닐 수도 있다. 무화과나무는 변화무쌍한 식물이다. 어떤 무화과나무는 열매를 맺기 위해 말벌과 카프리피케이션이 필요하지만, 대부분의 무화과나무는 그렇지 않다고 테오프라스토스는 지적한다. '이상하지 않은가?' 물론 이상하다. 몇몇 무화과나무 품종은 수분을 필요로 하지만, 다른 것들은 무성생식 변종이기 때문에 수분이 필요하지 않다. 그리고 두 종류 모두 기원전 4세기에 널리 퍼져 있었다.[12] 테오프라스토스는 몇몇 무화과나무가 성 없이도 살 수 있다는 사실을 일반화하여 모든 무화과나무가 그렇다는 결론을 내렸다. 무화과나무에게 성이 필요하다고 믿을 이유가 없다는 것이다.

17~18세기에 파리의 투른포르[13], 파도바의 폰테데라[14], 나폴리의 카볼리니[15], 심지어 웁살라의 린네가 무화과나무의 미스터리를 파헤치기 위해 앞다퉈 달려들었다. 1864년 나폴리의 식물학 교수 구글리엘모 가스파리니는 아리스토텔레스의 무화과나무에 대한 자신의 광범위한 실험 결과들을 검토하여 잘못된 결론을 내렸다. '야생'과 '재배' 무화과나무는 전혀 다른 종種이고, 다른 속屬에 속하며, 열매를 맺기 위해서 야생 무화과나무를 재배 무화과나무에 접붙이는 것은 소작농들의 미신일 뿐이라고 그는 말했다. 불운의 식물학자 가스파리니 역시 무성생식 변종에 대해 연구하며, 테오프라스토스와 마찬가지로 과도한 일반화의 오류를 범했다.[16]

---

12 일부 극단적인 고고학자들은 무성생식 변종의 기원을 약 11,000년 전으로 본다.

13 투른포르(Joseph Pitton de Tournefort, 1656~1708). 프랑스의 식물학자. - 역주

14 폰테데라(Pontedera, 1688~1757). 이탈리아의 식물학자. - 역주

15 카볼리니(Filippo Cavolini, 1756~1810). 이탈리아의 해양생물학자. - 역주

16 1881년 캘리포니아 농장 컨소시엄에 참가한 주지사 릴런드 스탠퍼드는 무화과나무의 수분이 어렵다는 것을 알게 되었다. 산 호아킨 계곡 전체에 무화과 농장을 건설한다는 꿈에 부풀어, 농부들은 스미르나(지금은 터키의 이즈미르)에서 14,000개의 접

그러나 데이터를 어디까지 확대해석할 것인지는 과학자들의 영원한 딜레마라고 할 수 있다. 아리스토텔레스의 일반화는 광범위한 경향이 있다. 테오프라스토스는 다소 신중한 편이라 독자를 지루하게 만들 수 있다. 둘 다 때때로 증거의 질質에 의문을 품지만, 가스파리니가 자신의 무화과나무 관련 논문의 말미에서 밝혔던 것처럼 의구심을 표명하지는 않는다.

> 이제 연구가 막바지에 이르렀는데, 나는 내 마음속에서 은밀히 싹튼 불안을 떨쳐 버릴 수 없다. 나는 야생 무화과나무를 재배 무화과나무에 접붙이는 방법이 고대부터 사용되었다는 말을 전 지역에서 들었고, 고대와 현대의 수많은 저명 과학자들이 이 방법의 타당성을 인정했다고 상상한다. 그러나 이들은 경험에 기반하지 않았을 수 있으며, 경험에 기반하지 않은 이론과 과학은 아무짝에도 쓸모없다. 이런 생각이 문득 떠올라 마음이 혼란스럽다. 사실 지금까지 연구를 하면서, 잘못 이해한 사실들이 내 마음에 그늘을 드리웠을지 모른다는 두려움 때문에 숨이 막혔던 적이 한두 번이 아니었다.

애처롭고 안타깝지만 과학은 이런 것이다. 과학의 많은 부분은 일반적인 것과 특정한 것 사이, 현상의 통합과 분리 사이에서 방향

붙이기 무화과나무를 수입했다. 접목된 무화과나무는 무럭무럭 자라 열매를 맺었다. 그러나 웬걸. 열매가 하나 둘씩 시들더니, 급기야 노랗게 변해 우수수 떨어지는 것이 아닌가! 캘리포니아 농부들은 (시리아 국적의) 불운한 스미르나 상인들을 사기혐의로 고소했고, 상인들은 극구 부인했다. 미국 농무부와 캘리포니아 농업위원회의 과학자들은 문제를 해결해 달라는 의뢰를 받았다. 연구 결과에 따라 무화과벌로 가득 찬 야생 무화과나무가 수입되었고, 캘리포니아의 무화과 산업이 본격적으로 시작되었다.

을 찾는 것인데, 과학자는 이러다가 때로 길을 잘못 들 수 있다.

82

플레이아데스가 떠오르기 전에는 꿀을 얻을 수 없다. 벌이 꿀을 얻을 수 있는 시기는 별이 떠오르는 아침으로, 동트기 전 하늘에 알키온(*alkyōn*, 황소자리 에타별)과 시리우스(*sirios*, 큰개자리 알파별)가 맨 먼저 나타나고 영롱한 무지개가 지면에 닿을 말 듯 나지막이 드리울 때다. 그리스인들이 꿀을 수확하는 시기는 야생 무화과나무가 열매를 맺는 시기로, 달력상으로는 5월 말에서 6월까지에 해당한다.

꿀벌은 아리스토텔레스를 기쁘게 한다. 그는 『동물 탐구』에서, 다른 어떤 동물들보다 많은 페이지를 꿀벌의 먹이, 천적, 질병, 이들이 모으거나 만드는 다양한 생산물, 이들의 신비로운 근면성과 복잡한 사회생활을 기술하는 데 할애한다. 그는 꿀벌이 신성하다고 말한다.

당신은 그가 꿀벌을 어찌 그리 잘 아는지 궁금할 것이다. 아랍의 백과사전 편집자 알-다미리브 알 딘al-Damirib al Din(1405년 사망)은, 아리스토텔레스가 유리로 된 벌집을 가지고 있어서 꿀벌들이 하는 일을 훤히 들여다볼 수 있었다고 주장했다. 그의 호기심에 분개한 꿀벌들이 유리의 내부를 점토로 발랐다고 한다. 디테일한 사족은 스토리의 신빙성을 의심하게 하며, 이 아랍인은 출처를 대충 얼버무린다. 나는 아리스토텔레스가 (유리로 된 벌집은커녕) 평범한 벌집의 내부를 들여다봤는지조차 확신하지 못한다. 그러나 양봉은 기원전 4세기 그리스의 주요 산업이었으므로, 그는 양봉가들에게 자세히 물었을 것이 틀림없다.

아리스토텔레스가 논의한 꿀벌 문제 중에 꿀의 기원에 대한 것이 있다. 당신은 이것이 왜 문제가 되는지 의아할 것이다. 꿀벌이 꽃에서 수집한 꿀로 벌꿀을 만든다는 것은 삼척동자도 아는 사실이기 때문이다. 예상대로, 아리스토텔레스는 꿀벌이 꽃받침 있는 꽃 속으로 들어가 혀를 닮은 기관으로 달콤한 즙을 모으는 과정을 기술한다.[17] 또한, 그는 흰색 백리향thyme 꿀의 품질이 붉은색 백리향 꿀보다 우수하다고 말한다. 테오프라스토스는 흰색과 검은색 백리향을 언급한다.[18] 이 모든 것은 아주 명확해 보인다. 그러나 아리스토텔레스는 다른 구절들에서 자가당착적인 말을 하는데, 이중 일부는 바로 근처에 있다. '벌꿀은 꽃에서 나오는 것이 아니다. 왜냐하면, 양봉가들이 (꽃이 많이 피는) 가을철에 벌집에서 꿀을 채취하고 나면 벌집의 꿀이 보충되지 않기 때문이다. 그 대신, 꿀은 하늘에서 떨어진다.' 그는 잘못된 통념을 바로잡는 말투로 말한다.

그의 말에는 꿀과 벌에 관한 모든 생각이 담겨 있다. 벌꿀의 생산은 거의 직접적으로 천체력astronomical calendar에 의존한다는 것이 그의 생각이다. 마치 이슬처럼 말이다. 이것은 터무니없는 것 같지만 그렇지 않다. 아니, 전혀 그렇지 않다. 그가 말하는 하늘에서 떨어진 꿀sky-honey은 '감로honeydew'로, 봄철에

---

17 아리스토텔레스는 꿀벌이 꿀을 수집할 뿐이라고 믿는다. 그래서 꽃의 꿀nectar이 벌집 속에서 증발과 효소의 작용에 의해 벌꿀honey로 가공되는 과정을 모른다.

18 그리스에서 자라는 백리향속*Thymus* 식물은 10종種이 넘는다. 게다가 잡종도 많아서, 나는 이들이 말하는 백리향이 정확히 어떤 종인지 알 수 없다.

숲속의 나뭇가지와 잎에 갑자기 맺히는 달콤한 액체 방울들이다. 비록 그는 몰랐지만, 이것들은 진딧물과 그밖의 (수액을 먹는) 벌레들의 배설물이다.[19] 오늘날 그리스 벌꿀의 약 65퍼센트는 감로에서 나온다. (이런 문제에 대한 결론을 낼 수 있는 그리스인 감식가들은, 꽃의 꿀과 소나무의 꿀 중 어느 쪽이 더 맛있는지를 놓고 의견이 분분하다.) 아리스토텔레스가 왜 일구이언을 했는지에 대한 정답은, 누군가가 본문에 손을 댔다는 것이다. 나는 (지금은 소실되었지만 『벌꿀에 관하여』를 쓴) 테오프라스토스를 의심한다. 전해들은 이야기를 바탕으로 쓰인 이 책에는 벌꿀이 세 가지 원천에서 나온다고 적혀 있다. 이것은 감로, 꽃, '갈대'인데, 갈대는 아마도 인도사탕수수인 듯하다.

벌꿀의 기원이 문제가 된다면, 벌 자체의 기원은 더욱 그렇다. 아리스토텔레스가 꿀벌의 발생에 대해 모른다는 것이 아니다. 그는 꽤 자세하고 상당히 정확하게 꿀벌의 발생 과정을 기술하기 때문이다. 꿀벌은 벌방cell에 알을 낳은 다음, 새처럼 품어서 애벌레로 자라게 한다. 애벌레는 작을 때는 벌방에 비스듬하게 누어 있다가, 더 크게 자라면 똑바로 앉아 먹고 배설하다가 벌집에 매달린다. 뒤이어 번데기로 변하여 벌방에 밀봉되었다가, 다리와 날개가 자란 다음 벌집에서 나와 날게 된다. 그러나 문제가 하나 있다. 어떤 벌이 알을 낳은 것일까?

---

19 나는 코린트의 한 양봉가에게, 감로가 어디서 나오는지 물었다. 코린토는 고대부터 벌꿀로 유명한 지역이고, 나의 정보제공자는 대대손손이 꿀벌을 키운 가문 출신으로서 꿀벌에 대한 문헌을 두루 섭렵한 사람이다. 그럼에도 불구하고, 그는 감로가 진딧물과 같은 반시목Hemiptera 곤충들의 배설물이라는 사실을 까맣게 모르고 있었다.

'야생' 및 '재배' 무화과나무와 마찬가지로, 꿀벌의 경우에도 너무 많은 배우들이 무대에 등장한다. 만약 벌집에 두 종류의 꿀벌만 있다면, 다른 동물들과 마찬가지로 성의 역할이 간단하게 정리될 것이다. 그러나 여기에는 세 종류의 꿀벌—일벌, 수벌, 지도자—이 있다. 그리고 어느 누구도 이들이 교미하는 것을 보지 못했다.[20] '꿀벌의 발생은 커다란 수수께끼다'라고 그는 말한다. 그러나 이것은 그가 좋아하는 유형의 수수께끼일 뿐이다.

『동물의 발생에 관하여』에서 그는 논리적인 순서로 가설을 설정한다. 경제성의 원리에 따라, 그의 가설들을 다음과 같이 일목요연하게 요약하면 다음과 같다.

꿀벌은 아마도:

1. 자연히 발생한다;

2. 다른 동물 종의 자손이다;

3. 꿀벌의 자손이다.

---

20 실제로 아리스토텔레스는 꿀벌의 '종류'—게노스—를 여섯 가지로 구분한다. (i) 작고, 둥글고, 다양한 색을 가진 일벌working bee; (ii) 크고, 느릿느릿한 수벌drone bee; (iii) 붉은 지도자 벌leader bee; (iv) 검고, 널따란 배를 가진 도둑벌robber bee; (v) 벌집을 망가뜨리는 말벌을 닮은 긴 벌long bee; (vi) 검고, 다양한 색깔을 가진 지도자 벌. 그는 여기서 3가지 성 또는 계급(일벌, 수벌, 여왕벌)과 그리스에서 발견되는 양봉꿀벌(*Apis mellifera*)의 여러 아종subspecies 중 두 가지 이상을 다루는 것이 분명하다. 그는 (i)~(iii)과 (iv)~(vi)이 각각 한통속이라고 가정함으로써 문제를 간소화한 것으로 보인다. 왜냐하면 이들이 동일한 벌집에서 나오기 때문이다. 그러나 그는 일벌 · 수벌 · 여왕벌이 정말로 똑같은 종류인지, 즉 다른 종류의 동물들과 마찬가지로 평범한 암수와 똑같은 형태(형상)을 갖는지 명확히 밝히지 않는다. 이것은 아리스토텔레스에게 종류(*genos*)의 존재론적 지위ontological status가 정확히 무엇인가라는 의문을 제기하는 것으로 보인다.

만약 3이 맞는다면, 이들은 다음과 같은 방식에 의해 생겨날 것이다:

3.1. 교미 없이 생긴다;

3.2. 교미를 통해 생긴다.

만약 3.2가 맞는다면, 교미를 통해 다음과 같은 자손의 조합組合이 가능하다:

3.2.1. w × w → w(다른 종류도 마찬가지다)

3.2.2. q × q → w + d + q(다른 동형성 짝짓기homotypic mating도 마찬가지다)

3.2.3. w × d → w + d + q(다른 이형성 짝짓기heterotypic mating도 마찬가지다)

여기서 w, d, q는 각각 일벌(worker), 수벌(drone), 여왕벌(queen)을 나타내고, ×는 교배를 나타내며, 우변(→의 오른쪽)은 자손의 조합을 나타낸다.[21] 위의 요약표는 일반적인 동물학적 원리와 꿀벌에 대한 몇 가지 구전 지식에 따라, 연속해서 같은 것이 나올 가능성을 배제하고 그린 것이다.

꿀벌이 자연히 발생한다거나 (벌집에 살지) 않는 완전히 다른 동물에 의해 생겨난다는 가설을 신속히 버리고, 그는 꿀벌의 성性 문제로 넘어간다. 그는 몇 가지 성적 고정관념, 또는 좀더 친절하

21 '누가 누구와 교미하는지'와 '이들의 교미로 인해 누가 생기게 되는지'에 대한 완전한 무지를 감안하면, 그가 고려하지 않은 더 많은 조합이 가능하다. 하지만 이것은 중요하지 않다. 왜냐하면 그는 '꿀벌이 전혀 교미하지 않는다'는 자신의 생각을 만족스럽게 증명할 것이기 때문이다.

게 말하면 경험적인 일반화로부터 시작한다. 수컷은 공격용 무기들(뿔, 엄니 등)을 가지고 있지만 암컷은 그렇지 않으며, 암컷은 새끼를 돌보지만 수컷은 그렇지 않다. 그러나 일벌도 수벌도 이런 틀에 맞지 않는다. 일벌은 침을 가지고 있지만 새끼를 돌보고, 수벌은 침도 없고 새끼도 돌보지 않기 때문이다. 그러므로 일벌과 수벌은 수컷도 암컷도 될 수 없지만, 수컷과 암컷의 속성을 조금씩 다 갖고 있다. 이들은 식물과 같거나, (교미 없이도 번식한다고 추정되는) 양성兩性 물고기와 비슷하다. (그는 수벌이 간혹 벌집에서 떼로 몰려나오는 것을 알지만, 이들이 높은 상공에서 처녀 여왕벌을 차지할 요량으로 그녀를 추격한다는 것을 모른다.)

다음으로, 그는 어떤 벌이 어떤 벌을 낳는지 조사한다. 수벌은 수벌도 여왕벌도 아닌 일벌만 있는 벌집에서 나올 수 있다고 그는 보고한다. (분명히 그는 맞다. 그럴 수 있다.) 그러므로 일벌은 수벌을 생겨나게 한다. 일벌은 여왕벌 없는 벌집에서 결코 나타나지 않는다. 그러므로 여왕벌은 일벌을 생겨나게 한다. 일벌도 수벌도 여왕벌을 생겨나게 하지 않으므로, 여왕벌은 스스로 생겨날 수밖에 없다고 그는 주장한다. 그렇다면, 우리는 다음과 같은 발생 순서를 상정할 수 있다: $q \rightarrow q + w \rightarrow d$. 마지막으로, 그는 이들 중에서 누가 교미하는지 생각한다. 일벌은 양성兩性이므로 교미 없이 번식할 수 있다(만약 이들이 교미를 한다면 누군가는 이것을 확실히 보았겠지만, 아무도 본 사람이 없다). 일벌이 교미를 하지 않는다면, 우리는 여왕벌도 마찬가지일 것이라고 추측할 수 있다. 남아 있는 유일한 가능성은, 여러 세대에 걸친 무성생식의 결과 여왕벌이 여왕벌과 일벌을 낳고, 일벌이 수벌을 낳고, 수벌은 아무것도 낳지 않는 것이다.

이것은 이상한 시스템이다. 그러나 현실만큼 이상하지는 않으며[22], 또한 종종 생각되는 것만큼 이상하지도 않다. 꿀벌의 생식에 대한 아리스토텔레스의 글을 읽다 보면, 당신은 내가 외견상 상궤常軌를 벗어난 것들 중 하나를 편집했음을 알게 될 것이다. 즉, 나는 그의 책에 나오는 '지도자' 벌(다른 모든 종류를 낳는 벌)을 '여왕' 벌이라고 부른다. 왜냐하면 이것이 오늘날 사용되는 단어이기 때문이다. 그러나 그는 '지도자' 벌을 종종 바실레우스(*basileus*)—'왕'—이라고 부른다.

어떤 학자들은 아리스토텔레스의 젠더 편향gender-bias을 비난했다. (어쨌든 그녀가 암컷이라면, 바실레이아(*basileia*)[23]이라고 부르는 것은 어떨까?) 그러나 아리스토텔레스는 죄가 없다. 그는 아마도 지도자 벌이 수컷이라고 믿지 않을 것이다. 아리스토텔레스의 생물학에서 수컷이 스스로 번식할 수 없는 것은, 우리의 생물학에서 수컷이 스스로 번식하지 못 하는 것과 마찬가지이기 때문이다. 자신의 데이터에 기반하여 지도자 벌이 수컷도 암컷도 아니고 암수가 혼합된 것으로 간주하지만, 호칭만 단순하게 대중적인 이름을 사용할 뿐이다. 그에 의하면, 꿀벌 이외의 사회적 벌social

---

22 사실, 여왕벌은 번식 가능한 암컷이고, 수벌은 수컷이고, 일벌은 (통상적으로) 불임인 암컷이다. 처녀 여왕벌은 단위생식parthenogenesis으로 수벌을 낳는다. 여왕벌은 수벌과 교미하여 (애벌레가 로열젤리를 얼마나 많이 먹었는지 등의 요인에 따라) 일벌 또는 여왕벌을 낳는다. 독자들은 일벌이 여왕벌 없이 수벌을 낳는다는 아리스토텔레스의 주장에 어리둥절해 할 것이다. 그러나 모든 벌집에서는 일정한 비율의 일벌이 난소를 가지고 있고, 필요할 경우 수벌로 부화하는 알을 낳을 수 있다. 환경 의존성 계급 편성environment-dependent caste formation과 맞물린 단수체-이배체 성 결정haplo-diploid sex-determination 시스템은 매우 복잡하다.

23 그리스 신화에 등장하는 인물로 하늘의 신인 우라노스의 딸이다. 해와 달의 신인 헬리오스와 셀레네를 낳아 위대한 어머니 여신으로 숭배되었다. – 역주

wasp들은 흔히 '어머니'라고 불리는 지도자 벌을 보유하고 있다고 한다. 그리고 '어머니'는 아리스토텔레스가 채택한 용어다.

아리스토텔레스는 자신의 도식을 좋아한다. 그의 도식은 3개의 항렬(q → q + w → d)로 구성되는데, 맨 마지막에 불임 수벌 sterile drone이 자리잡고 있다. 이것은 일종의 질서를 갖고 있으며, 각 구성원은 다른 구성원과 오직 한 가지 면에서만 다르다고 한다. (여왕벌은 덩치가 크고 침이 있고, 일벌은 덩치가 작고 침이 있고, 수벌은 덩치가 크지만 침이 없다.) '자연은 이것을 아주 잘 배열했으므로, 세 종류는 영원히 존재할 것이다. 설사 이들이 모두 자손을 낳지 않더라도 말이다.' 그는 꿀벌의 생활주기를 알고 있다.

꿀벌의 생식에 얽힌 미스터리에 대한 아리스토텔레스의 분석은, 그의 통상적인 과학 방법론을 보여주는 모델 중 하나다. 이것은 『니코마코스 윤리학』에서 기술한 절차와 비슷하다. 그는 '겉모습'에서 시작하여, 이들을 설명하기 위한 최선의 가설들을 설정한 다음 증거에 따라 연역적으로 제거해 나간다. 분석 작업이 완료될 즈음, 그는 꿀벌의 본질적인 속성을 증명한 것처럼 보인다.

정말 그럴까? 아리스토텔레스는 자신의 증명이 진리를 드러

꿀벌(*Apis mellifera*)

왼쪽: 일벌(melissa), 가운데: 수벌(kēphēn), 오른쪽: '왕(basileus)' 또는 '지도자(hēgemōn)' 또는 우리가 부르는 여왕벌

낸다고 생각한다. 그러나 그가 잘 알고 있듯, 모든 증명의 밑바탕에는 전제가 깔려 있는데, 그의 전제는—그 자신은 인정하지 않겠지만—약하다. 전제는 일반화에 의존하는데, 그가 알아야 할 것은 일반화란 기껏해야 '대체로for the most part' 사실이라는 것이다. (수컷은 새끼를 전혀 돌보지 않는다고? 그러나 메기의 경우에는 수컷이 새끼를 양육한다. 암컷은 공격용 무기를 전혀 갖고 있지 않다고? 그렇다면 암소의 뿔은 어디에 쓰는 물건일까?) 그가 양봉가들에게 얻은 데이터의 신뢰성은 어부에게서 얻은 데이터와 진배없다. 그의 글에는 '그들은 말한다'는 어구語句가 널려 있다.

우리는 일말의 의문에 휩싸여, 그의 논의를 잠정적인 메모tentative note로 치부하며 일단락 지을 수도 있다. 하지만 이런 식의 논의가 전형적인 사례는 아니다. 어느 누구도 자신의 업적을 능가할 수 없다고 자신만만해하며, 자신의 결론이 최종적이라고 확신하는 것이 그의 이미지에 걸맞다. 그러나 딱 한 대목에서, 그는 미래를 내다보며 자신이 모든 것을 해낸 것은 아니라고 우리에게 담담히 말한다. 한걸음 더 나아가, 그는 미래의 발견들이 어떻게 이루어질 것인지(또는 이루어져야 하는지)를 우리에게 일깨워준다. 아리스토텔레스는 늘 올림픽 금메달리스트의 분위기—이것은 위대한 과학자들의 전형적 특징이다—를 풍기지만, 이 대목에서만큼은 정다운 과학자의 모습으로 다가온다.

> 적어도 이론에 관한 한, 꿀벌의 발생에 대한 설명은 (사람들이 믿는) 인간 행동의 원리에 견주어 볼 때 납득할 만한 수준이다. 현재로서 꿀벌에 관한 사실들은 적절히 이해되지 않았다. 만약 미래에 이해된다면, 이것은 이론보다는 감각의 증거에 의존한 결과물일 것이

다. 그러나 보이는 것과 부합하는 한, 이론은 본연의 역할을 일정 부분 수행하게 될 것이다 …

그는 과학적 이론의 역할과 한계를 잘 알고 있었다.

83

매년 3월 레스보스에 제비가 도착한다. 이들은 아프리카에서 *khelidonias*—제비바람swallow wind—을 타고 날아온다. 짐작하건대, 테오프라스토스는 켈리도니아스를 *ornithiai anemoi*—새 바람bird wind—의 동의어로 사용하는 것 같다. 아리스토텔레스는 제비를 철새 목록에 올려 놓고, 이들의 지적인 방식(한 쌍이 진흙과 짚으로 둥지를 짓고, 새끼를 기르고, 둥지를 정돈하고, 청결을 유지한다)을 열거한다.[24] 그는 이 작은 새들을 찬미하는 것 같다. 그러나 언제나처럼 냉담하게, 둥지 속 새끼 제비의 눈을 찌르면 재생될 것이라고 말한다. 이 말을 세 번이나 반복하는 것으로 보아, 그는 이것을 정말로 믿는 것 같다. 비록 황당무계한 것 같지만, 나는 그가 틀렸다고 확신하지 못한다. 어쩌면 그는 이 일을 실제로 해 봤는지도 모른다.[25]

---

24 그는 또한, 어떤 제비들이 겨우내 벌거벗은 채로 구멍 안에 머문다고 생각한다. 필립 헨리 고스는 1862년 출간한 『자연사의 로망』(두 번째 시리즈)에서 이 사실에 의문을 제기했다.

25 갓 부화한 병아리는 재생 연구에 사용된다. 왜냐하면 이들은 실험적으로 제거한 수정체와 망막을 재생할 수 있기 때문이다. 갓 부화한 제비는 갓 부화한 병아리보다 더 만성조altricial(늦게 성숙하므로 어미의 도움이 많이 필요한 새 - 역주)이기 때문에,

이 주장의 이면에는 비교발생학 연구가 도사리고 있다. 자신이 연구한 다양한 생물의 개체발생을 조사한 후, 그는 갓 태어난 새끼가 성체가 될 때까지 얼마나 많이 변화하는지를 알아내기 위해 '완전성perfection'이라는 척도를 이용하여 이들의 자손을 평가한다. 나비 같은 완전변태곤충holometabolous insect의 자손은 매우 불완전하다. (그는 애벌레의 성장이 닭의 생식관 내부에서 알이 형성되는 것과 동등하고, 번데기가 알의 등가물이라고 생각한다.) 두족류, 갑각류, 어류의 알은 부드러우며 산란된 후 조금 '성장'하므로 새끼의 완전성이 낮다. 조류, 뱀, 거북, 도마뱀의 자손은 (성장하지 않는) 단단한 알껍데기에 둘러싸여 있기 때문에 완전성이 높고, 연골어류의 새끼는 자궁에서 단단한 알껍데기에 둘러싸인 채 시작하지만 내부에서 부화하여 태어나기 때문에 완전성이 더 높다. 태생 네발동물(포유류)의 새끼는 완전성이 가장 높다.

대분류군들을 대상으로 배아의 완전성 정도를 대략 확립한 후, 그는 소분류군들 간의 변이를 허용한다. 소분류군의 완전성은 출생 시의 상대적인 크기relative size와 독립적 생활에 대한 준비성readiness에 달려 있다. 완전성이 낮은 동물들은 눈을 감은 채 태어난다. 태생 네발동물 중에서 통발굽을 가진 동물(말과 당나귀)과 갈라진 발굽을 가진 동물(소, 염소, 양)은 완전성이 높은 새끼를 낳으며, 여러 개의 발가락을 가진 사지동물들(곰, 사자, 여우, 개, 토끼, 생쥐 등)은 그와 대조적으로 완전성이 낮다.[26] 조류의 경

이 실험에 훨씬 더 적합할 것이다. 그러나 이런 실험을 하려고 애쓰는 연구자는 용감하기는커녕 비정하다는 소리를 들을 것이다.

26 아리스토텔레스는, 갓 태어난 곰은 매우 작고 불완전한 몸을 가지고 있다고 말한다. 실제로 새끼 곰의 팔다리에는 관절이 없다. 또한, 어미 곰은 암 여우와 마찬가지로

우 어치, 참새, 산비둘기, 멧비둘기, 집비둘기의 알에서 완전성이 낮은 새끼가 나온다.[27] 그리고 제비도 마찬가지다. 따라서 아리스토텔레스가 새끼 제비의 눈을 찌른다는 이야기를 할 때, 그의 논점은 두 가지로 집약된다. 첫째, 성체일 때보다 배아일 때 재생이 더 잘 된다. 둘째, 갓 부화한 제비가 재생될 수 있다는 것은, 부화한 직후의 새끼가 태아에 매우 가깝다는 것을 의미한다.

아리스토텔레스의 과학은 정량적이지 않다. 그렇다고 해서 확실히 정성적인 것도 아니다. 왜냐하면 그는 종종 '크거나 작다', '더 많거나 더 적다', '대체로'와 같은 표현을 쓰기 때문이다. 또한 그는 몸 크기의 척도화body-size scaling 같은 정량적 관계를 세부적으로 논의하지만, 현대 과학자들이 좋아하고 필요로 하는 것—수치—을 제시하지는 않는다. 그러나 조류와 포유류의 생활사를 기술할 때는 수치를 제시한다.

당신은 그가 기술하는 것을 심지어 표表로 만들 수도 있다. 비록 공란이 많지만, 표로 만들어 보면 그의 데이터가 매우 훌륭하

새끼를 핥아서 관절의 '형성'을 돕는다고 말한다. 여기에서 힌트를 얻어, 플리니우스, 오비디우스, 비르길리우스 등은 로마인 특유의 과장법을 동원하여 화가 난 부모와 코치들이 아이를 혼낼 때 사용하는 표현을 만들어냈다. '너는 핥아서 몸매를 만들 필요가 있어.'

27 동물학자들은 이것을 만성조-조성조altricial-precocial라고 부른다. 만성성(='불완전한')과 조성성(='완전한')은 1835년 스웨덴의 동물학자 카를 야코브 순데발(Carl Jakob Sundevall, 1901~1875)이 만든 용어로, 그는 이 특징을 이용하여 조류를 두 가지 부류로 나눴다. 순데발은 아리스토텔레스에게 공功을 돌리지 않지만, 1863년에 『아리스토텔레스의 동물 종*Die Thierarten des Aristoteles*』이라는 책을 썼다. 순데발은 이 아이디어를 아리스토텔레스에게서 얻었을까? 아니면 아리스토텔레스의 아이디어가 자신의 아이디어와 일치한다는 것을 발견한 후 아리스토텔레스에게 매력을 느낀 것일까? 순데발 자신은 독일의 생물학자 로렌츠 오켄(Lorenz Oken, 1779~1851 - 역주)에게 공을 돌리지만, 오켄이 어디서 아이디어를 얻었는지는 나도 모른다. 어쨌든 아리스토텔레스가 조류와 포유류의 새끼를 불완전함-완전함/만성성-조성성이라는 척도로 평가한 것은 적절하다.

다는 것을 알 수 있다.[28] 언제나처럼 그는 연관성에 관심이 있다. 그가 짠 그물은 성기지만 다섯 가지 핵심 특징—성체의 크기, 수명, 임신 기간, 배아의 완전성, 한배새끼litter의 수와 갓 나은 새끼의 크기—으로 구성되어 있다. 그가 이런 특징들 사이에서 발견한 연관성 중 몇 가지는 상당히 명확하다. 예컨대 임신 기간이 긴 동물일수록 더 완전한(조성성) 새끼를 낳는다. 하지만 다른 연관성들은 매우 반직관적이다. 예컨대 큰 동물의 한배새끼 수가 작은 동물보다 많다고 그는 말하지만, 실제로는 그렇지 않다. 즉, 큰 동물일수록 한배새끼의 수가 적다(말과 코끼리는 한 번에 오직 한 마리의 새끼만 낳는다). 그는 이런 연관성들의 예측력을 크게 신뢰한다. '[사슴의] 장수長壽에 대한 설說이 파다하지만,' 그는 이렇게 말한다. '사실로 밝혀진 것은 하나도 없다. 내가 관찰해 본 결과, 임신 기간과 새끼 사슴의 성장 속도는 사슴의 수명과 밀접하게 연관되어 있다.' 수명과 임신 기간 사이에 긍정적인 연관성positive association이 있음을 감안할 때, 만약 사슴이 정말로 오래 산다면(이것은 관찰하기가 어렵다) 임신 기간이 길어야 하는데 사실은 그렇지 않다는 것이다.[29]

---

28 부록 5 참고.

29 간단한 선형회귀분석을 오늘날의 데이터에 적용해 보면, 태반 포유류의 경우 log(수명) = 0.77 × log(임신 기간) + 1.53, r^2 = 0.6으로, 상관관계가 비교적 높다는 것을 알 수 있다. 붉은사슴(*Cervus elaphus*)의 경우, 임신 기간이 235일이므로 최대 수명은 약 25년으로 예측된다. 실제로 기록된 붉은사슴의 최대 수명은 27년이다. 나는 아리스토텔레스가 언급한 생활사적 특징life-history feature들 간의 연관성 중에서 여섯 가지를 조사해 봤는데, 모두 높은 상관관계를 보이는 것으로 나타났다(부록 6 참고). 사실, 이것은 놀라운 일이 아니다. 왜냐하면 이런 특징들은 하나같이 성체의 몸 크기와 강력한 상관관계를 갖고 있기 때문이다. 그러니 특징들 상호간에 강력한 상관관계가 존재할 수밖에. 그러나 중요한 점은, 그는 어떤 이론에 기반하여 연관성을 추정한 것이 아니라, 모든 사물에서 연관성의 징후를 살펴보려고 노력했다는 것이다.

아리스토텔레스는 단순한 연관성이 아니라, 인과적 연관성 causal association을 알고 싶어 한다. 그의 표현을 빌리면, 어떤 연관성은 '본질적'이라기보다는 '우연적'이므로 전혀 설명할 필요가 없다. 예컨대 성체의 몸 크기와 한배새끼 수 사이에는 부정적인 연관성negative association이 있는 것처럼 보이는데, 이것은 발의 형태학foot morphology이라는 교란변수confounding variable 때문이라고 아리스토텔레스는 지적한다. 즉, 통발굽인 동물은 덩치가 크고 한 번에 한 마리의 새끼를 낳는 경향이 있는 데 반해, 발굽이 갈라진 동물은 덩치가 중간이고 한번에 몇 마리의 새끼를 낳는 경향이 있다. 그리고 여러 개의 발가락을 가진 동물은 덩치가 작고 한번에 여러 마리의 새끼를 낳는 경향이 있다. 그렇다면 한배새끼 수와 몸 크기의 연관성은, 근본적으로 발에서 비롯되었는지도 모른다. 그러나 그렇지 않다. 여기서 중요한 것은 몸의 크기이지, 발의 형태가 아니다. '코끼리가 가장 큰 동물이지만 발가락이 여러 개라는 것이 증거다. 낙타[30]는 코끼리 다음으로 큰 동물이지만 발굽이 갈라진 동물이다.' 발 형태와 몸 크기의 연관성은 사실 빈약하다. 게다가 '대형동물이 새끼를 적게 낳고 소형동물이 새끼를 많이 낳는 것은 육상동물뿐만 아니라 나는 동물flying animal과 헤엄치는 동물swimming animal에서도 마찬가지이고, 이유는 똑같다. 식물의 경우에도 사정은 마찬가지여서, 가장 큰 나무들이 열매를 많이 맺는 것은 아니다.' 따라서 그는 교란변수의 가능성을 인식하고 있을 뿐만 아니라 해결책까지도 갖고 있는 셈이다. 이에 대한 해결책은, 매우 다른 생물군들 사이에서 동

---

30 낙타는 2년마다 최대 두 마리의 새끼를 낳지만, 두 마리인 경우는 드물다. – 역주

일한 연관성을 탐색하는 것이다.[31] 마찬가지 방법으로, 그는 태생네발동물(사슴에 대한 정보를 많이 제공한다)의 임신 기간과 수명 사이에 긍정적인 연관성이 있지만, 이것이 인과적 연관성은 아니라고 주장한다.[32] 적어도 여기서, 그는 연관성에 만족하지 않고 인과성causation까지도 고려한다.

생활사적 특징들의 복잡한 망網을 설명할 때, 아리스토텔레스는 자신의 익숙한 장치들을 총동원한다. 한배새끼의 수와 성체의 몸 크기 사이의 연관성을 고려하여, 그는 신체의 경제학bodily economics에 도달하려고 애쓴다. 신체의 경제학이 특히 효율적인 것은, 번식력이 씨의 생산에 달려 있기 때문이다. 씨는 가장 정제된 생산물이므로, 비용이 가장 많이 들고 영양분도 가장 풍부하다. 씨를 소모하는 것은 곧 몸을 고갈시키는 것이다. 남자가 성교를 한 후 기진맥진해 지고, 뚱뚱한 사람들이 생식능력이 떨어지고, 거세된 동물과 노새가 매우 거칠고 사나워지는 바로 이 때문이라고 아리스토텔레스는 말한다. 대형동물은 적은 수

---

31 인과적 연관성과 비인과적 연관성non-causal association을 구별하는 문제는 아직도 비교생물학자들을 괴롭히고 있다. 진화생물학자들은 이것을 해결하려는 아리스토텔레스의 시도가 타당함을 깨닫게 될 것이다. 그러나 아리스토텔레스는 난생어류oviparous fish에서 번식력(한배새끼 수)과 몸 크기 사이에 긍정적인 연관성이 있음을 간파하지 못한다. 하지만 엄밀히 말하면 그의 주장에는 하자가 없다. 왜냐하면 헤엄치는 동물(즉, 모든 어류)을 전제한 후, (덩치가 크고 자손의 수가 비교적 적은) 연골어류와 (덩치가 대체로 작고 자손의 수가 많은) 난생어류를 비교하기 때문이다.

32 그렇다면 (수명과 임신 기간 사이의) 긍정적 연관성의 밑바닥에 깔린 인과성은 무엇일까? 아리스토텔레스는 두 가지 특징—수명과 임신 기간—이 몸의 크기와 인과적 연관성을 갖는다고 생각하는 것 같다. 즉, 대형동물은 환경변화에 덜 취약하기 때문에, 소형동물보다 더 오래 살고 더 큰 새끼를 낳는다. 더 큰 새끼를 낳으려면 더 긴 임신 기간이 필요하다. 그러므로 임신 기간과 수명 사이에는 긍정적인 연관성이 있다. 그는 이런 연관성을 확실하게 주장하지만, 전반적인 어조는 단호하지 않다. 실제로 그는 이런 패턴에 대한 예외를 곱씹는 경향이 있다. (예: 말은 인간에 비해 수명이 짧지만 임신 기간이 길다.)

의 새끼를 낳는 경향이 있고, 고도의 다산성high fecundity을 가진 동물은 작은 새끼를 낳는 경향이 있다. (아드리아닭[33]은 초다산성super-fecundity을 가진 왜소종dwarf이라고 할 수 있다.) 섹스는 재미있을 수 있고 번식은 필요할 수 있지만, 생식기를 통해 영양분과 활력이 빠져나간다.

그러므로 동물들은 새끼 낳는 일과 다른 일 중에서 하나를 선택해야 한다. 조류학자나 다름없는 아리스토텔레스는 해마다 어떤 새(자고새)가 많은 수의 알을 한 번만 낳고, 어떤 새(비둘기)가 적은 수의 알을 여러 번 낳고, 어떤 새(맹금류)가 한두 개의 알을 한 번만 낳는지를 훤히 알고 있다. 이런 차이를 설명하기 위해, 그는 날개, 다리, 몸의 크기, 번식력, 이 밖의 몇 가지 특징들이 연결된 자원할당 네트워크resource-allocation network를 상정한다. 새는 (모두가 아니라) 몇 가지 특징에만 투자하는데, 이 이유는 자원이 제한된 데다 각 특징별로 소요되는 비용이 다르기 때문이다.

그러나 이런 식의 분석은 불완전하다. 그는 조건부 필요성에 대한 네트워크를 원하는 만큼 폭넓거나 깊게 기술할 수 있지만, 어떤 동물이 특정한 특징의 부분집합을 보유하는 궁극적 이유까지도 설명해야 한다. 내 생각에, 아리스토텔레스는 종종 그렇게 하지 않는다. 그는 한 동물의 특정한 특징을 궁극인ultimate cause과 관련짓는 데 신경쓰지 않는 경향이 있다. 설사 신경을 쓰더라도, 피상적으로 스케치할 뿐이다. 그러나 생활사의 다양성을 설명할 때는

---

33 이탈리아 남부 베네토주의 아드리아에서 멸종한 반탐닭bantam의 일종. 알드로반디Aldrovandi는 자신의 저서 『조류학』(1600)에서 이 닭에 대해 자세히 논하지만, 정체는 자세히 모른다.

태도를 바꿔, 두 가지 설명—조건부 필요성, 목적인—을 멋들어지게 아우른다. 왜냐하면 어떤 새가 신체에 투자할 것인지 번식에 투자할 것인지는 이 새의 비오스(*bios*)—생활방식—에 달려 있다고 주장하기 때문이다. 그의 주장에 따르면, 맹금류는 먹이를 사냥하기 위해 강력한 날개, 커다란 깃털, 거대한 발톱이 필요하다고 한다. 이에 반해 곡물과 열매를 먹는 자고새와 비둘기는 이런 것들이 필요하지 않다. 따라서 맹금류는 날개와 발톱에 투자하는 바람에 번식에 필요한 영양분이 별로 남지 않아, 알을 조금밖에 낳을 수 없다. 자고새와 비둘기는 날개와 발톱에 투자하지 않아 영양분이 많이 남아돌므로, 알을 많이 낳을 수 있다.

동물 생활사의 다양성에 대한 분석에서, 아리스토텔레스는 정량적인 데이터를 이용하여 전반적인 패턴great pattern을 발견하고, 우연적 연관성과 인과적 연관성을 구분한 다음, 생리적 필요성physiological necessity과 목적론적 필요성teleological need 사이—즉, 신체의 요구와 세상의 요구 사이—의 최선의 가능한 타협the best possible compromise으로서 인과적 연관성을 설명한다. 내가 생각하기에, 이것은 두 가지 요소—동물들이 보유한 복잡한 신체부위들의 기능, 각 동물들의 본성이 (신체부위의 기능에 걸맞은) 최선의 가능성을 찾아내는 과정—에 대한 아리스토텔레스의 가장 완전하고 성공적인 분석이다. 그러나 그는 조류와 네발동물들의 가능한 생활사 중에서 작은 부분을 다룰 뿐이다. 생동감 넘치는 생물이 번식하는 이유에 대한 아리스토텔레스의 최고의 분석은, 뭐니뭐니해도 그가 물고기에 대해 이야기할 때 기대할 수 있다.

84

테오프라스토스의 시대에, 여름철을 수놓은 꽃으로는 선옹초rose campion, 카네이션, 백합, 스파이크 라벤더, 스위트 마조람sweet marjoram과 '후회'라고 불리는 델피니움delphinium이 있다. 델피니움에는 두 가지 종류가 있는데, 하나는 미나리아재비 같은 노란색 꽃이 피고 다른 하나는 장례식에서 사용하는 흰색 꽃이 핀다. 붓꽃이 피고 나서 비누풀soapwort이 피는데, 아름답지만 향기가 없는 꽃이라고 그는 이야기한다.

여름은 그렇게 시작된다. 그러나 7월 말까지, 에게해 군도의 땅은 바싹 말라 문자 그대로 타들어 간다. 올리브나무 숲에서, 매미가 나뭇가지에 달라붙어 짝을 찾기 위해 노래한다. 소나무 숲에서는 소방관들이 소방차 위에 앉아 산불을 감시한다. (테오프라스토스에 의하면 피라의 숲은 홀랑 타 버린 후 다시 자란다고 하는데, 그의 시대 이후 이런 일이 여러 번 반복된 것이 틀림없다.) 라군의 젖줄인 강이 메말라 간다. 부바리스강은 늘 흐르지만 발원지조차 정체된 웅덩이여서, 페사Pessa에서 폭포수가 찔끔찔끔 떨어질 뿐이다. 뱀장어가 강어귀의 진흙 속에서 안식처를 찾는 동안, 숭어는 왜가리의 표적이 된다. 테라핀은 돌처럼 보인다. 한때 부드럽고 다채롭고 향기를 뿜었던 화산섬의 서부해안을 뒤덮고 있는 프리가나[34]는 이제 (부러지기 쉬운 가시가 잔뜩 박힌) 낡아빠진 망토처럼 보인다.

---

34 프리가나(phrigana). 지중해 지역에 분포하는 관목 군락지. '가리그garigue'라고도 한다. - 역주

육지가 타오르는 동안에도 바다는 넘실거린다. 지역 주민들이 부카도라(*boukadora*)—'안으로 들어오는 바람'—라고 부르는 여름 바람이 먼 바다에서 라군으로 불어오며, 해수면에 거품을 일으킨다. 칼로니의 심해에서는 넘쳐나는 자연발생 동물들이 산란을 한다. 그러나 정자를 품은 굴과 홍합을 먹는 사람은 아무도 없다. (성게의 생식샘은 종류가 다르다.) 지금 제철 물고기는 정어리다. 칼로니 사람들은 정어리를 대개 소금에 절여—사르델레스 파스테스(*sardeles pastes*)—먹지만, 지금은 신선한 생선을 먹을 수 있는 시기다. 아리스토텔레스에 의하면, 여름철이 되면 정어리가 산란하기 위해 라군으로 들어온다고 말한다. 그러나 그의 말은 부분적으로만 맞다. 정어리는 먼 바다에서 이동해 왔지만, 성어成魚가 아니라 유생幼生 상태로 왔다. 따라서 칼로니는 이들의 번식지가 아니라 유치원이라고 할 수 있다. 이들은 8월까지 성숙하고 살이 올라, 자신들의 산란지인 에게해로 향한다. 라군의 좁은 어귀를 가로지를 때, 이들은 톤 단위로 그물에 잡혀 육지로 올라온다.

조류 및 네발동물의 생활사 분석에서 통찰력이 넘치는 것은 사실이지만, 아리스토텔레스는 (진화생물학자들이 강조하는) 동물의 생활사를 형성하는 가장 중요한 요인을 고려하지 않는다. 이것은 연령별 사망 패턴pattern of age-specific mortality, 즉 치어기稚魚期와 성어기成魚期 중에서 사망의 위험이 가장 높은 시기가 언제인가에 관한 것이다. 그러나 어류를 고려할 때, 그는 자신의 단점을 일거에 만회한다. 그는 물고기들의 높은 다산성(번식력)을 가리켜 중요한 기능이라고 한다. 물론 생식은 모든 생명체(단, 자연발생 동물은 제외한다)의 기능이지만, 물고기의 경우에는 치어사망률infant mortality이 높기 때문에 다산성이 특히 절박하다. '외부에 낳은 배아들 중 대다수는 파괴되는데, 어류가 유난히 많은 자손을 낳는 것은 바로 이 때문이다. 왜냐하면 자연은 머릿수로 파괴에 대항하기 때문이다.'

많은 자손을 생산하기 위해, 난생어류oviparous fish는 일련의 특별한 특징들을 갖고 있다. 암컷은 수많은 배아들을 품어야 하므로 수컷보다 몸집이 크다. 이런 필요성에 대한 증거로, 그는 일부 소형어류의 자궁이 하나의 알 덩어리처럼 보인다고 지적한다. 또한, 그는 자궁이 (압박으로 인해) 문자 그대로 터져 버림에도 불구하고 살아남는 벨로네(*belonē*)를 예로 든다. 벨로네란 라군의 거머리말 군락지에 사는 실고기pipefish를 의미하며, 배아를 주머니 안에 품는 습성이 있다.[35] 대부분의 물고기 알이 일단 산란된 후에 '완성되는'—수정되는—것은 바로 이 때문이다. 만약 알이 자궁에서 '완성'된다면, 여유공간이 모두 사라질 것이다. 물고기의 알은 보통 작지만 일단 수정되면 배아와 유생이 매우 빨리 자라기 때문에, '(형성기에 많은 시간을 허비함으로써 발생할 수 있는) 종류(*genos*)의 파괴를 예방할 수 있다.' 최종적으로, 글라니스(아리스토텔레스의 메기) 같은 일부 물고기는 새끼를 포식자로부터 보호한다.

배아와 유생의 높은 사망률을 보상하기 위해, 난생어류는 일련의 맞물리는 적응들interlocking adaptations—높은 번식력, 작은 알, 역 성적 크기 이형성reverse-size sexual dimorphism[36], 만성적 발생altricial development, 신속한 성장, 어미의 양육—을 완비

---

35 아리스토텔레스는 주머니에 새끼를 품는 쪽이 수컷 실고기라는 사실을 모른다. 내가 물어봤던 칼로니의 어부들도 사정은 마찬가지였다.

36 암컷이 수컷보다 덩치가 큼. - 역주

했다. 그와 대조적으로, 새끼를 낳는 연골어류는 다산일 필요가 없다. 왜냐하면 이들의 새끼는 태어날 때부터 덩치가 크고 상대적으로 완전해서 '파괴를 회피할 기회가 더 많기 때문이다.' 나는 이 책의 서두에서 과학자들은 (자신의 이론을 과거에 투사하는 경향이 있기 때문에) 빈약한 역사학자라고 말했지만, 다른 한편으로 과학자들은 고대 그리스 · 로마 연구자들이 (아리스토텔레스의 저술에서) 간과한 부분을 간혹 볼 수 있다고 과감하게 말했다. 네발동물, 조류, 어류의 한배새끼 수가 왜 이렇게 다양한지에 대한 아리스토텔레스의 분석은, 나의 과감함에 힘을 실어 주는 좋은 사례다. 내가 아는 범위에서, 아리스토텔레스의 생물학을 논한 고전학자들의 글에서는 이와 관련된 구절들이 완전히 무시되고 있다. 그러나 『동물의 발생에 관하여』를 읽은 진화생물학자라면, 이런 구절들을 결코 놓치지 않을 것이다. 왜냐하면 이것들은 적응주의 생물학adaptionist biology의 일부인 생활사 이론life-history theory에 관한 것으로, 번식의 성공을 평가하는 궁극적 척도에 관한 고민이 담겨 있기 때문이다. 게다가 과학자들은 아리스토텔레스의 분석 구조를 즉시 인식할 수 있다. 우리와 마찬가지로, 그는 동물들이 다양한 환경변화에 대응하여 채택한 해결책을 분석할 뿐 아니라, 신체의 경제학이 이 해결책을 형성한 과정까지도 분석한다. 물론 우리의 이론은 방정식으로 표현되지만, 이것은 표현의 문제일 뿐이고 이보다 더 심오한 차이점이 있다.

이론의 차이점은 나중에 더 자세히 다루기로 하고, 지금 이 시점에서 진짜로 궁금한 것은 아리스토텔레스와 현대 생물학자의 기본적인 생각 차이다. 아리스토텔레스의 분석이 (우리가 유추하는 내용이 우리에게 그러한 것처럼) 그에게 중요하고 근본적인 것이었을까? 장담하건대, 나는 그랬을 거라고 생각한다. 유기체의 다양성에 대한 아리스토텔레스의 설명의 밑바탕에는, 모든 생명체의 궁극적인 목적과 욕구는 번식이며, 모든 것은 계속 순환한다는 주장이 깔려 있다. 아리스토텔레스와 우리는 기본적으로 동일한 문제의식에 기반한다는 것이 나의 지론이다.

스칼라에서는 어획물을 기념하기 위해 이틀 밤 동안 파나이리panagyri라는 축제가 열리는데, 누구나 구운 정어리와 술을 무료로 먹고 마실 수 있으며, 발에 은색 비늘처럼 반짝이는 장식을 달고 춤을 춘다. 음악은 자의식을 일깨우는 전통음악인데, 대부분의 노래는 소아시아 노래이고 잃어버린 천상의 도시 콘스탄티노플을 떠올리게 한다. (1922년 스미르나가 불탔을 때 그리스의 피난민들이 처음 도착했고, 많은 사람들이 머물렀던 곳이 바로 레스보스다.) 그러나 한 노래는 오로지 물고기에 관한 것이었다. 나는 새 보트를 타고 아요스 요르고스Agios Giorgos를 출발했다. 나는 선원이며 어부인 소년들을 발견했다. '너희들은 어부이니까 물고기, 바닷가재, 오징어를 가지고 있겠네?' '우리는 아름다운 소녀처럼 절인 정어리를 가지고 있어요. 갑판에 올라와 정어리를 고른 후 무게를 달아 보세요. 원하는 만큼 끈으로 묶고 돈을 내면 된답니다!'[37]

85

칼로니 주변의 마을에서, 가을은 노인들이 자신들의 권리를 되

---

37 Cf. E. Pound, 'The Study in Aesthetics', 1916.

찾을 절호의 기회다. 카페네온[38]에서, 스칸디나비아의 소녀들과 네덜란드의 가족들은 노인들이 좋아하는 의자를 더 이상 차지하지 않는다. 심지어 늘 짝지어 다니던 영국의 자연 산책자nature-walker들도 모두 집으로 돌아간 지 오래다. 노인들은 우조를 홀짝이며 백개먼[39]을 하고, 주인의 눈을 피해 그날의 쟁점을 놓고 설전을 벌인다. 그러다 (관광객을 더 좋아하는) 주인에게 들키면, 소음을 줄이고 지팡이를 흔들지 말라는 핀잔을 듣는다.

흔히 말하기를, 섬사람들의 기대수명이 높다고 한다. 레스보스의 남쪽에 있는 이카리아Ikaria는, 90대 노인들이 염소처럼 뛰노는 에게해의 지상낙원이라고 선전되어 왔다. 이것은 과장이다. 고령의 이카리아 여성들의 생존율이 높다는 증거가 몇 건 있기는 하지만 말이다. 사실을 말하자면, 그리스인(그리고 이탈리아인과 스페인인)들은 애연가임에도 불구하고 대부분의 북유럽국 주민들보다 높은 기대수명을 가지고 있다. 그러나 이는 적어도 부분적으로, 채소, 과일과 견과류, 올리브유와 콩류와 소량의 고기로 구성된 '지중해식단' 때문인 것으로 보인다.

아리스토텔레스도 이런 문제에 관심이 많았다. '우리는 어떤 동물들의 수명이 길고 다른 동물들의 수명이 짧은 이유와, 수명의 일반적인 길고 짧음을 조사해야 한다.' 이렇게 해서 나온 것이 『수명의 길고 짧음에 관하여』로 알려진 논문이다. 『동물 탐구』에도 관련된 자료가 다수 포함되어 있는데, 이중 하나는 하지 무렵에 (키메리안 보스포루스Chimerian Bosphorus의 옆을 흐르는) 히파니

38 카페네온(kafeneon). 그리스의 전통 레스토랑. – 역주
39 백개먼(backgammon). 두 사람이 하는 주사위 놀이. – 역주

스강River Hypanis의 서식지에서 나와 단 하루만 사는 에페메론(ephēmeron)—하루살이류—에 대한 보고서다.[40] 코끼리가 수 세기 동안 산다는 (의심스러운) 주장과, 대부분의 날개 달린 곤충들은 가을에 죽는다는 관찰도 있다. 아마도 그는 여름이 끝날 무렵 고요한 올리브나무 숲에서 말라죽은 매미들을 생각하는 것 같다.

요약하면, 아리스토텔레스는 식물은 동물보다 오래 살고, 대형동물은 소형동물보다 오래 살고, 유혈동물은 무혈동물보다, 육상동물은 해양동물보다 오래 사는 경향이 있다고 지적한다. 수명을 제대로 예측할 수 있는 특징은 없지만, 여러 가지 특징들을 종합하면 특정한 종류의 상대적인 취약성relative fragility을 짐작할 수 있다. 그러나 예외가 많다. 어떤 식물(한해살이풀)은 수명이 매우 짧고, 어떤 무혈동물(꿀벌)은 수명이 길고, 어떤 대형동물(말)은 소형동물(인간)보다 수명이 길지 않다. 늘 그렇듯, 그는 전반적인 패턴을 기술한 다음 예외를 적시한다.

그는 모든 형태의 죽음을 일반적으로 설명할 수 있는지, 어떤 개체와 종류가 다른 것들보다 오래 산다는 사실을 하나(아니면 여러 가지)의 원리로 설명할 수 있는지 궁금해 한다. 그는 이것이 어려운 문제임을 인정한다. 따라서 그는 전반적인 패턴과 예외를 모두 감안한 노화이론theory of ageing을 설계한다. 구체적으로, 그는 갖가지 예외들을 정확히 논의함으로써 지나치게 단순한 설명simplistic explanation들('큰 동물들은 크기 때문에 오래 산다')을

40 버그강 남부, 캐르치 해협, 우크라이나와 러시아의 경계에서는 6월에 볼 수 있다. 아리스토텔레스는 흥미롭게도 하루살이가 네발동물이라고 주장한다. 이것은 아마도 하루살이가 마치 기도하듯이 앞의 두 다리를 모으고 있어서 4개만 있는 것처럼 보이기 때문일 것이다.

배제하고, 훨씬 더 정교한 설명을 위한 토대를 마련한다.

수명의 다양성을 설명하기 위해, 아리스토텔레스는 생명체가 따뜻하고 촉촉하다는 사실을 관찰하는 것부터 시작한다. 생물들은 어릴 때 특히 따뜻하고 촉촉하며, 나이가 들면 차갑고 건조해지기 때문에 죽는 것이다. '이것은 관찰된 사실이다'라고 아리스토텔레스는 확신을 가지고 말한다. 다음으로, 그는 동물들의 촉촉함이 양적 · 질적으로(또는 열량과 관련하여) 제각기 다르다고 주장한다. 그는 이런 변수들을 이용하여 자신만의 설명을 설계한다. 즉, 몸집이 큰 동물과 식물은 (상대적으로) 따뜻하고 촉촉한 물질을 가지고 있어, 몸집이 작은 동식물보다 더 오래 산다. 인간과 꿀벌의 수명이 몸집에 비해 유난히 긴 것도 바로 이 때문(따뜻하고 촉촉한 물질 보유)이다. 해양 무혈동물(무척추동물)은 항상 촉촉하지만(이들은 바다에서 산다), 이들의 수명이 짧은 것은 저열량 물질low-heat-content stuff로 구성되어 있기 때문이다. 열량에 대한 이야기는 막연한 것처럼 보이지만, 이것은 모두 지방에 대한 것이다. 다양한 균일부 중에서, 지방은 매우 높은 열량과 붕괴 저항성resistance to decay을 가지고 있다. (모든 식품 중에서, 주방에 늘 비축되어 있는 것은 올리브유임을 상기하라.) 아리스토텔레스의 관점에서 볼 때, 지방은 생명을 촉진하는 물질이다.

그러나 이런 식으로는 동물이 노화하는 이유를 전혀 설명할 수 없다. 아리스토텔레스의 동물들은 영양에 의해 지속적으로 유지되며, 대사를 제어하기 위해 복잡한 조절장치를 보유하고 있다. 나이가 듦에 따라, 뭔가가 동물에게서 (생명을 유지하는 데 필요한) 온기와 수분을 박탈하는 것이 틀림없다. 아리스토텔레스의 생각에, 동물의 몸에서 (어떤 부분의) 성장에 필요한 물질뿐만 아니라 생명 자체를 빼앗는 것은 번식이다. 이것은 수명의 다양성을 설명하는 다른 방법을 제시한다. 이것은 동물들이 따뜻하고 촉촉한 물질을 얼마나 많이 갖고서 시작하느냐의 문제가 아니라, 이 물질을 얼마나 빨리 소비하느냐의 문제다. 난교동물salacious animal은 금욕동물continent animal보다 빨리 노화한다고 그는 말한다. 새끼를 낳지 못하는 노새는 말이나 당나귀보다 오래 산다. 이례적인 난교조류인 수컷 참새는 조신한 암컷 참새만큼 오래 살지 않는다. 식물도 동일한 번식비용을 지불한다. 한해살이 식물이 가을에 죽는 것은, 자신의 영양분을 씨에 모두 쏟아부었기 때문이다. 아리스토텔레스는 신체를 (영양분의 유입으로 지속적으로 채워지는) 은행계좌로 간주하는 것처럼 보이지만, 신체는 유지 및 번식 비용 때문에 더욱 신속히 고갈되며 일단 초과 인출되면 죽게 된다. 이것이 바로 냉혹한 생물학적 경제학biological economics의 현주소다.[41]

아리스토텔레스는 식물로 화제를 바꿔, 식물이 동물보다 일반적으로 더 오래 사는 것은 부분적으로 지방질이 많기 때문이라고 주장한다. 그러나 그는 종종 자연현상에 대해 (마치 이것이 식물의 장점이라고 생각하는 것처럼) 상반되는 설명을 한다. 예컨대, 그는 재생regeneration이 식물의 장수에 기여한다고 주장한다. '식물들은

41 이 아이디어는 '번식의 노화비용senescence cost of reproduction'이라는 현대적 개념과 동일하다. 이에 대해 아리스토텔레스가 제시한 증거는, 번식 노력을 줄이는 다양한 실험적 조작이 수명을 연장한다는 것이다. 수명에 대한 표준적인 설명—자원을 생식보다는 신체유지somatic maintenance(그리하여 수명)에 투자함—은 아리스토텔레스의 설명에서 '따뜻하고 촉촉한' 물질이나 지방을 에너지라는 용어로 바꾼 것과 똑같다. 이런 설명의 진실성은 아직 명확하지 않다. 우리가 여전히 아리스토텔레스의 용어를 이용해 노화를 논하고 있는 것은, 그의 정교함보다는 우리의 생리학적 순진함physiological naïvité 때문인 듯하다.

늘 다시 태어나는데, 식물이 이렇게 오래 사는 것은 바로 재생 능력 때문이다.' 뿌리, 줄기, 가지는 죽을지 모르지만, 그 옆에서 새로운 부분이 자라난다. 게다가 꺾꽂이에 의해 입증된 것처럼, '식물은 모든 부분에 잠재적인 뿌리와 줄기를 가지고 있다.' 사실, 꺾꽂이는 '어떤 의미에서 보면 [모체] 식물의 일부다.' 물론 그도 알다시피(또는 안다고 생각하다시피), 어떤 동물들은 조직을 재생할 수 있다. 뱀과 도마뱀은 꼬리를 재생할 수 있고,[42] 갓 부화한 제비는 눈을 재생할 수 있다. 그러나 지속적으로 다시 태어날 수 있는 것은 식물들뿐이다. 오직 식물만이 '모든 부분에 생명력vital principle'을 가지고 있다. 여기서 '생명력'이란 영혼을 의미한다.[43]

아리스토텔레스는 다양한 메커니즘이 수명에 영향을 미칠 수 있다고 믿는다. 『젊음과 늙음, 삶과 죽음에 관하여』라는 논문에서, 그는 척추동물에게 더욱 적합한 이론을 제시한다. 그는 여기서, 죽음은 언제나 생명열vital heat의 고갈로 인한 것이라고 주장한다. 특히 유혈동물들은 대사가 활발하므로, 몸안에서 일어나는 예측불허의 다양한 화학적 충돌—온갖 화합—의 예상 밖 변화에 특히 민감하다. 이들이 그토록 정교한 항상성 장치homeostatic device들을 보유하고 있는 것은 바로 이 때문이다. 이들이 죽는 이유는 이 장치들, 특히 체온조절 시스템thermoregulatory system

---

42 뱀은 꼬리를 재생할 수 없다. 아리스토텔레스는 아마도 꼬리를 재생하는 유럽유리도마뱀(European glass lizard, 학명: *Pseudopus apodus*)을 뱀으로 착각한 것 같다. 레스보스섬에서 흔히 볼 수 있는 이들은 다리가 퇴화되어, 뱀으로 오인하기 쉽다.

43 여기서 그는 21세기 생명과학의 전형적 관심사인 (새로운 조직이 원하는 대로 만들어 질 수 있는) 전능줄기세포totipotent stem cell를 기대한다. 그는 히드라를 알게 되면 기뻐할 것이다. 히드라는 멍게처럼 생긴 미세한 생물로, 모든 부분을 재생할 수 있는 줄기세포가 풍부하며 외견상 전혀 노화하지 않는 몇 안 되는 동물 중 하나다. 이것은 '모든 부분에 생명력'을 완비한 동물이다.

이 실패하기 때문이다. 그는 심지어 체온조절 개념을 이용해 생활주기를 정의한다. '청춘은 주요 냉각기관organ for cooling이 성장하는 시기를 말하고, 노년기는 이것이 파괴되는 시기를 말한다. 삶의 전성기는 중간기middle period다.' '냉각기관'—폐와 아가미—이 파괴되는 것은, 동물이 노화함에 따라 점점 '흙화earthy'되고 유연성이 떨어져 결국에는 작동을 멈추기 때문이다. 이런 일이 일어나면 대사가 붕괴하고, 곧이어 열사熱死가 찾아온다. 또는 아리스토텔레스의 표현을 빌리면, 대사가 붕괴한 동물은 '질식사'한다.

스펠링이 비슷하다는 데 착안하여, 아리스토텔레스는 노년(*gēras*)을 흙(*geēron*)에 비유한다.[44] 이것은 어원도 다르지만, 어쨌든 폐와 아가미가 나이가 들수록 '흙화'되는 이유를 설명하지 못한다. 아마도 흡연가의 폐가 타르를 흡수하는 것처럼, 폐와 아가미가 흙을 흡수한다고 생각하는 것 같다. 아니, 어쩌면 폐와 아가미가 온기와 습기를 잃어 흙과 비슷한 특징을 갖게 된다고 생각하는지도 모르겠다. 그나마 두 번째 생각의 설득력이 더 높은 것은, 노화에 대한 두 가지 유물론적 설명을 연결하기 때문이다. 실제로 그는 주름진 피부를 이와 똑같은 방식으로 설명한다.

그러나 두 가지 노화이론 사이에는 흥미로운 차이점이 있다. 번식비용이론cost-of-reproduction theory은 결정론적deterministic으로, 저장된 지방의 고갈depletion of fat reserve과 사망 위험risk of death 사이의 단순한 인과관계를 상정한다. 항상성실패이

---

44 아리스토텔레스가 내세운 땅의 노화이론과 생물의 노화이론은 매우 유사하다. 땅은 촉촉하게 태어나고 나이가 들수록 건조해진다.

론homeostasis-failure theory은 확률적 요소stochastic element를 갖고 있다. 이것은 아리스토텔레스가 '나이든 생명체는 외부환경, 건강상태, 내부 불internal fire의 변화에 민감하다'고 주장하는 대목에서 명확히 드러난다. 나이든 동물은 '잠깐 동안의 작은 불꽃이 약간의 움직임으로 꺼지는 것'처럼 사소한 질병에도 죽는다. 작은 동물들은 특히 취약한데, 이 이유는 '여러 모로 운신의 폭이 좁기' 때문이다. 이것이야말로 (생명열의 영고성쇠를 초래하는) 대사적 난제metabolic challenge에 직면한 생명체의 본모습이다. 크거나 젊은 경우 잘 살아 남을 수 있지만, 작거나 늙었을 경우 벼랑 끝에 내몰린다.[45]

상이한 분류군의 노화는 상이한 방식으로 설명되어야 한다고 주장하면서도, 아리스토텔레스는 정작 합당한 근거를 제시하지 않는다. 그러나 그의 다양한 설명은 어떤 식으로든 생명체의 대사와 이것을 조절하는 장치—즉, 영양혼nutritive soul—의 작동에 의존한다. 그리고 이것은 결국, 생명체의 수명이 대체로 운수소관a matter of chance이 아니라는 것을 의미한다. 즉, 수명은 생명체의 형태에 적혀 있으며, 생명체를 (다른 종류가 아니라) 특정한 종류로 만든 요인 중 하나다.

아리스토텔레스의 노화이론—또는 이론들—의 독특한 매력은 여전히 대답 없는 의문still-unanswered question에 속 시원히 대답해 준다는 것이다. 노화의 근인proximate cause—또는 몇 가

---

45 나이든 포유류는 체온조절이 서투른데, 이것은 더욱 심오한 과정의 원인이라기보다는 결과임이 분명하다. 그럼에도 불구하고 '조절 네트워크의 붕괴'와 '환경적으로 유발된 확률론적 위기에 의한 죽음'이 노화를 초래한다는 아리스토텔레스의 믿음은 선견지명이라고 할만하다.

지 근인들?—은 아리스토텔레스뿐만 아니라 우리에게도 미스터리다. 물론 노화의 비밀을 알고 있다고 (아리스토텔레스만큼 숭고하고 자신 있게) 주장하는 과학자들은 예나 지금이나 적지 않지만, 동료들을 설득하는 데 무진 애를 먹고 있다. 게다가 이들의 설명에 포함된 경험적 내용은 아리스토텔레스의 설명보다 풍부하지 않으며, 일부는 아리스토텔레스의 설명보다 빈약하다.

그러나 우리가 아리스토텔레스보다 더 잘 대답할 수 있는 질문이 하나 있다. 아리스토텔레스와 현대과학 공히 목적론적 설명teleological explanation(또는, 당신이 선호한다면, 가장 가시적이고 보편적인 생물학적 현상에 대한 적응적 설명adaptive explanation)을 요구한다. 심장, 깃털, 치아, 생식기는 적응이며, 생존과 번식을 위해 존재한다. 그러나 노화의 목적은 도대체 무엇일까? 죽음은 명확한 효용이 없는데 말이다.

아리스토텔레스는 이 질문을 회피하며, 나이들고 죽어서 흙이 되는 것이 생명체의 '본성'일 뿐이라고 말한다. 이쯤 되면 논의의 대상이 될 수 있는 부분은 '언제'와 '어떻게'밖에 없다. 다윈 역시 이 질문을 회피했다. 그는 심지어 더 침묵했는데, 일부러 건너뛴 것이 분명하다. 다윈의 독일인 제자 아우구스트 바이스만은 이 격차를 좁히려고 노력했는데, 마치 아리스토텔레스를 통렬히 비판하는 것 같았다. '나는 다음과 같이 믿는다.' 그는 이렇게 썼다. '생명체는 한정된 존속기간limited duration을 부여 받는데, 이것은 무제한성이 생명의 본성에 상반되어서가 아니라, 상응하는 이점corresponding advantage이 없는 개체의 무제한적인 존재unlimited existence는 사치여서다.' 그는 다음으로, 늙고 닳고 찢긴 동물들은 종種에게 쓸모 없을 뿐만 아니라 심지어 해롭다고 주장했다. 그에 의하면, 노화란 늙고 닳고 찢긴 동물들을 처리하기 위한 진화의 발명품이다.

현대 진화생물학자들은 이의를 제기한다. 이들은 '멸사봉공 for the good of the species' 주장을 가리켜, 빈약하고 기껏해야 궁여지책일 뿐이라고 한다. 그 대신, 이들은 노화가 자연선택 부재 absence of natural selection의 결과물이라고 주장한다. 대부분의 동물과 식물은 사고나 질병과 같은 외부원인으로 인한 죽음의 위험에 늘 직면해 있는데, 죽음은 재생산될 수 없기 때문에 노년이 자연선택의 레이더에 포착되지 않는다는 것이다. 이런 불가시성 invisibility이 시사하는 것은, 신체가 젊을 때는 잘 작동하지만 나이들면 결딴나도록 설계되었다는 것이다. 따라서 노화의 목적이 뭐냐what ageing is for라는 질문에 대답할 때, 우리는 무엇을 위한 것for something이 아니라 살아남을 이유가 없음의 진화적 결과evolved consequence of there being no reason to stay alive라는 특이한 대답을 해야만 하는 것이다.

그러나 사람이 죽는 궁극적인 이유에 대한 아리스토텔레스의 설명에는 곱씹어 볼 만한 점이 있다. 내용인즉, 파괴의 힘에 예속된 것은 생명체만이 아니라 달빛 아래에 있는 모든 자연물이라는 것이다. 즉 동물, 식물, 조직, 강, 바위는 영원히 붕괴한다. 모든 생물의 유한한 수명은 구성 원소의 끊임없는 혼란perpetual elemental turmoil의 결과물이다. 그러므로 우리가 태어나고 살고 나이 들고 죽는 궁극적인 이유는, 우리 역시 물리적 세계의 순환의 소용돌이에 예속되어 있기 때문이다. 그러나 이것은 설익은 열역학 제2법칙이 아니다. 아리스토텔레스의 세계에서, 파괴된 모든 것은 동일한 형태의 다른 개체another individual of the same form

로 다시 태어난다.

86

거의 2000년 전의 레스보스섬 풍경을 묘사한 이야기를 하나 소개한다.

두 명의 어린이—염소치기 소년(다프니스Daphnis)과 양치기 소녀(클로에Chloe)—가 미틸레네 너머 언덕으로 자신들의 동물들을 몰고 간다. 이들은 어려서 부모에게 버림받고 미천한 집안에 업둥이로 들어가 자랐지만, 지금은 매력적인 청소년으로 어엿하게 성장했다. 꽃이 만발하고, 꿀벌들이 목초지에서 윙윙거리고, 명금류가 숲을 가득 채우고 있다. 소년소녀는 계절에 취해 양처럼 뛰고 귀뚜라미를 잡으며 꽃으로 화관花冠을 엮어 쓴다. 둘이 함께 숲 속으로 들어가 널따랗고 텅 빈 동굴에 도달하니, 개울물이 흘러나와 이끼 덮인 풀밭을 형성하고 있다. 이곳은 신성한 곳으로, (민소매 옷차림, 풀어진 머리카락, 허리띠를 한) 님프들의 조각상이 양치기들이 남겨놓은 플루트와 팬파이프 사이에서 당장이라도 원형무를 출 듯한 자세를 취하고 있다. 다프니스는 물고기처럼 순진무구하게 목욕을 하고, 클로에는 사랑에 빠진다. 님프들은 미소 지으며 지켜보고, 꽃들은 이들의 목을 장식한다.

롱구스[46]가 그의 소설에서 묘사한 이런 목가적인 풍경을, 어떤 학자들은 창작물일 뿐이라며 묵살한다. 그러나 다른 사람들은

---

46 롱구스(Longus). 2~3세기 그리스의 작가. - 역주

이런 지리학적 장소가 실제로 존재한다고 말한다. 심지어 한 사람은 이 동굴을 라군의 남동쪽 언덕에 있는 부바리스강의 발원지로 지목한다. 내 입장을 말하자면, 나는 페사의 폭포에 있는 동굴을 선호한다. 인접한 마크리Mákri에서 흘러온 물이 폭포를 이루는데, 그 아래에 (소나무가 그늘을 드리우고 조그만 민물게들이 서식하는) 깊은 연못이 형성되어 있다. 그러나 이 작은 동굴의 정확한 위치는 별로 문제가 되지 않는다. 이야기는 어디까지나 이야기일 뿐이다. 어쨌든 중요한 것은 다시 봄이 온다는 것이다.

돌숲

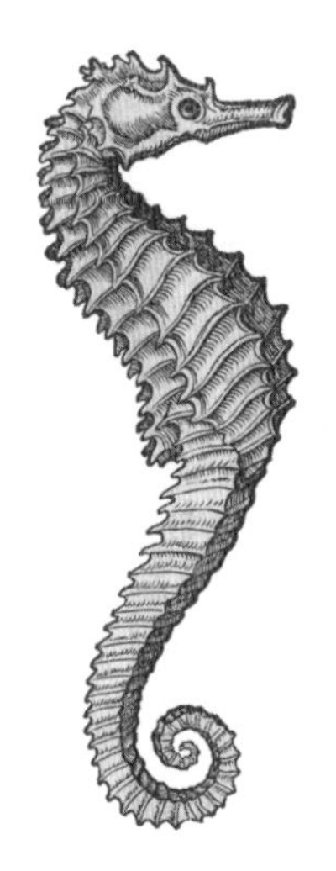

해마(*Hippocampus sp.*)

◊

'Hippocampus'는 고대 그리스어로 '말'을 뜻하는 'Hippo'와 '바다 괴물'을 뜻하는 'Kampos'에서 유래되었다. 장어류와 더불어 지느러미가 가장 덜 발달된 어류로서 몸길이는 2cm~35cm로 종마다 길이가 다양하며, 몸빛은 환경에 따라 화려한 색에서 수수한 색으로 다양한 보호색을 띤다. 비늘이 없으며, 몸이 골판으로 덮이고, 머리는 말 머리 비슷하다. 입은 관 모양으로 작은 동물을 빨아들여 먹는다. 꼬리는 길고 유연하여 다른 물체를 감아쥘 수 있다. 수컷에는 육아낭이 있어서 암컷이 낳은 알을 넣어 부화시킨다.

87

스칼라 칼로니의 터줏대감인 펠리컨은 오디세우스라고 불리며 해변의 도랑에서 살았다. 이 터줏대감은 (어부들이 간혹 길가에 내던지는, 상품성 없는 물고기들에 의존하는) 버려진 애완동물과 길 잃은 동물들로 구성된 변두리 경제peripheral economy에 속해 있었다. 나는 이 펠리컨과 고양이 6마리, 콜리 한 마리가 한 척의 배—인심 좋기로 소문난 어부의 배임에 틀림 없었다—가 정박하는 것을 응시하는 장면을 포착했다. 이들의 시선은 지하철을 기다리는 통근자들의 허황된 낙관론을 연상하게 했다. 오디세우스는 한때 입을 쩍 벌린 채 (어부들이 내던지는) 물고기를 받아먹으려 노력했을 것이다. 하지만 펠리컨들—어쩌면 오디세우스 하나만 그런지도 모른다—은 부리와 눈의 협응능력bill-eye coordination이 신통치 않기 때문에, 시행착오를 거듭한 끝에 부두에 떨어진 물고기를 집어 올리는 방법을 터득한 듯했다. 이렇게 하려면 목을 비트는 동작이 필요한데, 장담하건대 펠리컨은 본래 이런 동작에 적합하도록 설계되지 않았다.

오디세우스는 분홍빛 깃털과 담황색 부리로 오만한 아름다움을 드러냈다. 그는 또한 연민을 자아내기도 했는데, 왜냐하면 다리가 하나밖에 없기 때문이었다. 설사 물고기 한 마리가 물속으로 빠져도, 그는 부두의 벽에 기대서서 물끄러미 바라보기만 할 뿐이었다. 여름 날 나는 때때로 데워진 부두의 돌바닥에 길게 엎

드려 깊은 물속을 들여다보았다. 그러면 오디세우스가 한 발로 깡충깡충 뛰어와, (지루해서 그랬는지 사람이 미워서 그랬는지 모르겠지만) 그만두라고 혼을 낼 때까지 내 신발을 물어뜯었다. 제지를 받은 그는 깃털이 흐트러진 채 충혈된 작은 눈으로 나를 노려보곤 했다.

스칼라의 항구는 크기가 아주 작지만 정체를 알 수 없는 물고기 유생들로 가득하다. 이들은 작은 은빛 도미 떼에게 쫓기고, 도미 떼는 항구에 주둔하는 억센 가마우지 군단의 먹이가 된다. 부두의 벽은 수면 바로 아랫부분이 갈조류로 덮여 있고, 갈조류 사이에서는 집게hermit crab들이 이리저리 기어 다니는데, 벌레 먹은듯한 회색 껍데기에 황적색 발톱이 선명하다. 이들은 재빠르지 못해, 껍데기에 붙이고 다니는 말미잘은 사는 데 별로 도움이 되지 않는 듯하다. 이 말미잘의 학명은 *Calliactis parasitica*인데, 간단히 말해서 자포nematocyst[1]를 이용해 집게를 보호하는 대가로 이동식 식탁을 제공받는 상리공생체mutualist다.

부두의 벽을 따라 더 아래로 내려가면 생태계가 더욱 풍성해진다. 검은 홍합, 수정 같은 우렁쉥이, 황금색 실을 감은듯한 히드라 군락, 녹색과 갈색의 해면 무리가 생활권Lebenstraum을 놓고 경쟁한다. 작은 거미게들이 흑해삼(학명: *Holothuria forskali*) 무리를 느릿느릿 지나친다. 나는 언젠가 축 처진 해삼을 움켜쥐고, 그물을 수선하는 어부에게 지역명local name(지역에서 통용되는 이름)의 의미를 물어본 적이 있다. '얄롭솔로스(*gialopsolos*)의 뜻이 뭐

---

1 먹잇감이나 적을 공격할 때 쓰이는 자포류(말미잘, 산호, 해파리 등) 특유의 침針세포. – 역자

죠?' 그러면 그렇지. 해삼을 바다의 음경sea pricks이라고 부르는 것은 세계 어디서나 마찬가지였다. 그런데 특이하게도, 칼로니에는 얄롭솔로스와 쌍벽을 이루는 얄롭소모야(*gialopmoya*)라는 해양 동물이 있다. 이 의미는 바다의 여자 성기sea cunt이며, 크고 아름답지만 독을 품은 해파리를 가리킨다. 이것은 부드럽게 흔들리는 진한 주황색 갓bell과 1미터가 넘는 촉수를 가지고 있다.

여기에는 해마들도 있다. 부두에서 쉽게 볼 수는 없지만, 그물에 걸려들곤 한다. 그러나 고양이조차 먹지 않기 때문에 이들은 그냥 버려진다. 나는 종종 햇볕 아래서 중무장한 꼬리를 꿈틀거리며 뭔가 휘감을 것을 찾다가 헛되이 죽어가는 해마들을 발견하곤 했다. 나는 항상 이들을 바다로 되돌려 보냈지만, 말로가 좋지 않을 것 같다는 생각이 들었다. 당장은 몸을 곧게 펴고 휑하니 헤엄쳐 갔지만, 이내 나선형으로 되어 흐느적거리며 어둠 속으로 사라졌기 때문이다.

스칼라에는 고고학적 유적이 없으니, 아리스토텔레스가 라군의 남동쪽 해안에 자리잡은 작은 도시 피라를 방문한다고 상상해보자. 초여름 아침은 상쾌하고 바다는 평온하다. 해 뜨기 직전에 떠오른 시리우스(*Sirios*)—큰개자리 알파별—는 따가운 햇빛 속에서 사라졌다. 아리스토텔레스는 무화과와 벌꿀과 치즈로 아침식사를 한 후, 지금쯤 (내 발을 괴롭히는 화난 펠리컨이 버티고 있는) 피라의 돌바닥에 배를 깔고 엎드려 해면, 말미잘, 우렁쉥이를 잡고 있을 것이다. 물속에서 끌려나와 돌바닥에 버려진 이들은 젤리 같은 덩어리가 되어, 이제는 만지기가 왠지 부담스러울 것이다.

아리스토텔레스는 해면에 대해 존재론적 문제를 가지고 있다. 이것은 해면이 낯설어서 그런 것이 아니다. 왜냐하면 해면은 그리스의 모든 가정에서 볼 수 있었기 때문이다. 예컨대 『오디세이』에서, 해면은 가구에서 손때를 제거하는 데 쓰인다. 『아가멤논』에서, 아이스킬로스는 죽음을 (우리의 모든 치명적 흔적을 지우는) 해면과 비교한다. 따라서 아리스토텔레스는 해면에 대해 아주 잘 알고 있다고 봐야 한다. 그가 제기하는 문제는, 해면이 동물인지 식물인지 확신할 수 없다는 것이다.

아리스토텔레스의 세계는 매우 깔끔하게 구조화되어 있는 것 같다. 그는 삶과 죽음, 동물과 식물을 확실하게 구분한다. 그의 형상적 존재론에서, 생명체는 영혼을 가지고 있고 죽은 것은 그렇지 않다. 동물은 감각혼을 가지고 있고, 식물은 그렇지 않다. 아무도 돌을 올리브나무로 착각하거나 올리브나무를 염소로 착각하지 않는다. 우리가 해면에 대해 알기 전까지, 모든 것들은 매우 명확해 보인다. 한편으로, 해면은 바위에 뿌리를 박고 자라며 거기서 영양분을 얻는 것처럼 보이기 때문에 식물과 비슷하다. 다른 한편으로, 해면은 접촉을 감지하고 반응을 보이기 때문에 식물과 전혀 다른 생물처럼 보인다. 아리스토텔레스가 전한 잠수부의 이야기에 따르면, 사람들이 해면을 바위에서 뽑아내려고 했더니 이를 눈치 챈 해면이 몸을 움츠리면서 저항했다고 한다. 토로네[2] 사람들은 이것을 부인하지만, 모든 사람들은 아플리시아(aplysia)—학명: *Sarcotragus muscarum*?—가 접촉을 감지할 수 있다는 데 동의한다고 그는 덧붙인다.[3]

---

2 토로네(Torone). 마케도니아의 항구 도시. 지금의 타로니Taroni). - 역주

3 해면이 접촉을 감지하고 움츠린다는 주장은 오랫동안 조롱을 받아왔다. 다시 톰프슨조차도 이것을 우화 같은 이야기로 일축했다. 그러나 에게해에서 발견된 두 속屬(*Suberites*와 *Tethya*)은 건드리면 눈에 보이게 움츠러들며, *Chondrosia*와 *Spongia*도 아

식물/동물의 경계에 있는 것은 해면뿐만이 아닌 듯하다. 항구로 눈을 돌리면 모든 것이 애매모호하다. 우렁쉥이, 말미잘, 해삼, 해파리, 키조개는 모두 이원적생물dualizer(식물과 동물의 중간)이지만, 돌고래, 타조, 박쥐보다 훨씬 급진적인 부류다. 다른 애매모호한 생물들은 좀 더 먼 바다에서 자란다. 테오프라스토스는 돌처럼 차갑고 주홍색이며 깊은 바다에서 자라는 생물을 언급한다. 그는 이것을 코랄리온(korallion)이라고 부르는데, 희귀한 붉은색 산호인 홍산호(학명: *Corallium rurum*)를 의미한다. 그는 돌에 관한 저서에서, 이것을 진주, 청금석靑金石, 벽옥碧玉과 함께 다룬다. 그렇다면 산호는 광물일까? 아마도 아닐 것이다. 왜냐하면 이것은 『식물 탐구』에서 다시 나오는데, 지브롤터해협 근처에서 자라는 심해식물이며 방가지똥을 닮았다고 되어 있기 때문이다. 헤로스만에서도 자라고 있는데, 3큐빗cubit(약 135센티미터)까지 자라고, 바닷물 밖으로 나오면 돌처럼 보이지만 바닷속에서는 싱싱한 꽃처럼 보인다. 아카바Aqaba에서 홍해의 입구까지 무려 2,000킬로미터에 걸쳐 거대한 산호초가 펼쳐져 있다는 소리를 들었다고 테오프라스토스는 말한다.

동물은 식물에게 없는 세 가지 능력—감각, 식욕, 운동능력—을 가지고 있는데, 이것들은 모두 감각혼의 능력이다. 아리스토텔레스의 이원적생물들은 모두, 이 세 가지 능력 중 하나 이상이 결핍되어 있다. 우렁쉥이는 고착생활을 하지만 접촉에 반응하고,

---

주 잘 움직인다. 진정한 신경근계neuromuscular system가 없음에도 어떻게 이런 것이 가능한지는 분명하지 않다. 아리스토텔레스의 책에 나오는 해면의 각종 반응을 실제로 테스트 해 보면 흥미로운 것이다.

말미잘 또한 고착생활을 하지만 간혹 몸을 움직여 먹이를 움켜잡을 수 있다. 해삼은 자유롭게 생활하고 움직일 수 있지만 지각능력이 없다. 키조개는 소라나 굴과 비슷하며, 식물처럼 바닥에 '뿌리를 박고' 있다. (이것은 족사byssal thread를 이용해 바위에 달라붙는 것을 의미한다.) 이 모든 생물들이 감각혼의 능력 중에서 한 가지 이상을 가지고 있기 때문에, 아리스토텔레스는 모든 점을 감안하여 이들을 동물이라고 가정하는 것 같다. 그러나 그는 결코 이렇게 말하지 않는다. 왜냐하면, 그는 분류학적 문제에 대한 해결책보다는 이것이 문제가 되는 이유에 더 관심이 많기 때문이다. 그의 진정한 관심사는 다음과 같다.

> 자연은 연속성continuity이 있기 때문에, 무생물에서부터 식물을 거쳐 동물에 이르기까지 아주 작은 보폭으로 진행한다. 사정이 이러하다 보니, 우리는 경계와 중간 지점을 구분하느라 애를 먹는다. 무생물 다음에는 식물이 있지만, 식물의 구성원들 간에도 생명의 몫share of life이 제각기 달라, 어떤 식물은 무생물에 더 가깝고 어떤 식물은 동물에 더 가깝다. 그러나 전체적으로 보면 식물은 생명체이며, 무생물에 비하면 동물에 가깝지만 동물에 비하면 무생물에 가깝다.

산 것과 죽은 것, 식물과 동물은 매우 완만하게 경사진 연속체finely graded continuum를 형성한다. 한쪽 끝에는 (돌처럼 형태가 거의 없는 존재인) 무생물이 있고, 다른 쪽 끝에는 (두 부분, 또는 심지어 세 부분으로 나뉜 영혼을 보유한) 동물이 있다. 이런 연속체상에서, 죽은 것에서 시작하여 식물을 거쳐 동물에 이르기까지 찬찬히 살펴보면, 각 부류의 전형적 특징이 단계적으로 나타나는 것을 알 수 있다. 하지만 바다에서 선을 긋는 것은 여간 어렵지 않다.

88

'자연은 … 아주 작은 보폭으로 진행한다.' 또는 관점을 바꿔 라틴어로 표현하면 *Natura non facit saltum*(자연은 도약하지 않는다). 두 번째 인용구는 친숙하다. 왜냐하면 다윈이 애용하는 슬로건 중 하나였기 때문이다. 이 말은 『종의 기원』에만 일곱 번이나 등장하는데, 헉슬리는 이것을 진화이론의 불필요한 약점needless weakness으로 여긴 것으로 유명하다.[4] 이것은 아리스토텔레스의 저술에서도 반복적으로 등장하는 모티프다. 명확하게는 식물 같은 해면plant-like sponge을 언급할 때와 '어떤 동물의 경우 뼈와 물고기뼈와 섞여 있는 것처럼 보인다'고 이야기 할 때 그렇고, 함축적으로는 뱀이 긴 도마뱀elongate lizard(사실은 '친척')이고 물개가 '변형된' 네발동물이며 원숭이가 거의 인간처럼 보인다고 말할 때 그렇다.

이것은 단지 슬로건의 문제가 아니다. 아리스토텔레스를 읽을 때, 당신은 다윈을 떠올리지 않을 수 없다. 아리스토텔레스는 위계적 분류hierarchical classification를 구성하고, 분류학적인 범주로 게노스(*genos*)—가족family—라는 단어를 사용한다. 이 단어

---

4 이 말은 틀렸지만, 진화적 변화evolutionary change의 템포와 방식에 대한 끝없는 논쟁의 원천이었다. 특히 1970년대에, 닐스 엘드리지와 스티븐 제이 굴드는 화석기록에서 관찰한 패턴을 설명하기 위해 단속평형이론theory of punctuated equilibrium을 제안했다.

는 계통적 유사성을 암시하는 것처럼 보인다. 왜냐하면 '계통학적으로 관련된 것들genealogically related' 말고 가족을 설명할 수 있는 어구語句는 없기 때문이다. 그는 상사부분analogous part과 '조건 없이 동일한the same without qualification' 부분—즉, 상동부분homologous part—을 구별한다. 진화적 의미가 아니라면, 이것이 도대체 뭘 의미할 수 있을까? 상이한 동물들의 배아는 처음 형성될 때 굉장히 유사하며, 제각기 분기分岐한 모습은 배아발생의 후기에나 볼 수 있다는 그의 설명도 마찬가지다. 이것은 폰 베어가 재발견한 '발생학 제1법칙'으로, 진화에 대한 다윈의 가장 설득력 있는 증거 중 하나였다.

이뿐만이 아니다. 두 사람의 저서를 읽어 보면, 이러저러한 동물의 기관들이 상호간에(또는 특정한 서식 환경에서) 어떻게 작동하도록 설계되었는지에 대한 설명이 한 다스씩 나온다. 많은 철학자와 과학자들은 아리스토텔레스의 목적론teleology과 다윈의 적응주의adaptationism 사이에 선을 그으려고 무진 노력해 왔다. ('목적론적 법칙Teleonomy'은 일시적으로 인기를 끈 교묘한 말로, 아리스토텔레스적인 티를 덜 내면서 목적론을 써먹기 위해 만들어진 것이었다.) 이런 의미론적 생트집은 두 사람의 유사성을 모호하게 만들지만, 아리스토텔레스의 기능주의는 다윈—그리고 대부분의 진화생물학들—의 기능주의만큼이나 확고하다.

사실, 아리스토텔레스를 읽다 보면 그가 진화론을 향해 고군분투하거나 심지어 진화론을 가지고 있다고 가정하기 쉽다. 물론 그는 진화론을 향해 고군분투하지도, 진화론을 가지고 있지도 않다. 그의 저서 중 어디를 읽어 봐도, 다윈처럼 모든 동물이 어떤면 공통조상에서 유래한다고 주장하지 않는다. 그 어디서도, 그는 한 종류의 동물이 다른 종류로 전환될 수 있다고 제안하지 않는다. 그 어디서도, 그는 멸종한 동물을 애도하지 않는다. 그는 게노스가 몇 가지 다른 의미로 사용될 수 있는 단어라고 말하지만, 자기가 생물학에서 이것을 계통학적 의미로 사용한다는 힌트를 일절 제시하지 않는다. '자연은 아주 작은 보폭으로 진행한다'고 말할 때 그가 의도하는 것은 정적靜的인 것으로, 다양한 형태들 간의 매우 완만하고 미세한 단계적 차이fine gradation를 관찰할 수 있다는 것이다. '자연은 도약하지 않는다'고 다윈이 말할 때 그가 의도하는 것은 동적動的인 것으로, 종種이 (비록 점진적이지만) 변형될 수 있다는 것이다. 그러나 아리스토텔레스는 그 어디서도, 자연선택은커녕 이와 비슷한 것을 정체stasis나 변화의 동인動因으로 내세우지 않는다.

하지만 아리스토텔레스는 자연선택의 모든 구성요소들을 가지고 있었다. 자연선택은 적응에 대한 설명 중 하나이지만, 유일한 합리적인 설명이다. 아리스토텔레스는 모든 적응들을 이해하며, 이것들이 설명될 수 있다고 확신한다. 자연선택 자체는 단순하기 때문에, 과학적인 설명이 진행됨에 따라 세 가지 개념을 파악할 필요성이 대두된다. 첫째로 생물은 가변적이고, 둘째로 이런 변이들 중 적어도 일부는 대물림되며, 셋째로 변이체들 중 일부가 표현형 덕분에 살아남아 번식하고 다른 변이체들은 그러지 못한다. 아리스토텔레스 자신의 (나름 안정적인) 유전이론에서 처음 두 가지 개념을 가져오고, 세 번째 개념은 엠페도클레스의 선택론selectionism에서 차용한다. 그럼에도 아리스토텔레스는 어찌된 일인지 세 가지 개념을 하나로 엮지 않았다. 통찰력(또는 어쩌면 의지)이 부족해서였을까?

아리스토텔레스가 드러내놓고 진화론을 주장하지 않은 이유를 짐작하는 것은 좋은 가십거리이지만, 어쩌면 부질없는 일일 수 있다. 어쨌든 새로운 아이디어를 공식화려면 준비된 마음prepared mind이 필요할 수도 있지만, 이것만으로는 불충분하기 때문이다. 자연선택에 대한 설명을 들었을 때, 헉슬리가 내뱉은 자조 섞인 말을 생각해 보라. '얼마나 멍청했으면 이것도 생각해 내지 못했을까!' 뒤늦은 깨달음은 이렇게 쉬운 것이다.

진화론의 영향력은 워낙 막강하다. 생물학에 관심 있는 사람이 아리스토텔레스를 읽으면서 진화를 떠올리지 않는다는 것이 불가능한 것은 아니지만, 매우 어렵다. 진화는 우리의 모든 이론들을 뒷받침하고, 우리의 모든 관찰들을 설명한다. 우리는 도처에서 진화의 솜씨를 감상한다. 그레이하운드가 달리도록 훈련받은 것처럼, 우리는 모든 것을 진화와 결부시키도록 교육받았다. 그리고 또 다른 어려움이 있다. 다윈은 전임자들에 비해 광대무변하게 보이기 때문에, 우리는 모든 공功을 그에게 돌리는 경향이 있다. 역사학자들은 독일의 자연철학자들Naturphilosophen과 프랑스의 선험적 해부학자들transcendental anatomists에 대해 썼지만, 생물학자에 관한 한 다짜고짜 1859년을 생물학의 원년year zero으로 규정했다. '다윈 이후…'는 우리의 이야기이자 진화론의 기원에 관한 신화이기도 하다. 나는 신화를 파괴할 생각도 없고 그렇게 할 수도 없다. 하지만 독자들에게 부탁하고 싶은 말이 있다. 만약 아리스토텔레스를 읽다가 명백한 다윈의 생각을 발견하게 된다면 잠시 멈추고 곰곰이 생각해 보라. 만약 당신이 아리스토텔레스를 먼저 읽었다면, 다윈을 읽다가 아리스토텔레스의 생각을 발견하지 않을까?

89

설사 다윈의 책에서 아리스토텔레스의 생각을 발견하더라도, 다윈이 아리스토텔레스를 많이 읽었다고 단정할 수는 없다. 그에 관한 결정적 단서는 『종의 변형에 관한 노트북 C』에 있다. '내 견해가 독창적인지 확인하기 위해 아리스토텔레스를 읽어야 할까?' 이것은 비글호가 팰머스[5]에 도착한 지 약 2년이 지난 1838년 6월에 기록된 것이다. 이 후 1866년 『종의 기원』 4판이 나올 때까지, 다윈이 아리스토텔레스를 읽었다는 단서는 없다. 이 책에서 몇몇 초기 진화론자들에 관해 논의하면서, 다윈은 아리스토텔레스가 『자연학』 II권 8장에서 언급한 엠페도클레스의 선택론을 짤막하게 인용한다. 그러나 그는 한 편지에서 읽은 구절을 옮겨 적었을 뿐, 오히려 혼란스러워 한다. 사실, 1882년 의사 겸 고전학자인 윌리엄 오글이 『동물의 부분들에 관하여』의 사본을 우송하기 전까지, 다윈은 아리스토텔레스에 대해 (단편적으로든 간접적으로든) 거의 알지 못했다. 오글은 이 책을 번역하자마자 다음과 같은 편지를 동봉하여 다윈에게 보냈다.

> 친애하는 다윈 씨에게
> 당신에게 아리스토텔레스의 'De Partibus'(『동물의 부분들에 관하여』)의 번역본을 보내게 된 것을 기쁘게 생각합니다. 박물학의 창시자를 현대의 후계자에게 공식적으로 소개하는 사람으로서 자부심을 느낍니다. 두 사람이 실제로 만난다면 얼마나 흥미진진할지!

---

5 팰머스(Falmouth). 잉글랜드 서남부의 항구도시. – 역주

오글의 번역은 나무랄 데 없다. 이 이후로 더욱 훌륭한 번역과 더욱 깊은 논평이 잇따랐다. 하지만 다시 톰프슨이 『동물 탐구』를 박물학자의 통찰력으로 조명했던 것처럼, 오글도 『동물의 부분들에 관하여』를 박물학자의 관점에서 조명했다. 아리스토텔레스는 이 책에서 이렇게 말한다. '모든 암컷 네발동물들은 (수컷과 달리) 소변을 뒤로 본다. 왜냐하면 이것이 의미하는 것은 신체부위의 위치가 교미행위에 유용하기 때문이다.' 오글은 각주를 통해 이것이 사실임을 재확인한다.

이것은 단지 다윈에게 보내기 위한 책이었다. 다윈은 몇 주 후 오글에게 감사편지를 보냈다.

> 그 동안 인용문들을 통해 아리스토텔레스의 장점을 높이 평가하게 되었지만, 그가 경이로운 인물이었음을 안 지는 별로 오래되지 않았습니다. 비록 방식은 다를지언정, 린네와 퀴비에는 나에게 신적神的인 존재였습니다. 그러나 이들은 오래된 아리스토텔레스의 독학생이었을 뿐입니다.

다윈 자신의 설명에 의하면, 그가 아리스토텔레스의 책을 제대로 읽기 시작한 것은 1882년이었다. 그렇다면 『동물의 부분들에 관하여』를 읽으며 (범위와 영향력 면에서) 자신에게 필적하는 몇 안 되는 인물 중 하나를 만났을 때, 다윈은 무슨 생각이 들었을까? 그리고 동일한 주제에 대한 그의 생각은 어떻게 달라졌을까? 애석하게도 알 길이 없다. 다윈이 오글에게 쓴 답장은, 그가 생애를 통틀어 마지막으로 쓴 편지 중 하나였다. 왜냐하면 다윈은 바로 그해 4월에 사망했기 때문이다. 다윈의 업적에 아리스토텔레스의 생각이 스며 있을 것이라는 나의 제안은 희망 섞인 생각일 뿐이지만, 꼭 그렇지만은 않다. 두 명의 신적인 존재—린네와 퀴비에—를 가리켜 오래된 아리스토텔레스의 독학생일 뿐이라고 했을 때, 다윈의 표현은 다소 부정확했다. 까마득히 오래된 아리스토텔레스가 이들의 지도교수였다고 그는 말했어야 했다.

90

아리스토텔레스의 동물 분류는 현대적 동물 분류의 출발점이다. 린네는 자신이 직접 또는 16세기의 백과사전을 통해, 아리스토텔레스가 기술한 유럽의 종種들 중 상당수에 관한 정보를 입수했다. 피카딜리의 벌링턴 하우스에 있는 린네학회Linnean Society의 금고(귀중품 보관실)에는, 린네가 소장했던 아리스토텔레스의 동물학 저술 사본(1476년 베니스에서 인쇄된 가자Gaza의 번역본)과 게스너Gesner의 『동물 탐구』 사본이 들어 있다. 당신은 『자연의 체계*Systema Naturae*』의 연속적인 판들을 통해, 권위 있는 제10판에서 현대의 종명이 나올 때까지 동물의 이름이 어떻게 변화해 왔는지를 한눈에 볼 수 있다. 예컨대, 갑오징어는 *sēpia*(아리스토텔레스는)와 *Sepia*(게스너)를 거쳐 오늘날 우리가 알고 있는 *Sepia officinalis*(린네)라는 이름을 얻었다.

또한, 아리스토텔레스의 상위 분류군—가장 큰 종류(*megista genē*)—은 우리가 사용하는 분류군의 토대를 이룬다. 아리스토텔레스의 '알 낳는 네발동물(*zoōtoka tetrapoda*)'은 『자연의 체계』 초판(1735)에서 네발동물(Quadrupedia)이라는 이름으로 등장하고, 제

10판에서는 포유동물(Mammalia)로 개명된다. 아리스토텔레스의 다른 분류군들 중에는 소속이 바뀌었거나 부차적인 것도 있지만, 웬만큼 보존되어 있으므로 알아볼 수는 있다. 아리스토텔레스의 '단단한 껍데기(*ostrakoderma*)'는 린네의 갑각류(Testacea)가 되었고, 아리스토텔레스의 '분절되는(*entoma*) + 말랑한 껍데기(*malakostraka*)'는 린네의 곤충류(Insecta)가 되었다.

린네에 대한 아리스토텔레스의 뚜렷한 영향력은 실제로 분류군에만 한정되지 않는다. 린네의 분류학 용어 중 적어도 일부—대표적인 것은 종species(*eidos*)과 속genus(*genos*)—는 궁극적으로 아리스토텔레스 혹은 플라톤에서 온 것이다. 또한 린네의 분류방법은 아리스토텔레스의 분류 논리에 기반한다고 종종 일컬어진다. 역사학자들은 이에 동의하지 않으며, 나 역시 이런 견해를 의심의 눈초리로 바라본다. 그러나 플라톤과 아리스토텔레스 사상의 복합체가 린네와 다른 다윈 이전Pre-Darwinian 박물학자들의 관점(자연세계의 구조를 바라보는 시각)을 형성한 것만은 분명하다.

1260년경 아리스토텔레스의 동물학을 연구한 최초의 근대 유럽인 알베르트 마그누스는 '자연은 아주 작은 보폭으로 진행한다'는 아리스토텔레스의 주장을 다음과 같이 해석했다. '자연은 [동물] 종류들을 분리할 때, 이들 사이에 뭔가 중간적인 것something intermediate을 만든다. 왜냐하면 자연은 매개체 없이 극에서 극으로 전달하지 않기 때문이다.' 17세기 초에는 라틴어 버전(자연은 도약하지 않는다)이 널리 유행했다. 1751년 발간한 『식물철학*Philosophia botanica*』에서 린네는 이것을 방법론적 원리로 끌어올렸다. '이것은 식물학에서 요구되는 최우선적 원리다. 자연은 도약하지 않는다.' 다윈은 이 구절을 인용하며 아마도 린네를 떠올렸을 것이다.

자연은 도약하지 않는다는 생각은 또 하나의 생각과 긴밀하게 연결되어 있다. 그 내용인즉, 자연은 바위에서부터 (식물, 동물, 인간을 경유하여) 신神으로까지 이어지는 선형linear 구조로 조직화되어 있다는 것이다. 스칼라 나투라이*scala naturae*—자연의 사다리the Ladder of Nature—라고 불리는 이 생각은, 매우 위계적인 『티마이오스』의 우주 구조cosmic structure에 등장한다. 이것은 또한 아리스토텔레스의 주제 중 하나기도 하다. 그에게 있어서 삼라만상은 형상과 질료— *eidos*와 *hylē*—의 혼합물이지만, 이 구성요소들의 상대적 중요성은 제각기 다르다. 바위에는 질료가 지배적이고 생명체에는 형상이 지배적이다. 생명체들 사이에도 (연속적으로 증가하는) 복잡성의 사다리가 존재하며, 식물에서 인간으로 올라갈수록 하나 · 둘 · 세 부분으로 나뉜 영혼을 갖게 된다. 『동물의 발생에 관하여』에서, 아리스토텔레스는 동물계에 존재하는 생명의 사다리를 정교화하고 발생학과 생리학으로 이것을 뒷받침한다.

그는 자손의 '완전성perfection' 정도(얼마나 발달한 상태로 태어나는가)를 부모와 관련짓는 것으로부터 시작한다. '자연의 규칙에 따르면, 완전성이 높은 부모일수록 더욱 완전한 자손을 낳는 경향이 있다.' 부모의 완전성은 내재적 열intrinsic heat에 의존하는데, 따뜻한 부모가 차가운 부모보다 낫다. 열은 균일부의 조성에 반영되며, 따뜻한 동물은 차가운 동물보다 물이 풍부하고 흙이 부족하다. 열은 또한 해부학적 구조에도 반영된다. 왜냐하면 따뜻한 동물은 폐를 가지고 있으며, 차가운 동물보다 더욱 정교한 체온조절장치를 가동하기 때문이다. 또한 따뜻한 동물은 차가운

동물보다 더 크고 오래 살고 지능이 높다. 그러므로 완전성의 사다리(완전성에 입각한 자연의 사다리)의 꼭대기에는 태생 네발동물이 있고, 연골어류, 난생어류, 갑각류와 두족류, 곤충류를 거쳐 바닥에 내려오면, 식물과 다를 바 없는 자연발생 동물(해면, 말미잘, 우렁쉥이)이 자리잡고 있다. 비록 이 사다리가 광범위한 다양성을 상당 부분 설명하지만, 아리스토텔레스는 너무 훌륭한 동물학자이기 때문에, 모든 동물들이 사다리의 주어진 가로대rung에 정확하게 위치한다고 믿지 않는다. 그가 연관성에 매기는 점수는 늘 야박해서, '대체로'를 벗어나지 않는다.

자연의 사다리는 신플라톤주의자, 기독교신학자, 초창기 근대 철학자들에 의해 채택되었다. 그리고 라이프니츠의 우주론을 뒷받침했다. 광범위하게 확장되면서 고전적 기원에서 환골탈태했고, 18세기에는 『자연의 체계』에 등장하면서 영향력이 정점에 도달했다.[6] 자연의 사다리의 린네 버전은 매우 아리스토텔레스적이다. 그러나 생물학자들이 잊고 있는 것이 한 가지 있으니, 린네는 단지 식물과 동물만 분류한 것이 아니라 지구의 모든 자연물들을 분류했다는 것이다. 『자연의 체계』에는 자연의 세 가지 계 *Per regna tria naturae*라는 부제가 달려 있으며, 거기에는 돌의 분류도 포함되어 있다. 자연의 세 가지 계—동물계*Animale*, 식물계 *Vegetabile*, 광물계*Lapideum*—는 복잡성에 따라 명확하게 서열화

---

6 하버드의 역사학자 아서 러브조이는 지성사에 대한 고전적 저서 『존재의 위대한 연쇄The great chain of being』(1936)에서, 플라톤의 '다양성의 원리'와 함께 이런 아이디어의 기원과 운명을 추적했다. 그는 성 아우구스티누스와 토마스 아퀴나스의 신학, 라이프니츠의 우주론과 스피노자의 윤리학, 그리고 애디슨, 로크, 포프, 디드로, 뷔퐁, 헤르더, 실러, 칸트 등의 저서에서 이것들을 발견했다.

되어 있으며, 이 책은 호모 사피엔스(*Homo sapiens*)에서 시작하여 철(*Ferrum*)로 끝난다.

언뜻 보면 모두 명확한 것 같지만, 사실은 그렇지 않았다. 18세기의 박물학자들은 아리스토텔레스가 그랬던 것처럼 바위 같은 식물rock-like plant과 식물 같은 동물plant-like animal들을 분류하려고 애썼다. 중판을 거듭한 『자연의 체계』에는 이런 노력들이 고스란히 기록되어 있다. 1735년에 나온 초판에서 최하등 동물은 조오피타목(Order Zoophyta), 문자 그대로 '동물과 식물의 중간'이다. 이것은 느릿느릿하고 거의 감각이 없는 동물군—해삼, 불가사리, 해파리, 말미잘—으로, 아리스토텔레스를 고민하게 만들었던 것들이다. (좀 기이하지만, 거기에는 갑오징어도 포함된다.) 해면, 산호, 뿔산호류, 이끼벌레류는 심지어 동물도 아니다. 이들은 식물이고, 식물 중에서도 최하등 식물이다. 이들은 리토피타목(Order Lithophyta), 문자 그대로 '암석과 식물의 중간'이다. 향후 50년 동안 이들은 모두 업그레이드되었다. 1788~1793년에 나온 마지막 사후판posthumous edition에서, 아리스토텔레스의 이원적생물은 완전한 동물의 지위를 얻었다. 조오피타목은 여전히 존재하지만, 지금은 산호류, 뿔산호류, 이끼벌레류는 물론 (한때 리토피타목에 속했던) 해면까지도 포함한다. '암석과 식물의 중간'은 '동물과 식물의 중간'에 통합되었다. 린네는 이런 모호성에서 매력을 발견했다. 그는 조오피타를 '식물처럼 꽃을 피우는 혼합동물Composite animnal'이라고 정의하며, 세 가지 계界가 만나는 경계에 있다고 덧붙였다.

'식물과 동물의 중간'을 분류한 박물학자들—트렘블리, 페이슨넬, B. 드 주시유 등—은 많지만, 특별히 언급할 가치가 있는 사람이 한 명 있다. 존 엘리스는 해양생물을 예술적으로 배열하기를 좋아하는 런던의 상인이었다. 예술의 소재에 매료된 그는 해양생물 연구에 전념했다. 1765년 그는 바닷가에 자리잡은 브라이튼Brighton으로 내려가, 살아 있는 해면을 유리 상자 안에 넣고 '작은 관'을 통해 물을 빨아들이고 내뱉는 모습을 관찰했다. 그는 왕립학회에 보낸 서한에서 해면이 영양분을 섭취하고 배설물을 배출하는 메커니즘을 기술했고, 이 내용을 바탕으로 해면 역시 동물임에 틀림없다고 주장했다.

> 만약 고대의 문헌들을 찾아본다면, 아리스토텔레스 시대에 이런 물질[해면]의 수집을 업業으로 했던 사람들이 이것들을 바위에서 끌어 올렸을 때, 수축하는 것 같은 특별한 느낌을 감지했다는 사실을 알게 될 것입니다. 그리고 플리니우스 시대에도, 이것들이 일종의 감각을 가지고 있거나 동물처럼 생활한다는 의견이 지속적으로 제시되었습니다. 그러나 이 후에는 어느 누구도 이런 종류의 지식에 관심을 기울이지 않았습니다 …

그는 자신이 어떤 정의감에서 아리스토텔레스를 옹호한다고 느꼈다. 그의 말을 납득한 사람은 거의 없었다. 에든버러의 동물학자 로버트 그랜트가 운동성 유생motile larvae을 증명한 1826년, 해면은 마침내 동물로 인정 받았다.

모든 생물들을 완전성의 사다리에 배치한 플라톤-아리스토텔레스의 시각과 그 영향력은 이처럼 막강했다. 그러나 자연의 질서에 대한 또 다른 시각을 아리스토텔레스에게서 찾아볼 수 있다. 그는 자신의 생물학의 많은 부분에서 자연의 사다리는 언급하지 않고, 거대하고 자연스러운 생물 그룹들great, natural groups of creatures에 대해서만 말한다. 각 그룹들은 똑같이 먹고 느끼고 움직이고 번식하는 것 같지만, 자세히 살펴보면 매우 다른 장치를 이용하여 매우 다르게 행동한다. 이러한 두 가지 시각은 아리스토텔레스 저서의 여러 부분에서 나오며, 17세기 이후의 동물학에도 등장한다. 때로는 두 가지 시각이 공존하기도 한다, 비록 불안정하지만.

비록 자연의 사다리가 승리를 거두었지만, 팔라스Pallas와 같은 박물학자들은 모든 다양한 동물들을 하나의 선형 구조로 조직화하는 것은 불가능하며 이렇게 해서도 안 된다고 항의했다. 1812년, 퀴비에는 동물들을 4개의 거대한 그룹—척추동물Vertebrata, 환형동물Articulata, 연체동물Mullusca, 방사대칭동물Radiata—으로 나누고, 이것들을 문*embranchement*이라고 불렀다. 그리고는 이렇게 썼다. '지각된 우월성perceived superiority에 따라 동물집단들을 일렬로 세우는 작업은 내 설계의 일부를 구성하지 않았으며, 이런 계획은 현실적이지도 않다고 사료된다.' 그는 1817년에 발간한 『동물계』에서 자신의 계획을 정교하게 다듬었다. 대담하고 명확하고 세부적이고 포괄적인 이것은 신속하게 동물 분류의 표준으로 자리잡았고, 퀴비에를 유명하게 만들었다. 그는 아리스토텔레스를 자신의 위대한 전임자로 찬양하며, 후계자들이 할 일을 남겨 놓지 않았다고 엄살을 부렸다. 그러나 퀴비에의 분류는 아리스토텔레스와 다소 거리가 있어 보인다. 무혈동물과 유혈동물이라는 양대산맥(라마르크에 의해 무척추동물과 척추동물로 재구성되었다)은 완전히 폐기되고, 강Class, 목Order, 과Family, 속Genus이라는 위계적 분류가 엄청나게 확장되었기 때문이다. 아리스토텔레스의 상위 분류군 중에서 극소수만 살아남았다. 그러나 퀴비에의 체계에는 아리스토텔레스적 요소가 한 가지 포함되어 있었다. 아리스토텔레스는 각각의 상위 분류군을 기능적인 부분들의 복합체a complex of functioning parts로 기술했는데, 퀴비에도 자신의 문門을 이런 식으로 기술한 것이다. 동물학의 역사에서 가장 격렬하게 치러진 중대한 전투 중 하나는 바로 이 요소에 의해 촉발되었다.

91

1829년 10월, 두 명의 초보 해부학자 메이랑스와 로랑세는 프랑스 과학아카데미에 원고 한 편을 제출했다. 이들이 주장한 내용은, 네발동물을 반으로 접어 머리와 꼬리가 닿게 하면(종이로만 해본 실험이라고 나는 믿는다), 영락없이 갑오징어처럼 보인다는 것이었다. 이들이 아리스토텔레스의 『동물 탐구』와 『동물의 부분들에 관하여』에 나오는 갑오징어의 기하학적 분석에서 영감을 얻었는지 여부는 알 수 없다. 두 책의 원고는 현존하지 않기 때문이다. 어쨌든 갑오징어는—갑오징어 자체를 탓할 수는 없다—두 가지 세계관의 충돌에 빌미를 제공했다.

분쟁 당사자는 파리 자연사박물관의 조르주 퀴비에(1769~1832)와 그의 동료 에티엔느 조프루아 생틸레르(1772~1844)였다. 연장자인 조프루아는 퀴비에의 경력에 도움을 줬지만(실제로 퀴비에를 박물관에 취직시켜 주었다), 이 즈음에는 퀴비에의 명성이 조프루아를 압도하고 있었다. 퀴비에의 『비교해부학 강의』는 비교해부학을 부흥시켰고, 『동물계』는 분류의 표준으로 자리잡았다. 『사지동물의 화석에 대한 연구』는 화석기록을 통해 동물의 멸종 사실을 확증했다. 『어류의 자연사』는 기존의 어류학 서적들을 모두 왜소하게 만들었다. 나폴레옹은 제국대학 평의회에 그의 이름을 올렸고, 복원된 부르봉 왕가는 그를 남작으로 봉封해 프랑스의 귀족사회에 편입시켰다. 이밖에도 퀴비에의 저술, 직책, 직업, 훈장 등을 열거하려면 여러 페이지가 필요하다. 이와 대조적으로, 조프루아의 주요 업적은 두 권짜리 『해부철학』(1818~1822)—자연철학의 영향을 받은 '초월적 형태학'을 옹호하는, 비교학적 테마와 기형학에 대한 에세이의 특이한 컬렉션—뿐이었다.

분쟁의 씨앗이 된 것은 퀴비에의 1812년 분류였다. 퀴비에는 자신의 영웅인 아리스토텔레스를 따라, 4개의 문門 각각에 속하는 동물들은 기본적으로 동일한 구조를 갖지만 기능의 우연성 contingency of function 때문에 다양한 형태를 띠게 되었다고 주장했다. 한편 상이한 문門에 속하는 동물들은 단지 유사한 기관 analogous organ을 가질 뿐이다. 각각의 문門 사이에는 심연(큰 격차)이 입을 벌리고 있는데, 자연은 그 심연을 뛰어넘지 않으며 그럴 수도 없다.

조프루아는 퀴비에의 주장에 동의하지 않았다. 낭만적 자연주의자 중 한 사람으로서, 그는 다른 사람들이 차이를 보는 곳에서 통일성을 보는 경향이 있었다. 그는 모든 동물들을 아우르는 웅장한 통합플랜Unity of Plan, 즉 퀴비에가 제시한 문門이라는 장벽을 초월하는 통일성이 존재한다고 말했다. 곤충의 외골격과 물고기의 척추를 면밀히 검토하여, 조프루아는 이것들이 동일한 구조라고 제안했다. 주지하는 바와 같이, 곤충은 외골격(부드러운 것을 감싸는 단단한 부분)을 가지고 있는 반면, 물고기는 내골격(부드러운 것에 감싸인 단단한 부분)을 가지고 있다. 그러나 다른 해부학자들이 이 점을 분리하기에 충분한 이유라고 본 반면, 그는 '모든 동물은 척주vertebral column의 안쪽 또는 바깥쪽에 있다'는 진정한 선지자적 확신에 사로잡혀 설명했다. 이 계시적인 시스템을 설파하는 것도 모자라, 그는 바닷가재의 해부학적 구조가 척추동물의 해부학적 구조와 매우 비슷하다는 것을 증명했다. 바닷가재를 직접 뒤집어 보라. 바닷가재의 주요 신경삭nerve cord은 복측ventral side(배쪽)에 배치되어 있고 주요 혈관들은 배측dorsal side(등쪽)에 배치되어 있다는 것을 알게 될 것이다. 이는 척추동물과 동일하며, 배치만 정반대일 뿐이다(사실이 그렇다).

이 모든 것은 퀴비에의 문門을 집중적으로 겨냥한 것이므로, 퀴비에에게 크나큰 고통을 안겼다. 아니, 그를 격분시켰다. 그는 수년 동안 마음을 졸이며 조프루아를 저격했다. 그러던 차에 1829년 메이랑스와 로랑세트가 아카데미에 논문을 제출하자, 조

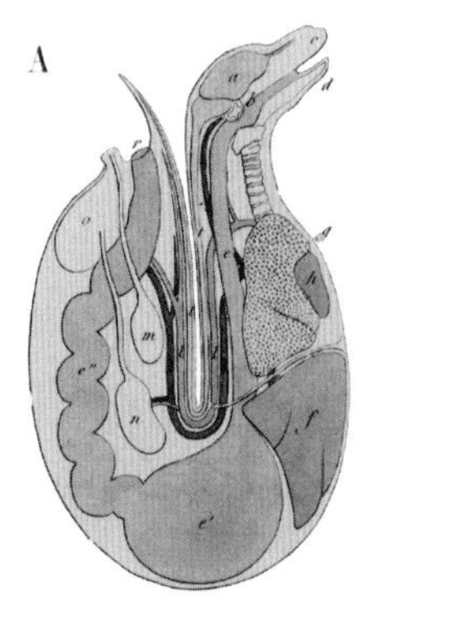

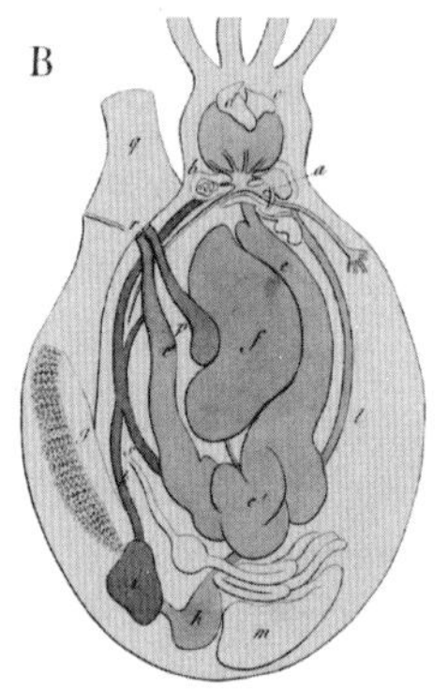

척추동물과 두족류의 기하학적 구조 비교

프루아는 뛸 듯이 기뻐했다. 그도 그럴 것이, 퀴비에의 문門 중에서 척추동물과 연체동물 사이의 벽이 무너졌기 때문이다. 그는 즉각적인 출판을 촉구했다. 퀴비에는 도저히 견딜 수 없었다. 문門을 방어하기 위해, 그는 갑오징어 논문을 맹렬히 비난했다. 모든 잘못은 조프루아에게 있었으므로, 퀴비에는 애당초 초보 해부학자들을 탓할 생각이 없었다. 조프루아는 정면으로 맞대응했고, 두 명의 동물학자는 1830년 초에 3개월 동안 아카데미에서 치열한 논쟁을 벌였다. 논쟁은 공론화되었다. 괴테와 발자크는 조프루아를 옹호했으나, 합치된 결론은 퀴비에의 판정승이었다.

이것은 간혹 진화에 대한 논쟁이었다고 일컬어진다. 그리고 조프루아가 진화를 거들먹거렸던 것은 사실이다. 그러나 당시의 맥락에서 볼 때, 이것은 아리스토텔레스 과학의 힘과 의미에 대한 논쟁이었다. 조프루아는 갑오징어의 기이한 기하학을 통해 밑바탕에 깔린 통합underlying unity을 보며, 갑오징어의 모든 기관이 척추동물의 기관과 동일하며 다만 재배치되었을 뿐이라고 주장했다. 그러나 퀴비에의 입장에서 볼 때, 이것은 너무나 많은 측면에서 잘못된 것이었다. 첫째로, 이것은 해부학적으로 잘못된 것이었다. 퀴비에는 법의학적 분석을 통해, 두족류가 (척추동물이 가지지 않은) 다양한 기관을 보유하고 있음을 증명했다. 둘째로, 이것은 개념적으로 잘못된 것이었다. 왜냐하면 자연의 거대한 심연을 뛰어넘는 유사성은 존재할 수 없기 때문이었다. 셋째로, 이것은 역사적으로 잘못된 것이었다. 왜냐하면 아리스토텔레스의 교리를 왜곡했기 때문이었다. 메이랑스와 로랑세는 불운한 듀오로, 자신들의 논문이 출판되는 것을 결코 보지 못했다. 그러나 퀴비에는 자신의 반박 논문을 출판했다.

고대의 권위에 호소하면서도, 퀴비에는 종 사이의 유사성 연구에 대해 '비교해부학이라고 불리는 특별한 과학의 대상이지만, 저자가 아리스토텔레스이기 때문에 현대 과학과는 거리가 멀다'고 선언했다. 이에 대한 대답으로, 조프루아는 자신이 고대의 굴레에서 벗어난 이유를 이렇게 설명했다. '나는 아리스토텔레스의 설명에 만족하지 않았다. 처음에는 내 논문에 아리스토텔레스를 인용하며 전혀 거리낌이 없었다 … 그러나 나는 팩트 자체로부터 진일보한 가르침을 받기를 원했다.' 이에 대해 퀴비에는, 아리스토텔레스가 팩트의 기념비를 세운 반면 조프루아는 철학에 매달리고 있을 뿐이라고 비웃었다. 그러나 퀴비에에게 판정승을 안겨준 승부처는 이것이 아니었다.

의미론적 안개가 전장戰場을 자욱이 뒤덮었다. 두 사람 모두 갑오징어와 네발동물의 기관들이 '유사하다analogous'고 주장했지만, 단어의 용법이 사뭇 달랐다. 퀴비에의 용법은 아리스토텔레스의 용법에 더욱 가까웠다. 조프루아는 대담하게, 정확히 반대의 의미—아리스토텔레스는 '조건 없이 동일하다'고 했고, 1834년 오언Owen은 '상동적'이라고 한—를 갖는 용어로 사용했다. 그러나 1830년 3월까지만 해도 이런 전문용어들은 문젯거리가 아니었으며, 갑오징어나 분류도 문제가 되지 않았다. 분쟁 당사자들은 훨씬 더욱 근본적인 문제, 즉 형태를 어떻게 설명할 것인지를 놓고 다퉜다.

퀴비에로 말할 것 같으면 당대 최고의 기능해부학functional anatomy 전문가였다. 뼈 하나만 있으면 동물을 분류할 수 있다는 것은 자랑할 만한 자부심이었다. 동물의 부분들 사이에는 상관관계가 있으므로, '치아의 형태는 관절융기condyle의 형태를 암시하고, 어깨뼈의 형태는 발톱의 형태를 암시한다. 이것은 곡선의 방정식이 곡선의 모든 속성을 암시하는 것과 마찬가지다'. 이것은 아리스토텔레스적 방법의 극치였다. 퀴비에의 위대한 설명원리, 즉 그가 장황하게 설명한 존재의 조건들Conditions of Existence은 아리스토텔레스의 조건부 필요성conditional necessity을 법칙으로 격상한 것이었다.

> 자연사에는 합리적인 원리가 하나 있다. 이것은 자연사에만 존재하는 것으로, 많은 사례에 두루 유용하게 적용된다. 이름하여 존재의 조건들에 관한 원리principle of conditions of existence인데, 일반적으로 목적인final cause으로 알려져 있다. 존재를 가능하게 하는 조건들을 통합하지 않으면, 그 어떤 것도 존재할 수 없다. 그러므로 각 존재의 상이한 부분들은 그 자체로서뿐만 아니라 주위와의 관계에 있어서도, 전체적 존재whole being를 가능하게 하는 방식으로 조율되어야 한다. 이런 조건들을 분석하면 종종 (계산법칙이나 실험법칙을 방불케 하는) 엄격하게 증명된 새로운 일반법칙이 탄생하게 된다.

바야흐로 과학법칙의 시대에, 조르푸아는 자신만의 법칙을 고집하고 있었다. 기능이 형태를 결정하지 않고 오히려 형태가 기능을 결정한다고 그는 선언했다. 척추동물의 가슴뼈를 증거로 내세우며, 그는 순수 생리학적 측면에서 각 부분들의 다양한 비율을 설명했다. 새의 가슴뼈에 있는 비대한 용골돌기sternal keel—여기에 비행근육flying muscle이 붙어 있다—의 경우, 다른 뼈들에게 공급될 영양분의 흐름을 '자기에게 유리하도록 전환함'으로써 다른 뼈들을 방해한다니! 퀴비에의 기능적 조화functional harmony는 없고, 오로지 경제학만 존재하는 것이다. 그는 이것을 보상의 법칙*loi de balancement*이라고 부르며 위대한 발견으로 선포했다. 괴테가 이미 선수를 친 바 있지만, 조프루아는 아마도 『동물의 부분들에 관하여』에서 아이디어를 얻었을 것이다. 왜냐하면 '보상의 법칙'은 아리스토텔레스의 '자연은 한 부분에서 가져와 다른 부분을 채운다'가 법칙으로 격상된 것이기 때문이다. 1830년의 갑오징어 대논쟁The Great Cuttlefish Debate은 많은 것에 대한 논쟁이었다. 동물 생활의 통합, 기관의 정체성, 그 정체성을 기술하는 전문 용어, 무엇보다도 기관의 다양성에 대한 인과적 설명을 둘러싼 논쟁이었다. 논쟁의 상당 부분이 아리스토텔레스와 아리스토텔레스의 싸움Aristotle contra Aristotle이었다는 것은, 아리스토텔레스의 사상이 얼마나 방대하고 변화무쌍한지를 여실히 보여주는 증거다.

92

과학사를 통틀어, 아리스토텔레스가 참석한 거대한 과학논쟁은 이것이 마지막이었다. 논쟁 당사자들은 불과 2세기 전에 살았지만, 개념적으로 보면 우리보다 아리스토텔레스에게 더 가깝다. 왜냐하면 이들은 모두 1859년 이전에 활동했기 때문이다. 『종의 기원』은 아리스토텔레스 과학의 용어 자체를 완전히 바꾸거나 한물간 것으로 만들었다. 종류(*genos*)(그리고 문*embrenchements*)는 공통조상에서 유래한 진정한 분류군이 되었다. 이원적생물들은 이중생활을 청산하고 적응 문제들에 대한 통합솔루션convergent solution이 되었다. 부분들은 더 이상 '유사'하거나 '조건 없이 동일'하지 않았고, 계통수상의 기원에 따라 상사적analogous이거나 상동적homologous이었다. 조프루아의 통합체제Unity of Plan은 변화에 의한 계승descent by modification에 의해 설명되었고, 퀴비에의 존재의 조건들Conditions of Existence은 자연선택natural selection에 의해 설명되었다.

퀴비에가 칸트의 목적론을 차용했다는 설이 있지만, 칸트의 목적론은 '발견적 허구heuristic fiction'이고 절망에의 초대invitation to despair일 뿐이었다. 칸트는 '풀 한 포기 설명할 수 있는 뉴턴은 절대 없을 것이다'라고 말했다. 퀴비에는 이보다 낙관적이었다. '자연사가 언젠가 뉴턴을 얻지 말란 법이 있을까?' (그리고 그의 무언의 답변은 '이제 자연사는 뉴턴을 얻었다'였다.) 독자들은 퀴비에에게 격한 공감을 느낄 것이다. 자연사가 뉴턴을 얻었다면, 다윈은 『종의 기원』에서 자신의 전임자(퀴비에)를 상석에 앉히는 관용을 베풀었다.

> 자연선택의 원리는 걸출한 퀴비에가 종종 주장하는 존재의 조건들을 완전히 아우른다. 각 존재의 다양한 부분들은 자연선택을 통해 현재의 유기적 · 무기적 생활조건에 적응하거나, 과거 오랜 기간 동안의 조건에 적응한다. 적응은 어떤 경우에는 용불용用不用의 도움을 받고, 외부조건의 직접적인 행동에 의해 약간 영향을 받으며, 모든 경우에 있어서 여러 가지 성장법칙에 예속된다.

다윈이 퀴비에의 의미를 얼마나 미묘하게 바꿨는지 눈여겨보라. 존재의 조건들을 거론할 때, 퀴비에는 동물의 각 신체부위들이 서로 조화를 이룬다는 점을 설명하려고 노력했지만, 다윈은 동물의 신체부위들이 환경과 조화를 이룬다는 점을 설명하려고 노력했다. 즉, 두 사람은 주안점이 달랐다. 생명체의 설계를 이해하고자 하는 사람들의 공통점은 생명체들을 두 가지 측면(그들 간의 관계, 이들이 생활하는 세계와의 관계)에서 총체적으로 연구한다는 것이다. 동물의 설계를 연구한 세 명의 대가—아리스토텔레스, 퀴비에, 다윈—도 예외는 아니어서, 주안점의 차이는 있지만 두 가지 측면을 모두 예의주시했다.

『종의 기원』에서, 조프루아의 보상의 법칙은 '성장의 상관관계correlation of growth'라는 제목을 달고 나타난다. '성장의 상관관계라는 표현의 의미는,' 다윈은 이렇게 말한다. '전체적인 구조는 성장하고 발달하는 동안 긴밀하게 연결되어 있기 때문에, 특정한 부분에 일어난 미세한 변화들이 자연선택을 통해 누적됨에 따라 다른 부분들도 변화한다는 것이다.' 다윈의 생각은 조프루아의 생각보다 더 일반적이다. 왜냐하면, 부분과 전체의 연결성이 경제적일 필요는 없다고 인정하기 때문이다. 그러나 그는 조프루아(그리고 괴테)에게서 통찰력을 얻었다.

이런 개념들은 지금도 과학계에서 롱런하고 있다. 그러나 이것들은 변신을 거듭했다. 왜냐하면 아리스토텔레스, 퀴비에, 조프루아는 모두 1859년 이전에 활동했기 때문이다. 다윈이 활동한 시기는 1900년 이전(만약 독자들이 선호한다면 1953년)이다.[7] 아리스토텔레스의 조건부 필요성 원리는 오늘날, 비록 제목은 다르지만, 분자(또는 심지어 유전자)에 빈번히 적용되고 있다. 예컨대 플

7 1900년: 멘델 유전학의 재발견, 1953년: DNA 구조의 해명.

래티(학명: *Xiphophorus maculatus*)와 소드테일(학명: *Xiphophorus helleri*)은 멕시코산 소형 태생어류다. 만약 강제로 합사한다면 이종 교배가 이루어지고, 이렇게 해서 탄생한 잡종은 이상하게도 다시 교배될 수 있다. 잡종 2세대 중 일부는 (포도를 감염시킨 곰팡이처럼 확산되는) 흑색종에 걸린다. 자연선택은 플래티의 2만 개 남짓한 유전자로 하여금 합심하여 플래티를 빚어 내도록 적응시켰다. 소드테일의 유전자들도 합심하여 소드테일을 만들어 낸다. 그러나 플래티의 유전자는 소드테일의 유전자와 합심하도록 설계되지 않았기 때문에, 설계도에 없는 잡종(두 가지 유전체의 혼합물)들은 종양으로 죽게 된다.

이들은 진정한 엠페도클레스적 괴물이다. 유전학자들은 그런 결과를 초래하는 유전적 상호작용을 '적합도 상위fitness epistasis'라고 부르지만 이것은 퀴비에의 '존재의 조건들' 또는 페일리의 부분들 사이의 '관계' 또는 아리스토텔레스의 '조건부 필요성'의 번역일 뿐이다. 이런 가면을 쓰고, 이 개념은 뮐러Müller와 스터티번트Sturtevant의 종분화 메커니즘speciation mechanism 설명, 라이트Wright의 이동성 균형이론shifting-balance theory, 콘드라쇼프Kondrashov의 성 유지maintenance of sex에 대한 설명, 카우프만Kauffman의 NK 모델*NK model* 사이를 종횡무진으로 누빈다. 어디에서 어떤 제목을 달고 나타나든 아이디어는 항상 동일하다: 상이한 동물들을 뒤섞을 수는 없다.

'자연은 한 부분에서 가져와 다른 부분을 채운다'는 아리스토텔레스의 말은 유전학 용어를 이용해 다시 쓸 수 있다. 명확히 다른 신체부위들에 영향을 미치는 유전자들은 '다면발현효과pleiotropic effect'를 갖는다고 일컬어진다. 이 용어는 정보, 물질,

에너지의 흐름을 공유함으로써 이런 효과가 나타나는 곳에 응용된다. 야생형보다 약 50퍼센트 긴 수명을 갖는 변이형 선충의 경우 훨씬 적은 수의 알을 낳는데, 이는 분명 장수長壽에 대한 비용이다. 변이는 '대항적 다면발현효과antagonistic pleiotropic effect'를 갖는다고 일컬어진다. 왜냐하면 하나의 특징을 감소시키면서 또 다른 특징을 증가시키기 때문이다. 유전학자의 '다면발현', 다윈의 '성장의 상관관계', 조프루아의 '보상의 법칙', 아리스토텔레스의 '자연은 한 부분에서 가져와 다른 부분을 채운다'는 모두 일가친척 같은 아이디어들이다. 이것은 고대의 가면을 쓰고 아리스토텔레스의 생각을 뒷받침하며, 현대의 가면을 쓰고 생활사와 노화에 대한 진화론을 뒷받침한다. 어디에 나타나든, 이것은 동일한 아이디어를 대변한다: 동물의 부분들은 서로 연결되어 있으며 더 이상 줄일 수 없다.

어쩌면 아리스토텔레스의 가장 중요한 유산은 내가 전혀 다루지 않은 것일지도 모른다. 그러나 그 역시 동물학의 역사를 관통하고 있다. 그의 주장에 따르면, 유기적 세계는 자연적인 계층으로 구조화되어 있기 때문에 우리의 분류를 이용해 함부로 쪼개지 말아야 한다고 한다. 현대인들—린네와 그 이후의 거의 모든 계통분류학자들—에게, 이 생각은 자연적 분류체계를 추구하는 원동력으로 작용했다. 다윈은 이러한 체계가 의미하는 것과 이것이 존재하는 이유를 우리에게 말해 주었다. '유일하게 알려진 유기체의 유사성의 원인인 '혈통의 근접성propinquity of descent'은 다양한 정도의 변형에 의해 은폐된 끈hidden bond이며, 우리의 분류에 의해 부분적으로 드러날 것이라고 나는 믿는다.' 이제 문제는 은폐된 끈의 형태, 즉 위대한 생명나무Tree of life의 위상

topology을 복구하는 것이다. 이 문제는 DNA 염기서열의 테라바이트를 처리할 수 있는 초고속 알고리즘을 사용하는 과학자들에 의해 해결되고 있다. 오늘날 동물들은 3개의 거대한 상문Super Phylum(플러스, 해면과 같은 몇 가지 기저그룹basal group)으로 나뉘고, 다시 30개가 넘는 문Phylum으로 나뉘고, 더욱 세분되어 종species에 이르게 되었다. 다윈의 위대한 나무에 매달린 잎들은 거의 헤아릴 수 없다. 지구상에는 300만 개에서 1억 개 사이의 종들이 존재하는 것으로 추정된다.

자연사에 대한 메타포인 위대한 나무는 아이디어의 역사에 대한 메타포이기도 하다. 모든 아이디어—자연은 도약하지 않는다. 자연의 사다리가 있다. 자연적인 동물 그룹이 존재한다. 어떤 집단은 기관의 상동성과 상사성에 의해 정의되어야 한다. 기관은 기능적이고 경제적인 관계에 의해 형성된다—의 원천이 아리스토텔레스라고 나는 주장한다. 또한 그의 아이디어는 상당한 역사적 기간 동안 현대 동물학을 구성했고, 지금도 그렇다. 그러나 우리는 이것들이 정말로 동일한 아이디어인지 궁금하다.

물론 정답은 '동일함'이 무엇을 의미하는지에 달려 있다. 아이디어는 사고思考의 기관이고, 갑오징어나 네발동물의 기관과 같다. 이들은 '공통혈통' 덕분에 '동일'할 수도 있고, '동일'하거나 유사한 요구에 대한 독립적인 해결책 덕분에 '동일'할 수 있다. 아리스토텔레스 자신은, 다양한 시기에 많은 사람들이 동일한 아이디어를 떠올린다고 말하기를 좋아했다. (만약 이 말이 진부하게 들린다면, 무조건반사적으로 당연하다고 여기기 때문임이 분명하다.) 그러나 내가 지금껏 언급한 아이디어 군집cluster of ideas에 관한 한, 누구나 의지만 있다면 혈통의 동일성identity by descent과 지적 상동성intellectual homology을 입증할 수 있다고 나는 믿는다. 린네, 조프루아와 퀴비에, 이들의 전임자들이 아리스토텔레스를 읽었고, 다윈이 이들을 읽었고, 우리가 다윈을 읽었다. 계보학적 줄기는 명명백백하다.

오랜 세월에 걸친 관념적 계보—'지성사'(사상을 사회문화적 맥락에서 다룸)보다는 '사상사'(사상 자체를 다룸)—를 추적하는 것은 역사학계의 유행에 뒤떨어진다. 역사학자들은, 모든 시대의 사상가들이 전임자들의 용어와 개념을 차용하고, 자신의 목적을 달성하기 위해 사용해 왔음을 당연시한다(심지어 사고의 밑바탕이 되는 구조가 달라져, 용어와 개념의 의미가 완전히 바뀌었을 때도 사정은 마찬가지다). 철학자들은 이러한 과정을 '발상의 전환'이라고 부르고, 마치 시궁쥐를 발견한 테리어처럼 좋아 어쩔 줄 몰라 한다. 늘 용어에 절어 있고, 새로운 이론을 쉴 새 없이 밀어붙이는 과학자들은 이렇게 하기로 악명 높다. 의미가 계속 변화해 온 '상사성'과 '상동성'이 아주 좋은 예다. 아리스토텔레스도 이런 면에서 둘째가라면 서러울 사람이다. 그는 플라톤의 형상(*eidos*)과 영혼(*phychē*)을 가져와 자기 것으로 만들었다.

(생명 자체와 아이디어의 영역에 동등하게 적용되는 논리인) 변화에 의한 계승의 논리를 부정하지 않는 한, 역사학자들이 이 점을 특히 강조하는 것은 타당하다. 어떤 면에서, 이것은 관점의 문제일 뿐이다. 갑오징어의 세계에 있는 갑오징어에 초점을 맞추면, 기이한 기하학이 갑오징어만의 문제에 대한 해결책으로 보일 것이다. 하지만 시야를 넓히면, 이것은 오래 전에 수립된 기본체제basic plan를 약간 바꾼 것처럼 보일 것이다.

동물학자들은 수 세기 동안 아리스토텔레스에게서 아이디어를 얻거나, 아리스토넬레스를 비판하거나, 아리스토텔레스를 단순히 인용해 왔다. 언뜻 생각하면 납득하기 어려운 것 같지만, 다윈은 이들보다 한술 더 떴다. 우리 앞에 서 있는 다윈의 모습은, 그의 전임자들의 앞에 서 있었던 아리스토텔레스의 모습과 다를 바 없다. 다윈은 세상에 관한 권위자이고, 우리는 그에게서 영감을 얻거나 수시로 그를 들먹인다. 그러나 우리가 궁극적인 출처를 잊어버렸음에도 불구하고, 아리스토텔레스의 아이디어는 다윈에 의해 (아리스토텔레스 자신이 상상하지 않았던 수준으로) 변형되고 인용되어 우리 곁에 남아 있다.

93

아리스토텔레스는 결코 진화론으로 도약하지 않았다. 당연한 이야기지만, 그는 다윈이 그랬던 것처럼 린네, 뷔퐁, 괴테, 퀴비에, 조프루와, 그랜트, 라이엘의 어깨 위에 서 있지 않았다. 그는 파리와 에든버러에서 들려오는 진화론자들의 속삭임을 듣지 않았다. 그는 갈라파고스의 흉내지빠귀도, 아르헨티나 팜파스의 거대한 화석도 보지 않았다. 물론 그가 진화론에 대한 자료를 가지고 있었다는 사실은, 지금 생각해 보니 수긍될 뿐이다. 우리는 다윈에게서 아리스토텔레스를 읽을 수 있지만, 아리스토텔레스에게서 다윈을 읽을 수는 없다. 마찬가지로, 아리스토텔레스의 체계가 반反다윈 체계가 될 수는 없다. 그의 적수들은 자연학자들과 플라톤이었고, 이중에 다윈적 의미의 진화론자는 아무도 없었다. 그러나 이중 상당수는 훨씬 더 느슨한 의미에서 진화론자들이었다. 왜냐하면 이들은 종의 기원이나 변형에 대해 자연주의적 설명을 내놓았기 때문이다. 아리스토텔레스는 이 모든 것을 철저히 거부했다.

창조론과 진화론은 라이벌 관계에 있는 형제다. 둘은 과거가 아주 다른 곳이었다고 제안한다. 둘은, 우리가 세상에서 보는 생명체가 항상 존재하는 것이 아니라 시기상 기원을 갖고 있다고 제안한다. 그리스인들 사이에서 이 둘을 구분하는 것이 항상 쉬운 것도 아니다. 자연학자들은 신화를 거부했을지도 모르지만, 내가 말했듯이 이들의 사상 어디엔가 종종 신성한 것이 숨어 있음을 발견할 수 있다. 콜로폰의 크세노파네스(기원전 525년 활약)는 모든 생명체가 흙과 물에서 비롯되었다고 주장했지만, 우리는 그가 왜 이렇게 주장했는지 모른다. 엠페도클레스의 동물학에 대한 우리의 세부 지식은 혼란스럽다. 먼저 분리된 신체부위들이 있고, 이것들이 불가능해 보이는 다양한 형태로 융합되고, 선택 과정을 거치고, 최종적으로 생존자들은 자신을 서식지에 따라 분류한다. 데모크리토스 역시 자연주의적인 동물발생 메커니즘을 제시했지만, 우리는 원자와 관련된 것을 제외하고 이것이 어떻게 작동하는지에 대해서는 아무것도 모른다.

소크라테스 이전의 동물학자들은 대부분 진화론자가 아니다. 독특한 특징을 얻은 엠페도클레스의 생명체는 늘 그 타령이다. 그러나 밀레토스의 아낙시만드로스(기원전 525년 활약)는 인간이 물고기와 연관되어 있다고 믿었던 것처럼 보인다. 아낙시만드로스의 믿음은 출처에 따라 다르다. 한 문헌에 의하면 아낙시만드로스는 인간이 원래 물고기를 닮았다고 주장했고, 다른 문헌에 의하면 인간이 물고기에서 태어났다고 주장했고, 또 다른 문헌에 의하면 인간이 갈레오스(*galeos*)에서 태어났다고 주장했다. 갈레오스는 별상어—태반과 탯줄을 통해 자궁에서 배아로 성장한 다음 새끼로 태어난다는 아리스토텔레스의 *leios galeos*—에서 힌트를 얻은 것으로 보인다.

그 다음으로 『티마이오스』가 있다. 그럴 만한 가치가 있는 것은 아니지만, 잠깐 시간을 내어 플라톤의 기원 신화를 진지하게 다루어 보겠다. 그에 의하면 동물들은 퇴화한 인간이다. 신들은 하늘을 연구하는 어리석은—해롭지는 않지만—사람들(천문학자)을 새bird로 변형시켰다. 머리보다 심장을 사용하는 사람들은 육상동물들이 되었는데, 이들의 사지는 땅에 닿았고 머리는 사용하지 않아 흉하게 변형되었다. 진짜로 어리석은 사람들은 땅에 얽매인 몸과 많은 다리를 가진 동물(지네?)이 되었다. 아주 뚱뚱한 사람들은 다리가 없는 동물(뱀 또는 벌레)이 되었다. 포악한 사람들은 더 깊은 곳으로 곤두박질쳤다. 공기를 들이마실 자격이 없어, 이들은 진흙탕 속에서 물고기와 달팽이로 살아야 하는 처지가 되었다. 그러지 않으면 여자가 되었다.

아낙시만드로스는 물고기에서 인간을, 플라톤은 인간에서 물고기를 끄집어낸다. 이 두 이론은 진보주의자progressivist/퇴화론자degenerations라는 흥미로운 대칭을 이룬다. 아리스토텔레스는 둘 다 언급하지 않는다. 사실, 그는 생명이나 종의 기원에 대해 거의 언급하지 않는다. 엠페도클레스를 공격할 때, 그의 동물발생론을 맞든 틀리든 배아발생학으로 취급한다. 그러나 그는 생명이나 종의 기원을 의식하고 있었다. 『동물의 발생에 관하여』에서 자연발생을 논하면서, 그는 '일설에 의하면' 모든 동물들, 심지어 인간도 본래 '흙에서 태어났다'고 한다고 말한다. 즉, 애벌레처럼 흙에서 자연히 생겨난 것 같다는 것이다. 그리고 그는 뱀장어의 지구의 장(*gēs entera*)을 생각한다. 이런 말을 한 사람이 누구일까? 아낙사고라스? 크세노파네스? 데모크리토스? 디오게네스? 이것은 사실 중요하지 않다. 만약 동물이 발생한 사건이 있었다면 영양생리학이 어떻게 작용했을지를 검토하는 김에, 잠시 생각해 봤을 뿐이다. 그가 생각하는 범위에서, 동물이 발생한 사건은 절대로 일어나지 않았다. 그가 생각하는 범위에서, 모든 유성생식 동물들은 이미 항상 존재해 왔고 앞으로도 늘 존재할 것이다.

우리의 관념적 세계는 창조론과 진화론 사이의 마니교도적 갈등Manichean conflict에 기반하고 있다. 아리스토텔레스 이전과 이후에 그리스인들의 관념적 세계는, 살아 있는 동물의 기원에 대한 창조론자와 자연주의자의 설명 사이의 갈등에 기반하고 있었다. 아리스토텔레스의 경우, 이들 사이에서 선택할 것이 별로 많지 않았다. 창조론과 자연주의 둘 다 생물학적 세계의 가장 두드러진 특징 중 하나인 규칙성regularity을 이해하지 못했기 때문이다.

아리스토텔레스에게 있어서, 유성생식 동물의 기원은 상이한 두 개체의 존재를 필요로 한다. 예컨대, 참새를 만들려면 처음에 두 마리의 다른 참새가 필요하다. '사람이 사람을 낳는다'는 그의 슬로건은 (필요한 부분만 약간 수정하여) 모든 유성생식 동물에 적용된다. 부모—더 정확하게 말하면 아버지—만이 새로운 개체를 만드는 데 필요한 형상(*eidos*)을 제공할 수 있다. 이 이론을 문자 그대로 받아들인다면, 참새는 영원히 참새를 벗어날 수 없다. 아리스토텔레스는 문자 그대로 받아들인다.

아리스토텔레스의 유성생식 이론과 이에 대한 형이상학적 근거는 어떤 동물발생이나 진화 이론과도 양립할 수 없다. 그의 유전이론도 마찬가지다. 나는 앞에서 아리스토텔레스가 이원적유전체계dual-inheritance system를 가지고 있다고 주장했다. 형상적 체계formal system는 배아에 대한 아버지의 독특한 공헌으로, 로고스(*logos*)—자손으로 하여금 이들이 처한 환경에서 살아갈 수 있게 해주는 기능적 특징의 집합체—를 전달하는데, 만약 자손이 수컷이라면 결국 형상을 재생산하게 된다. 비형상적 체계informal system는 양친 모두에 기인하는데, 소크라테스와 칼리아스의 코 모양처럼 한 종류의 개체들 사이의 다양성에 관여하며, 우발적 다양성을 코딩한다. 이 두 가지 유전체계 사이의 역할 분담은 심오한 결과를 야기한다. 아리스토텔레스는 한 개체에게 새로운 특징(예: 들창코)을 부여하는 변이를 허용할 정도로, 유전체계의 설계에 완벽을 기했다. 그러나 아리스토텔레스는—자신의 들창코가 유용하다고 생각한 소크라테스가 들으면 섭섭하겠지만—변이의 적응을 허용하지 않은 것 같다. 그의 견해에 따르면, 모든 발생적 오류는 유전된 것이든 아니든 기능적으로 중요하지 않거나(이상한 모양의 코) 해롭다(기관의 상실). 암컷의 탄생은 제쳐두고, 그는 변이가 동물에게 이로울 수도 있다는 점을 전혀 암시하지 않는다. 그의 세계에서, 모든 생물은 생리학의 한계 안에서 환경에 완벽하게 적응하며 개선의 여지가 전혀 없다. 만약 그가 다윈을 만났다면 이렇게 말했을 것이다. "자네가 말하는 그 '유리한 변이favourable variation'란 도대체 어디에 있는가? 아버지의 정자가 배아를 만드는 데 실패한다면, 남는 것은 죽음, 기형, 또는 기껏해야 소녀일 텐데." 다윈은 대답할 수 없었을 것이다. 다행히 다윈의 후계자들은 대답할 수 있다, 어려움이 없는 것은 아니지만.

아리스토텔레스의 유전이론은 자연선택에 의한 진화론evolution by natural selection으로 가는 문을 굳게 걸어 잠그고 있다. 이것은 아리스토텔레스가 아니라 우리를 괴롭히는 문제다. 왜냐하면 그는 다윈과 논쟁한 적이 없기 때문이다. 아리스토텔레스는 진화론으로 발전할 수 있었을까? 아마도 그럴 것이다. 그러나 그는 자신의 이론 중 몇 부분을 폐기해야 했을 테니, 다윈주의자가 되었을 것이라고 장담할 수는 없다.

중년이 된 린네는 이종교배hybridization를 통해 새롭고 안정된 식물 종들이 탄생할 수 있다고 확신하게 되었다. 아리스토텔레스도 이것을 믿었을지 모른다. 그는 『형이상학』에서 노새가 '부자연스럽다'고 말한다. 동물학에서는 이렇게 말하지 않는다. 일반적으로 같은 종류의 동물들만이 교미를 하고 새끼를 낳을 수 있다고 확신하지만, 다른 종류의 동물들도 때로 짝짓기를 하고 새끼를 낳는다고 그는 말한다.[8] 또는 적어도 형태, 몸집, 임신 기간이 너무 다르지 않다면 이렇게 할 수 있다고 말한다.[9] 그는 노새가 불임인 이유를 자세히 설명하지만, 이종교배의 한계는 관대하기 때문에 다양한 예외가 있다고 생각한다. 그는 상이한 사냥개 종류, 늑대와 개, 여우와 개, 말과 당나귀, 다양한 맹금류들이 생

---

8 아리스토텔레스는 이런 방식으로 종류kind를 정의하지 않는다. 그는 생물학적 종 정의Biological Species Definition를 적용하지 않고 있다. 이것은 단지 관찰일 뿐이다.

9 동물학자들은 이종교배가 매우 드물다고 생각하는 경향이 있다. 그러나 조류의 10퍼센트는 이종교배가 가능하고, 명백하게 안정된 종種을 탄생시킨 잡종의 사례가 많이 존재한다. 식물의 경우에는 이런 사례가 훨씬 더 많다. 아리스토텔레스가 열거한 잡종 중에서, 개와 늑대는 이종교배를 통해 생식 가능한 새끼를 낳을 수 있다. 개와 여우의 경우에는 증명된 잡종 사례가 없다. 동물원에서 닭(*Gallus domestinus*)과 자고새(*Alectious sp.*)의 잡종이 탄생했다는 보고서가 발표된 적이 있지만, 이 현상은 매우 드물기 때문에 아리스토텔레스의 정보가 정확한지 의심스럽다.

식 가능한 새끼fertile progeny를 낳는다고 생각한다. 그는 '인도 개'가 수호랑이와 암캐의 잡종 2세대(F2)이고(단, 호랑이가 개를 잡아먹지 않는다면), 이상하게 생긴 가래상어(guitar fish, 학명: *Rhinbatos rhinobatos*)가 똑같이 이상하게 생긴 전자리상어(angle shark, 학명: *Squatina squatina*)와 홍어(*Rajiformes*)의 자손일 가능성을 제기한다. 하지만 그도 알다시피 근거가 부족하다.

이종교배로 새로운 동물 종류가 생겨날 수 있다는 것은, 종류의 형상이 아버지에서 비롯된다는 아리스토텔레스의 반복된 주장과 모순된다. 만약 (어디까지나 추측이지만, 가래상어가 그런 것처럼) 잡종이 양쪽 부모의 기능적 특징을 모두 가진다면, 이 형상은 아버지와 어머니 모두에서 비롯된 것이어야 한다. 아리스토텔레스는 공식적으로 이것을 부인하지만, 그의 책을 읽다 보면 은연중에 긍정적인 느낌을 풍기는 경우가 간혹 있다.

그러나 만약 아리스토텔레스가 진화의 길을 택했다면, 나는 그가 조프루아 생틸레르의 길을 택했을 것이라고 생각한다. 『해부철학』 II권(1822)에서, 조프루아는 괴물의 과학science of monsters—기형학teratology—의 기초를 마련했다. 그는 기형이 나름의 질서를 지니고 있으며, 종종 정상적인 종과 닮을 수 있다는 점을 강조했다. 그는 인간의 한 가지 기형을 아스팔라소마(*Aspalasoma*)라고 명명했는데, 그 이유는 비뇨생식기의 해부학적 구조가 두더지의 생식기(*aspalax*)를 닮았기 때문이었다. 그의 이러한 관찰은 진화론자들에게 영감을 주었다. '괴물은 없다. 모든 자연은 하나다'는 그의 (때로는 이해할 수 없지만) 현명한 말 중 하나였다.

『동물의 발생에 관하여』 IV권에는 다음과 같은 의미심장한 구절이 있다. '심지어 부자연스런 것조차 어느 면에서 자연과 일치한다.' 괴물이 부자연스러운 것은, 이들을 흔히 볼 수 없기 때문이다. 아리스토텔레스는 괴물을 정상적인 배아발생의 관점에서 설명함으로써 이들을 자연스럽게 보이도록 만들려는 충동을 느낀 모양이다. 실제로 '괴물의 원인은 변칙동물deformed animal의 원인과 가깝고, 어떤 면에서 매우 비슷하다….' 여기서 '변칙동물'이란 자연스럽게 변형된 생물을 의미한다. 두더지는 눈이 먼 변칙동물이고, 물개는 팔다리 대신 물갈퀴를 가진 변칙동물이고, 바닷가재는 비대칭 집게발을 가진 변칙동물이다. 이들은 어떤 면에서 자신들이 속한 대분류(더 넓은 종류)의 표준을 위반한다. 그가 이런 예를 드는 것은, 부자연스러운 변형(괴물)과 자연스러운 변형(변칙동물)의 작용인moving cause이 동일하다는 점을 강조하기 위함이다. 하지만 조프루아와 달리, 아리스토텔레스는 변형이 새로운 종을 탄생시킨다고 생각하지 않는다. 그는 결코 진화론으로 도약하지 않는다.

그는 이런 생각을 했을 수 있다. 그 방법을 알려준 사람은 플라톤이다. 악덕moral vice은 결코 사람을 물고기로 변형시킬 수 없지만, 변이—리시스(*lysis*)—는 그렇게 할 수 있다. 아니면 적어도 네발동물로 변형시킬 수 있을지도 모른다. 때로 아리스토텔레스의 언어는 이런 뉘앙스를 풍긴다. 그는 『동물의 부분들에 관하여』에서, 네발동물이 (두 발이 아니라) 네 발로 걷는 이유를 설명한다. 네발동물은 사람에 비해 상대적으로 무거운 상체를 가지고 있다고 그는 말한다. 지나친 상하체 불균형은 두 가지 결과를 가져온다. 첫째, 몸이 불안정해져 땅을 향하게 된다. 둘째, 심장을 중심으로 하는 영혼의 활동이 억제된다. 이런 두 가지 이유 때문에 네발동물은 몸이 앞으로 구부러지도록 발달—에게

네토(*egeneto*)—했고, 자연은 안정성을 위해 팔 대신에 앞다리를 주었다.

발달했다고? 4개의 다리가 발달했다는 것은 어떤 의미일까? 왜 동적인 언어dynamic language를 썼을까? 그냥 4개의 다리를 갖고 있다고 말하지 않는 이유가 뭘까? 네발동물이 직립보행을 하도록 태어나거나, 세계가 한때 (인지적으로 불구가 된 채, 두 개의 뒷발굽으로 걷는) 말과 양으로 가득 채워져 있었던 것은 아닐 텐데 말이다. 짐작건대 그는 은유적으로 말하고 있는 것 같다. 그럼에도 우리는 이것이 어디서 유래하는지 알 수 있다. 그는 다음과 같은 레시피를 완벽하게 숙지하고 수도 없이 사용했다: 『티마이오스』에서 아이디어를 얻는다. → 도덕을 빼 버리고, 상식적인 생물학을 더한다. → 과학으로 완성한다.

94

혹자들은 아리스토텔레스가 증거 부족 때문에 진화론자가 될 수 없었다고 말한다. 언뜻 들으면 일리 있는 것 같다. 다윈이 넘치도록 보유하고 있었던 한 가지 증거가 아리스토텔레스에게는 없었기 때문이다. 이것이 바로 화석이다.[10]

---

10 아마도 또 한 가지 증거는 생물지리학일 것이다. 아리스토텔레스는 모든 동물 종류들이 범세계적cosmopolitan이라고 생각하지는 않았지만, 훔볼트와 다윈처럼 '세계 각지의 생물상biota들이 이상할 정도로 다르다'고 생각하지 않았고 그럴 수도 없었다. 하지만 이것은 영원주의자eternalist보다는 창조론자에게 더 많은 문제를 야기할 것이다. 창조론자는 조물주가 온갖 다양한 생물상들을 만든 이유를 궁금해 할 것이고, 영원주의자는 이것들의 존재를 단지 주어진 것으로 수용할 것이기 때문이다.

지나간 시대의 지구가, 지금은 멸종한 생물로 우글거렸다는 사실을 아리스토텔레스는 몰랐다. 레스보스와 트로아드가 한때—지질시대의 기준으로 보면 그리 멀지 않은 과거에—세렝게티에 맞먹는 동물상fauna을 보유했다는 사실도 그는 몰랐다.[11] 몬테비데오에 도착한 1832년 11월, 다윈은 라이엘의 『지질학 원론』 II권—화석 기록, 생물지리학 그리고 종의 변형에 대한 책—이 배송되기를 기다리고 있었다.

그러나 쟁점은 의외로 너무 간단하다. 설사 아리스토텔레스의 저술에서 화석(또는 화석으로 해석될 수 있는 것)이 전혀 언급되지 않았다 하더라도, 그가 화석에 대해 무지했다는 것은 난센스이기 때문이다. 더 정확하게 말하자면, 아리스토텔레스의 시대에도 고생물(적어도 특정 지역에서 멸종한 생명체)의 존재를 시사하는 객관적 증거를 얼마든지 접할 수 있었다.

아리스토텔레스가 살았던 시대 전후의 그리스 여행자와 자연학자들은 동물의 유골을 닮은 돌 같은 물체stony object를 잇따라 묘사했다. 예상 밖의 장소에 자리잡은 조개껍데기층層은 특히 관심을 끌었다. 크세노파네스는 시칠리아의 한 산에서 조개껍데기들을 발견했다고 기록했다. 그는 또한 시라쿠사, 파로스, 말타에서 돌에 각인된 물고기와 다른 해양생물의 흔적을 발견했다고 보고했다. 리디아의 크산토스(기원전 475년경 활약)는 아나톨리아, 아르메니아, 이란에 퇴적된 조개껍데기층을 보았다. 헤로도토스,

---

11 판구조의 불안정성tectonic instability에 대한 감각이 뛰어났던 스트라보는 자신의 저서 『지리학』에서, 레스보스가 한때 소아시아 해안의 이다산Mt. Ida과 연결되어 있었다고 주장한다. 실제로, 레스보스는 플라이스토세Pleistocene에 본토와 연결되어 있었다.

키레네의 에라토스테네스(기원전 285~194년), 람프사코스의 스트라토(기원전 275년경 활약)는 카르낙 근처에 있는 이집트의 사막 한가운데서 조개껍데기를 발견하고 의아해 했다. 바다가 한때 육지를 덮고 있었다는 데는 이의가 없었고, 어떻게 이런 일이 벌어졌는지에 대한 의견이 다를 뿐이었다.

『돌에 관하여』에서, 테오프라스토스는 '파낸(*oryktos*)' 상아를 기술한다.[12] 그는 이것의 기원을 언급하지는 않지만. 레스보스의 남동쪽에 있는 사모스Samos, 코스Kos 또는 틸로스Tilos의 거대 동물상magafauna 매장층일 가능성이 높다. 플라이스토세Pleistocene 후기에서부터 홀로세Holocene까지의 지층에는, 4000년 전까지 살았던 것으로 보이는 난쟁이 코끼리의 유골이 포함되어 있다. 이 매장층은 적어도 고대 이후부터 알려져 온 것이다. 사모스에는 거대 멸종동물들의 뼈들이 헤라 신전처럼 분더카머[13] 스타일로 전시되어 있다. 지역 신화에서는 이것들을 '네아데스Neades'라는 고대 괴물의 유해라고 기술하고 있다. 7세기의 제단 근처에서 파낸 뼈는 멸종된 마이오세Miocene의 기린인 사모테리움Samotherium의 뼈다.

---

12 아리스토텔레스는 『기상학』에서도 '파낸' 것들에 대해 이야기한다. 그런데 oryktos가 때로(예를 들어 H. D. P. Lee의 『Loeb』에서) 라틴어 fossile로 번역되기 때문에 자칫 혼란을 초래할 가능성이 있다. 아리스토텔레스가 접한 fossile는 유황 덩어리 같은 무기질이었을 것이므로, 그가 혼동한 나머지 유기적인 기원을 가지고 있다고 가정했다고 생각하기 쉽다. 그러나 oryktos와 fossile는 모두 '파내다dug up'를 의미할 뿐이다. '화석'이 한때 살아 있던 생물의 화석화된 유골이라는 현재의 의미를 얻게 된 것은 비교적 최근의 일이다.

13 분더카머(Wunderkammer). '경이로운 방'이라는 뜻으로, 근대 초기에 유럽의 지배층과 학자들이 자신의 저택에 온갖 진귀한 사물들을 수집하여 진열했던 실내 공간을 말한다. – 역자

칼라브리아(*Calabria*)의 조개류 화석

레스보스의 거대동물상 화석은 평범한 편이며, 라군 바로 위에 있는 브리사Vrissa의 소규모 자연사박물관에 전시되어 있다. 박물관의 경비원 코스타스 코스타키스는 바테라Vatera 근처에서 발견된 거대한 거북의 유골을 특히 자랑스러워 한다. 유리 섬유를 이용해 실물 크기로 재현한 거북은 폭스바겐 비틀만 하지만, 화석 자체는 다소 실망스럽다. 모든 신체부위는 다리뼈, 발톱, 등껍데기의 사이즈를 바탕으로, 퀴비에 방식을 적용하여 정확히 추정한 것이 틀림없다.

아리스토텔레스가 레스보스에서 멸종된 거대 거북에 대해 언급하지 않은 것은 놀라운 일이 아니다. 그러나 이 섬에 어지럽게 널려 있는 방대한 화석숲petrified forest을 어떻게 놓쳤을까? 칼로니의 서쪽에 있는 화성쇄설암pyroclast 언덕에는, 프리가나를 점령한 멸종된 침엽수 몸통들이 뿌리까지 완전하게 갖춘 채, 마치 한쪽 끝이 잘려 나간 신전 기둥처럼 버티고 있다. 시그리Sigri의 작은 항구에서는, 거대한 규화목 몸통들이 해변을 점령하고 있다. 2000만 년 전 화산이 폭발할 때 쓰러진 후 화석이 되어, 지금까지 꼼짝도 하지 않고 누워 있는 것이다. 아리스토텔레스는 이것들에 대해 아무 말도 하지 않는다. 테오프라스토스 역시 아무 말 없다. 테오프라스토스는 『식물 탐구』에서 인도양 해안의 '화석화된 갈대'(대나무? 산호?)에 대해 언급하지만, 레스보스의 화석숲에 대해서는 일언반구도 없다. 시그리는 그의 고향인 에레소스의 이웃 항구이므로, 어린 시절 이 숲에서 놀았을 수 있다. 시그리도 이제 영광스런 박물관을 가지게 된 것이다.

수수께끼의 답은 의외로 평범한지도 모른다. 적어도 테오프라스토스는 화석숲에 대해 모든 것을 알고 있었고, 이것에 대해 썼을 수 있다. 디오게네스 라에르티오스에 의하면, 『돌이 된 것들에 관하여』라는 제목이 붙은 테오프라스토스의 책이 있었다고 하니 말이다. 제목으로 보아 화석에 관한 책이었을 것으로 추정되지만, 꼭 그러리라는 보장은 없다. 왜냐하면 의미가 애매해서, 『불타는 돌에 관하여』(아마도 석탄이나 화산에 관한 책)로 읽힐 수도 있기 때문이다.

어쩌면 놓친 것은 화석이 아니라 단지 텍스트일 수 있다. 또는 아리스토텔레스가 사막과 산에 대한 기록들을 환상으로 여기고 무시했을지도 모른다. (헤로도토스도 이집트에 날개 달린 뱀의 무덤이 있다고 말하지 않았는가. 그는 이것을 정말로 봤을까?)[14] 또는 변명을

14 헤로도토스의 날개 달린 뱀은, 이스라엘 네게브 사막의 마크테시 라몬에서 발견된 양서류 화석이라는 설이 있다. 그밖에도 서부 사막에 매장된 스피노사우루스에 대한 묘사, 이집트의 석관들에서 발견되는 깃털날개를 가진 뱀에 대한 묘사, (헤로도토스가 날개로 착각한) 우산 모양의 목hood이있는 코브라에 대한 묘사에서 기원한다는 설이 있다.

계속한다면, 아리스토텔레스가 레스보스에서 결코 먼 걸음을 한 적이 없다는 것이다. 칼로니의 언덕은 뜨거웠고, 그는 항해에 서툴렀기 때문이다. 테오프라스토스가 깜빡 잊고, 그에게 규화목에 대해 말해 주지 않았을 수도 있다. 이 모든 것이 가능하다. 그러나 나는 그가 기록들을 고의로 무시한 것인지, 아니면 자신의 눈으로 본 증거까지도 무시한 것인지 궁금하다. 요컨대, 만약 당신이 유기체의 영원성과 불멸성을 믿는다면 화석숲을 단지 돌투성이 들판으로 여기고 묵살할 수도 있다.

95

테오프라스토스가 화석에 관한 책을 썼을지도 모른다는 사실이 우리를 조바심치게 한다. 만약 그렇다면 자신의 스승이 가지 않은 길에 들어선 것이기 때문이다.

처음 내디딘 걸음들은 작고 조심스럽다. 트라키아의 밀, 이집트의 석류, 아풀리아의 올리브와 같은 재배종들 사이의 차이점을 논하면서, 테오프라스토스는 식물이 (부모에게서 받은) 씨앗과 환경에 의해 형성된다는 점을 인식한다. 이것은 지극히 평범한 사실이다. 하지만 그는 재배종을 한 곳에서 다른 한 곳으로 옮겨 심을 때, 불과 몇 세대 만에 새로운 성질을 얻는다고 설명한다.

> 게다가 이 두 번째 원천[환경의 차이]로부터 종류(즉 변종)의 특성이 나타난다. 처음에 자연에 어긋났던 것이, 한동안 지속되고 개수가 늘어나면서 자연스럽게 되는 것을 종종 발견할 수 있다.

이것은 전혀 아리스토텔레스적이지 않다. 이것은 형상적인 본성formal nature의 경계가 이동하는 것을 허용하는 것이다. 또한 이것은 아리스토텔레스가 그토록 분리하려고 노력한 형상인과 질료인을 뒤섞는 것이다. 그러나 테오프라스토스는 여기서 멈추지 않고, 다른 나라에서 발견된 재배종이 '유용하다'고 주장한다. 이것은 트라키아의 밀이 늦게 싹튼다는 것을 의미한다. 트라키아의 겨울은 혹독한데, 어떤 식물의 씨앗을 트라키아에 심으면 시련에 잘 대처하여 결국 변화한다는 것이다. 테오프라스토스의 식물들은 완벽하게 적응하지 못하지만, 향상될 수 있을 것이다. 그의 세계관 역시 목적론적이지만, 아리스토텔레스의 세계관이 완벽하고 고정적인 반면 테오프라스토스의 세계관은 우발적이고 유동적이다.

그는 큰 이론을 제시하는 데 너무 겸손하고 꾸준하고 신중하다. 그래서 우리는 그의 가장 급진적인 주장을 놓치기 쉽다. 지금까지 테오프라스토스는 밀과 포도의 새로운 품종의 기원에 대한 이야기를 해왔다. 만약 이것이 진화라면, 지극히 평범한 종류의 진화라고 할 수 있다. 하지만 종의 기원에 초점을 맞추면 어떨까? 한 종류의 식물이 다른 식물로 변형(*metaballein*)될 수 있을까? 식물학자들은 그렇다고 말한다. 우러러보면 신비롭기 그지없지만, 이것은 분명히 일어날 수 있는 일이다.

밀은 아이라(*aira*)로 변형될 수 있다. 이것은 밀과 다른 종류의 곡식이고, 잎을 보면 구분할 수 있다고 그는 말한다. 어떤 사람들은 한 종류가 다른 종류로 변형될 수 있다는 것을 의심하며, 비가 특별히 많이 내렸던 해에 밀밭에서 아이라가 자랐을 뿐이라고 말한다. 그러나 테오프라스토스는 계속해서, '최고의 권위자'들은 많은 사람들이 밀을 뿌렸음에도 아이라를 수확한다는 데 동의한다고 말한다.

음, 그리스의 농부들이 때때로 밀을 뿌리고 아이라를 수확했다는 것이 거짓말은 아닐 것이다. 이것은 아마도 사실일 것이다. 그러나 설명을 들으면 대단한 사건 같지만, 알고 보면 사람을 까무러치게 할 만한 변형은 아니다. 테오프라스토스가 말한 것처럼 '아이라'는 밀과 완전히 다른 종으로, 독보리(학명: *Lolium temulentum*)라고 부르는 잡초다. 그리고 아이라가 밀밭에 가득 찰 수 있는 이유는, 독보리의 종자가 밀알과 매우 비슷해서 구분하기가 어렵기 때문이다.[15] 따라서 밀이 독보리로 변형된다는 것은, 종자를 분류하는 데 실패한 농부가 독성 잡초가 가득 찬 밭을 설명하기 위해 생각해 낸 변명일 뿐이다.

그러나 테오프라스토스의 진화론적 주장에는 자신도 모르는 진리가 담겨 있다. 독보리 자체가 밀로 변이한 것은 아니지만, 독보리 씨앗이 밀알과 매우 흡사한 것은 바로 이런 방식으로 진화했기 때문이다. 이에 대한 역사는 레반트Levant의 고고학에 적

15 밀과 독보리의 차이는 빵을 만들어 보면 분명히 알 수 있다. 어떤 균류 공생자fungal symbiont가 (현기증, 혼수상태, 또는 사망의 원인이 되는) 정신독소인 알칼로이드alkaloid와 신경독소인 인돌디페르펜indolediterpene의 혼합물을 독보리의 씨앗에 주입한다. 아티카Attica에서 아이라는 엘레우시스Eleusis의 의식에 쓰이는 약물이었고, 중세 유럽에서 이것은 종교적 황홀감religious high을 얻기 위해 사용되었다. 밀의 종자에 은밀하게 끼어드는 경향 때문에, 잘못된 믿음을 상징하는 메타포로 사용되기도 했다. 마태복음 13장 24~30절에 나오는 '잡초tare'가 바로 아이라다. ('아니다. 너희들이 잡초를 뽑는 동안 그것들과 함께 밀도 뽑지 않겠느냐. 둘은 수확할 때까지 함께 자란다. 그리고 추수할 시기에 나는 추수하는 사람들에게 말할 것이다. 너희들은 먼저 잡초를 모아 묶어서 그것들을 태워라. 그러나 밀은 내 곳간에 모아라.') 17세기에 이것은 멸망과 교황의 상징이었다.

혀 있다. 독보리는 바빌론 이전부터 존재한 잡초였다. 농부들은 신석기 시대부터 종자에서 이것을 골라냈다. 그러나 씨앗의 분류sorting는 선택selection이고, 선택은 유전 가능한 변이가 주어진 경우 진화evolution로 이어진다. 잡초는 수천 년 동안 농부의 체를 더 잘 피하기 위해 곡식을 닮는 쪽으로 진화했다. 기원전 4세기경, 이것은 유럽의 종자은행을 감염시킨 뻐꾸기 같은 존재였다. 이런 잡초를 없애려면 현대의 화학적 제초제가 필요했다.

테오프라스토스가 이런 진화론적 이야기를 믿었을까? 아마도 그런 것 같다. 어쨌든 그는 한 계절에 변형이 일어날 수 있음을 받아들인다. 사실 그는 자신의 밀/독보리(이것은 식물의 발생에 대해 그가 고려해야 할 몇 가지 '문제' 중의 하나다)에 대해 불안해 하지만, 이 사실을 확신하면서 이론에 반영한다. 그는 변형의 기원을 논의하며, 종자에 일어난 모종의 '변질corruption'이 배아의 '출발점'을 '좌지우지한다'는 결론을 내린다. 그는 계속해서, 이것은 여성(암컷 동물) 또는 훨씬 더 부자연스러운 무엇something even more unnatural이 생산될 때 일어나는 것과 유사하다고 말한다. 왜냐하면 그리스인들은 '땅을 여성으로' 생각하기 때문이다.

그는 아리스토텔레스의 괴물 이론을 단지 하나의 자연적인 종류가 다른 자연적인 종류로 진화하는 것을 설명하기 위해 사용한다. 이것은 다윈의 위대한 생명나무에 대한 비전과 여전히 거리가 멀지만 진화라고 할 수 있다. 우리는 아리스토텔레스를 읽을 때, 종종 진화론의 압박을 느낀다. 이럴 때 우리는 (사실은 진화론이 없는) 텍스트에 진화론적 선입관을 투사하고 있는 것은 아닌지 의심해야 한다. 그러나 이런 압박이 있었던 것이 확실해 보인다. 왜냐하면 한때 그의 제자였고, 동료였고, 계승자였고, 20년이 넘도록 그의 친구였던 테오프라스토스가 굴복했기 때문이다.

96

아리스토텔레스와 다윈을 모두 좋아하는 윌리엄 오글은 이 둘이 직접 만났다면 얼마나 좋았을까 하고 생각했다. 다윈에게 보낸 편지에서, 그는 그리스인인 아리스토텔레스가 영국인인 다윈의 다운하우스Down House에 도착하는 장면을 상상한다. 아리스토텔레스는 다윈을 의심한다. 그는—작가들이 으레 그러듯—연구실 책장에서 자신의 책을 찾는다. 그는—작가들이 으레 그러듯—자신의 책이 한 권도 없는 것을 보고 소스라치게 놀란다. (이것은 사실이었다. 다윈이 스스로 인정했듯이, 그는 자신이 알았던 왜소한 그리스인을 오랫동안 까맣게 잊고 있었다.) 또한, 아리스토텔레스는 자신의 견해가 단지 골동품 수집가의 관심사였고, 자신의 숙적宿敵인 데모크리토스가 승리했다(사실, 다윈으로 환생했다)는 사실을 알고 까무러쳤을 것이라고 오글은 말한다. '그러나 나는 아리스토텔레스를 진리의 정직한 탐구자honest hunter after truth로서 무한히 신뢰합니다.' 오글은 이렇게 쓴다. '그러므로 모든 것을 당신에게 유리하게 쓸 것이라는 말을 듣고, 나는 그가 진실한 사람으로서 마지못해 동의하고 자신의 책을 모두 불살라 버렸을 것이라고 믿습니다.'

다음과 같은 결론을 내린 것으로 보아, 오글은 지나치게 낙관적인 것 같다. 첫째, 아리스토텔레스는 데모크리토스가 자연 속 설계design in nature의 출현을 의식하지 못했음을 비웃듯 지적한 후, 우선순위를 분명히 하면서 다윈이 이론의 중심에 목적인을 배치한 것을 축하했을 것이다. 둘째, 그는 범생설을 히포크라테스 이론의 워밍업 정도로 일축하고, 자연선택을 엠페도클레스의 푸념에 새로운 딱지를 붙인 것 정도로 치부했을 것이다. 첫 번째 결론은 맞고, 두 번째 결론은 틀리다. 그는 신세계의 생물상에 매혹되고 화석에 깊은 인상을 받았을 것이다. (우리는 메가테리움을 무시할 수 없다.) 아마도 성찰을 통해 그는 종이 진화한다는 사실을 인정하고, 생명의 질서에 대한 자신의 웅장한 시각이 더욱 웅장한 시각에 흡수되었다는 점을 수긍했을 것이다. 내 생각은 이렇다.

만약 내 생각대로 하려면 자신의 형이상학 중 일부를 폐기해야 하지만, 형이상학과 과학이 단절될 수 있는 한 그의 과학에서는 버릴 것이 별로 없다. 일찍이 테오도시우스 도브잔스키가 발언하여 유명해진 것처럼, 진화생물학자들은 '진화의 관점에서 보지 않으면, 생물학에서 의미 있는 것은 아무것도 없다'라고 끊임없이 반복한다. 이렇게 감정 섞인 주장은 훌륭하고 호소력이 있고 창조론자가 버티고 있는 한 늘 유용하겠지만, 진화론 없이도 해결할 수 있는 생물학적 문제들은 많다.

아리스토텔레스의 이해는 다윈이나 우리의 이해와 다르지 않다. (i) 생명체에서 볼 수 있는 복잡한 형태와 기능은 질서나 정보의 주요 원천으로, 아리스토텔레스의 '형상적 본성' 또는 간단히 '형상'을 필요로 한다. (ii) 이러한 형상들은 역동적이고 자기복제적인 시스템self-replication system이다. (iii) 이것(형상)들은 종류마다 다양하므로, 여러 종류들에게 다양성을 부여한다. (iv) 이것들은 발생과 생리학에서 물질의 흐름을 변경함으로써 힘을 발휘한다. (v) 유기체는 내부에서 변형된 영양분을 통해 이러한 물질을 얻는다. (vi) 이런 물질은 양적으로 제한되어 있다. (vii) 몸의 각 부분들의 제조, 후손의 생산, 진정한 생존은 모두 물질을 소비한다(즉, 비용이 든다). (viii) 이 비용은 유기체의 형태와 기능을 제한하며, 하나를 수행하거나 만들려면 이에 상응하는 비용(다른 것은 수행하거나 만들지 못함)을 치러야 한다. (ix) 이러한 비용은 절대적이지 않으며, 어떤 유기체는 다른 유기체보다 비용의 영향을 더 많이 받는다. (x) 이러한 물질적 제약은 (우리가 세계에서 볼 수 있는) 동물의 다양성을 제공하기 위한 기능적 요구에 알맞게 작용한다. (xi) 동물의 모든 신체부위들은 이들이 생활하는 환경에 적합하다. 즉, 한마디로 적응하고 있다. (xii) 상이한 기관들의 기능은 서로 의존한다. 즉, 생명체는 통합된 전체integrated whole로 이해되어야 한다. 현대 진화과학의 많은 부분이 이 목록에 포함되어 있지만, 진화는 없다.

당신은 이런 유사성들이 피상적이라며 반대할 수도 있다. 요컨대 진화론은 동역학적 이론이고 아리스토텔레스의 세계는 정적static이라고 말이다. 그러나 동역학은 어렵기 때문에, 생물학자들은 동물들의 특징을 설명할 때 종종 평형상태의 세계를 가정한다. 아리스토텔레스와 마찬가지로, 우리에게 남아 있는 것은 일련의 가능해possible solution 중에서 최적해optimal solution를 찾기 위한 공학적인 문제다. '자연은 모든 종류의 동물들에게,' 그는 이렇게 말한다. '여러 가지 가능한 것들 중에서 최선의 것을 행한다.' 이것은 공학자의 신조이고, 생체역학과 사회생물학을 비롯한 모든 유기체 설계 과학science of organismic design의 출발점이다. 아리스토텔레스가 동물의 운동에 관한 책에서 이 원칙을 확립하고 이것을 기본원칙으로 선포한 것은 결코 우연이 아니다.

나는 아리스토텔레스의 목적론 + 유물론적인 설명에 반대했지만, 그는 양다리를 걸치는 것이 전혀 문제가 안 된다고 생각하는 것이 분명하다. 몸의 각 부분들의 연관성을 설명할 때, 그는 때로는 기능적 조화functional harmony 때로는 신체의 경제학bodily economics에 호소하지만 종종 둘 다 선택하기도 한다. 예컨대 가오리가 연골을 가지고 있는 것은 헤엄치는 방식을 감안할 때 유연함이 필수이기 때문이지만, 단단한 피부를 만드는 데 흙물질을 모두 써 버리는 바람에 뼈로 갈 것이 하나도 남지 않았기 때문이기도 하다. 이런 이중적 주장double-barreled argument은 중복되는 것처럼 보이지만 사실은 그렇지 않다. 단지 추가적 전제additional premise가 없을 뿐. 아리스토텔레스의 입장에서 볼 때 기능적 요구functional demand와 자원의 할당allocation of resource은 조화를 이루고 있다. 왜냐하면 '자연은 헛수고를 하지 않기' 때문이다. 바이벨과 테일러는 『동물 설계의 원리』(1998)에서 이것을 '동형태성의 원리principle of symmorphosis'라고 부른다.

서구사상의 역사는 목적론자들로 뒤덮여 있다. 기원전 4세기의 아티카부터 21세기의 캔자스까지, 목적론적 논증Argument from Design은 매력을 결코 잃지 않았다. 그러나 아리스토텔레스와 다윈은, 유기체의 세계가 설계로 가득 차 있을망정 설계자는 없다는 특이한 확신을 공유한다. 그러나 만약 설계자가 죽었다면, 이 설계로 이득을 보는 것은 누구일까? 이것은 검사가 품는 의문과 똑같다. 이 범행으로 이득을 보는 것은 누구일까*cui bono*?

다윈은 개체가 이득을 본다고 대답했다. 생물학자들은 이 이후 끊임없이 대답을 시도했다. 이들이 적어낸 답안은 밈meme, 유전자, 개체, 그룹, 종, 이것들의 부분적 또는 전체적 조합組合이다. 아리스토텔레스는 전반적으로 다윈에게 동의하는 것처럼 보인다: 기관organ은 동물 개체의 생존과 번식을 위해 존재한다. 그의 생물학에서 꽤 많은 부분이 익숙하게 보이는 것은 바로 이 때문이다.

그러나 아리스토텔레스의 목적론과 다윈의 적응론adaptationism 사이에는 심오한 차이가 있다. 이것은 사슬처럼 이어진 유기체 설계 이론의 교리문답집을 읽어 나갈 때 드러난다. 코끼리는 왜 긴 코를 가지고 있을까? 스노클링을 하기 위해서다. 왜 스노클링을 해야 할까? 느리고 늪지에서 살기 때문이다. 왜 느릴까? 몸집이 크기 때문이다. 왜 클까? 자신을 지키기 위해서다. 왜 자신을 지킬까? 생존하고 번식하기를 원하기 때문이다. 왜 생존하고 번식하기를 원할까? 왜냐하면…

왜냐하면, 자연선택이 코끼리를 스스로 번식하도록 설계했기 때문이다. 다윈은 '왜'의 행진을 멈추고, 목적론적 질문에 기계론적으로 화답했다. 오글이 다윈을 데모크리토스의 환생이라고 찬양한 것은 바로 이 때문이다. 아리스토텔레스의 유기체 목적론organismal teleology이 다루기 힘든 문제에 봉착했을 때, 다윈은 몇 가지 간단한 조건이 주어지면 유기체가 출현할 수 있음을 보여주었다. 다윈은 존재론적 환원주의자ontological reductionist이지만 아리스토텔레스는 아니다.

그렇다면 아리스토텔레스의 동물들은 왜 생존하고 번식하려고 노력하는 것일까? 아리스토텔레스는 자연선택을 거의 들먹이지 않는다. (그는 적어도 한 가지 버전의 자연선택을 기각했다.) 그는 '이들은 그냥 그렇게 한다'라고 말했어야 했고, 더 이상 왈가왈부할 필요가 없었다. 그러나 명색이 아리스토텔레스이기 때문에, 그는 아름답고 조금 신비로운 대답을 내놓는다. 생명체들은 생존하고 번식하고자 하는 욕구를 지녔기 때문에 '영원하고 신성한 활동에 참가할' 수 있다고 그는 말한다. 생명체가 영원한 활동에 참가하고자 하는 욕구를 지녔다고 주장하는 것은, 생명체가 멸종하지 않도록 설계되었다는 것을 의미한다. 그럼 설계로 이득을 보는 것은 누구일까? 결론적으로 말해서, 유기체의 설계로 이득을 보는 것은 개체가 아니라 이들의 형태form/종류kind와 종species이다. 왜냐하면 개체는 늘 죽기 마련이지만, 형태/종류와 종은 영원히 지속되기 때문이다.

여기서 한 가지 짚고 넘어가야 할 것이 있다. 아리스토텔레스가 신성한 것을 언급할 때, 그가 존재하지도 않는 신성한 장인divine craftsman을 염두에 두고 있다고 생각해서는 안 된다. 그는 오히려 불멸이 신성한 존재의 속성이며, 번식이 동물들을 조금 신성하게 만든다고 우리에게 말하고 있다.

우리는 바야흐로 아리스토텔레스의 신학theology—우주는 왜 그런 방식으로 배열되어 있고, 불멸의 신과 어떤 관계에 있는지에 대한 궁극적인 설명—에 발을 들여놓고 있다. 왜 동물 종류는 불멸이어야 할까? 이 질문에 대한 대답은 설명의 종착점이다. 이것은 모든 아리스토텔레스 과학의 밑바탕에 깔린 자명한 공리 중 하나이며, 다른 모든 것은 거기에서 파생된다. 이것은 간단하다: 존재하지 않는 것보다 존재하는 것이 더 낫다.

코스모스

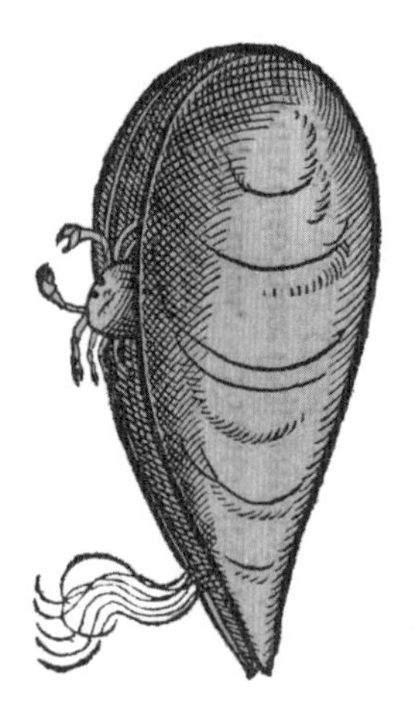

키조개게(*Nepinnotheres pinnotheres*) & 키조개(*Pinna nobilis*)

키조개게(*Nepinnotheres pinnotheres*) 혼자서는 살지 못하고, 다른 생물에 기생해서 살아가며, 하나같이 크기가 작다. 성인 남성의 엄지손톱을 넘어가는 크기를 가진 정도에 불과하다. 숙주는 주로 조개나 굴 같은 이매패류(二枚貝類)가 거의 대부분을 차지하지만 해삼이나 물고기 등에 기생하는 종류도 있다. 기생을 하면서 살기 때문에 눈은 퇴화되었다.

키조개(*Pinna nobilis*) 홍합목 키조개과의 대형 조개. 폭이 좁고 아래로 갈수록 넓은 삼각형 모양의 껍데기가 키와 닮았다고 해서 키조개라는 이름이 붙었다. 식용 조개중 껍데기가 가장 큰 것으로 유명한데 이 껍데기는 식칼처럼 쓸 수 있을 만큼 날카롭다. 몸체의 거의 대부분을 물속 진흙바닥에 숨긴 채 수관水管으로 플랑크톤 등의 부유물을 걸러 먹고 산다.

97

아리스토텔레스가 '완전함'을 말할 때, 우리는 그의 의도를 자칫 단순한 동물학적 관점에서 이해하기 쉽다. '더 완전한' 자손은 '덜 완전한' 자손보다 더 충분히 발달한more fully developed 상태로 태어난다고 말이다. 그리고 어떤 기관의 배열이 다른 기관보다 '낫다'고 말할 때, 그는 왠지 더욱 정상적인 기능quite normal function을 염두에 둔 것처럼 보인다. 하지만 그가 생명체의 질서에 대한 자신의 견해를 드러낼 때, 또 다른 형이상학적 가치체계가 작동한다는 심증이 굳어진다.

아리스토텔레스의 동물기하학(위-아래above-below, 앞-뒤before-behind, 왼쪽-오른쪽left-right)은 현대 생물학의 기하학(전방-후방anterior-posterior, 복측-배측dorsal-ventral, 좌측-우측left-right)과 일치하지 않는다. 이것은 충분히 납득할 만하다. 그의 기하학은 기능적 유사성functional analogy을 파악하려고 노력하는 데 반해, 우리의 기하학은 구조적 상동성structural homology을 포착하려고 노력하기 때문이다. 극pole에 대한 그의 평가는 더욱 이질적이다. 그는 '위'가 '아래'보다 더 '고결'하고(또는 '가치'있고), '앞'이 '뒤'보다 더 고결하고, '오른쪽'이 '왼쪽'보다 더 고결하다고 말한다. 이런 평가에 대한 얼마간의 생물학적 이유는 분명히 존재한다. 감각기관이 엉덩이나 꼬리보다 더 유용하고, 대부분의 사람들에게 먹는 것이 배설하는 것보다 더 즐겁고, 더 많은 사람들이 왼손잡이보다는 오른손잡이이기 때문이다. 그럼에도 불구하고 우리는 고결이나 가치라는 개념이 기능생물학functional biology에서 차지할 만한 자리가 있는지 궁금해 할 수 있다. 우리의 생물학에는 이런 개념이 머물 만한 공간이 없다.

그러나 그의 목적론은 이런 가치판단value judgement들로 가득하다. 몸의 한복판에 있는 심장의 위치는 발생적 기원과 직결된다고 그는 말한다. 좀더 자세히 살펴보면 심장은 '아래'보다는 '위', '뒤'보다는 '앞'에 치우쳐 있는데, 이는 아리스토텔레스의 가치판단 기준에 부합한다. '자연은 자리를 배정할 때, 뭔가 더 중요한 일이 없다면 더 고결한 것을 더 고결한 곳에 놓는다.' 이 말은 저녁식사 때의 좌석배치도를 연상시킨다. 그러나 좀 까다로운 의문을 제기하는 독자들도 있을 것이다. (인체의 정점이라고 할 수 있는) 심장이 (열등한 자리인) 왼쪽에 자리잡은 이유가 뭘까? 아리스토텔레스는 이런 의문을 잠재우기 위해 '자연이 아무것도 하지 않을 때…'라는 전제조건을 단다. 그리고는 '왼쪽이 지나치게 냉각되는 것을 상쇄하기 위해' 그곳으로 가야 한다'는 명백히 임기응변적인 설명ad hoc explanation을 내놓는다. 그의 설명을 쉽게 풀어 쓰면 다음과 같다: 몸의 오른쪽은 고결하기 때문에 왼쪽보다 뜨겁고, 특히 인간의 경우에는 더 그렇기 때문에, 왼쪽의 상대적인 냉기를 보상하기 위해 심장이 그곳으로 이동해야 한다.

고결을 들먹이지 않을 때도, 아리스토텔레스는 특정한 기하학적 배열이 기능적 가치와 별개로 다른 것보다 단순히 '낫다'고 생각하는 것처럼 보인다. 그는 기관들이 단일한 근원을 가지고 있는 것을 바람직스럽게 여기며, 대칭을 좋아한다. 감각중추로서 몸의 한복판에 자리잡고 있다는 점을 감안할 때, 심장은 3개의 방으로 구성되는 것이 '최상'이다. 그리고 셋 중에서 한복판에 있는 방은, 다른 방들의 균형을 잘 잡아 주는 단일 근원으로 안성맞춤이다. 이것은 그의 생물학의 어두운 면으로, 유명한 피타고라스적(아니, 그보다는 플라톤적) 가치 개념의 영향력이 느껴진다. 『티마이오스』의 생물학—만약 생물학이라고 부를 수 있다면—은 종교적 가치가 가득하다기보다는 종교적 가치에 기반하고 있다.

플라톤의 영향은 아리스토텔레스가 인간을 고려할 때 가장 명확히 드러난다. 그는 드러내놓고, 인간은 우리가 알고 있는 가장 완전한 동물이기 때문에 모든 동물의 모델이 된다고 말한다. 신체의 축axe은 인간의 몸에서 가장 두드러진다. 다른 동물들에게도 축이 있지만 혼란스럽기 그지없다(네발동물은 위-아래와 앞-뒤가 동일하다는 점을 명심하라). 마찬가지로, 감각혼에 의해 조절되는 동물들의 특징—용기, 겁, 지능 등—은 다른 동물들보다 인간에게 더 발달되어 있다. 이런 특징들 중 일부에 대한 인간의 예외성은 단지 양적quantitative일 뿐이고(인간과 다른 동물들의 특징을 수치로 환산하여 비교할 수 있다), 어떤 특징들의 차이는 질적qualitative이다(인간과 다른 동물들의 특징을 유추할 수는 있어도 비교할 수는 없다). 작고 아름다운 둥지를 짓는 제비를 보며 지능을 떠올릴 수 있지만, 인간의 지능은 제비의 지능과 범주가 완전히 다르다.

감각혼의 능력은 인간에게 가장 발달해 있기 때문에, 개체별 차이는 어떤 동물보다도 인간들 사이에서 가장 확연하다. 우리는 이것을 남녀의 차이에서 볼 수 있다. 남성은 일반적으로 여성보다 용맹스럽고 충직하지만, 동정심이 적고 기만적이고 수치심이 없고 시기심이 많고 강박관념을 느낀다. 암컷 갑오징어를 삼지창으로 건드리면 수컷은 짝을 돕기 위해 영웅적으로 주변을 맴돌지만, 수컷을 건드리면 암컷은 단지 달아날 뿐이라고 아리스토텔레스는 말한다(그러면서, 갑오징어의 암수 차이는 인간의 남녀 차이에 비하면 아무것도 아니라고 덧붙인다). 아리스토텔레스는 일반적으로 여성의 특징에 대해 어설픈 시각을 가지고 있는 듯하다. 그는 여자가 남자보다 덜 완전하다고 생각한다. 『동물의 발생에 관하여』에서는 한술 더 떠서, 여성을 가리켜 '미성숙하다', '결함이 있다', '기형이다', 심지어 '괴물'이라고 한다. 페니미스트 학자들은 이 점을 중시해 왔다.

나는 페미니스트 학자들의 심정을 충분히 이해한다. 그러나 나는 아리스토텔레스의 젠더 이데올로기gender ideology를 문제 삼고 싶지 않으며, 오직 그의 과학에 집중하고 싶다. 그렇다고 해서 그에게 아무런 이유가 없는 것은 아니다. 물론 명색이 아리스토텔레스이므로 나름의 이유가 있다. 그는 이렇게 묻는다: 남성과 여성은 왜 서로 다른 몸을 가지고 있을까? 그는 식물을 예로 들며 굳이 이럴 필요가 있냐고 반문한다. 그렇다면 성별 분리separate sexes가 필요한 이유가 설명되어야 한다.[1]

그의 설명은 목적론적이다. 동물들(적어도 대부분의 동물들)이 구별되는 성을 갖는 이유는, 이것이 '더 나은' 방식이기 때문이다. 성을 갖는 것이 더 나은 이유는 매우 추상적이다. 아리스토텔레스가 '다름(*la différence*)'을 표현하는 방식 중 하나는, 수컷은 운동인을 암컷은 질료인을 각각 자손에게 제공한다고 말하는 것이다.

---

1 그가 유성생식 자체가 아니라 성별 분리의 존재를 설명하는 데 주목하라. 그는 현대적 질문(유성생식이나 재조합recombination과 이 비용에 대한 적응적 설명)에는 관심이 없다.

운동인은 동물의 정의definition와 형상을 포괄하므로 질료인보다 우월하다고 그는 주장한다. 그리고 만약 우월한 것이 열등한 것과 섞이지 않는다면, 이것이 더 낫다고 말한다. 이것은 자명하다. 따라서 수컷과 암컷이 한 몸에 있는 것보다 딴 몸에 있는 것이 더 낫다.

성별 분리의 존재는 번식에 가담하는 당사자들 사이의 역할 분담에 기인하며, 둘 중에서 수컷이 우월한 역할을 수행한다. 우월하다? 그는 실제로 '더 신성하다'고 말한다. 음, 이 역할은 적어도 암컷에게 어떤 삶의 목적을 제공한다. 아리스토텔레스의 성생물학sexual biology의 나머지 부분은 다음과 같은 왜곡된 평가들과 일치한다: 여자는 정액이 월경액을 '정복'하는 데 실패할 때 탄생한다. 수컷이 암컷보다 더 뜨겁다. 정액이 월경액보다 더 순수하다. 형상이 질료보다 우월하다 등등. 그는 이런 것들에 대한 경험적 증거를 전혀 제시하지 않는다. 그런데 거세된 환관들을 보면 신체가 훼손되고 여성화된다. 암컷에게 결함이 있다는 추론은—실제로는 그렇지 않지만—사리에 맞는 것처럼 보인다.

한 종種으로서의 인간이라는 주제로 돌아오면, 연결하기와 설명하기에 대한 그의 열정은 늘 식지 않으며 끝이 없다. 그는 인간의 특징에 대한 긴 목록들—성욕, 성적 분비물의 양, 생식력, 체위, 사지, 신체 비율, 발모 상태, 혈액형, 심장의 구조, 사회성, 그리고 무엇보다도 지능—을 한데 엮어, 복잡한 인과적 그물causal web을 만들어 낸다. 예를 들어 성교를 통해, 우리는 이러한 그물의 거의 모든 지점으로 들어갈 수 있다.

아리스토텔레스는 인간의 성욕이 유난히 강하다고 생각한다. 임신 중에 성교를 하는 동물은 인간과 말밖에 없다. 인간이 이러는 이유는, 다른 어떤 동물보다도 몸집에 비해 많은 씨를 생산하기 때문이다. 여자 역시 몸집에 비해 유난히 다산적인 것은, 월경액을 너무 많이 생산하기 때문이다.[2] 대부분의 대형동물들은 한 번에 한 마리의 새끼를 낳는데, 인간 여성도 일반적으로 그렇다. 그러나 여성은 종종 두 쌍둥이나 세 쌍둥이를 낳기도 하며, 그는 심지어 네 쌍둥이를 낳았다는 이야기를 들었다고 한다.

왜 우리는 많은 씨를 생산하는 것일까? 아리스토텔레스는 두 가지 대답을 하는데, 둘 다 그의 생리학에 근거를 둔 것이다. 첫째는 우리가 모든 동물들 중에서 가장 뜨겁고 유동적인 몸을 가지고 있다는 것이다. 둘째는 우리가 벌거숭이라는 것이다. 다른 동물들과 달리 우리는 엄니, 뿔, 심지어 털도 많지 않다. 왜냐하면 우리는 영양분을 이런 것에 소모하지 않고 씨를 만드는 데 쓰기 때문이다. 아리스토텔레스는 특히 머리카락이 정액을 많이 고갈시킨다고 주장한다. 그가 관찰한 바에 따르면, 환관과 여자들은 남자들보다 체액을 훨씬 덜 소모하기 때문에 대머리가 되지 않는다고 말한다. 한편 대머리 남자는 유난히 성교에 열중한다. 또한 정액은 뇌로부터 물질을 배출하므로 과도한 성교는 눈을 퀭하게 만드는 원인이라고 그는 생각한다.[3]

---

2 인간 여성이 다른 어떤 종보다도 많은 월경액을 분비하는 것은 사실이다. 그러나 남성이 다른 포유동물보다 몸집에 비해 많은 정액을 생산하는 것은 아니다. 수퇘지는 250mL의 정액을 생산하고 사정한다. 남성의 정액은 약 2.5mL다. 몸무게가 같다고 가정하면, 단위 체중당 사정량은 남성이 훨씬 적다. 사실 성교 횟수를 고려할 때, 남성은 대부분의 가축들보다 단위 체중당 적은 양의 정액을 생산한다.

3 뇌는 상위 인지능력higher cognition의 중심이 아니라 일종의 냉각장치기 때문에, 뇌에서 물질이 배출되는 것은 보기보다 해롭지 않다. 따라서 아리스토텔레스의 견해에 따르면, 문자 그대로 뇌에서 물질을 배출하며 섹스를 하더라도 인간은 인사불성이 되지 않는다.

이 모든 것은 아리스토텔레스가 『동물의 발생에 관하여』에서 기술한 내용이다. 그러나 인간의 예외성에 대한 궁극적인 이유는 『동물의 부분들에 관하여』에 있다. 이 책에는 인간이 왜 벌거숭이인지에 대한 설명이 적혀 있다. 단도직입적으로 말해서, 인간이 벌거숭이인 것은 궁극적인 무기를 보유한 유일한 동물이기 때문이다. 이것은 원하는 모든 무기—발톱, 손톱, 뿔, 창, 칼—로 변할 수 있는 최종병기로, 바로 손이다. 우리의 손은 이 모든 것들을 만들 수 있고 쥘 수도 있다. 그리고 경제의 원칙('자연은 헛수고를 하지 않는다')에 따라, 우리는 다른 어떤 것도 필요하지 않다.

우리는 왜 손을 가지고 있는 것일까? 아낙사고라스에 의하면, 인간이 가장 지적인 동물인 것은 손을 가지고 있기 때문이라고 한다. 이것은 인과관계의 진정한 방향을 뒤바꾼 것이라고 아리스토텔레스는 말한다. 아낙사고라스의 말과 정 반대로, 우리는 가장 지적인 동물이기 때문에 손을 가지고 있다. (왜냐하면 지능이 뛰어난 동물만이 손을 쓸 수 있기 때문이다.) 게다가 우리는 두 발로 서는 유일한 동물이기 때문에 손을 가질 수 있다. 그렇다면 우리는 왜 두 발로 서는 것일까? 우리가 이런 방식으로 성장하기 때문이다. 우리는 다른 동물들보다 키가 클 뿐만 아니라 지능도 높다. 그리고 우리는 이러한 방식으로 성장한다. 왜냐하면 우리는 모든 동물들 중에서 가장 뜨겁기 때문이다. 뜨거움과 더불어, 우리는 순수하고 가는 혈관들 덕분에 가장 지능이 높은 동물이 되었다. 따라서 자세와 지능은 물질적 필요성과 밀접하게 연결되어 있다.

이것은 목적인과도 연결되어 있다. 우리는 여기서 기나긴 인과적 사슬의 끝에 도달하게 된다. 우리가 두 발로 서서 이성적으로 생각할 수 있는 것은, 단지 가장 완전한 동물이기 때문이 아니라 가장 신성하기 때문이다. 이것은 물질에 대한 정의의 일부분 일 뿐이므로 설명할 필요가 없다. 따라서 우리가 여러 가지 면에서 특별한—심지어 넘치도록 충분하고 맹렬하게 호색적인—것은, 우리가 모든 동물 중에서 신神에 가장 가깝기 때문이다.

98

『동물 탐구』에서 동물들의 다양한 생활방식들을 논의하면서, 아리스토텔레스는 여러 가지 수준의 단계의 사회적 조직들을 구별한다. 대부분의 동물들은 단독생활을 하지만 일부는 군거생활을 한다. 하지만 몇몇 동물은 어떤 공동의 목표를 위해 함께 일한다는 점에서 '정치적'이라고 그는 말한다. 두루미는 '지도자에게 복종한다'[4]는 점에서 유난히 지적인 새라고 그는 생각한다. (지도자 격인 두루미는 큰 소리를 내며 무리의 이동비행 경로를 통제한다고 한다.) 그가 가장 좋아하는 정치적인 동물은 물론 꿀벌이다.

벌들의 복잡한 습관들은 분명히 그를 매료시킨다. 그는 이들이 한 번에 오직 한 종류의 꽃을 방문하는 방법, 동료들을 꽃밭으로 불러모으는 방법, 먹이를 가지고 벌집에 도착했음을 알리는 방법 등을 기록한다. (하지만 이에 대한 이유는 모른다.)[5] 일부 일벌

---

4 유라시아두루미 떼는 나팔 같은 소리를 내며 전체적인 비행을 조정하지만, 나는 이들 사이에 단일 지도자가 존재한다는 증거를 발견하지 못했다. 이들의 무리는 중앙집중식 명령을 필요로 하지 않으며, 지도자 없이 상호작용하는 집단 모델을 이용해 웬만큼 설명할 수 있다고 생각된다.

5 벌들은 실제로 한 번에 한 종류의 꽃만 찾아간다. 이는 '단일 꽃 방문single flower visitation' 현상으로 알려져 있다. 집으로 돌아오자마자 이들이 연출하는 동작은 1923년

들이 분주히 꿀을 생산하는 동안 다른 일벌들은 집을 짓고 다른 일벌들은 물을 길어 온다. 아름다운 분업의 현장이다. 지도자(아리스토텔레스는 '왕', 우리는 여왕이라 부른다)는 오직 한 가지 목적—더 많은 벌들을 생산함—에 적합하도록 설계된 전문가이기도 하다. 꿀벌들은 벌집의 유지라는 공동목표를 가지고 있다. 이들은 집을 청결하게 유지하고, 이를 지키다가 죽는다. 이들은 내부 경제를 인정사정 없이 규제하고, 필요한 곳에 잉여인력을 파견한다. 쓸모 없는 존재인 수벌들은 특히 위험에 처해 있다.[6]

이것은 모두 매력적이다. 그러나 꿀벌의 행동에 대한 논의는 아리스토텔레스의 생물학에서 미진한 부분, 즉 행동생태학behavioural ecology을 확연히 드러낸다. 그는 동물에 대해 수많은 것을 설명하지만, 이들이 왜 이런 행동을 하는지는 설명하지 않는다. 『동물의 습관에 관하여』는 『동물의 부분들에 관하여』, 『동물의 발생에 관하여』와 나란히 놓일 수 없다. 결과적으로 우리는 매우 흥미로운 질문에 대한 그의 답변을 알지 못한다.

예를 들어, 벌들은 자신들의 일을 어떻게 규제할까? 크세노폰은 『가정론』에서 한 가지 견해를 제시한다. 잘난 척 하는 등장인물인 이스코마코스는 소크라테스가 자신의 젊은 아내에게 가정관리의 노하우를 가르친 방법을 말하고 있다. 그에 의하면, 소크

과 1947년 사이에 카를 폰 프리슈에 의해 연구된 엉덩이춤waggle dance이다. 그러나 아리스토텔레스는 이것이 다른 벌들에게 보내는 신호라고 말하지 않는다. 그리고 일벌들은 몇 가지 전문화된 임무들을 수행한다.

6 흥미롭게도 아리스토텔레스는 수벌이 어떤 역할을 하는지 결코 설명하지 않는다. 꿀벌의 발생에 관한 자신의 모델에 따라, 수벌은 생식의 막다른 골목이고 아무런 일도 하지 않는다고 그는 말한다. 수벌은 '자연은 헛수고를 하지 않는다'는 그의 격언에 위배되는 것처럼 보인다.

라테스는 여왕벌을 롤모델로 제시했다고 한다. '여왕벌—왕이 아니라, 실제로 여왕이다—은 일벌들에게 해야 할 일을 지시하고, 먹이를 분배하고, 벌집 짓기와 새끼 양육을 감독한다. 사랑스러운 나의 아내여, 당신도 여왕벌과 똑같이 해야 한다.'

크세노폰의 책에 나오는 여왕벌은 계획경제의 지능적인 지배자다. 물론 아리스토텔레스가 아카데메이아에 있을 당시에 작성된 대화록이 버나드 맨더빌의 『꿀벌의 우화』 이상으로 양봉학에 기여한 것은 아니지만, 기원전 4세기의 그리스 지식인이 벌집의 운영 방식을 어떻게 생각했는지 짐작하게 한다. (크세노폰은 농장 경영자 부류의 사람이었기 때문에 『수렵론』 같은 훌륭한 에세이를 쓸 수 있었다.) 그러나 크세노폰의 견해는 아리스토텔레스의 견해와 같아 보이지 않는다. 아리스토텔레스의 지도자벌은 관리자 본능의 결여를 여실히 보여준다. 지도자벌은 더 많은 벌을 낳으며 빈둥거릴 뿐이다. 지도자벌이 결단력을 보여주는 유일한 때는, 새로운 벌집을 만들기 위해 무리를 이끌고 나갈 때다. 이것은 또한 묵인이 있어 가능하다. 일벌들은 젊은 지도자를 종종 죽이기도 하는데, 이 목적은 파벌 싸움으로 인해 벌집이 약화되는 것을 막는 것이다. 그리고 두 무리가 만나서 합쳐져야 한다면 한 지도자는 제거된다. 아리스토텔레스의 벌집에서는 프롤레타리아가 주도세력인 것처럼 보인다.

그러나 앞에서 말한 것처럼, 벌집의 구성 방법과 목표에 대한 아리스토텔레스의 생각을 정확히 알기는 어렵다. 왜냐하면 아리스토텔레스가 우리에게 직접 말해 주지 않았기 때문이다. 생태학적 논문이 없다는 것이 당혹스럽다. 벌집의 과학적 분석이 가능하다는 점을 시사하는 자료는 있다. 그는 『동물 탐구』에서 몇 가지 생태학적 일반화를 시도한다. 또한 『동물의 부분들의 관하여』에서, 그는 생리학이 동물의 특성에 영향을 미치는 메커니즘에 대해 몇 가지 아이디어를 기술한다. (이를테면, 온혈동물은 용감하고 냉혈동물은 겁이 많다.) 그러나 목적론과 기능생물학이 누락되어 있다. 아마도 이 내용은 오래 전 사라진 『동물의 습관에 관하여』에 수록되어 있을 것이다. 어쨌든 이 책은 현재 3분의 1만 남아 있는데, 그가 다른 책에서 언급하지 않기 때문에, 학설 모음집 편찬자들은 이것을 목록에서 제외했다. 또한 우리가 『정치학』이라고 부르는 책에 모든 동물 중 가장 사회적인 동물인 꿀벌에 대한 글을 이미 썼기 때문에, 굳이 한 권의 책을 쓸 필요가 없다고 생각했을 가능성도 있다.

99

'인간은 본성적으로 정치적 동물이다.' 이것은 가장 자주 인용되는 아리스토텔레스의 경구로, 『정치학』 I권에 나온다. 아리스토텔레스가 우리 종種에 대해 내린 정의로 인구에 회자되지만, 그런 것은 아니다. 어느 편이냐 하면, 이 말의 핵심은 인간과 몇몇 다른 동물들과의 공통점이 수두룩하다는 것이다. 아리스토텔레스의 정치학(*politikē epistēmē*)은 매우 사회생물학적이다. 정치학과 사회생물학의 첫 번째 공통점은 동물의 행동에 기반한다는 것이다. 그리고 둘 다 인간의 본성에 대한 강력한 견해에 입각하여, 선천적인 욕망과 능력innate desire and capability을 가정한다. 아리스토텔레스는 에드워드 윌슨E. O. Wilson과 스티븐 핑커Steven

Pinker의 견해에 동의할 것이다. 인간은 빈 서판blank slate으로 태어나지 않으며, 협력하려는 선천적인 욕망을 지니고 있다고 말이다.[7]

이러한 본능을 설명하기 위해, 아리스토텔레스는 국가의 기원에 대해 준準역사적 설명을 내놓는다. '이것은 가정의 형성에서 시작되었다. 가정의 기반은 남성과 여성의 결합이었다. 이것은 합리적 선택이 아니라, 단지 자식을 낳으려는 본능의 결과물이었다. 세상에는 지배자와 종속자 간의 결합도 있었는데, 이들은 보호를 위해 결합했다.' 그가 말하는 종속자란, 자연이 그리스인들에게 은혜롭게 제공한 가축과 노예를 의미한다. (교육을 덜 받은 야만인은 여자와 노예를 구별하지 않는다.) 그는 초점을 가정으로 바꿔, 여자와 노예가 구별되는 것은 자연이 다목적 장치를 만드는 짠돌이 구리 세공사가 아니기 때문이라고 덧붙인다. (만약 이런 비유가 익숙하게 느껴진다면, 곤충의 기관insect organ의 전문화에 대한 그의 주장에서 나왔기 때문이다.) 아리스토텔레스가 여자 없는 가정을 상상하지 못한다는 것은 이해할 만하다. 그러나 노예(또는 최소한 소牛) 없는 가정을 상상하지 못한다는 것은 특기할 만하다.

노예가 딸린 가정의 목적은 일상적 수요daily needs를 충족하는 것이었다. 다음으로 관련된 가정들이 모여 다세대 마을을 형성했는데, 물론 목적은 비일상적인 수요non-daily needs를 충족

---

7 아이러니하게도 빈 서판(*tabula rasa*)이라는 마음의 이미지는 『영혼론』(430aI)에 기원을 두고 있다. 그러나 이 이미지는 단지 신생아의 인지상태cognitive state가 아니라 지능의 작용workings of intellect을 설명하는 데 사용된다. (잠재적 사고potential thought가 실제 사고actual thought로 전환되는 것은 서판에 글을 쓰는 행위와 비교된다.) 이 이미지가 현대적으로 사용된 것은 이븐 시나(980~1037, 아라비아의 의사, 철학자 - 역주), 토마스 아퀴나스, 로크 때문이다.

하는 것이었다. 처음에는 마을들이 ('고대에 널리 퍼진 방식대로') 흩어져 있었지만, 뒤이어 이들은 완전한 자급자족을 위해 더욱 긴밀한 연합을 형성했다. 이렇게 하여 도시국가—폴리스(*polis*)—가 탄생했다. 국가에서 살 수 있는 능력, 그러려는 욕망, 그래야 할 필요성은 인간임을 나타내는 표시 중 하나다. 본성적으로 도시에 살 수 없는 사람은 '종족이 없고, 법이 없고, 무자비한' 괴물—그는 호메로스의 키클로페스Cyclopes를 인용한다—이거나 신이다.

대부분의 남자와 여자는 아기를 낳으려는 본능을 가지고 있고, 가축은 인간에게 봉사하려는 본능을 가지고 있다는 것은 논쟁의 여지가 없어 보인다. 이런 본능이 부모, 두 자녀, 한 마리의 개로 구성된 가정을 이룬다. 또한, 국가의 기원에 대한 아리스토텔레스의 설명—'경제적 능력을 향상시키려는 인간의 선천적 욕망이 국가의 복잡성을 증가시킨다'—은 후세에 등장한 국가의 기원에 관한 진화이론들과 닮았다. 그러나 그의 이야기에는 다소 어색한 요소가 포함되어 있다. 어떤 사람이 다른 사람의 지배를 받으려는 본능을 가지고 있다고?[8] 그렇다. 아리스토텔레스는 어떤 사람이 '본성적'인 노예라고 말한다.

> 본성적으로 자신이 아닌 타인에게 속한 인간은 본성적인 노예다. 인간임에 불구하고 타인에게 속해 있다면, 그는 일개 재산일 뿐이다. 재산은 별개의 독립체로서, 행동에 적합한 도구다.

---

8 한 가지 사례만 제시하면, 프랜시스 후쿠야마(1952~, 미국의 정치경제학자 - 역주)가 『정치 질서의 기원』(2011)에서 제시한 국가의 형성에 대한 설명은 사회생물학에서 영감을 받았을 뿐만 아니라 대단히 아리스토텔레스적이다.

한 명의 사람이 본성적인 노예가 되는 계기는 정확히 무엇일까? 타인의 소유물이 되는 경우(아리스토텔레스는 곧바로, 어떤 사람들은 '합법적' 노예라는 점을 지적한다)뿐만이 아니라, 전쟁의 약탈품이 되는 경우도 있다. 또한 본성적인 노예는 단순히 노예에게서 태어난 사람을 의미하지 않는다. 이보다는 차라리, 어떤 면에서 결함이 있기 때문에 노예가 되지 않을 수 없는 것이다.

> 마음이 몸과 다르고 인간이 짐승과 다른 것처럼, 사람들도 서로 다르다. 몸을 사용하여 기능을 발휘하는 사람들의 경우, 이로 인해 최선의 성과를 거둔다면 본성적으로 노예다.

본성적 노예들은 이성이 결여되어 있는 인간이기 때문에 기본적으로 동물이라는 것이다.

아리스토텔레스는 무엇보다도 정신적 삶을 소중하게 여겼는데, 아무리 그렇더라도 이것은 매우 극단적이다. 사실, 그는 본성적 노예도 인간이라는 점과, 그들 스스로 생각할 수 없다고 하더라도 최소한 명령을 따르는 능력을 가지고 있다는 점을 신속히 인정한다. 본성적 노예란 거의 몰지각한 도구로, 자연이 자유인(이성을 발휘할 수 있는 능력을 보유한 사람)에게 제공한 것이다. 그는 또한, 자연이 본성적인 노예를 열등하게(신체는 자유인보다 강하고 발기는 덜 되도록) 만들었다고 제안한다. 하지만 그는, 자연이 항상 올바른 것은 아니며 때로 자유인에게 노예의 신체나 영혼을 주기도 한다고 인정한다. (그는 정반대 경우, 즉 노예가 자유인의 영혼을 가지는 경우에 대해서는 언급을 회피한다.)

이것은 매력적인 이론은 아니다. 당연한 이야기지만, 아리스토텔레스는 자연에 호소하는 사회의 부당성을 옹호한다는 비난을 종종 받았다. 즉, '존재is'에서 '당위ought'를 도출한 '자연주의적인 오류naturalistic fallacy'를 저질렀다고 말이다. (이는 정당성이 결여된 사회생물학자들이 종종 직면하는 비난이기도 하다.) 그럴 수도 있고 그렇지 않을 수도 있다. 그러나 더 흥미로운 질문은, 그의 이론에 일말의 진실이 포함되어 있는가라고 할 수 있다.

소유권 문제는 제쳐두고, 아리스토텔레스의 관점에서 본 자유인과 노예의 차이는 이성을 발휘할 수 있는 능력의 유무다. 현대적인 맥락에서 말하면, 이 차이는 고위 경영자와 부하직원—이를테면 통신판매회사가 운영하는 물류센터에서 근무하는 직원—의 차이라고 할 수 있다. 고위 경영자의 업무는 이사회에 월간 보고서를 제출하는 것이고, 물류 담당직원의 업무는 휴대용 단말기에 표시된 지시사항을 이행하는 것이다. 휴대용 단말기는 어떤 상품을 어떤 선반에서 꺼내라고 알려주고, 최적 경로를 지정해 주고, 이동식 '컨트롤러'를 통해 직원의 움직임을 실시간으로 모니터링 한다. 요컨대, 직원의 업무는 비용만 저렴하다면 로봇에게 맡길 수 있는 일이다. 아리스토텔레스는 기발한 사고실험에 빠져, 만약 스스로 연주하는 수금竪琴이나 자동으로 짜는 직기織機를 가지고 있다면 하인이나 노예가 필요 없을 것이라고 말한다. 그가 뭘 모르고 한 소리일까?

아리스토텔레스의 본성적 노예이론의 주장을 물류센터로 예를 들면, 어떤 사람들이 본성적으로 물류 담당직원에 적합한 것처럼 어떤 사람들은 본성적으로 고위 경영자에 적합하다는 것이다. 이것이 과연 빈축을 살 만한 원칙일까? 오늘날 대기업의 인사팀장은 '아니다'라고 말하며 경영수업을 받는 사람 10명 중 9명을

'본성적 리더십' 부족을 이유로 해고한다. 세상은 이렇게 돌아간다. 게다가 아리스토텔레스는 한술 더 떠서, 사람들의 추론능력 ratiocinative ability이 본성적으로 제각기 다르다는 점을 고려하면 주인과 노예가 서로 관계를 맺는 것이 바람직하다고 말할 것이며, 현대의 경영자들은 이에 전적으로 동의할 것이다. 물류 담당직원들은 동의할까?

아리스토텔레스의 본성적 노예이론이나 기업의 고용관행을 옹호하려는 것이 나의 의도는 아니다. 나는 단지 이 본성적 노예이론이 기원전 4세기 그리스 노예 소유 사회의 병리학적 산물이 아니라, 우리 사회를 포함한 국가 수준 사회state-level society의 사회경제 구조를 논하는 일반적인 이론이라는 것을 보여주고 싶을 뿐이다. 실제로, 불평등에 대한 모든 현대적 논쟁은 궁극적으로 '본성적 노예'가 존재하는지 여부와, 만약 존재한다면 '합법적 노예'와 구별하는 방법은 무엇인가로 귀결된다고 말할 수 있다. 이것은 극단적인 상황에서 가장 명백히 드러난다. 나는 인종차별정책이 시행된 남아프리카공화국에서 성장했는데, 인종차별정책apartheid은 (유럽인들이 본성적으로 무엇이든 할 수 있는 것과 마찬가지로) 아프리카인들은 본성적으로 아무 것도 할 수 없다는 관념에 기반했다. 『정치학』에는, 야만인들이 일반적으로 본성적 노예라는 아리스토텔레스의 믿음을 암시하는 구절들이 등장한다. 그는 심지어 노예사냥이 본성적으로 정당하다고 제안한다. 아리스토텔레스가 주인의 활동master's activity이라는 뜻으로 사용한 데스포티케(*despotikē*)와 정확히 일치하는 영어 단어는 존재하지 않지만, 남아프리카공화국의 공용어인 아프리칸스어Afrikaans에는 주인의 지위 및 신분boss-ship을 의미하는 바스캅(*basskap*)이라는 단어가 버젓이 존재한다.

100

플라톤은 그리스인들이 연못 주변의 개구리들처럼 지중해 주변에 모여 산다고 말했다. 시칠리아에서 소아시아를 거쳐 흑해 남부에 이르기까지, 그리스에는 천 개 이상의 도시국가들이 건설되어 있었다. 이곳에는 매우 다양한 정치적 성향들이 유행했다. 아리스토텔레스가 태어났을 때, 아테네에서는 민주주의가 한 세기 이상 지속되고 있었다. 이것은 유일한 민주주의가 아니라, 가장 유명하고 강력하고 극단적인 민주주의일 뿐이었다. 다른 국가들은 귀족계층에 의해 운영되었고, 많은 나라들이 왕의 통치를 받았다. 어떤 왕들은 훌륭했지만, 어떤 왕들은 괴상망측했다. 기원전 6세기에 시칠리아의 극소국가statelet를 지배했던 아크라가스의 팔라리스Phalaris of Acragas는 아직도—비록 좋은 모습으로는 아니지만—기억되고 있다. 그도 그럴 것이, 자신의 정적政敵들을 청동으로 만든 황소 안에 넣은 채 구워 버렸고 결국 자신도 이렇게 죽었기 때문이다. 전하는 이야기에 따르면 아리스토텔레스는 158개 그리스 도시국가에 대한 자료를 수집했는데, 이 모든 자료가 (19세기 후반 이집트의 모래 속에서 발견된 『아테네헌정』[9]을

9 『아테네헌정』의 일부분은 1879년 이집트 카이로 남서부의 옥시링쿠스Oxyrhynchus에 있는 쓰레기장의 고대 파피루스 속에서 발견되었고, 더 많은 부분들은 나중에 헤르모폴리스Hermopolis의 한 무덤에서 발견되었다.

제외하고) 손실되었다고 한다. 『정치학』의 진정한 주제는 바로 이 자료들이다.

『정치학』에는 그의 설명체계가 스며들어 있다. 국가는 목적인을 갖는다. 이것은 달팽이의 껍데기처럼 어떤 확실한 목적을 위해 존재한다. 국가의 형상인은 헌법인데, 헌법은 서면으로 된 문서뿐만 아니라 국가의 모든 경제적 · 법적 · 정치적 구조를 포괄한다. 국가의 작용인(운동인)은 '입법자lawgiver', 또는 좀더 정확히 말해서 그의 기술craft이다. '입법자'는 아테네의 솔론Solon of Athens(기원전 590년경 활약)이나 스파르타의 리쿠르구스Lycurgus of Sparta(기원전 800년경)와 같은 사람으로, 자신의 도시와 시민들을 도시국가로 빚어냈다. 국민과 영토는 국가의 원질료brute matter라고 할 수 있다.

이 모든 것은 매우 생물학적이며, 『정치학』은 『기상학』과 마찬가지로 유기체의 메타포로 가득하다. 국가는 기원, 발전, 목적뿐만 아니라 최적의 규모optimal size와 자가정비 메커니즘self-maintenance mechanism도 보유하고 있다. 이것은 수많은 상호의존적 · 기능적인 단위들로 구성되어 있지만, 하나의 완전체whole이기도 하다. 동물의 영혼이 몸의 각 부분들을 통합하듯이, 헌법은 국가를 하나로 묶어 준다. 똑같은 강에 두 번 들어갈 수 없다you cannot step into the same river twice는 헤라클레이토스의 메타포를 뒤집어, 그는 헌법을 (내부를 관류貫流하는 물이 끊임없이 변화함에도 정체성을 유지하는) 강에 비유한다. 그의 비유에서 물은 시민을 의미한다. 그러나 헌법은 부패할 수 있으며, 적어도 다른 형태로 변형될 수도 있다. 새삼 강조하지만, 『정치학』은 생물학자가 써 내려간 정치과학이다.

하지만 우리는 메타포에 너무 의지하지 말아야 한다. 달 아래 세계sublunary world의 물리적 과정에 관한 그의 모델에서와 마찬가지로, 정치학적 메타포는 단지 메타포로 남아 있을 뿐이다. 인간은 아리스토텔레스의 견해로 보면 정치적인 동물일지도 모르지만, 사실은 그 무엇보다도 더욱 정치적이다. 우리는 도덕적 추론이 가능한 유일한 동물이며, 그 결과를 언어로 확실하게 표현할 수 있는 유일한 동물이다.

정치학 분야의 다른 학자들은 어떨까? 홉스(1588~1679, 영국의 철학자, 정치가), 헤겔(1770~1831, 독일의 철학자), 스펜서(1820~1903, 영국의 철학자)의 경우, 국가를 유기체와 직접 비교한다. 유일한 생물학자인 아리스토텔레스는 그렇지 않다. 그는 또, 국가가 모든 자연적 독립체들이 보유하는 피지스(*physis*)—자연nature 즉, 변화의 내적 원리internal principle of change—를 갖는다고 결코 말하지 않는다. 국가가 '자연의 창조물creation of nature'이기는 하지만, 인간의 행위에 의해 형성되기 때문에 순수한 자연적 독립체가 아니라고 생각하기 때문이다. 이것은 유기-인공 혼성체organic-artefact hybrid이므로, 사이보그 국가cyborg state라고 부를 수도 있다. '모든 사람들은 본성적으로 사회에 대한 본능을 가지고 있다. 그러나 사회를 최초로 설립한 사람이 가장 큰 역할을 수행했다.' 우리는 잠시 생각할 겨를도 없이, 집단적 본능herd instinct의 산물인 국가를 떠나 헌법적 재능constitutional genius의 산물인 국가에 도착했다. 이것은 철학적 관점에서 다루기 어렵고, 과학적 관점에서 다루기 안성맞춤이다. 필연적으로, 모든 인간 사회는 개인들의 욕망—선천적일 수도 아닐 수도 있다—과 법률에 의해 건설된다. '이곳을 지나는 여행자여, 가서 스파르타인들에게 전해 주시오. 조국의 법에 복종하여 우리가 여기에 누워 있다고.' 이것은 시모니데스가 전사한 영웅들의 묘비에 적어 놓은 글귀다. 아무리 용맹한 스파르타인이라 할지라도, 테르모필레 전투에 나감으로써 파리의 밥이 되느니 집에서 애 보기를 원할 것이다. 그를 전장으로 보내는 것은 법이다.

법은 필요하다. 인간의 삶의 진정한 목적과 이것을 달성하기 위한 선천적인 능력 사이에는 갈등이 존재하기 때문이다. 인간은 모름지기 (이성에 따라 미덕을 적극적으로 행사한다는 것을 의미하는) 행복—에우다이모니아(*eudaimonia*)—을 삶의 목표로 삼아야 한다고 아리스토텔레스는 말한다. 그러나 이 목표는 국가에 복종해야만 성취될 수 있다. 그는 인간의 본성에 대해서는 매우 비관적인 견해를 가지고 있다. 사실 우리는 도덕적 추론에 협력하고 참여할 수 있는 선천적인 능력을 가지고 있을지 모르지만, 법의 지배가 없으면 '최악의 동물'이 될 수밖에 없다. 우리는 야만적이고 불경스럽고 욕심이 많고 탐욕스럽다.

아리스토텔레스의 정치과학은 사회생물학에서 시작되었지만, 이윽고 사회생물학에서 멀어졌다. 실제로 그의 『정치학』은 전혀 자연과학이 아니라 실용학문이며, 목적은 통치자에게 조언을 제공하는 것이다. 철학자가 권력자에게 발언권이 있다면, 그는 약간의 정치공학까지도 할 수 있을 것이다. 플라톤은 시칠리아에서 정치공학을 시도했는데, 아리스토텔레스는 아소스Assos에서 다시 정치공학을 시도했을 것이다. 소크라테스-플라톤처럼 그는 이상국가에 대한 비전을 가지고 있다. 그가 생각하는 이상국가는, 훌륭한 삶을 영위하며 행복을 성취할 수 있는 시민의 수를 극대화하는 국가다. 멋지게 들릴지 모르지만 여기에는 문제가 있다. 그가 꿈꾸는 국가의 시민은 천한 일에서 해방되어야 하므로, 상인과 장인과 노동자에게는 해당사항이 없다. (여성, 어린이, 노예가 시민이 될 수 없다는 것은 더 말할 나위가 없다.) 이것은 중산층이 수적으로 우세한 국가일 텐데, 기준이 모호하지만 시민이 되려면 재산이 매우 많아야 할 것이다. 아리스토텔레스의 국가는 신사가 영혼을 함양할 수 있도록 설계되었다. 이것은 하노버 왕가가 왕위를 차지하고 상류 지주층이 의회를 장악하고 있을 때 영국에 존재했던 부류의 국가로, 오늘날에는 설득력이 떨어진다.

아리스토텔레스의 민주주의 혐오는 부유한 철학자의 우월의식일 뿐만이 아니라 아테네의 통치방식에 대한 반응이기도 하다. 기원전 4세기 아테네의 공적 생활은 추잡하기 이를 데 없었다. 모든 시민은 프닉스Pnyx 언덕에 올라가 당시의 법안에 대해 투표할 수 있었다. 많은 시민들은 오직 (투표의 대가로 받는) 세 닢의 은화를 벌기 위해 이렇게 했다. 이 결과는 제도화된 중우정치mob rule였다. 궤변가에게 변증술을 배운 선동가들이 대중을 자극했다. 수코판테스(*Sykophantai*)[10]—정보제공자, 협박자, 중상모략자들—가 법률제도에 악영향을 미쳤다. 법정에서 사소하거나 조작된 혐의로 인해 재산, 집, 또는 목숨을 잃는 사람들이 줄을 이었다. 선출직 공무원들은 소송을 통해 서로 헐뜯었다. 전쟁에서 패하고 살아남은 비운의 지휘관들은 갑자기 재량의 미덕virtue of discretion에 눈을 떠, 귀국하여 생사를 건 논쟁을 벌이기보다는

---

10 이것은 그리스가 아니라 아테네에서 생긴 말로 '무화과 밀수꾼의 검찰관'을 의미하며, 펠로폰네소스 전쟁 중 적과 거래한 것과 관련 있다. 이것은 영어의 '아첨꾼sycophant'의 어원으로, 똑같이 비도덕적이지만 약간 다른 의미를 가진다.

해외에 머무르는 쪽을 택했다. 기원전 406년 아테네에서는 해전 海戰의 생존자들을 구하는 데 실패한 6명의 장군들이 재판을 통해 처형되었고, 뇌물 수수와 부패가 만연했다. 아리스토파네스는 기원전 392년 처음 공연된 『의회의 여인들』에, 남자들이 일을 이렇게 망쳐 놓았기 때문에 여자들이 정부를 장악한다고 썼다. 이 익살극은 거칠지만 의미가 있다. 상황이 얼마나 나빴으면 공공의 관심사와 거리가 먼 철학자조차도 고발당해 법정에 불려갔을까! 아리스토텔레스는 소크라테스의 운명을 결코 잊지 않았다.

물론 아리스토텔레스는 자기가 하면 더 잘할 수 있을 거라고 생각했다. 그러나 그는 결코 이상주의자가 아니다. 『정치학』의 극히 일부만이 이상국가에 대한 것이며, 거의 모든 것은 무궁한 다양성을 가진 실제 국가들에 대한 것이다. 그는 질서에 대한 열정에 휩싸여 이것들을 분류하려고 노력한다. 동물의 경우 기관들의 다양성과 상호관계에 따라 분류되었는데, 국가도 같은 방식으로 분류될 수 있다고 아리스토텔레스는 말한다. 국가의 기능적 단위는 농부, 장인, 상인, 노동자, 군인, 부자, 공무원, 행정관, 재판관이다. 이들 간의 관계—누가 누구를 지배하는가—와 지배의 질 quality of rule이 국가의 종류를 말해 준다. 이 결과는 권력power과 덕목virtue의 복잡한 분류체계다.

아리스토텔레스의 정치적 실용주의는 다양성에 대한 그의 설명에 반영되어 있다. 다양한 유형의 국가들이 존재하는 주된 이유는, 사람들이 다양한 방식으로 행복을 추구하고 스스로를 위해 다양한 생활방식과 정부형태를 만들기 때문이라고 그는 말한다. 이것은 동물의 다양성에 대한 목적론적 설명과 정확히 일치한다. 그러나 여기서도 그의 목적론은 결코 부주의하지 않다. '물질적인 필요성은 헌법을 제한한다. 권력이 기병cavalry에게 의존하는 (그러므로 부유한 자에게 돌아가는) 평원plain에서는 과두제oligarchy가 형성되고, 많은 사람들이 자신의 농장을 운영하는 경작지 arable soil에서는 민주제가 탄생한다.' 사람들의 성격 또한 국가를 형성하는 요인이 된다. 유럽인들은 활발하지만 그다지 총명하지 않아 조직적으로 쓸모가 없지만, 아시아인들은 총명하지만 무기력해서 노예가 되는 경향이 있다. 이것은 기후에 따른 결과다. 물론, 기질적으로 절충형인('용맹스럽고 분별 있는') 그리스인들은 훌륭한 정부에 안성맞춤인 성격을 보유하고 있다. 그리고 이들은 자유롭다. 그러나 정직은 아리스토텔레스에게 하나의 약점을 인정하도록 강요한다. 만약 그리스인들이 단일 헌법에 동의한다면 세계를 지배할 것이라고 아리스토텔레스는 말한다. 만약에….

아리스토텔레스가 기술한 것처럼, 그리스 국가들의 가장 두드러진 측면은 취약성이다. 아테네의 민주주의가 오랜 역사를 가지고 있는 것은 사실이다. 그러나 에게해에 널려 있는 군주제 사이에서, 과두제와 민주제는 모두 하루살이 비슷한 목숨이었다. 그가 제시하는 그림은, 거의 통제되지 않는 혼돈의 물결에 휩쓸린 정치체제polity들이다. 『정치학』의 대부분은 불안정성의 원인과 치료에 치중하고 있다. 국가는 순수하게 자연적인 독립체가 아니기 때문에 아리스토텔레스는 국가에 생활주기를 부여하지 않는다. 그러나 그는 국가를 혁명(*metabolē*)에 영향을 받지 않는 헌법적 형태 중 하나로 간주하지는 않는다.

헌법적 변화의 원인을 분석한 아리스토텔레스는 명예, 돈, 권력, 정의에 대한 인간의 욕망을 열거하며, 이 모든 것들이 파벌싸움faction으로 귀결된다고 말한다. 그는 또한 명백하게 사소한 일들—예컨대 한 속주屬州의 상속녀에 대한 말다툼—이 어떻게 국가를 무너뜨리는지에 대해 말한다. 그는 사회적 · 인구학적 요인을 언급하며, 이주의 불안정한 영향을 지적한다. (참고로, 아리스토텔레스 자신은 아테네에 거주하는 외국인으로서 심지어 집도 소유할 수 없다. 그래서 동병상련의 심정으로 이런 이야기를 꺼내는 것일까?) 그러나 그가 몇 번이고 강조하는 것은 불평등이 국가에 미치는 악영향이다. 가난한 사람이나 부유한 사람이나 권력을 가진 사람들의 갑작스러운 증가는 (괴물처럼 비대해진 몸의 부분이 동물을 파괴하듯이) 국가를 파괴하거나 변형시킨다. 과격한 사회개혁가가 아니기에, 아리스토텔레스는 파국을 막는 방법을 강구한다. 『국가론』은 폭군에 대한 조언이 담긴 장章으로 가득 차 있다. 그러나 여기에는 명백히 터무니없는 법을 비판하는 내용도 들어 있다. 꿈꾸는 이상주의자인 소크라테스-플라톤은 『국가론』에서, 여성들이 집단적으로 공유되어야 한다고 주장했다. 다양하고 매우 설득력 있는 이유를 대며, 아리스토텔레스는 이것이 나쁜 아이디어라고 생각한다. (그가 문제 삼은 것은 여성의 욕구가 아니었고, 여성의 권리는 더더욱 아니었다.)

국가는 적어도 부분적으로 인위적 구성체artificial construct이지만, 인간—또는 운 좋게도 시민이 될 수 있는 극소수의 사람들—으로 하여금 자신의 잠재력을 드러낼 수 있게 하는 도구 중 하나다. 『동물의 부분들에 관하여』에서 생명세계의 질서를 기술하며, 아리스토텔레스는 우리가 훌륭한 삶을 영위할 수 있는 종種이라고 분명히 말한다: 우리의 팔, 직립 자세, 추론할 수 있는 정신과 마찬가지로, 국가는 우리의 신성한 도구다.

온갖 결함에도 불구하고, 아리스토텔레스는 폴리스(*polis*)를 좋아했다. 올바르게 세워진다면, 이것은 행복 자체의 보금자리가 될 수 있다. 그러나 『정치학』은 본질적으로 향수에 젖은 저술이다. 그가 그 책을 썼을 당시, 그리스에는 독립적인 도시국가의 시기가 막을 내리고 제국의 시기가 도래해 있었다. 정복자가 그의 친구였고, 그는 사실상 정복자의 일원이었다. 자부심 강한 아테네가 마케도니아의 속국이 되었을 때, 아리스토텔레스는 미에자Mieza에서 알렉산드로스를 가르치고 있었다. 『정치학』을 읽다 보면 이런 아이러니들이 뇌리를 벗어나지 않는다.

101

독수리가 드라콘(*drakōn*)과 싸우다 드라콘을 잡아먹는다고 아리스토텔레스는 말한다. 그는 다른 곳에서, 드라콘이 얕은 물속의 메기를 공격하여 죽인다고 말한다. 드라콘은 오랜 세월 동안 복잡한 변화를 겪쳐 '드래곤dragon'이 되었지만, 아리스토텔레스가 말하는 드라콘은 단지 커다란 뱀, 아마도 물뱀인 주사위뱀(학명: *Natrix tessellata*)인 것 같다. 주사위뱀은 한때 히드로스(*hydros*)라는 의미심장한 이름으로 불린 적이 있다. 부바리스강의 어귀에서 당신은 때로 물속으로 스르르 미끄러져 들어가 멀리 헤엄쳐 가는 이들을 볼 수 있다.

독수리는 뱀을 잡아먹고 뱀은 메기를 잡아먹는다. 그러나 『동물 탐구』 VII권에 나오는 아리스토텔레스의 생태학 자료와 마찬가지로, 그의 주장 중 첫 번째 것은 민속적인, 심지어 신화적인 냄새를 풍긴다. 『일리아드』 XII권에는, 독수리와 핏빛 괴물 뱀의 공중전 장면이 나온다. 뱀은 아카이아Achaea 함대를 공격할 준비를 갖추고, 몸을 자유롭게 꿈틀대며 트로이인들 사이로 떨어진다. 트로이 사람들은 떨어진 뱀을 불길한 징조로 생각하는데, 좋지 않은 일들이 일어나고 만다. 이 특별한 신화적 요소는 쉽게 추적할 수 있지만,[11] 드래곤이 데이지의 일종인 피크리스(*pikris*)의 즙을 빨아먹는다는 아리스토텔레스의 믿음의 기원은 매우 모호하다.

출처가 무엇이든 간에, 아리스토텔레스가 기술하는 수십여 종들 간의 경쟁관계와 포식자-피식자 관계는 최소한 그럴 듯하다. 그러나 다시 말하지만, 현실적인 약점은 설명이 없는 자료라는 것이다. 『정치학』에서 특정 종의 습성을 설명하는 동물학적 이야기를 바라는 것도 무리지만, 다른 종들이 어떻게 그리고 왜 상호작용하는지 설명하는 구절을 바란다는 것은 더더욱 무리다. 아리스토텔레스는 공동체 생태학의 구성요소들을 가지고 있지만 이것을 사용하지는 않는다.

그러나 달 아래 세계뿐만 아니라 우주에서 생명체의 위치에 대한 그의 견해를 드러내는 듯한, 귀중하고 애타게 하는 수수께끼 같은 구절이 하나 있다. 이것은 『형이상학』 XII권에 나온다. 앞서간 소크라테스와 플라톤처럼, 아리스토텔레스는 우주의 구조가 훌륭하다고 믿는다. 『형이상학』 XII권 10장에서, 그는 밑바탕에 깔린 원리를 규명하려고 시도한다. 우주의 구조가 훌륭한 이

---

11 1939년 루돌프 뷔트코버(1901~1971, 독일의 미술사가 - 역주)는 4000년 전 바빌론에서 기원한 독수리-뱀의 모티브가 일본과 아즈텍 제국까지 전파되었다고 주장했다. 당시의 문화전파론자들은 더욱 대담했다.

유 중 하나는, 군대 또는 가정과 마찬가지로 위계구조가 있기 때문이라고 그는 말한다.

> 전체의 본성이 선善과 최선最善을 소유하는 방법을 논할 때, 우리는 분리된 구성원 자체와 이들의 배열 중 하나를 고려해야 한다. 군대의 경우에는 구성원과 배열을 모두 고려해야 하지 않을까? 군대의 선은 배열과 장군 모두에 있고, 이중에서 장군의 선이 우위에 있다. 왜냐하면 그가 배열에 의한 것이 아니라 배열이 그에 의한 것이기 때문이다. 모든 집단들은 얼마간의 연대적 배열joint arrangement로 이루어지지만, 구체적인 방식은 집단마다 제각기 다르다. 심지어 어류와 조류와 식물의 경우에도 그렇다. 그리고 구성원들은 무질서하게 배열되지 않으며 서로 관련되어 있다. 왜냐하면 모두all things가 하나one thing와의 관계에 따라 연대적連帶的으로 배열되기 때문이다. 이번에는 가정의 경우를 생각해 보자. 가정에서 자유인은 원하는 대로 자유롭게 행동할 수 있는 최소한의 권리를 부여 받지만, 이들이 하는 행동은 모두(또는 대부분) 배열된 것이다. 이에 반해 노예와 짐승은 공동적인 것what is communal을 약간 지향할 수 있지만, 대체로 원하는 대로 행동한다. 이것은 자연이 이들 각자에게 작용하는 일종의 원리이다. 내가 말하고자 하는 것은, 가정에는 구성원이 분리되어야 하는 부분이 존재하며, 그와 동시에 모두가 전체를 지향하며 공유하는 부분도 존재한다는 것이다.

아리스토텔레스의 추종자들은 종종 철학자의 산문散文에 감탄하며, 많은 의미를 몇 마디의 말로 축약하는 능력에 찬사를 보낸다. 그러나 사실을 말하자면, 그의 고문拷問 같은 구문과 난해한 메타포를 푸는 즐거움은 아리송한 십자말풀이와 씨름하는 즐거움과 같다. 그는 종종 지독하게 이해하기 힘들다.[12] 그러지 않고서야, 수많은 고전철학자들이 2,000년이 넘도록 그의 글을 해독해 왔고 아직도 몇몇 고전철학자들이 이런 일에 종사하고 있을 리 만무하다. 내 앞에는 최근 10년 동안 출판된 3권의 모노그래프와 1편의 논문이 놓여 있다. 넷 다 재능 있는 학자의 저술이며, 메타포가 가득 담긴 위의 구절을 (내가 감히 흉내 낼 수 없을 정도의) 명민함과 눈부심으로 해석한다. 정도의 차이는 있지만, 네 사람은 제각기 의미를 달리 해석한다. 그리고 나는 이들 중 아무와도 동의하지 않는다.

좀더 평이한 언어로 다시 쓰면, 나는 아리스토텔레스가 다음과 같이 이야기한다고 생각한다. '우주를 선하게, 심지어 최선으로 만드는 요인은 무엇일까? 군대나 가정에는 구성원리organizing principle(장군/주인)가 있고, 그 구성원들은 일련의 정돈된 상호관계ordered relationship to each other를 보유하고 있다. 선善은 전자(구성원리)에 의존할까, 아니면 후자(정돈된 관계)에 의존할까? 정답은 둘 다이지만, 대부분의 경우 전자가 답이다. 왜냐하면 전자가 후자를 규정하기 때문이다. 군대나 가정과 마찬가지로, 세상에 존재하는 유기체는 일련의 정돈된 관계에 의해 서로 연결되어 있다. 그러므로 질서는 어떤 구성원리에 기인하며 한 사람의 목표가 아니라 공동의 목표common goal라고 할 수 있다. ["모

---

12 르네상스시대에 인본주의 비평가들은 종종 아리스토텔레스를 그 자신의 먹물 뒤에 숨어 있는 갑오징어와 비교했다. 이것은 재미있지만 부당한 비교다. 나는 그가 늘 명확해지려 노력한다고 생각한다. 문제가 있다면, 그가 종종 실패한다는 것이다.

두가 하나와의 관계에 따라 연대적으로 배열되기 때문이다."] 그러나 군대나 가정의 모든 구성원들이 공동의 목표에 동등하게 기여하는 것은 아니다. 고위 구성원(장교/주인/서열이 높은 동물)의 기여도는 하위 구성원(기병/노예/식물)보다 높다. 이것은 이들의 본성일 뿐이다. 세상의 모든 생명체는 필연적으로 개별적 독립체individual entity이며(따라서 자신의 목표를 가지고 있으며), 모두 제각기 공동의 목표에 기여한다.'

아리스토텔레스의 가정의 비유household analogy는 아름다운 동시에 친숙하다. 비록 명확성이 떨어지지만, 신체의 경제학bodily economics에 관한 논의에서 내가 보조적인 목적론적 원리auxiliary teleological principle[13]라고 부른 것을 뒷받침하는 버팀목 구실을 톡톡히 했기 때문이다. 그는 우주 자체의 구조를 설명하기 위해 가정이라는 소재를 다시 사용한다. 그러나, 가정이 친숙한 것은 물론 또 다른 이유 때문이다. 1866년 에른스트 헤켈은 자연의 경제학economics of nature이라는 새로운 과학을 기술하기 위해 외콜로기(*Ökologie*)라는 용어를 만들었는데, 이것은 가정을 뜻하는 그리스어 오이코스(*oikos*)에서 가져온 것이었다. 우연의 일치는 메타포의 힘이 얼마나 위대한지를 보여주는 증거다. 그러나 우리는 내친 김에 다음과 같은 의문을 제기하게 된다. 세상에 온갖 종류의 동물들이 존재하는 현실을 어떻게 설명해야 할까? 아리스토텔레스가 말한 것처럼, 어떤 공동의 구성원리에 예속된 가정과 비슷하다고 설명해야 할까? 아니면 한 지붕 아래에 우연히 함께 있게 된 호텔 투숙객과 더 비슷하다고

---

13 8장 '새 바람'에서 #51을 참고하라 – 역주

설명해야 할까? 현대 생태학의 역사 중 상당 부분은 이 의문을 해결하는 데 할애되었으며, 아리스토텔레스도 이 질문을 비켜갈 수 없다.

유기체들이 군대 또는 가정의 구성원처럼 서로 관련되어 있다는 아리스토텔레스의 주장은, 나에게 솔직히 변칙으로 읽힌다. 이것은 한 단계 높은 이종간 수준inter-species level, 공동의 전지구적 목적론global teleology 또는 우주적 목적cosmic purpose을 떠올리게 한다. 아리스토텔레스는 『정치학』에서, 적절하게 기능하는 가정properly functioning household이 이기적 개인들self-interested individuals의 단순한 집합체assemblage가 아님을 분명히 한다. 이보다는 차라리, 가정은 출산과 보호라는 공동의 목적하에 가장家長의 지시에 따라 서로 협동하는 구성원들co-operating members의 공동체collective다. 그러나 동물에 대해 말할 때, 그는 군대나 가정에서 찾아볼 수 있는 협력적, 심지어 이타적 · 이종간 행동을 거의 언급하지 않는다. 사실, 그는 카리돈(*karidon*)이나 피노필락스(*pinnophyax*)—조그만 공생 새우나 게—가 피나(*pinna*)—거대한 피조개—의 몸속에 살면서 숙주를 이롭게 한다고 주장하면서도, 이것을 대수롭지 않게 여긴다. 그리고 어떤 동물의 특징을 기능적 측면에서 설명할 때, 그는 이 특징의 이점을 거의 항상 해당 동물에게 국한시킨다. 만약 세상에 사는 모든 종들이 (개별적 생존을 위한 욕망을 초월하는) 어떤 구성원리 또는 공동의 목표를 공유한다면, 그의 동물학으로는 이것이 무엇인지 또는 어떻게 성취되는지를 설명할 수 없다. 아리스토텔레스의 형상은 이기적 형상selfish form이다.

게다가 그가 명백히 거부하는 한 가지 전지구적 목적론이 있다. 전지구적 목적론의 가장 강력한 형태는, 세계가(어쩌면 심지어 우주 전체가) 하나의 초유기체super-organism라고 가정하는 것일 것이다. 이런 세계는 가이아Gaia가 (제임스 러브록의 가장 야성적인 상상을 뛰어넘는 힘으로) 다스리는 세계가 될 것이다. 이것은 제임스 캐머런 감독의 판도라 행성과 같은 것이다. 판도라 행성에서는 모든 구성원들이 광대한 신호변환 네트워크와 연결되어 있고, 포식자들은 자칼과 매의 생태학적 등가물ecological equivalent이라기보다는 대순환[14] 속을 흐르는 포식세포phagocyte이며, 동물들은 행성 영혼의 고뇌에 찬 전투준비call to arms 명령에 반응하며 총궐기한다. 판도라 행성은 너무 나간 것 같다. 우리는 지금 22세기가 아니라 기원전 4세기를 이야기하는 것이므로, 이런 세계는 플라톤이 『티마이오스』에서 기술한 세계에 더 가까울 것이다. 플라톤의 가시적(지각적) 우주perceptible cosmos는 단일 형상인 '가지적 생명체Intelligible Living Creature'의 복사본이다. 이름이 모든 것을 말해 주듯이, 이 우주는 '영혼'을 가지고 있다. 데미우르고스에 의해 설계된 이것 또한 데미우르고스를 위해 설계된 것이다. 심지어 우리의 장腸도 그분(데미우르고스)을 생각할 수 있도록 배열되어 있다. 그러나 아리스토텔레스는 분명하다. 우주는 영혼을 가지고 있지 않다. (하지만 곧 명확해지겠지만, 천상계 celestial realm에 생명이 없는 것은 아니다.)

『형이상학』 XII권 10장을 가장 최근에 해석한 사람들은 이런 (그리고 또 다른) 이유들 때문에 가정의 비유를 매우 약한 의미로

---

14 대순환(planetary circulation). 지구 전체에 걸쳐 있는 규모의 대기 또는 해양의 운동. – 역주

해석했다. 이들의 주장에 따르면, 생명체들이 '하나와의 관계에 따라 연대적으로 배열된다'는 문장은 아리스토텔레스가 종종 말했던 '이들 모두는 영원을 갈망한다'와 같은 맥락에서 이해되어야 한다고 한다. 나는 다음과 같은 세 가지 이유 때문에 이들의 해석에 동의하지 않는다. 첫째, 이런 식으로 두루뭉술하게 읽으면 비유가 불필요하게 된다. 비유를 하는 데는 나름의 이유가 있을 텐데, 저자가 성의를 그렇게 무시해도 될까? 둘째, 아리스토텔레스는 몇몇 이타적인 종들을 기술하는데, 기이하게도 그중에 상어가 포함되어 있다.

그는 상어(그리고 돌고래)가 왜 이런 모습을 하고 있는지 설명한다. 이들은 좁은 주둥이를 갖고 있으며 입이 머리 아래에 달려 있는데, 그는 이런 특징들이 이들을 비효율적인 포식자로 만든다고 생각한다. 왜냐하면 먹이를 잡을 때 입을 크게 벌릴 수가 없으므로, 물고기가 도망치는 것을 보고만 있을 수밖에 없기 때문이다. 그는 이 어색함을 두 가지 방법으로 설명한다. 하나는, 상어가 이 때문에 과식을 하지 않는다는 것이다. 이것은 아리스토텔레스의 평상시 설명 스타일과 일치한다. 그는 종종, 동물들의 몸에는 먹이 섭취량, 한배새끼 수, 정액 생산량의 한계가 설정되어 있다고 주장한다. 그리고 한걸음 더 나아가, 이런 제한은 해당 동물에게 이익이 되는 다른 특징의 결과라고 설명한다. 8장에서 말했던 것처럼, 이것은 기능적 상충관계functional trade-off인 것이다. 그러나 정말로 놀라운 설명은 두 번째 설명이다. 왜냐하면, 상어의 입이 좁고 아래에 치우쳐 있는 것은, 먹잇감의 씨를 말리지 않기 위해서라고 말하기 때문이다('자연은 다른 동물의 보전을 위해 이렇게 하는 것으로 보인다'). 그렇다면 상어의 얼굴 생김새는 상어

자신뿐만 아니라 정어리의 이익을 위해서도 설계된 것으로 보인다.[15]

상어의 얼굴 형태에 대한 이야기는 너무나 이상해서, 누군가가 나중에 끼워 넣은 것이라고 묵살하고 싶은 유혹을 느낀다. 하지만 이것은 『동물 탐구』와 『동물의 부분들에 관하여』에 모두 나오는 구절이기 때문에, 이럴 가능성은 낮아 보인다. 따라서 개별적 목적론individual teleology을 지지하는 사람들은 때로, 아리스토텔레스가 단지 대중적 관념—어부들이 하는 말—을 언급할 뿐이라고 말한다. 아니면 좀 더 미묘하게, 정어리에게 이로운 얼굴good-for-sardine face은 상어에게 진짜로 이로운 설계true, goof-for-shark design의 부수적 이익incidental benefit일 뿐이라고 말한다. 나는 이들의 말에 선뜻 동의하지 않는다. 정어리가 생존하는 데 도움이 되는 상어의 얼굴 형태는—『형이상학』 XII권 10장에 나오는 것처럼—세상이 가정household과 같다고 가정할 때 기대할 만한 특징이다. 사실, 나는 이 구절이 아리스토텔레스 생태계의 깊고 은밀한 문제를 해결한다고 믿는다.

아리스토텔레스의 가정의 비유를 진지하게 받아들여야 하는 세 번째 이유는 다음과 같다. 대부분의 학자들은 아리스토텔레스가 (i) 유기체는 생존과 번식을 위해 설계되었고, (ii) 동물의 종류는 영원하다고 믿는다는 데 동의한다. 그러나 이들은 이 두 가

---

15 아리스토텔레스가 소개한, 포식자가 피식자에게 유익한 특징을 가지고 있는 또 한 가지 사례는 다음과 같다. 그는 『동물 탐구』 563a20에서, '알을 품는 독수리가 단식을 하고, 발톱이 뒤틀려 있기 때문에 어린 야생동물을 잡지 못한다는 말을 들었다'고 말한다. 그러나 정보가 빈약하고 의미가 불분명하며, 그 자신도 큰 의미를 두지 않고 있다.

지 신념이 일반적으로 양립할 수 없다는 점을 미처 생각하지 못했다. 왜냐하면, 유기체들이 서로 상호작용하고, 경쟁하고, 먹고 먹히는 세계에서 모두가 영원히 지속될 것이라고 가정할 이유가 없기 때문이다. 동물과 식물은 종종 경쟁자들을 제거한다. 포식자는 어떤 먹이 종을 모두 먹어 치운 다음 다른 종을 먹기 시작한다. 적어도 우리의 세계에서는 그렇다. 그러나 아리스토텔레스의 세계에서 멸종은 옵션이 아니다. 그의 형이상학은 자연의 균형을 요구한다. 아리스토텔레스는 이런 균형이 이기적인 유기체의 집합체에서 자동적으로 나오는 것이 아니라 자연에 의해 설계되어야 한다는 점을 알고 있다고 나는 제안한다.

인정하건대, 이런 생각의 타당성을 뒷받침하는 증거는 간접적이다. 주제에 가장 근접한 증거부터 살펴보면—내가 맞는다면—그는 생태적 공동체의 취약성을 어느 정도 이해하고 있었음에 틀림없다. 『동물 탐구』에서 물고기에 대해 이야기하면서, 그는 '만약 그들의 알이 모두 보존된다면, 수적으로 무한할 것이다'라고 말한다. 그는 또한 쥐의 엄청난 번식력에 강렬한 인상을 받아, 이들이 때로는 매우 빠르게 번식하여 포식자들을 무력화하고 농작물을 완전히 먹어 치우며, 그러다가 갑자기 사라지는 과정을 이야기 하지만 아무도 이에 대한 이유를 알지 못한다.[16] 이러한 기술은 그가 특이한 현상을 염두에 두고 있음을 암시한다. 실제로 그는 『니코마코스 윤리학』에서 인간의 '억제할 수 없는 식욕'

16 1942년 발간된 『들쥐, 쥐, 레밍: 개체 속 역학의 문제』에서, 찰스 엘턴(1900~1991, 영국 동물생태학자 - 역주)은 이 구절에 개체수 조절 문제의 핵심이 담겨 있다고 지적한다.

을 논의하면서—그는 이 문제를 매우 심각하게 여긴다—동물들도 역시 이런 식욕을 가지고 있느냐고 자문自問한다. 그의 천재적인 답변은, 동물들의 속내를 추론할 수 없기 때문에 메타포적인 방법을 제외하고 이들을 '절제한다'라든가 '방종한다'라고 싸잡아 말할 수 없다는 것이다. 그러나 그는 계속하여, 어떤 종류의 동물들은 '무자비함과 파괴성과 가리지 않는 식탐'—그는 파괴적인 쥐를 생각하고 있는 것이 분명하다—에서 다른 동물들을 능가한다고 말한다. 그는 마지막으로 이렇게 말한다. '인간 사회의 미치광이들처럼, 이들은 자연스러움에서 일탈한 것이다.'

물론 이런 지나가는 말이 생태학 이론에 비견될 수는 없다. 그러나 그는 동물의 개체수와 먹이 간의 정상적인 관계를 시사하며, 이 관계가 때로 정도를 벗어난다고 지적한다. 더 일반적으로, 그는 『동물 탐구』에서 동물의 갈등에 대한 자신의 예언자적 설명을 소개하면서, '동일한 서식지에서 동일한 원천에 의존하여 생계[*zōē*]를 유지하는 동물들 사이에 전쟁상태가 지속되고 있다'고 이야기한다. 이것은 그의 몇 안 되는 명확한 생태학적 원리 중 하나이지만 심오한 것이다.[17] 그는 동물들이 먹이 부족 때문에 멸종

---

17 여기에 있는 주장이, 아리스토텔레스가 가우제Gause의 경쟁배타의 원리Competitive Exclusion Principle 또는 로트카-볼테라Lotka-Volterra의 포식자-피식자 역학predator-prey dynamics을 이해한다는 것을 의미하지는 않는다. 게다가 고대 그리스에서는 동물들이 자연의 균형을 촉진하도록 설계되었다는 생각이 평범한 것이었기 때문에, 아리스토텔레스가 이런 원리를 독창적으로 생각해 냈다고 말하는 것은 난센스다. 예를 들어 헤로도토스는, 포식자들이 먹이를 고갈시키지 않기 위해서 새끼를 덜 낳는다고 주장하는 것처럼 보인다. '우리가 사전에 기대한 것처럼, 진정한 신의 섭리는 정말로 현명한 고안자wise contriver인 것 같다. 다른 동물들의 먹이인 겁 많은 동물들은 종 전체가 잡아 먹히지 않도록 하기 위해 새끼를 많이 낳도록 고안되었다. 난폭하고 유해한 생물들은 새끼를 아주 조금 낳는다…'

될 것이라고는 결코 말하지 않는다. 다른 한편, 그는 충분한 양의 먹이가 어떤 주어진 종種에게 자동적으로 보장되지 않으며, 제한된 자원으로 인해 개체와 종들이 경쟁하게 된다는 것을 안다.

그러나 아리스토텔레스의 저술에서 생태학적 불안정성을 이야기하는 구절은 매우 드물다. 그는 자연이 보통은 모두에게 충분한 먹이를 제공한다고 믿는 것 같다.『정치학』에서 인간과 동물이 생계를 유지하는 다양한 방법을 논의하면서, 그는 다음과 같이 말한다.

> 자연은 모두에게 처음 태어날 때부터 완전히 성숙할 때까지 기본적인 생계를 제공하는 것처럼 보인다. 어떤 동물들(예컨대 유생을 낳는 동물과 난생동물)의 경우, 새끼들에게 스스로 먹이를 찾을 수 있을 때까지 충분한 먹이를 제공한다. 태생동물의 경우, 새끼를 위해 젖이라고 불리는 먹이를 제한된 기간 동안 몸속에 보유한다. 이와 마찬가지로, 우리는 식물이 동물을 위해 존재하고, 다른 동물들은 인간을 위해 존재하고, 가축들은 서비스와 식량을 위해 존재하고, 대부분의 야생동물들은 식량, 의복, 그 밖의 용도를 위해 존재한다고 추론해야 한다. 만약 자연이 목적 없는 행동이나 헛수고를 하지 않는다면, 모든 동물들은 인간을 위해 만들어진 것이 틀림없다.

어떤 사람들은 이 구절을, 아리스토텔레스의 목적론이 순전히 인간중심적임을 암시한다는 뜻으로 읽는다. 이전의 크세노폰과 이후의 스토아학파처럼, 그는 전 세계와 그 안의 모든 동물을 단지 인간을 위해서만 존재하는 것으로 본다는 것이다. 그러나 이것은 지나친 확대해석이다. 왜냐하면, 내가 앞에서 이야기한 바와 같이, 그의 목적론의 나머지 부분이 개별적 동물의 생존을 압도적으로 지향하기 때문이다. 그러나 적어도 이 구절에서, 아리스토텔레스는 식물, 동물, 인간이 영양관계trophic relation의 사슬에 의해 서로 연결되어 있음을 지적한다. 이들은 서로 의존하고 있고, 단순한 우연이 아니라 자연이 이런 방식으로 문제를 처리한다는 것이다. 그렇다면 더 완전한 생명체more perfect creature는 전형적으로 덜 완전한 생물체less perfect creature를 잡아먹음으로써 이들을 생존의 도구로 사용한다는 이야기가 된다. 그러나 여기서 작동하는 것은 누구의 자연(본성)일까? '본성'이 이렇게 또는 저렇게 작동한다고 말할 때, 아리스토텔레스는 거의 항상 특정 동물의 형상적 또는 질료적인 본성을 의미한다. 그러나 여기서, 본성은 더 높은 수준의 구조를 의미하는 것 같다. 이것은 자기 안에 있는 모든 동물들에게 적절한 먹이 공급을 보장하는 우주 자체의 본성을 말하는 것으로 보인다.

우주는 하나의 홀론(*holon*), 즉 전체다. 이런 의미에서, 우주는 영혼, 가정, 국가 또는 심지어 비극과도 비슷할 것이다. 왜냐하면 아리스토텔레스는 전체라는 용어를 이 모든 것에 적용하기 때문이다. '전체'는 부분의 합습인 체계system보다 더 복잡한 대상을 의미한다. 그러나 아리스토텔레스는 전체의 취약성을 절실히 깨닫고 있다. 영양혼에 대한 그의 이론은 궁극적으로 동물의 생명을 유지하는 물질흐름과 조절장치에 대한 설명이다. 죽음에 대한 그의 설명은, 물질흐름과 조절장치가 실패했다는 것이다. 그의 정치이론의 상당부분은 국가의 안정을 보장하는 조건들에 대한 것이다. 이런 전체들에 적용되는 것이, 그가 아는 범위에서 가장 크고 복잡한 전체인 우주에 적용된다는 것을 그가 몰랐을 리 없다.

나는 이것이야말로 아리스토텔레스의 가정의 비유의 힘이라고 믿는다. 가정의 비유가 말하는 것은, 달 아래 세계의 구성 요소들—모든 형태의 식물과 동물—이 영원히 생존한다면 이들의 관계도 이렇게 배열되어야 한다는 것이다. 상어는 자신의 식욕을 조절해야 하는데, 이 이유는 그러지 않을 경우 정어리가 멸종되어 버리기 때문이다. 그리고 정어리가 멸종되는 것은 상어 자신에게 좋지 않다. 그는 『니코마코스 윤리학』에서 이것을 강화한다. 그는 진정한 지혜와 단순한 정치적 능력(또는 '사리분별prudence') 사이의 차이에 대해 말하는데, 여기서 사리분별이란 가정 또는 국가를 관리할 수 있는 능력을 의미한다. 그는 인간의 사리분별과 물고기의 사리분별은 전혀 다르다고 말한다. 이것은 이론의 여지가 없지만 의문이 든다. 물고기가 어떻게 사리분별을 할 수 있을까? 어떤 정의를 들이대더라도 아리스토텔레스의 물고기가 '정치적'일 수는 없다. 내 생각에, 그는 물고기—상어—가 인간처럼 소득을 관리하고, 부자연스런 폭식을 피하고, 오이코스(*oikos*)—가정—를 보존함으로써 분별력을 발휘한다고 시사하는 것 같다. 그는 심지어 상어에게 예지력이 있다고 시사한다. 동물들은 실제로 자신의 이익을 증진하도록 설계되었지만, 다른 종류들의 존재를 위태롭게 할 정도는 아니다. 왜냐하면, 그랬다가는 자신도 위태로워질 수 있기 때문이다.

가정 비유의 위계적 차원hierarchical dimension은 매우 불분명하지만, 아리스토텔레스는 인간과 동물이 (유일한 기능이 번식인) 식물보다 더욱 다양한 방법을 이용하여 자신의 목표를 실현한다고 주장한다. 이것이 사실이든 아니든(나는 그가 그렇게 주장한다고 믿는다), 그의 비유에 등장하는 가정은 (모든 관심사가 데미

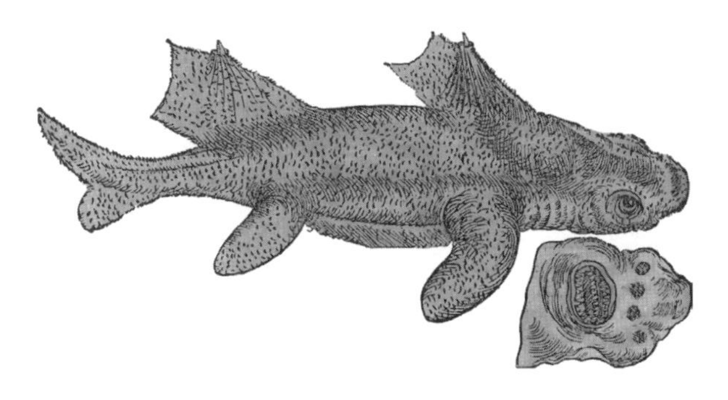

전자리상어(*Squalus acanthias*)

일반적으로 1~1.5미터 정도로 성장하는 작은 상어. 두 개의 등뼈를 갖고 있다, 종 이름인 acanthias는 두 개의 척추를 의미한다. 지느러미 뒤쪽을 따라 진한 녹색 반점이 있다. 척추는 방어용으로 사용한다. 수천 마리까지 다양한 무리를 사냥하는 것으로 알려져 있다. 공격성이 높아 오징어, 물고기, 게, 해파리, 해삼, 새우 및 기타 무척추 동물에 이르기까지 다양한 식성을 자랑한다.

우르고스의 관심사에 종속되는) 플라톤의 초유기체보다 훨씬 더 약한 형태의 전지구적 목적론을 표방한다. 이것이 추구하는 것은—다른 조직에 비유한다면—대기업과 (이런 기업들이 필요로 하는 구성요소를 공급하는) 무수한 중소기업들 사이에 존재하는 상호이익mutual self-interest에 더 가깝다. 모든 구성원들은 하나의 목표—'최고의 만족'—을 추구하는데, 이 경우 기업들이 추구하는 것은 이윤profit이다.[18]

우주적 목적론의 비전에는 또 하나의 이점이 있다. 직접적인

---

18 아리스토텔레스의 전지구적 목적론이 이보다 더 강력할까? 만약 그렇다면, 나의 메타포를 확장하여, 기업들이 단지 이윤을 추구하는 협력망co-operative web을 구성하는 것이 아니라, 더 큰 권력의 지휘하에 더 큰 목표를 추구하는 방식은 어떨까? 이것은 1980년대에 일본의 통상산업성通商産業省이 국민경제성장을 위해 육성한 재벌—일본어로 *けいれつ*(系列; 게이레츠)라고 한다—과 더 비슷하다. 가능성의 스펙트럼은 만연한 개인주의에서부터 초유기체적 상태에 이르기까지 다양한 범위를 아우르며, 가정의 위치가 정확히 어디라고 말하기는 어렵다. 아리스토텔레스는 세계가 이 스펙트럼의 어딘가에 위치한다고 생각한다.

문헌 증거가 없어서 어디까지나 추측에 불과하지만, 이것은 자연발생 동물이 왜 존재하는가라는 수수께끼의 해결책을 제시한다. 아리스토텔레스는, 인생은 아무런 의미 없는 소리와 분노라는 맥베스의 음울한 주장을 거부할 것이다. 정치과학자라기보다는 생물학자로서, 아리스토텔레스는 자기가 태어나고 성숙해져 세상의 우여곡절과 맞서 싸우는 이유가 자신의 형상을 재생산할 수 있기 때문이라고 말한다. 굴은 이렇게 할 수 없다. 그의 말에 따르면, 굴의 삶은 아무것도 영속화하지 않기 때문에 목적이 전혀 없는 것처럼 보인다. 그러나 그의 견해는 너무나 협소한 것 같다. 굴을 비롯한 모든 자연발생 동물들은 공통점을 가지고 있다. 이것은, 다른 동물들에게 잡아먹힌다는 것이다. 이들은 대부분 먹이사슬의 밑바닥에 자리잡고 있다. 자연발생 동물의 목적은, 아마도 자신을 잡아먹는 생물들의 생존을 보장하는 것인 듯하다. 모든 생명체들이 이렇듯, 이들은 자신의 세계를 온전하게 유지하기 위해 존재한다.

나 자신을 냉정히 생각해 보면, 개체의 생존만을 목표로 하는 아리스토텔레스의 목적론을 선호하는 것이 이치에 맞는 것 같다. 이것은 그를 매우 현대적인 과학자, 즉 신다윈주의자는 아닐지언정 다윈주의자로 보이게 한다. 그러나 내가 머릿속에 그리는 아리스토텔레스 세계의 풍경이 정확하다면, 이것은 우리의 세계와 매우 다르다. 우리의 세계에서, 자연선택은 단기적인 번식 성공률을 극대화할 뿐 영속성에는 무관심하다. '자연선택은 미래를 위해 계획하지 않는다. 이것은 비전과 통찰이 없으며 앞도 바라보지 못한다. 이것이 자연계에서 시계공의 역할을 한다고 말할 수 있다면, 기껏해야 눈먼 시계공일 뿐이다.'[19] 사실이 그렇다. 따라서 우리의 세계에서는 종들이 서로를 멸종으로 몰아간다. 1280년경 마오리족은 폴리네시아산 쥐를 뉴질랜드로 데려왔다. 그러자 이 쥐들은 5종의 토종 조류와 3종의 개구리뿐만 아니라 다양한 도마뱀, 곤충, 육상 달팽이 종種을 잡아먹었다. 마오리족 자신도 9종의 모아[20]를 먹어 치웠다. 오늘날에는 유럽산 포식자들—노르웨이쥐, 곰쥐, 담비, 족제비, 고양이—이 수입되어, 남겨진 토종 동물상을 같은 방식으로 먹어 치우고 있다. 만약 우리 세계에 '자연의 균형'이 존재한다면, 팽팽하게 맞서는 상대방과의 일시적인 휴전뿐일 것이다. 이들은 생태계 전쟁터에서 치열하게 싸워 왔지만, 지금은 불운한 약자의 시체와 우수한 장비를 갖춘 강자 사이에서 녹초가 되어 있다. 아리스토텔레스의 세계가 우리의 세계보다 더 호의적인 것은 아니다. 여기에는 휴전이 없고, 쉼 없는 싸움이 영원히 진행될 뿐이기 때문이다.

19 아리스토텔레스의 상어는 명백히 '분별 있는 포식자prudent predator'다. '분별 있는 포식자'라는용어는 로렌스 슬로보드킨(1928~2009. 미국의 생태학자 - 역주)이 『동물 개체수의 성장과 조절』(1961)에서 만든 것이다. 그러나 분별 있는 포식자가 집단선택group selection에 의해 진화한다고 주장된 것은, V. C. 윈 에드워즈(1906~1999, 영국의 동물학자 - 역주)의 『사회적 행동에 관련한 동물의 분산』(1962)에서였다. 더욱 일반적으로, 윈 에드워즈는 생태학적 공동체를 항상성체제homeostatic system로 보아야 한다고 주장하면서 동물행동의 무수한 양상을 이렇게 해석했다. 그러나 『적응과 자연선택』(1966)에서 조지 C. 윌리엄(1926~2010, 미국의 생물학자 - 역주)이 이 견해를 뒤집었다. 그의 지적에 의하면, 집단선택의 힘은 매우 약하며, 개체선택individual selection 또는 유전자선택genic selection이 포식 행동을 포함한 거의 모든 적응을 더 잘 설명한다고 한다. 최근 집단선택이 부활했음에도 불구하고, 윌리엄의 결론은 여전히 건재한다.

20 모아(Moa). 모아목目의 날개가 없는 대형 새로, 마오리족이 붙인 이름이다. - 역자

102

> 모든 전문가들은 세계가 하나의 출발점에서 시작했다는 데 동의한다. 하지만 일부 전문가[오르페우스, 헤시오도스, 플라톤]에 의하면, 일단 시작된 세계는 영원하다고 한다. 다른 전문가들[데모크리토스]에 따르면, 여느 자연스런 인공물처럼 세계도 붕괴의 대상이라고 한다. 또 다른 전문가들[엠페토클레스, 헤라클레이토스]에 의하면, 한 순간(지금과 같은 순간)과 다른 순간(변화하고 붕괴되는 순간)이 교대로 반복되며, 이것은 끊임없이 계속되는 과정이라고 한다. 음, 시작이 있지만 영원하다는 생각은 얼토당토않은데….

이것은 아리스토텔레스의 우주론 논문인 『천체에 관하여』의 일부다. 다양한 이론들을 공정하게 평가하고 싶지만, 자신의 이론이 가장 타당하다고 그는 말한다. 그의 이론은 새로운 주장에 기반하는데, 그 내용인즉 우주가 영원하며 시작도 없고 끝도 없다는 것이다. 생명체의 형상은 영원하기 때문에, 이것을 수용하기 위해 영원한 우주가 필요한 것은 당연하다. 그럼에도 불구하고 그는 자신의 이론을 옹호하기 위해 일련의 독립적인 주장들을 펼친다.

우주의 영원성에 대한 그의 주장 중 일부는 순전히 의미론적이고 대부분은 길고 복잡하다. 그중에서 가장 명쾌한 것은 『자연학』에 나온다. 이것은 우주의 물질이 아니라, 우주적 변화cosmic change의 필연적 존재necessary existence에 초점을 맞추고 있다. 변화는 그의 과학의 대상이며 모든 자연적 독립체들은 변화의 내적 원리—피지스(*physis*)—를 가지고 있기 때문에, 변화의 영원성을 증명하는 것은 변화 대상들의 영원성을 증명하는 것이기도 하다.

아리스토텔레스의 증명은 선행원인prior cause들의 필연적 존재에 의존한다. 논증은 추상적이지만, 구체적인 예를 제시한다. 아이스킬로스의 운명Aeschylus's fate이 이것을 명확하게 보여준다. 아리스토텔레스는 다음과 같이 주장한다. 아이스킬로스가 떨어지는 거북에 맞아 죽으려면 두 가지 선행원인이 필요한다, 하나는 극작가이고 다른 하나는 죽음을 초래한 직접적 원인immediate cause인 고속 낙하하는 거북이다. 이것은 충분히 명확해 보인다. 거북이 떨어지려면 기존의 어떤 것이 변화했어야 하는데, 이것은 검독수리가 발톱을 벌린 것이다. 검독수리가 발톱을 벌리려면 기존의 어떤 것, 즉 검독수리의 감각혼이 변화했어야 한다. 감각혼이란 인지-운동시스템cognitive-motor system으로, 아이스킬로스의 머리를 감지하고, 자신의 목표와 욕망을 고려하고, 프네우마를 가동하여 발톱을 잽싸게 벌린다. 그리고 검독수리의 감각혼이 변화하려면 … 그러나 요점은 분명하다. 아무리 멀리 거슬러 올라가더라도, 어떤 관찰된 변화는 필연적으로 선행변화previous change와 변화의 대상object 및 주체subject의 존재를 의미한다. 그러므로 변화는 영원하다.

아리스토텔레스의 주장은 형상/종류의 영원성에 대한 주장을 일반화한 것이다. 유기체의 발생은 특별한 종류의 변화로, 당신의 물리학이 완전히 결정론적일 때 적합한 것이다. 변화로 가득 찬 결정론적 우주가 주어진다면, 시간이 존재해 온 동안 변화는 존재해 왔어야 한다. 그리고 아리스토텔레스는 시간이 시작도 끝도 없다는 것을 보여주기 위해 또 다른 주장을 펼친다. 이 대목에서, 우리는 문제가 곧 해결될 것이라고 예상할 수도 있지만 그렇지 않다. '영원성은 생각만 해도 끔찍하다. 내 말은, 그 종착점을 모르겠다는 것이다'라고 톰 스토파드[21]의 로젠크랜츠Rosencrantz가 말했다. 이와 반대로, 아리스토텔레스는 그렇게 될지도 모른다고 우려한다.

그는 인과적 사슬이 깨질 것을 우려한다. 왜냐하면 그의 물리학이 상식적인 생각—움직이는 물체는 궁극적으로 자연히 정지한다—에 기반하기 때문이다. 물체는 그렇게 되기 전에 다른 물체에 접촉하여 이것을 움직이게 만들겠지만, 당신이 연못에 돌을 던지면 잔물결이 없어지는 것처럼 이 힘은 궁극적으로 소멸하게 될 것이다.[22] 따라서 세계를 계속 움직이기 위해, 아리스토텔레스는 지속적인 변화의 원천continuous source of change인 우주적 엔진cosmic engine을 필요로 한다. 이것을 찾기 위해 그는 천상계에 눈을 돌린다. 이집트인들과 바빌로니아인들은 대대손손이 하늘을 관측해 왔는데, 천체의 운행은 결코 변함이 없다고 아리스토텔레스는 말한다.[23] 만약 지구상에서 영원한 운동을 보장할 수 있는 것이 있다면 그것은 바로 별이다.

아리스토텔레스가 생물학을 할 때 얼마나 고독했을지, 우리

---

21 톰 스토파드(Tom Stoppard). 영국의 극작가. 『로젠크란츠와 길덴스턴은 죽었다』(1966)로 이브닝 스탠더드상 · 뉴욕 연극평론가상 · 토니상을 받았다. - 역주.

22 이와 대조적으로, 갈릴레오 갈릴레이는 운동하는 물체가 반대방향의 같은 힘을 만날 때만 정지한다고 주장한다. 이것은 뉴턴이 자신의 운동 제1법칙에서 명문화한 관성의 법칙인데, 아리스토텔레스는 관성의 법칙을 알지 못한다.

23 아리스토텔레스는 혜성과 유성에 대해 알고 있지만, 이것들이 지상계의 현상sublunary phenomenon이라고 생각한다. 고대 그리스의 천문학자들은 명백히 어떠한 신성이나 초신성도 기록하지 않았다. 초기 중국의 천문학자는 기록했지만.

는 능히 짐작할 수 있다. 물론 테오프라스토스(나중에는 제자들)와 이야기할 수 있었겠지만, 그의 동시대인들 중에서 해면 같은 것들에 관심을 기울인 사람이 있었을까? 괴짜 노인네 스페우시포스[24] 정도? 아마도 그럴 것이다. 그러나 천문학은 달랐다. 기원전 4세기 중반, 그리스 전역에는 수리천문학자의 방대한 네트워크가 형성되어 있었다. 이들 중 두 명인 크니도스의 에우독소스와 시지코스의 칼리포스는 아리스토텔레스와 함께 아카데메이아에 있었다.[25] 에우독소스는 일류 수학자였고, 그의 스승으로 말할 것 같으면 수리역학의 창시자라고 일컬어지는 타란툼의 아르키타스였다.

아리스토텔레스는 평소답지 않게 이들에게 관대한데, 이것은 말로만 하는 이론가verbal theorist가 수학을 잘하는 동료에게 베푸는 깍듯한 예우였다. (수학에 약한 생물학자인 나는 그의 심정을 잘 안다.) 어떤 경우에든, 아리스토텔레스는 우주의 기하학적 모델이 필요할 때마다 이들의 모델을 인용하며 자세히 설명한다. 이 모델은 천체들이 박혀 있는 일련의 동심구concentric sphere들의 한

---

24 스페우시포스(Speusippus). 고대 그리스의 철학자(?~B.C.339). 플라톤의 조카이며 플라톤이 죽은 후 아카데메이아를 물려받아 원장이 되었다. – 역주

25 에우독소스(c. BC 408~BC 355)의 경력을 고려해 보자. 소아시아의 크니도스에서 태어나 기원전 390년 젊은 나이에 아테네로 가서 새로 설립된 아카데메이아에서 잠시 공부했다. 그리고는 이집트의 헬리오폴리스로 가서 천문학을 공부했고, 또한 이탈리아로 가서 플라톤의 친구인 아르키타스, 철학자이자 의사인 로크리의 필리스티온과 함께 공부했다. 그는 매우 가난했지만, 친구들과 학문에 대한 열정 덕분에 학업에 전념할 수 있었다. 더 많은 여행을 한 후 아카데메이아로 돌아와 아리스토텔레스를 만났다. 이 즈음 그는 제자들을 거느리고 있었는데, 나중에 리케이온에서 아리스토텔레스와 합류하게 되는 칼리포스가 이들 중 하나였다. 에우독소스는 마침내 크니도스로 돌아와 천문대를 세우고 여생을 별 관측으로 보냈으며, 강의와 도시를 위한 입법활동에 힘썼다.

복판에 구형체 지구spherical Earth[26]가 위치한다고 가정했다. 이 체계(또는 체계들, 왜냐하면 에우독소스가 고안한 체계를 칼리포스가 개선했거나 적어도 수정했기 때문에)는 복잡했는데, 주로 플라네타이(*planētai*)—'방랑자들'—의 역행retrograde motion을 설명하기 위해 고안되었다. 역행이란—밤하늘을 가로질러 전진하는 규칙적인 별들과 달리—밤하늘을 가로지르다 말고 반대방향으로 춤을 추다가 다시 전진하는, 방랑자들의 독특한 운행 방식을 말한다.[27]

우리가 세세한 내용까지 신경 쓸 필요는 없다. 아리스토텔레스의 입장에서 볼 때, 이것은 전혀 자연과학이 아니다. 수리천문학자가 만든 모델은 천상의 사건들heavenly events을 기술하고 '현상(*phainomena*) 이해하기'—이 말의 원조는 플라톤이다—를 실천할지도 모른다. 이것은 중요하지만 충분하지는 않다. 별은 단지 수학적 구성체mathematical construct가 아니라 자연체natural

---

26 아리스토텔레스는 지구의 둘레가 (그 자신이 아니라 누군가에 의해) 400,000스타디온stadion으로 추정되어 왔다고 말한다. 고대 스타디온—경주장—의 길이에 대해서는 의견이 분분하다. 추정치는 150 ~ 210미터로 다양하지만, 중앙값인 180미터로 가정하자. 아리스토텔레스가 말한 지구의 둘레는 72,000킬로미터로 환산되는데, 이는 실제 적도 둘레의 1.8배에 해당한다. 이로부터 1세대 후, 에라토스테네스는 지구의 둘레를 250,000스타디온(45,000킬로미터), 즉 실제 적도 둘레의 1.2배로 추정했다. 나는 감동했다. 게다가 아리스토텔레스는 지구가 둥글다는 생물지리학적 증거를 추가하는데, 내용인즉 아프리카와 아시아에 코끼리가 있다는 것이다. 그렇다면 헤라클레스의 기둥Pillars of Hercules(지브롤터해협 어귀에 있는 바위)과 인도를 잇는 서부대륙western landmass이 존재했다고 주장하는 사람들이 옳을 수도 있다. 앨프리드 러셀 월리스(1823~1913, 영국의 박물학자, 진화론자 - 역주)와 알프레드 베게너(1880~1930, 독일의 지구물리학자 - 역주)는 대륙들 사이의 선사시대 연결prehistoric connection을 주장하기 위해 생물지리학을 이용했다.

27 역행은 고대의 천동설 우주geocentric cosmos를 포기한 코페르니쿠스에 의해 설명되었다. 코페르니쿠스에 의하면, 만약 지구가 다른 모든 행성들처럼 태양을 공전하는 행성이라면, 다른 행성들에 대한 지구의 상대적인 위치가 복잡한 방식으로 달라지기 때문에, 때로는 이 행성들이 별들에 대해 마치 거꾸로 움직이는 것처럼 보인다고 한다.

별들을 배경으로 역행하고 있는 화성. 2003년 8월

body다. 자연체는 자연과학의 대상이다. 그리고 자연과학은 인과적 설명을 필요로 한다. 하늘은 무엇으로 구성되어 있을까? 이것은 왜 회전할까? 천문학자들은 이 질문에 답변하지 않은 것도 모자라, 아예 질문할 생각조차 하지 않았다.

아리스토텔레스의 우주에 존재하는 모든 자연적 독립체들 중에서 가장 완전하고 신성한 것은 천체—달, 태양, 행성, 그리고 특히 별—다. 이것들은 연구하기가 가장 어렵다고 그는 인정한다. 이것들은 너무나 멀리 떨어져 있고, 이것들에 대한 우리의 지식이 너무 적지만, 그렇다고 해서 이것들을 이해하려는 노력을 멈출 수는 없다. 우리는 어려운 문제를 다룰 때 작은 결과에도 만족해야 한다. 우리는 평범한 것을 물끄러미 바라볼 때보다 사랑하는 사람의 얼굴을 부분적으로 엿볼 때 더 큰 기쁨을 느낀다.

아리스토텔레스는 『천체에 관하여』에서 천체를 다룬다. 그는 천체(사실은 그것이 박혀 있는 구형체球形體)들이 독특한 물질, 즉 전통적으로 아이테르(*aithēr*)라 불리는 '첫 번째 원소'(*to prōton stoi-*

cheion)로 이루어져 있다고 주장한다. 이 바람에 아리스토텔레스의 원소는 4개에서 5개로 늘어난다. 달 아래 세계(지상계sublunary world)의 4원소와 마찬가지로, 아이테르도 변화change와 멈춤rest이라는 자연 원리를 따른다. 늘 그렇듯, 여기서도 아리스토텔레스는 영원성을 논할 때 원圓을 찾는다. 그는 원운동이 모든 운동 중에서 가장 단순한 운동이라고 생각한다.[28] 따라서 아이테르의 자연적인 운동이 원운동이며, 자연스러운 멈춤이 없다고 그는 가정한다. 이것은 오르락내리락하지 않고 원을 그리기 때문에 무게가 없다. 그리고 4원소의 변형주기의 일부가 아니므로 파괴될 수도 없다.

아이테르라는 원소는 논란 많은 물질이었다. 플라톤은 『티마이오스』에서, 별들이 불로 이루어져 있다는 전통적 견해를 제시했다. 프로클로스는 서기 5세기에, 플라톤주의자들은 아이테르를 이방인처럼 생각한 것이 분명하다고 썼다. 아리스토텔레스의 소요학파 중 일부 학자들 역시 아이테르를 포기했다. (아이테르는 중세에 인기를 얻었다.) 그러나 아리스토텔레스가 이것을 생각해 낸 이유는 설득력이 있었다. 만약 별들이 기존의 지상계 원소들의 조합으로 이루어져 있다면, 이들의 운동의 아름다운 규칙성을 설명하기가 어려워질 것이다. 아이테르가 있으면 이런 고생을 하지 않아도 된다. 아이테르는 또한 영원한 존재다. 이것은 별들이 (우리를 비롯하여, 지구의 모든 것들을 궁극적으로 파괴하는) 내부의 원초

28 아리스토텔레스 물리학과 뉴턴 물리학의 또 한 가지 근본적인 차이가 여기에 있다. 뉴턴 물리학에서는 직선운동이 가장 단순한 운동이고, 원운동은 추가적인 구심력을 요구한다.

적 혼란과 씨름할 필요가 없다는 것을 의미한다.

그러나 아리스토텔레스 우주론의 가장 이상한 측면은 화학이 아니라, 천상계에 목적론적—기능적—추론을 적용한 것이다. 천체들은 아이테르로 구성되어 있기 때문에 지구의 주변을 돈다고 말하는 것은, 질료인과 운동인을 제공하는 것에 불과하다. 그러나 항상 그렇듯이, 아리스토텔레스는 목적인도 원한다. 천체들은 동물과 식물이 번식하는 것과 똑같은 이유—영원해지기 위해서—때문에 회전한다. 이것은 이상한 주장이다. 별들이 뭔가를 위해서 움직인다고? 이상하게 들리겠지만 이것은 단지 시작일 뿐이다.

아리스토텔레스는 별들의 운동 메커니즘을 조사한다. 그가 원하는 것은, 각각의 별이 자체의 힘으로 움직이는 것이 아니라 하나의 회전하는 아이테르 구형체 안에서 단체로 운행된다는 것을 보여주는 것이다. 그는 이에 대한 몇 가지 증거를 제시한다. 첫번째 증거는 별들이 모두 동시에in synchrony 운동한다는 것인데, 이런 식의 운행은 가장 경제적인 설명처럼 보인다. 그는 천체들을 강에서 잇따라 운항되는 배들과 비교한다. 둘째로, 만약 별들이 스스로 운동한다면, 우리는 이들이 구르는 것도 볼 수 있을 것이다. 하지만 달이 언제나 '앞면face'을 보여주는 것을 보면, 구르지 않는 것이 분명하다. 또 다른 증거도 있다. 만약 별들이 스스로 움직인다면 발, 지느러미, 날개와 같은 운동기관이 있어야 할 텐데 이런 것이 없다. (아리스토텔레스는 어느 누구도 달에 돋아난 날개를 보지 못했다고 굳이 말하지 않는다. 자명하기 때문이다.) 자연이 천체들에게 운동 기관을 제공한다는 것을 깜빡 잊었을 리 없다. 요컨대, 천체들은 자신의 임무를 잘 수행하도록 완벽하게 설계된 것이다. 그는 천체들이 어떤 동물보다도 훨씬 더 낫다고 주장한다. 따라서 이들의 운동 방법은 운동 기관이 필요 없는 부류, 즉 수정 같은 아이테르 구형체 안에서의 운행이어야 한다.

동물의 몸에 대한 아리스토텔레스의 목적론적 설명을, 현대 생물학의 적응주의적 설계론으로 번역하는 것은 쉽다. 그러나 천체들은 어떨까? 행성과학의 설명에 따르면, 달의 모양이 둥글고 지구의 주위를 도는 것은 인정사정 없는 물리학 때문이라고 한다. 날개가 없다는 사실은 이야깃거리도 아니다. 그러나 아리스토텔레스에게는 이것이 핵심이다. 우리에게는 태양, 달, 별들이 무생물이지만, 아리스토텔레스에게는 이것들이 벌, 코끼리 또는 우리와 같은 생명체다. 어떤 의미에서, 이것들은 생명체보다 더욱 활발하게 살고 있으며 모든 생명체 중에서 가장 완벽하다. 전체로서의 우주는 하나의 영혼을 갖고 있지 않을 수도 있지만, 각각의 별들은 영혼을 가지고 있다.

아리스토텔레스의 천체생물학은 약간 모호하다. 어떻게 달리 말할 수 있을까? 그는 때때로 별(또는 행성) 자체가 살아 있는 것이 아니라 박혀 있는 구형체들이라고 제안한다. 별 또는 구형체들은 확실히 저 밖의 생명Life Out There이다. 이것이 아리스토텔레스의 또 다른 우주론적 참신함일까? '우리는 이것들을 (개별적 질서를 갖고 있음에도 전체로서는 영혼이 없는) 단위체들로 간주한다. 하지만 이것들이 삶과 활력을 보유하고 있다는 것을 인정해야만 한다.' 그는 심지어 자신의 동물학적 완전성의 사다리를 하늘로 확장한다. 별 또는 이들의 구형체들은 이들의 운동(그러므로 이들이 목적을 달성하는 수단) 덕분에 가장 완전하다. 행성들, 태양, 달은 지구와 가까워질수록 완전성이 떨어진다. 움직임이 없는 지구는 전혀 목적이 없다.

여느 식물이나 동물처럼, 천체들은 일반적으로 자기 자신의 목적을 달성하기 위해 설계되었다. 그러나 이들이 지상계의 일에 완전히 무관심한 것은 아니다. 궤도를 벗어나지 않는 별들은 매우 단순한 운동을 하지만, 다른 천체들은 그렇지 않다. 행성들은 역행을 하고, 태양은 (적도를 따라 동쪽에서 서쪽으로 움직이는) 일주운동뿐만 아니라 (황도를 따라 서쪽에서 동쪽으로 움직이는) 연주운동을 한다. 수리천문학자들의 모델이 기술하려고 했던 것은 바로 이런 운동들이다. 그러나 아리스토텔레스는 이러한 복잡한 운동에도 목적을 부여하고 싶어 한다. 태양의 연주운동은 지구상에 계절을 만들고, 지상계의 원소를 순환시킴으로써 세계가 양파처럼 되는 것을 막아 준다. 그러나 그는 이것이 단지 물질적 필요성의 결과가 아니라 연주운동이 존재해야만 하는 이유라고 제안하는 것처럼 보인다. 인과관계의 방향을 주목하라. 지상계의 원소들이 순환하는 것은 괜한 일이 아니다. 태양이 원소를 순환시키기 위해 연주운동을 하기 때문에 이러는 것이다. 아리스토텔레스는 (한 동물의 여러 가지 특징들이 서로 조응調應하도록 설계되었다고 주장하는) 동물학의 조건부 필요성의 원리를 우주 전체에 적용하는 것 같다. 『형이상학』 XII권 10장에 나오는 가정의 비유는 단지 지상계의 유기체가 생존을 위해 서로에게 어떻게 의존하느냐가 아니라, 지구의 주위를 도는 천상계 생명체들의 행동에 어떻게 의존하느냐에 관한 것이다. 존재의 사슬chain of being에서 위와 아래에 위치하는 독립체들은 교차된 이해관계망criss-crossing network of benefits에 의해 서로 연결되어 있다. 아리스토텔레스 생태학의 범위는 문자 그대로 우주적이다. 그가

『발생과 소멸에 관하여』에서 태양을 '발전기'라고 부르고, 『자연학』에서 '사람이 사람을 낳는다'라는 통상적인 슬로건을 '사람과 태양이 사람을 낳는다'로 고친 것은 바로 이 때문이다. 이것은 단지 삼라만상의 연결성에 관한 진술일 뿐만 아니라 우주적 목적을 지닌 주장이다.

그가 제시한 운행 체계는 하나부터 열까지 터무니없기 짝이 없다. 천체들이 살아 있다는 주장은 차치하고라도, 설계된 우주designed universe에 대한 더 약한 주장조차도 우리를 어리둥절하게 만든다. 위성, 행성, 별, 성운, 블랙홀, 초신성, 은하의 특징들 중 어느 하나에서라도 설계의 증거를 볼 수 있다고 믿는 천문학자는 아무도 없다. 생물학을 벗어난 목적론이 우주의 질서에 대한 과학적 설명에서 설 자리는 없다. 우주는 단지 존재할 뿐이다.

혹시 잘 찾아보면 목적론이 비집고 들어갈 자리가 있지 않을까? 현대 물리학의 중심부에는 깊은 신비가 도사리고 있다. 우리의 우주를 잘 설명하는—적어도 10^{-21}미터와 10^{25}미터 사이에서—입자물리학의 표준모델과 λCDM 우주모델[29]은 소립자elementary particle들의 질량과 세 가지 기본적인 힘fundamental force(약전자기력electroweak, 강핵력strong nuclear, 중력gravity)의 강도 등 30여 개의 입력 매개변수input parameter를 포함하고 있다. 이것들이 관측치와 다를 경우 우리가 알고 있는 우주는 존재하지 않는다는 점을 제외하면, 많은 것들은 차원이 없고 명백히 임의의 값을 취한다. 두 가지 예를 들자면, 우주상수 λ는 대략 1세제곱미터당 수소 원자 1개의 질량-에너지밀도mass-energy density

29 Lambda Cold Dark Matter의 이니셜이다.

와 비슷하다. 양자이론에서는 이것이 훨씬 더 커야 한다고 하지만, 만약 그렇다면 우리의 우주가 너무나 빨리 팽창할 테니 은하도 우리도 여기에 없을 것이다. 다시 말해서 중성자는 양성자보다 0.1퍼센트 더 무거운데, 만약 부등호가 반대라면 양성자가 붕괴하여 중성자로 되므로, 수소가 불안정해져서 기존의 화학이 존재하지 않을 것이다. 이것은 '미세조정fine-tuning' 문제로 알려져 있다.

일부 물리학자들은 '약한 인류 원리weak anthropic principle'를 들먹이며 우주의 미세조정을 설명하려고 노력해 왔다. 약한 인류 원리란, 우주의 물리상수들이 별, 행성, 생명체, 지적인 생명체의 형성을 뒷받침하지 않는다면 우리가 지금 여기에 존재하며 이것들이 형성되었다는 사실을 의아해할 리 만무하다는 것이다. 이것은 사실이지만, 문제를 해결하지는 못한다. 만약 오직 하나의 우주만 존재하고, 매개변수공간parameter space에 존재하는 지각 있는 생명체sentient life의 진화와 양립하는 솔루션이 극소수에 불과하다면, 자연이 모든 일을 올바로 처리할 확률은 문자 그대로 천문학적일 수밖에 없다. 아리스토텔레스는 데모크리토스 등을 공격하며 이렇게 말했다. '이들[유물론자들]은 동물과 식물의 존재 또는 발생에 가능성이 개입하지 않는다고 주장한다 … 그와 동시에 천상의 구형체와 가장 신성한 가시적 존재는 자발적으로 생겨났으며, 동물과 식물에게 할당되는 원인은 전혀 고려할 필요가 없다고 주장한다.' 아리스토텔레스와 현대 우주론자들을 어리둥절하게 만드는 경험적 규칙성empirical regularity은 다르지만, 근본적인 문제는 동일하다.

가설에 따라, 우주가 설계의 전형적 특징인 합목적적 질서

purposeful order의 징후를 드러낸다는 점을 인정하자. 이 질서의 기원을 어떻게 설명해야 할까? 오직 세 가지 답변만이 가능하다. 첫 번째는 플라톤이 그랬고 기독교인들이 지금도 이렇게 하는 것처럼, 만물을 이렇게 배열해 주신 자비로운 창조주에게 호소하는 것이다. 두 번째는 데모크리토스와 에피쿠로스가 그랬던 것처럼 무한우주infinite universe, 즉 낮은 확률의 딜레마를 해결해주는 무한대(∞)에 호소하는 것이다. 첫 번째 것은 폐기할 수 있고, 두 번째에 대해서는 일부 우주론자들이 사실이라고 믿을지라도 나는 묵비권을 행사하겠다.[30] 그러나 나는 생물학자로서, 무질서에서 질서를 창조할 수 있는 것으로 알려진 유일한 메커니즘에 의존하는 세 번째 답변을 좋아한다. 이것은 바로 자연선택이다.

우주의 개체군population of university, 즉 다중우주multiuniverse의 존재를 제안하는 우주론적 선택이론Cosmological Selection Theory의 배경에 깔린 추론은 이렇다. 이런 우주들은 복제를 통해 각각의 물리상수를 자손 우주progeny university에게 전달하는데, 복제 성공률이 제각기 다르기 때문에 일부 변이들의 득세가 허용된다. 이것은 우주적 다윈주의cosmic Darwinism에 다름 아니며, 적합성 함수fitness function에 의존하여 당신이 선호하는 매개변수값의 비치명적 조합non-lethal combination을 가진 우주로 가는 쉬운 경로다. 어떤 다중우주이론에 의하면, 우주가 블랙홀을 통해 아기우주를 낳는다고 한다. 이런 경우, 블랙홀의 개

---

30 미세조정을 설명하려면, 무한우주가 관측 가능한 우주observable universe에서 보이는 변이뿐만 아니라 물리적인 매개변수값의 국지적 변이local variation를 무제한적으로 포함해야 한다. 이쯤 되면 우리는 사실상 다중우주를 논하고 있는 것이다.

수(수백만 개)는 하나의 설계특징design feature이 될 것이다. 그럴듯한 이론에 얽매일 필요는 없다. 그러나 이런 이론(또는 그와 유사한 이론)들을 인정한다면, 우주들 사이에서 자연선택이 작동하는 메커니즘이 명확해진다. 만약 인정사정 없는 물질적 필요성이 아니라 자연선택의 결과물이라면, 우주의 특징들 중 어떤 것은 코끼리의 신체부위만큼이나 목적론적으로 설명될 수 있을 것이다.

이런 우주는 목적을 가지고 있을 테니, 아리스토텔레스는 이런 우주에서 두 다리 쭉 뻗고 지낼 것이 분명하다. 그러나 그는 여전히, 창조주와 가능성을 거부하듯이, 우주의 기원에 대한 선택론자들의 설명을 거부할 것이다. 아리스토텔레스에게 물어보라. 우주는 어떻게 합목적적인 특징들을 가지게 되었을까요? 그는 이렇게 말할 것이다: 이것은 의미 없는 질문일세. 왜냐하면 우주는 생겨난 것이 아니거든. 우주는 단지 존재하고 존재해 왔고 늘 존재할 것이야. 영원히 그리고 영원히 그리고 영원히. 내 생각에, 그의 모든 이론 중에서 우리가 이해하느라 가장 애먹는 것 중 하나가 바로 이것이다.

103

우리는 어느덧 신神에게 다가가고 있다. 나는 무심결에 아리스토텔레스가 별, 인간, 심지어 벌을 '신성한' 것으로 생각하는 방식을 언급했지만, 당신은 아름다움, 고도의 지능, 복잡한 사회생활을 기술하는 아리스토텔레스의 방법을 '상투적인' 것으로 받아들였을 것이다. 신이 한두 번 불쑥 거론되었지만, 당신은 플라톤의 절대선absolute good 같은 것에 대한 메타포일 뿐이라고 생각했을 것이다. 만약 그렇다면, 의심할 여지없이 나의 잘못이다. 나는 아리스토텔레스의 테오스(*theos*)—신—를 그늘 속에 감춰 왔다. 나는 심지어 의도적으로 이렇게 했는지도 모른다. 내 영웅의 과학 체계가 얼마나 종교로 가득 차 있는지를 내 입으로 말한다는 것이 영 내키지 않아서 말이다. 그렇다. 솔직히 말해서, 신은 지금껏 내내 우리와 함께 있었다.

아리스토텔레스는 왜 별이 살아 있다고 생각한 것일까? 아무런 증거도 제시하지 않으면서. 그는 『영혼론』에서 '삶이란 자가영양self-nourishment, 성장, 소멸을 위한 능력을 의미한다'고 말하면서, 별들은 이런 활동을 하지 않는다고 덧붙인다. 별들은 기관을 보유하지 않으며, 필요로 하지도 않는다. 그는 별들이 영혼을 가지고 있으며 천상계에서 즐거운 시간을 보내고 있다고 말하지만, 이것을 어떻게 알까? 단지 주장일 뿐이다. 적어도 벌들의 번식습성을 지나치다 싶을 정도로 신중히 다루는 과학자임을 감안할 때, 이런 파격적인 태도는 납득하기 어렵다. 그는 별에 단단히 매료된 것 같다.

> 첫 번째 자연체[아이테르]가 영원하고, 증가하거나 감소하지 않고, 노화하지 않고 변화하지 않고 수정되지 않는 이유는 우리의 가정assumption을 믿는 사람들이 지금껏 누누이 들어 온 이야기에서 분명해 진다. 우리의 이론은 경험을 확인하고, 경험에 의해 확증되는 것으로 보인다. 모든 인간은 어느 정도 신의 본성을 지니고 있고, 신의 존재를 믿는 모든 사람들은 야만인이든 그리스인이든 신을 가장

> 높은 곳에 두는 데 동의한다. 왜냐하면, 이들은 불멸과 불멸이 연결되어 있다고 가정하며, 그 이외의 어떤 가정도 상상할 수 없는 것으로 간주하기 때문이다.

위의 글을 읽어 보면, 그가 별뿐만 아니라 신에게도 매료되었음을 알 수 있다.

『형이상학』에는 아리스토텔레스가 약간의 종교적인 고고학을 시도하는 구절이 있다. 우리는 먼 조상들에게서 천상의 존재들은 모두 신이며 신성함이 모든 자연을 포용한다는 전설을 물려받았다고 아리스토텔레스는 말한다. 그러나 나중에 신화적 요소가 추가되었는데, 이 내용은 대중종교에서 유래한 동물형상zoomorphic과 인간형상anthropomorphic의 신이다. 그러나 이들은 단지 '일반대중'을 위해 발명되었을 뿐이다. 왜냐하면 '유용'했기 때문이다. (나는 이 말을, 대중은 숭배하기 위해 그럴듯한 형상이 필요했고 국가는 대중을 통제하기 위해 종교가 필요했다는 의미로 받아들인다.) 그러나 그는 계속해서, 원래의 '신성한 말씀'을 나중에 추가된 것들과 분리해야 한다고 말한다.

아리스토텔레스는 선사시대의 미신을 첨단과학과 매끄럽게 짜맞추는 새로운 신학을 발명했다. 그는 고대의 신앙—신들은 하늘에 있으며, 불멸 또는 불변한다—을 반복적으로 언급한 다음, 우주론과의 일관성을 화려하게 보여준다. 천상의 구형체들이 살아 있다고 아리스토텔레스가 생각하는 이유—내가 아는 범위에서 유일한 이유—는 이것이 신이라고 여기기 때문이다.

아리스토텔레스는 신학이 자연과학의 한 분야가 아니라고 말한다. 그의 용어로 말하면 신학은 첫 번째 철학으로서 우리의 형이상학의 한 분야이고, 자연과학은 두 번째 철학이다. 지식의 상이한 영역은 상이한 기본원리에 의존하기 때문에 철저하게 분리되어야 한다고 그는 말한다. 그러나 지적인 생활권intellectual Lebensraum을 위한 불굴의 추진력으로, 그는 자신이 좋아하는 모든 분야의 경계를 넘나든다. 그는 『형이상학』뿐만 아니라 『천체에 관하여』, 『영혼론』, 『발생과 죽음에 관하여』, 『자연학』에서 신들의 본성을 논의한다. 심지어 『동물의 움직임에 관하여』에도 이 내용이 나온다.

세상의 기능이 여러 가지 면에서 신에게 의존하기 때문에, 다른 방법으로 설명하는 것은 거의 불가능하다. 천상의 구형체들의 회전은, 지상계에서 일어나는 모든 자연적 변화의 궁극적인 운동인이다. 천상의 구형체들은 운동인으로서, 우주를 어떤 상태로든(죽었든 살아 있든 신성하든) 계속 유지할 수 있다. 그러나 다른 한편, 아리스토텔레스는 자신의 생명체들에게 목표를 부여하기 위해 이들에게 의존한다. 그렇기 때문에 이것들은 신이 되어야 한다. 아이스킬로스는 영문도 모르는 채 검독수리의 목표 달성을 위한 도구로서 희생되었다. 검독수리의 목표는—우리가 추측하기에—끊임없이 배고파 하는 새끼들에게 거북을 먹이는 것뿐이었다. 이렇게 하는 동안, 어미 검독수리는 별들의 영원한 움직임을 모방하려고 노력했다. 수정 같은 구형체의 화석화된 완전성이 아니라, 살아 있는 신들의 영원성을 말이다. 검독수리가 추구한 모든 것은, 알량한 한 조각의 영원성이었다. 우리 모두 배우자를 의식하며 이렇게 하고 있지 않은가!

신과 다름없는 천체들의 운동은 무엇에 의존할까? 아무 것에도 의존하지 않는다고 생각할 수 있을 것이다. 이들은 결국 신이기 때문이다. 게다가 이들은 원을 그리며 자연적으로 운동하는 아이테르로 만들어졌다. 이것은 아리스토텔레스가 『천체에 관하여』에서 제시하는 이론과 비슷하다. 그러나 『형이상학』과 『자연학』에서 그는 다른 이론을 제시한다(아니면 단지 주안점만 다를 수 있다). 이 두 번째 버전의 이론에서, 천상의 구형체들은 스스로 운동하지 않는다. 이것들의 신성은 격하되고, 아이테르는 배경으로 물러나며 희미해지고, 다수의 신비한 존재들이 무대에 등장한다. 이름하여 '부동의 동자들unmoved movers'이다.

부동의 동자—원동자原動子라고도 한다—는 새로운 신이다. 기존의 구형체들은 거의 일상적으로 이해할 수 있었다. 과학소설의 팬이라면 누구나 이국적인 물질로 구성된 천문학적 단위(AU)[31] 규모의 지각 있는 독립체sentient entity를 덤덤하게 받아들일 것이다. 그와 대조적으로, 원동자들은 미소를 머금게 할 만큼 추상적이며 역설적이다. 원동자들은 총 55개라고 일컬어지지만, 오직 하나뿐이기도 하다. 이들은 천체에 동력을 제공하지만, 이 자체는 완전히 정적靜的이다. 이들은 보이지 않으며, 부분이나 심지어 전체가 없음에도 임무를 수행한다. 사실, 이들은 실체가 없다. 아리스토텔레스는 이들이 어떤 물리적 물질로도 구성되지 않았다고 시사한다.

원동자들이 이렇게 많은 이유는, 각각의 원동자가 (아리스토텔레스의 우주의 기하학적 모델에 나오는) 구형체들 중에서 하나만 구동하기 때문이다. 단순하고 통일된 운동을 하는 별들은 모두 하

31 천문학적 단위(AU, astronomical unit). 지구에서 태양까지의 평균 거리(1억 5000만 km)를 천문단위astronomical unit라고 하며, 천문학적 거리의 척도로 사용한다.

나의 원동자에 할당될 수 있다. 더 복잡한 운동을 하는 달, 태양과 5개의 행성들은 다른 54개의 원동자들을 필요로 한다. (천동설은 절약성parsimony과 거리가 멀었다.) 원동자는 아리스토텔레스의 성숙한 운동이론에서 기원한다. 이 이론—그가 『천체에 관하여』를 썼을 때 아직 완성되지 않았다—에서, 모든 운동은 선행운동을 필요로 한다. 이제 아이테르 구형체들은 더 이상 스스로 운동할 수 없으며, 운동하는 상태를 유지할 필요가 있다. 그러나 그는 모든 구형체들을 추동하는 운동자들의 무한한 퇴행infinite regress을 원하지 않는다. 그래서 그는 모든 구형체들에게 각각 하나의 원동자를 제공한다. 그의 물리학이론, 우주론, 신학이 진화한 과정은 모두 불가분하게 뒤얽혀 있다.

원동자(부동의 동자)들은 주변의 구형체들을 밀거나 당길 수 없는 것이 분명하다. 만일 그랬다가는 움직이는 동자moving mover가 될 것이기 때문이다. 게다가, 이것들은 실체가 없기 때문에 그렇게 할 수도 없다. 그 대신, 이것들은 제각기 사랑과 욕망의 대상이 됨으로써 구형체들을 추동한다. 이상하게 들리겠지만, 이것(사랑과 욕망)은 인지cognition에 의존하기 때문에, 단순한 물리적 원인과 다른 종류의 운동인이다. 아리스토텔레스는 원동자가 천체를 '접촉'하지만 이들에 의해 접촉되지는 않는다고 말한다. 우리는 이것을 물리적 접촉이 아니라, 문자 그대로 정신적 변화psychological alteration로 이해해야 한다. 우리가 '나는 당신의 배려에 감동 받았어요'라든지 '나는 그녀의 아름다움에 마음이 움직였어'라고 말할 때와 같은 종류의 움직임 말이다. 스스로 움직일 수 있는 동물조차도 궁극적으로는 이들을 움직이게 만드는 욕망의 대상에 의존한다. 주지하는 바와 같이, 사랑은 실제로 세상

을 돌아가게 한다.[32]

아리스토텔레스의 우주는 이제 매우 분주해 보인다. 모든 구형체들과 이들의 원동자들을 추가함으로써, 지구 궤도에는 다양한 정도의 물질성materiality과 신성divinity을 가진 110개의 독립체가 존재하게 된다. 그는 몇 개의 문단을 할애하여 이렇게 많은 원동자들을 기술한 후에도 오직 하나의 체제가 있을 뿐이라고 주장하는데, 그 이유는 아리스토텔레스의 세계에 으레 존재하는 위계hierarchy 때문이다. 아리스토텔레스의 우주도 하나의 위계적 체제를 이루며, 그 정상에는 단 하나의 독립체가 자리잡고 있다. 물론, 정상에 있는 독립체는 가장 바깥쪽의 별을 담당하는 원동자—'첫 번째 원동자'—다. 첫 번째 원동자는 어떤 의미에서 다른 모든 것들을 통제한다. 이것은 사랑과 욕망의 궁극적인 대상이 될 수도 있다. 아리스토텔레스의 궁극적인 신은 바로 이것이다.

아리스토텔레스는 『형이상학』에서 그 독립체의 목적과 본성을 본격적으로 드러낸다.

---

32 아리스토텔레스의 물리학에는 비접촉의존성 힘non-contact-dependent force이라는 개념이 없다. 그는 나름 최선을 다했겠지만, 그가 할 수 있는 것은 여기까지였다. 막스 델브뤼크(1906~1981, 미국의 분자생물학자, 물리학자 - 역주)의 지적에 따르면, 원동자라는 개념은 뉴턴의 제3법칙(한 물체가 다른 물체에 힘을 가했을 때, 다른 물체가 동시에 첫 번째 물체에 크기가 같고 방향이 반대인 힘을 가한다)과 일치하지 않는다고 한다. 즉, 천체는 원동자에게 똑같은 힘을 가해야 한다. 다른 사람들의 주장에 따르면, 『동물의 움직임에 관하여』 III권에 나오는 천체운동에 관한 특정한 물리적 모델을 감안할 때, 아리스토텔레스는 뉴턴의 운동법칙을 암시하는 것처럼 보인다고 한다. 그러나 이러한 논의는 논점을 이탈했다. 원동자는 실체가 없어서 질량을 가지고 있지 않기 때문에, 뉴턴역학은 아리스토텔레스의 최종적 우주론 모델에 적용될 수 없다.

천상계와 지상계는 이러한 원리[첫 번째 원동자]에 의존한다. 천상의 존재는 지상에도 쾌락을 선사하며 우리로 하여금 최선의 삶을 영위하게 하지만, 이러한 즐거움이 오래 지속되지는 않는다. (왜냐하면, 이것은 항상 이 상태를 유지하지만, 우리는 어쩌다 한번만 이 상태에 도달할 수 있기 때문이다.) 이런 이유로 이성은 깨어 있고, 지각하며, 가장 즐거운 것을 생각한다. 희망과 기억도 마찬가지다. 생각하는 것은 본질적으로 최선 그 자체를 다루는 것이므로, 가장 완전한 의미에서 생각하는 것은 가장 완전한 의미의 최선을 다루는 것이다. 그리고 사고思考는 사고 대상의 본성을 공유하기 때문에, 대상의 입장에서 생각하게 된다. 사고 대상과 접촉하며 생각하면 물아일체의 경지에 올라, 사고와 사고 대상이 같아진다. 사고란 사고의 대상, 즉 본질을 받아들이는 것이다. 그러나 이것은 대상을 소유할 때 활성화된다. 따라서 사고에 포함된 신성한 요소는 수용receptivity보다는 소유possession이며, 가장 즐겁고 최선인 행위는 관조contemplation다. 만약 신이 (우리가 어쩌다 한번만 도달하는) 최선의 상태를 늘 유지한다면 우리는 경이로움에 휩싸이게 된다. 게다가 이것이 지고지선의 상태라면 더 많은 경이로움에 휩싸이게 된다. 이에 더하여, 생명은 신에게 속해 있다. 생명이란 사고의 실재實在인데, 이 실재가 바로 신이기 때문이다. 그리고 신의 자아 의존적self-dependent 실재는 가장 훌륭하고 영원한 생명이다. 따라서 우리는 신이 살아 있고 영원하며 가장 훌륭하다고 말한다. 그러므로 지속적이고 영원한 생명과 수명은 신에게 속해 있다. 신은 그 자체다.

신이 하는 일은 오로지 생각하는 것이다. 그러나 평범한 생각은 그에게 충분하지 않다. 그래서 그는 '생각하고 … 생각을 생각하는'(*noēsis noēseōs noēsis*) 데 시간을 보낸다. 이러한 신은 사랑도 증오도 모르고, 창조도 파괴도 하지 않으며, 구원도 저주도 심지어 심판도 하지 않는다. 이러한 신은 지상의 일에 완전히 무관심하지만, 역설적이게도 우주의 존재 자체가 신에게 달려 있다.

『니코마코스 윤리학』에서, 아리스토텔레스는 인간이 영위해야 할 최선의 삶을 논의한다. 훌륭한 삶은 두말할 것도 없이 긍정적인 미덕 중 하나다. 우리 주변에서—이를 테면 정치나 군대에서—미덕을 발휘하는 방법에는 여러 가지가 있다. 그러나 이런 데서 발휘하는 미덕은 전적으로 실용적이다. 사람이 삶을 영위하는 최선의 방법은 관조觀照다. 왜냐하면 관조는 실용적 목표가 없으며, 그 자체로 즐겁기 때문이다. 그는 다른 곳에서 한 가지 에피소드를 소개한다. 누군가가 아낙사고라스에게 필생의 목표가 뭐냐고 물었다. 위대한 자연학자는 '천체와 우주 전체의 질서를 연구하는 것'이라고 대답했다. 아리스토텔레스는 그의 대답을 진심으로 받아들이고, 이 이야기를 적어도 두 번 반복한다. 하지만 그는 완전한 관조의 삶을 영위할 수 있는 사람은 아무도 없다고 경고한다. 일상생활과 인간사에는 자질구레한 일들이 너무 많아—인간의 감각은 경솔하다—신성한 일에 신경 쓸 겨를이 없기 때문이다. 그럼에도 불구하고 우리는 '전력을 다해' 일상사를 무시하고, 순수한 이성에 전적으로 의존해야 한다. 진정한 행복은 여기에 있다.

무자비하리만큼 초탈超脫한 저술들에서, 우리는 아리스토텔레스의 의도를 읽어 낼 수 있다. 요컨대 그는 성적 욕망의 억누름에 대해 썼지만, 오래 전 세상을 떠난 아시아 여인 피티아스에 대한 사랑은 쓰지 않았다. 국가의 흥망성쇠에 대해 썼지만, 자신이 세계에 내보낸 정복자 소년 알렉산드로스에 대해서는 쓰지 않았다. 현실의 구조에 대해 썼지만, 스승의 이름은 거의 언급하지 않았다(그는 스승의 저술들을 쉽게 받아들여 전용轉用한 후 파괴해 버렸다). 이것은 한마디로 이성의 삶—과학적인 삶—이다. 그의 방대한 저술, 선반을 가득 채운 파피루스 두루마리(그의 저술들은 한때 파피루스 문서로 존재한 것이 틀림없다), 페이지마다 빼곡히 적힌 그의 논증들을 곰곰이 들여다본다면, 당신은 그가 인과관계를 혼동했다는 느낌을 받게 될 것이다. 그도 그럴 것이, 그는 신을 찾기보다는 자신의 형상 안에서 신을 재구성했기 때문이다.

그러나 아리스토텔레스의 신에는 또 다른 면이 있다. 왜냐하면, 신처럼 되려고 노력할 수 있는(아니, 노력할 수밖에 없는) 존재가 철학자와 과학자만은 아니기 때문이다. 정도의 차이가 있을지언정, 모든 자연적인 것은 신의 성품을 취한다. 분명히 말하지만, 우리는 이제야 이 구절—아리스토텔레스는 이 구절로 자신의 위대한 과정을 시작했고, 나 역시 이 구절로 이 책을 쓰기 시작했다—의 의미를 진정으로 이해할 수 있게 되었다.

> 우리는 아이들이 아니니, 덜 발달한 동물을 탐구하는 것을 역겹게 생각해서는 안 되네. 자연계의 모든 생명체에는 뭔가 경탄할 만한 것이 있지. 전하는 이야기에 따르면 몇몇 이방인들이 헤라클레이토스를 만나고 싶어 했어. 이들은 헤라클레이토스에게 다가갔지만, 그가 난로 옆에서 몸을 녹이는 모습을 보고 움찔했어. '괜한 걱정하지 마시오.' 그가 말했어. '들어들 오시오! 여기에도 신神이 있으니까.'

어떤 의미에서 심지어 갑오징어도 신성하다. 이것은 듣기 좋으면서도 엄숙한 생각이다. 나에게 신이 있다면—내 안에 신이 있다면—이것은 아리스토텔레스의 신일 것이다.

피라 해협

ARISTOTELIS STA-
GIRITAE DE HISTO-
RIA ANIMALIVM LIBER
PRIMVS, INTERPRETE
THEODORO GAZA.

*In quibus animalia inter ſe differant, quibúsue conue-
niant, eorundemq; naturæ diuerſitas.* *Cap. I.*

ANIMALIVM partes aut incompoſitæ ſunt, quæ ſcilicet in ſimiles ſibi partes diuiduntur, vt caro in carnes, & ob eã rem ſimilares appellentur: aut compoſitæ, quæ aptè ſecari in partes diſsimiles poſsint, nõ in ſimiles: vt manus nõ in manus ſecatur, aut facies in facies: quapropter eas diſsimilares nominemus. Quo in genere partium

아리스토텔레스 동물학의
테오도루스 가자(Theodorus Gaza)의 번역본. 1552년

104

기원전 340년, 데모스테네스의 민족주의 웅변술에 동요된 아테네는 마케도니아에 대항하여 테베와 동맹을 맺었다. 이에 격노한 알렉산드로스 대왕의 아버지 필리포스는 군대를 이끌고 남쪽으로 진군했다. 기원전 338년 8월 양쪽 군대는 카에로네이아에서 마주쳤고, 필립포스는 승리했지만 자비를 베풀었다. 그는 생존자들을 노예로 삼지도 아테네를 점령하지도 않았으며, 1,000구具의 시신을 돌려보내 장례를 치르게 했다. 그가 2년 후 암살 당했을 때 아테네 군중은 환호했다. 이들은 이구동성으로, 새로운 왕은 애송이라고 말했다. 이들이 잊고 있는 사실이 하나 있었으니, 알렉산드로스는 전투로 다져진 스무 살 청년이었다. 기원전 335년 테베는 반란을 일으켰다. 알렉산드로스는 반란을 평정했고, 아테네는 항복했다. 바로 이 해에 아리스토텔레스가 돌아왔다. 12년 동안 떠돈 그는 오십을 바라보고 있었다.

비록 정복자의 친구이지만, 그는 푸대접을 받지는 않았다. 아테네는 여전히 데모스테네스의 민족주의자와 친親마케도니아 귀족들에 의해 분열되어 있었다. 이제 전자는 훈계를 받는 처지였고(데모스테네스는 분심憤心을 잠재우기 위해, 알렉산드로스와 맞닥뜨리는 것을 가까스로 피했다), 후자는 사기가 충천했다. 그리고 아리스토텔레스는 (곧 알렉산드로스의 유럽 총독이 되는) 안티파토루스와 절친한 친구가 되었다. 모르긴 몰라도 도시에 나타난 새로운 철학자는 상당한 유명세를 탔을 것이다.

그는 리케이온에서 몇 채의 건물을 빌려 가르치기 시작했다. 들리는 말에 의하면 오전에는 비교적 어렵고 전문적인 강의를 했고, 오후에는 대중강연을 했다고 한다. 기존의 철학자들—테오프라스토스와 칼리포스—도 종종 강의를 들었을 것이다. 그리스 방방곡곡에서 학생들이 모여들었고, 그는 학생들을 연구에 참여시켰다. 『동물 탐구』의 자료는 아마도 한 사람에 의해 수집되었을 것이다. 그러나 이것은 그렇다 치고, 그리스 도시국가들의 158개 헌법, 피티아 경기의 승자 목록, 아테네에서 수행된 극적인 연구들의 기록은 어떻게 수집했을까? 다른 백과사전들의 편찬 계획도 암시된다. 굵직한 프로젝트들의 규모를 감안할 때, 리케이온은 단지 철학에 관심이 있는 친구들의 모임 또는 학교가 아니라 연구기관이었음을 짐작할 수 있다.

아리스토텔레스가 정확히 무엇을 가르쳤는지 궁금해진다. 표면적으로 이 내용은 충분히 명확하다. 우리가 보유하고 있는 아리스토텔레스의 저술은 모두 강의 노트(또는 적어도 출판되지 않은 원고)이며, 전부 리케이온의 도서관에서 유래한 것이다. 이것들은 일종의 커리큘럼이지만, 문제는 그리 단순하지 않다. 크고 작은 여러 측면에서 텍스트들끼리 서로 모순된 것처럼 보이기 때문이다. 사소한 모순은 필경사의 오류, 후계자의 끼워 넣기, 아리스토텔레스의 변심(예컨대 문어의 뇌에 대한 생각)으로 간주하고 넘어갈 수 있다. 하지만 커다란 모순은 쉽게 설명할 수 없다. 이것을 해결하는 접근방법에는 두 가지가 있다. 첫째로, 외견상 모순되는 텍스트일지라도 정확히 읽는다면, 결국은 일관성이 있는 것으로 밝혀질 수 있다. 둘째로, 아리스토텔레스가 중요한 문제에 대해 생각을 바꾸었다는 것을 인정할 수도 있다. 리케이온 시대에 이르면, 몇몇 텍스트들은 당시 아리스토텔레스의 사상을 잘 대변하는 반면, 다른 것들은 시대에 뒤떨어져 서가에 틀어박혀 있었다. 이것은 합리적으로 보인다. 누구든 40년 동안 철학을 하다 보면 이렇게 될 수 있다. 그렇지 않은가?

이런 일은 유행을 탄다. 1923년 독일의 젊은 문헌학자 베르너 예거는 『아리스토텔레스: 그의 발전의 역사적 기초』를 출간했다.[1] 이 책은 플라톤의 영향하에 여러 단계를 거쳐 한 청년에서 (리케이온의 성숙하고 경험적 마인드를 가진) 철학자로 탈바꿈한 아리스토텔레스의 비전을 보여준다. 예거는 자신이 『아리스토텔레스 전집』의 특정 부분을 재구성할 수 있다고 믿었다. 그리고 『형이상학』의 A, B, M 9~10과 N은 스페우시포스에 대항하여 아소스에서 집필되었고, Z, H, Θ는 별도로 나중에 기획되었고, 플라톤의 필치로 쓰인 『정치학』의 Ⅱ~Ⅲ, Ⅶ, Ⅷ은 경험적인 어조의 Ⅳ~Ⅵ보다 먼저 작성된 것이라고 믿었다.

예거의 화려하고 약간 광기 어린 도식은 1960년대까지 아리스토텔레스주의자들을 매료시켰다. 그러나 이 이후 아무도 거들떠보지 않아, 오늘날에는 거의 자취를 감추고 말았다. 최근의 고전철학자들은—아마도 여전히 예거에 대한 반응으로—종종 아리스토텔레스의 사고의 통합을 강조한다. 이들의 주장을 요약하면, 얼핏 보면 양립할 수 없는 것 같지만 자세히 살펴보면 일관성이 있다는 것이다. 아리스토텔레스가 자신의 생각이나 전문용어의 의미를 바꿨다고 인정하는 것은, 패배를 자인하는 것으로 간

1 이 책은 1934년 옥스퍼드 클라렌던 출판부에서 영어로 출간되었다.

주되는 것 같다.

그러나 아리스토텔레스를 이런 식으로 읽는다면, 밝혀지는 것만큼이나 숨겨지는 것도 많을 것이다. 이유여하를 막론하고 다음과 같은 두 가지 사실은 반론의 여지가 없다. 첫째, 그는 플라톤의 제자로서 시적인 삶을 시작하여, 플라톤적인 주제에 대해 플라톤적인 대화를 기록했다. 둘째, 전임자에게 얼마만큼의 빚을 졌든 간에, 그는 자연과학적인 요소를 포함한 자신만의 사고체계를 개발하는 것으로 대단원의 막을 내렸다. 이러한 지적 변화가 그의 저술에 흔적을 남기는 것은 지극히 당연한 일이다. 나에게, 이러한 변화는 두 명의 아리스토텔레스로 나타난다. 투박하게 말하면, 우리는 이 둘을 각각 철학적 아리스토텔레스philosophical Aristotle와 과학적 아리스토텔레스scientific Aristotle라고 부를 수 있다. 그렇다고 해서 아리스토텔레스가 제1철학first phyloso-phy과 제2철학second philosophy, 또는 신학(*theologikē*)과 자연학(*physikē*)을 구분했다고 말하려는 것은 아니다. 내가 말하고 싶은 것은, 오늘날의 관점에서 볼 때 철학과 과학이 매우 다른 학문이라는 것이다.

이것은 부분적으로 스타일의 문제다. 한편으로, 『형이상학』, 『오르가논』과 심지어 『자연학』과 『천체에 관하여』에는 선험적인 주장이 있다. 다른 한편으로, 『동물학』, 『기상학』, 『정치학』에는 데이터에 기반하거나 적어도 데이터에 의해 담금질된 주장이 있다. 먼저, 『천체에 관하여』에 나오는 선험적 주장의 사례를 살펴보자. 아리스토텔레스는 하나 이상의 세계가 존재할 수 없는 이유를 다음과 같이 설명한다.

이제 우리는 위에서 언급한 추가적 질문—왜 하나 이상의 세계가 존재할 수 없는가?—에 답변해야 한다. 우리의 우주 밖에 아무 것도 존재하지 않는다는 것은 보편적으로 증명되지 않았으며, 우리의 주장은 불확정적인 천체에만 적용될 수도 있다. 이제 모든 것이 자연스럽거나 정지하거나 운동하며, 제약에 의해 정지하거나 운동한다고 가정하자. 한 물체는 한 장소로 자연스럽게 운동하여 제약 없이 정지하고, 제약 없이 운동한 곳에서 자연스럽게 정지한다. 다른 한편, 한 물체는 제약에 의해 한 장소로 운동하여 제약에 의해 정지하고, 제약에 의해 운동한 곳에서 제약에 의해 정지한다. 더 나아가, 만약 주어진 운동이 제약에 기인한다면 이것의 역도 성립한다. 만약 그렇다면, 지구가 어떤 특정한 장소에서 제약에 의해 중심인 이곳으로 운동한 것이라면, 지구가 이곳에서 그곳으로 운동하는 것도 전혀 문제될 것이 없다. 그리고 만약 … [등등.]

나는 더 이상 설명하려고 애쓰지 않을 것이다. 이것은 순수한 연역적 추론a priori reasoning의 체계이며, 자명하게 진실이거나 자명한 진실로부터 파생된 일련의 주장들이다. 이것은 어떤 과학이 순조롭게 출발하려면 기본원리를 필요로 하지만 이것만으로는 불충분하다는 자명한 이치를 설명한다. 이와 대조적으로, 경험을 더욱 중시하는 아리스토텔레스의 사례도 있다. 『동물의 발생에 관하여』에서, 그는 동물들이 어떻게 배아를 양육하는지 설명하고 있다.

앞에서 언급한 바와 같이, 태생동물의 배아는 탯줄을 통해 성장한다. 동물의 영혼은 (다른 것들과 함께) 영양소를 가지고 있으며, 탯줄을 통해—마치 뿌리처럼—자궁으로 보낸다. 탯줄은 껍질로 뒤덮인 혈관으로 구성되어 있으며, 소와 같은 대형동물은 더 많고, 소형동물은 1개, 중간 크기의 동물은 2개가 있다. 배아는 이 탯줄을 통해 혈액의 형태로 영양분을 얻으며, 많은 혈관들의 종착점은 자궁이다. 위턱에 이빨이 없는 모든 동물은 … [등등.]

동물학 저술에도 길고 연역적인 추론의 사슬이 넘쳐나지만, 이를 뒷받침하는 데이터는 대부분 쉽게 접할 수 있는 것들이다. 이것이 바로 차이점이다. 아리스토텔레스에게 『천체에 관하여』와 『동물의 발생에 관하여』는 둘 다 자연학이지만, 우리에게 하나는 우주론이고 다른 하나는 생식생물학이다.

이것은 스타일의 문제일 뿐만 아니라 실체의 문제이기도 하다. 이론과 실제 사이에 종종 갈등이 도사리고 있다. 『분석론 후서』에 나오는 (엄격한 계획적 확실성austere programmatic certainty에 입각한) 삼단논법적 증명이론과 아리스토텔레스의 실제적 과학 연구 방법 사이에 갈등이 도사리고 있다.[2] 그는 실증적인 연구에서 다른 증명 방법을 도입하지만, 그 실체는 애매모호하다. 그는 종종 그럴 듯한 변증술을 구사하는데, 고작해야 몇 가지 설명과 몇 가지 반론이 최선인 듯하다. 지식의 각 영역이 구별되어야 한

2 짐 레녹스와 앨런 고텔프는 공들여 작성한 논문에서, 『분석론 후서』에 제시된 증명이론이 『동물의 부분들에 관하여』에 어떻게 스며들었는지 설명했다. 나는 이들의 발자취를 따라 그 과정을 자세히 설명하려고 노력했다. 그러나 또한, 나는 『분석론 후서』가 동물학에서 가져온 삼단논법적 증명 사례를 단 하나도 포함하고 있지 않다는 사실에 큰 충격을 받았다. 아리스토텔레스가 『분석론 후서』에서 제시한 사례들은 모두 기하학과 일식(음, 식물의 잎과 관련된 것이 하나 있기는 하다)에 관한 것들이다. 그래서 동물학적 사례를 이용하여 방법을 설명하려고 했을 때, 나는 오늘날의 큰가시고기 사례를 적당히 각색해야 했다.

다는 그의 주장과 그 경계를 스스로 무시하는 태도 사이에서 갈등이 엿보인다. 『범주론』에서 표방하는 분류학적 본질주의taxonomic essentialism와 『동물 탐구』에 나오는 동물분류의 실용적 우발성pragmatic casualness 사이에 갈등이 존재한다. 인공물과 동물들이 완전히 구분되고 전자는 실제로 '독립체'(*ousiai*)의 존재론적 지위조차 인정받지 못한다는 『형이상학』에서의 주장과, 기계론적인 분위기를 자아내는 동물학 저술에서의 설명 사이에 갈등이 있다. 내가 주목하는 것은 단순한 수컷/암컷 개념(즉 형상/질료 이분법)과 유전이론의 복잡성 사이의 갈등이다. 그의 반유물론anti-materialism—즉, 인과이론 전체—과 자연발생에 대한 신념 사이에도 갈등이 있다. 어떤 학자들은 지금까지 언급한 갈등들 중 하나 또는 그 이상이 양립할 수 없다고 본다. 다른 학자들은 같은 생각을 다른 방식으로 표현한 것에 불과하다고 본다. 내가 보는 견지에서, 이들은 경험된 실체experienced reality—또는, 적어도 경험된 실체로 받아들이는 것—에 직면한 철학자를 싸잡아 말한다.

이런 두 아리스토텔레스가 그의 인생에서 각각 다른 시기에 속한다고 가정하는 것은 매력적이다. 전기에는 철학자로서의 아리스토텔레스가 있고, 후기에는 과학자로서의 아리스토텔레스가 있다. 첫 번째 아리스토텔레스는 피레우스의 한 나무 밑에 앉아 플라톤의 분할에 의한 정의definition by division 이론의 허점을 찾아내고 있고, 두 번째 아리스토텔레스는 레스보스의 부두에서 물고기 더미를 들추고 있다. 나는 여기에 많은 진실이 있다고 생각하지만, 이 둘을 분류하려는 용기도 전문지식도 턱없이 부족하며, 텍스트를 연대기적으로 배열하기도 만만찮다고 생각한다.[3] 게다가 일단 이 길에 들어서면, 멈추어야 할 때를 알기 어렵다. 『형이상학』을 연구한 사람들은, 이것이 후세의 편집자들이 조잡하게 끼워 맞춘 일련의 이질적 논문들이라는 데 동의한다. 그러나 『동물의 발생에 관하여』에서 눈에 띄는 명백한 모순은 어떨까? 비록 불완전하게 통합되었지만, 한 권의 책인 것처럼 보인다. 선불리 해부하려다 자칫 살생을 하는 실수를 범할 수 있음을 명심해야 한다.

이런 이유 때문에, 나 역시 분열되지 않은 아리스토텔레스의 모습을 제시하려고 노력해 왔다. 극히 예외적으로—기껏해야 한두 번—텍스트들 간에 일관성이 없음을 인정하고, 그가 한때는 이렇게 생각했지만 나중에 저렇게 생각했을 것이라는 타협안을 내놓았다. 이것은 최후의 수단이었다. 복잡한 매듭을 풀려고 끙끙대다가, 이것도 저것도 안 되면 마지막에 단칼로 매듭을 잘라버리는 것처럼 말이다. 심지어 이런 경우도 있다. 책을 내려놓고 뒤로 물러나 먼 거리에서 『아리스토텔레스 전집』을 바라보면, 웅대한 통합grand unity이 드러난다. 설사 부분적으로 불완전하고 일관성이 없어 보이더라도, 이것은 경이로운 완전성 체계를 제공하는 것이다. 이런 일은 상당 부분 생물학에 기인한다. 일생을 바쳐 공부한 세상의 모든 것들 중에서, 아리스토텔레스가 가장 관심을 기울일 만한 가치가 있는 것으로 여긴 것은 생명체였다. 거의 모든 나머지 분야—형이상학, 인과적 설명 체계, 물리학, 화학,

---

3 비록 대부분의 학자들은 『오르가논』이 아카데메이아 시절의 저술이라는 데 동의하지만, 적어도 에드윈 거스(1886~1959, 미국의 심리학자 - 역주)는 『천체에 관하여』가 먼저고 『동물의 발생에 관하여』가 나중이라고 생각했다.

기상학, 우주론, 정치학, 윤리학, 심지어 시학[4]—에 이러한 결정의 흔적이 남아 있다.

『아리스토텔레스 전집』이 왜 이렇게 다양한 스타일의 논증을 보여주는 것일까? 이 이유는 의외로 간단하다. 오늘날의 철학자와 과학자는 뚜렷한 논증방식을 가진 독특한 학문 분야 종사자다. 그러나 지금으로부터 2000여 년 전, 철학자인 동시에 과학자인 사람이 있었다고 생각할 수는 없을까? 과학자들이 그를 대체하지 않고, 그의 후계자가 되었다고 생각할 수는 없을까? 내가 생각하기에, 아리스토텔레스가 바로 이런 사람이었다. 그는 리케이온 정원의 구불구불한 길을 걸으며 학생들을 가르치기 시작하고 있었다.

105

그는 리케이온에서 12년 정도 가르쳤다. 그런데 이때 알렉산드로스가 바빌론에서 죽었다. 아테네 사람들은 다시 한 번 환호했다. 마케도니아 반대파의 분위기는 험악하게 돌변했다. 이들은 오래전에 죽은 친구 헤르미아스를 위해 기도했다는 이유를 들어, 아리스토텔레스를 불경죄로 고발했다. (이것은 종교를 빙자한 정치 쇼였다. 그가 이단임을 증명하려면, 우주신학astrotheology에 관한 그의 강

---

4 예술가들은 『시학』을 읽을 때 종종 실망감을 표한다. '왜 아리스토텔레스는,' 그들은 이렇게 묻는다. '아름다움이 어디에 있는지 말해 주지 않을까?' 그 이유는 간단하다. 『시학』은 시인이 쓴 미학에 관한 논문이 아니라, 생물학자가 쓴 연극에 관한 논문이기 때문이다.

연에 참석하여 반론을 펼쳤어야 한다.) 델포이 사람들은 피티아 경기의 승자를 기록하기 위해 아리스토텔레스(그리고 칼리스테네스)에게 경의를 표했었다. 이제 이들은 경의를 철회하고 자신들이 내걸었던 명판을 부숴 버렸다. 사면초가에 놓인 아리스토텔레스는 떠나기로 결정했다. '나는 아테네 사람들이 철학에 반대하는 두 번째 범죄를 저지르는 것을 허용하지 않을 것이다.' 그는 소크라테스를 생각하고 있었다.

아리스토텔레스는 유보이아로 갔다. 이곳은 커다란 섬으로, 좁은 해협(*euripos*)에 의해 아테네 본토와 분리되어 있었다. 그의 외가가 칼키스에 사유지를 가지고 있었다. 당시의 단편적인 편지들을 보면, 그가 호젓하고 평온했음을 짐작할 수 있다. 그는 안티파테르에게 보낸 편지에, 델포이에서 문전박대 받은 것을 유감스럽게 생각하지만 별로 개의치 않는다고 썼다. 또 다른 편지에 '혼자 있을수록 신화에 대한 애착이 더 많이 생긴다'고 썼다. 그리고 그는 1년이 채 안 지나 죽었다.

지금까지 보존된 그의 유언장은 이렇게 시작된다. '모든 것이 잘 되겠지만, 만일 그렇지 않을 경우 …' 그는 유언 집행자로 안티파테르를 지명하고, 자신의 딸을 니카노르와 결혼 시키라고 한다. 니카노르는 한때 그의 피보호자였으며 지금은 알렉산드로스 군대의 장교다. 어떤 경우에도 자신과 침대를 함께 쓴 헤르필리스—노예?, 첩?, 두 번째 부인?—에게 그는 부동산, 은, 가구, 노예를 유산으로 남긴다. 그는 약 12명의 노예를 내보낸다. 특혜를 받은 노예들은 자유인이 되고, 돈과 하급노예들을 하사받을 것이다. 그는 한 학생을 집으로 보낸다. 그는 부모님과 후견인들을 기억하기 위해 동상을 세워 달라고 부탁한다. 다른 동상들은 니카노르가 동방에서 안전하게 귀환한 것에 감사하기 위해 수호자인 제우스와 아테네 신전에 세워질 것이다. 그는 '그녀가 원했듯이' 피티아스 곁에 묻어 달라고 부탁한다. 대단한 내용은 아니다. 이것은 우리로 하여금 아리스토텔레스의 사상보다 인간성을 제대로 엿보게 하는 유일한 자료다.

테오프라스토스는 리케이온의 교장이 되었다. 디오게네스 라에르티오스에 의하면, 2,000명의 제자들이 그의 강의를 수강했다고 한다. 아마도 이 숫자는 누적된 총계일 것이다. 하지만 설사 그렇더라도 학교가 번창했음을 보여준다. 테오프라스토스의 유언과 유언장에서는 리케이온을 (뮤즈를 모시는) 사원과 (지도와 아리스토텔레스의 흉상과, 그리고 물론 정원을 포함하는) 박물관으로 묘사하고 있다. 그는 동료 철학자들에게 모든 것을 맡겨, '친숙하고 우정 어린 분위기에서' 이곳에 머무를 수 있게 했다. 뒤이어 '물리학자' 스트라토가 교장으로 부임했다. 리케이온은 기원전 86년 술라에게 공격 당해 허물어질 때까지 특별한 변화 없이 지속되었다.[5]

늑대의 언덕이라는 뜻의 리카베토스Lycabettos 기슭은 지금은 관목 숲과 일부 폐허가 남아 있다. 눈에 띄는 것이라고는 건물의 토대 위에 격자로 배열된 벽돌이 전부여서, 과학자들만이 알아볼 수 있을 정도다. 플라스틱 판자로 덮여 있는 조잡한 구조물들은 고고학자들이 한때 이곳에 머물렀음을 암시하지만, 오랫동안 방치되어 지금은 황량한 분위기를 연출하고 있다. 리길리스Rigillis 거리의 보라색 꽃이 만발한 자카란다 나무 행렬을 따라 설치된 높은 울타리 때문에 들어갈 수는 없지만, 인접한 비잔틴

---

5 리케이온은 서기 1세기에 재건되었다.

아테네 한복판에 자리잡은 리케이온, 2011년 7월

박물관에서 철망을 통해 그런대로 경치를 관람할 수 있다. 신경질적인 관리인이 뭐라 하겠지만, 왜 여기에 왔는지 설명하면 당신과 함께 걷다가 (당신이 아리스토텔레스가 가르쳤던 곳을 바라보는 동안) 담배를 피울 것이다.[6]

스트라보는 테오프라스토스가 리케이온의 도서관을 넬레오스에게 유산으로 물려주었다는 이야기를 들려준다. 넬레오스는 터키 해안가의 아소스에 있는 산간 마을인 스켑시스로 도서관을 옮겼다. 그리고 거의 2000년 동안, 두루마리들은 아테네의 애서

---

6 고고학자들은 자신들이 팔라이스트라(*palaestra*), 즉 경기장을 발견한 것으로 생각한다. 하지만 이 유적지는 로마인들의 별장 터였을 것이다. 만약 그렇다면, 아리스토텔레스가 사용했던 건물의 잔해는 아파트 단지의 일부나 국립전쟁박물관 아래에 있을 것이다. 이곳을 공원으로 바꾸자는 이야기가 있었지만, 이런 일은 일어나지 않았고 앞으로도 마찬가지일 것이다. 나는 부지하세월이라고 생각한다.

가bibliophile들에게 팔리기 전까지 동굴 속에서 썩어 갔다. 그런 다음 이것들은 술라의 전리품이 되어 로마로 옮겨졌다. 이 이야기는 아마도 사실일 것이다. 이것들은 서기 1세기에 로데스의 안드로니코스에 의해 (현재 우리가 가지고 있는 형태로) 편집되고 정리되어 발간되었다. 그러나 이것들이 유일한 사본이라고 할 수는 없다. 아리스토텔레스가 죽은 후 1세기 이내에, 프톨레마이오스는 알렉산드리아에 거대한 도서관을 짓기 시작했다. 이 도서관에는 분명히 아리스토텔레스와 테오프라스토스의 저술들이 소장되어 있었을 것이다. 알렉산드리아는 과학연구의 중심지가 되어 역학力學, 천문학, 의학의 발전에 기여했다. 많은 철학자들이 아리스토텔레스 학파에 경의를 표하며 스스로 '소요학파Peripatetics'라고 불렀다.

그러나 이 모든 새로운 과학의 한복판에는 이상한 빈자리curious gap가 있었으니, 바로 생물학이다. 과학적 마인드를 지닌 의사들(헤로필로스, 에라시스트라토스)이 있었고, 후에 자연사에 관심이 많은 백과사전 편찬자(대大플리니우스), 시인(오피안) 그리고 로마의 역설학자paradoxographer(아일리안)가 있었다. 또한 이들 중에는 가장 유명한 의사 겸 과학자인 페르가몬의 갈레노스가 있었다. 그러나 아리스토텔레스가 했던 것처럼 다양한 생명체를 설명하려고 노력한 사람은 아무도 없었다. 어느 누구도 동물학이나 식물학을 연구하지 않았다. 아리스토텔레스가 보았던 것처럼, 각각의 생명체가 드러내는 '뭔가 자연스럽고 아름다운' 것을 본 사람은 아무도 없었다. 1000년이 넘도록 어느 누구도 아리스토텔레스처럼 하지 않았다.

106

아직 해결되지 않은 의문이 하나 있다. 내가 주장한 것처럼 만약 아리스토텔레스가 그렇게 위대한 생물학자였다면, 내가 주장한 것처럼 만약 그가 밝히지 못한 과학의 측면이 거의 없다면, 내가 주장한 것처럼 만약 우리 이론들 중 대부분이 그의 이론에 기초를 둔 것이라면 왜 그의 과학은 잊혀진 것일까?

물론 그가 완전히 푸대접을 받는 것은 아니다. 생물학 교과서의 저자들은 간혹 의무적인 존경심 ('아리스토텔레스는 ~의 아버지였다')을 표명한 후 휘리릭 지나간다. 고전철학자들은 늘 해왔던 것처럼 그를 연구하고 있으며, 앞으로도 늘 그럴 것이다. 그러나 현대의 생물학자들에게, 그는 무효void 도장이 찍힌 이름으로 다가온다. 그의 과학적 연구와 그 속에 담겨 있는 체계는 주지의 사실common knowledge로 치부되어, 마치 좀이 쓴 물건처럼 전혀 눈길을 끌지 못한다. 그리고 설사 아리스토텔레스의 업적을 좀 알고 있다고 (뚜렷한 이유 없이) 주장하는 과학자와 우연히 마주치더라도, 그에 대한 평가는 십중팔구 비합리적일 정도로 가혹하고 심지어 부적절하다. '그의 저술은 이상하고 (일반적으로 말해서) 꽤 성가신 잡동사니 소문, 불완전한 관찰, 희망사항, 오해에 완전히 사로잡힌 맹신盲信으로 점철되어 있다.' 이것은 수필가, 과학자, 정치가이며 1960년 노벨 생리의학상 수상자인 피터 메더워가 저술한 아리스토텔레스 과학의 기원에 관한 책[7]에 나오는 구절이다.

---

7 그의 부인인 진 메더워와 함께 쓴 『아리스토텔레스에서 동물원까지: 생물학의 철학 사전』을 말한다.

메더워가 위의 이야기를 쓴 때는 1985년이었다. 그러나 그의 어조는 완전히 17세기풍으로, 메더워가 회원이 된 것을 자랑스럽게 여긴 과학자 단체인 런던왕립학회의 초기 분위기를 연상하게 한다. 이런 시대착오적인 분위기가 모든 것을 설명한다. 메더워의 독설은 아리스토텔레스를 과학의 아버지가 아니라 과학의 숙적宿敵으로 간주했다. 사실, 그는 새로운 세대를 위해 현대과학의 기원에 관한 신화를 재창조했다. 그 신화에서, 아리스토텔레스는 죽임을 당해야 하는 거인으로 묘사되었으며, 우리는 그를 제치고 철학의 해협을 넘어야만 과학적 진리의 넓은 바다에 도달할 수 있다. 그 신화에서, 아리스토텔레스는 경험적 · 이론적 · 방법론적 오류의 끊임없는 원천에 지나지 않는다. 그 신화는 과학자의 판테온에 모셔진 린네, 다윈, 파스퇴르 옆에 아리스토텔레스가 없는 이유와, 대다수의 과학자들이 (아리스토텔레스의 연구에서 도출된 결론을 제대로 이해하기는커녕) 아리스토텔레스의 저서 제목조차 대지 못하는 이유를 설명한다.

메더워의 이야기는 신화이며, 역사의 중요성을 감안할 때 치명적인 신화임이 분명하다. 왜냐하면 우리가 아리스토텔레스에게 빚진 것을 모두 누락하고 있기 때문이다. 그러나 이 신화에는 상당한 진리가 담겨 있으니, 아리스토텔레스의 과학이 과학혁명의 주요 희생자라는 것이다. 심지어 현대과학은 그 폐허 위에 세워졌다고 할 수도 있다.

107

아리스토텔레스가 세상을 떠난 이후 23세기 동안 그의 저작들은 여러 번 사라지고 다시 발견되었다. 중세 초기의 기독교 시대에 그는 거의 완전히 망각되어 있었다. 『오르가논』의 일부와 비잔티움의 유물들은 여전히 유포되었지만, 『형이상학』, 『시학』, 『정치학』 그리고 자연과학은 모두 사실상 소실되었다. 그의 저작들이 복구된 것은 상당 부분 기독교도가 무어리시 스페인Moorish Spain을 다시 정복한 데 기인한다. 1085년 알-안달루스의 보석인 톨레도Toledo가 카스티야의 알폰소 6세에게 함락되었다. 이 도시에 있는 보물 중에서 가장 으뜸되는 것은, 페르시아의 철학자 겸 의사인 이븐 시나와 안달루시아의 철학자 겸 의사인 아베로에스—둘 다 무슬림이다—에 의해 의역되고 주석이 붙여져 아랍어로 보존된 『아리스토텔레스 전집』이었다. 이로 인해 미카엘 스코토스가 라틴어로 번역한 아리스토텔레스의 저술들이 유럽 전역에 전파되기 시작했다.

뒤이은 400년 동안, 묘한 대칭성을 보이는 두 연대(1210년, 1624년)는 아리스토텔레스의 운명이 어떻게 변화하는지를 극명하게 보여준다. 1210년, 파리 대학교는 (파문을 각오하라고 윽박지르며) 예술학부에서 아리스토텔레스의 자연철학을 가르치는 것을 금지했다. 1624년, 파리 의회는 신학부의 촉구에 따라 (죽음을 각오하라고 윽박지르며) 기독교에 반反하는 교리를 가르치는 것을 일절 금지했다. 여기서 우리가 눈여겨볼 관전 포인트는 두 가지다. 첫째, 관계당국은 정통성에 대항하는 역풍이 감지될 때만 금지령을 선포한다는 것이다. 둘째, 이렇게 할 때는 늘 한발 늦는다는 것이다.

중세의 학자들에게, 아리스토텔레스의 매력은 거부할 수 없는 것이었다. 심지어 파리 대학교의 금지 조치는 예술학부에 한정되었다. 신학자들은 여전히 아리스토텔레스를 읽고 연구할 수 있었다. 1245년 도미니크파派의 파리 대학교 교수 알베르트 마그누스는 미카엘 스코토스의 번역본에 근거하여 아리스토텔레스의 저술에 대한 광범위한 의역 및 주석 작업을 시작했다. 수십 년 후 그의 제자인 토마스 아퀴나스는 아리스토텔레스의 형이상학과 기독교 신학을 (스승에 못지 않게) 야심 차게 통합하기 시작했다. 토마스 아퀴나스는 아리스토텔레스가 구분했던 제1철학과 제2철학을 폐기하고—아리스토텔레스 자신이 모호한 입장을 취했으므로, 어렵지 않은 작업이었다—자연철학을 신학의 한 분야로 바꿔 놓았다. 토마스 아퀴나스의 신神인 '부동의 제1운동자(*primum mover immobile*)'는 아리스토텔레스의 '부동의 동자unmoved mover'이며, 그의 윤리학의 목적론 역시 아리스토텔레스의 목적론이다.[8]

토마스 아퀴나스의 통합이 크게 성공한 덕분에 아리스토텔레스의 철학은 최고의 자리에 등극했다. 1317년경 출간된 『신곡 IV(지옥편)』에서 단테는 아리스토텔레스를 '아는 사람들의 스승

---

8 또한, 토마스 아퀴나스는 아랍어로 된 문서들에 오류가 있을지도 모른다고 의심하여, 뫼르베크의 윌리엄(기욤 드 뫼르베크, 1215?~1286, 벨기에의 그리스 철학서 번역가 – 역주)에게 비잔틴에서 기원한 아리스토텔레스의 다양한 그리스어 저술을 번역해 달라고 의뢰했다. 그가 윌리엄에게 보낸 것은 안드로니코스판版에서 파생된 것으로, 오늘날 우리가 가지고 있는 그리스어 원서의 기반이 되었다. 『동물 탐구』의 가장 오래된 그리스어 원고는 9세기에 콘스탄티노플에서 발견된 VI권의 일부다(파리증보판, 그리스어, 1156, 파리 국립 도서관). 현존하는 다른 원고의 대부분은 12~15세기의 것들이다.

(*maestro di color che sanno*)'이라고 불렀다. 철학의 대가代價는 과학이었다. 토마스 아퀴나스의 뒤를 이어, 옥스퍼드, 코임브라, 파도바, 파리 대학교의 학자들은 철학자의 형이상학적 장치에서 물질, 잠재력, 형상-질료 혼합물, 범주와 이밖의 모든 톱니바퀴들을 끊임없이 만지작거렸다. 이들의 방법은 논쟁적이었고, 이들의 파벌은 수도 없었고, 이들의 집필은 끝이 없었고, 이들의 결론은 공허했다. 이중 상당 부분은 아리스토텔레스의 과학과 거리가 멀어도 한참 멀었다. 이들은 300여 년 동안 유럽의 대학교들을 장악했다.

물론 토마스 학파의 정설에서 이탈한 학자들도 있었다. 1500년대에 다양한 사상가들은—주로 재야에서—플라톤적, 에피쿠로스적, 스토아적, 유물론적, 또는 전혀 새로운 기반에서 학자들을 비판했다. 코페르니쿠스는 바르미아에서 새로운 우주 기하학cosmic geometry을 제안했고, 텔레지오는 칼라브리아에서 새로운 유물론적 우주기원설materialist cosmogenesis을 개략적으로 제시했다. 자연철학과 신학의 친밀한 유대관계를 고려할 때, 이런 새로운 이론들은 위험천만한 것이었다. 나폴리의 수도사 조르다노 브루노는 포괄적인 범신론적 우주론pantheistic cosmology을 발전시켰고, 이런 노력 때문에 이단으로 몰려 종교재판에 회부되어 1600년 화형 당하고 말았다.

갈릴레오 갈릴레이는 세상 돌아가는 분위기를 간파했다. 『두 가지 주된 우주 체계에 대한 대화(*Dialogo sopra i due massimi sistemi del mondo*)』(1632)에서, 그는 세 사람—살비아티(갈릴레이 옹호자), 사그레도(설득력 있는 일반인), 심플리치오(아리스토텔레스주의자)—사이의 대화를 통해 자신의 물리학 체계를 주장했다. 만약 우리가 아리스토텔레스를 포기한다면, 누가 우리를 인도할 것인가? 심플리치오가 묻는다. 머리에 눈이 있고 위트가 있는 사람이라면 누구나 인도할 수 있다고 살비아티가 대답한다. 그러나 심플리치오에게 없었던 것을 정확히 말한다면, 눈이었다. 그의 실존 모델은 파도바의 자연철학교수인 체사레 크레모니니였던 것으로 일컬어진다. 전하는 이야기에 의하면, 체사레 크레모니니—스토리가 기가 막히도록 절묘해서, 어떤 사람들은 출처가 불분명하다고 의심한다. 그럼에도 불구하고 이것은 사실인 것처럼 보인다—는 달에 있는 산을 망원경으로 관측하자는 갈릴레이의 초대를 거절했다. 만약 망원경에 나타난 달이 완전한 구형체가 아니라면—물론 망원경이 틀리겠지만—아리스토텔레스의 말과 어긋나기 때문이었다. 이 얼마나 아리스토텔레스적이며, 갈릴레이가 간파했듯이 얼마나 비아리스토텔레스적인가!

108

아리스토텔레스의 물리학 체계는 새로운 과학자들의 비판에 지독히 시달렸다. 17세기 중반 그의 우주론과 운동이론은 쓸모없게 되었다. 그의 화학은 조금 더 오래 버텼다. 그의 생물학은 경험적 자료가 풍부했고 최고였다. 심지어 13세기에 알베르트 마그누스는 그의 생물학으로부터 올바른 결론을 도출했다. '자연과학의 목표는 다른 사람들의 진술을 수용하는 것이 아니라, 자연에서 작용하는 원인을 조사하는 것이다.' 그는 이렇게 쓰고 다음과 같이 덧붙였다. '실험만이 그러한 조사의 안전한 지침이다.' 그는 많은 새로운 동물에 대한 구전 지식을 추가했는데, 그중 일부는 다른 출처에서 가져와 아리스토텔레스의 동물학 시놉시스에 살을 붙였다. 알베르트 마그누스의 아리스토텔레스 사용법을 토마스 아퀴나스와 비교해 보면, 아퀴나스가 아리스토텔레스를 퇴색시킴으로써 자연과학의 발전을 수 세기 동안 늦췄다는 결론을 내리지 않을 수 없다.

16세기에 아리스토텔레스의 생물학이 토마스 학파의 스콜라 철학의 영향력을 탈피하는 데 기여했다는 사실이 이러한 생각에 힘을 보탠다. 1516년 볼로냐 대학교 교수인 피에테르 폼포나치는 『영혼불멸론』을 출간했는데, 이 책에서 (1512년 제5회 라테란공회의Lateran Council에서 교리로 공인받은) 영혼의 불멸성immortality of the soul에 대한 토마스 학파의 원칙과 아리스토텔레스의 필멸론mortality을 대비했다. 이 책은 베네치아에서 불태워졌지만, 저자는 영향력 있는 친구들과 신중한 변론 덕분에 책과 같은 운명(화형)에서 벗어나게 되었다. 1521년 그는 아리스토텔레스의 『생성과 소멸에 관하여』를 토대로 『영양과 성장』을 출간했다. 그리고 그는 『동물의 부분들에 관하여』에 대한 강좌를 개설했는데, 이는 고대 이후 처음 있는 일이었다. '나는 당신들을 가르치고 싶지 않다.' 이 유쾌한 사람이 말했다. '나는 더 많이 배워서가 아니라, 나이가 더 많아서 이 자리에 섰을 뿐이다. 과학에 대한 사랑에 등을 떠밀려 나왔으므로, 호된 질책을 받을 각오가 되어 있다. 나는 당신들에게 가르침 받기를 원한다.' 그가 학생들에게 남긴 말은 한 학생에 의해 충실하게 기록되었다. 이것은 동물학 수업은 아니었지만, 폼포나치는 경험에 기반하여 아리스토텔레스를 반박하는 데 주저하지 않았다. 『동물의 부분들에 관하여』 II권 3장에서 정확히 설명된 조류의 순막瞬膜[9]을 언급하면서, 그는 닭을 해부했지만 순막을 발견하지 못한 것을 비통해 했다. '나는 암탉을 죽였을 뿐, 아무것도 발견하지 못했다!'

그러나 신학자로서는 유별나게, 폼포나치는 파도바 대학교에서 의학 학위를 받았다. 이 후 수십 년 내에 파도바와 볼로냐 대학교 의학부의 해부학 교수들—베살리우스(1514~1564, 벨기에의 의학자), 파브리시우스(1537~1619, 이탈리아의 의학자), 팔로피오(1523~1562, 이탈리아의 의학자), 콜롬보(1516~1559, 이탈리아의 의학자), 유스타치(1510~1574, 이탈리아의 의학자)—이 시신을 해부했다. 이들은 고대의 또 다른 위대한 권위자 갈레노스의 발자취를 따랐지만, 아리스토텔레스의 지원을 받는 데 망설이지 않았다. 1561년 울리세 알드로반디(1522~1605, 이탈리아의 박물학자)는 볼로냐 대학교에서 최초의 자연과학 교수가 되었다(그의 멋진 강의 제목은 화석, 식물, 동물의 일반 자연철학 강의*lectura philosophiae naturalis ordinaria de fossilibus, plantis et animalibus*였다). 그는 식물원과 박물관을 설립하고, 아리스토텔레스의 동물학을 비롯하여 자신이 발견할 수 있는 온갖 자료를 수집 · 분석 · 재배열하여 방대한 백과사전을 편찬하기 시작했다. 살비아니(1514~1572, 이탈리아), 벨론(1517~1564, 프랑스), 롱드레(1507~1566, 프랑스) 같은 박물학자들은 로마와 몽펠리에의 시장을 찾아가 물고기를 분류했다. 이들은 아리스토텔레스의 과학을 거부하지 않고, 재발견하고 부흥시켰다.

---

9 순막(nictitating membrane). 일부 동물들에게서 볼 수 있는 신체 구조로, 눈 위를 덮어 눈의 수분을 유지하면서도 앞을 볼 수 있게 하는 투명 또는 반투명한 막. 깜박막이라고도 한다. – 역자

16세기의 해부학자와 박물학자들은 아리스토텔레스의 설명적 이론에 대체로 무관심했다. 하비는 직접적인 증명을 통해 혈액순환(1632년)과 난소발생학(1651년)을 더욱 깊게 파고들었다. 그러나 하비는 아리스토텔레스의 이론과 자신의 눈으로 직접 본 증거를 모두 사랑한 사람이었다.

> 철학자들의 견해로부터 진리에 관한 지식을 습득하기 위해 책을 읽는 것보다, 사물 자체에서 사물의 본성을 알아내는 것이 더 새롭고 어렵다. 그럼에도 불구하고, 후자가 더 개방적이고 기만성이 덜하다는 것을 고백할 필요가 있다. 특히 자연철학과 관련된 비밀에서 말이다.

구구절절이 옳은 말이다. 그러나 다른 한편, 하비는 존 오브리(1626~1697, 영국의 작가)에게 새로운 '어줍잖은 증거'보다 아리스토텔레스를 읽는 편이 더 낫다고 말했다. '어줍잖은 증거'는 특히 데카르트를 저격한 것이었다.

아리스토텔레스의 경험적 발견은 현대 생물학의 기초를 형성했을지 모르지만, 동물이 실제로 어떻게 작동하는지에 대한 설명은 그의 물리학 이론을 겨냥한 공격에 취약성을 드러냈다. 아리스토텔레스의 자연과학의 매력을 정확히 말하면, 이것이 맞물려 돌아가는 비범한 방법에 있다. 나는 앞에서[10], 아리스토텔레스는 존재론적 환원주의자ontological reductionist가 아니며, 어린아이 또는 갑오징어를 가리켜 (이들을 구성하는) 물질일 뿐이라고

---

10 14장 '돌숲'의 #96을 참고하라.

한 적이 결코 없었을 것이라고 말했다. 이것은 사실이다. 아리스토텔레스에게, 형상은 질료보다 더 근본적인 것이다. 그러나 그는 더 높은 수준의 현상들이 물리학적으로 설명될 수 있다고 믿는 이론적 환원주의자theoretical reductionist다. 아들이 아버지를 닮는 것은, 아버지의 형상이 배아에서 아들을 형성했기 때문이라는 이야기는 불가사의하게 들릴지 모르지만, 프네우마pneuma의 물리학적 작용과 (정액의 거품에 의해 입증된) 질료 물질의 가열 및 냉각으로 설명될 수 있다. 아주 훌륭하다. 그러나 프네우마를 빼면 전체적인 설명이 무너진다. 아리스토텔레스의 운동이론을 폐기하면 『동물의 움직임에 관하여』의 많은 부분이 더 이상 의미가 없게 된다. 원소들에서 '본성'을 박탈하면, 『장수와 단명에 관하여』, 『수명의 길고 짧음에 관하여』, 『젊음과 늙음, 삶과 죽음에 관하여』, 『동물의 부분들에 관하여』의 생리학이 작동을 멈춘다. 원자론을 부활시키면, 『생성과 소멸에 관하여』의 원소들이 더 이상 순환하지 않는다. 지구가 태양의 주위를 돈다고 설명하면 『천체에 관하여』의 천체 엔진이 셧다운 된다. 세계에서 영원성을 박탈하면, 모든 생명체에서 존재의 이유를 박탈하는 것과 같다.

그러나 아리스토텔레스의 과학사상이 망각된 것은, 스콜라 철학과의 연관성 때문도 동물학의 오류 때문도 아니었다. 심지어 그의 물리학 이론이 허위이기 때문도 아니었다. 왜냐하면, 그가 적어도 과학자로 기억된다면, 인간이 만든 가장 위대한 과학구조의 엔지니어 겸 이것을 최초로 부팅한 사람으로 추앙 받는 것이 아니라, 고작해야 사고가 혼란스러운(플리니우스와 거의 구별이 안 되는) 고대인으로 치부되기 때문이다. 그를 이토록 깎아내린 것은 (새로운 철학의 초석인) 믿음이었으며, 이 내용인즉 그의 설명체계에 근본적인 오류가 있다는 것이었다. 메더워는 이러한 믿음에 빠져 있었다. 그는 아리스토텔레스의 명성을 파괴하는 데 누구보다도 더 열심이었던 사람을 신뢰—아니, 칭찬—하는데, 그가 누구냐 하면 바로 프랜시스 베이컨이다.

109

장차 영국의 대법관이 될 사람으로서, 베이컨은 아리스토텔레스의 저서들을 마치 먹이를 눈앞에 둔 독수리처럼 요리조리 살펴보았다. 자신은 과학자가 아니지만, 그는 새로운 철학의 가장 열렬한 이론가 겸 전도사였다. 아리스토텔레스에 대한 그의 적대감은 『학문의 진보』(1605)에서 뚜렷이 드러난다.

> 그리고 이 부분에서, 나는 철학자 아리스토텔레스에 대해 조금도 경탄하지 않는다. 아리스토텔레스는 모든 고대의 유물에 대해 무관심과 자가당착적 태도로 일관했고, 과학 용어의 틀을 제멋대로 세웠을 뿐 아니라, 고대의 지혜들이 모두 엉터리라는 것을 입증하고 이것들을 짓밟는 데 몰두했다. 그는 고대의 견해를 인용할 때 저자의 이름을 언급하지 않은 채 반박하고 책망했으며….

베이컨은 아리스토텔레스를 가리켜 '형제들을 살육하고 의기양양해 하는 오스만 투르크와 같다'고 말했다.

아리스토텔레스가 전임자들에 대해 비판을 잘하고 찬사에 인색하다는 점을 부인할 수는 없다. 하지만 이것이 무슨 문제인가? 다른 의견을 제시하는 것은 과학자의 통상적인 업무다. 게다가 괄목할 만한 것은, 아리스토텔레스의 저서들이 하나같이 전임자의 사고를 요약하는 것으로 시작하여 자신의 해결책을 제시하는 순서를 밟는다는 것이다. 아리스토텔레스의 논문들은 어느 학자들도 이전에 사용한 적이 없는 구조를 가지고 있다.[11] 버트런드 러셀이 말했듯이, 아리스토텔레스는 교수처럼 집필한 최초의 인물이었다.

그러나 베이컨의 의중은 복잡했다. 그는 철학자를 다투기 좋아하는 학자로 매도하고, 자신이 마음속에 그리는 새롭고 예의 바른 과학적 담론(그 자신의 저서에서는 이런 것을 거의 찾아볼 수 없다)과 대비되는 무절제한 논객으로 치부하고 싶어 했으며, 아리스토텔레스에 대해서는 고대의 진정한 과학 영웅들, 즉 자연학자들을 불공정하게 대우했다고 비난했다.

그는 전방위 공격을 퍼부었다. 『노붐 오르가눔』(1620)에서, 그는 아리스토텔레스가 자신의 이론을 펼치기 위해 사실을 억지로 짜맞추었다고 비난했다.

> 아리스토텔레스는 이미 결론을 내렸다는 이유로, 동물에 관한 저서와 논쟁과 그 밖의 논문에서 실험에 [빈번히] 의존하지 않으며, 결정과 공리의 기초인 경험을 적절하게 참고할 필요성을 느끼지 않는다. 또한 일단 결론을 내린 후에는, 실험을 자신의 결론과 일치하는 쪽으로 끌고 간다. 따라서 그는 실험을 도외시했던 오늘날의 (스콜

---

11 예컨대, 스트라보는 『지리학』의 처음 두 권을 자신의 영웅(호메로스)을 옹호하고 적수(에라토스테네스, 히파르코스, 포시도니오스)를 비판하는 데 할애한다.

라 학파의) 추종자들보다 더 많은 비판을 받아 마땅하다.

왕립학회의 전도사들—토머스 스프랫(『왕립학회의 역사(1667)』), 조지프 글랜빌(『플러스 울트라(1668)』—도 비난에 가세했다. 글랜빌은 특히 신랄했다. '아리스토텔레스는 실험을 통하지 않고 자의적으로 이론을 수립했다. 그의 방식은, 경험을 앞장세워 위태로운 명제를 밀어붙이는 것이었다.'

베이컨의 가장 엄중한 비난은 아리스토텔레스의 설명체계를 겨냥했다. 아리스토텔레스가 '자연과학이 요구한다'고 주장한 4가지 종류의 인과적 설명 중에서, 베이컨은 2가지—형상인과 목적인—를 부당한 것으로 판정했다. 자연철학은 물질의 속성과 운동에만 관심을 가져야 했다. '눈꺼풀의 털은 시각에 대해 생울타리 구실을 한다' 또는 '견고한 피부와 생물의 가죽은 극도의 더위와 추위로부터 보호하기 위한 것이다' 또는 '뼈는 기둥 또는 들보로서, 생물체의 몸에 기틀을 마련한다'와 같은 설명은 과학의 일부가 아니므로 형이상학에 맡겨야 했다. 이것들은 '더 멀리 항해하려는 배를 멈추고 늦추는 장애물이자 방해 요인'이었다. 이것들은 사물의 진정하고도 물리적인 원인에 대한 탐색을 지연시켰다.

형상에 대한 베이컨의 공격은 더욱 교묘했다. 그는 사자, 참나무, 금, 심지어 물이나 공기의 형상을 조사하는 것이 쓸데 없는 일이라고 말했다. 형상이 자연과학에서 차지하는 위치로 보면, 이것들은 무겁다-가볍다, 뜨겁다-차갑다, 단단하다-부드럽다와 같은 물질의 기본적인 감각적 속성sensible property들을 가지고 있을 뿐이다. 그의 형상적 속성formal property들은 물질의 미립자particulate(17세기 용어로 말하면 'corpuscularian') 이론에 기반하고 있었다. 예컨대 열heat은 입자들이 어떤 방향으로 운동하고 제약될 때 발견되는 운동의 한 유형이다. 그는 미립자의 운동을 온도와 관련짓는 열의 '법칙'을 상정했던 것이 분명하다. 베이컨은 이러한 기본적인 속성에서 금이나 사자와 같은 더 복잡한 대상들을 얻는 방법에 대한 질문을 회피했다. 대신 그는 유용한 이론보다는 일반적인 원리를 제공하는 데 관심이 더 많았다. 그러나 그의 공격의 요점은 명확했다. 이것은 급진적이고 반反아리스토텔레스적인 존재론적 환원주의로, 오직 운동과 물질을 설명하기 위한 공간만을 추구했다. 베이컨은 고대에서 새로운 철학적 옹호자를 찾았으니, 바로 데모크리토스였다. 그는 새로운 과학시대에서 아테네를 대표하는 인물로 부상했다.

또한, 아리스토텔레스와 아리스토텔레스주의에 대한 베이컨의 혐오감(그는 이 두 가지를 거의 구분하지 않는다)은 과학의 목적과 적절한 연구대상에 대한 특별한 관점에서 비롯되었다. 베이컨의 관점에서, 과학의 목적은 단지 세계를 이해하는 것이 아니라 이것을 변화시키는 것이었다. 그리고 과학의 적절한 연구대상은 자연물이 아닌 인공물이었다. 베이컨은 기술 마니아였다. 그는 아리스토텔레스의 철학을 가리켜 '논쟁과 주장에 강하지만, 인간을 이롭게 하기 위한 성과가 없다'고 말했다. 베이컨은 자연물과 인공물의 운동을 모두 설명하는 통합된 물리학에 기반한 새로운 기계론적 자연철학을 요구했다. 뉴턴이 이것을 제공했다.

생물학에서 기계론의 지지자는 데카르트였다. 그는 동물과 식물이 영혼을 가지고 있지 않으며, 단지 기계일 뿐이라고 선언했다. 이것이 동물기계(*bête machine*)의 원칙이었다. 데카르트는 아리스토텔레스의 복잡한 변화를 국지적 운동local motion으로 축소하고, 피에르 가상디Pierre Gassendi와 이삭 베크만Isaac Beeckman에게서 가져온 미립자론을 토대로 자신의 생리학을 창안했다. 그의 수리물리학은 중요했지만, 해부학은 별볼일 없어서 어떤 생물학적 발견도 이루지 못했다. (그는 심장의 운동에 대해 하비와 논쟁하다가 지고 말았다.) 그의 목적론은 단지 유신론적일 뿐이었다. (동물은 기계일지 모르지만, 신이 만든 경이로운 기계다.) 그러나 그는 동물을 자동기계automaton와 명쾌하게 비교함으로써, 기계장치가 빠르게 확산되던 시기에 반향을 일으켰다. 이것은 (스콜라 철학자들이 난해하게 만든) 아리스토텔레스의 영양혼과 감각혼의 모호함을 없애고, 실험적 연구를 위한 출발점을 제시했다. 1666년 덴마크의 해부학자 닐스 스텐센(스테노)은 다음과 같이 썼다.

> [데카르트를 제외하면] 기계론적 방법으로 인간의 모든 기능, 무엇보다도 뇌의 기능을 설명한 사람은 아무도 없었다. 다른 사람들은 우리에게 인간 자체를 설명한다. 그에 반해 데카르트는 (마치 자동기계의 부분품들을 설명하는 것처럼) 통찰력 있게 각 신체부위의 기능을 조사하는 방법을 지적함으로써 다른 사람들의 불충분성을 증명한다.

동물기계가 울퉁불퉁한 근육을 보여주며 건장함을 과시한 셈이었다.

간단히 말해서, 이런 것들은 17세기에 아리스토텔레스의 과학을 파괴한 지적인 흐름을 단적으로 보여준다. 아리스토텔레스의 과학은 이 이후로도 산전수전을 다 겪었다. 동물학자들은 항상 애정을 가지고 그를 바라보았다. 19세기에 들어와 퀴비에, 뮐러, 아가시를 비롯한 많은 사람들이 그를 어느 정도 숭배하게 되었다.[12] 이들에게, 아리스토텔레스는 동물학에 대한 호기심을 가진 날카로운 눈, 반대자들에게 대항하는 권위, 심지어 설명하는 데 있어 아이디어가 샘솟는 화수분을 가진 근면한 선조였다(또는 나는 이렇게 주장해 왔다). 18세기와 19세기에도, 학자들은 베이컨과 데카르트가 가득 채웠던 형이상학적이고 신학적인 휴지통에서 목적론을 되찾아 왔다. 일부 과학계, 특히 독일의 과학계에서는 목적인이 다시 존경 받게 되었다. 이것은 매우 아리스토텔레스적이었지만, 그의 평판에는 궁극적으로 해악을 끼쳤다. 목적론과 생기론 사이의 연관성은, 아리스토텔레스의 과학이 비기계론적unmechanistic이라는 베이컨의 오랜 비난을 되살리고 강화했다. 정도正道를 벗어난 발생학자 한스 드리슈는 심지어 아리스토텔레스를 자랑스럽게 여기며 생기론의 역사를 썼다. 생기론이 생을 마감한 지 오래되었지만, 20세기의 생물학자들은 여전히 이것을 채찍질하고 있다. '그래서 나는 생기론자일지도 모르는 당신에게 이렇게 예언한다. 어제는 모든 사람들이 믿었다. 오늘은 당신이 믿고 있다. 내일은 괴짜들만이 믿을 것이다.' 이것은 1969년 프랜시스 크릭이 한 말이다. 1954년 고대의 과학에 대한 소책자

12 이 시기는 동물학에 대한 재능을 지닌 고전학자와 고전연구에 대한 재능을 지닌 동물학자들—순데발C. J. Sundevall, 오버트H. Aubert, 위머F. Wimmer, 메이어J. B. Meyer, 오글W. Ogle—이 동물학을 제대로 연구한 시기이기도 했다. 20세기와 21세기에 이런 저술들은 대부분 철학적 통찰을 얻기 위해 연구되었고, 쿨만W. Kullmann의 위대한 저서 『동물의 부분들에 관하여』(2007)를 제외하면, 동물학적 명맥을 유지한 최종판은 다시 톰프슨의 『동물 탐구』(1910)였다. 쿨만의 저서는 심오한 철학적 울림을 전해 줌과 동시에 돌고래의 호흡기관에 대한 진실을 우리에게 말해 준다.

를 출간했을 때, 에르빈 슈뢰딩거는 데모크리토스까지만 쓰고 말았다. 그는 왜 더 이상 진도를 나가지 않은 것일까? 아리스토텔레스는 현대과학에 아무런 시사점을 던지지 않는다고 생각했기 때문이다.

110

베이컨과 그의 계승자들이 말하기를, 아리스토텔레스는 방법과 설명이 모두 틀렸다고 한다. 두 가지 오류 모두 심각해 보이지만, 이들이 과연 공정할까? 과학적 설명을 구성하는 요소와 이것을 행하는 방법에 대한 생각은 계속 변하기 마련이다. 전임자들이 놓친 아리스토텔레스의 장점을 우리가 볼 수 있을지도 모른다. 모든 세대는 아리스토텔레스를 다시 읽어야 한다.[13]

아리스토텔레스의 책을 읽는 사람이라면 누구나, 그가 자연세계를 수도 없이 관찰했다는 사실을 인정할 것이다. 왕립학회의 회원들조차도 많은 점들을 인정했다. 그러나 당신이 아리스토텔레스의 생물학을 읽는다면, 베이컨과 글랜빌이 그의 '실험'에 대해 자꾸 왈가왈부하는 이유를 궁금해 할 것이다. 이들에 의하면, 아리스토텔레스는 실험을 했지만, 자기가 알고 있던(또는 안다고 생각했던) 것을 확인하기 위해 결과를 오용誤用했을 뿐이라고 한다. 그러나 당신은 실험 데이터의 오용보다 실험의 부재不在에 더

---

13 '역사적 뿌리에서 떨어져나온 아리스토텔레스는 후세後世에 접근하기 전에 중립화되어야 한다.' 베르너 예거, 『아리스토텔레스』(1934)

실망할 수도 있다.

우리가 겪는 어려움은 다분히 의미론적이다. 17세기에 '실험'은 일종의 개입intervention이 수반된 자연현상의 조사를 의미했다. 이런 의미에서, 아리스토텔레스의 병아리 발생 연구(정확한 단계에 있는 달걀을 발견한 다음, 껍데기를 조심스럽게 깨뜨려 열고, 배아를 뾰족한 것으로 찔러 심장을 드러내기)는 하나의 실험이다. 가축의 혈관계를 관찰하기 위해 굶주린 다음 교살하는 것은 또 하나의 실험이다. 거북을 산 채로 해부하거나, 제비의 눈을 찌르는 것도 실험이다. 아리스토텔레스는 때로 페페이라메노이(*pepeiramenoi*)라는 용어를 사용하여, 실제로 실험을 했음을 시사한다. '소금물이 수증기가 되면 소금기가 없어진다. 그리고 수증기가 다시 응결할 때는 소금물을 형성하지 않는다. 이것은 우리가 페페이라메노이를 통해 알게 된 사실이다.' 페페이라메노이는 종종 '실험'이라고 번역된다.

현대의 과학자들은 더욱 엄격한 잣대를 들이댈 것이다. 이들은 아리스토텔레스의 조작은 실험이 아니라, 복잡한 기법을 이용한 관찰에 불과하다고 말할 것이다. 실험은 기법이 아니라 논리적 구조로 정의된다. 진정한 실험은 인과관계의 가설을 검증할 목적으로, 의도적으로 조작된 상황deliberately manipulated situation을 조작되지 않은 통제상황unmanipulated control과 비교하는 것이다. 애석하지만, 아리스토텔레스의 연구에는 이런 종류의 실험이 없다.[14]

---

14 『기상학』에서 아리스토텔레스는 종종 '실험'이라고 일컬어지는 다양한 관찰을 기술한다. 이중에서 가장 흥미로운 것은 II권 3장에 나온다. 그는 바닷물이 물과 어떤 흙

왜 이런 것일까? 아리스토텔레스는 실험의 논리를 확실히 이해하고 있을 것이다. 왜냐하면 그는 우리가 오늘날 '자연실험natural experiment'이라고 부르는 것을 반복적으로 언급하기 때문이다. 레스보스에서 키오스로 옮겨진 굴은 새로운 곳에서 번식하지 않았다. 따라서 굴의 발생은 굴의 존재가 아니라 적절한 종류의 진흙에 달려 있다. 그러므로 굴은 자연발생 동물이다. 이러한 추론은 그럴듯 하지만, 아리스토텔레스가 용납하는 수준에 훨씬 미달한다. 어쩌면 키오스 해역의 물은 굴이 번식하기에 너무 차가웠을지도 모른다. 어쩌면 굴은 번식했지만, 어린 굴이 폐사하는 바람에 발견되지 않았을지도 모른다. 어쩌면 … 십여 가지 대안적 설명들이 떠오른다. 생태학자와 진화생물학자들은 종종 진화의 과정을 교란하거나 생태계 전체를 바꾸는 것이 어렵다는 점을 들어 '자연'실험의 불가피성을 강조한다. 그러나 유명한 생태학자인 나의 동료는 다음과 같은 말을 종종 인용한다. '"자연"실험에 대해 한 가지만 말한다면, 결코 실험이 아니라는 것이다.'[15]

물질, 즉 소금의 혼합물이라는 사실을 증명하고 싶어 한다. 그의 주장에 의하면, 밀랍으로 밀폐용기를 만들어 바닷속에 가라앉히면, 소금이 밀랍에 의해 걸러져 용기에 담수가 채워질 것이라고 한다. 그러나 이 과정은 통제가 되지 않았기 때문에 진정한 실험이 아니었다. 적절한 통제를 하려면 불투과성 물질—유리, 청동—로 만들어진 유사한 용기를 바닷속에 가라앉혀야 했을 것이다. 아마도 통제가 없었다는 것이 결정적인 결함이었을 것이다. 우리는 밀랍이 소금물을 거르지 않았을 것이라고 확신할 수 있다. (만약 거를 수 있다면, 아라비아의 사막이 오래 전에 꽃을 피웠을 것이다.) 그래서 만약 아리스토텔레스가 제대로 된 절차를 밟았다면(그리고 나는 그가 의심스럽다), 밀폐된 용기에서 발견된 담수는 용기가 바닷속에서 냉각되는 동안 수증기가 응결되어 생겼을 것이다. 적절한 통제를 했다면, 그는 밀폐된 용기에서 발견된 담수가 바닷물에서 기원한 것으로 생각하지 않았을 것이고, 실험 결과는 그의 주장을 뒷받침하는 데 아무런 도움이 되지 않았을 것이다. 동일한 종류의 이의異議가 생체 해부에도 적용된다.

15 나의 동료는 믹 크롤리(임페리얼 칼리지 런던의 자연과학부 교수)이며, 그에 의하면 이것은 넬슨 헤어스톤(1917~2008, 미국의 생태학자 - 역주)이 한 말이라고 한다.

그에 의하면, 진정한 실험에서 실험군(처리된 것)과 대조군(통제된 것) 사이의 유일한 차이는 실험자에 의해 조작됐는지 여부라고 한다. 그런데 자연에게 조작을 맡긴다면, 자연이 무엇을 바꿨는지 확신할 수 없으므로 진정한 실험이라고 볼 수 없다는 것이다.

밀 품종들이 다양한 장소에서 재배될 경우 어떻게 자라는지에 대한 테오프라스토스의 보고서는 더욱 훌륭하다. 만약 의도적으로 수행되었다면, 그의 실험은 밀의 품종들이 제각기 다른 것은 일부 유전된 특징 때문이라는 그의 추론을 완전히 정당화하는 상호적 공통정원실험reciprocal common-garden experiment이라고 할 수 있다. 그러나 그는 의도적으로 그렇게 하지 않았으므로, 그의 추론은 매우 정확할지 모르지만 역시 수준 미달이다. 농부들이 실제로 무슨 일을 했는지 아는 사람은 아무도 없다. 만약 농부들을 믿는다면, 당신은 온갖 낭설들—심지어 아이라(aira)가 밀에서 진화할 수 있다는 말도—을 다 믿어야 할 것이다. 상호적 공통정원실험의 아리스토텔레스 버전은 놀랍기 그지없다. 부부의 불임이 남편의 결함으로 인한 것인지 결정하기 위해, 아내가 아닌 다른 여자와 합방시킨 후 이들 사이에서 자식이 생기는지 확인해야 한다고 그는 말한다. 이것은 불임의 원인을 밝히는 완벽한 실험이지만, 실제로 이루어지지 않았으므로 제안에 불과하다. 내 동료의 말을 흉내 내면, '이것은 내가 생각해 낸 실험인데, …'

실험이 기술적으로 어려운 것 같지는 않다. 파리가 썩은 고기에서 정말 자연히 발생할까? 이 생각을 테스트하기 위해 필요한 것은 2개의 항아리, 싱싱한 생선 몇 마리, 그리고 고운 천 조각밖에 없다. 이것이 프란체스코 레디의 실험 장비 전체였다. 정액과 월경액의 응고물에서 네발동물의 배아가 정말로 출현할까? 만약 그렇다면 새로 임신한 포유동물의 해부된 자궁에서 응고물을 볼 수 있어야 한다. 양羊의 경우에도 마찬가지다. 아리스토텔레스는 들여다보지 않았고, 윌리엄 하비는 들여다보았다.[16]

역사가들은 때로 아리스토텔레스의 실험 실패를 그의 세계관 탓으로 돌린다. 만약—아리스토텔레스가 그랬던 것처럼—자연스러운 변화와 부자연스런 변화를 명확히 구분한다면, 후자를 분명히 포함하는 조작적 실험manipulative experiment을 통해 전자를 해명하는 것은 거의 불가능하다는 것이다. 이럴 가능성을 배제할 수 없다. 아리스토텔레스가 사망한 지 수세기 후 알렉산드리아의 그리스 기술자들은 정교한 기계를 만들기 시작했다. 서기 1세기경 알렉산드리아의 헤로Hero는 청동올빼미가 얼굴을 돌리면 청동새의 무리가 노래를 멈추는 멋진 유압장치를 만들었다. 또한, 도구적 마인드를 지닌 알렉산드리아인들은 자신들의 물리학 이론을 테스트하는 데 있어서도 아리스토텔레스보다 빨랐다. 헤로의 기력학pneumatics은 로버트 보일을 방불케 하는 실험계획의 설명을 포함하고 있다.[17]

---

16 진정한 실험을 최초로 기술한 구절은 뭘까? 아마도 기원전 7세기경 파라오인 프삼티크Psamtik가 행한 실험에 대한 헤로도토스의 설명일 것이다. 프삼티크는 인간의 기원에 대해 알고 싶어, 2명의 어린이를 사람의 목소리가 전혀 들리지 않는 상태에서 염소에게 기르게 했다. (대조군은, 암묵적으로 부모에 의해 양육된 아이들이었다.) 염소에게 양육된 아이가 첫 번째로 한 (알아들을 수 있는) 말은, '빵'을 의미하는 프리지아Phrysia인의 말과 비슷했다. 일종의 발생반복론자recapitulationist의 논리에 입각하여, 프삼티크는 프리지아인이 이집트인보다 더 고대인이라는 결론을 내렸다. 이것은 '금지된 실험'으로 알려지게 된 인간과 관련된 여러 가지 조작 중 하나다. 그리고 현재는 재현 불가능한 실험이다. 실험과학은 죄악에서 태어난 것 같다.

17 오토 딜스(1876~1954, 독일의 철학자 - 역주)는 이 실험을 기술하고, 서기 1세기에 쓰인 헤로의 『기력학』의 첫 페이지가 스트라토의 행방불명된 저술 중 하나에 기반했다고 주장했다. 만약 이것이 사실이라면, 아리스토텔레스가 세상을 떠난 후 몇 십 년 내에 리케이온에서 실험의 엄격함에 상당한 진전이 있었음을 의미한다.

갈릴레이가 했던 것처럼 경사면에서 공을 굴리지 않은 이유는, 아리스토텔레스의 물리학에 대한 개념적 구조가 이렇게 하는 것을 가로막았기 때문일 것이다.[18] 그러나 이것이 그가 흰 털 숫양과 검은 털 암양을 교배하면 어떤 새끼가 나오는지를 목동에게 묻지 않은 이유를 설명할 수 있을까? 이것은 특별히 '강제적인' 개입이 아닌 데다, 그가 논리(이 책에서 '양羊의 계곡'의 #74에서, 에티오피아인 남성과 불륜관계를 맺은 엘리스의 여인에 관한 부분을 참고하라)를 이해했다는 점을 감안할 때, 실험 결과는 그로 하여금 자신의 유전 모델에 고개를 갸우뚱거리게 했을 것이 분명하다.[19]

사실, 아리스토텔레스가 몇 가지 실험을 했다면 오류가 확실히 줄어들었을 것이다. 그러나 실험을 논리적으로 이해하는 것과, 진리의 정도正道로 삼는 것은 별개의 문제다. 문제는 바로 이것이다: 그가 실험을 하지 않았다는 것을 감안할 때, 그의 방법이 오늘날 우리가 과학으로 인정할 수 있는 방법과 부합한다고 할

---

18 갈릴레이가 아리스토텔레스의 운동 이론이 잘못된 것임을 실험적으로 입증할 요량으로 피사의 사탑에서 대포알을 떨어뜨렸다는 것은 명백히 만들어 낸 이야기다. 그러나 다른 사람들이 이 일을 했다.

19 우리가 알기로, 검은 털은 보통 MC1-R 유전자 자리에서 단순한 상염색체 우성autosomal dominant에 의해 생겨난다. 따라서 멘델의 법칙에 따르면, 검은 털 암양의 유전자형에 따라 새끼의 절반이 검은 털이고 절반이 흰 털이거나, 모든 새끼가 검은 털이어야 한다. 두 가지 경우 모두, 새끼의 털 색깔 분포는 성별과 무관하다. 이것은 일반적으로 아들이 아버지를 닮고 딸이 어머니를 닮는다는 아리스토텔레스의 확신을 훼손했을 것이다. 물론 그는 어미가 마시는 물이 새끼의 털 색깔에 영향을 미친다고 생각하는 것 같다. 그러나 어떤 교배 실험도 그의 가설을 기각했을 것이다. 그것은 그렇고, 나는 레스보스의 두 목동에게 양털 색깔의 유전에 대해 물어보았다. 한 명은 새끼의 털 색깔이 보통 숫양을 닮는다고 대답했다. 다른 한 명은 이것을 부인하고, 검은 털 X 흰 털 교배가 때로는 검은 털 새끼를 낳고 때로는 흰 털 새끼를 낳는다고 대답했다. 이것은 사실이다. 두 사람 모두 멘델의 법칙을 들먹이지 않았기 때문에, 나는 두 목동이 전통적인 생물학을 말했다고 생각한다. 내 경험상, 사람들 사이의 공감대가 부족한 것은 매우 전형적인 현상이다.

수 있을까? 플라톤의 방법은, 그의 이론들이 과학적인 이론으로 인정될 자격을 명백하게 박탈한다. 요컨대, 플라톤의 이론은 경험된 실제에 대한 경멸에 기반하여 수립된 것이다. 자연학자들의 방법에 대해서는 확신하기 어렵다. 이들은 매우 다양하여, 이들이 정확히 무엇을 했는지 거의 알 수 없기 때문이다. 그러나 아리스토텔레스는 경험적 세계에서 진리를 추출하는 방법을 가지고 있었다. 그리고 이 방법은 매우 정교했다. 나는 이것이 오늘날 사용되는 것과 매우 유사하다고 믿는다.

111

과학은 매우 다른 두 가지 유형의 경험적 연구를 늘 포용해 왔다. 첫 번째는 우리에게 가장 익숙한 유형으로, 인과적 가설이 의도적이고 비판적인 실험에 의해 검증된다. 이것은 왕립학회의 설립자들에 의해 채택되고 찬사를 받은 것이다. 두 번째는 덜 익숙한 유형이지만, 결코 덜 중요하다고 할 수 없다. 이것은 데이터를 수집하고, 패턴을 추구하고, 이 패턴에서 인과적 설명을 추론하는 유형으로, 한때 역사과학—우주론, 지질학, 고생물학, 생태학, 진화생물학—에서만 발견되었던 것이다. 역사과학의 특징은 조작적 실험이 어렵다는 것이다. 그러나 이것은 더 이상 사실이 아니다.

첫 번째 유형은 20세기에 생물학을 주도했다. 먼저, 생물학자는 연구 대상—이를테면, 어떤 생물의 유전자—를 선정했는데, 선정 이유는 이것이 (어떤 이유에서든) 특히 매력적이라고 생각했기 때문이었다. 다음으로, 그는 그 유전자의 활성을 측정하는 방법을 고안해 내고 유전자를 조작했다. 즉, 그는 유전자를 '녹아웃'—작동을 멈추게 함—시키거나, '과잉발현over-express'—예상하지 못한 방법과 장소에서 유전자의 스위치를 켬—시켰다. 그는 자신의 조작이 생물의 전체적인 표현형이나 다른 유전자의 활성에 어떻게 영향을 미치는지를 관찰했다. 그러나 각각의 실험이 복잡하고 비용과 시간이 많이 들기 때문에 많은 것을 관찰하기는 어려웠다. 이 모든 과정을 수행하는 데 몇 년의 시간이 소요되었다. 연구가 끝나고 다음과 같은 논문이 출간되었다.

> Morita, K. et al. 2002. A *Caenorhabditis elegans* TGF-beta, DAL-1, controls the expression of LON-1, a PR-related protein, that regulates poly-ploidization and body length. Embo J. 21:1063-73

이 논문의 저자들—그리고 이들과 비슷한 수천 명의 연구자들—은 기다란 변이 기생충과 평범한 기생충을 비교함으로써, 몇 가지 유전자가 기생충의 길이를 조절하는 데 있어서 수행하는 역할을 기술했다. 기생충의 길이에 영향을 미칠 수 있는 방대한 인과관계 네트워크에서 몇 개의 연결고리만을 규명했을 뿐이라는 점을 잘 알고 있지만, 이들은 자신들의 연구 결과를 믿기 때문에 자신들의 인과적 주장causal claim이 참이라는 지식에 안도감을 느끼게 된다. 그리고 자신들의 발견이 비록 미미하더라도, 천여 명의 다른 연구자들의 결과와 결합하면 뭔가 중요한 사실이 밝혀질 것이라고 여긴다.

위의 논문은 2002년에 출간된 것이며, 지금 살펴보면 한물갔다는 생각이 든다. 그도 그럴 것이, 21세기가 전개됨에 따라 한 번에 단지 몇 개의 유전자를 연구한다는 개념은 상당히 구식이 되었기 때문이다. 하나의 흥미로운 유전자gene of interest를 찾아내는 방법은 더 이상 문제가 아니며, 현대식 유전체 염기서열 분석기 한 대가 하루에 54기가베이스의 염기서열을 쏟아내고 있다.[20] 이 정도면 각각 25,000개의 유전자를 가진 약 16명의 인간 유전체와 맞먹는 수준이다. '발현배열expression array' 칩chip의 경우, 당신이 분쇄하여 로딩해 놓은 어떤 조직에 대해 25,000개 유전자 중 어느 것이 활성화되고 이 정도가 얼마인지 낱낱이 보여준다. 다른 기술들은 수천 가지의 대사산물 또는 단백질을 한꺼번에 분석할 수 있게 해준다. 생물학자들은 '오믹스omics'—유전체학genomics, 전사체학transcriptomics, 대사체학metabolomics, 단백질체학proteomics—를 언급하지만, 이것들이 의미하는 것은 오직 하나, 데이터가 방대하다는 것이다. 전형적인 '오믹스' 논문은 다음과 같다.

Fuchs, S. et al. 2010. A metabolic signature of long life in *Caenorhabditis elegans*. BMC Biology 8:2

이 논문의 저자들—그리고 이들과 비슷한 수천 명의 연구자들—은 오래 사는 변이 기생충과 평범한 기생충을 비교하여, 그들의 대사물metabolite의 많은 차이점을 기술했다. 이 논문(푹스

---

20 Illumina HiSeq 2500 High Output run, 1x coverage per genome, 이 숫자는 이 책이 출간된 당시에 바로 구식이 되었고, 2024년쯤 누군가가 이 책을 읽는다면 신기하게 보일 것이다.

등)은 위의 논문(모리타 등)와 공통점이 많다: 같은 기생충(예쁜꼬마선충), 같은 연구실(나의 연구실), 유사한 문제(성장 vs 노화) 등. 그러나 방법에 있어서 근본적인 차이가 있다. 모리타는 몇 개의 유전자를 디테일하게 연구했고, 푹스는 수백 가지 대사물을 피상적으로 연구했다. 이러한 차이의 결과는 심오하며, 논문의 제목에 반영되어 있다. 모리타는 대담하게 '통제control'를 말했고, 푹스는 '전형적 특징signature'을 발견하는 데 그칠 것임을 인정했다. 푹스는 오래 사는 기생충과 평범한 기생충 간의 차이를 수십 가지 발견했지만, 이들 중 어느 것이 중요한지, 기생충을 실제로 오래 살게 하는 요인이 무엇인지에 대한 생각이 없다. 기술은 그녀에게 포괄성을 부여했지만, 그녀는 인과관계를 비용으로 지불했다. 물론 푹스와 그녀의 동료들은 절망하지 않았다. 이들은 패턴을 찾아내기 위해 데이터를 샅샅이 훑었다. 이들은 이것(패턴)들을 발견하고, 거기에서 (어떤 진실이 포함되었을 거라고 믿는) 인과관계 모델을 엮어 냈다. 그러나 이들은 자신들의 무지함을 솔직히 인정했다.

푹스의 논문은 두 번째 유형에 속한다. 이것은 빅데이터 시대에 전형적인 유형으로, 사회학, 문화사, 공학, 경제학으로 확산되고 있다. 이 방법은 항상 동일해서, 모든 데이터를 수집하고, 분류체계에 따라 배열하고, 이 구조를 시각화하고, 인과관계 모델을 추론한다. 도구—다차원척도 분석법 mutidimensional scaling, 네트워크 그래프, 자기조직화 지도Self Organizing Map—는 모두 새롭지만, 유형 자체는 유구한 역사와 전통을 가진 것이다.

아리스토텔레스의 유형이 바로 이것이다. 이것은 당신이 새로운 세계를 발견할 때 채택하는 유형이다. 이럴 때, 당신은 전임자들이 바라보았던 현상을 집적거리며 갈피를 잡지 못하는 대신, 당신이 연구하고자 하는 사물의 광대한 새 영역을 가로지르며 인상적인 혼돈, 매혹적인 질서, 모호한 인과관계에 휩싸인다. 요즘에는 첨단기술—더 나은 염기서열 분석기, 더 빠른 컴퓨터, 더 커진 망원경—이 우리에게 새로운 세계를 선사한다. 아리스토텔레스는 아무것도 필요로 하지 않았다. 그는 종전에 전혀 연구된 적이 없는 사물의 모든 영역을 찾기 위해 해안가를 걸을 뿐이었다. 『동물 탐구』는 당시의 빅데이터 저장소였다. 그렇게 크지 않았다고? 그럴 수도 있다. 그러나 그의 다른 빅데이터 프로젝트—그가 수집한 158개 도시국가의 헌법—은 오늘날의 관점에서 보더라도 인상적일 것이다. 이것은 인과적 설명 분야의 위대한 저술인 『정치학』의 기초가 되었다.

또한, 두 가지 유형은 이론과 데이터 간의 관계에 있어서도 매우 다르다. 첫 번째 유형에서는 특정한 가설이 검증된다. 검증의 결과는 수락 또는 기각이다. 두 번째 유형에서는 내러티브가 구성된다. 연구자가 데이터로 하여금 말하게 하는 것이다. 이때 데이터가 말하는 내용은, 당연히 연구자가 뭘 생각하고 뭘 듣고 싶어하는지에 따라 크게 좌우된다. 아리스토텔레스를 가리켜 '경험을 앞장세워 위태로운 명제를 밀어붙인다'라고 했을 때, 글랜빌은 이런 위험을 간파한 것이었다. 모든 주어진 경험적 패턴은 수많은 상이한 모델에 의해 설명될 수 있지만 동일한 실수에 여전히 취약하다는 점을, 우리는 아리스토텔레스보다 훨씬 더 뼈저리게 알고 있다. 내가 지금까지 언급한 두 가지 유형의 과학이 모두 필요한 것은 바로 이 때문이다. 데이터 수집과 패턴 분석은 당신에게 모델을 제공하고, 목표실험targeted experiment은 모델이 사실인지 여부를 우리에게 말해준다. 많은 과학자들은 두 가지 유형의 과학을 모두 사용한다.

강력한 인과적 추론이 없다는 것 말고도, 두 번째 유형—아리스토텔레스의 유형—은 또 다른 약점을 가지고 있다. 다량의 데이터는 늘 저품질 데이터를 수반하며, 도처에 널려 있는 데이터의 경우에는 더더욱 그렇다.[21] 젠뱅크Genbank—생물학자들이 DNA 염기서열을 저장하는 방대한 데이터베이스—는 오류로 악명 높은 곳인데, 오류가 많다고 해서 젠뱅크 사용을 막을 수는 없다. 생물학자들은 데이터를 인출하여 각종 점검을 수행하고, 탐지되지 않은 오류들이 서로 상쇄되어 전체적으로 진실이 드러나기를 희망한다. 아리스토텔레스도 사정은 마찬가지였던 것 같다. 그는 (불확실한 데이터에 기반하여 알고 있었음에 틀림없는) 수백 가지 사실적 주장factual claim을 펼친다. 이것은 아마도 의도적인 선택이었을 것이다. 방대한 데이터는 그의 궁극적인 목표로, 경험적 일반화empirical generalization와 인과이론의 기초자료였다. 그리고 그는 미심쩍은 데이터를 포함할 위험이 이것을 찾아내는 성과만큼의 가치가 있다고 느꼈던 것 같다. 점쟁이의 말에서 유래한 동물행동에 관한 데이터는 빈약하다. 그러나 이것은 동물 간 상호작용의 다양한 측면—이중 일부는 경쟁적이고 일부는 약탈적이다—을 설명하며, 먹이가 부족할 때 동물들 사이에서 증가하는 갈등적 상호작용agonistic interaction을 일반화하는 데 중요하다. 『천체에 관하여』에서, 그는 증거가 매우 빈약하고 조사 대상이 멀리 떨어져 있을 때도 이론화를 시도해야 한다고 제안한

---

21 우리는 이것을 위키피디아 원칙Wikipedia Principle이라고 부를 수 있다.

다. 이런 과학자들에 대한 역사가들의 판단은 사후적이다. 이들은 옳은 것으로 판명된 과학자에게는 '대담하다', 틀린 것으로 나타난 과학자에게는 '경솔하다'는 판정을 내린다.

112

아리스토텔레스의 설명에 뭔가 잘못된 것이 있으며, 어떤 면에서 근본적으로 비과학적이라는 믿음이 광범위하게 퍼져 있다는 생각이 든다. 그가 사물의 '본성'에 호소하는 것은 순환논법이라는 말도 간간이 들린다. 몰리에르의 희곡 『상상병 환자』(1673)에서, 아리스토텔레스주의자인 돌팔이 의사는 '아편이 수면을 유도하는 것은 수면 유도 성분sleeping-inducing principle을 함유하기 때문'이라고 설명한다. 이 이후로 이런 유類의 논증은 수면제 설명virtus dormitiva explanation으로 알려졌고, 당연히 경멸의 대상이 되었다. 이뿐만이 아니다. 아리스토텔레스는 본성적으로 '창작 충동creative impulse' 또는 '주술적인 힘occult forces'을 가지고 있다는 말도 간간히 들린다. 아리스토텔레스의 생물학을 논할 때 이런 표현을 사용하면, 상대방을 생기론자—이 또한 많은 사람들이 들먹이는 용어다—로 몰아세우는 정중한 방식이 된다. 한술 더 떠서, 목적인이나 형성인이야말로 창작 충동과 주술적인 힘의 대표적 사례이며, 현대과학에서 발 붙일 곳이 없다고 말하는 사람들도 있다.

끊임없이 반복되는 이런 비난들은 한마디로 과학혁명의 여파라고 할 수 있다. 이것들은 종종 (아리스토텔레스의 발언과 행동을 잘 모르는) 아리스토텔레스의 적敵들에 의해 반복되어 왔다. 아리스토텔레스를 잘 알고 진정으로 사랑하는 사람들조차도 때로 그의 설명이 잘못됐다고 생각했다. 윌리엄 오글이 그랬고, 주목할 만한 것은 다시 톰프슨도 그랬다는 것이다. 그가 『동물 탐구』를 번역한 지 7년 후 출간한 이상하고 묘한 매력이 있는 『성장과 형태에 관하여』는 데모크리토스에게 바치는 찬가나 다름없다.

지난 50년 동안, 학자들은 아리스토텔레스 생물학의 설명적 가치를 전에 없던 수준으로 탐구하고 알아내고 보여주었다. 나는 이들이 발견한 것을 독자들에게 소개하려고 노력했다. 이들의 발견과 자연세계에 대한 우리의 (끊임없이 업그레이드되는) 이해는 해묵은 비난들을 재검토할 것을 요구한다.

아리스토텔레스의 설명이 단지 잘못된 것이 아니라 비과학적이라는 주장은 베이컨까지 거슬러 올라가, 아리스토텔레스의 과학은 비기계론적이라는 주장에서 기원한다. 그런 주장의 밑바탕에는, 어떤 현상에 대한 고대 또는 현대의 과학적 설명은 반드시 기계론적 설명이거나 적어도 그럴 가능성을 허용해야 한다는 전제가 깔려 있다. 대부분의 과학자들은 이 전제에 이의를 제기하지 않는다. 그러나 다음과 같은 의문을 지울 수 없다. '기계론적'이라는 것이 도대체 무엇을 의미할까?

기계론적이라는 용어의 개념을 정의하는 것은 매우 까다롭다. 우리는 기계론적 설명이 물리학 이론을 최소한도로 원용한 것이라는 데 동의할 수 있다. 그러나 그 이상을 요구하는 다양한 견해들이 존재한다. 내 생각에, 몇 가지 잘못된 정의들은 다음과 같다. 일부 철학자와 역사가들은 정확하거나 적어도 특정한 물리학 이론—이를테면 뉴턴역학 또는 원자론—을 적용할 것을 요구한다. 이런 요구사항은 명백히 비역사적ahistorical이다. 왜 어떤 특정한 물리학 이론에 특권을 부여해야 할까? 물리학 이론은 나타났다 사라지곤 한다. 원자보다 작은 입자들이 발견됨으로써 돌턴의 원자론적 화학은 쓸모 없거나 심지어 잘못된 것으로 전락했지만, 그렇다고 해서 비기계론적인 것은 아니며 비과학적인 것은 더더욱 아니다.

또한, 기계론적 설명은 때로 목적인 또는 형상인에 대한 언급을 일절 회피하는 설명으로 간주된다. 이것 역시 잘못된 견해다. 특정한 종류의 복잡한 현상은 목적적이고 형상적인 설명을 요구하는데, 이때 이런 설명은 기계론적 설명을 배제하지 않고 오히려 보완한다. 어떤 철학자들은 기계론적 설명에 대해 기계—예컨대 도르래나 시계—와의 명시적 비교를 요구한다. 이러한 요구사항 역시 지나치게 제한적이다. 생물학자에게 세포에서 단백질이 어떻게 만들어지는지 물으면, 그는 '리보솜 기구'에 대해 이야기할 것이다. 또 리보솜이 어떤 종류의 인공물과 닮았는지 물어보면, 그는 CD 플레이어와 어느 정도 비슷하다고 대답할 것이다. 왜냐하면 둘 다 하나의 물리적 형태로 코딩된 정보를 다른 형태로 번역해 주기 때문이다. 그에 더하여, 그는 기관차와도 어느 정도 비슷하다고 대답할 것이다. 왜냐하면 둘 다 '트랙'(mRNA)을 따라 이동하기 때문이다. 그러나 좀더 곰곰이 생각해 보고, 그는 그런 직유법의 조악함을 인정할 것이다. 직유법이 아무리 조악해도, 인정할 것은 인정해 줘야 한다. 인간은 리보솜을 닮거나 그만큼 영리한 인공물을 만들지 못했지만, 그럼에도 불구하고 CD 플레이어나 기관차를 이용한 설명이 물리학적 타당성이 감소하는 것은 아니다.

기계론적 설명이란, 그 당시의 물리적 이론의 관점에서 어떤 현상을 설명하는 것이라고 나는 제안한다. 이런 정의를 인정한다면, 아리스토텔레스 생물학은 기계론적 설명으로 가득하다. 기계론적 설명의 핵심을 이루는 것은 (아리스토텔레스의 설명체계의 네 가지 항목 중 두 가지인) 운동인과 질료인이다. 동물이 이러저러한 행동을 하는 것은 이들의 '본성'이라고 아리스토텔레스는 늘 말한다. 이렇게 말하는 데 그쳤다면, 그의 설명은 엉성하거나 주술적이라고 할 수 있다. 그러나 그는 이렇게 하지 않고, 이에 대한 방법과 이유를 덧붙인다.

나는 이 책에서 다섯 가지의 맞물린 생물학 과정interlocked biological process에 대한 아리스토텔레스의 설명을 제시했다: (i) 환경으로부터 복잡한 물질을 섭취한 다음, 이 특성을 바꾸어 다양한 조직에 재분배함으로써 성장 · 번창 · 번식을 가능하게 하는 영양 시스템nutritional system, (ii) 스스로를 유지하되, 나이가 들어감에 따라 쇠퇴하는 체온조절 시스템thermoregulatory system, (iii) 환경을 지각하고 거기에 반응하는 중앙집중화된 입출운동 시스템CIOM system, (iv) 배아발생의 후성적 과정과 이와 관련된 자연발생 버전, (v) 유전 시스템. 이 모든 과정들은 아리스토텔레스의 물리적 이론에 의해 뒷받침되며, 엄밀한 의미에서 기계론적이다. 그의 물리적 이론이 잘못되었다고 말하는 것은 부적절하며, 궁극적으로 모든 물리학 이론을 부정하는 것이다.

이 모든 과정들은 영혼의 일부 작용을 설명한다. 그러나 영혼은 이것들에 뭔가를 덧붙이지 않으며, 이것들을 총괄할 뿐이다. 더 정확하게 말해서, 영혼은 이런 물리적 과정들의 역동적인 구조(또는 이 결과)다. 다시 말하지만, 아리스토텔레스의 영혼은 케케묵은 운동이론, 현존하지 않는 화학, 오류투성이 해부학에 기반한다는 비난은 논점을 이탈한 것이다. 데카르트는 (자신이 내세우는 '동물기계'의 온갖 수사rhetoric를 뒷받침하기 위해) 동물의 신경계 전체에 스며든 '동물정기animal spirit'—다른 말로 하면 프네우마—가 동물을 움직인다고 말했다. 아리스토텔레스의 생물학이 어떤 의미에서 비기계론적일 때가 있다면, 그가 고도의 인지기능—판타지, 추론, 욕망—을 고려할 때라고 할 수 있다. 고도의 인지기능은 단지 블랙박스일 뿐이다. 그러나 이 또한 우리의 이해를 돕기 위한 것이므로, 우리는 그를 용서할 수 있다.

기계를 이용한 직유법이 기계론적 이론의 전제조건은 아니지만, 종종 상징적 의미를 지닐 수 있다. 동물이 어떻게 작동하는지 설명할 때, 아리스토텔레스는 끊임없이 직유법을 사용한다. 풀무, 관개수로, 도자기, 치즈 만드는 기계, 장난감 카트, 그리고 물론 불가사의한 자동인형이 그의 생물학에 등장한다. 그럼에도 불구하고, 그는 데카르트처럼 하나의 생물을 통째로 기계에 비유할 엄두를 내지 못한다. 의심할 여지없이, 이것은 아리스토텔레스 시대에 기계장치가 제대로 발달하지 않았기 때문이다.[22] 우리는 그가 기술한 심장-폐 순환이 체온조절장치라는 것을 단박에 알 수 있지만, 그는 이렇게 생각하지 않은 것이 분명하다. 그는 자기가 생각하는 작동방식을 체계적이고 디테일하게 기술했을 뿐이다.

아리스토텔레스의 딜레마는 바로 이것이다. 인공물과 생명체

---

22 하지만 기계장치가 기원전 4세기에 유행하지 않았다고 장담할 수는 없다. 고대 그리스의 가장 정교한 기계장치는 안티키테라 기계Antikythera mechanism였다. 이것은 최소한 30개의 맞물림 기어로 이루어진 아날로그 컴퓨터로, 천체의 운행을 설명하기 위해 설계되었고, 아리스토텔레스가 세상을 떠난 지 몇 세기 후인 기원전 87년경 로데스에 세워졌다. 그러나 바다에서 인양되기 전까지, 고대 그리스인들이 이런 것을 만들 수 있었을 것이라고 생각한 사람은 아무도 없었다.

공히 더욱 기본적인 물질로 구성되어 있고, 이것들이 변화하며, 이런 변화들이 물리학적 원리로 설명될 수 있어야 한다는 것을 그는 안다. 그러나 자신이 사는 세계를 둘러볼 때, 생물이 예사로이 할 수 일을 흉내라도 낼 수 있는 인공물은 존재하지 않는다는 것도 안다. 그의 해결책은, 양자의 유사점을 인정하지만 결코 동일시하지 않는 것이다. 그는 사이버네틱의 속성에 감탄하여 생명체에게 '독립체(*ouisai*)'라는 특별한 존재론적 지위를 부여하지만, 인공물에게 이런 지위를 부여하는 것은 한사코 거부한다. 장담하건대, 그가 데카르트의 동물기계 이야기를 들었다면 공허한 수사라며 묵살했을 것이다. 그러나 데카르트의 수중에는 이것이 있었으며, 그의 말은 결코 공허하지 않았다.

아리스토텔레스의 적들(친구 중 일부도 포함)은 형상인과 목적인을 실제보다 훨씬 더 애매모호하게 만들어 버렸다. 그러나 복잡한 대상—생명체보다 복잡한 대상은 없다—은 닥치는 대로 우연히 조립될 수 없으며, 다른 곳에 있는 패턴(형상)을 본떠서 만들어져야 한다는 것을 아리스토텔레스는 잘 알고 있었다. 형상(*eidos*)은 오랫동안 과학계에서 자취를 감췄다가 분자생물학 덕분에 제자리를 찾게 되었다. 슈뢰딩거는 『생명이란 무엇인가?』에서 괴테의 말('생명은 영원하다. 왜냐하면 우주가 아름다움을 이끌어내기 위해 생명의 보물을 보존하는 법칙이 존재하기 때문이다.')를 인용하며, 비주기적 결정체aperiodic crystal인 염색체가 '암호문code-script'를 포함하고 있는데, 이 암호문은 법전law-code과 집행력executive power을 하나로 묶은 것—또는 다른 비유를 든다면, 건축가의 설계도plan와 건설업자의 기술craft을 하나로 묶은 것—이라고 보면 된다'고 주장했다. 형상의 복권復權에 결정적으로 기여한 것은 아리스토텔레스의 비유 중 하나인데, 이것을 세상에 알린 사람은 칼텍Caltech의 막스 델브뤼크였다. 그는 자신의 매력적인 수필 〈아리스토텔레스-텔레스-텔레스〉에서 자초지종을 설명했다. 파리 파스퇴르 연구소의 앙드레 르보프와의 오랜 서신 교환을 통해, 그는 아리스토텔레스의 의미 있는 저술을 발견했다. 『동물의 발생에 관하여』에서 몇 구절을 인용한 후, 그는 다음과 같이 썼다. '이 인용문들의 내용을 요약하면 다음과 같다: 형상의 원리form principle란 정액에 저장된 정보를 말한다. 이것은 수정된 후, 사전에 프로그래밍 된 방식pre-programmed way으로 판독된다. 판독된 정보는 작동되는 물질을 바꾸지만, 저장된 정보를 바꾸지는 않는다. 정확히 말하면, 판독된 정보는 완성된 산물의 일부분이 아니다.' 그러고 나서, 그는 노벨상을 사후死後에도 수여해야 한다고 제안했다. DNA의 원리(물질은 아니며, 구조는 더더욱 아니다)를 발견한 공로로 아리스토텔레스가 노벨상을 받아야 한다고 말이다. 델브뤼크 자신은 변이에 대한 연구로 1969년 노벨 생리의학상을 받았다.

목적인을 둘러싼 베일도 점차 벗겨졌다. 목적인이 필요한 것은, 설명되어야 할 현상이 목표를 가지고 있는 것처럼 보일 때라는 것을 아리스토텔레스는 알고 있었다. 그가 스스로 제기한 몇 가지 관련 질문에 답변하는 과정에서 목적인이 드러났는데, 현대 생물학자들 역시 이렇게 한다. 우리는 목표지향적 독립체들이 존재하는 이유가 궁금할 때 다윈의 답변을 들여다본다. 자연선택에 의한 진화evolution by natural selection가 이것들을 만들어 내기 때문이다. 이것은 자비로운 창조자를 무효화하는 집단유전학population genetics 이론의 체계 전체에 대한 간략한 설명이다.

목표지향적 독립체들의 목표가 뭐냐는 질문을 받으면, 집단유전학자들은 섭식, 이동, 짝짓기, 포식자에 대한 저항, 궁극적으로 생존과 번식을 가능하게 하는 모든 적응장치adaptive device들을 가리키는 것으로 답변에 갈음한다. 이런 유형의 목적론적 설명과 '온갖 장애물'에 대한 베이컨의 비웃음은 이제 고리타분해 보인다. 속눈썹, 피부, 뼈에 대한 기능적 연구가 과학의 일부가 되어서는 안 된다는 그의 주장은, 자신의 몸에 대한 어처구니없는 무관심을 만천하에 드러내는 것이다.

우리는 또한, 목표지향적인 것들—생물이 됐든 무생물이 됐든—이 어떻게 작동하는지 궁금해할 수 있다. 이것은 난이도 최상의 최종 질문이며, 이에 대한 해답은 복잡한 대상에 대한 과학의 심장부에 존재한다. 사이버네틱스, 일반시스템이론General Systems Theory, 제어이론Control Theory은 일반적인 원리를 수립하고, 시스템생물학systems biology은 이러한 원리가 생명체에서 어떻게 작동하는지 보여준다, 합성생물학synthetic biology은 이러한 원리가 생명체의 모습을 어떻게 바꿀 수 있는지 보여준다. 2010년, 합성생물학자들은 세계 최초의 인공세포 생명체인 JCVI-syn1.0[23]의 분자 모터에 시동을 걸었다. 이렇게 하여 배양접시 위에서 인공물과 유기체의 구분이 사라졌다.

이러한 질문에 대한 아리스토텔레스의 답변은 그의 목적인과 100퍼센트 일치하는데, 이중에는 우리의 답변과 유사한 것도 있고—그다지 놀랄 일은 아니지만—매우 다른 것도 있다. 이것들이 과

23 2021년 3월, JCVI-syn3A로 업그레이드되었다(https://ibric.org/myboard/read.php? Board=news&id=329239). - 역주

학적인 질문이며, 그가 이것들에 대해 과학적인 답변을 제시했다는 것을 부인할 수 없다. 아니면 백 보 양보하여, 신을 쳐다보며 생명체(특히 자신)에게 삶의 궁극적인 목표를 점지해 주기를 바라기 일보 직전까지 그가 과학적인 답변을 제시했다고 인정할 수 있다.

마지막으로, '아리스토텔레스의 과학은 인간에게 무용지물useless to man'이라는 베이컨의 원색적인 비난을 어떻게 평가해야 할까? 이것은 과학 관료들이 늘 내뱉는 진심 어린 멘트(당신네 과학자들은 지원 받은 연구비를 펑펑 쓰려고 한다. 그러나 그에 대한 대가로 우리에게 돌아오는 것이 정확히 뭔가?)와 유사하다. 베이컨이 됐든 관료가 됐든, 이런 불만에 전혀 근거가 없는 것은 아니다. 그러나 극소수의 현대 과학자들이 자신의 연구의 유용성에 전혀 무관심하듯, 아리스토텔레스도 그런 유類의 고대 그리스 과학자였을 뿐이다. 그의 아버지가 의사였기 때문에, 그의 소실된 저서 목록에서 『의학에 관하여』라는 제목의 2부작을 발견하는 것은 전혀 놀라운 일이 아니다. 비록 노화에 관한 저서—『젊음과 늙음, 삶과 죽음에 관하여』, 『장수와 단명에 관하여』—에서 (우리의 수명을 좌우하는 생기를 내뿜는) 내부 불internal fire을 지피기 위해 우리가 뭘 해야 하는지 밝히지는 않았지만, 그는 다음과 같은 구절로 『장수와 단명에 관하여』를 마무리한다.

> 삶, 죽음, 생사와 관련된 그 외의 주제에 대한 우리의 연구는 거의 완료되었다. 건강과 질병에 대해, 의사는 물론 자연과학자들도 어느 정도까지 이 원인을 고려해야 한다. 그러나 두 그룹의 연구자들이 다양한 문제를 다루는 방식의 차이에 주목하는 것이 중요하다. 왜냐하면 이들의 연구 범위가 어느 정도 겹칠 수 있기 때문이다. 호기심과 지

적 유연성을 가진 의사들은 자연과학에서 나름의 발언권을 행사하며, 자신들의 이론이 자연과학에서 비롯되었으며 최고의 자연과학자들이 종국에는 의학이론을 연구하는 경향이 있다고 선언한다.

이 구절을 생물의학으로의 초대Invitation to Biomedical Science라고 부르자. '이런 우리의 과학은' 다시 톰프슨은 이렇게 썼다. '예쁘장한 수공예품도 아니고 편협한 학문도 아니다. 아리스토텔레스의 손안에 든 과학은 크고 위대했으며 이 시대 이후로 더욱 넓고 깊어졌다.' 자신이 창시한 과학이 얼마나 방대하게 될지, 아리스토텔레스는 상상조차 할 수 없었으리라. 그러나 그의 과학의 정교한 태피스트리tapestry를 고려하고 우리의 것과 비교해 본 후, 나는 우리가 이전의 어떤 시대보다도 더 명확하게 그의 의도와 성취를 감지할 수 있다는 결론을 내린다. 만약 그렇다면, 이것은 우리가 그를 따라잡았기 때문이라고 감히 말할 수 있다.

113

더 나아가 우리는 역사상 어느 누구보다도 아리스토텔레스를 닮은 과학자 한 명을 속속들이 알고 있다. 바로 다윈이다.

이들은 매우 비슷했다. 둘 다 유명한 의사의 아들이었지만, 의사가 되기보다는 자연을 연구하는 것을 더 좋아했다. 둘 다 팩트에 목말라했다. 둘 다 냉정하고 강력하게 논리적이었으며, 수학 실력은 별로였다. 둘 다 대담하고 성급했으며, 이 과정에서 장엄함grandeur—달리 표현할 말이 없다—이 깃든 생명관vision of life을 우리에게 남겼다. 차이가 있다면, 성취의 규모일 뿐이다. 요컨대, 다윈은 무에서 유를 창조하지 않았지만, 아리스토텔레스는 창조했다.

또한 이들은 과학적 스타일이 비슷했다. 둘 다 자신의 이론을 뒷받침할 팩트를 찾았고, 이런 팩트를 사냥하기 위해 이곳저곳에 그물을 던졌다. 둘 다 농부, 어부, 사냥꾼, 여행자들에게 물었고, 다윈은 심지어 비둘기 애호가들에게도 물었다.[24] 둘 다 자신의 증거에 내포된 방대한 추론적 간극inferential crack—특히 다윈의 경우에는 유전의 메커니즘, 화석기록의 갭, 자연선택의 불가시성invisibility—을 호도했다. 둘 다—종종 짧은 시간 동안—엄청난 양의 관찰을 했다. 그리고 둘 다 자신이 알고 있거나 알고 있다고 생각한 팩트를 때때로 과신過信했다.

다윈은 『종의 기원』에서, 아르헨티나의 팜파스에서 우글거리는 작은 설치류인 투코투코Tuco-Tuco(*Ctenomys*)에 대해 이야기한다. 이들은 땅굴 속에서 산다. 그래서 다윈은 이들이 흔히 눈이 멀어 있다고 확신한다. 실제로 비글호를 타고 여행하는 동안 살아 있던 투코투코는 '눈이 먼 상태였으며, 해부를 통해 밝혀진 원인은 순막의 염증이었다.' 그는 계속해서, 이런 염증은 동물에게 해로우므로 눈 없는 투코투코가 선택되는 경향이 있으며, 결국

24 '물론 다윈은 비둘기를 직접 길렀고, 달팽이가 짠물에서 얼마나 오랫동안 살 수 있는지와 꿀벌이 집을 어떻게 짓는지 등을 알아보기 위해 실험을 했다. 하지만 이런 것들이 『종의 기원』의 소재가 되었을 가능성은 희박하다.' 이것은 1860년 리처드 오언(1804~1892, 영국의 고생물학자 - 역주)이 쓴 『종의 기원』에 관한 익명의 리뷰에 나오는 말이다. 그는 다윈의 독창성을 부인하려고 무던히 애쓰며, 연구와 실험을 제쳐놓고 '참신하고 특이해 돋보이는 직접적 자연관찰'에 초점을 맞췄다. 악의적이 아니었다면, 다윈의 방법과 성취를 이 정도로 오해했을 리 없다.

두더지처럼 되는 결과가 초래된다고 말한다. 이것은 매우 합리적인 논증이며, 중요한 논증이기도 하다. 왜냐하면 이것은 진화의 추동력인 자연선택의 유일한 사례이기 때문이다. 그러나 안타깝게도, 이것은 오류가 거의 확실하다. 몇 년 전, 나는 다윈의 발자취를 따라 아르헨티나와 우루과이에서 눈물을 글썽이는 투코투코를 찾으려 했지만 허사였다. 가우초(남미의 카우보이)와 과학자들에게 물었더니, 투코투코의 눈에 뭔가 이상이 있다는 설을 극구 부인했다. 한 가우초가 다윈의 관찰을 이렇게 해명했다. '음, 아시다시피 우리가 투코투코를 잡을 때 삽으로 후려칩니다. 그러면 이들은 재빨리 도망치며 사나워지지요! 카를로스 다윈이 봤다는 투코투코가 피눈물을 흘린 것은 바로 이 때문이 아닐까요? 음.'

모든 생물학자와 과학자들이 알고 있거나 배워야 하는 교훈은, 과학 연구를 하려면 연구 대상과의 특별한 친밀감이 요구된다는 것이다. 당신은 연구 대상의 형태와 약점은 물론, 아주 하찮은 생활방식도 알아야 한다. 이렇게 하지 않을 경우 실수를 하거나 몇 가지 놀라운 사실을 놓쳐, 자칫하면 큰 낭패를 볼 수 있기 때문이다. 다윈이 따개비를 관찰하며 8년을 보낸 것도 바로 이 때문이다. 바버라 매클린톡의 말에 의하면, 그는 '유기체에 대한 공감feeling for the organism'을 추구했다고 한다. 나의 박사 후 지도교수가 내게 처음 한 말은 '벌레를 알라Know the Worm'였는데, 조금 제한적이지만 다윈과 같은 감정을 표현했던 것으로 생각된다. 뜬금없는 말이었을까? 전혀 그렇지 않다. 나는 그가 한 말의 의미를 정확하게 알았다.[25]

---

25 나의 지도교수는 스콧 에먼스Scott Emmons이고, 그는 폴 스턴버그Paul Sternberg의

나는 아리스토텔레스 역시 이렇게 했을 거라고 믿는다. 그의 저술에서는 자연세계와의 친밀감이 빛을 발한다. 테오프라스토스의 저술도 마찬가지다. 이런 친밀감 덕분에, 리케이온의 학생들은 자연사가 담긴 전통문학과 여행기에서 진실을 걸러냄으로써 새로운 과학을 일구어 냈다. 아리스토텔레스는 심지어 다음과 같이 말했다.

> 경험이 없으면 명백한 것을 이해하지 못할 수 있다. 자연세계와 더 많은 시간을 보낸 사람들은 광범위한 이론을 더욱 능숙하게 제안할 수 있다. 우리가 잘 아는 바와 같이, 사물을 연구하는 대신 논쟁하는 데 더 많은 시간을 보낸 사람들은 많은 것들을 제대로 볼 수 없다.

이 구절은 『생성과 소멸에 관하여』에 나온다. 여기서 논쟁하는 데 더 많은 시간을 보낸 사람이란 플라톤주의자들을 말하는데, 무형의 형상intangible Form, 수비학數秘學[26], 기하학에 대한 강박관념은 이들이 눈으로 본 증거를 부인하는 결과를 초래했다. 이들은 세계, 즉 현세this world의 구조에 대해서는 장님이었다. 이 구절은 생물학으로의 초대Invitation to Biology의 전주곡이다. 왜냐하면 '우리가 미천한 생명체에게 주의를 기울여야 하는 것은, 신이 존재하기 때문이다'라고 말했을 때, 아리스토텔레스는 일부 학생들에게 갑오징어를 집어들라고 재촉하고 있었을 뿐만

말을 인용했다.

26 수비학(numerology). 수 또는 숫자 자체에 어떤 특별한 의미가 담겨 있다고 여기는 사고방식. 수와 사람, 장소, 사물, 문화 등의 사이에 숨겨진 의미와 연관성을 찾는다. - 역주.

아니라 플라톤의 유령과 죽기살기로 논쟁을 벌이고 있었기 때문이다. 그는 새로운 탐구영역을 열어 가는 모든 과학자가 마땅히 해야 할 일을 하고 있었고, 동료들 앞에서 이것을 옹호했다. 광대한 자연세계에서, 연구할 가치가 있는 것은 오직 별뿐이라고 플라톤은 생각했다. 그러나 아리스토텔레스의 말을 한마디로 요약하면, 우리는 별들 사이에서 사는 것이 아니라 여기 지구에서 살고 있는 것이다.

그렇다고 해서 지구상의 모든 장소들이 동일한 것은 아니다. 만약 다시 톰프슨이 옳았다면—나는 그가 옳았다고 믿는다—레스보스와 피라의 라군은 아리스토텔레스에게 특별한 장소를 선사했다. 이곳은 자연스러운 것들natural things 속에 있도록 해준, 조용하고 사랑스런 장소였다. 아리스토텔레스에게 레스보스는 훔볼트에게 침보라소, 윌리스에게 말레이제도, 베이츠에게 아마존, 해밀턴에게 버크셔숲과 같은 곳이었다. 다윈에게는 브라질의 대서양 열대우림, 파타고니아의 황량한 팜파스, 갈라파고스의 검은 화산암, 켄트의 들판이 있었다. 생물학자들은 종종 이런 장소를 하나씩 가지고 있다. 이들에게는 이런 장소가 필요하다. 왜냐하면 아이디어는 무無에서 나오는 것이 아니라 자연 자체에서 나오기 때문이다.

114

아리스토텔레스가 칼로니를 말할 때, 이곳은 항상 피라 해협(*euripos Pyrrhaiēn*), 즉 라군의 해협을 의미한다. 물고기들은 매년 이동할 때 이 해협을 통과한다. 이곳은 가리비가 영고성쇠를 거듭하고, 밑바닥에 불가사리들이 들끓는 곳이다. 내가 직접 보고 싶은 곳이다.

피라 해협은 북서쪽 해안에 돌출한 수중암초에 의해 형성되었다. 숨겨진 바위들 사이에서 먹이를 찾는 갈매기들은 마치 물위를 걷는 것처럼 보인다. 에게해의 해류는 미약하지만, 조수의 변화에 따라 암초가 통로의 입구를 좁게 만들므로 물줄기 전체가 폭포수처럼 해협을 가로지르려 한다.

굴 따는 잠수부가 우리를 안내해 주겠다고 말했다. 우리는 느긋하게 계산하여 하현달이 뜨는 날로 약속을 잡고, 아포티카에서 보트를 타고 오는 도중에 잠수복을 착용했다. 잠수할 곳에 다다랐을 때, 참치 한 마리가 파란색 하늘과 명확히 대비되며 높이 뛰어 올랐다. 음성부력negative buoyance이 우리를 7미터 아래의 울퉁불퉁한 바닥으로 내려가게 했다. 핑크빛과 갈색 해면들이 거머리말 군락 사이에 웅크리고 앉아 있었다. 은빛과 까만색 감성돔들이 해류를 거슬러 지느러미를 움직였다. 갯민숭달팽이에 열광하는 데이비드 K.는 이들을 찾으려고 사라졌다. 그는 나중에 갯민숭달팽이류(*Cratena peregrina, Caloria elegans, Discodorus atromacuate*)를 발견했다고 보고했다.

절벽을 향해 오렌지핑크빛 안티아스(*Anthias*)와 강청색 자리돔 치어稚魚들이 부채꼴산호 무리 사이에서 여유롭게 헤엄치고 있었다. 이런 연약한 고착성수생동물군zoophytes은 대개 수심 30미터 이하에서 발견되지만, 여기서는—술라웨시의 해저절벽과 마찬가지로—얕은 곳에서 산다. 일부는 금빛이며 다른 것은 회색인 이들의 가지들은 신기한 그물모양의 기하학적 구조로 분지分枝되어 있다. 반투명한 곤봉멍게류 무리가 샹들리에의 수정 구슬처럼 부채꼴산호 위에 걸쳐져 있었다. 부채꼴산호의 선반 밑으로 시커먼 그루퍼grouper가 휙 지나갔다.

수심 10미터에서, 해면들은 서로 겹쳐져 우글거리며 유형체와 무형체 사이를 왔다갔다했다. 어떤 것은 사막의 기이한 다육식물 같았고, 어떤 것은 변형된 손처럼 보였고, 어떤 것은 바위에 뚜렷한 이유 없이 달라붙어 있었는데 부풀어오른 귀engorged ear를 연상시켰다. 산호 모양의 조류algae가 종유석 바위에 깔려 있었고, 문어가 몸치장을 하고 있었다.

이런 풍부함에 원인을 제공한 것은 필시 조류tidal current일 것이다. 영양염류와 플랑크톤이 풍부한 물이 하루에 두 번씩 해협을 통과하며, 에게해의 다른 곳에서 본 적이 없는 생명의 강렬함에 연료를 공급했다. 나는 잠시 방향감각을 잃고 15미터쯤 내려가 산호절벽과 마주쳤다. 이것은 마치 나도 모르게 수에즈 운하를 통과하여 홍해의 산호정원으로 헤엄쳐 들어간 것 같았다. 더 가까이 다가갔을 때, 나는 산호초가 사실은 고립된 산호(학명: *Parazoanthus axinellae*)에게 점령된 거대한 바위였음을 깨달았다. 하지만 너무 조밀하게 둘러싸여, 열대의 산호초로 착각하기에 안성맞춤이었다. 촉수로 에워싸인 황금빛 컵cup들이 천 개의 작은 태양들처럼 빛을 뿜어냈다.

'들리는 말에 의하면,' 보르헤스는 이렇게 썼다. '모든 사람들은 아리스토텔레스주의자나 플라톤주의자 중 하나로 태어난다.' 철학자들은 뜻밖의 이분법에 움찔하겠지만, 나는 이것이 문자 그대로 사실이라는 생각이 든다. 플라톤은 관념abstraction의 세계로, 아리스토텔레스는 가시적인 것tangible thing의 세계로 우리

말미잘류(*Parazoanthus axinellae*). 콜포스 칼로니 해협,
레스보스, 2012년 8월

를 초대한다. 아리스토텔레스는 세세한 것, 말하자면 한 상자 분량의 조개껍데기에서부터 시작한다. 그는 조개껍데기를 한데 모아, 이것들의 논리와 질서를 파악하기 위해 끊임없이 재배열한다. 아리스토텔레스가 말하기를, 이런 이해력은 이성의 선물이자 과학의 시작이다. 진정한 아름다움은 바로 이런 것으로, 열 살 적 바닷가에서 장난치던 나로서는 도저히 상상할 수 없는 것이었다.

나이가 들어갈수록, 우리는 자신이 보유한 지식과 사고방식에 휩싸이게 된다. 마치 바닷속의 물고기처럼 말이다. 과학은 우리가 유영遊泳하는 반짝이는 배지medium로, 우리에게 뭘 봐야 하는지를 지시해 준다. 과학은 마땅히 그래야 하며, 사실 그럴 수밖에 없다. 왜냐하면 이론과 기대가 매개하지 않은 세계를 보는 사람은 아무도 없기 때문이다. 그러나 우리는 얼마나 오랫동안 세계를 새롭게 다시 볼 수 있을까? '박쥐의 눈이 낮의 섬광을 의식하지 못하는 것처럼, 우리 영혼의 이성은 세상에서 가장 명확한 것을 의식하지 못한다.'(『형이상학』 993b10). 아리스토텔레스는 스스로 발견한 방법과 (과학의 본질인 경험에 의해 단련된) 이론의 아슬아슬한 결합으로 무장하고, 그 이전에 누구도 볼 수 없었던 세계의 한 부분에 눈을 돌려, 이것을 묘사하고 기술했다. 이 덕분에, 톰프슨이 말했듯이, 세계는 철학에서 한 자리를 꿰차게 되었다. 우리는 이렇게 행동한 아리스토텔레스를 부러워할 수 있다. 과학적 진보의 격렬한 흐름에 휩쓸린 채 우리는 그를 모방하려 애쓰고 있다. 그러나 아리스토텔레스는 우리가 무엇을 해야 하는지를 몸소 보여준다.

내가 나팔고둥을 발견했을 때, 이것은 두 개의 둥근 바위 사이에 박혀 있었다. 표범의 가죽처럼 얼룩덜룩한 발은 껍데기 아래에서 삐져나와 있었다. 촉수에는 얼룩말 같은 줄무늬가 아로새겨져 있었다. 내가 살아 있는 나팔고둥을 것을 본 것은 이것이 처음이었다. 두꺼운 껍데기는 (세공을 한 듯한) 이끼벌레류와 (짜깁기한 듯한) 산호 모양의 조류로 덮여 있었다. 각정apex은 회색으로 바래고 마모되어 있었다. 여러 사항을 고려할 때 나이가 제법 많은 것이 분명했다. 커다란 고둥의 주둥이가 검은색 성게에 달라붙어 내장을 천천히 빨아먹고 있었다. 성게의 가시가 최후의 일격을 가했지만 허사였다. 성게의 몸은 신속히 붕괴했다.

아리스토텔레스가 우리에게 주었던 세계는 바로 이것이다: 서식처에서 완전한 상태를 유지하고 있는 생명체들로 구성된, 오감五感으로 생생하게 인지할 수 있는 세계! 그는 우리에게 이런 세계를 사랑하고 이해하라고 당부한다. 아리스토텔레스는 수많은 문장을 썼지만, 그 자신을 정의한 것은 단 하나—『형이상학』의 첫 번째 문장이다. '모든 사람은 본성적으로 알고 싶어한다.' 그러나 모든 형태의 지식은 동등하지 않다. 최고의 지식은 사물

금눈쇠올빼미(*Athene noctua*)**, 아크로폴리스 아테네, 2013년**

올빼미 중에서 가장 작은 종이며 길이는 23~27.5㎝ 정도이다. 곤충이나 지렁이, 양서류를 잡아먹는다. 기본적으로는 야행성에 속하지만 낮에 활동하기도 하며 농촌이나 공원에서 정착하면서 생활한다. 주로 나무와 바위, 절벽, 강가, 담, 건물 등지에 있는 구멍에 둥지를 틀며 3~5개의 알을 낳는다. 28~29일 동안 암컷의 품 속에서 자라며 생후 26일 정도가 되면 자립하게 된다.

의 원인에 대한 순수하고 사심 없는 탐색에서 나온다. 그리고 그는 이런 지식을 탐구하는 것이 삶을 영위하는 최선의 방법임을 결코 의심하지 않았다. 그의 방법은 과학의 아름다움과 가치를 보장한다.

1. 전문용어

aither	아이테르
ano	위
antithesis	반대 위치 (해부학)
analogon	유사체analogue
aphrodisiazomenai	성욕이 강한 (여성)
aphros	거품
apodeixis	증명
aristeros	왼쪽
arkhe	기원origin/원리principle
atomon eidos	나눌 수 없는 형태
automata	자발적인/자동으로 움직이는 것
balanos	귀두glanis
basileia	여왕
basileus	왕
bios	생활방식
delphys	자궁체uterine body
Demiourgos	창조자
dexios	오른쪽
diaphora/diaphorai	차이/복수 (일부 특징의 경우)

dynamis	가능태potentiality, 잠재력, 힘
eikos mythos/eikotes mythoi	그럴듯한 이야기
ekhinos	중판위omasum/고슴도치/성게/주둥이 넓은 병
eidos/eide	형태/복수
emprosthen	앞
entelekheia	사실태actuality
epagoge	귀납
epamphoterizein	이원화하다
episteme	지식
euripos	해협
geeron	흙
genos/gene	종류/복수
geras	노년
ges entera	지구의 장腸
gone	정액
hippomanein	그들은 '미친 종마stallion-mad'다/여자 색정증
historia tes physeos	자연의 연구
historiai peri ton zoion	*Historia animalium* [동물 탐구]
holon	전체
hyle	물질
hystera	자궁/여성의 생식기관
katamenia	월경
kato	아래
kekryphalos	결장reticulum
keratia	자궁각uterine horns

khelidonias	제비바람swallow wind
khorion	양막낭amniotic sac
kinesis/kineseis	운동/복수
kotyledones	태반엽cotyledons/육질소융기caruncles
limnothalassa	라군(석호), 바다 호수
logos	정의definition, 정수essence
lysis	재발relapse/변이mutation
mathematike	수리과학mathematical science
megale koilia	혹위rumen
metabole	변형transformation
metra	자궁경부
mixis	혼합
myes	근육
mythos	이야기
mytis	두족류의 '심장'(즉, 소화샘)
neuron/neura	힘줄/복수
nous	이성reason
oikoumene	알려진 세계
onta	사물
opisthen	뒤
organon	기구/도구/기관
ornithiai anemoi	새 바람bird winds
ousia/ousiai	물질, 독립체/복수
pepeiramenoi	뭔가를 시도하거나 실험함
peri physeos	자연에 관하여
phainomena	현상/외현appearances
phantasia	정신적 표상mental representation

phantasma/phantasmata	심상mental image/복수
physis	자연
physike episteme	자연과학
physikos	자연을 이해하는 사람
physiologos/physiologoi	자연을 연구하는 사람/복수
pneuma	정신(프네우마)pneuma
polis	도시국가
politike episteme	정치과학
proton stoicheion	첫 번째 원소
psyche	영혼
sarx	살(즉, 근육)
soma	몸
sperma	정자
stoma	입
stomakhos	식도
symmetria	비율
symphyton pneuma	타고난 숨결connate breath
syngennis	친적
synthesis	혼합, 부분들의 덩어리
ta aphrodisia	성교
technika	숙련된 활동
telos	목적/목표
theologike	신학
theos	신god
thesis	위치(해부학)
to agathon	선the good
to hou heneka	그것을 위하여

trophe	영양/삶의 방식
ton zoion	생계

2. 이 책에 언급된 동물 종류들

소중한 정보가 이처럼 풍부하다는 점을 감안할 때 특별히 아쉬운 점은, 저자[아리스토텔레스]가 당대의 명명법이 불투명하다는 점을 깨닫지 못하는 바람에 자신이 언급하는 종種들을 명확히 하는 데 노력을 기울이지 않았다는 것이다. 이것은 고대 박물학자들의 일반적인 결함이다. 우리는 상상력을 총동원하여 그가 사용한 이름 뒤에 숨어 있는 실체를 파악해야 하며, 종종 변하는 전통 때문에 오류를 감수해야 한다. 따라서 일부 종들에 대해 긍정적인 결과를 얻은 것은, 난해한 추론과 도처에 산재한 특징들을 취합하려는 필사적인 노력 덕분이라는 점을 밝혀 둔다. 그러나 대다수의 종들에 대해서는 여전히 무지하다는 점을 인정하지 않을 수 없다.

- 조르주 퀴비에, 아실 발랑시엔,
『어류 자연사*Histoire naturelle des poissons*』(1828-49)

아리스토텔레스의 저술에 등장하는 동물들의 정체를 밝히려는 작업은, 1256년경 알베르트 마그누스Albert Magnus가 『동물 탐구*Historia animalium*』에 부분적으로 기반하여 자신의 『동물에 관하여*De animalibus*』를 집필하면서부터 시작되었다. 동물학적 마인드를 지닌 고전학자와 고전학적 마인드를 지닌 동물학자들은 그 이후로 이 작업에 매달려 왔지만 엇갈리는 성과를 거뒀다. 아리스토텔레스의 동물에 관한 기술은 종종 너무 애매모호해서 정체를 확인하는 데 어려움을 초래한다. 그러나 동일하거나 유사한 이름을 사용한 다른 고전적 텍스트들이 단서를 제공한다. 현대 에게해와 아드리아해의 어부와 사냥꾼들에 의해 사용되는 토착어도 마찬가지다. 생물지리학도 도움이 되며, 라군(석호the Lagoon)를 방문하여 거기에 뭐가 있는지 직접 확인하는 방법도 있다. 한 학자는 진짜로 라군을 방문하여, 아리스토텔레스의 *kobios*가 3가지 망둥이goby 중 하나이고, *phykis*가 베도라치blenny(학명: *Parablennius sanguinolentus*)임을 확인했다.[1]

예로부터 많은 학자들이 아리스토텔레스의 동물들을 확인하려고 노력했지만, 최근 작성된 포괄적인 목록은 없다. 이런 이유로, 나는 이 책에 언급된 230개 남짓한 아리스토텔레스 동물 종류에 대한 표를 작성하고, 내가 최선을 다해 추론한 내용을 첨가했다. 아리스토텔레스의 종류kind를 린네의 종species와 대응시키는 데 있어서 학자들의 의향은 다양하다. 어떤 학자들은 열정적인데 반해, 어떤 학자들은 거의 불가능하다고 생각한다. 나는 중도노선을 취했다. 요컨대, 아리스토텔레스가 *hippos*라고 말할 때, 이것은 *Equus caballus*, 즉 말horse—단, 적어도 게crab나 딱따구리woodpecker를 의미하지 않는다면—을 의미한다. 그러나 그가 *kephalos*라고 말할 때, 우리는 이에 대한 의미를 확신할 수 없다. 그는 회색숭어grey mullet를 의도했을 공산이 크다. 왜냐하면 *kephalos*는 오늘날에도 그리스에서 회색숭어를 지칭하는 용어로 사용되고 있기 때문이다. 그러나 이것은 다음과 같은 물고기들 중 하나 또는 전부를 의미할 수도 있다: *Mullus cephalus*(flathead grey mullet), *Chelon labrosus*(thicklip grey mullet), *Oedalechilus labeo*(boxlip mullet), *Liza saliens*(leaping mullet), *Liza aurata*(golden grey mullet), *Liza ramada*(thinlip grey mullet). 이 모든 물고기들은 오늘날 그리스의 수역에서 발견되며, 구별하기 어렵기로 악명 높다.[2] 더욱이 아리스토텔레스는 회색숭어류의 물고기들을 4가지 이상 언급한다. 따라서 그와 어부들은 오늘날

1 Tipton (2006).

2 Koutsogiannopoulos (2010).

의 6가지 물고기 중 일부를 구별할 가능성이 높지만, 이들이 말하는 회색 숭어들이 6가지 물고기 중 어떤 것인지는 미스터리로 남아 있다.

또한 부주의를 노리는 함정이 도사리고 있다. 린네를 비롯한 초기 분류학자들은 종종 고대의 기술에 기반하여 유럽 종들에게 고전적 명칭을 부여한다. 때로 이들의 행동은 정당하다. 린네의 *Chamaeleo chamaeleon chamaeleon*—유럽산 카멜레온—은 아리스토텔레스의 카멜레온임이 분명하다. 왜냐하면 이것은 그의 디테일한 기술에 부합하는 유일한 도마뱀류이기 때문이다.[3] 그러나 이들은 때때로 근거가 매우 빈약하다. 린네는 아리스토텔레스의 *rhinobatos*를 가래상어guitar shark로 여기고, 가래상어를 *Rhinobatos rhinobatos*라고 명명했다. 그리고 가래상어와 '아리스토텔레스가 말한 물고기'가 모두 흥미롭기 때문에, 진위를 확인해 보면 뜻밖의 좋은 성과를 거둘 수도 있을 것이다. 그러나 그가 자세히 말하지 않기 때문에 결단을 내리기가 어렵다.

내가 작성한 목록은 『동물 탐구』와 『동물의 부분들에 관하여』[4]의 여러 판版과 고대 동물에 대한 모노그래프에 기반했다.[5] 나는 애매모호한 사항들을 되도록 명확하게 하려고 노력했다. 전반적으로, 대형동물들은 현대의 종들과 대응될 수 있다. 조류의 경우에는 속genus에 대응하거나 해당사항이 전혀 없다. (『동물 탐구』에는 이상한 이름들이 많이 포함되어 있는데, 아마도 이집트나 바빌로니아의 새 이름인 것 같다.) 어류의 경우에는 중요성, 독특함, 기술description의 심도에 따라 종, 속, 과family에 대응한다. 곤충류는 대체

---

3 사실, 아프리카산 카멜레온(학명: *Chamaeleo africanus*)은 펠로폰네소스 반도의 필로스에서 서식하기 때문이다. 그러나 이것은 로마인들에 의해 도입된 것으로 보인다. 왜 로마인들이 카멜레온을 지중해 일대에 도입한 이유는 알 수 없다.

4 HA: CRESSWELL and SCHNEIDER (1862), THOMPSON (1910), PECK (1965), PECK (1970), BALME (1991). PA: OGLE (1882), LENNOX (2001a), KULLMANN (2007).

5 포유류와 몇몇 다른 동물들: KITCHELL (2014), 조류: THOMPSON (1895), ARNOTT (2007), 어류: THOMPSON (1947), 곤충류: DAVIES and KATHIRITHAMY (1986), 두족류: SCHARFENBERG (2001), 해양무척추동물: VOULTSIADOU and VAFIDIS (2007).

로 과나 목order에 대응한다. 해양무척추동물의 경우, 종에서부터 문phylum에까지 어디든 대응한다. 그러나 아리스토텔레스의 동물 중 일부에 대해, 우리는 '아마도 바다에 사는 동물인 것 같다'는 말밖에 할 수 없다.

본문	영문명	아리스토텔레스명	린네명(학명)
동물	ANIMALS	ZOIA	METAZOA
유혈동물	BLOODED ANIMALS	ENHAIMA	VERTEBRATA
인간	man (humans)	*anthropos*	*Homo sapiens*
태생 네발동물	LIVE-BEARING TETRAPODS	ZOOTOKA TETRAPODA	MAMMALIA (MOST)
야생 당나귀	ass, Asian wild (onager)	*onos agrios*	*Equus hemionus*
야생 당나귀?	ass, Asian wild (onager)?	*hemionos**	*Equus hemionus?*
당나귀	ass, domestic (donkey)	*onos*	*Equus africanus asinus*
개코원숭이	baboon, hamadryas	*kynokephalos*	*Papio hamadryas*
곰	bear, Eurasian brown	*arktos*	*Ursus arctos arctos*
비버	beaver, Eurasian	*kastor*	*Castor fiber*
유럽들소	bison, European	*bonassos*	*Bison bonasus*
단봉낙타	camel, Arabian (dromedary)	*kamelos Arabia*	*Camelus dromedaries*
쌍봉낙타	camel, Bactrian	*kamelos Baktriane*	*Camelus bactrianus*
고양이	cat	*ailouros*	*Felis silvestrus cattus*
소	cattle	*bous*	*Bos primigenius*
야생 소	cattle, wild	*tauros*	*Bos primigenius (auroch)*
붉은사슴?	deer, red?	*elaphos*	*Cervus elephas?*
노루	deer, roe	*prox*	*Capreolus capreolus*
개	dog	*kyon*	*Canis lupus familiaris*
몰로시안 개	dog, Molossian	*kyon en tei Molottiai*	*Canis lupus familiaris (mastiff)*
라코니안 개	dog, Laconian	*kyon Lakonikos*	*Canis lupus familiaris (hound)*
인도 개	dog, Indian	*kyon Indikos*	*Canis lupus familiaris (Indian pariah dog?)*
동면쥐	dormouse	*eleios*	Gliridae
인도코끼리	elephant, Asian†	*elephas*	*Elaphas maximus*
여우	fox	*alopex*	*Vulpes vulpes*

* 아리스토텔레스는 보통 노새를 지칭할 때도 이 용어를 사용한다; 당나귀와의 관련성은 불분명하다. KITCHELL (2014)를 참고하라.

† 아리스토텔레스는 코끼리를 본 장소를 말하지 않는다; 알렉산드로스의 동방원정과의 관련성을 감안할 때, 아시아코끼리일 가능성이 가장 높다.

본문	영문명	아리스토텔레스명	린네명(학명)
가젤	gazelle, Dorcas	*dorkas*	*Gazella Dorcas*
기린	unknown bovid	*pardion*	Bovidae
기린?	giraffe?	*hippardion*	*Giraffa camelopardis?*
숫염소	goat, ram	*tragos*	*Capra aegagrus*
숫염소	goat, ram	*khimaira*	*Capra aegagrus*
암염소	goat, ewe	*aix*	*Capra aegagrus*
토끼	hare, European	*dasypous*	*Lepus europaeus*
토끼	hare, European	*lagos*	*Lepus europaeus*
사슴영양	hartebeest	*boubalis*	*Alcelaphus buselaphus*
고슴도치	hedgehog, northern	*ekhinos*	*Erinaceus roumanicus*
하마	hippopotamus	*hippos potamios*	Hippopotamus
말	horse	*hippos*	Equus caballus
줄무늬하이에나	hyena, striped*	*hyaina*	*Hyaena hyaena*
줄무늬하이에나	hyena, striped	*glanos*	*Hyaena hyaena*
줄무늬하이에나	hyena, striped	*trokhos*	*Hyaena hyaena*
자칼?	jackal, golden?	*thos†*	*Canis aureus?*
날쥐	Jerboa	*dipous‡*	Dipodidae
표범	Leopard	*pardalos*	*Panthera pardus*
아시아사자	lion, Asian	*leon*	*Panthera leo persica*
스라소니	lynx, Eurasian	*lynx*	*Lynx lynx*
바바리원숭이	macaque, Barbary	*pithekos*	*Macaca sylvanus*
붉은털원숭이?	macaque, Rhesus?§	*kebos*	*Macaca mulatta?*
지중해두더지	mole, Mediterranean¶	*aspalax*	*Talpa caeca*

* WATSON (1877)에서부터 시작하여, there's a long, and incorrect, consensus that 아리스토텔레스의 *glanos/hyaina*는 점박이하이에나(학명: *Crocuta crocuta*)라는 잘못된 잘못된 합의가 있다. 그러나 줄무늬하이에나의 전형적인 특징은 갈기mane뿐이다. 더욱이 아리스토텔레스가 기술한 하이에나의 생식기는 점박이하이에나 암컷의 '음경 같은 생식기'와 일치하지 않는다. 나는 *trokhos*도 줄무늬하이에나라고 가정하지만, 확신할 수 없다. 이에 대해서는 FUNK (2012)를 참고하라. KITCHELL (2014)에 따르면, 오피안Oppian은 점박이와 줄무늬 하이에나를 구별했다고 한다. 그렇다면 점박이는 고대인들이 전혀 몰랐던 것일 수도 있다.

† KITCHELL (2014)의 지적에 따르면, 이 동물은 정체를 파악하기가 힘들다. 어쩌면 자칼, 사향고양이, 또는 사향고양이과의 일종일 수도 있다.

‡ 이것은 고대 그리스의 동물 이름이다. 아리스토텔레스는 이 명칭을 실제로 사용하지 않고 '다리가 길거나' '뒷다리로 걷는' 쥐들을 언급할 뿐인데, 이는 날쥐가 분명하다.

§ 아리스토텔레스는 세 가지 비인간영장류non-human primate를 언급한다: kynokephalos, pithekos, kebos (HA 503a19에 나오는 텍스트가 의심스러운 khoireopithekos는 제외한다). kynocephalos는 개와 비슷한 얼굴을 가졌고 꼬리가 없으므로 이집트개코원숭이(학명: *Papio hamadryas*)가 분명하다. pithekos는 꼬리가 짧으므로 바바리원숭이일 가능성이 높다. kebos는 꼬리가 있는데, 꼬리 달린 아프리카산 긴꼬리원숭이속(*Cercopithecus*)은 모두 사하라 이남에 서식한다. 따라서 이것은 알렉산드로스가 동방원정에서 잡아 온 아시아산 붉은털원숭이(학명: *Macaca mulatta*)일 가능성이 높다. 이에 대해서는 KULLMANN (2007) p. 709와 KITCHELL (2014)을 참고하라.

¶ *aspalax*는 소아시아의 벌거숭이두더지쥐naked mole rat(*Spalax*) 또는 지중해두더지(학명: *Talpa caeca*)일 수 있다. *Spalax*와 *T. caeca*는 둘 다 눈이 보이지 않고 피부로 덮여 있지만, 생물지리학적으로 볼 때 *T. caeca*가 더 타당한 듯하다. (흔한 유럽산 두더지인 *T. europea*의 경우 알프스 북쪽에서 발견되는데, 작지만 외부를 볼 수 있는 눈을 갖고 있으므로 자격 미달이다.) THOMPSON (1910) n. HA 491b30에서는 단순한 이유(아리스토텔레스가 개인적으로 잘 아는 지역에 더 흔하다)로 *Spalax*보다 *T. caeca*를 선호한다. KULLMANN (2007) p. 457을 참고하라.

본문	영문명	아리스토텔레스명	린네명(학명)
몽구스	mongoose, Egyptian	*ikhneumon*	*Herpestes ichneumon*
생쥐	mouse	*mys*	*Mus* sp.
들쥐	mouse, field	*arouraios mys*	*Apodemus* sp.
고슴도치	mouse, spiny	*ekhinos*	*Acomys* sp.
노새	mule	*oreus*	*Equus africanus asinus* (m) × *Equus caballus* (f)
야생 당나귀	mule	*hemionos*	*Equus africanus asinus* (m) × *Equus caballus* (f)
노새 (버새)	mule (hinny)	*ginnos*	*Equus caballus* (m) × *Equus africanus asinus* (f)
닐가이영양	nilgai	*hippelaphos*	*Boselaphus tragocamelus*
오릭스영양	oryx	*oryx*	*Oryx* sp.
수달	otter	*enhydris*	*Lutra lutra*
돼지	pig	*hys*	*Sus scrofa domesticus*
호저	porcupine, crested	*hystrix*	*Hystrix cristata*
인도코뿔소	rhinoceros, Indian*	*onos Indikos*	*Rhinoceros unicornis*
몽크바다표범	seal, monk	*phoke*	*Monachus monachus*
양	sheep	*krios*	*Ovis aries*
양	sheep	*ois*	*Ovis aries*
양	sheep	*probaton*	*Ovis aries*
갯첨서	shrew	*mygale*	Soricidae

호랑이	tiger	*martikhoras*	*Panthera tigris*
족제비	marten	*iktis*	*Martes* sp.
흰가슴담비	weasel	*gale*	*Mustela* sp.
늑대	wolf, grey	*lykos*	*Canis lupus*
고래류	CETACEANS	*KETODEIS*	CETACEA
돌고래	dolphin	*delphis*†	*Delphinidae*
고래	whale	*phalaina*	Odontoceti

* onos Indikos는 일반적으로 인도코뿔소로 간주된다 (OGLE 1882 p. 190, THOMPSON 1910 n. 499b10). LONES (1912) p. 255에서는 다리를 근거로 제시하며 동의하지 않는다. 코뿔소는 발가락이 3개인데 반해 onos Indikos는 하나라는 LONES의 말은 옳다. 그러나 코뿔소의 가운뎃발가락은 다른 두 발가락보다 훨씬 더 커서, 발굽으로 오해받기 십상이다.

† 큰돌고래bottlenose dolphin(학명: *Tursiops truncatus*)일 수도 있지만, 아리스토텔레스는 에게해에서 발견되는 여러 가지 Delphinid spp.를 구별하지 않는다.

본문	영문명	아리스토텔레스명	린네명(학명)
조류	BIRDS	*ORNITHES*	AVES
유럽벌잡이새	bee-eater, European	*merops*	*Merops apiaster*
대륙검은지빠귀	blackbird	*kottyphos*	*Turdus merula*
느시	bustard, great	*otis*	*Otis tarda*
되새	chaffinch	*spiza*	*Fringilla coelebs*
닭	chicken	alektor	*Gallus domesticus*
아드리아닭	chicken, Adrianic	*adrianike*	*Gallus domesticus*
갯가마우지	cormorant, great	*korax*	*Phalacrocorax carbo*
두루미	crane, Eurasian	*geranos*	*Grus grus*
까마귀	crow, hooded	*korone*	*Corvus corone*
뻐꾸기	cuckoo	*kokkyx*	*Cuculus* sp.
멧비둘기	dove, turtle	*trygon*	*Streptopelia turtur*
쇠오리?	duck, teal?	*boskas*	*Anas crekka*?
독수리	Eagle	*aietos*	Aquila
큰홍학?	flamingo, greater*	*phoinikopteros*	Phoenicopterus ruber
쏙독새	nightjar	*aigothelas*	*Caprimulgus europaeus*
상모솔새	goldcrest	*tyrannos*	*Regulus regulus*
거위	goose	*khen*	*Branta* sp.
논병아리	grebe, great crested	*kolymbis*	*Podiceps cristatus*
독수리	vulture	*aigypios*	*Aegypius* sp.
매	hawk	*hierax*	Accipitridae, small
왜가리	heron	*pellos*	*Ardea* sp.
후투티	hoopoe, Eurasian	*epops*	*Upapa epops*
따오기	ibis†	*ibis*	Threskiornithidae

어치	jay, Eurasian	*kissa*	*Garrulus glandarius*
황조롱이	kestrel	*kenkhris*	*Falco* sp. *tinnunculus* or *F. naumanni*
물총새	kingfisher	*alkyo–n*‡	*Alcedo atthis*
솔개	kite	*iktinos*	*Milvus* sp.
종달새	lark	*korydalos*	Alaudidae
동고비	nuthatch, rock	*kyanos*	*Sitta neumayer*
타조	ostrich	*strouthos Libykos*	*Struthio camelus*
금눈쇠올빼미	owl, little§	*glaux*	*Athene noctua*

* 아리스토텔레스는 언급하지 않았지만, 오늘날 칼로니에 매우 흔한 새다. 홍학(또는 홍학으로 보이는 것)에 대한 유일한 고대 그리스의 참고문헌은 아리스토파네스의 『새』, 273와 헤로로토스다.

† 그리스 칼로니에서 발견되는 글로시아이비스glossy ibis(학명: *Plegadis falcinellus*) 또는 이집트에서 발견되는 아프리카흑따오기sacred ibis(학명: *Threskiornis aethiopicus*).

‡ 제비갈매기의 일종을 지칭할 수도 있다.

§ 아테네의 올빼미. '올빼미를 아테네로 보내는 격'이라는 고대의 격언은 '석탄을 뉴캐슬로 보내는 격'(불필요한 일을 한다)이라는 격언의 그리스 버전이다.

본문	영문명	아리스토텔레스명	린네명(학명)
긴점박이올빼미?	owl, Ural?	*aigolios*	*Strix uralensis?*
자고새	partridge	*perdix*	*Alectoris* or *Perdix*
펠리컨	pelican, Dalmatian	*pelekan*	*Pelecanus crispus*
비둘기	pigeon	*peristera*	*Columba* sp.
산비둘기	pigeon, wood	*phatta*	*Columba palumbus*
메추라기	quail	*ortyx*	*Coturnix vulgaris*
까마귀	raven	*korax*	*Corvus corax*
갈매기	seagull	*laros*	Laridae
참새	sparrow	*strouthos*	*Passer* sp.
장다리물떼새	stilt, black-winged	*krex**	*Himantopus himantopus*
황새	stork, white	*pelargos*	*Ciconia ciconia*
제비	swallow	*khelidon*	*Hirundo rustica*
박새	tit	*aigithallos*	*Parus* sp.
진박새	tit, coal	melankoryphos	*Parus ater*
멧비둘기	turtle dove	trygon	*Streptopelia turtur*
딱따구리	woodpecker†	dryokolaptes	*Dendrocopus* sp.
딱따구리	woodpecker	hippos	*Dendrocopus* sp.
딱따구리	woodpecker	pipo	*Dendrocopus* sp.
청딱따구리	woodpecker, green	keleos	*Picus viridis*
굴뚝새	wren	trokhilos	*Troglodytes troglodytes*

* 이것은 전통적으로 콘크레이크corncrake(학명: *Crex crex*)으로 동정되어 왔지만, 의심

스럽다. 그리고 krex는 아리스토텔레스에 의해 '다리가 길고, 뒷발가락이 짧으며, 말썽을 잘 부리는 물새'로 언급된다. (THOMPSON 1895 p. 103; ARNOTT 2007 p. 120) 이것은 콘크레이크와 일치하지 않으며, 장다리물떼새가 더 적절하다.

† Dryokolaptes는 딱따구리의 일반명이다 (문자 그대로 '나무 쪼는 새'). 아리스토텔레스 (HA 593a5, HA 614b10)는 최소한 네 종류의 딱따구리와 hippos를 언급하는데, 이중 일부는 쉽게 확인할 수 있지만 나머지는 그렇지 않다. 그가 '붉은 점이 있는 작은 딱따구리'를 언급할 때, *Dendrocopus minor*를 의미하는 것이 틀림없다. 왜냐하면 그리스에서 발견되는 소형 딱따구리 중에서 붉은 점이 있는 것은 이것밖에 없기 때문이다. 그가 '올리브숲에서 서식하는 큰 딱따구리'를 언급할 때, *D. medius*를 의미하는 것이 틀림없다. 왜냐하면 그의 기술과 일치하는 딱따구리는 이것밖에 없기 때문이다.; 흥미로운 것은, *D. medius*가 레스보스에서만 이렇게 행동한다는 것이다 (Filios Akreotis, pers. comm.). 아리스토텔레스가 막연히 '큰' 딱따구리를 언급할 때는 3가지 대형 Dendrocopus—white-backed(학명: *D. leucotos*), Syrian(학명: *D. syriacus*), greater spotted(학명: *D. major*)—중 하나를 의미한다. 이것들은 크기가 거의 같다 (20-25 센티미터). Hippos는 필경사가 pipo를 잘못 쓴 것으로 보인다. 아리스토텔레스는 이것들 외에도 '녹색 딱따구리'를 언급하는데, 이것은 Picus viridis가 분명하다. THOMPSON (1895)와 ARNOTT (2007)을 참고하라.

본문	영문명	아리스토텔레스명	린네명(학명)
난생 네발동물	EGG-LAYINGTETRAPODS	OIOTOKA TETRAPODA	REPTILIA* + AMPHIBIA
카멜레온	Chameleon	*Chamaileon*	*Chamaeleo chamaeleon chamaeleon*
악어	Crocodile	*krokodeilos potamios*	*Crocodylus niloticus*
터키시 게코?	gecko, Turkish?	*askalabotes*	*Hemidactylus turcicus*?
도마뱀	lizard	*sauros*	Lacertidae
육지거북	tortoise.	*chelone*	*Testudo* sp.
테라핀	terrapin	*emys*	*Mauremys rivulata*?
바다거북	turtle	*khelone thallattia*	Cheloniidae
뱀류	SNAKES	*OPHEIS*	SERPENTES
물뱀	snake, water	*Hydros*	*Natrix tessalata*?
대형 뱀	snake, large	*Drakon*	Serpentes
근동살무사	Ottoman viper	*Echidna*	*Vipera xanthine*
어류	FISHES	*IKTHYES*	CHONDRICHTHYES + OSTEICHTHYES
베도라치?	blenny, rusty?	*phykis*†	*Parablennius sanguinolentus*?
도미	blotched picarel	*mainis*	*Spicara maena*

아리스토텔레스메기	catfish, Aristotle's	*glanis*	*Silurus aristotelis*
카브릴라농어	comber	*khannos*	*Serranus cabrilla*
농어 (페인티드코머)	comber, painted	*perke*	*Serranus scriba*
뱀장어	eel, European	*enkhelys*	*Anguilla Anguilla*
망둥이	goby	*kobios*	*Gobius cobitis?*
'흰색 망둥이'	'goby, white'	*leukos kobios*	unknown
성대과	gurnard	*kokkis*	Triglidae
성대과	gurnard	*lyra*	Triglidae
달고기	John Dory	*khalkeus*	*Zeus faber*
회색숭어	mullet, grey	*khelon*	Mugilidae
회색숭어	mullet, grey	*kephalos*	Mugilidae
회색숭어	mullet, grey	*kestreus*	Mugilidae
회색숭어	mullet, grey	*myxinos*	Mugilidae
노랑촉수	mullet, red	*trigle*	*Mullus* sp.
비늘돔	parrotfish	*skaros*	*Sparisoma cretense*

* 타당한 분류군이 아니다. 오늘날에는 파충류와 조류의 총칭인 석형류Sauropsida를 사용한다.

† phykis는 다음과 같이 다양하게 동정되어 왔다: 망둥이의 일종(*Gobius niger*), 놀래기의 일종 (예: *Symphodus ocellatus*), THOMPSON 1910 n. HA 567b18, THOMPSON (1947) pp. 276-8, 또는 베도라치(*Parablennius sanguinolentus*), TIPTON (2006). 이 모든 물고기는 칼로니와 그 주변에서 발견되기 때문에 알기 어렵고, 기술이 모호해서 다른 물고기들과 혼동될 수 있다.

본문	영문명	아리스토텔레스명	린네명(학명)
실고기	pipefish	belone	*Syngnathus* sp.
벤자리	salema	salpe	*Sarpa salpa*
쏨뱅니	scorpionfish	skorpaina	*Scorpaena scrofa*
유럽농어	sea bass, European	labrax	*Dicentrarchus labrax*
도미	sea bream, annular	sparos	*Diplodus annularis*
청돔	sea bream, gilthead	khrysophrys	*Sparus aurata**
도미	sea bream, pandora	erythrinos	*Pagellus erythrinus*
줄감성돔	sea bream, striped	mormyros	*Lithognathus mormyrus*
흰색도미	sea bream, white	sargos	*Diplodus sargus sargus*
제비꼬리바다바리	sea perch, swallowtail	anthias	*Anthias anthias*
청어류	shad	thritta	*Alosa* sp. or another Clupeid
색줄멸	smelt, sand	atherine	*Antherina presbyter*
대서양참다랑어	tuna, blue fin	thynnos	*Thunnus thynnus*
모름	unknown	korakinos	Unknown

모름, 정어리와 비슷	unknown, sardine-like	*khalkis*	Clupeidae
모름, 정어리와 비슷	unknown, sardine-like	*membras*	Clupeidae
모름, 정어리와 비슷	unknown, sardine-like	*trikhis*	Clupeidae
연골어류	CARTILAGENOUS FISHES	*SELAKHE*	CHONDRICHTHYES
전자리상어	angelshark	*rhine*	*Squatina squatina*
별상어	dogfish, smooth	*leios galeos*	*Mustelus mustelus*
돔발상어	dogfish, spiny	*akanthias galeos*	*Squalus acanthias*
두톱상어	dogfish, spotted	*skylion*	*Scyliorhinus* sp.
노랑씬벵이	frogfish†	*batrakhos*	*Lophius piscatoris*
가래상어?	guitarfish?	*rhinobatos*	*Rhinobatos rhinobatos*?
전기가오리	ray, torpedo	*narke*	*Torpedo torpedo*
홍어 또는 가오리	skate or ray	*batos/batis*	Rajiformes
상어	shark	*galeos*	Galeomorphi +
			Squalomorphi
분류되지 않은	유혈동물 UNCLASSIFIED	BLOODED	ANAMALS
올챙이	tadpole or eft	*kordylos*	Amphibia
박쥐	bat	*nykteris*	Microchiroptera
이집트과일박쥐	fruit bat, Egyptian (flying fox)	*alopex*	*Rousettus aegyptiacus*

* 동의성synonomy 때문에, 간혹 인도패평양 어류인 *Chrysophrys auratus*와 혼동된다.

† 아리스토텔레스의 생각과 달리, 노랑씬벵이는 연골어류가 아니다.

본문	영문명	아리스토텔레스명	린네명(학명)
유혈동물	BLOODLESS	*ANHAIMA*	INVERTEBRATA*
'말랑한 껍데기'	ANIMALS	*MALAKOSTRAKA*	CRUSTACEA (MOST)
게	'SOFT-SHELLS'	*Karkinos*	Brachyura
키조개게	crab	*Pinnophylax*	*Nepinnotheres pinnotheres*
달랑게	crab, fan mussel	*Hippos*	*Ocypode cursor*
바닷가재	crab, ghost	*Astakos*	*Homarus grammarus*
새우	lobster	*Karis*	Nantatia + Stomapoda
키조개새우	shrimp	*Pinnophylax*	*Pontonia pinnophylax* or
	shrimp, fan mussel		similar spp.
닭새우	spiny lobster	*Karabos*	*Palinurus elephas*
갯가재	shrimp, mantis	*Krangon*	*Squilla mantis*
'말랑한 몸'	'SOFT-BODIES'	*MALAKIA*	CEPHALOPODA
갑오징어	cuttlefish	*Sepia*	*Sepia officinalis*
왜문어	octopus, common	*polypodon megiston genos*	*Octopus vulgaris*
사향문어	octopus, musky	*bolitaina*	*Eledone moschata*

사향문어	octopus, musky	*heledone*	*Eledone moschata*
사향문어	octopus, musky	*ozolis*	*Eledone moschata*
배낙지	paper nautilus	*nautilos polypous*	*Argonauta argo*
유럽오징어	squid, European	*teuthis*	*Loligo vulgaris*
화살문어	squid, sagittal	*teuthos*	*Todarodes sagittatus*
'단단한 껍데기'	'HARD-SHELLS'	*OSTRAKODERMA*	GASTROPODA + BIVALVIA + ECHINOZOA + ASCIDIACEA + CIRRIPEDIA
새조개	cockle	*khonkhos, rhabdotos trakhyostrakos*	Cardidae
삿갓조개	limpet	*lepas*	*Patella* sp.
키조개	mussel, fan	*pinna*	*Pinna nobilis*
굴	oyster	*limnostreon*	*Ostrea* sp.
등꼬리치	razorfish†	*solen*	Solenidae?

* 타당한 분류군이 아니다.

† 아리스토텔레스에 의하면, solen은 바위에서 떼어내면 살 수 없다고 한다. 그러나 다른 곳에서는, 자유롭게 살 수 있고 소리를 들을 수도 있다고 말한다. 둘 중 하나는 틀린 것이 분명하다. solen 은 전통적으로 죽합과(Solenidae)로 동정되는데, 모래 속에 굴을 파고 살며 쌍각류 중에서 가장 활발하고 감각이 뛰어나다.

본문	영문명	아리스토텔레스명	린네명(학명)
가리비	scallop	kteis	Pectinidae
식용 성게	sea urchin, edible	esthiomenon ekhinos	*Paracentrotus lividus*
긴가시성게	sea urchin, long-spine	ekhinos genos micron	*Cidaris cidaris*
멍게	sea squirt	tethyon	Ascidiacea
뿔고둥	snail, murex	porphyra	*Haustellum brandaris*
뿔고둥	snail, murex	porphyra	*Hexaplex trunculus*
나팔고둥	snail, trumpet	keryx	*Charonia variegate*
울타리고둥	snail, turban	nereites	*Monodonta* sp.?
'분절되는'	'DIVISIBLES'	*ENTOMA*	INSECTA + CHELICERATA + MYRIAPODA
개미	ant	*myrmex*	Formicidae
꿀벌(수벌)	bee, honey (drone)	*kephen*	*Apis mellifera*
꿀벌(여왕, 왕)	bee, honey (queen, lit. king)	*basileus*	*Apis mellifera*
꿀벌(여왕, 지도자)	bee, honey(queen, lit. leader)	*hegemon*	*Apis mellifera*

꿀벌(일벌)	bee, honey (worker)	*melissa*	*Apis mellifera*
쇠똥구리	beetle, dung	*kantharos*	Scarabaeoidea
나비	butterfly	*psyche*	Lepidoptera
지네 또는 노래기	centipede or millipede	*Ioulos*	Myriapoda
매미	cicada	*tettix*	*Cicada* sp.
옷좀나방	clothes moth	*ses*	*Tinea* sp.
왕풍뎅이	cockchafer	*melolonthe*	*Geotrupes* sp.
벼룩	flea	*psylla*	Siphonaptera
파리	fly	*myia*	Diptera
말파리	fly, horse	*myops*	*Tabanus* sp.
메뚜기	grasshopper	*akris*	Acrididae
메뚜기	locust	*attelabos*	Acrididae
이	louse	*phtheir*	Phthiraptera
하루살이	mayfly	*ephemeron*	Ephemeroptera
게벌레	pseudoscorpion	*to en tois bibliois gignonmenon skorpiodes**	*Chelifer cancroides*
전갈	scorpion	*skorpios*	*Scorpio* sp.
거미	spider	*arachne*	Araneae
진드기	tick	*kynoraistes*	*Ixodes ricinus*
벌	wasp	*sphex*	Vespidae

* 직역하면, '전갈처럼 생긴 것으로, 책 속에 있다.'

본문	영문명	아리스토텔레스명	린네명(학명)
사냥벌	wasp, hunting	*anthrene*	Vespidae
무화과벌	wasp, fig	*psen*	*Blastophaga psenes*
기생벌	wasp, parasitoid	*kentrines*	*Philotrypesis caricae*?
분류되지 않은 것	UNCLASSIFIED		
물이	fish louse	*oistros o ton thynnon*	*Caligus* sp.
소라게	hermit crab	*karkinion*	Paguroidea
해파리?	jellyfish?	*pneumon**	Scyphozoa?
홍산호	red coral	*korallion*	*Corallium rebrum*
말미잘	sea anemone	*knide*	Actinaria
말미잘	sea anemone	*akalephe*	Actinaria
해삼?	sea cucumber?	*holothourion*†	Holothuria?
해면	sponge	*spongos*	Dictyoceratida
해면	sponge, black Ircinia	*aplysias*	*Sarcotragus muscarum*?
불가사리	starfish	*aster*	Asteroidea
벌레류	worm	*helminthes*	Plathyhelminthes + Annelida + Nematoda, etc.
촌충	worms, tape	*helminthon plateion genos*	*Taenia sp.*

선충 알 수 없는 벌레	worm, nematode ('round') worms, unknown	*strongyleion* *akarides*	*Ascaris*? unknown

* VOULTSIADOU AND VAFIDIS (2007)는 이것을 데드맨스핑거스dead man's fingers(학명: *Alcyonium palmatum*)로 동정했다. 이것도 타당해 보인다.

† VOULTSIADOU AND VAFIDIS (2007)는 이것을 연산호soft coral(학명: *Veretillum cynomorium*)로 동정했다. 이것도 타당해 보인다.

나는 여기서 아리스토텔레스의 데이터와 모델 중 일부를 (만약 그가 오늘날 집필한다면 사용했을 것으로 생각되는 장치인) 표表와 다이어그램의 형식으로 첨부하려고 한다. 이런 장치는 원칙적으로 비非아리스토텔레스적이지 않다. 왜냐하면, 그는 최소한 이따금씩—예컨대 PA에서 동물의 기하학을 설명하거나, MA*에서 지각perception과 운동을 설명할 때—추상적인 모델을 이용하여 생물학적 현상을 설명한 것이 분명하기 때문이다. 그럼에도 불구하고, 내가 이런 사례를 빌미로 나의 현대적 장치 사용을 정당화하려는 것은 아니다. 왜냐하면, 나의 목적은 그의 방법을 재현하는 것이 아니라, 그가 제시한 데이터와 설명의 장단점을 이해하는 것이기 때문이다. 그의 저술에 데이터가 없다는 것은 독자들에게 특별히 고통스럽다. 그의 저서 한 권(예: 조류의 생활사에 대한 HA VI권)을 펼쳐 보라. 그의 장황한 설명보다, 학술지 《Nature》에 나오는 표表 하나—그리고 그에 대한 온라인 보충정보—에 요약된 패턴들이 훨씬 더 일목요연하다는 생각이 들지 않는가? 그와 마찬가지로, 제어모델control model이나 물리적 유사체physical analogue를 만들어 보지 않고서(내 생각에는 전자가 더 쉬워 보인다), 그가 in JSVM 26에서 제시한 심장-폐 순환heart-lung cycle이 그의 말대로 작동할지 여부를 판단하는 것은 불가능하다. 고전철학자들은 내가 제시하는 표와 다이어그램들을 의심스러운 눈으로 바라보며, '이런 장치들은 너무 현대적이어서 맥락에 어울리지 않습니다'라고 호들갑을 떨 것이다. 내가

* NATALI (2013) ch. 3.3.

이들에게 말하고 싶은 것은, 이것들을 단순히 도구로 간주해 달라는 것이다. 이들도 자신들만의 도구(현대적인 기호 표기symbolic notation)를 이용하여 아리스토텔레스의 논리를 설명하고 일관성을 테스트하지 않는가? 과학자들은 고전철학자들처럼 호들갑을 떨지 않을 것이다. 이들에게는 이런 장치의 유용성이 명백해 보일 것이며, 아리스토텔레스가 초지일관 단어만 사용한 이유를 궁금해 할 것이다. 나는 그런 과학자들에게 이렇게 말할 것이다. '그는 비록 영리했지만 아주 오래 전에 살았다는 점을 잊지 말아야 합니다.'

* NATALI (2013) ch. 3.3.

I. 아리스토텔레스의 12가지 종류와 6가지 형태학적 특징에 대한 데이터 매트릭스

이 표表에는 (아리스토텔레스가 생각하기에) 일부 동물들이 갖고 있는 형태학적 특징morphological feature 중 일부가 수록되어 있다. 그의 정보가늘 정확한 것은 아니다. 편의상, 특징 상태feature state를 먼저 정수integer로 코딩했다. 만약 어떤 동물 종류animal kind가 (아리스토텔레스가 생각하기에) 하나 이상의 특징 상태를 갖고 있다면, 이것은 슬래시(slash), 예컨대 0/1로 표시된다. 중간상태intermediate states는 0.5로 표시되고; 데이터가 없으면 'NA'로 표시된다. 이 표表는 다음과 같은 출처에 기반한다. **발 유형 Foot type**: 사자, 개dog, 양sheep, 염소, 사슴, 하마, 말horse, 노새, 돼지, *HA* 499b5.

발 유형Foot type이 있는 **복사뼈Astragalus**: 사자, 돼지, 사람, 갈라진 발굽을 가진 동물cloven-hoofed animals, 통발굽을 가진 동물solid-hoofed animals, *HA* 499b20; 사람 *HA* 494a15; 낙타 *HA* 499a20. **발굽이 갈라진 뿔Horns with cloven hoofs**: 소ox, 사슴, 염소 *HA* 499b15. **이빨 개수와 뿔 Tooth number and horns**: 뿔 있는 동물horned animals, 낙타, *HA* 501a7, *HA* 499a22. **이빨 유형과 뿔Tooth type and horns**: 돼지, 사자, 개dog, 말horse, 소ox, *HA* 501a15; 코끼리 *HA* 501b30. **위 유형과 뿔과 이빨 개수 Stomach type and horns and tooth number**: *HA* 495b25; *HA* 507b30, 사람 *HA* 495b25. 특징 매트릭스는 (아리스토텔레스가 기술하는) 다양한 특징들 간의 강력한 상관관계를 보여준다. 다음으로 이 상관관계는 설명의 표적이 된다. 이 표는 더 많은 종류와 특징들을 포함하도록 확장될 수 있다. 그러나 나는 그렇게 하지 않았다. 왜냐하면 그의 데이터가 불완전하거나, 그가 이러한 종류와 특징들을 중요하게 여기기 때문이다.

코딩 내역

특징	상태	
이빨 개수	위턱뼈의 이빨 ≠ 아래턱뼈의 이빨	0
	위턱뼈의 이빨 = 아래턱뼈의 이빨	1
이빨 형태	납작함	0
	뾰족함	1
	상아 있음	2
위stomach	단순함	0
	복잡함	1
뿔horns	없음	0
	있음	1
발feet	통발굽	0
	갈라진 발굽	1
	여러 개의 발가락	2
복사뼈	없음	0
	있음	1

매트릭스

종류	특징					
	이빨 개수	이빨 형태	위	뿔	발	복사뼈
소	0	0	1	1	1	1
염소	0	0	1	1	1	1
양	0	0	1	1	1	1
사슴	0	0	1	1	1	1
낙타	0	NA	1	0	1	1
돼지	1	2	0	0	1/0	1/0
말	1	0	0	0	0	0
노새	1	0	0	0	0	0
코끼리	NA	0/2	1	0	2	0
사자	1	1	0	0	2	0.5
개	1	1	0	0	2	0
사람	1	1	0	0	2	0

2. 태생 네발동물(포유류)이 자원(자양분trophe)을 획득하고 할당하는 경로

이 다이어그램은 대사체계metabolic system에 대한 아리스토텔레스의 비전(영양분은 어떻게 섭취되고 변형되어 다양한 목적지로 할당되는지)을 요약한 것이다. 화살표는 물질의 흐름을 나타낸다. 아리스토텔레스의 '균일부uniform part'는 우리의 조직과 거의 비슷하지만, 다른 점이 하나 있다면 원자나 세포 같은 미세구조가 전혀 없다는 점을 강조한다는 것이다. 모든 균일부는 혈액에서 파생되며, 혈액 자체도 하나의 균일부다. 균일부의 네트워크는 크게 두 갈래(단단한 균일부earthy uniform part와 부드러운 균일부fatty uniform part)로 나뉘며, 각 갈래의 말단에는 **살flesh**이 있다. 모든 반응들은 노폐물을 생산하고, 모든 균일부는 노폐물로 분해되어 배출되어 개방시스템open system을 제공한다. 어떤 영양분은 내부 불internal fire의 연료가 된다. 결절점node들은 영양분의 특이적인 변형specific transformation을 나타낸다. 네트워크를 뒷받침하는 진술들은 다음과 같다. 혈액은 최종적/보편적 영양소다: *PA* 650a34, *PA* 651a15. **살Flesh**은 가장 순수한 영양소로 만들어지며, 뼈와 힘줄 등은 잔류물residue들이다: *GA* 744b20. 살은 혼합된 혈액concocted blood이고, **지방fat**은 살을 만들고 남은 잉여혈액surplus blood이다: *PA* 651a 20. 지방은 혼합된 혈액이다: *PA* 651a21. 지방은 부드러울 수도 있고 단단할 수도 있다(수이트suet 또는 라드lard): *PA* 651a20. 정액은 혈액, 특히 지방을 형성하는 부분에서 온다: *PA* 651b10; *GA* 726a5. **골수Marrow**는 부분적으로 혼합된 혈액partially concocted blood이다: PA 651b20. **말굽, 뿔, 이빨**은 뼈와 관련된다: *PA* 655b1, *PA* 663a27. 뼈와 골수는 공통 전구체common precursor에서 만들어진다: *PA* 652a10. 연골과 뼈는 기본적으로 동일하다: *PA* 655a27. 소화관과 방광의 축적물은 영양분의 **찌꺼기**다: *PA* 653b10. 담즙은 영양분의 찌꺼기다: *PA* 677a10.*

* 더 자세한 내용은 LEROI (2010)을 참고하라.

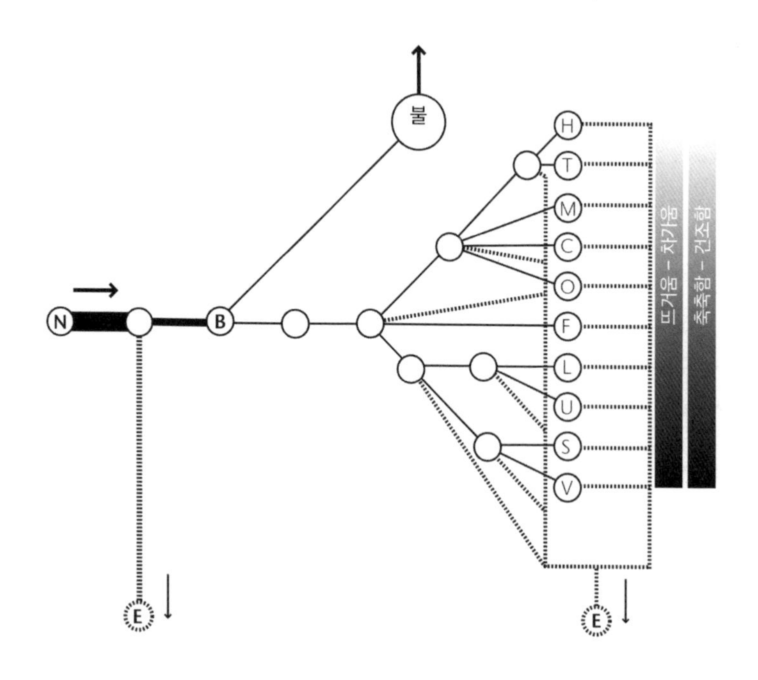

범례

N 영양분nutrition
B 혈액blood
H 발굽hooves, 모발, 손발톱
T 이빨teeth
M 골수marrow
C 연골cartilage
O 뼈bone
F 살flesh
L 라드lard
U 수이트suet
S 정액semen
V 질 분비물vaginal secretions, 월경액, 모유
E 배설물excreta: 소변, 담즙, 대변

3. 지각perception과 행동에 대한 CIOM 모델

이 다이어그램은 아리스토텔레스가 제시한 중앙집중화된 입출행동모델Central Incoming Outgoing Motion을 시각화한 것으로, 동물의 다음과 같은 메커니즘을 설명한다. (1) 지각정보perceptual information가 말초 감각기관에서 감각중추sensorium(심장)로 전달되는 메커니즘, (2) 지각정보가 동물의 목표와 통합되는 메커니즘, (3) 이것이 프네우마pneuma의 활동과 힘줄의 기계적 작동mechanical working을 통해 사지에서 운동으로 전환되는 메커니즘.* 화살표는 인과관계를 표시한다.

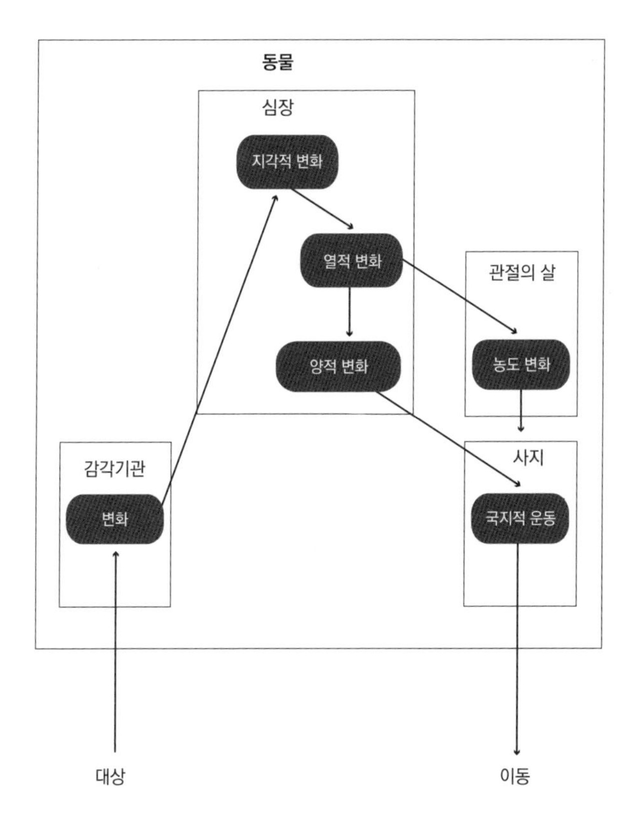

* GREGORIC and CORCILIUS (2013).

4. 아리스토텔레스의 심장-폐 체온조절 사이클Heart-Lung Thermoregulatory Cycle 다이어그램

이것은 아리스토텔레스가 JSVM 26.*에서 개략적으로 설명한 심장-폐 사이클heart-lung cycle을 기술할 수 있는 모델 중에서 가장 간단한 것이다. 화살표는 제어관계control relation를 나타낸다. 아리스토텔레스의 모델을 작동시키기 위해, 우리는 (아리스토텔레스가 명시하지 않은) 다양한 가정들을 명시해야 한다. 여기서, 우리는 동물이 이상적인 '기준'체온(Tr)을 보유하고 있다고 가정한다. 이 시스템의 목표는, 기준체온에서 심장의 온도(Th)를 유지하는 것이다. 시스템은 다음과 같은 방식으로 작동한다: 영양분이 심장으로 들어와 혈액과 혼합된다. 혈액 속 영양분의 온도(Tn)는 기준체온 이상으로 상승한다. 만약 온도상승이 확산(아래를 참고하라)으로 인한 열손실을 상회할 정도로 충분하다면, 심장의 온도(Th)를 상승시킬 것이다. 폐의 부피는 'Th와 Tr의 차이'의 함수이므로, 폐의 부피는 증가한다. 이는 입을 통과하는 공기의 흐름(Fa) 속도를 증가시킨다. 공기의 온도(Ta)는 기준체온보다 낮으므로, 심장의 온도가 하락하고 폐는 수축한다. 이로 인해 음성되먹임 제어시스템negative feedback control system이 된다. 우리가 '일부 심장열의 확산에 의한 지속적 손실constant loss of some fraction of heart heat by diffusion'—이는 뇌를 경유하는 것으로 사료된다. 아리스토텔레스의 견해에 따르면 뇌는 방열기radiator로 작용하기 때문이다—을 허용한다는 점을 주목하라. 이는 시스템을 약화시켜 Tn의 상승에 둔감하게 함으로써 Tr에서 균형을 이루게 하는 경향이 있다. 이 시스템은 공기의 온도가 이상적인 기준체온보다 낮을 때만 작동한다. 만약 Ta 〉 Tr이라면, 공기가 Th를 하락시키지 못할 것이므로, 음성되먹임 고리가 불안정한 양성되먹임 고리 positive feedback loop가 될 것이다. 이렇게 되면 동물의 폐는 영구적으로 개방되거나 폐쇄될 텐데, 어느 쪽이 됐든 (과도한 냉기나 모든 영양분 소비로 인해) 불을 끌 것이므로 동물은 사망하게 된다. 지금까지 기술한 바와 같이, 이 시스템은 마치 온도계처럼 안정적인 동적평형 stable dynamic equilibrium에 도달하는 경향이 있다. 그러나 추가적인 지연delay이나 비선형성non-linearities이 포함된다면, 진동행동oscillatory behaviour—아리스토텔레스는, 진동자oscillator가 폐의 운동을 설명한다고 가정한다—을 초래할 것이다. 이 모델은 임페리얼칼리지런던의 전기시스템제어그룹Electrical Systems Control Group에서 일하는 데이비드 안젤리의 친절한 도움을 받아 작성되었다.

* KING (2001) pp. 126-9.

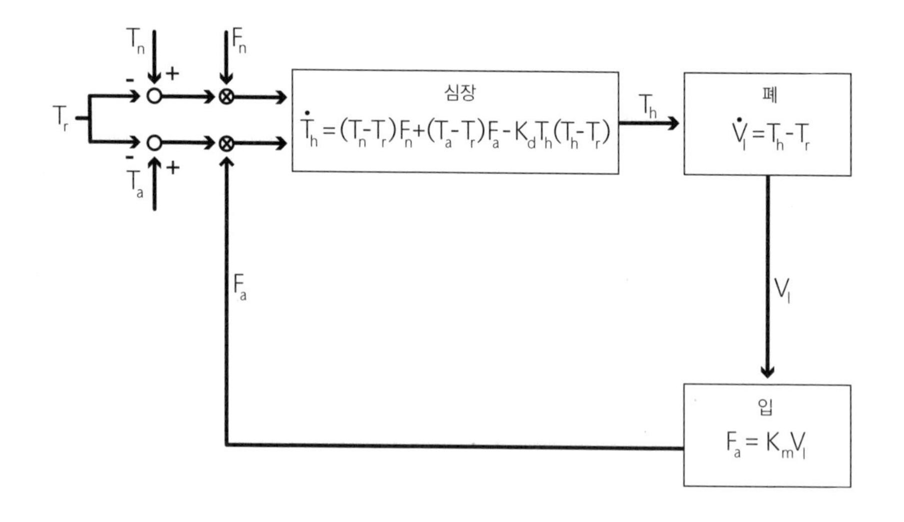

범례

T_r	기준체온reference temperature
T_h	심장의 온도heart temperature
T_n	영양분의 온도nutrient temperature
T_a	공기의 온도air temperature
F_n	영양분의 흐름nutrient flow
F_a	공기의 흐름air f ow
V_l	폐의 부피lung volume
K_d	심장확산상수heat diffusion constant
K_m	공기흡입상수air intake constant
○	센서sensor
⊗	배율기multiplier
+	양성적 조절positive regulation
−	음성적 조절negative regulation

5. 아리스토텔레스의 생활사 데이터: 태생 네발동물과 조류

이 표表들은 아리스토텔레스의 생활사life-history 데이터를 요약한 것이다. 그의 데이터는 표에 제시된 것보다 약간 더 복잡하며, 늘 그렇듯 항상 정확한 것은 아니다. 아리스토텔레스 시대에는 기술통계학descriptive statistics이 없었으므로, 나는 내 나름의 원칙에 따라 표를 작성했다. 그는 종종 뭔가에 대해 '일반적인' 수치를 제시한다. 이런 경우, 나는 이 수치를 그대로 적었다. 만약 그가 수치 대신 범위range를 제시한다면 나는 중앙값median을 적었지만, 상한값(<)이나 하한값(>)만을 제시한다면 그대로 적었다. 그가 수치를 제시하며 불확실하다uncertain는 단서를 달면(예: 코끼리의 긴 수명이나 참새의 짧은 수명), 나는 수치 바로 다음에 'u'라는 기호를 병기했다. 어떤 경우, 아리스토텔레스는 특정한 종류kind를 지칭하지 않고, 대분류군(예컨대, 태생 네발동물 또는 조류)을 언급하며 주어진 생활사 변수life-history variable의 값을 제시한다. 이런 경우, 나는 (별도의 언급이 없는 한) 해당 분류군에 속하는 모든 종류에 이 수치를 적었다. 그러나 그가 어떤 대분류군에 하나의 값이 적용된다고 명시하지 않는 경우, 나는 수치를 적지 않았다. 예컨대, 그는 '대부분의 대형 태생 네발동물들은 1년에 한 마리의 새끼를 낳는다'고 알고 있는 것 같지만, 실제로 이렇게 말하지는 않는다. 이러한 원칙의 예외는 몸의 크기body size다. 아리스토텔레스는 몸 크기에 대한 정량적 데이터quantitative data를 좀처럼 제시하지 않으며, 심지어 기능적 설명의 맥락에서는 어떤 동물이 크거나 작은지 여부도 말하지 않는다. 그러나 이런 설명에서 명백한 것은, 그가 각각의 대분류군을 전제로 하고 이 안에서 사람이나 타조는 '큰 편'이고, 돼지나 닭은 '중간 정도'이고, 고양이나 참새는 '작은 편'이라고 말한다는 것이다. 나는 이런 점을 감안하여, 성체의 몸 크기adult body size 난欄에 적절한 몸 크기appropriate body size를 채워 넣었다. 대부분의 데이터는 HA의 V권과 VI권에서 입수했고; 배아의 완전성embryonic perfection에 대한 데이터는 GA IV

권에서 입수했다. 아리스토텔레스가 '발가락이 여러 개인 동물multi-toed animals(예: 여우, 곰, 사자, 개, 늑대, 자칼 등)은 불완전한 새끼를 낳고, 통발굽을 가진 동물과 갈라진 발굽을 가진 동물들 (예: 소, 말)은 완전한 새끼를 낳는다'라고 주장한 것은 옳다. 돼지는 특이한 케이스다. 왜냐하면 갈라진 발굽을 갖고 있음에도 비교적 완전한 새끼relatively perfect young를 낳기 때문이다. 아리스토텔레스는 조류 중에서, 까마귀, 어치, 참새, 산비둘기, 멧비둘기, 비둘기를 거명하며 불완전한 새끼를 낳는다고 한다. 그러나 완전한 새끼를 낳는 새의 이름은 하나도 말하지 않는다. 그는 자신이 보고한 것보다 더 많은 데이터에 기반하여 일반화를 하는 것 같다.

태생 네발동물

종류	특징						
	성체의 몸 크기	성숙 기간 (년)	수명 (년)	연간 번식 회수	한배새끼 수	임신 기간 (개월)	완전성
생쥐	S				많음		
토끼	S				4		I/P
고양이	S		6 I		〈8		I
몽구스	S		6 I		〈8		I
자칼?	S				4		I
염소	M	1	8 I		1.5	5	P
양	M	1	10 I		〈4	5	P
돼지	M	0.75	15 I		〈20	4	P
늑대	M				〈8	2	I
개	M	0.9			〈8	2	I
표범	M		12 I		4		I
사자	M		5 I	1	4		I
곰	L				3.5	1/9	I
말	L	3	37 I	1	1.5	11	P
당나귀	L	3	30 I	1		12	P
소	L	1.5	15 I		1.5	9	P
사슴	L				1.5		P
낙타	L	3	〉50 I		1	10	P
사람	L	〈21	40f/70m rl		1	9.5	
코끼리	L	7	250u I	1	1	30	

L: 대
M: 중
S: 소

I : 단순한 수명
rl: 번식 가능한 수명

P: 완전함
I: 불완전함

조류

종류	특징						
	성체의 몸 크기	성숙 기간 (년)	수명 (년)	연간 번식 회수	한배 새끼 수	부화 또는 독립 기간 (개월)	완전성
진박새	S	〉1*		1	〉20		
박새	S	〉1		1	많음		
참새	S	〉1	1u I	1	많음		I
물총새	S	0.3		1	5		
벌잡이새	S	〉1		1	6.5		I
제비	S	〉1		2			
쏙독새	S	〉1		1	〈3	0.5	
뻐꾸기	S	〉1		1	〈2		
어치	S	〉1		1	많음		I
비둘기	S	0.5	8 I	10	〈3		I
멧비둘기	S	0.4u	8 I	≤2	〈3		I
산비둘기	S	0.4u	30 I	≤2	〈3		I
닭	M	〉1		많음	많음	1.7	
자고새	M	〉1	〉16 I	1	많음	0.6	
까마귀	M	〉1		1	4	0.6	I
솔개	M	〉1		1	2	0.6	
매	M	〉1		1			
황조롱이	M	〉1		1	4		
긴점박이올빼미?	M	〉1		1	4		
공작	L	3	25 I	1	〈12	1	
거위	L	〉1		1		1	
느시	L	〉1		1		1	
독수리vulture	L	〉1		1	2		
독수리eagle	L	〉1		1	3	1	
타조	L	〉1			많음		
	L: 대 M: 중 S: 소		I : 단순한 수명 rl: 번식 가능한 수명				P: 완전함 I: 불완전함

* 아리스토텔레스가 '첫해에 번식하는 새들은 극소수다'라고 말할 때, 그가 의미하는 것은 다음해, 즉 다음 시즌(전형적으로 봄)에 번식한다는 것이다.

6. 현대의 데이터를 이용하여 시각화한, 일부 생활사적 특징들 간의 관계

GA IV권과 LB V권에서, 아리스토텔레스는 '다양한 생활사적 특징들은 서로 특정한 방식으로 관련되어 있다'라고 주장한다. 최소한 태반을 가진 포유류placental mammal의 경우 그의 주장은 옳다. 나는 아래에서, 포유류의 생활사에 대한 panTHERIA라는 데이터베이스의 자료를 이용하여 이러한 관련성들을 시각화했다.* 나는 아리스토텔레스가 관찰한 적이 없거나(예: 유대목Marsupialia)나 그가 네발동물에서 제외한 목Order들(예: 익수목Chiroptera, 고래목Cetacea)을 제외한 후, 로그로 변환된 데이터log-transformed data를 선형회귀분석linear regression을 이용하여 모델링했다. 아리스토텔레스가 주장한 4가지 관계들은 다음과 같다: (1) 한배새끼 수와 성체의 몸 크기 (반비례); (2) 임신기간과 수명 (비례); (3) 성체의 몸 크기와 수명 (비례); (4) 번식력fecundity과 수명 (반비례). 훨씬 더 정교한 이런 종류의 분석들이 지금껏 종종 출판되었다.† 이것들은 다양한 교란효과confounding effect들을 고려하여 제거하는 것을 목표로 삼았지만, 거의 성공하지 못했다. 비교 데이터comparative data에서 인과관계를 추론하기는 매우 어렵다.

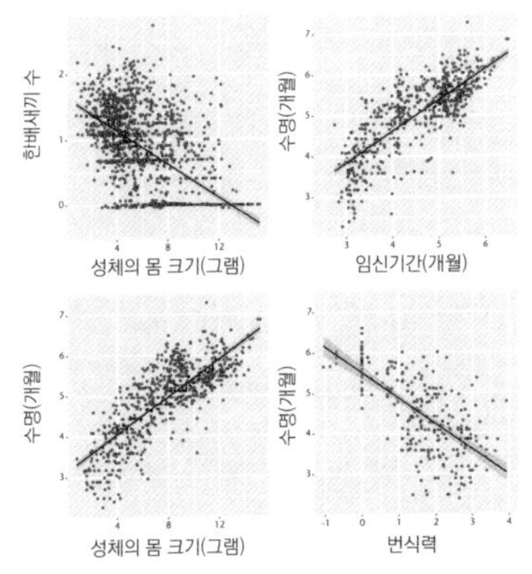

* JONES et al. (2009).

† 예를 들면 다음과 같은 것들이 있다: MILLAR and ZAMMUTO (1983), DERRICKSON (1992), STARCK, RICKLEFS (1998), BIELBY et al. (2007).

미주

아리스토텔레스의 저술에 대한 해설서들은 오랜 역사를 지녔고 논란이 많고 방대한 것이 특징이다. 아리스토텔레스가 자신의 『자연학』에서 말하고자 한 것을 이야기할 때, 현대의 고전철학자들은 종종 아프로디시아스의 알렉산드로스Alexander of Aphrodisias가 서기 2세기에 쓴 주석을 인용한다. 그러나 나는 이런 거창한 격식을 피하고자 하며, 아래에 제시된 미주尾註는 오로지 두 가지 겸손한 목표를 추구할 뿐이다. 첫 번째 목표는 독자들을 아리스토텔레스의 텍스트로 안내하는 것이다. 만약 아리스토텔레스가 두더지의 눈에 대해 말한 것을 직접 읽고 싶으면, 14장의 미주가 당신을 그곳으로 안내해 줄 것이다. 두 번째 목표는 가장 중요하고 업데이트되고 접근 가능한 2차 문헌secondary literature을 읽을 권리를 독자들에게 부여하는 것이다. 안타깝게도 두 번째 목표에서 언급한 세 가지 특징들(중요함, 업데이트됨, 접근 가능함)은 거의 양립하지 않는다. 왜냐하면 오늘날 아리스토텔레스에 관한 학술연구는 지지부진하며, 어쩌다 한 번씩 출간되는 학술서적, 기념논문집, 또는 학술회의 자료에 나타나는 것이 고작이다. 대부분의 경우, 나는 이런 2차 문헌에 실린 나의 견해를 정당화하지 않았고, 쟁점이 된 이슈들을 일목요연하게 정리한 후 판정을 내리려고 시도하지도 않았다. 내가 만약 가끔씩 나와 다른 해석을 제시하는 학자들을 인용한다면, 전문가들 사이에 중요한 의견충돌이 있거나 내 견해가 정설에서 다소 벗어났음을 경고하려는 것일 뿐이다.

아리스토텔레스의 저술에 대한 레퍼런스는 '베커 번호Bekker numbers'의 형태로 표시되는데, 이것은 이마누엘 베커Immanuel Bekker가 1831년에 출판한 그리스어 텍스트에 기반한다. 구체적으로, 이것은 *HA* 608b20와 같은 형식으로 되어 있는데, 여기서 HA는 저서명인 『동물 탐구』(*Historia animalium*)의 이니셜이며, 608b20는 행번호line number다. 모든 저서명의 풀네임은 '제목'과 '권卷'과 '장章'으로 구성되지만(예: *HA* I, 1 = *HA* I 권 1장), 나는 특별한 경우가 아니면 약식으로 제목(*HA*)만 사용한다. 베커번호만 알면, 당신은 어떤 언어로 출판된 아리스토텔레스의 저서에서도 주어진 텍스트를 찾을 수 있다.

『아리스토텔레스에 관한 옥스퍼드 영역본』(*The Oxford Works of Aristotle Translated into English*, 1910-52, edited by J. A. Smith and W. D. Ross)은 온라인에서 무료로 열람할 수 있는 전자책이다. 이것은 프린스턴에서 개정되어, 2권짜리 『아리스토텔레스 전집: 옥스퍼드 개정 영역본』(*The Complete Works of Aristotle: The Revised Oxford Translation, Princeton*, 1984, edited by Jonathan Barnes)으로 출간되었다. 그러나 *HA*를 한 권 소장하고 싶다면, 중고서점에서 다시 톰프슨의 종이책(1910년 옥스퍼드판版)을 수소문하기를 권한다. 솔직히 말해서 나와 개인적으로 인연이 있는 책이지만, 프린스턴판과 온라인판에 없는 주석이 달려 있다. 하버드에서 출간된 러브판Loeb edition도 귀중한 책이며, 그리스어 원문이 포함되어 있다.

위의 책들은 『클라렌든 아리스토텔레스』(*Clarendon Aristotle*) 시리즈에 의해 부분적으로 대체되었는데, 이것은 영어 텍스트와 중요한 주석을 제공한다. 그러나 이 시리즈 중에서 현재 구할 수 있는 생물학 저서는 짐 레녹스Jim Lennox의 『동물의 부분들에 관하여』(*The Parts of Animals*, 2001)밖에 없다. 독일의 독자들은 『아리스토텔레스 전집 독일어 번역본』(*Aristoteles: Werke in deutscher Ubersetzung*, Akademie Verlag)를 원할 것이다. 그러나 이중에서 구할 수 있는 생물학 저서는 유타 콜레시Jutta Kollesch의 IA와 MA(1985), 볼프강 쿨만Wolfgang Kullmann의 *PA*(2007)밖에 없다. 『동물 탐구』(*Historia animalium*)의 그리스어 표준판은 2002년 데이비드 밤David Balme(대표편집)과 앨런 고트헬프Allan Gotthelf에 의해 케임브리지에서 출간되었다.

아리스토텔레스의 저술

Cat 『범주론』 *Categories* (*Categoriae*)

Apo 『분석론 후서』 *Posterior Analytics* (*Analytica posteriora*)

Top 『변증론』 *Topics* (*Topica*)

Phys 『자연학』 *Physics* (*Physica*)

DC 『천체에 관하여』 *The Heavens* (*de Caelo*)

GC 『생성과 소멸에 관하여』 *On Generation & Corruption* (*de Generatione et corruptione*)

Meteor 『기상학』 *Meteorology* (*Meteorologica*)

DA 『영혼론』 *The Soul* (*de Anima*)

PN 『자연학』 소론집 *Small Treatises on Nature* (*Parva naturalia*)

Sens 『감각과 감각 대상』 *Sense and Sensible Things* (*de Sensu et sensibilius*)

SV 『수면』 *Sleep* (*de Somno et viglia*)

LBV 『수명의 길고 짧음에 관하여』 *The Length and Shortness of Life* (*de Longitudine et brevitate vitae*)

JSVM 『젊음과 늙음, 삶과 죽음에 관하여』 *Youth & Old Age, Life & Death, incl. Respiration* (*de Juventute et senectute, vita et morte, incl. de Respiratione*)

HA 『동물 탐구』 *Enquiries into Animals* (*Historia animalium*)

PA 『동물의 부분들에 관하여』 *The Parts of Animals* (*de Partibus animalium*)

DM 『동물의 움직임에 관하여』 *The Movement of Animals* (*de Motu animalium*)

IA 『동물의 진보』 *The Progression of Animals* (*de Incessu animalium*)

GA 『동물의 발생에 관하여』 *The Generation of Animals* (*de Generatione animalium*)

DP 『식물에 관하여 *On Plants* (*de Plantis*)』*

Mirab 『진기한 이야기들에 관하여』 *Marvellous Things Heard* (*de Mirabilibus auscultationibus*)*

Prob 『문제들』 *Problems* (*Problemata*)*

Metaph 『형이상학』 *Metaphysics* (*Metaphysica*)

EN 『니코마코스 윤리학』 *Nicomachean Ethics* (*Ethica Nicomachea*)

EE 『에우데모스 윤리학』 *Eudemian Ethics* (*Ethica Eudemia*)

MM 『대윤리학』 *Great Ethics* (*Magna moralia*)*

Pol 『정치학』 *Politics* (*Politica*)

Poet 『시학』 *Poetics* (*Poetica*)

FR 『단편』 *Fragments* (*Fragmenta*)

* 위작Pseudo-Aristotelian.

테오프라스토스의 저술

HP 『식물 탐구』 *Enquiries into Plants* (*Historia plantarum*)

CP 『식물의 이유에 관하여』 *Explanations of Plants* (*de Causis plantarum*)

St 『돌에 관하여』 *On Stones* (*de Lapidibus*)

플라톤의 저술

Rep 『국가론』 *The Republic*

Tim 『티마이오스』 *The Timaeus*

Phaedrus 『파이드로스』 *The Phaedrus*

Phaedo 『파이돈』 *The Phaedo*

States 『정치가』 *The Statesman*

Laws 『법률』 *The Laws*

Philebus 『필레보스』 *The Philebus*

Georgias 『고르기아스』 *The Gorgias*

다른 고대 작가들의 저술

Athen 아테나이오스*Athenaeus*, 『데이프노소피스트』 *Deipnosophists*

DK 『소크라테스 이전 철학자들의 단편』 *Pre-Socratic texts* (딜스-크란츠 번호*Diels-Kranz number*)

DL 디오게네스 라에티오스*Diogenes Laertius*, 『유명한 철학자들의 생애와 사상』 *Lives of the Philosophers*

Econ 크세노폰*Xenophon*, 『오이코노미코스』 *Oeconomicus*

Herod 헤로도토스*Herodotus*, 『역사』 *The Histories*

Hesiod 헤시오도스*Hesiod*, 『신통기』 *Theogony*

HM	아일리안*Aelian*, 『역사 이야기』 *Historical Miscellany*
Mem	크세노폰*Xenophon*, 『소크라테스 회상』 *Memorabilia, or, Recollections of Socrates*
NA	아일리안*Aelian*, 『동물의 본성에 관하여』 *On the Nature of Animals*
Paus	파우사니아스*Pausanias*, 『그리스 안내』 *Description of Greece*
Plin	플리니우스*Pliny*, 『자연사』 *Natural History*
Plut	플루타르코스*Plutarch*, 『알렉산드로스』 *Life of Alexander*
Strab	스트라보Strabo, 『지리학』 *Geography*
Symp	크세노폰Xenophon, 『심포지움』 *Symposium*

1

조개껍데기 & 달팽이. A.의 조개껍데기, HA 528a20; 달팽이 내부의 해부학적 구조, HA 529a1. THOMPSON (1947) p. 113은 주변에서 전해 들은 keryx의 어원을 의심하고, 달팽이의 고대 이름에 불과하다고 제안한다.

2

리케이온. 술라는 제1차 미트리다트 전쟁Mithridatic War 기간인 87-86 BC에 아테네를 약탈했다; KEAVENEY (1982) p. 69 참고. Strab XIII, 1, 54-5는 자신이 A.의 저술을 로마로 가져온 내력을 기술한다. Strab IX, 1, 24와 Paus I, 19, 3는 리케이온을 나중에 기술한다; LYNCH (1972)는 리케이온의 지형과 기능을 논의한다. A.에 대한 말과 글은 DL V, 1-2에 나온다; DL V, 17-22 [trans. HICKS (1925)]. 일부 출처에 의하면, 크세노크라테스Xenocrates(아카데메이아의 학자)보다는 이소크라테스 Isocrates(소피스트 중 한 명)이 말할 때 침묵을 지키는 것이 부끄러운 일이라고 한다. 대부분의 학자들은, A.의 현존하는 저술들이 강의 노트라는 데 동의한다, e.g. ACKRILL (1981) p. 2, GRENE (1998) p. 32, BARNES (1996) p. 3, ANAGNOSTOPOULOS (2009b). 캉길렘의 역사편찬에 대한 혹평은 L'objet de l'histoire des sciences, 1968에서 이슈가 되었지만, 나는 이것을 PELLEGRIN (1986) p. 2에서 발견했다. A.는 PA 639a13, PA 644b17, PA 645a6, DA 402a7에서 자연의 연구에 대해 말한다. 그는 Meteor 338a20에서 위대한 강좌의 커리큘럼을 제공한다. '생물학으로의 초대'는 PA

645a15에서 발견할 수 있다.

3

다시 톰프슨D'Arcy Thompson. 다시 톰프슨의 생애를 집필한 사람은 그의 딸이다, THOMPSON (1958). THOMPSON (1910)은 HA 606b6, n. 1에서 날쥐jerboa를 동정하며, HA 566a27, n. 6에서 가래상어속Rhinobatos과 관계들을 논의한다. THOMPSON (1910) p. vii은 A.가 레스보스—더욱 일반적으로는 에게해 동쪽—에 머문 기간을 생물학 저서의 상당 부분을 집필한 시기로 간주한다. JAEGER (1948)는 자신의 연대기에서 이를 무시했지만, LEE (1948)는 톰프슨의 견해를 옹호했고, SOLMSEN (1978)는 HA의 중요한 구절들이 가짜라는 점을 내세워 톰프슨을 비판했다; LEE (1985)는 톰프슨을 다시 옹호했다. BALME (1991) p. 25는 A.가 레스보스에 머무는 동안 HA의 상당 부분을 집필했을 '가능성이 높다'고 간주했지만, 다른 생물학 저술들은 심지어 아카데메이아적이라고 생각했다. KULLMANN (2007) pp. 146-56은 동물학의 연대기에 대한 주장들을 검토한 후 다음과 같은 결론을 내린다. '그러므로 레스보스 시기는 동물학 저술의 초고를 집필한 terminus post quem [즉, 최초 일자]이다. 모든 동물학 저술들이 A.의 삶에서 동일한 시기에 구상되었다는 것은 많은 것을 시사한다. 이것들이 나중에 구상되었는지 여부는 알 수 없다' [trans. AML]. THOMPSON (1910) p. iv는 A.의 자연사에 주석을 다는 것을 체념한다.

4

레스보스. 레스보스의 새들에 대해서는 DUDLEY (2009)를 참고하라; 레스보스의 지질학에 대해서는 ZOUROS et al. (2008)을 참고하라; 레스보스의 식물학에 대해서는 BAZOS와 YANNITSAROS (2000)와 BIEL (2002)을 참고하라. 지역의 의사 겸 박물학자 겸 박식가인 마키스 악시오티스Makis Axiotis는 레스보스섬의 동물상과 식물상에 대한 탁월한 책(그리스어)을 썼으므로, 관심 있는 독자들은 지역에서 구입할 수 있다.

5

라군에서. 나는 다음과 같은 구절들을 엮어, 라군의 동물들에 대한 아리스토텔레스적 시놉시를 작성했다: HA 621b13, HA 544a20, PA 680b1, HA 547a4, HA 548a8, HA 603a22, GA 763b1. THOMPSON (1913)은 말레아 곶의 해면을 언급한 HA 548b25를 추가한다; 그러나, 비록 레스보스에 말레아 곶이 있음에도, 펠로폰네소스에는 훨씬 더 유명한 것이 있기 때문에 나는 그것을 제외한다. A.가 '라군lagoon'을 지칭할 때 사용하는 단어는 limnothalassa, 즉 '바다 호수'인데, cf. GA 761b7, HA 598a20, 칼로니를 특별히 지칭하는 말은 아니다.

6

식품으로서의 물고기. 아르케스트라토스Archestratus의 어류에 관한 단편들은 WILKINS et al. (2011)에 의해 수집되어 번역되었다. 그리스인의 소비생활에 관해 고전적 저술에서, DAVIDSON (1998)은 물고기의 중요성을 역설한다.

7

소크라테스 이전의 철학자들. 자연학자들physiologoi의 사상에 대한 읽을 만한 입문서로는 LLOYD (1970)와 WARREN (2007)을 참고하라. BARNES (1982)과 BARNES (1987)는 넉넉한 인용문과 해설을 제공하는데, 모두 재치가 넘치며 이해하기 쉽다. 그러나 Barnes는—본인도 인정하는 바와 같이—자연학자들의 과학이론에 그다지 관심이 없으므로, 이 탁월한 책들을 읽으려면 KIRK et al. (1983)으로 보충해야 한다. 누군가에게, e.g. FARRINGTON (1944-9), LLOYD (1970) p. 9, 자연학자들은 '신을 배제하는 사람들'이다; 다른 사람들에게, e.g. SEDLEY (2007), 자연학자들은 자신들의 설명 속에서 신을 더욱 보고 싶어하는 사람들이다. LLOYD (1970) p. 10과 BARNES (1982) ch. 1의 주장에 따르면 자연학자들의 특징은 논쟁 또는 이성이다. 탈레스가 지진을 설명한 것은 Aetus III, 15와 Seneca's Naturales quaestiones III, 14; 6.6 때문이다. A.는 Metaph 983b19에서 헤시오도스를 논한다; Hesiod 116-20. 헤라클레이토스는 DK 22B40에서 자신의 동시대인들과 전임자들을 두루 평가한다. 『히포크라테스 전집』의 표준 버전은 리트레Littre의 그리스어/프랑스어 판이다: LITTRE (1839-61), 그러나 『히포크라테스 전집』은 그리스어/영어 판으로도 나와 있다: JONES et al. (1923-2012), LONIE (1981). 저자는 '사람과 그 밖의 동물들이 어떻게 …' 설명하고자 했다: Littre VIII, Fleshes, 1 [trans. modified from JONES et al. (1923-2012) vol. VIII]; 옥시멜 사용법: Littre II, Regimen in acute diseases, 16. A.는 히포크라테스를 딱 한 번만 언급하며, 의학적 맥락에서는 전혀 언급하지 않는다: Pol 1326a15. 엠페도클레스의 돌팔이 행각은 DK 31B111에 기록되어 있다; A.는 Metaph 985a5에서 그의 스타일을 비판한다.

8

아카데메이아에 도착한 A. A.의 전기에는 애매모호한 저술활동과 만년의 믿기 어려운 생애가 다수 포함되어 있다. 오랫동안 표준으로 자리잡았던 것은 DURING (1957)이다; 이제는 NATALI (2013)가 모든 것들을 탁월하게 새로 분석했다. A.는 PA 642a29에서 자연과학의 포기를 이야기한다. 플라톤의 제자 명단은 DL III, 46에서 발견할 수 있다. 소크라테스가 자신의 혼란스러움에 대해 절망한 것은 Phaedo 99B에 기록되어 있다. 그의 반과학anti-science은 크세노폰에 의해 Mem I, 1.11-15에 기록되어 있다. 키케로는 Tusculan Disputations vol. 10에서 소크라테스의 윤리적 전환을 칭찬한다.

9

플라톤의 반反과학. 스페우시포스의 캐릭터는 DL IV, 1에 기록되어 있다. 소크라테스와 글라우콘의 대화는 Rep 527C-531C에서 인용했다.

10

티마이오스. BURNYEAT (2005)는 '그럴듯한 이야기'의 의미를 분석한다. 플라톤의 원소에 관한 수비학적 이론numerological theory은 Tim 54D-55C [trans. CORNFORD (1997)]에 나온다. GREGORY (2000)와 JOHANSEN (2004)은 플라톤의 자연철학을 전반적으로 설명한다. HAWKING (1988)은 신의 마음을 추구한다. (그는 나중에 포기했다.) A.는 EN 1096a11에서 진실에 대한 사랑love of truth과 우정 사이의 갈등에 대해 말한다; 나중의 전통에서, 이것은 종종 '나는 플라톤을 사랑하지만, 진실을 더욱 사랑한다.'가 된다.

11

아카데메이아에서. A.가 연장자인 플라톤을 괴롭혔다는 (거의 있을 법 하지 않은) 일화는 Aelian: HM III, 19에 나온다. 헤르미아스와 아소스에 대한 이야기는 DL V, 3-9에 나오는데, 여기에는 헤르미아스의 조각상에 새겨진 명문銘文도 나온다; cf. Athen XV, 696 and Strab XIII, 1, 57. ANDREWS (1952)는 A.가 헤르미아스의 소송에 정치적으로 관여했는지 여부를 논한다; 적어도 여섯 번째 편지Sixth Letter(헤르미아스는 물론, 아카데메이아의 코리스코스Coriscus와 에라스토스Erastus에게 보낸 우정에 관한 편지)에 의하면, 플라톤은 아마도 헤르미아스를 만난 적이 없는 것 같다, NATALI (2013). A.는 Pol 1335a27에서 적절한 결혼 연령에 대해 말한다; 그는 당시 서른일곱 살쯤 되었는데, 우리는 이로부터 (간접적이지만 충분히) 피티아스의 나이가 열여덟 살이라고 유추할 수 있다. '향기로운 미르틀 …': 아르킬로코스 [trans. BARNSTONE (1972) p. 29].

12

아소스. 아소소의 발굴에 관한 보고서는 CLARKE et al. (1882)에 나온다.

13

테오프라스토스. 고대 에레소스에 대한 고고학은 SCHAUS와 SPENCER (1994)에 의해 기록되었다. T.의 생애는 DL V, 36-57에 나온다. 그의 생물학은 HORT (1916)와 EINARSON와 LINK (1976-90)의 그리스어/영어 판을 통해 읽을 수 있지만, 이 책들은 AMIGUES (1988-2006)와 AMIGUES (2012)의 그리스어/프랑스어 판에 의해 대체되었거나, 후자가 완간될 때 대체될 것이다. T.의 단편들 중 나머지는 수집되고 분석되어, 다음과 같은 장편 시리즈로 출간되었다: Theophrastus of Eresus: Sources for his Life, Writings, Thought and Influence, and related volumes, edited by the late Robert Sharples, William Fortenbaugh and Pamela Huby of the great Theophrastus Project.

14

레스보스. '이런 한적한 라군(석호)에서…': THOMPSON (1913) p. 13, 한 명의 위대한 동물학자가 또 한 명의 동물학자에게 바치는 책.

15

과학자로서의 A. A.는 physike[episteme]를 Metaph 1026a6에서, physikos를 Phys 197a22에서 사용한다. '과학자scientist'라는 용어는 WHEWELL (1840) vol. I, p. 113에 의해 정의되었지만, A.에 의해 먼저 사용되었다.

16

인식론. '모든 사람은 … 알고 싶어한다'는 Metaph 980a21 [trans. ROSS (1915) modified]에서 시작되며, Met I, 1에서 계속된다. 『형이상학』은 관

련된 텍스트들의 편집본이다. 과거에는 JAEGER (1948)의 방식에 따라 텍스트들을 발생 시기별로 분석하여 상이한 층위層位로 나눴으나, 오늘날에는 이런 방식이 어려운 것으로 간주되고 있다; 텍스트들의 내용과 관계에 대한 입문서로, BARNES (1995b)를 참고하라.

17

경험적 정보의 원천. OWEN (1961/1986)과 NUSSBAUM (1982)는 discuss what A.가 말한 phainomena의 의미에 대해 논의했지만, 내 생각에는 그의 경험주의를 제대로 다루지 않았다; 경험주의에 대한 올바른 내용은 BOLTON (1987)를 참고하라. 경험적 실체에 대한 A.의 생각과, 과학을 하는 데 있어서 관찰의 우선순위에 대해서는 DC 306a5를 참고하라. 전반적으로 말하면, phainomena에 대한 A.의 탐구는 종종 자기 자신의 관찰뿐만 아니라 '존경할 만한 견해'나 '많은 사람 또는 현명한 사람들의 견해'—그는 이런 것들을 통념이라고 부른다, e.g. Top 100b21—에서 시작된다. '어떤 동물들은 새끼를 낳고'는 HA 489a35에서 인용했다. 나는 THOMPSON (1910) HA에서 무작위로 선택한 1,500개의 단어를 샘플로 삼아, HA에 등장하는 경험적 주장의 개수를 추정했다. 동물의 간으로 치는 점을 플라톤이 받아들였다는 것은 Tim 71-2에서 명백히 드러나며, DL V, 20의 앞부분에도 잘 기술되어 있다. BOURGEY (1955), PREUS (1975), LLOYD (1987)는 A.의 경험적 데이터의 원천에 대해 논의한다. A.는 HA 608b19에서 점쟁이와 새의 행동에 대해 말한다. THOMPSON (1895), THOMPSON (1910) n. 609a4 그리고 PREUS (1975) pp. 34-6; ibid. pp. 278 n. 113, 115, 116은 A.의 새에 대한 구전지식 중 상당 부분이 천문학적 기원을 갖고 있다고 제안한다; 이 책 '무화과, 꿀벌, 물고기'의 #79에 나오는 알키온alkyon을 참고하라. PREUS (1975) p. 22는 A.의 '신화mythos' 사용을 논의하지만, LLOYD (1979) ch. 3은 그리스의 과학과 대중적 신념 간의 관계를 논의한다. A.와 관련된 그밖의 내용들은 다음과 같은 문

헌들을 참고하라: 복사뼈에 대해서는 HA 499a22, HA 499b19; 쓸개, HA 506a20; 두루미에 대한 신화의 기각, HA 597a23; 사자, HA 579b2; 늑대, HA 580a11; 머리에 대한 이야기, PA 673a10.

18

A.와 어부들. A.는 HA 535b14에서 말하는 물고기의 발성에 대해 말한다; ONUKI와 SOMIYA (2004)는 달고기가 내는 소리와 이에 대한 메커니즘을 기술한다. 아테나이오스는 Athen VIII, 352에서 비꼬는 투로 말한다. 농부와 어부들은 자기들이 본 생물에 대해 유난히 박식하다는 감상적 생각이 있지만, 실제 증거는 정 반대다, e.g. 스코틀랜드 섬의 바다표범에 대한 전설은 THOMPSON (1998) 참고. A.는 HA 541a13, HA 567a32, GA 756a7에서 펠라티오 하는 물고기에 대해 말한다; 이것은 아마도 *Herod* II, 93에서 비롯된 이야기인 것 같다. H.의 설명은 입으로 알을 품는 틸라피아Tilapia(*Oreochromis nilotica*)를 지칭한다는 설이 있지만, A.와 H.가 말하는 물고기는 바다나 강 어귀에 사는 물고기인데 반해, 틸라피아는 민물고기다. A.는 PA 639a1와 HA 566a8에서 전문가들의 주장을 인용한다.

19

카멜레온. 카멜레온에 대한 구절은 HA 503a15에서 인용했다. 이 구절은 이례적인데, 그 이유는 문제의 동물이 잘게 나눠지 않고 기관계organ system별로 서술되어 있기 때문이다; 어쩌면 이것은 발견 사항에 대한 예비적인 요약으로써 추가적인 검토를 기다리고 있는지도 모른다, BALME (1987a). LONES (1912) p. 157에 의하면, 카멜레온은 지라를 갖고 있지만 '길이가 0.11인치'로 매우 작다고 한다.

20

A.와 알렉산드로스. 플루타르코스는 *Plut* 668, 7, 4 [trans. Dryden]에서,

알렉산드로스가 A.의 문하에서 공부했다고 말한다. NATALI (2013)는 미에자의 스토리 전체를 의심하지만, 그 이유는 불분명하다—그는 A.가 어딘가에서 알렉산드로스를 가르친 것이 틀림없다는 데 동의한다. 플루타르코스도 알렉산드로스의 일리아드 이야기를 언급했다; A.는 알렉산드로스를 위해 식민지를 이끌고 운영하는 방법에 대한 책을 썼지만, 단편들을 논외로 하고, 소실되었다. LANE-FOX (1973)는 알렉산드로스의 생애를 기술한다. 플리니우스에 의하면 알렉산드로스가 A.의 연구비를 대줬다고 한다: Plin VIII, 44; 아테나이오스는 Athen IX, 398e에서 그 이야기를 부풀린다. LEWES (1864) p. 15, OGLE (1882) pp. xiii-xiv, ROMM (1989)과 대부분의 최근 학자들은 플리니우스의 이야기를 부정하지만, JAEGER (1948)는 이것을 옹호한다. 왜냐하면 자신이 개발한 'A.의 저술의 구성'에 관한 도식과 일치하기 때문이다. LLOYD (1970) p. 129는 국가나 왕이 (헤르미아가 그랬듯이) 과학자들을 유치하는 대신 연구비를 직접 대준다는 아이디어를 가리켜, 기원전 4세기의 그리스에 걸맞지 않는다고 지적한다. 그러면서 국가가 직접 연구비를 대준 최초의 사례는 기원전 3세기의 알렉산드리아 도서관이라고 한다. 플리니우스 (Plin VIII, 42)는 '아프리카는 항상 새로운 뭔가를 가져다준다ex Africa semper aliquid novi'는 말을 남긴 것으로 유명하지만, A.는 이 말이 자신의 시대에조차 낡은 말이었음을 우리에게 일깨워 준다, HA 606b20. 이 책에 언급된 A.의 동물 목록과 그 동정identification에 대해서는 용어해설 2를 참고하라.

21

이국적인 동물들. A.는 HA 501a24에서 martikhoras에 대해 이야기하고, HA 523a26에서는 '크테시아스가 코끼리의 정액에 대해 말한 것은 신뢰성이 부족하다'고 말하고, HA 606a8에서는 인도에 관해 말한다. A.는 HA 449b20에서 oryx를, HA 499b19와 PA 663a19에서 onos Indikos를 언급한다. A.는 소위 '인도 당나귀'의 신원에 대해 반대 감정이 병존하며, '전하는 이야기에 의하면, 뿔이 있고 하나의 굽을 갖고 있다'고 말한다; 만약 이것이 코뿔소라면 그의 설명은 오류다. 왜냐하면 코뿔소는 발가락이 3개이기 때문이다: 용어해설 2를 참고하라. 헤로도토스는 Herod II, 99, II, 147, IV, 81, V, 59에서 자신의 눈을 믿는다고 말한다. A.가 헤로도토스에게서 정보를 얻었으면서도 출처를 밝히지 않은 것은 다음과 같다: 폐경기 여사제, HA 518a35/Herod I, 175; Herod VIII, 104; 말과 싸우는 낙타, HA 571b24/Herod I, 80; 사자, HA 579b7/Herod VII, 126; 두루미, HA 597a4/Herod II, 22; 이집트의 동물들, HA 606b20/Herod II, 67; 에티오피아의 하늘을 날아다니는 뱀, HA 490a10/Herod II, 75; 낙타의 무릎, HA 499a20/Herod III, 103; 에티오피아인의 정자, HA 523a17/Herod III, 101. 헤로도토스는 Herod III, 101-5에서 황금을 캐는 개미에 대해 말한다. 날개 달린 뱀에 대해서는 이 책 '돌숲'의 #96도 참고하라. 크테시아스의 Persica와 Indica, 헤로토토스의 『역사』 외에, A.는 헤라클레아Heraclea의 Heraclea를 헤로도토스의 책에서 간접적으로 인용했을 것이다. 그러나 이것 말고도, 그가 출처를 밝히지 않고 인용한 역사책들은 많다, e.g. 키메의 헤라클리데스Heraclides of Cyme의 Persica (기원전 4세기 중반), 다마스테스Damastes의 Periplus (기원전 5세기).

코끼리 등. 'A.가 코끼리를 봤는지 안 봤는지', '만약 봤다면 아시아코끼리인지 아프리카코끼리인지'에 대해 많은 문헌이 존재한다. 나는 그가 어떤 코끼리도 보지 않았다고 생각한다; 그러나 PREUS (1975) p. 38은 '마케도니아에 동물원이 있었다는 증거는 없지만, A.가 마케도니아의 동물원에서 코끼리를 봤을 수 있다'고 제안한다. ROMM (1989)은 이 이슈를 논의하며 A.가 아프리카코끼리를 봤다고 주장함으로써 플리니우스의 스토리가 틀렸음을 입증하려고 노력한다. 그러나 BIGWOOD (1993)는 A.가 코끼리에 대한 지식을 습득한 문헌에 집중한다. 코끼리에 대한 추가적인 내용은 이 책 '돌고래의 코골이'의 #36과 '새 바람'의 #47를 참고하라. A.가

HA 579a31, HA 594b18, HA 629b12, GA 760b23에서 제공한 사자에 대한 정보는 대체로 부정확하다. A.는 유럽에 분포하는 아시아사자에 대한 정보를 대부분 (기원전 430년경에 저술된) 헤로도토스의 책에서 얻지만, HA 629b12는 사냥꾼들에게도 의존하는 것으로 보이며 두 종류의 사자를 구분한다; 기원전 380년경에 저술활동을 한 크세노폰은 마케도니아의 사자 사냥에 대해 독립적으로 말한다; 역사적 분포에 대해서는 BIGWOOD (1993) p. 236 n. 6과 SCHNITZLER (2011)를 참고하라. A.는 HA 616b5, PA 644a33, PA 658a10, PA 695a15, PA IV, 14, GA 749b15, GA 752b30에서 타조에 대해 말한다. 그는 HA 499a23에서 낙타의 발가락을 논의한다. 낙타에 대한 그의 진술은 약간 모호하며 '뒤'와 '앞'이 정확히 무엇을 의미하는가에 따라 다양한 해석이 가능하다, LONES (1912) pp. 191-2. 나는 '뒤'와 '앞'을 각각 '뒷발'과 '앞발'로 해석한다. 만약 이 해석이 맞는다면, A.의 진술은 정확하다. 왜냐하면 뒷발의 틈cleft이 앞발의 틈보다 실제로 깊기 때문이다. A.는 낙타의 위가 정확히 몇 개의 방으로 나뉘어 있는지 말하지 않는데, 이는 많은 문제를 야기한다: 방의 개수와 반추위와의 관계는 수 세기 동안 논쟁 거리였다, WANG et al. (2000). 부식성 있는 똥을 분사하는 들소에 대해서는 HA 630b9를 참고하고(cf. Mirab 1), 소아과Bovinae 동물이 포식자에 대항하는 행동에 대해서는 ESTES (1991) p. 195를 참고하라; 아메리카들소의 경우에도 동일한 행동이 보고되어 왔다.

22

하이에나. A.는 HA 579b15에서 하이에나를 기술한다; cf. GA 757a3. 많은 사람들은 이 설명에서 점박이하이에나(*Crocuta crocuta*)의 가성반음양 pseudohermaphroditism에 대한 기술을 봐 왔지만, 이것은 타당해 보이지 않는다, 용어해설 2에서 줄무늬하이에나를 참고하라. THOMPSON (1910)은 HA 579b23에서 오역을 했으므로, '수컷'을 '암컷'으로 바꿔야 한다. A.는 암컷이 '수컷의 기관을 닮은 기관'을 갖고 있다고 말하지 않는다. BIGWOOD (1993)에 의하면, A.는 이국적 동물학에 대한 지식을 칼리스테네스에게서 얻는다고 한다; 그는 또한 크니도스의 에우독소스Eudoxus of Cnidus를 언급한다. 이 책 '코스모스'의 #102를 참고하라. BROWN (1949)은 A., 알렉산드로스, 칼리스테네스 간의 관계를 논의하지만, ROMM (1989)은 평판을 높이는 전통에 대해 이야기한다. 물론 한 명 이상의 미지의 협력자Unknown Collaborator가 있을 것이다; 다윈이 엄청난 서신교환 네트워크에 의존했다는 점을 상기하라.

23

해부학. A.가 얼마나 많은 종류의 동물을 해부했는지 정확히 알기는 어렵지만, but LONES (1912) pp. 102-6은 48 spp.을 제안하는데, 이는 너무 많은 것이 분명하다. 왜냐하면 여기에는 A.가 잘 모르는 코끼리 등의 동물이 포함되어 있기 때문이다. A.는 HA 491b28에서 두더지aspalax를 해부한 것에 대해 말한다; 용어해설 2에서 두더지를 참고하라. 그의 절묘한 갑오징어 해부는 HA IV, 1에 나온다. A.는 HA 525a8에서 해부된 갑오징어의 다이어그램을 언급한다. NATALI (2013) ch. 3, 3이 논의한 바와 같이, 그는 자신의 저술에서 다이어그램이나 표表를 종종 이야기한다.

24

사람의 내장 해부. A.는 HA 491a20에서 사람의 신체부위를 가장 먼저 이해해야 한다고 말한다. LLOYD (1983) ch. I, 3은 사람을 하나의 모델로서 논의하고, A.가 사람에게 독특하다고 주장한 특징의 목록을 제시한다. 그러나 그는 이 목록이 다양한 곳(e.g. A.가 유인원을 고려할 때)에서 통용된다고 지적한다. A.는 HA 494b19에서 사람의 내장을 해부하는 데 있어서 모호한 점을 이야기한다. 그는 HA 495b24와 HA 496b22에서 사람의 위와 지라의 형태를 콕 집어 언급하지만, 이 점을 제외하면 그가 사람의 시신을 해부했다고 제안할 만한 증거는 거의 없다. LEWES (1864) pp. 160-70는

A.가 사람을 해부했는지 여부를 논의하고, p. 157에서 그의 기술이 현대의 해부학자들보다 열등하다고 주장함으로써 A.의 해부를 불공평하게 묵살한다; COSANS (1998)는 더욱 동정적으로 설명한다. LLOYD (1973) ch. 6과 LLOYD (1975)는 에라시스트라토스, 헤로필로스, 알렉산드리아의 해부를 논의한다. 인간의 자궁이 둘이라는 A.의 주장은 HA 510b8과 OWEN (1866) vol. 3, pp. 676-708을 참고하라; 사람의 갈비뼈 개수에 대해서는 HA 583b15를 참고하고, 그가 실수한 이유에 대해서는 LEWES (1864) pp. 155-70과 OGLE (1882) n. PA I, 5를 참고하라. 흔한 가축 중에서, A.가 여덟 쌍의 갈비뼈를 봤을 만한 동물은 없다. 가축의 신장에 대해서는 OWEN (1866) vol. 3, pp. 604-9와 SISSON (1914) pp. 564-70을 참고하라. A.는 HA 583b14에서 사람의 태아를 기술한다. 부분적으로 결함이 있지만, 그의 탁월한 심혈관계 해부학은 HA III, 2-4에 나온다; cf. HA 496a4, PA III, 4. 그는 자신의 전임자들을 다음과 같이 언급한다: 시에네이시스 HA 511b24, 디오게네스 HA 511b31, 폴리보스 HA 512b12. A.와 히포크라테스학파의 관계에 대해서는 OSER-GROTE (2004)를 참고하라. 자신의 해부에 대한 A.의 권위 주장: HA 513a13, cf. PA 668a22; HA 496a8; PA 668b26. A.가 PA에서 '해부'나 '해부학'을 언급할 때 나는 그가 책을 지칭한다고 가정하지만, 그는 일반적인 연구를 의미할 수도 있다, LENNOX (2001a) pp. 179, 257, 265. A.의 심혈관계 설명의 진실성(특히, 포유동물의 심장이 세 구획으로 이루어져 있다고 생각한 이유)을 다룬 문헌들은 엄청나게 많다; 이중에서 중요성이 높은 것들은 다음과 같다: HUXLEY (1879), OGLE (1882) pp. 193-6, THOMPSON (1910), n. HA 513a30, LONES (1912) pp. 136-47, HARRIS (1973) pp. 121-76, COSANS (1998), KULLMANN (2007) pp. 522-51. A.는 HA 513b21, HA 514a23, PA 668b1에서 모세혈관을 언급한다.

25

A.의 기술적 동물학의 수준은 어느 정도일까? A.는 HA 506b26에서 태생 네발동물의 비뇨기계 해부학을 기술한다. BOJANUS (1819-21)는 고전적인 신장의 형태와 거북의 신장 모듈 구조를 설명한다. A.는 HA 544a20의 euripos Pyrrhaion에서 성게에 대해 이야기한다. A.의 주장에 따르면, 가시 spine에 장식된 해초와 다른 찌꺼기들을 근거로 식용 성게를 알아볼 수 있다고 한다 (HA 530b16); 에게해에서 이런 행동을 하는 동물은 *P. lividus*밖에 없지만, 그 이유는 미스터리다, CROOK et al. (1999). 심지어 오늘날에도 레스보스의 원주민들은 장식된 성게만을 사냥하지만, 장식되지 않은 비식용 성게(*Arbacia lixula*)가 더 흔하다. A.는 HA 531a3에서 '아리스토텔레스의 등燈'으로 알려진 부위를 기술한다, cf. HA 530b24; LENNOX (1984)는 우리가 오늘날 '아리스토텔레스의 등'이라고 지칭하는 부위가 '그가 비유한 대상의 일부'일 뿐이라고 주장하지만, VOULTSIADOU와 CHINTRIROGLOU (2008)는 고대古代의 등燈 그림을 제시하며 문제를 분명히 했다. 올리브숲에 둥지를 트는 딱따구리에 대해서는 HA 614b11을 참고하고, 딱따구리에 대한 더욱 일반적인 사항은 용어해설 2를 참고하라. CUVIER (1841) vol. I, p. 132는 A.의 동물학을 칭찬한다; LEWES (1864) pp. 154-6, BOURGEY (1955), LLOYD (1987) p. 53은 과거의 동물학자들에게서 이와 비슷한 구절들을 수집한다. 이들 중에서 HALDANE (1955)와 BODSON (1983)는 A.의 경험적 연구의 품질을 현대 생물학의 관점에서 체계적으로 검토할 것을 요구했는데, 이들의 주장은 지금도 유효하다.

26

부성애 넘치는 메기. A.는 HA 621a21에서 메기의 부성애를, its development at HA 568a20에서는 발생을, HA 490a4, HA 505a17, HA 506b8에서는 해부학을 기술한다. CUVIER와 VALENCIENNES (1828-49) vol.

14, bk 17, ch. 1, pp. 350-1은 glanis를 *S. glanis*로 농정했고, AGASSIZ (1857)는 *S. aristotelis*라는 학명을 제안했지만 공식적으로 기술하지는 않았다; GARMAN (1890)은 이것을 공식적으로 기술했다. AGASSIZ, GARMAN, HOUGHTON (1873), GILL (1906), GILL (1907)은 모두 그 이야기를 반복하지만, 수컷 *S. aristotelis*가 둥지를 짓고 알을 지키는 장면을 실제로 목격한 사람은 아무도 없는 것 같다; 그러나 I. Leonardos, University of Ioannina (pers. comm. 2010)는 A.의 팩트를 확인하고 '치어가 서서히 성장한다'고 덧붙인다. 나는 정보를 제공한 그에게 감사의 뜻을 표했다. A.는 HA 607b18에서 또 다른 물고기(phykis)의 부성애를 기술하고, 이것이 이런 행동을 하는 유일한 해양어류라고 주장한다. 이 물고기의 정체는 불분명하지만, 둥지를 짓는 해양어류가 한 종류뿐이라는 A.의 제안은 틀리다. 왜냐하면 에게해에 서식하는 여러 가지 놀래기, 망둥이, 베도라치가 둥지를 짓고 새끼들을 보호하기 때문이다. 그는 HA 608a1에서 동물들의 특징을 언급한다.

27

hectocotylus. A.는 HA 525a19와 HA 622b8에서 nautilos를 언급한다. OWEN (1855) pp. 630-1은 hectocotylus 발견의 초창기 역사를 제시한다. A.는 HA 524a4와 HA 541b8에서 수컷 문어의 촉수를 기술하고, HA 544a8와 GA 720b32에서 문어의 번식 습성을 기술한다. LEWES (1864) pp. 197-201은 A.가 hectocotylus를 봤다는 설을 매우 신랄하게 조롱하지만 틀렸다. 왜냐하면 STEENSTRUP (1857)과 FISCHER (1894)가 A.가 본 것을 증명했기 때문이다. THOMPSON (1910)는 A.가 볼 수 없는 종種에 속하는 hectocotylus를 이용하여 A.의 구절을 공들여 설명한다; *Octopus vulgaris*의 진실은 훨씬 더 미묘하다.

28

상어의 번식. A.는 HA VI, 10-11에서 selachean의 생식계 해부학을 기술한다; cf. HA 511a3 and GA III, 3. 별상어의 태반에 대한 유명한 기술은 HA 565b4에 나온다; cf. GA 754b28. A.의 별상어의 역사에 대해서는 MULLER (1842), COLE (1944), THOMPSON (1947) pp. 39-42, BODSON (1983)을 참고하라. batrakhos의 정체와 번식에 대해서는 HA 505b4, HA 564b18, HA 570b29, GA 749a23, GA 754a26, GA 754b35, GA 755a8, GA 749a24를 참고하라. THOMPSON (1940) p. 47은 A.의 업적을 요약한다.

29

자연. 자연에 관한 실러의 말은 THOMPSON (1940) p. 39에서 인용했지만, 원전原典은 1884년에 나온 On Simple and Sentimental Poetry라는 에세이다. 알카이오스의 운문은 BARNSTONE (1972) pp. 56-8에 의해 번역되었다. 호메로스의 인용문은 Odyssey X, 302-3 [trans. MURRAY (1919)]에서 인용했다. 데모크리토스는 DK 68B33 [trans. BARNES (1987)]에서 자연을 언급한다. LLOYD (1991) ch. 18은 고대 그리스의 '자연의 발명invention of nature'의 사회적 맥락을 논의한다. A.는 Metaph IV, 4 and Phys II, 1에서 자연을 정의한다; 아리스토텔레스적 자연에 대한 입문서로는 LEAR (1988) pp. 16-17를 참고하라. A.는 Phys 193a3에서 자연의 특질(내재적 특성)이 자명하다고 주장한다.

30

유물론자들. 플라톤이 데모크리토스의 책을 태워버리고 싶어했다는 말은 DL IX, 38-40에 나온다. 이와 대조적으로 A.는 D.에 관한 책을 썼는데, 이 책에서 그의 물리학 이론을 개괄적으로 소개하고 이것이 생물학에 던지는 시사점을 덧붙인다: FR F208R3. A.는 Phys II, 4-8, Metaph I, 3-4, DA I,

2-3, PA 640b5에서 유물론자들을 반복적으로 공격한다. 그의 공격의 핵심을 이루는 개념은 '자발적spontaneous'인데, 이 개념은 내가 A.의 자동기계automaton와 tyche를 설명할 때 모두 사용된다. 두 단어는 모두 '목적을 가진 주체agent의 산물인 것처럼 보이지만, 사실은 그렇지 않은 사건 또는 현상'을 지칭한다. 한 가지 차이점은, tyche (종종 '행운'으로 번역된다)는 합목적적일 수 있지만 인간의 지능 때문에 그렇지 않은 데 반해, automaton (종종 '자발적', '자동적', '우연한'으로 번역된다)은 합목적적일 수 있지만 목적을 가진 주체 (예: 어떤 동물의 욕구) 때문에 그렇지 않다는 것이다. 그러므로 automaton이 더 포괄적인 단어다. 두 단어 모두 간혹 '기회'로 번역되지만, 이것은 동전 던지기 같은 확률적 과정의 결과를 시사하기 때문에, A.가 이 대목에서 염두에 두고 있는 것과 다르다. 내가 '자발적'을 두 단어에 모두 사용하는 이유는 다음과 같다: (i) 나는 인간을 행위주체로 취급하지 않는다; (ii) A. 역시 두 단어를 일관되게 구별하지 않는다; (iii) '자발적'은 '결정적이지만 설계되지 않은 결과'라는 개념을 포착하는 것 같다. 마지막으로, A.도 나와 마찬가지로 자연히 발생한 동물들을 기술할 때 automaton을 다른 방식으로 사용한다는 데 주목해야 한다; 이 책 '굴을 위한 레시피'의 #76-#78을 참고하라.

엠페도클레스의 이론과 사상. E.의 혼합이론은 DK 31B8에 나오며, A.에 의해 Metaph 1015a1에서 인용된다. E.의 동물발생은 다음과 같은 단편들에서 재구성될 수 있다: 조직 형성, DK 31B96, DK 31B98; 신체부위, DK 31B57; 무작위 조합, DK 31B59. 그의 이론의 상당 부분은 불투명하며, 사랑과 불화를 어떻게 이해할 것인지(원소들의 내재적 속성, 외적인 물리력, 신의 힘, 또는 셋 다)에 대한 이론은 특히 그렇다. 심플리키오스는 자신의 Physics 371.33-372.11 [trans. LONG and SEDLEY (1987)]에서 E.의 설명을 분석한다. E.는 선택의 원리principle of selection를 명확히 진술했음에도 불구하고 지속적인 진화를 상상하지 않았다. 또한 A.는 전성설preformationism 비판에서, 배아선택을 E.에게 귀속시키지만 (이 책 '거품'의 #67 참고), E.가 정말 이것을 믿었는지는 불확실하다. 그러나 E.는 우리 시대에 괴물들이 나타난다는 점을 인식하는 것 같다; SEDLEY (2007) pp. 31-74 참고. CAMPBELL (2000)은 히포크라테스적인 On Ancient Medicine 3.25에서 자연선택에 의한 진화를 탐지할 수 있다고 주장한다. 그러나 이 텍스트가 (다이어트에 의한) 선택을 논의하는 것이 분명함에도 불구하고 강인한 개체가 강인한 체질을 대물림하는지(즉, 진화시키는지)는 불분명하다. 에피쿠로스/루크레티오스에서 선택에 부합하는 사례는 설득력이 훨씬 더 높다; CAMPBELL (2000)과 SEDLEY (2007) pp. 150-5 참고. A.는 Phys II, 8에서 나보다 더 추상적으로 표현하지만, 그가 유기체의 방생을 염두에 있는 것은 분명하다. LLOYD (1970) ch. 4와 SEDLEY (2007) chs II, V는 소크라테스 이전의 유물론자들을 일반적으로 논의한다; 텍스트와 주석은 BARNES (1982) chs XV-XX 참고. 데모크리토스의 원자론에 대해서는 BARNES(1982) p. 377을 참고하라. A.의 유물론자 비판에 대해서는 NUSSBAUM (1978) pp. 59-99, WATERLOW (1982) ch. II와 JOHNSON (2005) chs 4, 5를 참고하라.

31

목적론적 설명의 기원. A.는 Metaph 984b15에서 아낙사고라스를 칭찬한 다음(cf. DA 405a20), Metaph 985a19에서 그를 비판한다. 소크라테스-플라톤은 Phaedo 98B-99C에서 아낙사고라스를 비판한다; JOHNSON (2005) pp. 112-15 참고. '목적론'의 18세기 기원에 대해서는 JOHNSON (2005) p. 30을 참고하라. PALEY (1809/2006) p. 24는 눈꺼풀을 칭찬하는 기색을 보이고, Mem I, 4.6 [trans. DAKYNS (1890)]에 의하면 소크라테스도 이렇게 한다; A.가 눈꺼풀에 대해 언급한 것은 PA II, 13을 참고하라. 소크라테스에서 기원하는 설계논증에 대해서는 JOHNSON (2005) pp. 115-17과 SEDLEY (2007) pp. 78-92를 참고하라. 플라톤이 언급한 선善

과 신성함에 대해서는 Tim 29A, Tim 30A, Rep 530A를 참고하라. P.가 언급한 인간 장인에 대해서는 Gorgias 503D-504를 참고하라. P.의 동물학은 im 72D-73과 Tim 74E-75C에 나온다. P.가 언급한 소화관에 대해서는 im 73A를 참고하고, 손톱이 동물의 앞발로 변형된 것에 대해서는 Tim 76D-E를 참고하라. P.의 유물론 혐오는 Laws 889A-890D에서 뚜렷이 나타난다. LENNOX (2001b) ch. 13은 P.의 부자연스러운 목적론을 논의한다. LLOYD (1991) ch. 14는 P.의 과학에 대해 나보다 덜 부정적인 견해를 제시한다.

32

목적론. '어떤 움직임이 … 우리 모두는 x가 뭔가를 위하여 존재한다고 말한다': PA 641b25; 이 문구의 다른 용례나 문법적 관계에 대해서는 GOTTHELF (2012) pp. 2-5를 참고하라. There is a huge literature on A.의 목적론적 설명 시스템에 대한 참고문헌은 어마어마하게 많다; 여기서는 최근 출간된 중요한 모노그래프와 생물학에 중점을 둔 에세이집을 선별적으로 제시한다: KULLMANN (1979), GOTTHELF와 LENNOX (1987), LENNOX (2001b), QUARANTOTTO (2005), JOHNSON (2005), LEUNISSEN (2010a), GOTTHELF (2012). A.는 MA 701b2에서 꼭두각시와 생물을 언급한다; 이 책 '갑오징어의 영혼'의 #59를 참고하라. A.는 Phys II, 8, PA I, 1, Metaph VII, 7에서 인공물과 생물을 비교하지만, Phys 199a8과 Phys 199b30에서 지적인 장인에 대한 반론을 제시한다. A.는 Metaph 988a7에서 플라톤의 목적론을 부정하지만, P.는 Philebus 54C에서 발생을 말할 때 '그것을 위하여'를 사용한다; JOHNSON (2005) pp. 118-27 참고. A.가 언급한 소화관의 작동에 대해서는 PA 675b23을 참고하라; 생식기의 형태에 대한 병렬적 논증에 대해서는 GA 717a21을 참고하라. A.가 언급한 몸의 목적에 대해서는 PA 645b15를 참고하라.

33

형상. Plato플라톤은 Tim 30C-31A에서 지적인 살아 있는 창조물Intelligible Living Creature과 종속된 형상subordinate Forms과의 관계를 개관한다; CORNFORD (1997) pp. 39-42. A.는 Metaph I, 9에서 플라톤적 형상을 비판한다. A.는 HA 486b224에서 새와 물고기의 많은 eide를 언급한다. THOMPSON (1910) n. 490b16은 'A.가 eidos를 매우 다양한 방식으로 사용하므로, 일률적으로 '종'으로 번역해서는 안 된다'고 지적한 최초의 학자들 중 하나였다. BALME (1962a)과 PELLEGRIN (1986)은 나중에 이런 식의 해석을 더욱 발전시켜, 이것을 'A.는 분류학적 프로젝트에 몰두했다'는 주장에 대항하는 무기로 사용했다. A.는 PA 643a13, Metaph 1034a5, DA 415b6, HA 486a16에서 atomon eidos라는 용어를 사용한다. 하지만 심지어 이 부분에서도, 'atomon eidos가 개체와 종 중 어느 쪽을 지칭하는지(아니면 둘 다 지칭하는지)를 둘러싸고 논란이 많다. A.는 전혀 명확하지 않다. 혹자—이를 테면 BALME (1987d), HENRY (2006a), HENRY (2006b)—는 개체라고 주장하지만, GELBER (2010)는 통상적으로 종을 의미한다고 주장하며, 두 개체가 동일한 '나눌 수 없는 형태indivisible form'를 공유할 수 있다는 설득력 있는 설명을 덧붙인다. 이런 해석은 A.의 유전이론을 읽는 데 영향을 미친다. 왜냐하면, 이로 인해 준특이적sub-specific이고 추가적인 유전적 변이—나는 이것을 비형상적 변이informal variation라고 부른다—를 동원하지 않을 수 없기 때문이다; 이 책 '양羊의 계곡'의 #70과 #73 참고. A.는 PA 641a6에서 목수의 비유를 이용하여 형상을 설명하고, Metaph VII, 17에서는 형상의 음절이론을 설명한다. DELBRUCK (1971)는 형상을 정보로 해석하자고 역설했으며, 많은 학자들의 지지를 받아 왔다, e.g. FURTH (1988) pp. 11-120, KULLMANN (1998) p. 294, HENRY (2006a), HENRY (2006b); 그러나 다른 견해도 있는데, 이를테면 DEPEW (2008)를 참고하라.

34

네 가지 설명 방법. A.는 GA 715a4(인용구는 여기에 나온다), Phys II, 3, PA 642a2에서 자신의 네 가지 인과적 설명을 빈번히 언급한다. PECK (1943) pp. xxxviii-xliv, LEUNISSEN (2010a), LEUNISSEN (2010b)은 A.의 인과적 설명 시스템을 전반적으로 논의한다. LEAR (1988) pp. 29-31은 A.의 '원인'이 흄의 원인과 어떻게 다른지 설명한다. A.가 생물학의 역사에 대한 인과적 설명을 네 가지로 나눈 것의 영향력은, 이 분야의 고전인 RUSSELL (1916)의 위대한 주제 중 하나다. HUXLEY (1942), MAYR (1961), TINBERGEN (1963)은 현대 생물학에서 다른 종류의 인과적 설명을 제시했다; 마이어는 A.를 명시적으로 인용하지만, 틴베르헌은 그러지 않는다; DEWSBURY (1999)도 참고하라. 이들이 제시한 방법과 A.의 방법의 중요한 차이는, A.에는 진화적 차원이 없는 반면 이들에게는 있다는 것이다. A.를 단순한 종합자synthesizer나 플라톤의 아류로 간주해 온 사람들 중에는 POPPER (1945/1962) vol. 2, ch. 11과 SEDLEY (2007) pp. 167-204가 있다. 그러나 전통은 낡았으며, 신플라톤주의 프로젝트 전체를 뒷받침한다.

35

조류전시관 & 자연을 빚어내는 방법. 자연사박물관의 역사와 전시물에 대해서는 STEARN (1981)을 참고하라. LENNOX (2001b) ch. 2는 A.가 자신의 데이터를 배열하는 방법을 논의한다.

36

자연사가로서의 A. PERFETTI (2000) p. 16—이 책에는 테오도루스 가자가 번역한 A.의 동물학 저서인 GAZA (1476)의 서문이 실려 있다—은 플리니우스가 가자에게 영향을 미쳤음을 지적한다. BEULLENS과 GOTTHELF (2007)는 가자가 번역한 HA의 연대와 구조를 논의한다. 플리니우스가 코끼리에 대해 기술한 부분은 Plin VIII, 1, 13, 32 [trans. RACK-

HAM et al. (1938-62)]에서 인용했다. 'A.가 자연사를 연구하지 않았다'는 견해는 A. 학자들 사이에 널리 퍼져 있다. FRENCH (1994)는 이런 견해에 반대하지만, '자연사가로서의 A.'에 대한 그의 견해는 자신의 기준에도 부합하지 않는다.

37

분류학자로서의 A. A.의 분류학 기술에 대한 CUVIER (1841)의 찬사는 PELLEGRIN (1986) p. 11에서 인용했다. 현대 그리스어의 물고기 이름은 KOUTSOGIANNOPOULOS (2010)에 나오는데, 이 책은 그리스 물고기에 관심 있는 사람들의 필독서이지만 지금껏 그리스어로만 출간되었다. A.는 HA 574a16에서 여러 품종의 개를, HA 525b7에서 hippos라고 불리는 게를, HA 617a23에서 kyanos라고 불리는 새를 언급한다. 그는 두족류에 많은 지면을 할애하며, 특히 HA IV, 1에서 두족류의 해부학을 논의하지만 (이 책 '해부학'의 #23을 참고하라) 다른 많은 부분에서도 두족류를 다룬다. 배낙지에 대해서는 HA 622b8을 참고하라 (HA 525a19, 이 책 '해부학'의 #27과 비교할 것). '소라처럼 껍데기 안에 사는' 불가사의한 두족류는 HA 525a26에 기술되어—아주 조금—있다; SCHARFENBERG (2001) 참고. A.는 HA 525b6에서 다른 종류의 게에 대해 말한다; cf. PA 683b26. DIAMOND (1966)는 뉴기니의 고지대 사람들이 새의 종種을 구별하는 능력을 기술한다; ATRAN (1993)는 민간분류학folk-taxonomy을 전반적으로 논의한다; 또한 그는 A.의 분류법에 한 장章을 할애하는 친절을 베푼다.

대분류군. A.는 중요한 대분류군들을 다음과 같이 기술한다: 온혈동물, HA II; 무혈동물, HA 490b7, HA 523a31; 그밖의 대분류군, HA IV. 그는 PA 644b5에서 ornithes와 ikthyes 같은 이름들을 가리켜 토착어라고 한다; cf. PA 643b9. 그가 새로 사용한 전문적 이름 중 일부 (e.g. malakostraka)는 사실 '이름 비슷한 표현', 다시 말해서 명사를 대체하는 간략한 기술

shorthand description이다: cf. APo 93b29-32; PECK (1965) pp. lxvii, 31, LENNOX (2001a) p. 155. 이런 이름을 사용하는 관행은 아카데메이아에서 시작된 것으로 보인다; 스페우시포스는 malakostraka를 사용했으며 정의definition에 관심이 많았다; WILSON (1997) 참고. A.의 gene의 위계는 매우 불완전하지만, 어떤 종속된 종류도 하나 이상의 위치에 존재하는 것을 허용하지 않는다; cf. Top IV, 2. 많은 gene은 고작해야 enhaima 또는 anhaima로 분류되고(e.g. 사람), enhaima 아닌 genos로 분류되는 경우는 없다, HA 490b18. 다음 구절들은 A.가 위계적 분류에 종사했음을 시사한다: 유혈동물에 대하여, HA 505b26; 무혈동물, HA 523a31, HA 523b1; 부드러운 껍데기, PA 683b26, cf. HA 490b7. 그는 PA 642b30과 PA 643a8에서, 하나의 분류에서 각각의 동물은 오직 한 번만 나타나야 한다고 말한다. Borges (1942) 'El idioma analitico de John Wilkins' [존 윌킨스의 분석적 언어] in BORGES (2000) p. 231은 (출처가 불분명한) 중국의 백과사전에 대해 말한다. 정체polity에 대한 A.의 2차원적 분류orthogonal classification는 Pol III, 7에 나온다. 이 분류는 Pol IV, 3에서 제시한 방법의 결과물이다. 사실, A.는 거기서 국가의 분류를 동물의 분류와 명확히 비교하고 '우리는 (국가나 동물을 이루는) 기관의 모든 변이체들을 취하여 2차원적으로 배열하라고 권한다: '기관이 여러 형태로 배열되는 것처럼, 많은 형태의 정부들이 있기 마련이다.' 그러나 그는 동물을 분류할 때 절대로 이렇게 분류하지 않는다. 왜냐하면 이럴 경우 필연적으로 공란vacant class이 생기기 때문이다. 예컨대, 당신이 동물을 두 종류의 특징—구강기관 (치아 v. 부리)과 피부기관 (모발 v. 깃털)에 기반하여 분류하려 한다고 가정하자. 2차원적 분류는 동물을 4가지 유형으로 나누게 될 것이다: (i) 치아-모발, (ii) 부리-모발, (iii) 치아-깃털, (iv) 부리-깃털. 이 네 가지 유형 중에서 (i)은 포유류이고 (iv)는 조류이지만, (ii)와 (iii)은 존재하지 않는다. 사실, '오리 부리를 닮은 주둥이'를 가진 오리너구리는 부리가 없다. 이는 2차원적 분류의 비효율성을 증명하는데, 이것은 생물학적 실체들 사이의 실제적인 공분산covariance

을 반영하지 않기 때문이다. 내가 생각하기에, A.는 원래 2차적인 분류를 고려했지만, 생물학을 처음 시작했을 때 이것이 터무니없음을 알고 포기한 것 같다. 사슬 그는 Pol에서조차 '2차원적 분류를 하라'는 자신의 권고를 따르지 않았다. 왜냐하면 나중에 Pol III, 7에서 주어진 gene을 더욱 세분함으로써, 그의 완전한 정치적 헌법 분류가 내포성을 띠게 되기 때문이다.

genos의 의미. Metaph V, 28; PELLEGRIN (1986) ch. 2참고.

분류의 방법. 플라톤은 States 257-68e에서 왕을 정의한다. 그는 States 266D에서 왕을 가리켜 '쉬운 삶을 살도록 고도로 훈련된 모든 사람들과 경쟁한다'고 하며 재미있어 한다. 그의 분류체계에서 '깃털 없는 두발동물을 돌보는 목동'—왕—의 자매그룹은 '깃털 달린 두발동물을 돌보는 목동'—거위—이며, 힘들지 않은 직업임이 분명하다. A.는 Metaph VII, 12과 APo II, 5, 13, 14에서 P.의 분류방법을 따르지만, 약간의 기술적인 변형을 도입한다; 그의 비판은 PA I, 2-3에서 더욱 광범위해진다; BALME (1987b), LENNOX 2001a) pp. 152-472 참고. 어떤 학자들이 주장하기를, A.의 분류의 목표는 분류가 아니라 정의definition라고 한다. 그러나 PA I, 4를 보면, 그가 종류를 확인하는 데 관심이 있으며, 실제로 이렇게 하는 것이 분명하다; LENNOX (2001a) pp. 167-9과 이 책 '돌고래의 코골이'의 #41 참고. P.는 Phaedrus 265E에서 '우리는 관절을 자르지 말아야 한다 …' 라고 말한다.

38

분류학적 방법론. diaphorai(차이)의 목록에 대해서는 HA I, 1을 참고하라. 이런 차이를 기술하는 용어인 '정도the more and the less'에 대해서는 PA 692b3를 참고하고(cf. HA II, 12-13), 전반적으로는 HA 486b13, HA 497b4, PA 644a13를 참고하라; LENNOX (2001b) ch. 7. A.는 IA 4,

PA 665a10, HA 494a20에서 동물의 기하학을 제시한다. 사람은 독보적이다: HA 490b18, HA 505b31. A.는 HA 523b22, PA IV, 9, IA 706a34에서 갑오징어와 복족류의 기하학을 논의한다; 이 책 '돌숲'의 #91과 '코스모스'의 #97도 참고하라; 식물의 기하학에 대해서는 IA 706b5, LBV 467b2, Phys 199a26, PA 686b35을 참고하라. A.의 유사체 이론은 HA 486b18, HA 497b11, PA 644a22에 나온다. 어떤 사람들은 A.의 사용법이 OWEN (1843)의 유사성 정의('한 동물의 부분이나 기관의 기능이 다른 동물의 부분이나 기관의 기능과 동일함')와 매우 비슷하다고 생각한다. A.가 종종 기능적 유사성을 명시하지 않는다는 LENNOX (2001a) p. 168의 지적은 원칙적으로 옳지만, 그는 간혹 명시하기도 한다 (e.g. 심장과 심장-유사체). 유사체에 대해서는 LLOYD (1996) ch. 7, LENNOX (2001b) ch. 7, PELLEGRIN (1986) pp. 88-94를 참고하라. PELLEGRIN은 'analogon이 분류적 기능을 수행하지 않는다'고 주장하지만, 나는 그의 주장을 납득할 수 없다. 두족류의 '뇌'에 대해서는 PA 652b24, HA 494b28, HA 524b4를 참고하라; LENNOX (2001a) pp. 209-10. RUSSELL (1916) p. 7과 BALME 과 GOTTHELF (1992) p. 120은 A.가 함축적인 상동성 개념을 사용한다고 주장한다; 그러나 '조건 없이 without qualification 같은 부분'이라는 말이 다의적이라는 점을 주목해야 한다, LENNOX (2001b) ch. 7. A.는 HA 516b20과 PA 655a20에서 뱀의 골격과 뱀과 난생 네발동물을 비교하고, HA 508a8과 PA 676a25에서 '뱀은 다리 없는 도마뱀과 비슷하다'고 말하고, HA 498a32와 PA 657a22와 PA 697b5에서 물개에 대해 말한다.

39

다중원칙 분류법. A.는 HA 490b19에서 일부 육상동물을 분류하는 방법을 고려한다. 이 구절은 대분류군들을 논의하는 도중에 나오므로, 이것들을 설명하려고 그러는 것처럼 보인. 그는 HA 490b23과 HA 505b5에서 뱀이 하나의 genos라고 말한다. 그는 PA 643b9에서 '여러 가지 특징들을 동시에 고려하여 분류할 필요가 있다'고 지적한다. 다중원칙 분류법과 그 역사에 대해서는 BECKNER (1959)과 MAYR (1982) pp. 194-5를 참고하라. MAYR (1982) p. 192, LENNOX (2001a) pp. 165-6, 343와 LENNOX (2001b) ch. 7는 A.가 다중원칙 분류법을 사용했다는 데 동의한다. 타조에 대해서는 이 책 '알려진 세계'의 #21을 참고하라. A.는 HA 502a34와 PA 689b31에서 세 종류의 유인원을 논의한다 (네 번째 유인원 사례는 다른 곳에서 언급한다). 바바리원숭이가 이원적 동물dualizer인 것은 수렴진화 때문이 아니라 두 가지 분기된 종류divergent kind(네발동물과 사람) 사이에 있기 때문이다. 이는 A.가 사람을 태생 네발동물에 배치하는 것을 한사코 거부했기 때문에 초래된 결과다; 그는 자연적인 종류를 억지로 쪼갰는데, 이에 대한 유일한 이유는 사람의 특별함을 믿었기 때문이다 (이 책 '코스모스'의 #97 참고)., 이원적 동물에 대해서는 LLOYD (1983) ch. I, 4와 LLOYD (1996) ch. 3을 참고하라.

40

돌고래. Herod I, 24는 아리온의 이야기를 들려준다. 고대의 돌고래 이야기, 특히 돌고래의 등에 올라탄 사람에 대한 이야기는 THOMPSON (1947) pp. 54-5을 참고하라. A.는 HA 631a8에서 소아성애적 돌고래에 대해 이야기하고, JSVM 476b12, HA 589a33, PA 655a15, PA 669a8, PA 697a15에서 고래목 동물의 전반적 특징을 이야기한다. 플리니우스는 Plin IX, 7-10에서 돌고래에 대한 허튼소리를 한다.

41

HA의 프로젝트는 무엇인가? MEYER (1855), BALME (1987b) (1961년 논문의 개정판), PELLEGRIN (1986)은 잇따라 'A.는 분류를 구성하거나 심지어 원했지만, 이것이 다양한 수준의 도그마가 되었다'라는 견해를 공격한다. 그러나 A.는 분명히 하나의 분류를 구성했으며, 비록 매우 불완전하고 자신의 주된 목적과 달랐지만 이것을 사용했다; LLOYD (1991) ch. 1, LENNOX (2001a) p. 169와 GOTTHELF (2012) ch. 12를 참고하라. A.는 PA 644a34에서 분류가 유용한 이유를 말한다. 그가 HA 에서 자신의 정보를 배열하는 방법은 HA 487a10에 나온다. HA에 대한 나의 시놉시스는 다시 톰프슨과 (테오도루스 가자가 들이댄 순서를 사용한) 초기 저자들보다는 BALME (1991)이 제시한 순서에 기반한다; HA.를 구성하는 책들의 진실성 · 계획 · 순서에 대한 논의는 이 책의 서론을 참고하라. 또한 BALME (1991)은 여러 권의 동물학 저서들 중에서 제일 먼저 저술된 것은 HA가 아니라고 주장한다. 사실 모든 책들은 업데이트되었고, A.의 일생 동안—그리고 아마도 그의 후계자들에 의해—많건 적건 서로 통합되었을 가능성이 높다. 그러므로 오늘날 구성의 순서를 알아차리기는 매우 힘들다. A.는 HA 507a32에서 되새김위를 기술한다.' HA가 실증과학의 기본 자료를 제공한다'는 견해는 A.의 동물학을 연구하는 학자들 사이에서 진부할 정도로 널리 인정받고 있다.

42

증명의 필요성. A.는 HA 491a12에서 HA의 목표를 '증명에 필요한 자료 제공를 제공하는 것'이라고 넌지시 말한다, cf. PA 639a13, PA 640a1, GA 742b24; LEUNISSEN (2010a) ch. 3.1을 참고하라.

43

증명 & 삼단논법. 다음의 저술들은 증명에 관한 A.의 논리와 이론을 다룬 것으로, 뒤로 갈수록 난이도가 난이도가 높아진다: BARNES (1996) chs 7-8, ACKRILL (1981) chs 6-7, ROSS (1995) ch. II, ANAGNOSTOPOULOS (2009c), BYRNE (1997), BARNES (1993). 맨 마지막 책은 형식논리에 대한 제대로 된 이해를 요구한다. 뭔가에 대한 과학적 지식을 습득하는 데 필요한 것: APo 71b9. 증명의 조건은 다음과 같이 명시되

어 있다: 전제조건은 참이고 즉각적이어야 한다, APo 71b9; 보편성에 관한 것이어야 한다, APo 71a8, APo 73b25, cf. DA 417b21, Metaph 1036a2, Metaph 1039a24, Metaph 1086b32; 우리는 결론보다 그것에 대해 더 나은 지식을 갖고 있어야 한다, APo 72a25. 호수의 큰가시고기가 요대가시를 잃게 된 이유에 대해서는 SHAPIRO et al. (2004)과 CHAN et al. (2010)을 참고하라. 큰가시고기는 그리스에 서식하는 것으로 여겨지지만, 아리스토텔레스의 물고기 중에서 큰가시고기로 명백히 동정될 수 있는 물고기는 하나도 없다. A.는 '정의definition'를 여러 가지 의미로 사용했는데(Apo II esp. APo 94a11 참고), 나는 여기서 '어떤 사물의 정체what something is에 대한 증명의 결론'이라는 뜻으로 사용한다 [trans. BARNES (1993)]. 그의 과학에서 이러한 인과적 정의causal definition가 수행하는 역할에 대해서는 이 책 '새 바람'의 #47을 참고하라. LLOYD (1996) ch. 1과 LEUNISSEN (2010a)은 목적론적 증명(e.g. PA 640a1)을 논의한다. A.는 APo II, 19에서 일차적 정의primary definition의 필요성을 논의한다; 다른 사례에 대해서는 GOTTHELF (2012) ch. 7을 참고하라. BYRNE (1997) pp. 207-11은 A.와 소피스트들 간의 논쟁을 논의한다.

44

A.의 논증이론의 문제점과 비판. A.는 다음과 같은 문제점들을 분명히 인식한다 (i) 연관성association에서 원인을 잘못 추론함, (ii) 인과관계의 방향을 잘못 추론함, (iii) 다중원인multiple causes. 그는 In APo I, 13에서 '팩트'(삼단논법에 의해 연관성이 증명됨)와 '합리적인 팩트'(삼단논법에 의해 연관성이 증명됨 + 다른 정보를 통해 인과관계의 존재 및 방향을 확신할 수 있음)을 구별한다. 요컨대, 그는 삼단논법 이외의 정보원을 통해 인과관계의 존재와 내용을 알 수 있다고 주장하는 것 같다. 이 주장은 타당하지만, 그의 진술은 그다지 명확하지 않다; LENNOX (2001b) ch. 2를 참고하라. 'A.의 저술들은 왜 삼단논법적 형태로 기술되어 않은가?'라는 이슈는 많은 논란을 초래했

다. BARNES (1996) pp. 36-9는 한 가지 해답을 제시하지만, Kosman은 GOTTHELF (2012) ch. 7에 인용된 글에서, 'A.는 어디에서도 과학을 이런 식으로 기술해야 한다고 말하지 않았다'고 지적하며 이슈 자체를 부정한다. 내가 생각하기에, A.가 자신의 과학을 삼단논법적으로 기술하지 않은 것은 이것이 불가능하기 때문이다. 이것은 사실이다. 그는 APo I, 30에서 증명은 '대체로' 성립하는 관계를 포함할 수 있다고 주장하는데, 이것은 그 자신의 보편성 요건에 위배된다; BARNES (1993) p. 192과 HANKINSON (1995)는 그 어려움에 대해 논의한다. 낙타가 뿔을 갖지 않은 이유에 대한 A.의 임시변통적 설명은 PA 674a30에 나온다; LENNOX (2001a) pp. 280-1. 증명은 EN 1145b2 [trans. modified from NUSSBAUM (1982)]에서 변증법과 뒤섞인다. 이는 우리를 'A.의 공식적인 증명이론이 그의 생물학에서 발견되는 정도'에 관한 논쟁으로 이끈다. 일부 학자들은 '생물학이 증명이론으로부터 많은 정보를 얻는다'고 생각하는 데 반해, 다른 학자들은 양면적인 태도를 취하며 증명의 방법이 다양하다는 점을 지적한다. 굵직굵직한 논의는 BOLTON (1987), LLOYD (1996) ch. 1, LENNOX (2001b) chs 1, 2, LEUNISSEN (2007), LEUNISSEN (2010a), LEUNISSEN (2010b), GOTTHELF (2012) chs 7-9에서 찾아볼 수 있다. A.는 APo II, 13-18 다중원인에 대처하는 방법—세분하여 설명하기—을 논의한다; LENNOX (2001b) ch. 1. 이와 관련하여 그는 APo 97b25 [trans. BARNES (1993)]에서 눈병 치료제를 처방하는 방법에 대해 말한다; 현대의 암 연구에서 찾아볼 수 있는 이와 유사한 사례에 대해서는 HARBOUR et al. (2010)을 참고하라.

45

새의 기능적 아름다움. 새 바람에 대해서는 Meteor 362a24를 참고하라. A.는 HA VII, 3에서 새와 이들의 습성을 기술하고, HA 592b23에서는 티라노스를 논의한다. 그는 PA 692b4에서 많고 적은 새의 특징들을 언급하고, PA 662a34, PA 674b18, PA 692b20, PA 693a11, PA 694a15, PA 694b12에서는 다양성과 생활방식bios의 관계에 대하여 말한다; cf. GA 749a35. 현대사회의 길드와 기능적 그룹에 대해서는 WILSON (1999)을 참고하라. DARWIN (1845) p. 380은 갈라파고스의 새들에 대해 유명한 말을 남긴다. A.는 PA 694b12에서 자연이 기능에 적합한 도구를 만드는 과정에 대해 이야기한다.

46

동물학에서의 목적론. A.는 PA 639b13와 PA 646a25에서 목적인final cause의 우선순위를 언급한다; LEUNISSEN (2010a) ch. 7.1 참고. 그리고 GC 338b1, DA 415a25, GA 731b31에서는 생물이 번식하는 이유를 이야기한다. 엄밀히 말해서 이런 주장은 다음과 같은 경우에만 적용된다: (i) 달 아래 세계의 생물들 (즉, 천상의 생물들은 제외한다); (ii) 번식하는 생물들 (즉, 자연발생 생물들은 제외한다). 여기와 다른 곳 (이 책 '새 바람'의 #46)에서, 나는 번식의 수혜자가 형상이라고 주장한다; 약간 다른 관점은 LENNOX (2001b) ch. 6을 참고하라.

47

코끼리 설명하기. A.는 HA 497b26, HA 536b20, HA 630b26에서 코끼리의 코를 논의한다; 그는 이것을 PA 658b34와 PA 661a26에서 설명한다. 코끼리의 생활방식과 관련하여 HA와 PA에 약간의 불일치가 존재한다. PA에서는 코끼리의 수중생활이 강조되지만, HA에서는 코끼리가 양서류로 거명되지 않는다. 코끼리가 강가에서 사는 것은 맞지만 강물 속에서 사는 것은 아니며, 코끼리는 수영실력이 서툴다; LENNOX (2001a) p. 234, KULLMANN (2007) pp. 469-73, 특히 A.의 코끼리 분석에 대해서는 GOTTHELF (2012) ch. 8을 참고하라. JOHNSON (1980)은 스노클링 하는 코끼리를 기술하지만, 요즘에는 유튜브에서도 이런 코끼리를 볼 수 있다. A.는 PA 659a25에서 코끼리의 다리가 '구부리는 데 부적절하다'고 주장하지만 다른 곳—HA 498a8, IA 709a10, IA 712a11—에서는 코끼리가 다리를 구부릴 수 있다고 제안한다. 그러나 솔직히 말해서 후자는 불확실하다. 크테시아스는 종종 '코끼리가 다리를 구부릴 수 없다고 A.에게 말해 줬다'고 비난받지만, 현존하는 문헌들은 이를 뒷받침하지 않는다, BIGWOOD (1993). 코끼리 다리의 역사에 대해서는 TENNANT (1867) pp. 32-42; 코끼리 다리의 현대적 운동학에 대해서는 REN et al. (2008); 코끼리의 수생생물 계보에 대해서는 GAETH et al. (1999)와 WEST et al. (2003)을 참고하라.

형태와 생활방식 간의 관계. A.는 HA 487a10에서 '동물의 생활방식이 서로 다를 수 있는 방법'에 대한 광범위한 목록을 제시한다; 그러나 PA에서 목적론적 설명을 할 때는 이 목록을 거의 사용하지 않는다. 이는 아마도, LENNOX (2010)가 지적하는 것처럼, HA I, 1에 나오는 생활방식 차이 목록이 숙련된 활동목록과 다르기 때문인 것 같다. (먹이에 중점을 둔 생활방식을 사용한 것에 대해서는 Pol 1256a18을 참고하라.) A.는 HA 620b10에서 노랑씬벵이와 전기가오리의 적응을 언급한다. A.가 생활방식의 관점에서 형태의 다양성을 설명하는 추가적인 사례는 다음과 같다: 물고기의 입과 먹이, PA 662a7, PA 662a31, PA 696b24; 곤충의 날개와 운동성과 손상, HA 490a13, HA 532a19, PA 682b12; 육상동물 vs. 수생동물, PA 668b35.

조건부 필요성. A.는 PA 642a4에서 두 가지 기본적 원인을 구별한다: 무엇을 위한 원인cause for the sake of which, 필요에 의한 원인cause from necessity. 더 나아가, 그는 두 가지 형태의 필요성을 구별한다. 하나는 '조건부 필요성'으로, 하나의 부분이 기능을 적절히 수행하기 위해 가져야 하는 특징을 의미한다. 다른 하나는 '물질적 필요성'으로, 하나의 부분(또는 동물)을 구성하는 물질의 속성 때문에 생겨난 특징을 의미한다; cf. PA

639b24, PA 645b15. 이 두 가지 필요성을 실제로 구별하는 것은 어려우며, A.는 종종 자신이 둘 중 어느 것을 이야기하는지 밝히지 않는다; COOPER (1987)와 LEUNISSEN (2010a) ch. 3 참고.

48

조건부 필요성의 힘. PA는 '설명에 있어서 gene의 중요성'을 강조하는데, 이는 'A.의 분류는 중요하지 않거나 존재하지 않는다'고 믿는 사람들의 성향과 명백히 배치된다; 내가 지금 언급한 것과 비슷한 주장은 GOTTHELF (2012) ch. 9를 참고하라. A.에 의하면 다음과 같은 gene에서 언급하는 부분(또는 활동)은 '실질적 존재substantial being의 정의'(GA 778a34)의 일부분이라고 한다: 조류의 비행, PA 669b10, PA 697b1, PA 693b10; 어류의 수영, PA 695b17; 조류의 폐, PA 669b10; 어류의 혈액, PA 695b17; 조류의 혈액, PA 693b2-13; 혈액 또는 혈액의 부재, PA 678a26; 동물의 감각, PA 653b19. GOTTHELF (2012) ch. 7과 LEUNISSEN (2010a) ch. 3.2는 A.의 이런 주장들의 중요성을 증명한다. 새가 부리를 가진 이유는 '자연이 이렇게 구성했기 때문'이라고 A.는 말할 뿐이다, PA 659b5. 그리고 이것은 새의 '기이하고 독특한 특징'이라고 그는 말한다, PA 692b15. 부리가 새의 소화기관에 미치는 영향에 대해서는 HA 508b25ff.와 PA 674b22를 참고하라. OGLE (1882) p. 241, OWEN (1866) vol. 2, pp. 156-86, ZISWILER and FARNER (1972)는 조류의 소화기관의 다양성을 기술한다.

49

물질적 필요성. BALME (1987d)은 A.의 설명 도식에서 물질적 필요성이 차지하는 역할을 논의한다. A.는 HA III, 2-20 and PA II, 1-9에서 균일부uniform part와 이것의 조성 및 기능에 대하여 간략히 기술한다; A.의 균일부에 관한 지식의 평가에 대해서는 LONES (1912) pp. 107-17을 참고하

라. A.는 PA 646b11에서 균일부는 비균일부non-uniform part를 위한 것이라고 말한다; cf. PA 653b30와 PA 654b26 참고. 균일부와 비균일부의 생리학적 관계에 대해서는 이 책 '피라 해협'의 #107을 참고하라. A.는 HA 530a32에서 심해의 성게를 언급하고, GA 783a20에서 성게의 가시를 설명한다; 성게 가시의 정체에 대해서는 THOMPSON (1947) p. 72를 참고하라. 그는 PA 680a25에서 성게는 일반적으로 차갑다고 주장한다. 히포크라테스 주의자들과 의학 저술가 디오스코리데스는 성게의 가시를 이뇨제diuretic로 사용한 듯하다, PLATT (1910) n. GA 783a20. GUIDETTI와 MORI (2005)는 성게 가시의 기능적 속성을 분석한다; MOUREAUX와 DUBOIS (2012)는 성게 가시의 가소성plasticity을 증명한다. A.는 심해 성게를 독특한 종류(genos)라고 언급하며, 다른 성게와의 유전적 차이를 시사하는 듯하다고 덧붙인다. 그러나 자신이 논의한 특징에 관한 그의 설명은 전적으로 '환경적으로 결정된 특징environmentally determined feature'의 관점에 입각한 것이므로, eidosr(즉, 유전된 형태)와 무관하다. 이와 비슷하게, 그는 동물학 저술의 다른 곳에서 genos를 건성으로 다룬다 (이 책 '무화과, 꿀벌, 물고기'의 #82에서 벌에 관한 내용을 참고하라).

50

조건부 필요성과 물질적 필요성의 상호작용. A.는 PA 692a1에서 뱀의 척주vertebral column의 기능적 속성을, PA 655a23에서 가오리가 어떻게 운동하는지를, PA 664a32에서 식도의 구조를, PA 689a20에서 음경의 구조를 기술한다. 이런 사례들은 (그가 PA I, 1에서 조건부 필요성을 설명할 때 사용한) 도끼의 메타포와 매우 비슷하다; 다른 사례에 대해서는 LENNOX (2001b) ch. 8을 참고하라. A.는 PA 664b20에서 후두덮개의 목적을 기술한다; 현대적 설명에 대해서는 EKBERG와 SIGURJONSSON (1982)를 참고하라. A.는 HA 506a13, PA 666a25, PA III, 7에서 지라와 이것의 목적을 논의한다; LENNOX (2001a) p. 270과 OGLE (1882) pp. 207-8 참고; 후자는 그의 비교 데이터가 상당히 정확하다고 평가한다. 지라는 '간접적'이거나 '2차적'인 목적론의 사례다, LENNOX (2001a) pp. 248-9, LEUNISSEN (2010a) ch. 4.3. MEBIUS와 KRAAL (2005)는 지라의 기능에 대한 현대적 견해를 검토한다. A.는 HA 506a20와 PA IV, 2에서 쓸개와 쓸개즙을 논의한다. LENNOX (2001a) pp. 288-90은 그리스어의 chole가 '쓸개'와 '쓸개즙'을 구분하지 않기 때문에 항상 '쓸개'로 번역하는 쪽을 선택하라고 주장하지만, A.가 다양한 동물에서 chole를 기술한 사례를 살펴보면, 어떤 때는 그가 쓸개를 지칭하고 어떤 때는 쓸개즙을 지칭한다고 해석하는 것이 더 타당한 것으로 생각된다. OGLE (1882) p. 218은 쓸개의 비교분포를 검토한 후, 다시 한 번 A.의 비교해부학은 대체로 타당하다는 결론을 내린다. A.는 PA 677a16에서 쓸개가 아무짝에도 쓸모 없다는 결론을 내린다.

51

가정경제의 목적론. A.는 PA 663a34에서 모모스에 관한 이솝우화를 넌지시 말한다; 오리지널 버전은 바브리오스의 Fables, 59에서 찾을 수 있다. A.는 IA 704b11에서 보조적인 목적론 원리의 필요성을 주장하지만 (cf. IA 708a9, IA 711a18), 겨우 몇 가지 원리만 제시한다; FARQUHARSON (1912) n. 704b12는 더 많은 것을 제시한다. 가정경제에 대한 A.의 주요 진술은 Pol I, 2-9에 나온다. 그는 자신의 동물학 중 다음과 같은 부분에서 일련의 경제원리를 진술하고 적용한다: (i) 자연은 '훌륭한 가정관리자'와 같다, GA 744b12; 참고로 LEUNISSEN (2010a) ch. 3.2는 '싸구려 행동을 하지 않는다'고 한다. (ii) '자연은 헛수고를 하지 않는다'는 PA 658a8에서 물고기의 눈꺼풀에 적용되고; PA 661b23에서 치아의 형태학에 적용되고; PA 691b25에서 입의 기능에 적용되고; PA 695b16에서 물고기는 다리가 없다는 데 적용되고; JSVM 476a13에서 물고기는 폐가 없다는 데 적용되고; GA 745a32에서 치아에 적용되고; GA 741b4에서 수컷에 적용된다;

LENNOX (2001a) pp. 231, 244와 LENNOX (2001b) ch. 9를 참고하라. (iii) '자연은 한 곳에서 가져와 다른 곳을 채운다'는 PA655a27에서 연골어류의 연골에 적용되고(cf. PA 696b5); PA 658a31에서 체모의 분포에 적용되고; PA 671a12에서 깃털 있는 동물과 비늘 있는 동물의 방광이 없다는 데 적용되고; PA 688b1에서 사자의 젖꼭지에 적용되고; PA 689a20에서 사람은 꼬리가 없다는 데 적용되고; PA 694a8에서 날개 v. 며느리발톱에 적용되고; PA 694a26에서 며느리발톱 v. 발톱에 적용되고; PA 694b18에서 새의 꼬리와 발에 적용되고; IA 714a14에서 오리가 짧은 다리를 가진 이유에 적용되고; PA 695b12에서 노랑씬벵이의 재미있는 모양에 적용되고; 이 책 '무화과, 꿀벌, 물고기'의 #83에서 생활사에 적용된다; LENNOX (2001a) pp. 218-19와 LEROI (2010) 참고. (iv) '자연은 인색하지 않다 …': Pol 1252b1, PA 683a22. (v) 다중기능 부분들의 예: PA 655b6, TIPTON (2002)과 KULLMANN (2007) p. 444 참고. A.는 PA 655b2, PA 661b26에서 뿔의 기능과 형성을 논의하지만, 대체로 PA III, 2에서 논의한다; OGLE (1882) pp. 186-91, LENNOX (2001a) pp. 246-50, KULLMANN (2007) pp. 499-514를 참고하라. A.는 HA 571b1에서 동물이 짝짓기할 때의 공격적 행동을 언급하지만, 가지진 뿔을 이용해 싸우는 수사슴을 언급하지 않는다.

52

갑오징어의 영혼. A.는 HA 550b6에서 갑오징어의 산란을, HA 550a10에서 발생학을, HA 541b1~HA 541b13에서 두족류의 교미를 기술한다. THOMPSON (1928)은 고대와 오늘날의 갑오징어 잡는 방법을 기술한다.

53

생명의 정의definition. 다양한 정의는 SCHRODINGER (1944/1967) ch. 6, LOEB (1906) p. 1, SPENCER (1864) vol. 1, p. 74에서 찾아볼 수

있다; LEWES (1864) pp. 228-31은 초기 정의와 정의에 대한 논평을 제공한다. A. 자신의 정의는 DA 412a14 [trans. modified from HETT (1936)]에 나온다.

54

영혼의 초기 개념들. 파트로클로스의 운명은 Iliad XVI에 기술되어 있다. A.는 나비를 psyche라고 부른다; DAVIES와 KATHIRITHAMY (1986) pp. 99-108 참고. 플라톤의 영혼 개념과 불멸성에 관한 논증은 Phaedo 78B-95D, Phaedrus 245C-257B, Rep 609C-611C에 나온다; 영혼에 관한 초기 이론 설명은 LORENZ (Summer 2009)를 참고하라. A.의 초기 영혼 개념은 Eudemus FR F37R3-F39R3과 Protrepticus FR F55R3, F59R3, F60R3, F61R3의 단편에 나온다. A.의 영혼 개념이 그의 생애에서 급격히 변화했다는 것이 통념인데, 이에 대해서는 LAWSON-TANCRED (1986) pp. 51-2를 참고하라. 그러나 BOS (2003)는 정반대 견해를 제시하는데, 이에 대한 논평은 KING (2007)를 참고하라. A.는 DA 402a1에서 영혼에 대한 지식이 매우 중요하다고 말하며, DA I에서 전임자들의 견해를 고려한다. 그는 DA 412b4 [trans. HETT (1936)]에서 영혼을 '몸의 첫 번째 사실태first actuality'라고 정의하고(cf. DA 412a19, DA 412b4, DA 414a15), DA 412b27에서 씨seed를 '잠재적으로 영혼을 가진 몸potentially ensouled body'으로 정의한다; KING (2001) pp. 41-8 참고. '영혼은 형상을 가진 형태enmattered form'라는 A.의 원칙은 그의 '질료형상론hylomorphism'—독립체ousia는 질료와 형상의 화합물이라는 이론—의 특별한 케이스다. 그는 이 이론을 DA 412b6에서 영혼에 적용한다. 이러한 입장은 '형상과 질료는 우발적으로 관련된다'라고 주장하는 일반적 질료형상론과 간혹 충돌하는 것으로 여겨진다, ACKRILL (1972/1973). A.는 DA I, 3에서 영혼으로 하여금 변화를 책임지게 한다; DA 415b21. 여기서 나는 A.의 kinesis (복수는 kineseis)를 '과정process'—시간에 의존하는 일련의 상태들

time-dependent set of states으로 번역하지만, '운동movement'으로 번역되는 경우가 더 많다. A.는 DA II, 4에서 영혼으로 하여금 목적을 지향하게 하며, DA 412b10에서 이것을 독립체entity라고 말한다(DA 415b8, PA 640b34, Meteor 390b31 참고). 그는 DA 415b8에서 이것과 자신의 '원인'의 관계를 진술한다. A.는 HA 491b28, HA 533a1, DA 425a10에서 두더지의 눈을 기술한다.

55

영혼의 영적靈的 해석. '기계 속의 유령'은 RYLE (1949) ch. 1 때문이다. LAWSON-TANCRED (1986) p. 24는 A.의 영혼이론을 데카르트의 정신-신체 이원론mind-body dualism이라는 렌즈를 통해 바라보는 것 같지만, FREDE (1992)는—다른 사람들도 많지만—A.의 이론이 데카르트의 이론과 다르다는 점을 증명한다. A.는 DA 408b19과 DA III, 5에서 불가사의한 능동적 지성active intellect에 대 말한다. A.는 DA 408b11와 DA 408b25에서(더 일반적으로는 DA I4에서) 영혼이 행위자와 대립하지 않는다고 주장한다. A.의 영혼 개념, 정신상태, 이것들과 현대 정신이론의 관련성에 대해서는 NUSSBAUM and RORTY (1992)과 DURRANT (1993)의 에세이들을 참고하라. KANT (1793) 75, Ak. v, p. 400은 목적론적 과정을 설명하려다 절망한다; 칸트의 생물학에 대해서는 GRENE과 DEPEW (2004) ch. 4를 참고하라. LENOIR (1982)가 지적하는 바와 같이, 모든 목적론자들이 공공연한 생기론자는 아니었다; 일부는 '목적기계론자telomechanists'였다; 그러나 목적론에 매혹되면 종종 생기론으로 넘어간다. DRIESCH (1914)는 생기론의 자기중심적 역사를 여실히 보여준다; CONKLIN (1929) p. 30과 SCHRODINGER (1944/1967)는 드리슈의 생기론에 대응하고, SANDER (1993a)와 SANDER (1993b)는 동정적으로 설명한다; KULLMANN (1998) pp. 308-10도 참고하라. DRIESCH (1914) p. 1과 NEEDHAM (1934) pp. 30 ff.는 A.의 생물학을 명백히 생기론적으로 해석한다; 오늘날 여기에 동조하는 학자들은 거의 없지만, A.의 프네우마 이론에 대한 FREUDENTHAL (1995)의 설명은 종종 생기론적으로 보인다; KING (2001) n. p. 141 참고. A.는 생기론자도 데모크리토스적 유물론자도 아니라는 데 동의하는 학자들로는 NUSSBAUM (1978), COOPER (1987), BALME (1987c), GOTTHELF (2012) ch. 1, KING (2001) ch. 3, KULLMANN (1998) ch. IV, QUARANTOTTO (2010)가 있다. 내가 A.에게 붙인 '정보에 능통한 유물론자informed materialist'라는 별명은 그의 질료형상론을 바꿔 쓴 것에 불과하다. A.는 DA 412b6과 DA 414b20에서 영혼을 형상과 동일시하고, DA 415b21에서는 생명의 운동원리와 동일시한다.

56

영혼의 능력. 영혼의 위계적 능력hierarchical capacity에 대해서는 DA 414a2를 참고하라. 영양혼의 능력에 대해서는 DA 415a22, DA 416b3, DA 432b7을 참고하라. 영양혼의 보유에 의해 규정되는 생물에 대해서는 DA 416b20을 참고하라; DA 414a29와 DA 434a22에 의하면 이것은 모든 생물에서 발견된다고 한다. 영양혼은 개체발생에서 가장 먼저 나타난다, GA 735a12; 이 책 '거품'의 #65도 참고하라. 영혼은 생명을 한데 묶어준다, DA 411b5와 DA 415a6; QUARANTOTTO (2010) 참고. A.는 DA 416a33에서 대사metabolism를 논의하고, GC 321b24에서 이것을 강물의 흐름과 비교한다; cf. GC 322a22. 이것은 현대의 성장모델과 비슷하다, e.g. BERTALANFFY (1968) p. 180; 또한 A.는 신체유지에 사용되는 영양분과 성장에 사용되는 영양분을 구별한다, GA 744b33과 PECK (1943) p. 232 참고. A.는 DA 416a21에서 화학적 변형에 대해 이야기한다; 이 책 '갑오징어의 영혼'의 #57 참고. 유혈동물의 소화와 동화assimilation에 대해서는 PA III을 참고하라. 현대적 에너지 예산의 사례는 WARE (1982)를 참고하라.

57

균일부의 화학. A.는 원소의 비율을 이용하여 균일부를 구체적으로 명시하고, 실제로 규정하기 시작한다, PA 642a18와 Metaph 993a17 참고. 엠페도클레스가 제공한 뼈의 공식에 대해서는 DK 31B96과 FURTH (1987) pp. 30-3을 참고하라. SOLMSEN (1960) p. 375와 KING (2001) p. 168, n. 12는 실제 비율의 관점에서 A.가 화합물을 표시하는 방법에 회의적이지만, A.는 위에서 인용한 구절들 말고도 다른 많은 구절에서 다양한 균일부의 조성을 논의할 때 수치 비율numerical ratio 개념을 암시한다: 혈액의 경우 PA II, 4; 뇌의 경우 PA 653a20; 곤충의 외골격의 경우 PA 654a29; 손발톱의 경우 GA 743a14. A.는 간혹 균일부가 '뜨거운 물질'로 구성되어 있다고 말하기도 하는데(e.g. GA 743a14), 이것은 어쩌면 프네우마—이 책 '갑오징어의 영혼'의 #59와 '거품'의 #65를 참고하라—를 의미하는지도 모른다. A.는 GC 334a27에서 엠페도클레스의 혼합이론을 비판한다; 혼합과 화합의 차이에 대해서는 BOGAARD (1979)를 참고하라. 화합물에 대한 A의 일반이론은 Meteor IV, 8, GC I, 10, GC II, 7-8에 나온다. 나는 여기서 균일부를 '원소 비율의 다양성'의 관점에서 이야기하고 있지만, A.는 종종 존재하는 상반된 원소의 힘(뜨거움/차가움, 건조함/축축함)이라는 관점에서 균일부의 조성을 논의하며, 실제로 이 힘들이 더 근본적이라고 말한다, e.g. PA 646a12. 이러한 힘들은 원소와 동일하다고 볼 수 없는데, 이에 대한 이유는 각각의 원소가 이런 힘들의 조합combination이기 때문이다(이 책 '무화과, 꿀벌, 물고기'의 #80 참고). 그러나 사실, 그는 종종 원소와 그 힘을 헷갈린다(GA 743a14); WATERLOW (1982) pp. 83-6, SORABJI (1988) p. 70, KING (2001) pp. 74-80, SCALITAS (2009) 참고.

'차가움'과 '뜨거움'의 의미. A.는 PA II, 2에서 '뜨거움'과 '차가움'의 다양한 의미를 논의한다. '열'에 대한 그의 글을 읽을 때, 최소한 3가지 요인이 혼란을 야기할 수 있다. (i) 그는 '요리'와 '연소'에 있어서 열의 역할(즉, 흡열

반응과 발열반응)을 명확히 구별하지 않는데, PA 648b35를 참고하라. (ii) 그가 뭔가가 '뜨겁다'고 말할 때, 반드시 '주변에 비해 온도가 높다'고 의미하는 것은 아니며, 종종 가열에 의해 쉽게 변화한다—달리 말해서, 쉽게 연소되거나 용융되거나 요리된다—는 것을 의미한다(cf. PA 648b16). 즉, 상대적인 열역학적 안정성relative thermodynamic stability 같은 것을 말한다고 볼 수 있는데, 지방은 이런 의미에서 '뜨겁다'고 할 수 있지만 온도가 높을 수도 있다. (iii) 마지막으로, '필수 열vital heat'에 대한 의문이 제기되고 있다. FREUDENTHAL (1995)은 이것이 통상적인 열(동물의 체온)이 아니라, 매우 이례적인 열('정보를 지닌 열informed heat')이라고 주장하며, 프네우마(이 책 '갑오징어의 영혼'의 #59 참고)와 관련짓는다. 비록 전통적인 불fire과 다르지만, 필수 열이 반드시 생기를 지닌vitalistic 것은 아니다. 그리고 우리는 프네우마가 정말로 그렇게 중요한지 의심을 품을 수 있다. 왜냐하면 (A.가 성인의 영양생리학을 다룬) JSVM에서 언급되지 않고, 발생학과 감각생리학에서만 언급되기 때문이다. 감각생리학에서, 프네우마는 영혼의 운반체이며 영혼은 원거리에서 행동을 허용하는 듯하다; KING (2001) 참고.

영양혼의 작용에서 열熱의 역할. 동물들이 열의 내부원천을 갖고 있다는 말은 JSVM 469b8에 나온다(cf. PA 682a24). A.는 JSVM 470a3 [trans. HETT (1936)]에서 불을 강물에 비유하지만, GA 736b33에서 '필수 열'은 전통적인 불이 아니라고 말한다. 그럼에도 불구하고 그는 종종 '내부 불'을 언급한다. 변형을 추동하는 열에 대해서는 Meteor 390b2를 참고하고, 소화와 변형에 대해서는 Meteor IV, 2-3과 DA 416b28을 참고하라. 열이 다양한 균일부를 만드는 과정을 설명할 때, A.는 큰 혼란을 야기할 수 있다(e.g. GA 743a5). 왜냐하면 '어떤 균일부는 가열에 의해 형성되고 어떤 균일부는 냉각에 의해 형성되며, 어떤 균일부는(e.g. 살) 가열과 냉각 모두에 의해 형성된다'고 말하기 때문이다. 이에 대한 해결책은 다음과 같다: 혈액은 가열됨으로써 뜨거운 구성요소와 차가운 구성요소로 분리되고, 차가운 구성요소는 엉겨서 살, 뼈, 기타 고형 균질부로 된다(cf. Meteor IV, 7-8). 불이 영양과 성장의 주요 원인이라는 말은 DA 416a9에 나온다. A.는 JSVM 469b10과 JSVM 474b10에서 내부 불을 조절할 필요성을 강조한다.

58

영혼의 자리. A.는 JSVM 468b9와 JSVM 479a3에서 거북의 생체해부에 대해; HA 503b23에서는 카멜레온의 생체해부에 대해(cf. PA 692a20); DA 411b19, JSVM 468a23, 471b20, JSVM 479a3, PA 682a2에서는 곤충과 식물의 생체해부에 대해 말한다; LLOYD (1991) ch. 10 참고. A.는 JSVM 1, 3에서 심장을 '영혼의 자리'라고 말한다. 소화와 '심장 속의 내부 불'은 JSVM 469b10에서 기술되고, 내부 불의 끓이기 작용은 JSVM 479b28에서 기술된다. 그는 PA 670a25에서 심장을 신체의 요새라고 부르며, JSVM 469a5에서 심장이 최고의 통제권을 갖는다고 말한다. 그는 PA III, 4에서 심장을 전반적으로 설명한다; A.의 심장중심론cardiocentrism에 대해서는 KING (2001) pp. 64-73을 참고하라. A.는 PA 665a28에서 혈액을 가진 기관(유혈동물의 경우)만이 내장이라고 강조한다. 그는 JSVM 468b9(cf. PA 682a2), PA 682b30, PA 666a13에서 중앙집중화된 영혼과 분산화된 영혼의 대비를 시도한다. COSANS (1998)는 테라핀을 생체해부했다.

59

감각혼의 구조. CIOM 모델은 GREGORIC과 CORCILIUS (2013)에서 인용했지만, 저자들은 이 시스템을 감각혼이라고 부르지 않는다. 이러한 해석 차이는 A.의 저술에 만연한 영혼에 관한 심장중심론적 설명과 질료형상론적 설명 사이의 긴장감에서 비롯된다. '형태 전달'로써 지각에 대해서는 DA 435a4를 참고하라. 엠페도클레스와 플라톤의 시각이론은 DA II, 7과 Sens 2에 나온다; A.는 다른 해부학적 주장에서 이들의 이론과 대립하기도 하지만, 눈의 해부학적 구조에 대한 그의 설명이 너무 모호해서 해석하기가 어렵다; LLOYD (1991) ch. 10 참고. 빛과 시각에 대한 A.의 이론은 DA II, 7과 DA 434b24에 나온다. 안구에서 일어나는 변화의 정확한 성질은 논란거리다. 어떤 학자들은 이것이 물질적 변화라고 주장하고, 다른 학자들은 이러한 주장에 반대한다. 나는 이것이 물질적 변화라고 믿는 쪽인데, 이에 대한 이유는 비물질적 변화가 뒤이은 물리적 변화를 초래하는 메커니즘을 이해하기 어렵기 때문이다; 그리고 이 모델은 촉각-지각에서 일어나는 명확한 물질적 변화와 일관성을 유지한다; 이에 대한 논의는 JOHANSEN (1997)을 참고하라. A.는 PA 657a28과 JSVM 467b27에서 심장이 감각중추임을 밝히고, JSVM 469a10, JSVM 469a20, PA 656a15에서 뇌를 배격한다. 감각기관과 심장 간의 커뮤니케이션에 대한 그의 설명은 Sens 2에 나온다; LLOYD (1991) ch. 10과 FRAMPTON (1991) 참고. GREGORIC와 CORCILIUS (2013) p. 63은 감각혼의 항상성 유지 역할을 논의한다; DA 431a8 참고. 마시고자 하는 욕구에 대해서는 MA 701a32를; 판타시아에 대해서는 NUSSBAUM (1978) Essay 5와 CASTON (2009)을 참고하라. A.는 DA 424b16에서 냄새의 지각에 관여하는 고도의 인지과정을 넌지시 말한다. 쾌락과 고통을 초래하는 욕구에 대한 논의는 MA 701b35를 참고하라.

프네우마. A.가 프네우마를 정확히 무엇이라고 생각하는지는 알기 어렵다. 왜냐하면 전체적인 이론이 다소 빈약해 보이기 때문이다. 문제는, A.가 맨 먼저 '프네우마는 '뜨거운 공기'라고만 말하고(GA 736a1), 불과 몇십 줄 뒤에서 '기본적인 지상의 원소terrestrial element라기보다는 뭔가 신성한 것'이라고 말한다는 것이다. 사실, 이것은 별들을 구성하는 원소인 아이테르aither(GA 736b33)와 유사해 보인다(cf. DC I, 3). 이러한 '재미없는 옵션'과 '이국적인 옵션' 사이에서, 학자들은 많은 논란거리를 발견했다. 자세한 내용은 PECK (1943) Appendix B, BALME과 GOTTHELF (1992) pp. 158-65, FREUDENTHAL (1995) ch. 3 (2001) ch. 4를 참고하라. 동물의 운동에서 프네우마의 역할에 대해서는 MA 10을 참고하라. FRAMPTON (1991)과 GREGORIC and CORCILIUS (2013)는 프네우마의 체내분포에 대해 약간 다른 설명을 하는데, 이 문제점에 대해서는 NUSSBAUM (1978) Essay 3을 참고하라. 심장과 운동용 부속지locomotion appendage 사이의 커뮤니케이션과 자동인형의 메타포는 MA 701b2 [trans. Nussbaum, 1978]에 나오지만, 나는 또 하나의 기계적 직유법인 '작은 카트'의 레퍼런스를 생략했다. PREUS (1975) p. 291과 LOECK (1991)는 A.가 의도한 장치가 무엇인지에 대해 논의한다. 그리스인과 근육에 대해서는 OSBORNE (2011) pp. 39-40을 참고하라. 방향타와 도시의 비유에서 기계적 증폭에 대해서는 MA 701b27 and MA 702a21를 참고하라. CIOM 모델 전체는 다이어그램과 함께 MA 703b27 [trans. Nussbaum, 1978]에 나온다. A.는 DA III, 3-4에서 인간의 정신적 능력을 논의한다; 나는 이 문제를 더 이상 고려하지 않는다.

60

사이버네틱의 영혼. 이 책에 나오는 A.의 온도조절에 관한 설명의 대부분은 전통적으로 de Respiratione로 알려져 있다; KING (2001) pp. 38-40에 따라, 나는 이것을 JSVM에 포함시킨다. A.는 JSVM 5에서 냉각의 필요성을 논의하고, JSVM 480a16에서 심장-폐순환의 필요성을 논의한다; KING (2001) pp. 127-9 참고. 그는 JSVM 471b20, JSVM 474b25, JSVM 475a29에서 곤충의 호흡을 설명하고, JSVM 480b19에서 물고기의 호흡을 논의한다. A.의 영혼이론의 사이버네틱적 해석은 원래 NUSSBAUM (1978) pp. 70-4에 나오며, FREDE (1992), WHITING (1992), KING (2001), SHIELDS (2008), QUARANTOTTO (2010), MILLER와 MILLER (2010) 등에 의해 다양한 정도로 채택되었다. 항상성, 사이버네틱스, 시스템생물학의 역사에 대해서는 BERNARD (1878), CANNON (1932), ROSENBLUETH et al. (1943), … WIENER (1948)와—WIE-

NER (1948)는 p. 19에서 governor/kybernetes/cybernetics의 어원을 설명한다—ADOLPH (1961), COOPER (2008)를 참고하라. 되먹임 제어장치의 역사에 대해서는 MAYR (1971)를 참고하고, 그리스의 기술에 대한 일반적 논의는 BERRYMAN (2009)를 참고하라. 목적론과 목표추구행동 간의 관계는 AYALA (1968)와 RUSE (1989)에 의해 논의되었다. '종종 생기론적이거나 신비주의적으로 간주되었던 유기체 시스템의 특징 중 상당수는 …'은 BERTALANFFY (1968) p. 141에서 인용했다. 시스템의 일반적 속성에 대해서는 SIMON (1996)을 참고하라. '구성요소들은 들락날락한다…'는 PALSSON (2006) p. 13에서 인용했다. A.는 DA 413a8와 DA 416b26의 다른 맥락에서 조타수의 메타포를 사용한다. 그는 Pol 1252a17에서 방법론적 환원주의에 대해 말한다. 영혼이 생명체의 부분들을 하나로 묶어 준다는 말은 DA 410b10, DA 411b6, DA 415a6에 나온다; 더 이상의 참고문헌과 논의는 QUARANTOTTO (2010)를 참고하라.

… WIENER (1948)와—WIENER (1948)는 p. 19에서 governor/kybernetes/cybernetics의 어원을 설명한다—ADOLPH (1961), COOPER (2008)를 참고하라.

61

발생의 종말점. A.는 PA 639a20에서 척추vertebral column에 대한 엠페도클레스의 주장을 공격한다. 그는 HA 583b14에서 자발적으로 낙태된 인간 태아를 기술한다; 주변의 구절에 포함된 정보 중 최소한 일부는 히포크라테스적인데, 이 부분도 역시 그런 것 같다.

62

짝짓기 행동. A.의 정보 중에서 유혈동물의 짝짓기에 관한 것 중 대부분은 HA VI, 18-37에 있다. 동물들이 욕구 때문에 흥분한다는 말은 HA 571b9에 나온다. A.는 HA 536a11에서 짝짓기 신호를, HA 560b25에서 비둘기의 구애를, HA 572a9와 HA 540a9에서 각각 암말과 고양이의 음란함을, HA 540a4에서 암사슴의 꺼림을 기술한다(cf. HA 578b5). 그는 HA 571b11에서 수컷 간의 갈등을 기술한다. 수컷은 처음에 GA 716a14에서 정의된다. A.의 초기 성정의definition of the sexes는 해부학적이고 기능적이지만; 나중에 GA 765b13에서 생리학적 정의가 가미되어 증폭된다; MAYHEW (2004)과 NIELSEN (2008) 참고. 유혈동물의 교미 기술에 대해서는 HA V, 2-6, GA I, 4를 참고하라; 고슴도치의 짝짓기 방법은 GA 717b26를, 물고기의 짝짓기 방법은 GA 756a32를 참고하라.

생식액. A.는 PA 651b15와 GA 725a21에서 스페르마sperma의 기원을 기술한다. 나는 보통 스페르마를 '씨'—이것은 수컷 또한 암컷의 생식 잔류물일 수 있다—로 번역하지만, A.는 간혹 스페르마를 더욱 제한된 의미의 '정액semen'(i.e. 수컷의 잔류물)으로 사용하는 것이 분명하므로, 나는 맥락에 따라 적절히 번역한다. A.는 GA 738a10ff.와 다른 곳에서 월경액의 형성을 기술하고; HA VI, 18-19, HA 582a34, GA 738a5에서 질 분비물을 기술한다; PREUS (1975), pp. 54-7, n. pp. 286-7 참고. 그는 GA 728b12에서 월경 분비물과 발정 분비물을 통합한다. 그는 GA 727b12과 GA 739a26에서 자신의 월경액 모델에 대한 예외를 논의한다. A.는 GA 750b3에서 무정란과 어란이 조류와 어류의 월경에 상응한다고 주장한다. 월경의 분포와 기능에 대한 현대적 견해는 STRASSMANN (1996)을 참고하라.

63

발생기관의 해부학. A.는 HA 500a33, HA III, 1, HA V, 5, HA 566a2, GA I, 3-8에서 유혈동물의 외부 생식기를 기술한다. 그는 GA 719b29에서 난생동물의 총배설강을 기술한다. 오리과 동물의 음경에 대해서는 BRENNAN et al. (2007)을, 일반적인 구성에 대해서는 KELLEY (2002)를 참고하라. A.는 GA I, 4-7과 GA 787b20에서 고환의 기능을 설명한다. 그는 GA I,

4-7에서 '물고기와 뱀은 고환과 음경이 없다'는 점과 수컷 생식기의 해부학적 차이를 설명한다. 여기서 그는 '만약 동물의 번식이 중요하다면, 왜 정자 생성을 제한하고 싶어하는가?'라는 문제도 다룬다. 수정관looping vas deferens에 대한 현대적 설명은 WILLIAMS (1996) pp. 141-3을 참고하라. 수컷 유혈동물의 발생기관의 해부학은 HA 510a13에, 암컷은 HA 510b7과 GA I, 3, 8-17에 기술되어 있다. 여기서 A.는 상이한 종류에서 자궁이 매우 다양하게 배열된 이유도 설명한다.

64

암컷의 성욕. A.는 HA 581b12와 GA 773b25에서 여성과 소녀의 성욕을 논의하고, HA 583a11, GA 727b7, GA 728a31, GA 739a29에서 암컷의 성적 쾌감의 역할, 성적 쾌감과 임신 간의 관계, 월경액의 생산, 질 윤활액의 생산을 논의한다. 그는 HA 493a25에서 귀두glans를 언급한다. HA X는 HA에서 제외되는 것이 보통인데, 이 이유는 인과적 설명에 주력하기 때문이다. 이것은 간혹 아리스토텔레스의 저술이 아니라고 간주될 정도다; BALME (1991), Introduction, p. 26과 NIELSEN (2008) 참고. HA X와 GA에 나오는 생식의 메커니즘에 대한 설명은 비슷하지만, 두 가지 점에서 다르다. 첫째로, A.는 HA X에서 '성교가 암컷의 씨(=월경액)를 자궁의 앞쪽으로 보내고, 암컷의 씨는 거기에서 수컷의 씨와 섞인다'고 주장하지만, GA 739b16에서는 이것을 부인한다. 둘째로, A.는 HA X에서 '암컷의 오르가슴은 씨의 혼합물mixture of seeds을 빨아들여 자궁으로 들여보낸다'라고 주장하지만, GA에 의하면 이것은 명백히 불필요하다. 두 가지 설명의 비교에 대해서는 BALME (1991), n. pp. 487-9를 참고하라. 암컷의 오르가슴의 기능에 대한 현대적 견해는 JUDSON (2005)과 LLOYD (2006)를 비교하라. 몽테뉴의 겉만 번드르르한 말은 그의 Essays III, 5. 783에서 인용했다.

65

수정. A.는 GA 715a12에서 생명체의 운동인을 GA의 주제로 내세운다. '성적 이분법이 생식에 기여하는 방식'에 대한 A.의 주장은 '생식적 질료형상론reproductive hylomorphism'이라는 이론으로 알려져 있다, HENRY (2006b). '수컷이 형상을 공급하고 암컷은 질료를 공급한다'는 전형적인 구절들의 출처는 다음과 같다: GA 729a9, GA 730a27, GA 732a1, GA 737a29, GA 738b9, GA 740b20. 생식적 질료형상론은 그의 기계론적 설명과 여러 가지 면에서 상충되므로, 나는 아래에서 이런 상충점을 더욱 디테일하게 고려한다. 이런 상충점을 해결할 수 있는지, 만약 할 수 있다면 방법은 무엇인지를 다룬 문헌에 대해서는 HENRY (2006b)를 참고하라.

무정란. A.는 틈만 나면 무정란이라는 주제를 반복적으로 다룬다. 조류 전체의 무정란에 대해서는 HA 539a31, HA 560a5, GA 730a32, GA 737a30, GA 741a16, GA III, 1을 참고하고, 자고새의 무정란에 대해서는 HA 560b10, GA 751a14, HA 541a27을 참고하라(그러나 HA 541a27에는 추측성 내용이 많이 들어 있다). 나에게 무정란에 대해 조언해 준 미시시피 주립대학교의 크리스 맥다니엘, 옥스퍼드 대학교의 토마소 피차리, 영국 꿩협회의 닉 윌콕스에게 감사한다. A.는 HA 538a18, HA 539a27, HA 567a26, GA 741a32, GA 757b22, GA 760a8에서 아마도 물고기의 단위생식을 논의하는 것 같다; 바리과의 자웅동체에 대해서는 CAVOLINI (1787)와 SMITH (1965)를 참고하라. A.는 흥미롭게도 이런 물고기들의 이중생식샘dual gonads을 누락할 뿐만 아니라, 기능적 자웅동체가 존재할 수 없다고 주장한다, GA 727a25.

영혼의 전달. A.는 GA 736a31에서 월경이 영혼의 잠재력을 포함한다고 말하며, GA 726b15 [trans. PECK (1943)]에서 정액이 잠재적으로 동물이라고 말한다. 여기서 '잠재적potential'으로 번역되는 용어는 또 다시 디나

미스dynamis다; A.는 GA II, 1에서 잠재적/사실적 특징을 광범위하게 논의한다; PECK (1943) pp. xiix-lv 참고. A.는 GA 730b6에서 목수의 비유를 정액의 작용에 적용한다. 그는 GA 729a34와 GA 736a24에서 정액 물질의 물리적 전달에 대한 동물학적 반론을 제시한다(cf. GA 721a13). 이러한 구절 외에, 그는 HA 555b18에서 메뚜기의 교미를 기술한다; DAVIES와 KATHIRITHAMY (1986) p. 81 참고.

프네우마가 생식에서 하는 일. 프네우마가 정액에서 발견된다는 구절은 GA 736b33에 나오고; 수정 과정에서 하는 일은 GA 737a7과 GA 741b5에서 언급된다. A.는 GA 736a19에서 아프로디테의 동음이의homonymy를 넌지시 말한다. '거품을 닮은 정액'은 초기 아이디어이며 Littre VII과 On Generation, 1에 실린 히포크라테스 어록에서 나오는데, LONIE (1981)를 참고하라. 그리고 DK 64B6에 수록된 아폴로니아의 디오게네스의 단편에도 나온다. 기원전 5세기의 생식모델에 대한 논의는 COLES (1995)를 참고하라.

66

기술적 발생학descriptive embryology. 히포크라테스의 발생학에 대해서는 Littre VII과 On Generation, 29; LONIE (1981)과 NEEDHAM (1934) p. 17을 참고하라. A.는 HA 561a7에서 닭의 발생학을 기술한다(cf. GA II, 4-6, GA III, 1-2); THOMPSON (1910) n. HA 561a7은 'A.가 보는 것'을 설명하고, PECK (1943) p. 396은 다양한 막膜을 설명한다. A.는 describes teleost embryology at HA 564b24에서 경골어류의 발생학—OPPENHEIMER (1936)—을, GA 745b23과 GA 771b15에서 포유동물의 발생학을 기술한다. 그는 생쥐와 박쥐와 토끼도 태반엽cotyledon으로 덮인 자궁을 갖고 있다고 생각하지만(HA 511a28), 이들의 태반은 오늘날 원반상discoidal으로 분류된다. 그는 HA 550b22, GA 732a25, GA 758a30에서 곤

충의 개체발생을 논의한다; DAVIES와 KATHIRITHAMY (1986) p. 102 참고. 그리고 그는 GA 753b31에서 태생 및 난생 배아를 비교한다. 그는 GA 732a25(cf. HA 489b7)와 GA II, 1에서 배아의 상대적 완전성relative perfection을 기술한다. A.는 '최소한 유혈동물에서, 자손의 완전성은 부모가 보유한 열과 수분의 양('뜨겁고 습한 상태'의 완전성이 가장 높고, '차갑고 건조한 상태'의 완전성이 가장 낮다)과 관련된다'고 주장한다. 이는 동물의 등급 분류의 일부로, 일종의 자연의 사다리scala naturae라고 할 수 있다. 자연의 사다리와 그의 분류체계는 지향점이 전혀 다르다(이 책 '돌숲'의 #87과 '코스모스'의 #97 참고). A.가 폰 베어의 제1법칙— BAER (1828)—을 예견하는 대목은 GA 736b2에 나온다; NEEDHAM (1934) p. 31과 PECK (1943) n. p. 166을 참고하라. 발생학적 모래시계에 대해서는 KALINKA et al. (2010)을 참고하라.

67

발생의 메커니즘. A.는 GA 737a11과 GA 739b21 [trans. PLATT (1910)]에서 '정액이 월경액에 작용하는 방식'을 '레닛과 무화과 주스가 우유에 작용하는 방식'과 비교한다(cf. HA 516a4, GA 729a11, GA 771b23, GA 772a22). 또한 A.는 GA 775a17에서 배아의 성장을 효모의 성장과 비교한다; PREUS (1975) pp. 56 and 77 참고. NEEDHAM (1934) p. 34는 자신이 효소에 대해 말하고 있다는 사실을 강조하며, 구약성서 욥기에 나오는 '치즈 만들기 메타포'의 운명을 추적한다. A.는 HA 561b10, PA III, 4, JSVM 468b28, GA 734a11, GA 735a23, GA 738b15, GA 740b2, GA 741b15, GA 742a16에서 심장이 제일 먼저 발생한다고 말한다. 그는 GA III, 2에서 난황이 영양분을 공급한다고 말하고, GA 739b33에서 혈관을 뿌리에 비유한다. 도자기의 메타포는 GA 743a10에 나오고, 관개수로의 메타포는 GA 746a18에 나온다.

후성설 vs. 전성설. A.는 GA I, 17에서 소크라테스 이전의 전성설을 비판한다. PREUS (1975) p. 285는 플라톤의 『심포지움』은 물론 아이스킬로스와 에우리피데스의 비극에 나오는 특정 구절들도 광범위한 의미에서 전성설이라고 제안한다. 그러나 그러나 이들의 발생학은 너무나 개괄적이므로, 제대로 된 이론으로 취급할 수 없다. DK 59B10 [trans. BARNES (1982)]에 나오는 아낙사고라스와 엠페도클레스의 주장은 좀더 납득할 만하다; BARNES (1982) pp. 332, 436-42 참고. A.는 두 개의 아름다운 메타포를 이용하여 자신만의 후성론적 설명을 제시한다. 구체적으로, 그는 GA 743b20에서 배아를 화가에 비유하고 GA 734a11에서는 배아를 그물에 비유한다. 그는 GA 724b21에서 정액의 동질성을 주장한다. 각 기관의 기원이나, 어머니가 제공하는 원재료 속의 균일부에 대해서는 GA 734a25를 참고하라. A.는 GA 734b9(cf. GA 741b8)에서 자동기계-인과성을 언급한다; 이러한 인형들이 운동에서 수행하는 역할에 대해서는 이 책 '피라 해협'의 #109를 참고하라. 어머니에게 실질적인 형상적 역할을 부여하는 한, 배아발생에서 자동인형-인과성은 A.의 생식적 질료형상론과 상충하는 것처럼 보인다. PECK (1943) p. xiii은 어머니의 물질이 '높은 수준의 정보'를 포함한다는 점을 인정하지만, BALME (1987c) pp. 281-2—cf. BALME (1987d) p. 292—는 '자동인형은 정자의 운동만을 언급하므로, 배아에는 해당되지 않는다'고 주장함으로써 갈등을 해결한다. 코르딜로스kordylos는 HA 589b22에 나온다(cf. HA 476a5와 PA 695b24). Thompson (1910)과 PECK (1965)는 이것이 영원newt의 유생이라고 제안한다; OGLE (1882) p. 248는 이것이 올챙이라고 제안하며, '이상하지만, A.는 올챙이가 개구리와 영원의 유생 형태라는 사실을 까맣게 몰랐던 것 같다'고 말한다. 불가사의한 코르딜로스에 대한 추가 사항은 KULLMANN (2007) pp. 741-2를 참고하라.

68

A. 이후의 발생학. 발생학의 역사인 NEEDHAM (1934) p. 118은 하비의 아리스토텔레스주의Aristotelianism—LENNOX (2006)—는 물론 르네상스시대의 '거대도상학자들acroiconographers'도 평가한다. '배아나 이 부분들은 부모의 미수정 물질—정자가 됐든 난자가 됐든—속에 존재한다'고 가정한 모든 이론들은 전통적으로 '전성설preformationist'이라고 불렸다; NEEDHAM (1934). 내가 사용하는 전성설이라는 용어의 의미도 바로 이것이지만, 다양한 갈래의 이론들 간의 미묘한 차이는 BOWLER (1971)와 PYLE (2006)을 참고하라. NEEDHAM (1934) pp. 29-30은 'A.의 자동기계-인과성 설명은 변칙이며, 따지고 보면 배아형성에 대한 생기론적인 설명과 진배없다고 제안한다. 그러나 코르딜로스와 성결정(이 책 '양羊의 계곡'의 #73)에서 본 것처럼, 자동기계-인과성은 사실 그의 배아발생에 관한 설명의 핵심이다; PECK (1943) p. 577도 참고. 정액의 역할에 대한 해명은 PINTO-CORREIA (1997)와 COBB (2006)을 참고하고, 19세기 독일의 현미경 사용자들에 대해서는 MAYR (1982) ch. 15를 참고하라.

69

가축화domestication에 따른 변이. A.는 HA 573b18와 HA 596a13에서 목양牧羊에 대해 말한다; 우두머리 양에 대해서는 THOMPSON (1932)을 참고하라. 그는 HA 496b25, HA 522b23, HA 596b4에서 양의 형태학적 다양성을 기술하며, 특히 HA 606a13에서 시리아 양과 혹등소를 언급한다. 동일한 주제에 대한 다윈의 구절은 DARWIN (1837-8/2002-) 233e와 DARWIN (1838-9/2002-) 12e에서 발췌했다.

70

내부특이적/비형상적 변이. 다윈의 비둘기에 대해서는 DARWIN (1859) ch. 1을 참고하라; '비형상적 변이'라는 용어의 정당성에 대해서는 이 책

'자연'의 #33과 '양羊의 계곡'의 #73을 참고하라. A.는 HA 499b12와 GA 774b15에서 통발굽 가진 돼지를 언급하고, 다윈은 DARWIN (1868) vol. 1, p. 75에서 A.를 인용한다. A.는 HA 488a30과 PA 643b5에서 가축화된 동물과 야생동물을 비교한다. A.는 에티오피아인들을 종종 언급하지만(e.g. HA 517a18, HA 586a4, GA 722a10, GA 736a10, GA 782b35, Metaph X, 9), 이들이 독특한 genos라고 말하지는 않는다. A.는 『정치학』(e.g. Pol VII, 7)에서 간헐적으로 인간의 다른 gene를 언급하고, 그리스인을 다양한 비非그리스인들과 구별한다. 이는 genos의 즉흥적 사용인 것처럼 보인다. 왜냐하면, 그는 다른 곳에서 '사람들 간의 차이는 형상이 아니라 환경적 차이에 기인한다'는 점을 분명히 하기 때문이다. 그는 때때로 genos를 더욱 즉흥적으로 사용한다(e.g. 생식능력이 있는 꿀벌, 다른 성게들과 물질적으로만 다른 심해성게). 그리스인과 야만인의 비교(e.g. Pol 1252b5)에 대해서는 HANNAFORD (1996) pp. 43-57과 SIMPSON (1998) p. 19와 이 책 '돌숲'의 #94를 참고하라. A.가 '종류kinds'로 구별하는 유일한 가축은 개 품종이다(HA 574a16와 HA 608a27). 그는 '개 품종 간의 차이'가 '늑대와 여우의 차이'와 마찬가지라고 생각하는 것 같다 (cf. Theophrastus CP IV, 11.3). 그러므로 그는 품종 간 교배에서 나온 새끼를 잡종으로 취급한다(HA 607a1, HA 608a31, GA 738b27, GA 746a29). A.는 LBV 465a1에서 비형상적(내부특이적) 변이에 관심을 보이는데, 여기서 eidos는 '종species'의 의미로 사용된다. 본질주의essentialism에 대해서는 이 책 '돌고래의 코골이'의 #36-#38을 참고하라. A.의 환경결정론에 대해서는 HA 605b22를 참고하고, 특히 이집트의 대형 파충류에 대해서는 LBV 466b21; 이집트의 소형 파충류에 대해서는 HA 606a22; 벌꿀과 꿀에 대해서는 GA 786a35; 모발에 대해서는 GA 782a19; 양털 색깔에 대해서는 HA 518b15를 참고하라. GA V에서 그가 고려하는 다양성 중 대부분은 목적론적이나 형상론적으로 설명될 수 없지만, 물질적 필요성의 결과라고 할 수 있다; GOTTHELF (2012) ch. 5에서 Gotthelf과 Leunissen 참고. 플라톤이 말한 동물과 인간의 선택육

종에 대해서는 Rep 459A, Rep 546A, POPPER (1945/1962) vol. I, pp. 51-4, 81-4 n. pp. 227-8, 242-6를 참고하라; 결혼을 규제하라는 A.의 권고는 Pol VII, 16을 참고하라.

71

본성과 양육에 대한 테오프라스토스의 생각. T.는 CP I, 10.1-2, CP IV, 11.1-7에서 밀과 다른 식물들의 '일찍 싹틈'과 '늦게 싹틈'; CP IV, 11.9에서 식물과 동물의 환경적 민감성의 차이; CP II, 1-6, CP II, 13.1-5, HP II, 2.7-12에서 환경요인이 식물의 성장에 미치는 영향; CP II, 6.4에서 피라의 물을 논의한다. 본성과 양육에 대한 T.의 생각은 CP IV, 11.7 [trans. EINARSON and LINK (1976-90)]을 참고하라. '토양이 식물에 미치는 영향'을 '동물의 어미가 자손에게 미치는 영향'과 비교한 T.와 A.의 말을 나란히 비교해 보면 흥미로울 것이다. T.의 말은 CP I, 9.3과 CP II, 13.3에 나오고, A.의 말은 GA 738b28에 나온다; 이 책 '돌숲'의 #94도 참고하라.

72

A.의 유전모델. 모발, 눈, 피부색, 모발 유형에 대한 유전이론 부재에 대해서는 GA V를 참고하라. A.의 유전학에 대한 나의 설명 중 상당 부분은 HENRY (2006a)의 통찰력 있는 GA IV 분석에 기반한다. 그럼에도 불구하고, 나의 해석은 여러 면에서 그와 다른데, 구체적인 내용은 아래와 같다. A.는 HA 585b29와 GA 724a3에서 불구의 유전을, GA IV, 3에서 기형학을 논의한다. 그는 GA 767b1에서 유전의 기본적인 현상을 제시한다. 그는 GA I, 17-18에서 범생설을 비판하는데, 특히 GA 724a4에서는 이 비판을 기형인 사람의 자녀들에게 적용하고—cf. GA 721b28 [trans. PECK (1943)] —GA 722a13에서는 식물에게 적용한다. MORSINK (1982) pp. 46-7의 주장에 따르면, A.의 표적은 데모크리토스가 아니라 『발생에 관하여』의 저자(히포크라테스?)라고 한다; Littre VII, On Generation, 3, 8, 11에

나오는 불구에 관한 글과 LONIE (1981) 참고. A.의 적수가 '히포크라테스 유사 인물'이라는 Morsink의 제안은 옳지만, A.는 GA 769a7에서 두 가지 버전의 범생설을 논의하는데, 이중 하나가 데모크리토스의 것일 수 있다. 데모크리토스는 범생설 유類의 이론을 주장한 것으로 보인다(DK 68B32, DK 68A141, DK 68A143). DARWIN (1868) vol. II, ch. 27은 자신만의 범생설 이론을 제시한다; PECK (1943), MORSINK (1982), HENRY (2006a) 등은 C.D.의 용어를 A.의 이론에 적용했다. C.D.는 DARWIN (1875) 2nd edition, vol. II, p. 370, footnote에서 고대의 범생론을 인정한다. MORSINK (1982) ch. III은 A.의 범생설 비판을 분석한다; HENRY (2006a)는 식물의 사례를 언급한다.

73

이중유전이론. 이 용어는 내가 만든 것으로, A.의 유전이론을 둘러싼 문제를 해결하려고 노력하던 중 등장했다. 생식적 질료형상론에 대한 A.의 표준이론에서, 수컷은 형상을 공급하고 암컷은 질료를 공급한다; HENRY (2006b) 참고. 그러나 그는 GA IV에서 어머니의 물질(월경액)도 유전정보를 코딩할 수 있다고 인정한다. 이 명백한 상충에 대한 한 가지 해결책은, A.가 언급한 나눌 수 없는 형태indivisible form란 종species이 아니라 개체를 의미한다고 인정하는 것이다. 이것은 HENRY (2006a, b) 등이 채택한 해결책으로, 양친이 모두 형태를 전달한다는 것을 암시한다. 그러나 내 생각을 말하자면, 증거의 무게는 '형태가 종류의 필수적인 특징들을 포함하며, 아버지만이 형태를 공급한다'는 쪽으로 기운다는 것이다 (이 책 '자연'의 #33과 '양羊의 계곡'의 #70 참고). 만약 내 생각이 맞는다면, atomon eidos 내부의 변이에 대해 새로운 용어가 필요하다. 그래서 고심 끝에 '비형상적 변이informal variation'가 나온 것이다. 이런 비형상적 변이는 어머니와 아버지 모두에게서 나올 수 있고 씨 속의 움직임에 코딩되므로, 우리는 이중유전시스템을 보유하게 된다: 한(아버지의) 유전은 본질적이고 기능적인 특징들을 코딩하고; 다른 (양친의) 유전은 비본질적인 특징들(들창코, 성별 등)을 코딩하며, 둘 다 정액의 움직임에 의존하며 변이에 민감하다. GA 767b24는 여러 수준의 유전에 대해 말한다.

성 결정. A.는 GA IV, 1에서 기존의 성결정 이론을 비판한다. 자신의 이론은 '뜨거움/차가움'이라는 틀에 기반하여 전개된다(GA 766b8). A.의 이론을 이해하는 데 있어서 중요한 것은, '뜨거움'이 열(열 에너지)의 존재를 의미하는 것도, '차가움'이 열의 부재를 나타내는 것도 아니라는 점이다. 이보다는 차라리, '뜨거움'과 '차가움'은 마치 힘force처럼 서로 상반되는 특질이다. 그가 갈등과 정복이라는 용어를 쓰는 것은 바로 이 때문이다. '정액과 월경액의 비율'(logos or symmetria)이라는 아이디어는 GA 767a16에 나온다(cf. GA 723a29); A.는 나중에 GA IV, 3에서 '사실적/잠재적 움직임'의 관점에서 뜨거움/차가움 이론을 다시 전개하며 일반적 유전이론과 접목하게 된다. A.는 GA 767a28에서 환경적 성결정environmental sex determination을 언급하고, GA 766a28에서 부분(심장)을 이 원리로 제시한다. PLATT (1910) n. GA 716b5는 1차적 성결정과 2차적 성결정의 차이를 지적한다; PECK (1943) n. GA 776a30의 지적에 따르면, A.는 종종 성적 부분sexual part들의 원리 여부에 대해 양면적 태도를 보이지만, GA 766a31에서는 자신의 입장을 명확히 하며 심장을 내세운다고 한다; PECK (1943) n. GA 766b8 참고. A.는 GA 716b4과 GA 766a26에서 거세와 내시를 논의한다. 그는 거세가 심장에 어떻게 영향을 미치는지 설명하지 않는다. 아마도 그는 자신의 비유가 얼마나 직접적인지 인식하지 않은 것 같다, 왜냐하면 출생 후 거세는 2차 성징 중 일부(예: 탈모, 변성)에 영향을 미칠 뿐 생식기에 영향을 미치지 않기 때문이다. 조스트의 실험 및 성결정에 설명은 LEROI (2003) ch. 7을 참고하라.

74

일반적 유전이론. A.는 GA IV, 3에서 유전모델을 설명하고, GA 768a24에서 성과 관련된 특징들을 설명한다. 엘리스에 사는 여성에 관한 이야기는 HA 586a4와 GA 722a8에 나온다. A.는 GA 769a24에서 히포크라테스의 이론이 이런 유類의 조상 닮음ancestral similarity를 설명할 수 없다고 주장한다; HENRY (2006a) 참고. 정액의 열heat이 격세유전의 원인이 될 수 없는 경우는 GA 768a9를 참고하라. Littre VII, On Generation, 8은 히포크라테스의 이론이 혼합이론blending theory임을 밝히는데, 이에 대한 이유는 저자가 다음과 같이 말하기 때문이라고 한다: '만약 아버지의 특정 신체부위가 어머니의 특정 신체부위보다 씨seed에 더 많이 기여한다면, 자녀의 특정 신체부위는 아버지를 더 많이 닮을 것이다; 이것의 역도 성립한다' [trans. LONIE (1981)]. 그러므로 모든 형질은 이산분포가 아니라 연속분포이며, 비례적 기여proportionate contribution에 의존한다는 것이다. 이와 관련하여, A.는 GA 769a7에서 이와 비슷한 이론을 다음과 같이 애매모호하게 제시한다: '만약 양친이 씨에 똑같이 기여한다면, 형성된 자손은 어느 누구도 닮지 않을 것이다'. 이것은 아마도 자손이 양친의 혼합임을 의미하는 것 같지만, 인정하건대 전혀 다른 뭔가를 의미할 수도 있다. 괴물은 잡종이 아니라는 말은 GA 769b11에 나온다. A.는 GA 767b1에서 괴물에 대한 자신의 환원이론reversion theory을 제시한다. 초기의 현대적 유전이론에 대해서는 GLASS (1947) on Maupertuis, DARWIN (1868) vol. 2 pp. 399-401를 참고하고, 초기 유전학의 음울한 기록에 대해서는 MAYR (1982) ch. 14를 참고하라. PA 642a29는 데모크리토스가 자신의 의도와 무관하게 팩트의 제약에 의해 물질적 정의 이론을 얻게 된 과정을 말해 준다.

75

라군의 조개류. ostrakoderma의 생물학에 대해서는 HA IV, 4-7; porphyra (뿔소라)에 대해서는 HA 528b36, HA 546b18, PA 679b2; 주요 산업에 대

해서는 THOMPSON (1910) n. HA 547a3를 참고하라. 굴의 생식샘에 대해서는 GA 763b5를 참고하라(cf. HA 607b2).

76

자연발생 동물. A.는 HA 539a21에서 어떤 동물들은 자연히 발생한다고 말한다. 새조개, 대합, 등꼬리치, 가리비, 굴, 키조개, 멍게, 삿갓조개, 따개비, 뿔고둥, 이 밖의 고둥, 소라게는 HA V, 15에서 자연발생 동물이라고 일컬어진다. 말미잘과 해면은 HA V, 16; 물이fish lice는 HA 557a21; 벌레는 HA 551a8; 왕풍뎅이, 쇠똥구리, 파리, 말파리, 게벌레, 옷좀나방은 HA V, 19; 물고기 치어와 크니도스의 가숭어는 HA VI, 15-16에 나온다. 굴은 GA 763a26에서 자연발생의 증거로 제시된다(cf. 회색숭어와 뱀장어는 HA 569a10와 HA 570a3에 나온다). 굴의 레시피는 GA 762a19와 GA 763a25에 나온다(cf. HA 569a10). A.는 HA 538a3, HA 570a3, GA 762b27에서 뱀장어의 번식을 논의한다. ges entera HA 570a15와 GA 762b22에 나온다; PLATT (1910)과 PECK (1943) n. GA 762b22 참고. THOMPSON (1947) p. 59는 ges entera의 정체에 대해 다양한 아이디어를 제시한다. THOMPSON (1910) n. HA 538a12, BERTIN (1956), PROMAN과 REYNOLDS (2000)는 뱀장어의 머리 모양을 논의한다. '그러나 뭔가 더 확실한 것으로 대체하지 않는 한 …'은 DC 299a5에서 인용했다.

77

A.의 자연발생이론의 운명. A.의 자연발생이론과 초기 현대과학에 대해서는 FARLEY (1977), RUESTOW (1984), ROGER (1997)를 참고하라. 굴의 생식샘과 유생은 1690년 Brach에 의해 처음 관찰되었다; 레이우엔훅은 이것들을 다음과 같은 글에서 독립적으로 기술했다: 151 (1695), 157 (1695), 170 (1696) in LEEUWENHOEK (1931-99). 성게인 pluteus의 유생은 1846년 Muller에 의해, 따개비인 nauplius의 유생은 1835년

Thompson에 의해, 우렁쉥이의 유충은 1866년 Kowalevsky에 의해 동정되었다. 이러한 동물들의 유의미성에 대한 설명은 WINSOR (1969)와 WINSOR (1976)를 참고하라. 레이우엔훅은 뱀장어에 대한 관찰과, 뱀장어의 번식에 대한 동시대의 이론들을 다음과 같은 글에서 논의했다: 33 (1677), 15 (1691), 123 (1693), 169 (1696) in LEEUWENHOEK (1931-99). 레이우엔훅은 뱀장어의 장腸에서 뱀장어의 자손으로 추정되는 것을 관찰했지만, 나중에 이것을 기생충으로 동정했다; 그러나 그는 여전히 뱀장어의 자궁과 자손을 확인했다고 확신했다. 뱀장어의 생식샘 발견에 대해서는 BERTIN (1956)을 참고하라.

78

파리. 파리가 교미를 하고 유생을 낳는다는 말은 HA 539b10(cf. HA 542a6)와 GA 721a8에서 나오고; 유생에서 나온다는 말은 HA 552a20에 나오고; 자연히 발생한다는 말은 HA 552a20과 GA 721a8에 나온다. 이와 동일한 혼동은 벼룩과 이에도 적용된다(e.g. HA 556b21). 또한 A.는 만약 구더기가 번식을 한다면 어떤 일이 벌어질지 고려한다. 그는 이것이 불가능하다고 말하는데, 이유는 '만약 이렇게 되면 제3의 종류의 동물a third kind of animal—일종의 정체불명nondescript—을 낳을 것이고, 뒤이어 또 다른 정체불명의 자손들—제4, 제5, … —이 잇따라 등장할 것이기 때문'이다. 변이가 대대손손 무한히 계속된다는 것은 있을 수 없는 일이다. 왜냐하면 A.가 HA 539b7와 GA 715b14에서 언급한 바와 같이, 자연은 무한성을 지양止揚하기 때문이다.

자연발생 레시피 vs. 유성생식. 비교에 대해서는 GA 762b1을 참고하고, 자연발생 레시피의 특이성에 대해서는 GA 762a25를 참고하라. 많은 학자들은 A.의 자연발생이론과 형이상학 간의 갈등을 지적하지만, 문제의 정확한 본질과 해법에 대해서는 일치된 견해를 보이지 않는다. 자세한 내용은 다음 문헌을 참고하라: PECK (1943) pp. 583-5, BALME (1962b), LLOYD (1996), ch. 5; LENNOX (2001b), ch. 10; GOTTHELF (2012) ch. 6; ZWIER (in prep.).

A.가 자연발생에 애착을 보이는 이유. ZWIER (in prep.)의 주장에 따르면, A.는 '자연발생자spontaneous generator로 추정되는 동물들'이 얼마나 자연적으로 발생하는지를 탐구한다고 한다. 그녀와 나의 해결책의 차이는, 다음과 같은 두 가지 사항 중 어느 쪽을 더 중시하느냐에 있다. 첫째, 전임자들이 A.의 사상에 얼마나 많은 영향을 미쳤는가? 둘째, '자연발생'이라는 개념은 Physics II에 나오는 '자연적 사건'이라는 개념과 얼마나 가까운 의미로 사용되는가? BALME (1962b)와 LLOYD (1996) ch. 5에 따라, 나는 두 가지 개념의 용법이 매우 다르다고 생각한다. 테오프라스토스는 CP I, 5.1-4에서 자연발생을 논의한다(cf. CP I, 1.2, HP III, 1.3-6 and among the physiologoi HP III, 1.4). 생명의 기원 이론과 자연발생에 대해서는 Prob X, 13을 참고하라(cf. GA 762b28). On traditional beliefs about 매미의 자연발생에 대한 전통적 신념에 대해서는 CAMPBELL (2003) p. 72를 참고하라. A.는 HA 569a23에서 회색숭어를 논의하고 HA V, 15와 GA 762a34에서 뿔소라를 논의하며 경험주의를 명확히 드러낸다. 그는 HA 556a25에서 매미의 생활주기를 언급한다.

79

생활주기. 생활주기의 필요성에 대해서는 이 책 '돌숲'의 #96과 KING (2010)을 참고하라. A.는 HA 537a19, HA 543b32, HA 543a9, HA 543a12, HA 571a8, 598a18, HA 598a27, HA 599b9, HA 602a26, HA 607b28, HA 610b4에서 참치의 자연사를 기술한다. 그는 HA 582a34에서 여성의 월경주기 조절에 대해 말하고, HA 542a20에서는 대부분의 동물들이 봄철에 짝짓기 하는 과정을 기술한다. A.는 HA 542b1에서 alkyon을 언급하는데

(cf. HA 616a14), alkyon의 정체와 신화와의 관계에 대해서는 PECK (1970) n. pp. 368-72와 ARNOTT (2007)를 참고하라. 동물의 계절적 습성(번식 제외)에 대한 A.의 정보 중 대부분은 HA VII, 12-30에 나온다. 그는 He fish spawning times at HA VI, 17 등에서 물고기의 산란 횟수에 대해 말하고(cf. HA V, 9-11), HA 599a21에서는 꿀벌의 동면을, HA 600b28에서는 곰의 동면을, HA 597a4에서는 두루미의 이주를(cf. HA 597b30), HA 598a30에서는 어류가 이주하는 이유를 말한다. 동물들은 계절에 맞춰 습성을 조절하고(HA 596b20) 특정한 내열범위가 있다(HA 597a14). 그는 GA 778a5, GA IV, 10, GC 336b16, LBV 465b26에서 생활주기와 천체운행 간의 관계를 논의한다.

80

원소의 운동과 변형에 관한 이론. 원소의 자연적 운동에 대해서는 Phys 225a28, Phys 255b14, DC 297a30을 참고하라. 나의 설명은 Physics VIII와 DM에 나오는 '원소는 엄밀히 말해서 자동운동체selfmover가 아니다'라는 주장에 의존한다. 이것은 COHEN (1996) ch. II. FALCON (2005) p. 11과 일맥상통한다; 다른 설명은 WATERLOW (1982) pp. 167-8과 GILL (1989) p. 238을 참고하라. 원소의 변형에 대해서는 GC II, 1-5를 참고하라. 계절과 원소의 변형에 대해서는 GC 336a13, GC 336b16, GC 337a4 and GC 338b1를 참고하라; FALCON (2005) p. 11도 참고. LEUNISSEN (2010a) ch. 5.2-3은 원소형성 이론과 천체운동 이론 간의 목적론적 관련성을 논의한다. 『기상학』에 나오는 다음과 같은 구절들은 바람과 비에 관한 A.의 이론을 포함한다: Meteor I, 9, Meteor II, 4-6; 그러나 GA 778a2에 의하면, 바람은 생활주기를 갖고 있다; Meteor 347a2에는 강에 대한 이야기가 나오고, Meteor I, 14에는 지질학적 주기에 관한 이야기가 나온다; WILSON (2013)도 참고하라. 많은 학자들은 Phys II, 8 198b16ff.에 나오는 겨울비에 대해 논의해 왔다; JOHNSON (2005) ch. 5.5와 WILSON

(2013) ch. 5 참고. Wilson은 이 구절의 애매모호함과 '『기상학』에는 목적론적 설명이 절대적으로 부족하다'는 점을 적절히 비교검토한다. WILSON (2013) ch. 5는 『기상학』에 많이 등장하는 생물학적 메타포를 풍부하게 논의한다. 그는 또한 다음과 같은 흥미로운 제안을 한다: 기상현상은 '원소와 자연발생 동물'이 중첩되는 현상이며, 자연발생은 '기상현상과 유성생식 동물'이 중첩되는 현상이다.

81

무화과. A.의 무화과에 대해서는 HA 557b25; T.의 무화과에 대해서는 HP II, 8.1-3, CP II, 9.5-15를 참고하라. T.의 계절꽃에 대해서는 HP VI, 8.1-5; 꽃의 구조에 대해서는 HP I, 12를 참고하라. 인용문들의 출처는 각각 HA 557b25와 GA 715b21이다(cf. GA 755b10). T.의 대추야자에 대해서는 HP II, 6.6, HP II, 8.4, CP II, 9.15를 참고하라. AMIGUES (1988-2006) vol. I, p. xxiii은 T.의 대추야자에 대한 정보의 출처를 논의한다(cf. Herod I, 193). T.의 배경에 대해서는 LLOYD (1983) ch. III, 2를 참고하라. A.의 식물의 성에 대해서는 GA 715b16과 GA 731a21; T.의 식물의 성에 대해서는 CP II, 10을 참고하라. NEGBI (1995)는 테오프라스토스의 암수 개념을 논의하지만 (내가 적절하다고 생각하는 것 이상으로) 단정적으로 진술한다. 무화과나무와 관련된 곤충의 정체에 대해서는 DAVIES와 KATHIRITHAMY (1986) pp. 81-2, 92를, 레스보스의 무화과나무에 대해서는 CANDARGY (1899) p. 29를 참고하라. 나는 kentrines에 관한 정보를 알려준 옥스퍼드 대학교의 Charles Godfray에게 감사하며, 무화과나무의 변종과 재배에 관한 정보를 알려준 에게 대학교의 Filios Akriotis와 Theodora Petanidou에게 각각 감사한다; 또한 무화과의 주산지인 에레소스에 대한 상세정보를 알려준 에레소스의 재배농 Dimitrios Karidis에게 감사한다. 카프리피케이션 연구의 역사에 대해서는, LELONG (1891)에서 인용된 가스파리니 이야기를 참고하라. 무화과벌의 생활주기에 대해서는 KJELLBERG et al. (1987)과 WEIBLEN (2002)을 참고하라.

82

꿀벌. 꿀벌의 기원에 대해서는 HA VIII, 40과 테오프라스토스의 HP VI, 11.2-4를 참고하라. 테오프라스토스의 꿀벌 연구에서 누락된 부분은 SHARPLES (1995) pp. 208-10을 참고하라. A.는 GA III, 10에서 꿀벌의 발생을 논의한다; MAYHEW (2004) ch. 2는 A.의 특이한 이론(꿀벌의 성차별)을 옹호한다. A.는 GA 760b27에서 자신의 꿀벌 이론이 불확실하다고 말한다(cf. 난해한 문제를 바라보는 이와 유사한 관점: DC 287b28). MADER-SPACHER (2007)는 꿀벌의 생활주기가 해명된 역사를 간략히 소개한다.

83

생활사. 제비바람에 대해서는 HP VII, 15를 참고하라. 제비의 이주와 둥지 틀기 습성에 대해서는 HA VII, 16과 HA VIII, 8을 참고하라. 제비의 눈 발생에 대해서는 HA 508b4, HA 563a15, GA 774b31; 닭의 눈 발생에 대해서는 DEL RIO-TSONIS과 TSONIS (2003)를 참고하라. 곰의 만성성 새끼altricial cub에 대해서는 HA 579a20과 PECK (1970) pp. 376-8을 참고하라.

생활사 패턴. 포유류와 조류의 생활사에 대한 A.의 데이터는 대부분 GA IV, 4-10에서 나온다. 특별한 관련성을 알려주는 중요한 구절들은 다음과 같다: GA 771a17ff. (한배새끼 수와 몸 크기); GA 773b5 (성체의 몸 크기와 갓 태어난 새끼의 몸 크기); GA 774b5 (갓 태어난 새끼의 완전성, 한배새끼 수, 임신 기간); GA 774b30 (갓 태어난 새끼의 완전성, 임신 기간); GA 777a32 (임신 기간, 수명, 갓 태어난 새끼의 몸 크기). 이 모든 자료들은 기형에 대한 설명과 섞여 있다. 위의 구절 외에, 다음과 같은 구절들을 참고하라: HA 578b23 (사슴의 임신 기간으로부터 예측된 수명); LBV 466b7 (수명과 번식력); 이 책 '무화과, 꿀벌, 물고기'의 #85 (조류와 포유류의 생활사); GA 749a35 (조류의 생활사). SUNDEVALL (1835)는 만성성과 조성성precocial이라는 현대적 용어를 만들었는데, 이에 대한 역사에 대해서는 STARCK과 RICKLEFS (1998)를 참고하라.

생활사의 관련성 설명. A.는 GA 771b8에서 몸 크기와 번식력 간의 반비례 관계는 인과적이라고 주장하고, GA 777a35에서 임신 기간과 수명 간의 비례 관계는 인과적이 아니라고 주장한다. 비교연구법에서 교란변수에 대해서는 LEROI et al. (1994)을 참고하라. 섹스를 한 후 기진맥진해지는 것에 대해서는 GA 725b6를 참고하라. 뚱뚱한 사람의 불임에 대해서는 GA 725b32와 PA 651b12를 참고하라. 거세가 수명과 성장에 미치는 영향에 대해서는 HA 575a31, HA 578a33, HA 631b19를 참고하라; LEROI (2010)와 이 책 '무화과, 꿀벌, 물고기'의 #85와 '코스모스'의 #97도 참고. A.는 HA 558b16, GA 749b25에서 아드리아닭을 논의한다; 알드로반디도 LIND (1963) pp. 27-9에서 이를 논한다. 조류의 발과 날개와 생활방식 간의 관련성에 대해서는 이 책 '새 바람'의 #45를 참고하라; 그리고 생활사와의 관련성에 대해서는 GA 749a30을 참고하라(cf. GA 771a17). 나는 A.의 주장의 자원할당적 측면을 강조하지만, 그는 또한 '일부 맹금류가 다른 조류보다 영양분을 덜 획득한다'고 주장한다. 포유동물의 생활사적 특징들이 공변이하는 방법에 대한 추가적 논의는 부록 5를 참고하라.

84

어류의 생활사. T.는 HP VI, 8.1-5에서 여름꽃을 나열한다. 어류의 생활사에 대한 A.의 관찰은 HA VI, 10-17과 GA III, 3-6을 참고하라. 다산多産이 난생어류와 식물의 기능이라는 주장은 GA 718b8sp 나오고, 난생어류의 경우 이것이 배아의 높은 사망률 때문이라는 설명은 GA 755a30에 나온다(cf. HA 570b30). 난생어류에게 높은 번식력을 허용하는 특징들은 다

음과 같다: (i) 역 성적 이형성reverse sexual dimorphism, GA 720a16; (ii) 작은 알, GA 755a30; (iii) 자궁의 공간적 제한을 회피하기 위한 외적 '완성'(수정? - 아래 참조), GA 718b8a, cf. GA 755a26; (iv) 배아의 신속한 성장, GA 755a26; (v) glanis의 부성애와 그에 관한 설명, HA 568b15. A.는 HA 567b22, HA 571a2, GA 755a30에서 belone의 배아 품기를 기술한다. 태생 연골어류와 난생 경골어류의 대조적인 번식력에 대해서는 HA 570b29를 참고하라.

완성된 알 vs. 미완성된 알. 조류와 포유류의 상대적인 완전성을 말할 때, A.는 '만성성과 조성성' 같은 것을 의미하는 것이 분명하다. 완성된 알과 미완성된 알을 말할 때 (e.g. GA 718b8, GA 732b1, GA 754a22, GA 755a11), 그는 비슷하지만 약간 다른 것을 의미한다. 여기서 다시 한 번, 그의 전문적 어휘의 부족함이 드러난다. 어류의 번식물 중에서 A.가 가장 완성적이라고 생각하는 것은 새끼(대부분의 연골어류)이고, 다음으로 완성적인 것은 단단한 껍데기를 가진 알(다른 연골어류, e.g. 가오리와 홍어)이고; 가장 미완성적인 것은 부드러운 껍데기를 가진 알(e.g. 대부분의 경골어류)이다. 이 차이는 번식물(i.e. 어미의 자궁에서 나온 것)이 기능적 동물이 될 때까지 얼마만큼(조금. 약간, 많이) 발달해야 하느냐에 있다. 사실, 알의 이 같은 형태적 차이morphological difference는 수정 방식과 밀접하게 관련되어 있다. 즉, 연골어류는 체내수정을 하는 반면 대부분의 경골어류는 체외수정을 한다. A.는 이 점을 인식하고 있을 수 있지만 확실하지 않다. 왜냐하면 그는 물고기의 교미 방법을 모호하게 기술하기 때문이다. 설사 그렇더라도 그는 수정 자체를 암컷 물질female matter의 '완성'으로 간주하며; 이러한 완성이 일어나는 단계(초기에는 내부 v. 후기에는 외부)가 자손이 태어날 때의 완성도를 부분적으로 결정한다. 수정이 일어날 때 물고기의 알에서 젤리층이 확장되는 것에 대해서는 COWARD et al. (2002)을 참고하라.

현대의 생활사 이론. 생활사 이론의 서론은 ROFF (2002)를 참고하라; 어류의 생활사에 대한 전형적인 논문은 WINEMILLER와 ROSE (1993)를 참고하라.

85

그리스인의 수명. 이카리아 사람들의 출생 시 기대수명은 그리스인 전체의 범위 내에 있는 것으로 보이지만 (C. Tsimabos pers. comm.), 최고령자의 생존을 유심히 살펴보면 이카리아의 여성은 그리스인 전체에 비해 최소한 유의미한 생존상 이점을 누리는 것으로 나타난다 (M. Poulain pers. comm.).

수명의 길고 짧음. A.의 노화이론에 대한 권위 있는 해설은 KING (2001)을 참고하라. A.는 LBV 464b19에서 어떤 동물들은 수명이 길고 어떤 동물들은 수명이 짧은 이유를 연구해야 한다고 말한다. 그는 HA 552b18에서 하루살이에 대해 말하고, HA 553a12에서 여름이 끝날 무렵 날개 달린 곤충들이 죽는 과정을 이야기한다. 그는 LBV 466a1에서 수명의 비교생물학을 요약하고, LBV 466a21에서 노인들은 차갑고 건조하다고 말한다. 죽음에 대한 유일한 설명이 존재할까? (JSVM 478b22) 수명의 다양성에 대한 단 한 가지 이유가 있을까? (LBV 464b19) 그는 LBV 5, 6에서 다양한 동물들의 열heat과 수분moisture을 비교한다. 지방이 생명을 촉진하는 역할에 대해서는 LBV 466a24(cf. PA 651b1)와 FREUDENTHAL (1995) ch. IV를 참고하라. 번식이 수명에 미치는 영향에 대해서는 LBV 466b7, HA 576b2, GA 750a20, LEROI (2010)를 참고하라. 그와 마찬가지로, 현대 진화생물학에서 말하는 '생식이 노쇠에 미치는 영향'에 대해서는 WILLIAMS (1966), ROSE (1991), LEROI (2001), ROFF (2002)를 참고하라. 식물의 재생에 대해서는 LBV 467a7, 뱀과 도마뱀의 재생에 대해서는 HA 508b4, 히드라의 재생에 대해서는 BOSCH (2009)를 참고하라. 냉각 시스템의 실패로 인한 사망에 대해서는 JSVM 470b10을 참고하고; 냉각기관의 작동 중단에 대해서는 JSVM 479a8과 JSVM 479a31을 참고하고; 흙/노년의 잘못된 연상에 대해서는 GA 783b7을 참고하라. 늙은 동물의 환경 변화에 대한 취약성은 JSVM 474b30, JSVM 478a15, JSVM 479a16을 참고하라. 영혼과 노화의 역할에 대해서는 DA 415b25, DA 434a22, 그리고 JSVM 전체를 참고하라. JSVM 464b29, PA 644b23, GA 731b24에서 죽음은 생물의 본성이라고 일컬어진다. 현대적 노화이론의 메커니즘에 대해서는 FINCH (2007)를 참고하고, 이보다 더 최근의 문헌으로는 GEMS와 PARTRIDGE (2013)를 참고하라. 인간의 체온조절과 노화에 대해서는 SOMEREN (2007)을 참고하라. 노화에 대한 진화이론은 WEISMANN (1889)을 참고하라; 현대적 이론은 MEDAWAR (1951/1981)과 WILLIAMS (1957) 때문이다; 대중적인 견해에 대해서는 LEROI (2003) ch. IX를 참고하라. 자연물의 파괴와 재생에 관한 일반이론은 LBV 2, 3과 DC 288b15와 이 책 '무화과, 꿀벌, 물고기'의 #80을 참고하라.

86

Daphnis와 Chloe의 스토리. 롱구스의 『다프니스 & 클로에』에는 여러 가지 버전이 있는데, 나는 제프리 헨더슨이 2009년에 번역한 러브판Loeb을 사용했다. 목가적인 장면은 I, 9-10에 기술되어 있다; MASON (1979), GREEN (1982), GREEN (1989) ch. 3을 참고하라.

87

해면과 기타 '식물-동물성 이중생물'들. 해면에 대해서는 HA 487b10, HA 548a32, HA 548b8, HA 588b21, PA 681a10을 참고하라. VOULTSIADOU (2007)는 그리스 로마 시대에 해면이 수행한 문화적 역할에 대해 논의한다. 다른 식물-동물성 이중생물인 말미잘, 우렁쉥이 등에 대해서는 HA 487b10, HA 547b12, HA 548a22, PA 681a10, PA 683b18을 참고하라. A.가 그런 생물 중 일부 또는 전부를 동물, 식물, 또는 '중간의 어떤 것'으로 생각했다고 말하기는 어렵다. 예컨대 그는 '식물과 비슷'하거나, 심지어 '모든 면에서 식물과 비슷'한 해면에 대해 말한다 내가 보기에, A.는 모든 점을 감안하여 이것들을 동물로 생각한 것 같다. 왜냐하면 이것들은 예외 없이 감각혼의 능력(운동, 감각, 식욕) 중 하나 이상을 보유하고 있는 것처럼 보이기 때문이다; 이는 그의 두 가지 접근방법 중 하나인 다중원칙 polythetic 분류법과 일맥상통한다. 그러나 그가 이것들을 동물로 생각한다고 믿을 만한 가장 납득할 만한 이유는, 그가 HA에서 이것들을 언급하기 때문이다. 그와 마찬가지로, T.는 자신의 『식물 탐구』(HP IV, 6.10)에서 해면을 만진 다음, '이것들은 성격이 다르므로—아마도 동물인 듯하므로—다른 데서 다뤄야 한다'고 말한다. 위작僞作인 『식물에 관하여』(다마스커스의 니콜라스가 A.의 Peri phyton에 주석을 단 것으로 여겨진다)의 저자도 이 문제로 고민하는 것 같다. 왜냐하면 '동물은 감각이 있지만 식물은 감각이 없고, 조개는 감각이 있지만 동물인 동시에 식물이다'라고 주장하기 때문이다(DP, 1); DROSSART LULOFS (1957) 참고. A.가 이런 생물들을 어떻게 다뤘는지에 대해서는 LLOYD (1983) ch. I, 4와 LLOYD (1996) ch. 3과 LENNOX (2001a) p. 301을 참고하라. T.가 산호와 다른 '바다 식물'에 대해 언급한 내용은 St 38과 HP IV, 6을 참고하라. 그가 여기서 다룬 진귀한 산호는 '바다야자sea palm'다; 영웅만Gulf of Heroes(아카바)에서 자라는 산호에 대해서는 HP IV, 7.2를 참고하라. 해면의 수축에 대한 회의론에 대해서는 THOMPSON (1947) p. 250을 참고하라; 해면의 운동에 대해 말해 준 앨버타 대학교의 Sally Leys에게 감사한다; NICKEL (2004)도 참고하라.

'자연은 … 아주 조금씩 진행한다'에 대해서는 HA 588a1(cf. PA 681a10), Meteor IV, 12, GA 731a25를 참고하라. 이 주장과 '세계는 유전된 형태inherited form와 목적론적으로 정의된 본질teleologically defined essence을 가진 별개의 종류들discrete kinds로 구성되어 있다'는 A.의 신념 사이에 갈등이 존재하는 것 같다; 그러나 A.가 말하는 '연속성continuity'이란 '무한히 나눌 수 없는 종류들infinitely divisible kinds의 연속'을 의미하는 것도 아니고, '서로 구별할 수 없을 정도로 중첩된 경계를 가진 종류들'을 의미하는 것도 아니며, '조금씩 꾸준히 전진하는 일련의 종류들'을 말할 뿐이다; GRANGER (1985)와 LOVEJOY (1936)의 상반되는 견해 참고.

88

'다윈 속의 아리스토텔레스'와 그 반대. Natura non facit saltum이라는 문장의 역사와, 이것을 다윈이 사용하게 된 과정에 대해서는 FISHBURN (2004)을 참고하라. '다윈 이후'는 스티븐 제이 굴드가 1977년 Natural History라는 잡지에 기고한 에세이들을 모아 펴낸 책의 제목이다. 수많은 진화생물학 논문의 출발점을 일컫는 상투적인 표현을 비꼬는 말이다. genos의 의미에 대해서는 Metaph V, 28을 참고하라. 어떤 학자들 (LENNOX (2001b) ch. 6와 PELLEGRIN (1986) ch. 2)에 의하면, A.는 동물학에서 '혈연으로 연결된 생물 그룹'을 지칭하기 위해 genos를 사용한다고 한다. 이것은 합당하지 않다. 종속되는 gene (참새, 두루미)를 가진 megista genos (e.g. 조류)의 경우, A.는 참새와 학이 혈연으로 연결되어 있다고 말하지 않는다. 왜냐하면, 이렇게 말한다는 것은 공통조상, 즉 진화를 의미하기 때문이다. 그렇다면 그가 공통혈통이라는 의미로 사용하는 genos (Metaph V, 28에 나오는 정의 1과 정의 2, 매우 비슷함)는 atoma eide인 gene, 즉 실제로 교배되는 gene (e.g. 사람)에만 적용된다. 일반적으로, 그는 Metaph V, 28에 나오는 정의 3의 의미로 genos를 사용한다. 이것은 순전히 분류학적이며 혈연에 대해 아무 것도 의미하지 않는다. A.가 (진화론자가 아니면서도) 진화적 주제를 예상했는지에 대한 논의는 KULLMANN (2008)을 참고하라.

89

A.가 다윈에게 미친 간접적 영향. A.가 다윈에게 미친 간접적 영향에 대해서는 LENNOX (2001b) ch. 5와 GOTTHELF (2012) ch. 15를 참고하라.

'내 견해가 …'는 DARWIN (1838/2002-) p. 267에서 인용했다. STOTT (2012)는 A.가 어떻게 『종의 기원』 속에 진화적 전구체로서 침투했는지를 이야기한다. 『동물의 부분들에 관하여』의 번역: 오늘날 PA의 권위있는 영역본으로 인정받고 있는 것은 LENNOX (2001a)다. 그의 탁월한 주석은 철학적이고 이론적인 측면에 집중한다; 동물학적 팩트는 아직도 OGLE (1882)에 의존해야 하며, 이 경우 p. 240, n. 36에 나오는 원문은 다음과 같다: '낙타, 고양이, 그리고 토끼를 포함한 설치류는 소변을 뒤로 본다'. KULLMANN (2007)의 독일어 번역과 주석은 철학과 동물학적 측면에서 모두 탁월하다.

90

A., 린네 그리고 자연의 체계. 린네명名의 기원에 대해서는 HELLER와 PENHALLURICK (2007)을 참고하라. 자연의 사다리scala naturae의 아이디어에 영감을 줬다고 흔히 주장되는 두 가지 구절—HA 588b30과 PA 681a10—중 어느 것도 그다지 명확하지 않다, LENNOX (2001a) pp. 300-1; 그러나 다른 구절(특히 GA)을 읽어 보면, '동물은 완전함의 오름차순으로 배열되어야 한다'는 A.의 생각이 강하게 느껴진다. 예컨대 자손의 상대적 완전성에 대해서는 GA 733a32를, 아버지와 어머니의 완전함 간의 관계에 대해서는 GA 733a1을 참고하라. 상대적 완전성의 생리학에 대해서는 다음과 같은 구절들을 참고하라: 뜨거운 동물은 폐를 갖고 있고, PA 669b1; 똑바로 서는 경향이 있고, PA 686b26; 몸집이 큰 경향이 있고, GA 732a17; 차가운 동물보다 오래 사는 경향이 있다 (이 책 '무화과, 꿀벌, 물고기'의 #85 참고). 혈액의 조성이 지능과 기질에 미치는 영향에 대한 A.의 이론—PA 648a2과 PA II, 4—도 같은 맥락이지만, 더 복잡하다. 간단히 말해서, 지능과 기질에 영향을 미치는 혈액의 속성은 다음과 같은 세 가지다: 열, 점조粘稠thickness, 순수함. 비록 상관관계는 있지만, 이러한 속성들은 유혈동물과 무혈동물에서 각각 어느 정도 다르다. A.가 다양한 동물들(황

소, 꿀벌 등)의 다양한 행동을 설명할 수 있는 것은 이 때문이다. 뜨겁고 묽고 순수한 혈액을 가진 사람이 가장 좋은데, 이 이유는 용감하고 총명하기 때문이다. 사람은 모든 동물 중에서 가장 묽고 순수한 혈액을 가졌다; LLOYD (1983) ch. I, 3 참고.

박물학자와 자연의 사다리. 서양 사상에서 자연의 사다리의 역사에 대해서는 LOVEJOY (1936) ch. 2를 참고하라. 알베르트 마그누스의 인용문은 이 책 p. 79에서 인용했다. 『자연의 체계』의 초판과 13판은 다음과 같다: Systema naturae, 1st edition, LINNAEUS (1735); 13th edition, LINNAEUS and GMELIN (1788-93). 최하등동물을 다룬 동물식물학zoophytology의 역사에 대해서는 JOHNSTON (1838) pp. 407-37과 ELLIS (1765)를 참고하라. 1812년 처음으로 제시된 퀴비에의 분류는 CUVIER and LATREILLE (1817)를 통해 가장 널리 알려졌다.

91

갑오징어를 둘러싼 대논쟁. 이 논쟁에 대한 설명은 RUSSELL (1916) chs 3, 5, 6, APPEL (1987), GUYADER (2004), STOTT (2012)를 참고하라. 두족류의 기하학에 대한 A.의 분석은 PA IV, 9와 이 책 '해부학'의 #23, '코스모스'의 #38, '돌고래의 코골이'의 #97을 참고하라. A.에 대한 조프루아와 퀴비에의 사상에 대해서는 GUYADER (2004) pp. 143, 155, 181을 참고하라. '상동성homology'과 '상사성analogy'은 복잡한 역사를 갖고 있지만, 최초로 구분된 것은 OWEN (1843), pp. 374, 378과 OWEN (1868)에 의해서였다; 그러나 두 개념의 의미는 계속적으로 진화해 왔다, HALL (2003). 퀴비에의 방법에 대해서는 CUVIER (1834) vol. 1, pp. 97, 179-89를 참고하고; 자연사가 뉴턴을 보유하지 못한 이유에 대해서는 CUVIER (1834) vol. 1, p. 96을 참고하라. '치아의 형태는 …'은 CUVIER (1834) vol. 1, p. 181에서 인용했고; '자연사에는 합리적인 …'은 CUVIER와 LA-

TREILLE (1817) vol. I, p. 6, trans. OUTRAM (1986)에서 인용했다. 척추동물의 가슴뼈와 보상의 법칙loi de balancement에 대한 조프루아의 생각은 GUYADER (2004)를 참고하라.

92

개념의 진화. 퀴비에와 다른 사상가들과의 관계에 대해서는 RUSSELL (1916) ch. 3, OUTRAM (1986), RUDWICK (1997), GRENE과 DEPEW (2004) ch. 5, REISS (2009) pp. 103-13을 참고하라. 퀴비에의 존재의 조건들Conditions of Existence은 DARWIN (1859) p. 206과 PALEY (1809/2006) ch. 15에 나온다. 현대 유전학에서 그와 동일한 아이디어는 LEROI et al. (2003)의 'Xiphophorus 잡종의 암'과 PHILLIPS (2008)의 상위epistasis를 참고하라. 조프루아의 보상의 법칙은 DARWIN (1859) p. 143에서 성장의 상관관계로 나오며, LEROI (2001)에서 다면발현pleiotropy으로 나온다. A.는 DC 270b16, Meteor 1074b1, Pol 1329b25에서 다시 떠오르는 아이디어들을 이야기한다.

93

A.의 반反진화론. 소크라테스 이전의 동물발생론과 진화론에 대해서는 CAMPBELL (2000), LLOYD (2006) ch. 11, SEDLEY (2007)를 참고하라. 플라톤의 진화론은 Tim 91D-92C에 명백하게 기술되어 있다; SEDLEY (2007) ch. 4 참고. A.는 GA 762b23에서 모든 동물은 흙에서 태어난다는 아이디어를 고려한다. 대부분의 해설자들과 마찬가지로, 나는 A.가 형태의 고정fixity에 전념한다고 주장한다 BALME과 GOTTHELF (1992) pp. 97-8, BALME (1987d), GRANGER (1987)는 그렇지 않다고 주장하지만 설득력이 부족하다; LENNOX (2001b) ch. 6 참고. 종류/형태의 영원성에 대해서는 DA 415a25, GA 731b31, Metaph VII, 8-9, GC II, 10-11을 참고하라. A.는 GA 771a12와 GA 772b35에서 선천성 기형의 해로운 영향을

논의한다. HENRY (2006a)는 A.의 견해를 다음과 같이 해석한다. '변이란 일정한 범위를 벗어나는 특징을 말하며, 주어진 종류의 환경에 대한 적합성은 역선택(변이를 배제하는 선택)에 의해 유지된다. 만약 역선택이 행해지지 않는다면, 변이를 보유한 동물들은 환경에 더 이상 적응할 수 없다. 따라서 변이를 보유한다는 것은 생존 및 번식 능력에 해를 끼친다.' 이러한 역선택은 엠페도클레스의 선택과 매우 유사하며, 안정화 선택stabilizing selection또는 정화 선택purifying selection으로 알려져 있다. 그러나 나는 A.의 견해를 그렇게 해석하지 않는다. 그는 단지 '무조건적으로 부적합한 생물unconditionally unfit creatures (필수적인 기관이 결핍된 생물)은 죽는다'고 말할 뿐이며, 그러한 생물의 죽음을 (특별한 환경에 처했는지 여부와 무관하게) '형태의 유지'와 결부시키지 않는다.

이종교배hybridization에 의한 새로운 종류/종의 기원. 린네의 이종교배론에 대해서는 MULLER-WILLE과 OREL (2007)을 참고하라. A.는 Metaph 1033b33, GA 738b32, GA 746a29, HA 566a27, HA 606b25, HA 608a32에서 잡종을 논의한다(cf. Mirab 60). A.가 '이종교배가 새로운 종류의 동물을 탄생시킬 수 있다'고 생각하는지 여부는 알 수 없다. 내가 인정하는 이중유전시스템dual-inheritance system을 받아들이지 않는 HENRY (2006b) 같은 학자들은 '양친이 모두 자신의 형태를 배아에게 제공한다'고 주장한다. 만약 그렇다면, '양친의 형태의 안정적인 혼합'인 잡종은 가능할 것이다. 그러나 A.가 이렇게 생각했다는 증거는 별로 없다. 사실, 개와 여우의 이종교배를 논의한 GA 738b28에서, A.는 잡종이 암컷의 형태로 회귀할 거라고 주장한다. 이것은 어머니의 형태나 물질에게 설명되지 않은 우선권unexplained priority을 부여하기 때문에, '배타적인 아버지의 형태'와 '양친의 형태' 중 어느 것과도 양립하지 않는다. 사실, 나는 그것이—아마도 테오프라스토스에 의한—비아리스토텔레스적 외삽un-Aristotelian interpolation이라고 생각한다. '토양'과 '씨'라는 용어는 식물학자가 텍스트에 개입했음을 암시한다; CP I, 9.3, CP II, 13.3과 이 책 '양羊의 계곡'의 #71 참고. 조프루아의 기형학적 진화론에 대해서는 APPEL (1987) pp. 128, 130-42와 GUYADER (2004)를 참고하라.

기형-진화론. A.가 생각하는 괴물 같은monstrous과 자연적인natural의 관계는 GA 770b15와 GA 769b27을 참고하라. 다음과 같은 동물들은 자연적인 변칙naturally deformed으로 일컬어진다: 바다표범(HA 498a33과 PA 657a22), 두더지(HA 491b28, HA 533a1, DA 425a10); 다른 사례들과 'A.가 말하는 변칙deformed이나 왜곡warped의 진정한 의미에 대해서는 LLOYD (1983) ch. I, 4, GRANGER (1987), WITT (2013)를 참고하라. 네발동물이 네 발로 걷게 된 과정에 대해서는 PA 686a32를 참고하라(cf. PA 686b21, Tim 91D-92C).

진화론. 에른스트 마이어, 데이비드 헐, 아서 케인에 의하면 '아리스토텔레스의 본질주의essentialism가 린네를 경유하여 진화이론의 흐름을 2,000년 동안 지연시켰다'고 한다. 이러한 주장을 비판하려면, 이들이 아리스토텔레스와 린네의 말을 어떻게 해석했는지를 디테일하게 분석해야 한다. 그러나 이 책은 이런 분석을 하는 데 적절한 공간이 아니며, 나는 향후 논문에서 이런 분석을 할 예정이다.

94

화석. 다윈의 전임자들에 대해서는 MAYR (1982)와 STOTT (2012)를 참고하라. 어떤 학자들—e.g. BALME (1987d), BALME과 GOTTHELF (1992) pp. 97-8; LENNOX (2001b) ch. 6—은 A.가 진화에 대한 증거를 갖고 있지 않았다고 주장했다. 레스보스의 지질학사史에 대한 이론은 Strab I, 3.19를 참고하라. 크세노파네스의 물고기 화석에 대해서는 PEASE (1942); 크산토스, 에라토스테네스, 스트라토의 화석에 대해서는 Strab I,

3.3-4; 테오프라스토스의 상아 화석에 대해서는 St 37과 MAYOR (2000)를 참고하라. DERMITZAKIS (1999)에 수록된 논문들은 레스보스의 척추동물 고생물학을 개관해 준다. SOLOUNIAS와 MAYOR (2004)는 사모스의 코끼리와 그 유골을 기술한다. Herod II, 75는 아라비아의 날개 달린 뱀에 대해 이야기한다; RADNER (2007) 참고. 화석화된 갈대에 대한 테오프라스토스의 언급은 HP IV, 7.3을, fossiles은 Meteor 378a20을 참고하라. 또한 아리스토텔레스의 위작僞作에는 화석화에 대한 언급이 많다(e.g. Prob XXIV, 11, Mirab 52, Mirab 95).

95

테오프라스토스의 진화론. 지역에 동화하는 밀에 대해서는 CP IV, 11.5-9; 식물의 새로운 본성에 대해서는 CP IV, 11.7 [trans. EINARSON and LINK (1976-90)]; 씨앗의 퇴화 (야생으로의 환원)에 대해서는 CP I, 9.1-3와 HP II, 2.4-6을 참고하라. 독보리에 대해서는 CP II, 16.3, CP IV, 4.5-5.5, HP II, 4.1, HP VIII, 8.3을 참고하라. T.는 이 책들에서 독보리가 단지 잡초일 수 있음을 인식한다. 독보리의 진화와 문화적 유의미성에 대해서는 THOMAS et al. (2011)을 참고하라. 학자들은 종종 몇몇 단편에 기반하여, 'A.보다 T.가 목적론에 더 저항한다'고 말한다. 그러나 T.가 표면적으로 목적론에 관심을 보이지 않는다 하더라도, 그의 생물학이 철저한 목적론의 강력한 뒷받침을 받는다는 것은 의심의 여지가 없다; LENNOX (2001b) ch. 12 참고.

96

아리스토텔레스적 설명과 진화론적 설명 비교. '진화의 관점에서 보지 않으면 …'은 DOBZHANSKY (1973)에서 인용했다. '자연은 모든 종류의 동물들에게 …'는 IA 704b11에서 인용했다(cf. GA 788b20). 최적성optimality에 대한 A.의 생각은 LEROI (2010)를 참고하고; 진화생물학과 자연선택이론과의 공식적인 관계에 대해서는 GRAFEN (2007)을 참고하라. 다윈적 적응의 수혜자는 개체라는 설명에 대해서는 DARWIN (1859) p. 186과 RUSE (1980)를 참고하고; 선택의 수준을 적응의 수준과 구별하는 방법에 대해서는 GARDENER와 GRAFEN (2009)을 참고하라. 생명체들이 영원하고 신성한 활동에 참가할 수 있다는 말은 DA 415a25, DA 415a22, GA 731b18, GC II, 10-11에 나온다(cf. 다윈의 저술이 의심스러운 MM 1187a30). A.는 생명의 궁극적인 목적을 논할 때, 일반적으로 영혼의 목적(즉 영양, 성장, 번식 등을 제어하는 생리적 시스템)이라는 관점에 입각한다; 이 책 '갑오징어의 영혼'의 #54 참고. 나는 '아리스토텔레스적 생물들의 특징은 궁극적으로 형태/종류를 위한 것'이라고 주장한다. 일부 학자들—e.g. BALME과 GOTTHELF (1992) pp. 96-7, LENNOX (2001b) ch. 6—은 이것을 부인하며 '종류의 영원한 생존은 개체의 번식욕구의 2차적 결과일 뿐'이라고 주장한다. 그러나 A.가 DA 415b2에서 지적한 바와 같이, '무엇을 위해서'의 의미는 두 가지라고 할 수 있다. 첫째는 '무엇의 목적을 위해서'이고, 둘째는 '무엇의 이익을 위해서'이다. 다음으로, 그는 '무엇의 이익을 위해서'를 형태/종류라고 명확히 밝힌다(DA 416b22도 참고). 또 한 가지 주목해야 할 것은, A.는 특별한 적응을 말할 때 일반적으로 그것(예컨대 뿔)이 '개체에게 이로운 것인지' 아니면 '종에게 이로운 것인지'를 명시하지 않는다는 것이다. 그는 굳이 그럴 필요가 없는데, 그 이유는 개체와 종에게 모두 이롭기 때문이다. 그러나 그는 때때로 '어떤 특징들은 종에게 이롭다'고 분명히 말하는데, 물고기의 생활사를 논의할 때가 그 대표적 사례다(GA 755a30과 이 책 '무화과, 꿀벌, 물고기'의 #85 참고). 이런 점에서 볼 때, 그의 목적론은 다윈의 것과 다르다, 왜냐하면 다윈에 의하면 적응의 수혜자는 개체이기 때문이다; 신다윈주의적 유전자에 대해서는 이 책 '코스모스'의 #101을 참고하라. 아리스토텔레스적 설명에서 환원주의에 대해서는 GOTTHELF (2012) ch. 3을 참고하라. A.는 GA 731b30에서 존재하지 않는 것보다 존재하는 것이 낫다고 말한다.

97

고결한 목적론. 동물과 식물의 체축body axis의 정의에 대해서는 이 책 '돌고래의 코골이'의 #38을 참고하라. 극pole의 상대적 가치에 대해서는 IA 5를 참고하라. SOLMSEN (1955), LENNOX (2001a) p. 275, SEDLEY (2007) p. 172는 A.의 생물학에 있어서 플라톤적 가치를 논의한다. 심장의 발생, 위치, 구조에 대한 A.의 논의 중 상당부분은 PA III, 4-5, 특히 PA 665b20에 나온다; LENNOX (2001a) pp. 254-65 참고. 간과 지라의 대칭성에 대해서는 PA 666a25와 PA 669b13ff를 참고하라. 또한 고결한 목적론은 횡격막의 존재를 부분적으로 설명한다. 이것은 '복강 속에 있는 덜 중요한 소화기관'을 흉강 속에 있는 중요한 기관, 특히 인지기능의 핵심인 심장과 분리하는 역할을 한다(PA 672b17). 고결한 목적론에 대한 일반적 논의는 GOTTHELF (2012) ch. 2를 참고하라.

사람 vs. 동물. A.는 HA 494a27에서 사람과 동물 간의 체축 차이를 논의하고, HA 588a19, HA 608a10, HA 608b4에서 성격의 차이를 논의한다. 그는 GA 728a17 (암컷은 불임인 수컷이다)과 GA 737a22 (암컷은 기형적인 수컷이다)과 GA 767b6 (암컷은 발생 과정에서 종류로부터 이탈하거나 괴물 같은 방향으로 향한다)과 GA 775a15 (암컷은 자연적인 기형이다)에서, 암컷은 불구이고 일탈적이고 기형이거나 괴물이라고 한다. 그는 GA 732a1에서 성이 나뉜 이유를 설명하고, GA 767b8에서 암컷은 형태의 영속perpetuation을 위해 필요하다고 지적한다(cf. GA 731b34, Metaph X, 9). 그러나 Metaph X, 9에 의하면, 성의 발현은 비형상적 유전 시스템informal system of inheritance으로 인한 '우발적인' 특징이라고 한다. 환관이 여성화된다는 말은 GA 716b5에 나온다(cf. GA 766a26). MAYHEW (2004), HENRY (2007), NIELSEN (2008)은 A.의 성결정이론이 성차별적인지 여부를 논의한다. '완전함의 정도'에 대한 해석은 WITT (1998)를 따랐다.

인간의 독특성 설명하기. 인간의 씨가 불균형적으로 생성되는 현상과 이에 대한 설명은 HA 521a25, HA 572b30, HA 582b28, GA 728b14, GA 776b26를 참고하라. '포유동물의 정액 생산량 비교'에 대한 정보를 제공한 셰필드 대학교의 버크헤드에게 감사한다. 사람과 말이 임신 중에도 섹스를 한다는 말은 HA 585a4에 나온다. 대머리 남성의 지나친 성욕에 대해서는 GA 783b27을 참고하라(cf. GA 774a34). 여성과 환관이 대머리가 되지 않는 이유에 대해서는 HA 583b33, GA 728b15, GA 784a4-7, LEROI (2010)를 참고하라. A.는 HA 521a2 and PA 669b1에서 인간 생리학의 특이성을 논의하고; PA 687a22에서 벌거숭이와 '손을 무기로 사용하는 것' 간의 관계를 논의하고, PA 686a25(cf. PA 656a7)에서 사람의 직립자세와 신성함 간의 관계를 논의한다; LLOYD (1983) ch. I, 3, LENNOX (2001) pp. 317-18, KULLMANN (2007) p. 690 참고.

98

정치적 동물들. A.는 Pol 1253a7, HA 488a10에서 동물들의 정치적 행동에 대해 이야기한다(cf. HA 589a3); KULLMANN (1991)과 DEPEW (1995) 참고. 두루미의 사회성에 대해서는 HA 488a7, HA 614b18을 참고하라.

꿀벌의 행동. 한 번에 한 종류의 꽃 방문하기와 엉덩이춤waggle dance에 대해서는 HA 624b5를 참고하고; 엉덩이춤에 대해서는 HALDANE (1955)도 참고하라. 벌집의 건설에 대해서는 HA 623b26; 수벌의 추방에 대해서는 HA 626a10; 분업에 대해서는 HA 625b18과 HA 627a20; 여왕벌의 전문성에 대해서는 GA 760a11을 참고하라. 크세노폰은 Econ VII에서 여왕벌이 벌집을 지배하는 메커니즘을 이야기한다. A.는 이 주제에 대해 훨씬 덜 명확한 입장을 취한다. 그는 HA 488a10에서 '꿀벌은 한 지배자의 지배를 받는다'고 말하지만, 더 이상의 언급을 회피한다. 그는 HA

625a17과 HA 625b15에서 꿀벌의 여왕 시해regicide를 기술한다.

누락된 동물의 습성. A의 생태학적 정보 중 대부분은 HA VII과 VIII (Balme's numbering)에 있는데, 전자는 먹이와 습성에 초점을 맞추고, 후자는 습성과 성격에 초점을 맞춘다. 꿀벌의 습성이 포함된 후자는 때로 위작으로 의심되므로, 동물의 습성의 인과적 분석에 대한 설명이 누락된 이유는 'A.의 데이터가 아니기 때문'일 수 있다. 그러나 대부분의 현대 학자들은 이 책의 대체적인 진실성을 인정한다.

99

국가의 형성. A.는 Pol I, 1-2에서 가정과 국가의 기원을 기술한다. 그는 Pol 1252b9에서 가정관리의 목적을 설명하고, Pol 1252b1에서 전문화에 대한 찬성 의견을 말한다(cf. Ch. LI). 그는 Pol 1253a1에서 국가의 1차적 목표는 자급자족이라고 말한다. 키클롭스가 무법자라는 말은 Pol 1252b35에 나온다. A.의 정치사상과 그 후계자들의 정치사상 간의 관계에 대해서는 KULLMANN (1998) ch. V를 참고하라.

본성적 노예. A.는 Pol 1254a9ff에서 본성적 노예 이론을 제시한다. 본성적 노예의 지적 능력에 대해서는 Pol 1254b16를 참고하라(cf. Pol 1260a1). 다양한 해설가들—e.g. HEATH (2008)—은 'A.가 본성적 노예에게 결핍되어 있다고 생각한 지적 능력'이 정확히 무엇인지 알아내려고 노력해 왔다. 소유권의 문제는 제쳐두고(Pol 1260a35), A.는 주인을 위해 일하는 자유로운 기능공을 가리켜 '제한된 의미에서 노예상태에 있다'고 말한다. A.는 Pol 1253b30에서 스스로 연주하는 수금竪琴에 대해 곰곰이 생각한다. 그는 Pol 1256b20(cf. Pol 1252b5), Pol 1255a28, Pol 1285a19에서 야만인들이 본성적 노예라고 제안한다; HEATH (2008) 참고.

100

사이보그 국가. 플라톤은 Phaedo 109B에서 지중해의 연못 주변에 모여 있는 그리스인들을 기술한 것으로 유명하다. A.는 Pol IV, 4에서 국가가 기관을 갖고 있다고 말하고, Pol 1254a28, Pol 1254a34, DA 410b10에서 핵심적인 통제기관을 영혼과 비교한다(cf. Pol 1253a20). 헌법은 Pol 1276a35에서 강江으로 그려진다. 국가는 Pol I, 2, Pol 1263a1에서 자연의 창조물로 일컬어지지만, 사실은 자연과 인공의 잡종이다(Pol 1265a29); KULLMANN (1991)과 LEUNISSEN (2013) 참고. '법의 지배'가 없다면, 인간은 최악의 동물이다(Pol 1253a29). 과학의 분류에 대해서는 Metaph XI, 7을 참고하라. A.는 Pol IV, 11과 Pol VII에서 최선의 국가를 논의한다. 전문직 종사자와 시민의 자격기준에 대해서는 Pol 1328b35, Pol 1329a20을 참고하라. BURKHARDT (1872/1999) ch. 5는 기원전 4세기의 아테네 민주주의를 특히 냉혹하고 디테일하게 평가하지만, A.도 『아테네 헌정』(cf. Pol V, 5)에서 아테네의 민주주의를 비판한다. A.는 Pol IV, 4에서 국가 기관의 분포에 따라 국가를 분류한다. 그는 Pol 1321a5와 Pol 1318b10에서 다양한 국가와 헌법의 질료인material cause을 기술하고(cf. Pol 1326a5), Pol VII, 7에서 유럽인과 아시아인과 그리스인의 성격을 기술한다. 그는 Pol V, 1에서 국가의 혁명과 파괴에 대해 말하며, Pol II, 1-3에서 플라톤의 결혼 공산주의marital communism—그러나 플라톤이 Rep에서 제시한 도식은 약간 희화적이다—를 통렬히 비판한다.. A.는 PA 656a5에서 자연적 질서와 훌륭한 삶에 대해 말한다.

101

생태학과 형이상학 λ. 독수리와 용뱀dragon snake의 전쟁은 HA 609a4에서 언급된다; 이 상징적 모티프의 기원과 전파에 대해서는 WITTKOWER (1939)와 RODRIGUEZ PEREZ (2011)를 참고하라. 용뱀에 대한 다른 참고문헌은 HA 602b25와 HA 612a33이다. '우리는 분리된 구성원 자체와 …'는 Metaph XII (λ) 1075a16 [trans. SEDLEY (1991)]에서 인용했다. 이 구절을 문제 삼은 대한 3편의 모노그래프와 한 편의 논문은 JOHNSON (2005) ch. 9, SEDLEY (2007) ch. V, LEUNISSEN (2010a)와 BODNAR (2005)이지만, 다른 많은 학자들도 반론을 제기했다. 내가 여기서 전지구적 목적론global teleology에 대해 견지한 태도는 NUSSBAUM (1978) pp. 93-9, BODNAR (2005), MATTHEN (2009)과 비슷하다. 이와 관련하여 나에게 조언을 제공한 Istvan Bodnar에게 감사한다. A.를 갑오징어에 비유한 르네상스시대의 비평가들에 대해서는 SCHMIDTT (1965)를 참고하라. '생태학'이라는 용어의 기원에 대해서는 HAECKEL (1866) vol. II, pp. 286-8과 STAUFFER (1957)를 비교하라. 피노필락스pinnophylax 가 피나pinna에 기생한다는 말은 HA 547b16에 나온다. 판도라의 생물학에 대해서는 SWIRE와 LEROI (2010)를 참고하라. A.가 DA I, 3(cf. DC II, 3)에서 논의한 내용을 읽어 보면, 그가 세계의 영혼은 없다고 생각했다는 것을 알 수 있다.

생태학적 관계. PA 696b25(cf. HA 591b25)에서 언급된 상어의 얼굴 종종 전지구적 목적론의 관점에서 논의되어 왔다. LENNOX (2001a) pp. 341-2는 고심 끝에 이 이상한 구절에 대한 설명을 포기하지만, 이렇게 하기가 어렵다는 것을 인정한다; 그가 초기에 언급했던 내용들은 그의 책을 참고하라. A.는 HA 567a34에서 물고기의 엄청난 번식력에 대해 말하고 HA 580b10에서 생쥐를 언급한다; EN 1149b30에서는 자제력이 부족한 동물들을, HA 608b19(cf. HA 610a12)에서는 먹이가 부족할 때 존재하는 전쟁상태를 언급한다. 그는 HA 610b2에서, 먹이가 풍부하면 적대적인 물고기들이 서로 다투지 않을 거라고 제안한다. 헤로도토스는 Hist. III, 108-9 [RAWLINSON et al. (1858-60/1997)]에서 자연의 균형을 넌지시 말한다; 이러한 아이디어와 고대 동물학에 대한 냉정한 평가는 EGERTON (1968), EGERTON (2001a), EGERTON (2001b)를 참고하라. 이것은 H.가 날개 달린 뱀을 언급할 때 불쑥 등장하는 구절이지만, A.는 이 구절을—잘 알고 있음에도—전혀 활용하지 않는다. 이 밖에도, 전지구적 목적론을 옹호하는 사람들이 주로 인용하는 구절들은 Besides Metaph XII (λ) 1075a16과 Pol 1256b7이다. SEDLEY (1991)와 SEDLEY (2007) ch. 5는 이 구절에 대해 가장 강력한 인간중심적 해석anthropocentric interpretation을 제시하지만, 그에 대한 반론은 JOHNSON (2005) ch. 9를 참고하라. A.는 EN 1141a20에서 분별 있는 물고기prudent fish를 언급한다. JOHNSON (2005) ch. 8은 이 구절을 효과적으로 이용하여 인간중심적 목적론을 뒤집지만, 물고기가 사리를 분별하는 방법을 규명하는 데 실패한다. 이 구절을 달리 읽으면, 물고기는 생리적 이득을 위해 사리를 분별한다고 말할 수 있다. 실제로, A.는 상어의 얼굴에 관한 구절에서 그러한 이득을 언급한다. 그러나 JOHNSON은 이렇게 이해하지 않은 것 같다. 왜냐하면 그는 다음과 같이 덧붙이기 때문이다: '각 사물을 그 자체와 관련하여 관찰하는 물고기는 사리를 분별하므로, 이런 사물들은 해당 물고기에게 위임된다' - trans. JOHNSON (2005). 이것은 좀 아리송하지만, 나는 '각 종류는 특별한 사물들에 대해 사리를 분별하므로(예컨대 사람은 돈, 상어는 정어리에 대해 사리를 분별한다), 이런 사물들은 각 종류에 의해 관리된다'라고 읽는다. 다시 말해서, 각 종류는 자신이 필요로 하는 사물을 파괴하지 않기 위해 본성적으로 사물을 결속시킨다는 것이다. QUARANTOTTO (2010)는 완전체whole와 이 속성을 논의한다. 현대 생태학에서 '자연의 균형'에 대한 비판은 PIMM (1991)을 참고하라. '자연선택은 미래를 위해 계획하지 않는다'는 DAWKINS (1986) p. 5에서 인용했다.

102

우주의 영원성. 소크라테스 이전의 사상과 우주의 기원에 대해서는 DC 297b14를 참고하라. A.는 Phys (VIII) 250b7에서 변화의 기원론을 반박하고, Phys 251a8에서 영원한 변화의 증거를 제시한다; 이 주장에 대한 분석은 GRAHAM (1999) pp. 41-4를 참고하라. A.는 DC I, 10-13에서 또 한 세트의 주장을 펼치는데, 이중 일부는 Phys에서 제시한 것과 관련 있고, 나머지는 의미론적이다. A.는 Phys VIII, 5에서 변화의 지속적인 원천이 필요하다고 주장한다; GRAHAM (1999) pp. 93-4과 BODNAR (Spring 2012) 참고. BALME (1939)에 의하면, A.는 관성에 관한 이론을 갖고 있지 않다.

천문학. 별에 대한 연구는 PA 644b22, DC 286a5, DC 291b24, DC 292a14를 참고하라; FALCON (2005) p. 99도 참고. A.는 Metaph 1073b10과 Metaph 1074a16에서 수리천문학 전문가들의 의견을 따른다; A.와 수리천문학자들 간의 관계와 그 자신의 천문학적 노력에 대한 분석은 LLOYD (1996) ch. 8을 참고하라. 우주의 기하학적 모델은 Metaph XII (λ) 8에 개략적으로 제시되었다; LLOYD (1996) ch. 8도 참고. 에우독소스에 대해서는 DL VIII, 86-91과 JAEGER (1948) ch. 1을 참고하라. A.는 DC 298b15에서 지구의 크기에 대한 추정치를 제시한다. 자연과 신체의 과학에 대해서는 DC 268a1를 참고하라; FALCON (2005) ch. 2도 참고. 현상 이해하기 v. 설명하기(Phys 193b22)에 대해서는 LLOYD (1991) ch. 11과 LEUNISSEN (2010a) ch. 5를 참고하라. A.는 DC 270b13, DC 292a7(cf. Metaph 342b9), LLOYD (1996) ch. 8에서 고대의 천문학 기록에 기반하여 '우주는 불변한다'고 주장한다. 첫 번째 원소인 아이테르에 대해서는 DC I, 2-3을 참고하라; FALCON (2005) p. 115에 의하면, '첫 번째 원소'와 아이테르를 동일시하는 전통이 확립된 것은 A. 이후의 일이라고 한다; 아이테르의 속성과 그에 대한 평판은 FALCON (2005) ch. 3을 참고하라. 원운동circular motion의 장점에 대해서는 DC I, 2를 참고하라(cf. Phys VIII, 9). A.는 DC II, 3과 DC II, 12에서 천체의 원운동의 목적인final cause을 논의한다; LEUNISSEN (2010a) ch. 5.2도 참고.

천체들은 살아 있다. A.는 DC II, 8—LEUNISSEN (2010a) ch. 5.4—에서 별들이 운동기관을 보유하지 않은 이유를 설명하고, DC 291a11에서 이것들을 물에 뜬 선박에 비유한다. A.는 DC 292a18 [trans. I. Bodnar]에서 별(또는 구형체)들이 살아 있다고 주장한다(cf. DC 285a29); GUTHRIE (1981) p. 256에 나오는 본문과 주석 참고. 천상계 생명체의 속성에 대해서는 DC 279a20을, 천상계의 위계hierarchy에 대해서는 DC II를, 태양과 달의 운동에 대해서는 DC II, 3을 참고하라. A.는 여기서 '그것을 위하여'라는 용어를 사용하지 않으므로, 태양과 달의 운동은 지상계의 원소 순환이 물질적 필요성에 따라 계속 진행되게 할 뿐인 듯하다. 그는 GC 336b1에서 '만약 오고 가는 것(원소들의 순환)이 계속되려면, 2차적인 움직임을 수반하며 운동하는 모종의 천체(태양)가 반드시 존재해야 한다'고 말한다. 그는 한걸음 더 나아가, GC 336b32 (이 책 '무화과, 꿀벌, 물고기'의 #80 참고)에서 자신을 망각하고 '신은 존재의 일관성을 가능한 한 완벽하게 유지하기 위해 태양과 달의 움직임을 정확히 배열한다'고 말한다. 전지구적 목적론의 신랄한 비판자인 LEUNISSEN (2010a) ch. 5.2는 Metaph XII (λ), 10을 읽고, '조건부 필요성과 전지구적 목적론이 암암리에 작동한다'고 인정한다: 'A.는 여기서 목적론적 원칙을 사용함으로써 우주론의 체계를 마치 유기체인 양 그려 낸다 …' 그에 더하여, A.는 DC II, 12에서 목적론에 입각하여 천체운동의 상대적인 완전성을 긍정한다. '인간과 태양이 …'는 Phys 194b13에서 인용했는데, Metaph XII (λ), 10과 비교해 보라; FALCON (2005) p. 9 참고. A.는 Phys 196a26에서 우주의 질서에 대한 유물론적 설명(가능성)을 비판한다. 데모크리토스의 무한성에 대해서는 SEDLEY (2007) p. 138을 참고하라. SEDLEY는 여기서 현대적인 무한우주적 우주이론을 넌지시 언급한다. 우주론적 선택이론의 경우, 미세조정에 대해서는 REES (1999)를, 다중우주 일반론에 대해서는 TEGMARK (2007)를, CST와 프라이스 방정식Price equation에 대해서는 GARDNER와 CONLON (2013)을 참고하라.

103

신에게 다가감. 반복되는 생명의 전형적인 특징에 대해서는 DA 412a14를 참고하라(이 책 '무화과, 꿀벌, 물고기'의 #80도 참고하라). A.는 DC 270b5에서 종교에 기반하여 살아 있는 천상의 존재를 정당화한다; 더욱 일반적으로, A.의 우주론의 종교적 동기에 대해서는 DC 270b5(cf. DC 278b14), DC 283b26를 참고하라; NUSSBAUM (1978) pp. 134ff.와 FALCON (2005) p. 112도 참고하라. A.는 Metaph 1074b1에서 종교적인 고고학에 몰두한다. 제1철학과 제2철학의 차이점에 대해서는 1026a27, Metaph 1026a27, GRENE (1998)을 참고하라. A.는 Phys 252b16, Phys 259b1, MA 2-5에서 '동물은 엄밀히 말해서 스스로 움직이지 않는다'고 말한다. GUTHRIE (1939) Introduction, GUTHRIE (1981) ch. 8, SORABJI (1988) ch. 13은 'A.의 저술에 나오는 우주론, 신학, 물리학적 운동에 대한 이론 중에서 최소한 두 가지가 뒤얽혔다'는 증거에 대해 논의한다. 문제는, 만약 별들이 아이테르로 구성되어 있기 때문이 이미 회전하고 있다면, 운동인으로서의 UMs(부동의 동자)라는 것이 잉여적으로 보인다는 것이다. 설사 그렇더라도, 만약 우리가 '아이테르는 프네우마와 마찬가지로 일련의 운동인들 중 일부에 불과할 수 있다'고 인정한다면, 아이테르로 구성된 UMs와 천상의 구형체에 대한 통합적 설명을 구성하는 것이 가능하다; Bodnar (미출판)는 나와의 인터뷰에서, UMs은 초기의 상실된 대화편인 de Philosophia에 등장한다고 지적했다. A.는 Metaph 1073a23, Phys VIII, 8-10에서 UMs를 옹호하는 주장을 펼친다. 그는 Metaph 1073a1에서 55개의 UMs가 존재한다고 말하지만, 이것은 사실 그가 제시한 여러 가지 총수總數 중 하나일 뿐이다; 일례로, 그는 다른 데서 49개라고 말한다. LLOYD (1996) ch. 8에 의하면, 그는 여러 개의 상이한 모델들을 약간 서투르게 만지작거리는 것처럼 보인다고 한다. 나는 A.의 성숙한 운동이론을 감안하여, 가장 난해한 책이라고 할 수 있는 Physics VIII을 생략했다; 운동이론에 대한 산뜻한 설명을 원한다면 BODNAR (Spring 2012)를, 원문 해설을 원한다면 GRAHAM (1999)를, (A.의 원문만큼이나 쉽지 않은) 완전한 분석을 원한다면

WATERLOW (1982)를 참고하라. A.는 운동이론을 갖고 있지 않다: DELBRUCK (1971), NUSSBAUM (1978) pp. 130, 305ff 참고. A.는 Metaph 1072a26, Phys VIII, 10에서 UMs가 천상의 구형체들을 움직이는 메커니즘을 논의한다. 'UMs가 많다'(Metaph 1074a14)는 주장과 '하나뿐이다'(e.g. Phys VIII 전체)라는 통상적 주장은 명백히 괴리된다; GUTHRIE (1981) pp. 267-79는 Philip Merlan의 저술에 의존하여, 하나의 위계에 호소함으로써 두 구절을 조화시킨다. A.는 Metaph 1072b13ff. [trans. ROSS (1915)]에서 궁극적인 UM의 본성을 기술한다; 신이 어떻게 생각하는지에 대해서는 Metaph 1074b33을 참고하라. A.는 EN X, 7에서 최선의 생명을 기술한다. 그는 He quotes Anaxagoras at FR B18-19 (『프로트레프티코스』)와 EE 1216a10에서 아낙사고라스를 인용한다.

104

리케이온과 그곳의 커리큘럼. 리케이온의 생활풍경은 JAEGER (1948) chs 12, 13을 참고하라. 첫 번째 인용문의 출처는 DC 276a18이고; 두 번째 인용문의 출처는 GA 745b23이다. ANAGNOSTOPOULOS (2009b)는 A.의 발생을 다룬 현대 문헌들을 소개한다.

105

마지막 나날들. A.가 고발당한 내용은, 문제의 찬가讚歌와 함께 DL V, 6-8에 나온다. A.의 유언은 DL V, 12-16에 나온다; JAEGER (1948) p. 325는 델포이의 경의敬意에 대해 말한다. '나는 아테네 사람들이…'라는 A.의 말과 편지는 FR F666R3에서 인용했다; 철회된 경의에 대한 유감은 FR F667R3을 참고하라; '혼자 있을수록 …'은 F668R에서 인용했다; JAEGER (1948) pp. 320-1 참고. T.의 유언은 DL V, 51-7에 나온다. Strab XIII, 1.54-5는 도서관의 운명을 기술한다; 스토리의 평가는 BARNES (1995a), ANAGNOSTOPOULOS (2009b)를 참고하라. LENNOX

(2001b) ch. 5는 생물학의 행방불명을 논의한다. 나에게 리케이온의 고고학을 말해 준 그랜드 밸리 주립대학교의 William S. Morison에게 감사한다; 오리지널 발굴 보고서는 LYGOURI-TOLIA (2002)를 참고하라.

106

A.에 대한 현대적 평가. MEDAWAR and MEDAWAR (1985) pp. 26-7는 아리스토텔레스를 연구하는 학자들에 의해 매우 몰지각한 평가의 사례로 종종 인용된다.

107

초기 현대시대에 A.의 운명. 파리의 금지 조치에 대해서는 GAUKROGER (2007) ch. 2와 GARBER (2000)를 참고하라. 토마스 학파의 아리스토텔레스주의에 대해서는 GAUKROGER (2007) ch. 2를 참고하라. BALME과 GOTTHELF (2002) pp. 6-35는 HA에 대한 원문 읽기 전통을 논의한다. GAUKROGER (2007) ch. 3은 15세기의 아리스토텔레스적 스콜라철학에 반대되는 흐름을 논의한다. 갈릴레오의 논쟁은 1632년에 발간된 그의 저서 『두 가지 주요 세계관에 관한 대화』에 나온다.

108

생물학의 운명. 알베르트 마그누스의 인용문은 그의 de Miner., lib. II, tr. ii, I; de Veg., lib. VI, tr. ii, i에 나온다. 폼포나치에 대해서는 PERFETTI (2000) ch. I, 1, GAUKROGER (2001) p. 92, GAUKROGER (2007) ch. 3을 참고하라.

109

프랜시스 베이컨. '그리고 이 부분에서, 나는 철학자 아리스토텔레스에 대해 …'는 『학문의 진보』 (1605) bk. 2에서 인용했는데, 『사고와 견해Cogitata et visa』(1607)도 참고하라; 과학적 담론에 대해서는 GAUKROGER (2001) pp. 10ff.를 참고하라. 베이컨의 목적론에 대해서는 『학문의 진보』 bk. 2; 형태에 대해서는 『신기관』(1620) ch. 63과 JARDINE (1974) ch. 5를 참고하라. 베이컨의 인공과학에 대해서는 GAUKROGER (2001) p. 39를 참고하라. MEDAWAR (1984) p. 95는 실험에 대한 일반적 논의와 A.의 방법론 비판에서 글랜빌의 말을 인용한다. GRENE과 DEPEW (2004) ch. 2와 GAUKROGER (2007) ch. 9는 데카르트의 『방법서설』에 나오는 동물기계bete machine를 논의한다. V. Steno (1666)의 말은 GRENE and DEPEW (2004) p. 63에서 인용했다.

생기론. 생기론에 대한 비판은 이 책 '갑오징어의 영혼'의 #55와 '거품'의 #68; CRICK (1967)를 참고하라; SCHRODINGER (1954/1996)는 A.를 무시한다.

110

실험. 고전철학자들은 A.의 경험적 연구를 논의할 때 종종 '실험'이라는 단어를 보다 일반적인 의미로 사용한다. 예컨대 LENNOX (Fall 2011)는 닭의 발생에 관한 A.의 연구를 '실험'이라고 일컫는다. 그러나 이것은 진정한 실험이 아니라, 매우 훌륭한 관찰일 뿐이다. HANKINSON (1995)는 밀랍으로 만든 밀폐용기를 실험이라고 일컫는데, 이 역시 진정한 실험이라고 할 수 없다. LLOYD (1991) ch. 4는 고대 그리스의 실험을 요약하고 논평하지만, 진정한 실험과 다양한 관찰을 명확히 구별하지 않는다. A.에 있어서 실증 데이터와 이론의 관계에 대해서는 LLOYD (1987)를 참고하라. BUTTERFIELD (1957) ch. 5는 '갈릴레이와 대포알'에 대한 복잡한 스토리를 이야기한다.

알렉산드리아의 헤로. FARRINGTON (1944-9) vol. 2, ch. 1은 헤로의 기

력학Pneumatics에 크게 열광하며, 오토 딜스를 따라 스트라토의 우선권을 인정한다. 그러나 LLOYD (1973) ch. 7과 BERRYMAN (2009) ch. 5를 참고하라.

111

과학의 스타일. 두 가지 스타일의 과학의 차이점에 대해서는 KELL과 OLIVER (2004)를 참고하라. A.에 의하면, 우리는 심지어 팩트가 부족할 때도 이론을 세워야 한다. 이에 대해서는 DC 292a14ff (별의 경우)과 GA 760b28-32 (꿀벌의 경우)를 참고하라. 또한 증거와 이론의 관계에 대해서는 DC 293a25-31을 참고하라.

112

A.의 자연과 그 비판자들. 아리스토텔레스의 유기체적 자연과 그 비판자들에 대해서는 HENRY (2008)를참고하라. LEAR (1988) pp. 23-4가 A의 수면 유도 성분virtus dormitiva에 관한 논증을 인정하고 옹호한 것은 주목할 만하다. BERRYMAN (2007), BERRYMAN (2009), JOHNSON (인쇄중) 은—조금씩 다르지만—'기계론적'이라는 개념이 무엇이고 'A.의 이론이 기계론적인지' 여부에 대해 진지하게 논의한다. 나의 개인적 바람이지만, 톰프슨의 『성장과 형태에 관하여』와 고전古典과의 관계를 재대로 다룬 논문이 출판되었으면 좋겠다. 오늘날 A.의 생물학을 연구하는 학자들 사이에서 메커니즘을 논의하는 빈도가 잦아졌다. 예컨대 KULLMANN (1998) p. 292와 HENRY (2006a)는 유전의 메커니즘을 기술하고, GREGORIC과 CORCILIUS (2013)는 동물 운동의 메커니즘을 기술한다. SHIELDS (2008)는 A.의 독립체ousia가 인공물 및 유기체와 관련하여 어떤 의미를 갖는지를 분명히 한다. 생물의학으로의 초대는 LBV 480b20에 나온다. ANAGNOSTOPOULOS (2009a)는 A.의 의학에 대한 관심을 논의한다. '이런 우리의 과학은 …'은 THOMPSON (1913) p. 30에서 인용했다.

113

A.와 다윈. 투코투코는 DARWIN (1845)에서 나오는데, 그는 여기서 투코투코는 '눈 먼 땅 파는 동물'(예: 프로테우스, 두더지, 지중해두더지)로 진화하는 과정이라고 제안하지만, 이러한 사상의 창안자로 라마르크를 조심스레 내세운다. 그는 DARWIN (1859)에서 두더지와의 유사점을 다시 언급하지만, 진화론 사상의 기원을 더 이상 라마르크에서 찾지 않으며, 자연선택과 용불용설(다윈은 여전히 부분적으로 라마르크주의자였다)의 조합組合이 땅굴 파는 동물의 실명에 기여했다는 절충설을 제안한다. BORGHI (2002)는 다양한 땅 파는 포유동물들에서 눈이 작아진 현상을 연구한 후, 투코투코의 눈이 다람쥐보다 약간 작지만, 다른 땅 파는 동물들보다는 훨씬 크다는 사실을 증명했다. 그리고 이들은 땅굴을 팔 때 눈을 보호하기 위해 눈을 감는다는 사실도 증명했다. '경험이 없으면 명백한 것을 …'은 GC 316a5에서 인용했다; LENNOX (2011) 참고.

114

A.가 우리에게 가르쳐주는 것. '들리는 말에 의하면, 모든 사람들은 …'은 『독일 레퀴엠』(1949) in BORGES (1999) p. 233에서 인용했다. 이것은 새뮤얼 테일러 콜리지가 『담화문』(1830)에서 처음으로 한 말이다.